AF509422

# TRAITÉ DE NAVIGATION.

## PREMIÈRE SECTION.

**NAVIGATION PAR L'ESTIME.** — Compas, Loch, Dérive, Courants, etc. In-4...... *(En préparation.*

## DEUXIÈME SECTION.

**NAVIGATION ASTRONOMIQUE.**

Première Partie : **Ancienne Navigation astronomique** : Théorie des instruments à réflexion, Anciennes méthodes chronométriques, Distances lunaires, etc, In-4.............. *(En préparation.)*

Deuxième Partie : **Nouvelle Navigation astronomique** (l'heure du premier méridien est déterminée par l'emploi seul des chronomètres) : **Théorie**, par M. *Yvon Villarceau*, et **Pratique**, par M. *Aved de Magnac*. In-4; 1877........................................................................ 20 fr.

## TROISIÈME SECTION.

**NAVIGATION CÔTIÈRE.** — Objets terrestres remarquables, Signaux, Phares, Balises, etc. In-4.
(*Sous presse*).

3043    PARIS. — IMPRIMERIE DE GAUTHIER-VILLARS, QUAI DES GRANDS-AUGUSTINS, 55.

# TRAITÉ

DE

# NAVIGATION.

## NAVIGATION ASTRONOMIQUE.

# NOUVELLE

# NAVIGATION ASTRONOMIQUE



| THÉORIE, | PRATIQUE, |
| --- | --- |
| PAR | PAR |
| **M. YVON VILLARCEAU,** | **M. AVED DE MAGNAC,** |
| Astronome de l'Observatoire de Paris, | Lieutenant de vaisseau. |
| Membre de l'Institut et du Bureau des Longitudes. | |

## PARIS,

GAUTHIER-VILLARS, IMPRIMEUR-LIBRAIRE

DU BUREAU DES LONGITUDES, DE L'ÉCOLE POLYTECHNIQUE,

SUCCESSEUR DE MALLET-BACHELIER.

Quai des Augustins, 55.

### 1877

# THÉORIE

PAR

M. YVON VILLARCEAU.

# TABLE DES MATIÈRES.



## THÉORIE,

### PAR M. YVON VILLARCEAU.

### CHAPITRE PREMIER.

#### MÉTHODES ANALYTIQUES DIRECTES ET INTERPRÉTATION GÉOMÉTRIQUE DES RÉSULTATS.

# CHAPITRE II.

### MÉTHODE INDIRECTE, DITE DES COURBES DE HAUTEUR.

# CHAPITRE III.

## CAS PARTICULIERS OÙ LES DEUX COORDONNÉES PEUVENT ÊTRE DÉTERMINÉES SÉPARÉMENT.

# NOTES.

# *ERRATA.*

| Pages | Lignes | Au lieu de | Lisez |
|---|---|---|---|
| 21, | 3, | (9), | (4). |
| 21, | 7, | (9) et (10), | (4) et (16). |
| 22, | 4 et 5, | | Étendez l'accolade de (20) jusqu'aux équations de la ligne 3. |
| 24, | 6 de la Note, | la deuxième équation, | les dernières équations. |
| 27, | première éq. (31), | $\sin(L_e - \varphi)$, | $\sin(L_e - \varphi)$. |
| 30, | 3 en remontant, | $(37)$, | (33). |
| 77, | 8 en remontant, | le terme, | les termes. |
| 84, | 10, | la Note qui termine, | les Notes qui terminent. |
| 95, | dernière. | $\cdots \sin P_e$. | $-\sin P'_e$, |
| 111, | 15, | secondse | secondes. |
| 117, | équation (177), | $\dfrac{d}{dt}$, | $\dfrac{dL}{dt}$, |
| 125, | dernière, | $\sin L \ H - \cos E \cos D$, | $\sin L \cos H - \cos E \cos D$. |
| 144, | dernière, | $Y_e$, | $Z_e$. |
| 167, | 4 en remontant, | du second, | au second. |
| 195, | 20, | P et $\varpi$, | des points P et des points $\varpi$. |

# NOUVELLE

# NAVIGATION ASTRONOMIQUE.

## AVERTISSEMENT.

Les exigences de nombreux services maritimes, établis depuis une vingtaine d'années, ont montré l'insuffisance des méthodes astronomiques à peu près exclusivement enseignées dans nos écoles : d'heureuses innovations ont été proposées à diverses reprises ; on s'expliquera comment elles n'ont pu s'introduire que difficilement dans la pratique, si l'on veut bien remarquer que le succès des nouveaux procédés dépend entièrement du degré d'exactitude avec lequel on peut déduire, de l'observation des montres marines, l'heure du premier méridien.

Grâce à l'habilité de nos artistes et aux persévérantes investigations de M. de Magnac, il devient possible, même après les plus longues traversées, de connaître l'heure du premier méridien, dès que l'on dispose de trois chronomètres, et l'erreur que l'on peut avoir à redouter de ce côté n'excède guère celle des observations ordinaires de la latitude.

Cet important résultat impose aux marins la nécessité d'utiliser et de perfectionner les méthodes nouvelles, en leur assignant, dans la science nautique, le rang qui leur est attribué par la nature des problèmes dont elles offrent la solution.

L'origine des nouvelles méthodes paraît remonter à une quarantaine d'années, et serait due à un officier américain, M. Sumner ; ces méthodes ont été l'objet d'études de la part d'officiers de notre marine, parmi lesquels il est juste de citer MM. Hilleret, Marc Saint-Hilaire et de Magnac. Il nous parait également juste de citer MM. les professeurs d'hydrographie, entre autres M. Fasci, dont les efforts ont eu pour objet le développement et la vulgarisation des idées de M. Sumner.

Si elles n'avaient pas été déjà développées, les nouvelles méthodes se présenteraient comme une conséquence rigoureuse des données actuelles du problème de la navigation astronomique; cette conséquence est mise dans tout son jour par M. Yvon Villarceau (*Comptes rendus des séances de l'Académie des Sciences*, t. LXXXII, séances des 6 et 13 mars 1876).

Depuis l'époque de Borda, de nombreuses tentatives ont été faites dans le but de perfectionner ou de simplifier l'Astronomie nautique, de nombreuses solutions de problèmes isolés ont été proposées ou préconisées, et le navigateur qui s'attache à distinguer celles qui peuvent lui être le plus utiles éprouve un sérieux embarras : c'est qu'en effet il est difficile de distinguer leur utilité relative, en l'absence d'un système propre à les rattacher entre elles. Le problème de la navigation se modifiait à mesure que les méthodes chronométriques se perfectionnaient; il ne pouvait, cependant, être ni bien posé, ni bien résolu, tant que le rôle de la chronométrie n'était pas nettement défini.

La situation, sous ce rapport, étant complétement changée, le moment est venu de mettre de l'ordre dans la science nautique, tout en l'élevant à la hauteur des besoins qu'elle est appelée à satisfaire : c'est ce qui a été compris par quelques officiers de la marine nationale. Convaincus de la nécessité de refondre la théorie et la pratique de la navigation, ils ont entrepris un travail d'ensemble sur cette matière, avec la collaboration de M. Yvon Villarceau, qui a bien voulu se charger de la partie théorique de la nouvelle Astronomie nautique.

Les bases de ce travail ont été soumises au jugement de l'Académie des Sciences, qui a décidé l'envoi, au Ministre de la marine, de cent exemplaires de la Note où elles ont été exposées. D'autre part, M. le lieutenant de Magnac a soumis au Ministre un plan de réformes de l'enseignement de la navigation, et ce plan, examiné par une commission compétente dont il a reçu l'approbation, a été renvoyé au Conseil de perfectionnement de l'École navale. Il a été reconnu qu'il y aurait grand intérêt à ce que les méthodes nouvelles fussent mises le plus tôt possible entre les mains de MM. les professeurs : c'est ce qui a décidé les auteurs du présent Traité à livrer à la publicité la Partie concernant les réformes proprement dites et qui constitue la *Nouvelle navigation astronomique*.

Les autres Parties du Traité, bien qu'elles offrent quelque intérêt, au point de vue de l'exposition, peuvent, sans inconvénient, être l'objet d'une publication ultérieure (plusieurs des officiers qui s'en sont chargés sont actuellement absents, pour cause de service à la mer).

Sous le titre de : *Esquisse d'un cours de navigation*, on présente ci-après le cadre indiquant les divisions du présent Traité; en jetant un coup d'œil sur cette esquisse, on se rendra compte de la marche suivie dans l'exposé des nouvelles méthodes, et l'on pourra déjà reconnaître qu'effectivement ces méthodes s'imposent rigoureusement.

En ce qui concerne la nouvelle navigation, deux divisions ont été faites : l'une concernant la théorie, et à laquelle il a été fait allusion plus haut; l'autre concernant la pratique : la seconde division, qui comprend la conduite des montres, a été confiée à M. de Magnac. Cet officier a joint à son exposé les exemples de calculs numériques ou de constructions graphiques nécessaires pour bien faire comprendre les opérations à exécuter dans les diverses circonstances qui peuvent se présenter.

Le présent volume se termine par un ensemble de Tables nouvelles.

*N.-B.* On a imprimé en caractères plus fins les fragments de théorie que le lecteur peut passer à la première lecture.

# ESQUISSE D'UN COURS DE NAVIGATION.

L'Ouvrage comprend trois divisions :

I. — *Navigation par l'estime*. — *Compas, loch, dérive, courants.....*

II. — *Navigation astronomique*.

Elle comprend deux Parties distinctes qui, l'une et l'autre, utilisent constamment la navigation par l'estime, mais la corrigent au moyen des observations astronomiques.

**Première Partie : Ancienne navigation.** — Elle se fonde particulièrement sur la détermination des latitudes par les hauteurs méridiennes des astres, et sur celle des longitudes obtenues en comparant l'heure locale que fournissent les angles horaires, avec l'heure du premier méridien que l'on déduit de l'observation des distances lunaires. Ne pouvant compter sur l'exacte conservation de l'heure du premier méridien par les montres marines, on n'utilise leurs indications que dans les intervalles qui séparent les observations de distances lunaires. Ici les distances lunaires jouent, par rapport aux chronomètres, un rôle analogue à celui des latitudes pour corriger les indications de l'estime; en sorte que l'emploi des chronomètres constitue un autre genre d'estime.

*Théorie des instruments à réflexion et particulièrement du sextant.* — Les cercles répétiteurs n'offraient d'avantages que pour la mesure des distances lunaires, attendu que, dans la mesure des hauteurs, les erreurs de la dépression et de la réfraction à l'horizon dépassent énormément celles que l'on peut avoir à craindre de l'emploi des sextants que l'on construit à notre époque. Quant aux instruments répétiteurs, ils doivent constituer des cercles entiers; or la répétition en complique le mécanisme, au point qu'on y a généralement renoncé en Géodésie, pour y substituer les instruments établis sur le principe de la réitération. D'un autre côté, les difficultés de l'observation dans un plan incliné à l'horizon introduisent des erreurs d'observation, de beaucoup supérieures à celles qui ont leur source dans l'imperfection des divisions. Il convient aujourd'hui de s'en tenir à l'emploi de bons sextants.

*Chronomètres.* — Anciennes et simples méthodes pour le calcul des mouvements diurnes.

**Deuxième Partie : Nouvelle navigation astronomique.** — Elle se distingue de la précédente, en ce que les progrès accomplis, tant dans la construction des montres marines que dans les méthodes pour en déduire l'heure du premier méridien, permettent de compter sur les indications des chronomètres, dès que l'on dispose de *trois* de ces instruments.

Généralités sur l'application du théorème de Taylor à la détermination des valeurs numériques des fonctions d'*une* ou *plusieurs variables indépendantes*.

Conditions relatives à l'amplitude des variations et à la *continuité*. Moyens de reconnaître les solutions de continuité dans la marche des chronomètres, quand il s'en produit, et d'utiliser néanmoins, dans le plus grand nombre de cas, les instruments qui en présentent, moyennant l'addition d'une constante. Par l'emploi d'un nombre $N$ de chronomètres comparés journellement et dont une partie $n$ a éprouvé en même temps des variations brusques, on obtient une précision égale à celle de la moyenne de $N - n$ chronomètres qui n'auraient pas subi de perturbations.

Emploi de la méthode de Cauchy pour la détermination des coefficients de la série. Critérium fourni par la considération des restes, après les éliminations successives. Possibilité d'appliquer la méthode des moindres carrés en pratiquant l'élimination suivant la méthode de Cauchy. L'application de ces méthodes n'est nécessaire que quand il s'agit d'obtenir les longitudes en vue du perfectionnement des Tables de positions géographiques.

Emploi des méthodes graphiques pour remplacer la détermination numérique des coefficients : ces méthodes, appliquées avec un succès remarquable par M. de Magnac, suffisent aux besoins de la navigation courante.

La marche des chronomètres étant censée corrigée, et l'observation des distances lunaires réservée au cas où des accidents de mer ou autres auraient mis hors de service l'installation des montres marines, déterminer la position du navire au moyen de l'observation des hauteurs des astres. Ce sont les seules observations qu'il soit possible d'utiliser en mer ; en effet, il n'est pas possible de déterminer un azimut absolu, qui serait cependant bien utile, en ce sens qu'il compléterait le système de coordonnées d'un astro rapporté à des axes situés dans le plan horizontal et à la verticale. Les mesures de distance des astres n'apprendraient rien, puisqu'on pourrait les déterminer par le calcul. En un mot, il faut observer les éléments géométriques variables avec l'horizon du lieu, pour pouvoir en déduire les coordonnées. Ces éléments ne peuvent être que les hauteurs et les azimuts.

Discussion du problème : une seule observation de hauteur est insuffisante, deux sont nécessaires et fournissent la solution.

Indications sur les méthodes *directes* de calcul qui conviendraient au cas où l'on ne posséderait aucune donnée approximative sur la position du navire. Le problème est susceptible de deux solutions entre lesquelles on pourra toujours distinguer la vraie, lorsque l'un des astres n'aura pas été observé trop près du zénith. Méthodes *indirectes* fondées sur la considération des intersections des lieux géométriques du navire, ou résolution des équations par voie de tâtonnement. On remettra l'exposition de ces méthodes à un Chapitre spécial, concernant les courbes dites *de hauteur*, transformées suivant la projection de Mercator.

Cas où l'on possède une valeur approchée des inconnues. Emploi de la méthode générale qui consiste à substituer aux inconnues les corrections de leurs valeurs, *méthode dite des équations de condition*.

Les équations du problème sont développées en séries suivant les puissances et produits des inconnues ; on se borne à tenir compte des termes du premier ordre, ce qui réduit les équations à la forme linéaire.

Chaque observation représente ainsi une droite facile à tracer sur les cartes marines, à laquelle on donne le nom de *droite de hauteur*, et qui se trouve être un lieu géométrique de la position du navire : cette droite est tangente au petit cercle de la sphère qui a son centre à l'astre observé, au point où le petit cercle est rencontré par l'arc du grand cercle mené du point estimé à l'astre. L'intersection de deux droites de hauteur détermine la position du navire. Tant que l'erreur d'estime peut être considérée comme petite, la solution obtenue en est indépendante, ou plutôt son erreur se réduit au second ordre de petitesse.

Circonstances favorables à la meilleure détermination du point d'intersection. Directions azimutales rectangulaires et faibles hauteurs.

*Problème indéterminé.* — Tirer parti d'une observation unique de hauteur. Le point déterminé par l'intersection du petit cercle de hauteur avec l'arc de grand cercle mené du *point estimé* à l'astre observé doit être distingué par une dénomination particulière, soit celle du *point rapproché*. La position du point *rapproché* est, en effet, la plus probable, eu égard aux seules erreurs de l'estime. Le *point rapproché* remplacera avantageusement le *point estimé* dans les calculs relatifs à une nouvelle observation, s'il est possible de la faire. Quant à la droite de hauteur, le navigateur pourra la suivre avec sécurité, si aucun obstacle n'est indiqué, sur sa direction, dans les cartes marines, jusqu'à ce qu'une nouvelle observation lui permette de fixer son point.

*Problèmes plus que déterminés.* — On obtient autant de droites de hauteur que l'on a d'observations réduites au même horizon. Le nombre des intersections de ces droites est $\dfrac{n(n-1)}{2}$, $n$ désignant leur nombre : sauf le cas où ce nombre se réduit à trois, la situation et l'écart de ces points ne doivent pas trop préoccuper le calculateur. La position la plus probable du navire est fournie par la condition que la somme des carrés des distances normales de ce point aux diverses droites soit un minimum. La circonstance la plus favorable est que les directions azimutales directes ou opposées partagent la demi-circonférence en parties égales. Dans cette circonstance, si l'on détermine le centre de gravité du pied des normales abaissées du point estimé sur les droites de hauteur, et que l'on mène le rayon vecteur allant du point estimé à ce centre de gravité, si enfin on prolonge le même rayon vecteur d'une quantité égale à la distance de ce centre de gravité, l'extrémité du rayon vecteur ainsi prolongé déterminera la position la plus probable.

*Cas particulier de trois droites de hauteur.* — La position la plus probable s'obtiendra comme il suit : menant, vers l'intérieur du triangle formé par les trois points, des parallèles aux côtés du triangle, à des distances respectivement proportionnelles aux longueurs des côtés, et joignant respectivement les points d'intersection de ces droites avec les sommets correspondants du triangle, les trois droites se couperont en un même point qui sera le point le plus probable.

*Solution des problèmes précédents au moyen de la transformation des cercles de hauteur, conformément aux conditions de projection usitées dans les cartes marines.* — La courbe résultant de la transformation prend le nom de *courbe de hauteur.* Équation de cette courbe en coordonnées rectangulaires dans les trois cas où : 1° la courbe est fermée et ne contient pas le pôle ; 2° la courbe, formée d'une seule branche infinie dans le sens des longitudes, contient le pôle entre ses limites extrêmes, dans le sens des latitudes ; 3° la courbe passe par le pôle.

Les équations sont de simples transformations de l'équation du petit cercle de hauteur, et deviennent d'une extrême simplicité quand on emploie les fonctions hyperboliques. Positions des centres de courbure et rayons de courbure, dans ces trois cas.

Solution indirecte du problème de la détermination du lieu du navire, au moyen du calcul des coordonnées d'un ou deux points de la courbe de hauteur, de part et d'autre de la position du point rapproché : calcul du point intersection de deux courbes de hauteur, au moyen des formules d'interpolation. Cette solution indirecte est beaucoup plus courte que toutes les solutions directes, quand on fait usage des fonctions hyperboliques : elle est plus exacte que celle que fournissent les équations linéaires, lorsque la position estimée est trop erronée, et, dans tous les cas, indépendante de cette position.

Substitution des cercles osculateurs passant par le point rapproché aux courbes de hauteur, quand les dimensions des cartes permettent d'y construire la position du centre de courbure, calcul des coordonnées des cercles osculateurs.

*Cas particuliers* où les deux coordonnées peuvent être obtenues à peu près indépendamment l'une de l'autre : circumméridiennes ; circompolaires ; angles horaires dans le voisinage du premier vertical, et dans le voisinage de la position où l'angle à l'astre, compris entre le zénith et le pôle, est un angle droit.

Les diverses solutions qu'on vient d'énoncer d'un problème unique comprennent tous les cas qui peuvent se présenter dans la navigation, eu égard à l'état actuel de perfectionnement des méthodes chronométriques.

III. — *Navigation côtière.* — *Objets terrestres remarquables, signaux, phares, balises.....*

# THÉORIE.

# THÉORIE



DE LA

# NOUVELLE NAVIGATION ASTRONOMIQUE.

## CHAPITRE PREMIER.

### MÉTHODES ANALYTIQUES DIRECTES ET INTERPRÉTATIONS GÉOMÉTRIQUES DES RÉSULTATS.

### Considérations préliminaires.

1. L'objet que nous nous proposons en écrivant ce Chapitre est de mettre un peu d'ordre dans l'exposé des méthodes en usage, ou proposées depuis quelques années, tout en y introduisant quelques développements qui nous sont propres.

Les méthodes auxquelles nous faisons allusion ont une origine qui remonte déjà à quarante années environ. Le premier qui s'est engagé dans la nouvelle voie paraît être le capitaine américain Sumner. Pendant longtemps on n'a prêté qu'une médiocre attention aux procédés dont il a fait usage; mais les progrès de la chronométrie les auraient forcément introduits dans la science nautique, s'ils n'y avaient déjà pris place. Nous devons rappeler que, dans ces dernières années, de jeunes officiers de notre marine se sont livrés à des recherches utiles dans la nouvelle voie : nous sommes heureux de citer avec éloges les recherches de MM. Hilleret et Marc Saint-Hilaire sur cet important sujet.

Dans notre exposé des nouvelles méthodes, nous nous efforcerons de suivre l'ordre logique et de ramener, autant que possible, les solutions des diverses questions à l'emploi des méthodes générales, en usage dans l'Analyse mathématique, disposés à ne nous en écarter que dans les cas où des méthodes particulières nous offriront des avantages marqués, au point de vue de la simplicité des calculs numériques à effectuer définitivement. Nous éviterons ainsi au lecteur l'ennui de recourir constamment à de nouvelles figures, et l'introduction, dans les calculs, de nombreuses quantités intermédiaires entre les données et les inconnues, qui disparaissent finalement des résultats. Nous ferons usage de formules d'une généralité telle, que chacune des données du calcul étant préalablement affectée du signe convenu lors de la mise en équation, on n'ait plus qu'à se conformer aux règles ordinaires de l'Algèbre, dans l'exécution des calculs numériques, sans avoir à rechercher, au moyen de figures, les signes que doivent prendre les auxiliaires ou les inconnues : de cette manière, le calculateur, entièrement dégagé de la nécessité de recourir aux considérations géométriques, conservera la liberté d'esprit qui est nécessaire pour effectuer rapidement et sûrement les calculs numériques.

Pour n'avoir point à y revenir, nous supposerons que le lecteur soit familiarisé avec cette idée, que, si l'on a deux équations de la forme

$$(1) \qquad\qquad \left\{ \begin{aligned} u \sin z &= b \\ u \cos z &= a \end{aligned} \right\} \;(^1),$$

---

($^1$) Éclaircissons ceci par des exemples.

Il est d'usage de présenter la résolution des équations (1) sous la forme

$$u = \sqrt{a^2 + b^2}, \quad \operatorname{tang} z = \frac{b}{a}.$$

À cela il y a plusieurs inconvénients : 1° de fixer le signe de $u$ s'il doit rester ambigu ; 2° de laisser dans l'angle $z$ une ambiguïté, quand cet angle peut être déterminé ; 3° d'obliger à effectuer deux carrés et le calcul d'une racine.

En laissant les équations sous la forme (1), il est sous-entendu que, pour obtenir les valeurs des inconnues $z$ et $u$, on les divisera l'une par l'autre, ce qui donnera la valeur de $\operatorname{tang} z$ ; quant à l'ambiguïté qui en résulte, relativement à l'angle $z$ lui-même, elle sera levée ordinairement par certaines conditions spéciales, qui fixeront le signe de la quantité $u$ ; quelquefois ce signe restera indifférent, et alors on aura deux solutions entre lesquelles on choisira arbitrairement. Le signe de $u$ étant ainsi fixé ou pris arbitrairement, suivant les cas, l'angle $z$ sera déterminé par la condition que son sinus ait le signe de $\dfrac{b}{u}$, ou son cosinus celui de $\dfrac{a}{u}$. Quant à la quantité $u$, on l'obtiendra de deux manières, c'est-à-dire en divisant $b$ par $\sin z$ et $a$ par $\cos z$ ; une vérification des calculs résultera de l'accord de ces deux valeurs.

Les équations (1) ainsi traitées offrent un mode de résolution du triangle rectangle, dont on

où les inconnues sont $u$ et $\alpha$, et les quantités connues $a$ et $b$, la solution du problème de la détermination des inconnues $u$ et $\alpha$ est censée obtenue, et que de plus il existe une vérification du résultat.

On admettra qu'il en est encore ainsi pour le système de trois équations de la forme

$$(2) \quad \left\{ \begin{array}{l} v \sin \alpha = c \\ v \cos \alpha \sin \beta = b \\ v \cos \alpha \cos \beta = a \end{array} \right\} \quad (^1),$$

où les inconnues sont $\alpha$, $\beta$ et $v$.

Enfin, nous ferons un usage continuel des équations fondamentales de la Trigonométrie sphérique, mises sous la forme

$$(3) \quad \left\{ \begin{array}{l} \cos c = \cos a \cos b + \sin a \sin b \cos C, \\ \cos B \sin c = \sin a \cos b - \cos a \sin b \cos C, \\ \sin B \sin c = \qquad\qquad \sin b \sin C, \end{array} \right.$$

équations qui, en réalité, ne constituent que deux relations distinctes, puisque, en les élevant au carré et ajoutant, on obtient l'identité $1 = 1$, mais qu'il importe cependant de laisser sous la forme précédente.

Ces équations ne sont pas spéciales aux triangles sphériques proprement dits; elles sont applicables à tout assemblage de trois plans passant par un même point et dans lequel les angles dièdres et les angles plans ne sont pas assujettis à rester compris entre les limites zéro et 180 degrés, mais peuvent avoir des grandeurs quelconques, positives ou négatives.

---

connaît les deux côtés $a$ et $b$ qui comprennent l'angle droit; $\alpha$ est l'angle opposé au côté $b$ et $u$ représente l'hypoténuse que l'on sait à l'avance être une quantité positive.

Autre exemple également pris dans les triangles rectilignes : Étant donnés deux côtés $a$, $b$ et l'angle compris C, déterminer les angles A, B et le côté $c$. La solution suivante du problème paraît avoir échappé à la plupart des auteurs de traités de Trigonométrie publiés dans notre pays.

$$\left. \begin{array}{l} c \sin \tfrac{1}{2}(A - B) = (a - b) \cos \tfrac{1}{2}C, \\ c \cos \tfrac{1}{2}(A - B) = (a - b) \sin \tfrac{1}{2}C, \\ \tfrac{1}{2}(A - B) = 90^\circ - \tfrac{1}{2}C. \end{array} \right\} \text{ condition : } c \text{ positif.}$$

Les deux premières de ces équations ont la forme (1) et le signe de $c$ est donné par la nature du problème.

($^1$) Si $a$, $b$, $c$ désignent les trois coordonnées rectangulaires d'un point de la sphère dont $\alpha$ et $\beta$ soient les latitude et longitude, $c$ la distance au centre ou le rayon, les deux dernières équations (2), en y considérant $c \cos \alpha$ comme une seule inconnue, auraient la forme (1); on en tirera la valeur de $c \cos \alpha$, dont le signe sera essentiellement positif, et cette valeur, combinée avec la première équation (2), permettra d'obtenir $\alpha$ et $c$ sous la condition $c > o$.

Il est extrêmement regrettable que des formules aussi importantes et que l'on démontre par un seul calcul, sans aucune restriction relativement à leur généralité, formules qui ont pris place, depuis au moins quarante ans, dans l'enseignement mathématique à l'étranger, soient à peine connues en France et ne figurent pas dans les programmes de nos écoles où l'on enseigne la Trigonométrie.

2. Rappelons ce qui a été énoncé dans l'esquisse d'un cours de navigation. La nouvelle navigation astronomique se distingue essentiellement de l'ancienne, en ce que l'on peut aujourd'hui, grâce à l'habileté des constructeurs de chronomètres et à la persévérance des officiers de marine, notamment de M. de Magnac, considérer les montres marines, réunies au nombre de trois *au moins*, comme pouvant donner l'heure du premier méridien, avec une exactitude comparable à celle de la détermination de la latitude par des hauteurs méridiennes des astres, même après les plus longues traversées.

Nous laissons à l'officier que nous venons de nommer le soin d'exposer les méthodes de calcul et les procédés graphiques par lesquels on parvient sûrement à corriger les marches diurnes des montres marines et à en déduire l'heure du premier méridien. On supposera en conséquence ce problème résolu. D'après ce qui a été exposé dans l'esquisse déjà rappelée, il ne peut être fait usage avantageusement que des observations de hauteur des astres, l'emploi des distances lunaires étant uniquement réservé au cas où le nombre des montres est insuffisant et à celui où, à la suite d'accidents de mer ou de toute autre nature, le service des montres viendrait à être momentanément suspendu. Il est clair que, si les accidents dont il s'agit avaient pour résultat la suppression complète du service des montres, on serait obligé de recourir aux méthodes de l'*ancienne navigation astronomique*.

Ceci posé, menons par le centre d'une sphère trois droites respectivement parallèles à l'axe du monde, à la verticale du lieu de l'observation et à la droite qui joint le centre de la Terre et l'astre observé : nous prendrons ce centre pour origine des coordonnées sphériques, et, choisissant arbitrairement un premier méridien, nous conviendrons de compter les longitudes positivement du côté occidental de ce méridien. Les latitudes seront comptées sur le méridien passant par le point du ciel ou de la Terre que nous aurons à considérer, positivement, à partir de l'équateur vers le pôle nord. Nous affecterons aux deux coordonnées ainsi définies les dénominations de longitude et latitude *géographiques*. (Nous préférons cette appellation à celle de *géocentrique*, pour éviter toute confusion avec les longitudes ou latitudes géocentriques que l'on a souvent à considérer en Astronomie, et qui désignent des coordonnées mesurées dans le plan de l'écliptique et perpendiculairement à ce plan.) De cette manière, nous conservons aux *longitude* et *latitude terrestres* leur signification habituelle : il nous reste à déduire de l'ascension droite et de la déclinaison d'un astre ses longitude et latitude géographiques. On aperçoit immédiatement que la déclinaison se confond avec la latitude géographique: quant à la longitude, soient

$S_p$ l'heure sidérale du premier méridien, au moment de l'observation de la hauteur d'un astre;

$\mathcal{L}$ la longitude connue ou inconnue du lieu;

$\mathcal{L}_0$ la longitude géographique de l'astre observé.

Cette longitude sera évidemment égale à la longitude géographique du point vernal, diminuée de l'ascension droite Æ de l'astre. Or, la longitude géographique du point vernal est égale à l'heure sidérale du premier méridien: on aura donc

$$(4) \qquad \mathcal{L}_0 = S_p - \text{Æ}.$$

Enfin, si nous convenons de compter les angles horaires positifs, du côté occidental du lieu de l'observation, nous aurons, en les désignant suivant l'usage par P, cette autre expression

$$\mathcal{L}_0 = \mathcal{L} + P,$$

d'où l'on déduit

$$(5) \qquad P = \mathcal{L}_0 - \mathcal{L}.$$

Désignons actuellement par L la latitude du lieu; D la déclinaison de l'astre; H sa hauteur observée, à laquelle on aura appliqué les corrections relatives à la dépression, à la réfraction et, s'il y a lieu, à la parallaxe, ou telle qu'elle serait observée du centre de la Terre; désignons enfin par Z l'azimut de

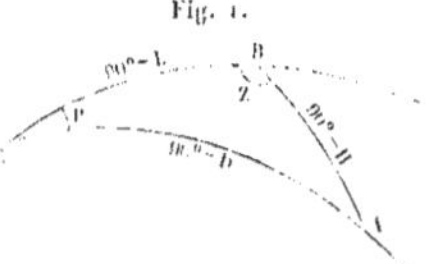

Fig. 1.

l'astre, compté positivement du nord vers l'ouest, et considérons (*fig.* 1) le triangle sphérique formé par les arcs de grand cercle qui se croisent au zénith, au pôle et au point où le rayon vecteur mené à l'astre rencontre la surface de la sphère.

Nous appliquerons au triangle ainsi formé les équations fondamentales (3), en y faisant respectivement

$$c = 90° - \mathrm{H}, \quad a = 90° - \mathrm{L}, \quad b = 90° - \mathrm{D}, \quad \mathrm{C} = \mathrm{P} = \ell_e - \ell, \quad \mathrm{B} = \mathrm{Z};$$

nous aurons ainsi les trois relations

$$(6) \quad \left\{ \begin{aligned} \sin \mathrm{H} &= \sin \mathrm{L} \sin \mathrm{D} + \cos \mathrm{L} \cos \mathrm{D} \cos(\ell_e - \ell), \\ \cos \mathrm{Z} \cos \mathrm{H} &= \cos \mathrm{L} \sin \mathrm{D} - \sin \mathrm{L} \cos \mathrm{D} \cos(\ell_e - \ell), \\ \sin \mathrm{Z} \cos \mathrm{H} &= \cos \mathrm{D} \sin(\ell_e - \ell). \end{aligned} \right.$$

Par une permutation de lettres dans les équations (3), on obtiendrait des formules qui fourniraient le moyen de calculer l'angle à l'astre ; nous ne les écrirons pas, n'ayant pour le moment à en faire aucun usage.

On comprend aisément le motif de la substitution ici faite des latitude, déclinaison et hauteur aux colatitude, distance polaire et distance zénithale ; nous avons voulu introduire immédiatement dans nos formules les quantités en usage chez les marins.

3. Les coordonnées Æ et D de l'astre étant censées connues, ainsi que l'heure sidérale $\mathrm{S}_p$ du premier méridien, la valeur de $\ell_0$ est déterminée par l'équation (4) : nos équations (6) contiennent ainsi les trois inconnues L, $\ell$ et Z. Si l'on ne considère que la première de ces équations, où Z ne figure pas, on se trouve en présence d'une équation contenant encore les deux inconnues L et $\ell$ et, par conséquent, insuffisante pour effectuer leur détermination ; il est donc nécessaire, pour obtenir une solution, de faire concourir au résultat une nouvelle observation de hauteur.

**Problème de la détermination du point au moyen de l'observation de deux hauteurs** (en supposant que l'on ne possède aucune donnée approximative sur la position du navire).

4. Le problème actuel a été l'objet d'un grand nombre de solutions, qui toutes conduisent à des calculs fort longs. Nous citerons, pour l'élégance des formules, la solution que l'on trouve dans l'*Astronomie sphérique* du D$^r$ Brunnow, solution qui est tirée de la considération d'un quadrilatère sphérique. Pour donner une idée de la nécessité de s'écarter quelquefois des méthodes générales, nous allons présenter ici celle que fournit directement l'applica-

tion des formules (6), nous réservant de revenir sur ce problème, à l'occasion des courbes de hauteur en projection sur les cartes marines.

Il est essentiel de convenir que les deux hauteurs observées ne se rapportent pas nécessairement à deux astres différents : elles peuvent aussi concerner un même astre.

Une première observation nous fournit les relations (4) et (6), que nous reproduisons ici :

$$(7) \qquad \mathcal{L}_0 = S_p - Æ, \quad \sin H = \sin L \sin D + \cos L \cos D \cos(\mathcal{L}_0 - \mathcal{L}),$$

où $\mathcal{L}_0$ est la longitude géographique de l'astre observé, et la déclinaison D sa latitude.

Une autre observation qui n'aura pas été faite généralement au même instant, ni au même lieu, observation à laquelle répondra une nouvelle position $(L', \mathcal{L}')$ de l'observateur, fournira des relations pareilles

$$(8) \qquad \mathcal{L}'_0 = S'_p - Æ', \quad \sin H' = \sin L' \sin D' + \cos L' \cos D' \cos(\mathcal{L}'_0 - \mathcal{L}'),$$

où les accents servent à distinguer les quantités qui se rapportent à cette autre observation.

Le système des secondes équations (7) et (8), au nombre de deux, contient actuellement les quatre inconnues $L$, $\mathcal{L}$, $L'$, $\mathcal{L}'$, qu'il est convenable de réduire à deux, en profitant de la connaissance des valeurs des différences $L' - L$ et $\mathcal{L}' - \mathcal{L}$, qui seront assez exactement déterminées par le procédé de l'estime; mais il sera commode, à cet égard, de substituer à la hauteur observée dans l'un des deux lieux celle que l'on eût observée au même instant dans l'autre, si l'observateur y eût été transporté; nous sommes ainsi conduits à résoudre préalablement le problème qui suit :

*Réduction d'une hauteur observée en un lieu à l'horizon d'un autre lieu.* — Soit H la hauteur d'un astre, observée en un lieu $(L, \mathcal{L})$ à l'époque $S_p$ : il s'agit de déterminer la hauteur H' du même astre qu'on observerait, au même instant, en un autre lieu $(L', \mathcal{L}')$; Æ et D désignant les coordonnées de cet astre, on aura la relation

$$\sin H' = \sin L' \sin D + \cos L' \cos D \cos(\mathcal{L}_0 - \mathcal{L}').$$

Posons

$$(9) \qquad H' = H + \delta H, \quad L' = L + \delta L, \quad \mathcal{L}' = \mathcal{L} + \delta \mathcal{L};$$

il viendra

$$\sin(H + \delta H) = \sin(L + \delta L) \sin D + \cos(L + \delta L) \cos D \cos(\mathcal{L}_0 - \mathcal{L} - \delta \mathcal{L}).$$

Or, si nous comparons cette relation à notre première équation fondamentale (6), qui se rapporte à l'observation de H, faite au lieu $(L, \mathcal{L})$, nous aurons, en soustrayant cette dernière équation, membre à membre, de la précédente, et remplaçant les différences par leurs développements en séries, limités aux termes du premier ordre,

$$\cos H\, \partial H = [\cos L \sin D - \sin L \cos D \cos(\mathcal{L}_0 - \mathcal{L})]\partial L + \cos L \cos D \sin(\mathcal{L}_0 - \mathcal{L})\partial \mathcal{L};$$

mais, en vertu des deuxième et troisième équations (6), le coefficient de $\partial L$ est égal à $\cos Z \cos H$, et celui de $\partial \mathcal{L}$ est $\sin Z \cos H \cos L$; il vient donc, en vertu de ces valeurs, et supprimant le facteur commun $\cos H$,

$$(10) \qquad \partial H = \cos Z\, \partial L + \sin Z \cos L\, \partial \mathcal{L}.$$

Soient actuellement $\partial s$ l'arc de grand cercle compris entre les lieux $(L, \mathcal{L})$ et $(L', \mathcal{L}')$; V l'angle de la route $\partial s$, allant du premier au second, et compté du méridien nord, dans le même sens que l'azimut Z; on aura

$$(11) \qquad \partial L = \cos V\, \partial s, \quad \cos L\, \partial \mathcal{L} = \sin V\, \partial s;$$

puis, en substituant ces valeurs dans (10),

$$(12) \qquad \partial H = \cos(Z - V)\, \partial s \;{}^{(1)},$$

expression où la valeur de $\partial s$, censée fournie par l'estime, pourra être ex-

---

(1) La solution donnée par la formule (12) a été obtenue en limitant les développements aux termes du premier ordre : la méthode employée permet de les obtenir facilement; mais elle ne saurait être appliquée commodément aux calculs des termes des ordres supérieurs. Celle que nous allons exposer permettrait de pousser assez loin les développements, sans la moindre difficulté.

Soient (*fig.* 2)

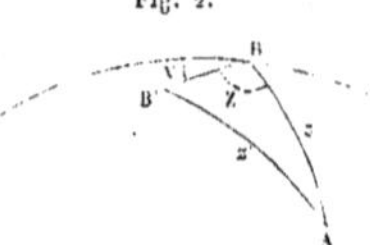

Fig. 2.

B le lieu d'où un astre A a été observé;

$\widehat{\text{PBA}}$ l'azimut Z de cet astre;

BA sa distance zénithale $z = 90° - H$.

Soient, d'autre part, B' un autre lieu dont la distance B'B au premier est $s$ et fait l'angle de route V avec le méridien de B.

Joignons B'A, et désignons la distance B'A par $z' = 90° - H'$, en sorte que H' soit la hauteur que

primée en milles marins, et qui donnera, par suite, $\delta H$ en minutes de degré.

La correction $\delta H$, ainsi obtenue, est égale à la projection du chemin parcouru, sur la direction azimutale de l'astre.

l'on observerait, du lieu B', à l'instant de l'observation faite en B : l'angle B'BA sera égal à $Z - V$, et le triangle fournira la relation

$$\sin H' = \sin H \cos s + \cos H \sin s \cos(Z - V),$$

que l'on pourrait appliquer directement à la solution du problème.

Nous allons en tirer une expression en séries, développée suivant les puissances de $s$, en faisant usage du théorème de Maclaurin :

$$H' = (H')_0 + \left(\frac{dH'}{ds}\right)_0 \frac{s}{1} + \left(\frac{d^2H'}{ds^2}\right)_0 \frac{s^2}{1.2} + \left(\frac{d^3H'}{ds^3}\right)_0 \frac{s^3}{1.2.3} + \dots,$$

l'indice (o) indiquant que l'on fait $s$ égal à zéro, dans la valeur de $H'$ et de ses dérivées.

Formons les dérivées, nous aurons, en nous arrêtant aux troisièmes,

$$\cos H' \frac{dH'}{ds} = -\sin H \sin s + \cos H \cos s \cos(Z - V),$$

$$-\sin H' \frac{dH'^2}{ds^2} + \cos H' \frac{d^2H'}{ds^2} = -\sin H \cos s - \cos H \sin s \cos(Z - V),$$

$$-\cos H' \frac{dH'^3}{ds^3} - 3 \sin H' \frac{dH'}{ds} \frac{d^2H'}{ds^2} + \cos H' \frac{d^3H'}{ds^3} = +\sin H \sin s - \cos H \cos s \cos(Z - V);$$

or, l'équation proposée donne $H' = H$, pour $s = 0$; il s'ensuit

$$(H')_0 = H,$$

$$\left(\frac{dH'}{ds}\right)_0 = \cos(Z - V),$$

$$\left(\frac{d^2H'}{ds^2}\right)_0 = -\tang H \sin^2(Z - V),$$

$$\left(\frac{d^3H'}{ds^3}\right)_0 = -(1 + 3\tang^2 H)\cos(Z - V)\sin^2(Z - V).$$

On a donc, en remplaçant $s$ par $\delta s$, pour plus de clarté,

$$H' = H + \cos(Z - V)\delta s - \frac{1}{2}\tang H \sin^2(Z - V)\delta s^2 - \frac{1}{6}(1 + 3\tang^2 H)\cos(Z - V)\sin^2(Z - V)\delta s^3,$$

expression où, $\delta s$ étant supposé exprimé en minutes, il faudra multiplier les termes en $\delta s^2$ et $\delta s^3$ respectivement par $\sin 1'$ et $\sin^2 1'$.

Les quantités $\cos(Z - V)\delta s$ et $\sin(Z - V)\delta s$ s'obtiendront aisément au moyen des Tables de point : dès lors, il sera facile de faire usage d'une Table qui donne le terme du deuxième ordre mis sous la forme

$$-\frac{1}{2}\tang H \left[\sin(Z - V)\delta s\right]^2 \sin 1'.$$

La Table I contient les valeurs du terme dont il s'agit, pour des valeurs de $\sin(Z - V)\delta s$ variant de 5 en 5 milles jusqu'à 70 milles.

3.

Dans le cas actuel, où l'on suppose que l'on ne possède aucune valeur approchée de la position du navire, il conviendra généralement, ainsi qu'il résulte de la discussion qui sera faite plus loin, que les hauteurs ne soient pas trop grandes, afin que les deux solutions du problème soient assez distinctes et que l'on n'ait pas à hésiter entre elles.

Supposons donc que les hauteurs H ne soient pas trop fortes, on profitera de cette circonstance pour relever les directions azimutales Z au compas. On remarquera que l'azimut observé, malgré les erreurs dont il est susceptible, suffira, le plus souvent, pour distinguer entre les deux solutions.

5. Revenons à notre problème : L'une des observations de hauteur ayant été réduite au lieu de l'autre, par l'application de la formule (12), complétée au besoin, relativement aux termes du second ordre, nous conviendrons, pour plus de facilité dans l'écriture, de désigner simplement par L et $\mathcal{L}$ les coordonnées du lieu où aura été ramenée la hauteur observée H, et de désigner par la même lettre H la hauteur, soit observée au lieu (L, $\mathcal{L}$), soit réduite à ce lieu. Pour distinguer ensuite les hauteurs H des deux astres, nous ajouterons un accent à l'une d'elles, prise arbitrairement.

Les équations à traiter seront, d'une part, les équations (7), d'autre part, celles que l'on obtiendrait en appliquant, dans ces mêmes équations un accent à toutes les lettres, excepté L et $\mathcal{L}$.

Développant $(\mathcal{L}_0 - \mathcal{L})$, la deuxième équation (7) deviendra

$$\sin H = \sin L \sin D + \cos L \cos \mathcal{L} \cos D \cos \mathcal{L}_0 + \cos L \sin \mathcal{L} \cos D \sin \mathcal{L}_0.$$

Posons, pour abréger,

$$(13) \quad \begin{cases} \cos \mathcal{L}_0 \cos D = a, & \cos \mathcal{L} \cos L = x, & \sin H = e, \\ \sin \mathcal{L}_0 \cos D = b, & \sin \mathcal{L} \cos L = y, & \cos H = f, \\ \sin D = c, & \sin L = z, \end{cases}$$

l'équation précédente prendra la forme

$$(14) \qquad e = ax + by + cz.$$

Si nous posons de même, relativement à l'observation faite au lieu (L', $\mathcal{L}'$),

$$(15) \quad \begin{cases} \cos \mathcal{L}_0' \cos D' = a', & \sin H' = e', \\ \sin \mathcal{L}_0' \cos D' = b', & \cos H' = f', \\ \sin D' = c', \end{cases}$$

nous aurons de même l'équation

$$(16) \qquad e' = a'x + b'y + c'z,$$

qui, jointe à la relation (9) et à la suivante

$$(17) \qquad 1 = x^2 + y^2 + z^2,$$

formera un système de trois équations à trois inconnues, dont la solution parait facile au premier abord.

En éliminant successivement $x$ et $y$ entre les équations (9) et (10), on trouve

$$ea' - e'a = (ba' - b'a)y + (ca' - c'a)z,$$
$$- eb' + e'b = (ba' - b'a)x + (c'b - cb')z.$$

Posons, pour abréger,

$$(18) \qquad \begin{cases} A = cb' - c'b, & \alpha = ea' - e'a, \\ B = ac' - a'c, & \beta = eb' - e'b, \\ C = ba' - b'a, & \gamma = ec' - e'c; \end{cases}$$

nous tirerons des équations précédentes

$$(19) \qquad y = \frac{\alpha + Bz}{C}, \quad x = \frac{-\beta + Az}{C},$$

et, ces valeurs étant substituées dans l'équation (17) multipliée par $C^2$, on aura

$$C^2 = \alpha^2 + \beta^2 + 2(B\alpha - A\beta)z + (A^2 + B^2)z^2 + C^2 z^2$$

ou

$$(A^2 + B^2 + C^2)z^2 - 2(A\beta - B\alpha)z = C^2 - (\alpha^2 + \beta^2):$$

on en tire

$$z = \frac{A\beta - B\alpha \pm \sqrt{(A\beta - B\alpha)^2 + [C^2 - (\alpha^2 + \beta^2)](A^2 + B^2 + C^2)}}{A^2 + B^2 + C^2}$$

et, par une transformation facile,

$$z = \frac{A\beta - B\alpha \pm \sqrt{C^2(A^2 + B^2 + C^2 - \alpha^2 - \beta^2) - (A\alpha + B\beta)^2}}{A^2 + B^2 + C^2}.$$

Les quantités qui entrent dans les relations (18) sont susceptibles de nombreuses combinaisons, présentant des interprétations géométriques ou des moyens de vérifier les calculs numériques.

Par exemple, soient $\Theta$ la distance angulaire des positions des astres observés, W l'angle azimutal de leurs directions, au lieu (L, $\mathcal{L}$); il est aisé de

reconnaitre que l'on a, en désignant par $R^2$ la quantité sous le radical de
l'expression de $z$,

$$\cos \Theta = aa' + bb' + cc', \qquad \cos W = \frac{\cos \Theta - ee'}{ff'},$$

$$(20) \quad \begin{cases} A^2 + B^2 + C^2 = \sin^2 \Theta, & \alpha^2 + \beta^2 + \gamma^2 = e^2 + e'^2 - 2ee' \cos \Theta, \\ A\alpha + B\beta + C\gamma = 0, & R^2 = C^2 f^2 f'^2 \sin^2 W. \end{cases}$$

En ayant égard à ces relations, la valeur de $z$ prend la forme

$$(21) \qquad z = \frac{A\beta - B\alpha \pm C ff' \sin W}{\sin^2 \Theta} \quad (^1).$$

Si nous introduisons cette valeur dans les équations (19), et si nous remplaçons ensuite $x$, $y$ et l'expression précédente de $z$ par leurs valeurs (13),
nous obtiendrons finalement

$$(22) \quad \begin{cases} \cos \ell \cos L \sin^2 \Theta = B\gamma - C\beta \pm A ff' \sin W, \\ \sin \ell \cos L \sin^2 \Theta = C\alpha - A\gamma \pm B ff' \sin W, \\ \sin L \sin^2 \Theta = A\beta - B\alpha \pm C ff' \sin W. \end{cases} \quad (^1)$$

Ces équations, où les signes supérieurs ou inférieurs doivent être pris simultanément, offrent la solution complète du problème proposé; elles sont
effectivement réduites à la forme (2) : la vérification des calculs résulte de
la condition que la valeur de $\sin^2 \Theta$ s'accorde avec la valeur (20) de $\cos \Theta$.

Il est visible que les quantités $x$, $y$, $z$ représentent les coordonnées rectangulaires du lieu $(L, \ell)$, à une échelle linéaire dont l'unité serait égale au
rayon de la sphère; en sorte que les équations (14) et (16) représentent
deux plans, et l'équation (17) la sphère elle-même: la solution obtenue dans
ce numéro revient donc à celle du problème de l'intersection d'une droite
et d'une sphère. Nous ne nous étendrons pas davantage, en ce moment, sur
le côté géométrique du problème, qui sera traité avec développement à l'occasion de la solution que l'on obtient à l'aide des cartes marines $(^2)$.

---

($^1$) On aurait pu se dispenser d'écrire ici le double signe, attendu que, W étant seulement
déterminé par son cosinus, l'angle W et, par suite, son sinus sont nécessairement affectés du
double signe : nous le conservons pour rappeler l'existence d'une double solution.

($^2$) Nous présenterons plus loin une solution du problème, fondée sur la détermination des corrections des valeurs approchées des inconnues, et nous en déduirons, d'une manière fort simple,
l'influence produite par des variations $\delta H$ et $\delta H'$ des hauteurs observées.

Toutefois, comme les équations que nous traiterons ainsi ne sont qu'approchées, on pourrait
craindre que le résultat ne fût pas suffisamment exact. Pour lever toute incertitude à cet égard,

**6.** *Discussion des circonstances favorables à la meilleure détermination des inconnues.* — 1° La quantité $\sin^2\Theta$ étant le dénominateur commun des valeurs de $x$, $y$, $z$, ou des fonctions trigonométriques qui les remplacent dans les équations (22), il convient que l'angle $\Theta$ ou la distance angulaire des positions des deux astres soit le plus voisine possible de 90 degrés; 2° observons que, cette condition étant supposée remplie, il résulte de la

---

nous allons rechercher ici les variations de $x$, $y$, $z$, obtenues par la solution rigoureuse, en fonction des variations $\delta H$ et $\delta H'$.

On peut résoudre le problème de beaucoup de manières différentes, par exemple différentier les équations (22); nous nous bornerons à la suivante :

Les équations (14), (16) et (17) étant supposées satisfaites par un système de valeurs de $x$, $y$ et $z$, correspondant aux données $H$ et $H'$, déterminer les variations de ces quantités en fonction des variations de $H$ et $H'$ : tel est le problème à résoudre.

Observant que $H$ et $H'$ n'entrent dans nos équations que par les quantités $c$ et $c'$, nous aurons, en effectuant les différentiations et remplaçant les $d$ par des $\delta$, c'est-à-dire en négligeant les termes du second ordre,

$$(a) \quad \begin{cases} a\,\delta x + b\,\delta y + c\,\delta z = \delta c, \\ a'\,\delta x + b'\,\delta y + c'\,\delta z = \delta c', \\ x\,\delta x + y\,\delta y + z\,\delta z = 0. \end{cases}$$

Des deux premières on déduit, en ayant égard aux relations (18),

$$C\,\delta x - A\,\delta z = - b'\,\delta c + b\,\delta c',$$
$$C\,\delta y - B\,\delta z = + a'\,\delta c - a\,\delta c'.$$

Multiplions ces équations respectivement par $x$ et $y$ et ajoutons; nous aurons, en vertu de la troisième des précédentes et changeant les signes,

$$(b) \quad (Ax + By + Cz)\,\delta z = (b'x - a'y)\,\delta c - (bx - ay)\,\delta c',$$

Le facteur de $\delta z$ peut être mis sous une autre forme : en effet, les équations (19) donnent

$$Cx = Az - \beta,$$
$$Cy = Bz + \alpha;$$

multipliant ces équations respectivement par $A$ et $B$, faisant la somme et ajoutant $C^2z$ aux deux membres, il vient

$$C(Ax + By + Cz) = (A^2 + B^2 + C^2)z - A\beta + B\alpha;$$

d'où, en ayant égard aux relations (20) et (21) et supprimant, dans cette dernière, le double signe dont on a indiqué l'inutilité, au point de vue théorique,

$$(c) \quad Ax + By + Cz = ff'\sin W.$$

L'expression (b) devient ainsi

$$(d) \quad ff'\sin W\,\delta z = (b'x - a'y)\,\delta c - (bx - ay)\,\delta c';$$

or, il est visible, d'après la composition des équations $(a)$, qu'on obtiendra les valeurs de $\delta x$ et $\delta y$

valeur (20) de $\sin^2\Theta$ que les trois quantités A, B, C ne seront jamais très-petites à la fois. Alors il conviendra, pour éviter le voisinage des *racines égales* et l'indétermination qui en est la suite inévitable, que les quantités

---

en effectuant simplement une permutation tournante: on aura ainsi

$$(e)\qquad \begin{cases} ff'\sin W\,\delta x = (c'y - b'z)\,\delta c - (cy - bz)\,\delta c', \\ ff'\sin W\,\delta y = (a'z - c'x)\,\delta c - (az - cx)\,\delta c'. \end{cases}$$

Au point de vue de la détermination numérique de $\delta x$, $\delta y$, $\delta z$, la question est résolue par ces formules; toutefois, il convient d'en déduire les valeurs correspondantes de $\cos L\,\delta\mathcal{L}$ et $\delta L$.

En différentiant la deuxième équation (13), on obtient

$$\begin{aligned} -\sin L\cos\mathcal{L}\,\delta L - \cos L\sin\mathcal{L}\,\delta\mathcal{L} &= \delta x, \\ -\sin L\sin\mathcal{L}\,\delta L + \cos L\cos\mathcal{L}\,\delta\mathcal{L} &= \delta y, \\ +\cos L\,\delta L\qquad\qquad &= \delta z. \end{aligned}$$

De là on déduit aisément

$$(f)\qquad \begin{cases} \cos L\,d\mathcal{L} = -\sin\mathcal{L}\,\delta x + \cos\mathcal{L}\,\delta y, \\ \sin L\,\delta L = -\cos\mathcal{L}\,\delta x - \sin\mathcal{L}\,\delta y; \end{cases}$$

puis, en combinant la deuxième avec la dernière des précédentes,

$$(g)\qquad \delta L = \cos L\,\delta z - \sin L\cos\mathcal{L}\,\delta x - \sin L\sin\mathcal{L}\,\delta y.$$

Mettons, dans les expressions $(f)$ et $(g)$ multipliées par $ff'\sin W$, les valeurs $(d)$ et $(e)$, il viendra

$$\begin{aligned} ff'\sin W.\cos L\,\delta\mathcal{L} = &-[c'(x\cos\mathcal{L} + y\sin\mathcal{L}) - z(a'\cos\mathcal{L} + b'\sin\mathcal{L})]\,\delta c \\ &+[c(x\cos\mathcal{L} + y\sin\mathcal{L}) - z(a\cos\mathcal{L} + b\sin\mathcal{L})]\,\delta c', \end{aligned}$$

$$\begin{aligned} ff'\sin W.\delta L = &-[\cos L(b'x - a'y) + c'\sin L(x\sin\mathcal{L} - y\cos\mathcal{L}) + z\sin L(b'\cos\mathcal{L} - a'\sin\mathcal{L})]\,\delta c \\ &-[\cos L(bx - ay) + c\sin L(x\sin\mathcal{L} - y\cos\mathcal{L}) + z\sin L(b\cos\mathcal{L} - a\sin\mathcal{L})]\,\delta c'. \end{aligned}$$

Or, en vertu des relations (13), (14), (15), on a

$$\begin{aligned} x\sin\mathcal{L} - y\cos\mathcal{L} &= 0, \\ x\cos\mathcal{L} + y\sin\mathcal{L} &= \cos L, \\ a'\cos\mathcal{L} + b'\sin\mathcal{L} &= \cos D'\cos(\mathcal{L}''_0 - \mathcal{L}), \\ a\cos\mathcal{L} + b\sin\mathcal{L} &= \cos D\cos(\mathcal{L}'_0 - \mathcal{L}), \\ b'x - a'y &= \cos D'\cos L\sin(\mathcal{L}''_0 - \mathcal{L}), \\ bx - ay &= \cos D\cos L\sin(\mathcal{L}'_0 - \mathcal{L}), \\ b'\cos\mathcal{L} - a'\sin\mathcal{L} &= \cos D'\sin(\mathcal{L}''_0 - \mathcal{L}), \\ b\cos\mathcal{L} - a\sin\mathcal{L} &= \cos D\sin(\mathcal{L}_0 - \mathcal{L}). \end{aligned}$$

Au moyen de ces valeurs et de celles de $c$, $c'$ et $z$, il vient

$$\begin{aligned} ff'\sin W.\cos L\,\delta\mathcal{L} = &-[\cos L\sin D' - \sin L\cos D'\cos(\mathcal{L}'_0 - \mathcal{L})]\,\delta c \\ &+[\cos L\sin D - \sin L\cos D\cos(\mathcal{L}_0 - \mathcal{L})]\,\delta c', \end{aligned}$$

$$ff'\sin W.\delta L = \cos D'\sin(\mathcal{L}'_0 - \mathcal{L})\,\delta c - \cos D\sin(\mathcal{L}_0 - \mathcal{L})\,\delta c'.$$

Si l'on a recours aux relations (6) appliquées successivement aux deux astres et si l'on écrit, en

$f$, $f'$ et sin W soient le plus grandes possible ; il faut donc que les distances zénithales dont $f$, $f'$ sont les sinus, ainsi que l'angle azimutal W des deux astres, diffèrent le moins possible de l'angle droit. On remarquera, du reste, que, si ces dernières conditions sont remplies, la condition relative à l'angle $\Theta$ le sera également.

On pourra s'étonner de trouver ici des conditions qui ne figurent pas dans la note du numéro précédent : cette note, en effet, n'indique que la condition relative à l'angle azimutal W. La différence des conclusions s'expliquera, si l'on observe que l'on a fait abstraction des termes du second ordre dans la note dont il s'agit ; on reconnaît ainsi que les conditions relatives aux distances zénithales n'ont d'autre importance que de fournir une solution d'une exactitude supérieure à celle que fournissent les équations de condition limitées aux termes du premier ordre.

---

vertu de (13),

$$\delta c = f\,\delta H, \qquad \delta c' = f'\,\delta H',$$
$$\cos H'\,\delta c = ff'\,\delta H, \qquad \cos H\,\delta c' = ff'\,\delta H',$$

les expressions précédentes seront divisibles par $ff'$ et se réduiront à

$$(h) \qquad \begin{cases} \sin W.\cos L\,\delta \mathcal{L} = -\cos Z'\,\delta H + \cos Z\,\delta H', \\ \sin W.\delta L = -\sin Z'\,\delta H - \sin Z\,\delta H'. \end{cases}$$

En les divisant par sin W, on aurait l'erreur sur la longitude réduite en arc du grand cercle, et l'erreur sur la latitude, exprimées d'une manière fort simple.

Élevons ces équations au carré et ajoutons, puis posons

$$s^2 = (\cos L\,\delta\mathcal{L})^2 + \delta L^2,$$

de manière que $s$ désigne l'arc de grand cercle compris entre le lieu primitif (L, $\mathcal{L}$) et le lieu correspondant aux hauteurs $H + \delta H$ et $H' + \delta H'$ ; nous aurons

$$s^2 \sin^2 W = \delta H^2 + \delta H'^2 - 2\,\delta H\,\delta H' \cos(Z' - Z),$$

ou bien, en vertu de ce que $\pm(Z' - Z)$ est précisément égal à l'angle W,

$$(i) \qquad \varepsilon^2 \sin^2 W = \delta H^2 + \delta H'^2 - 2\,\delta H\,\delta H' \cos W.$$

Les signes des erreurs $\delta H$ et $\delta H'$ étant inconnus, on peut seulement constater que les valeurs absolues de $s$ sont comprises entre

$$\frac{\delta H - \delta H'}{\sin W} \quad \text{et} \quad \frac{\delta H - \delta H'}{\sin W} ;$$

il s'ensuit que la plus grande erreur que l'on ait à redouter sur la valeur de $s$ est égale à la somme des valeurs absolues des erreurs $\delta H$ et $\delta H'$ divisée par sin W : on est donc conduit à choisir les astres dont la différence d'azimut approche le plus d'être égale à l'angle droit, résultat conforme à celui que l'on va démontrer n° 6, en discutant la solution directe.

Au point de vue de la pratique, nous ne recommanderons pas l'emploi des formules précédentes, qui sont d'ailleurs très-correctes, à cause de la longueur des calculs qu'elles nécessitent. Nous présenterons plus loin une autre solution un peu moins directe, mais d'une application plus rapide. Nous avons voulu seulement montrer comment l'application des méthodes générales conduit aisément et sûrement à la solution d'un problème un peu compliqué; et nous rappellerons en passant que beaucoup de solutions, plus simples à quelques égards, ne sont, le plus souvent, découvertes qu'après qu'une première solution a été déjà obtenue par un procédé quelconque.

**Solution du problème de la détermination du point, au moyen de deux observations de hauteur, obtenue en utilisant la position approchée que fournit l'estime.**

7. L'une des deux hauteurs étant censée avoir reçu, au besoin, la correction $\delta H$, équation (12), pour la ramener à l'horizon de l'autre, soient $L_e$ et $\mathcal{L}_e$ les longitude et latitude *estimées* du lieu auquel se rapporte la hauteur H, les expressions des coordonnées du lieu $(L, \mathcal{L})$ seront

$$(23) \qquad L = L_e + \delta L_e, \qquad \mathcal{L} = \mathcal{L}_e + \delta \mathcal{L}_e.$$

Relativement à la hauteur H, on aura à considérer les deux équations (7), dont la seconde va nous en fournir deux nouvelles. Appliquant cette équation aux coordonnées $L_e$ et $\mathcal{L}_e$, le second membre, où tout est déterminé, fournira une valeur de la hauteur, qui ne s'accorderait avec la hauteur observée H que si les erreurs de l'estime étaient nulles : nous désignerons par $H_e$ la hauteur qui résulte de cette manière d'envisager les choses, et nous aurons

$$(24) \qquad \sin H_e = \sin L_e \sin D + \cos L_e \cos D \cos(\mathcal{L}_a - \mathcal{L}_e).$$

Posons actuellement

$$(25) \qquad H = H_e + \delta H_e,$$

la même seconde équation (7) nous donnera

$$(26) \quad \sin(H_e + \delta H_e) = \sin(L_e + \delta L_e) \sin D + \cos(L_e + \delta L_e) \cos D \cos(\mathcal{L}_a - \mathcal{L}_e - \delta \mathcal{L}_e).$$

Retranchant l'équation (24) de celle que nous venons d'écrire, et développant, en séries limitées aux termes du premier ordre, les différences des termes homologues, nous aurons

$$(27) \quad \left\{ \begin{aligned} \cos H_e \, \delta H_e = {} & [\cos L_e \sin D - \sin L_e \cos D \cos(\mathcal{L}_a - \mathcal{L}_e)] \delta L_e \\ & + \cos L_e \cos D \sin(\mathcal{L}_a - \mathcal{L}_e) \delta \mathcal{L}_e. \end{aligned} \right.$$

Il s'agit maintenant de remplacer les équations (24) et (27) par d'autres auxquelles on puisse facilement appliquer le calcul logarithmique.

Appliquons les deuxième et troisième équations (6) au cas actuel; nous aurons

$$(28) \quad \begin{cases} \cos Z_e \cos H_e = \cos L_e \sin D - \sin L_e \cos D \cos (\mathcal{L}_0 - \mathcal{L}_e), \\ \sin Z_e \cos H_e = \cos D \sin (\mathcal{L}_0 - \mathcal{L}_e) : \end{cases}$$

en vertu de ces relations, l'équation (27), en y supprimant le facteur commun $\cos H$, devient

$$(29) \quad \partial H_e = \cos Z_e \, \partial L_e + \sin Z_e \cos L_e \, \partial \mathcal{L}_e.$$

On voit déjà que les équations (24) et (28) réunies fourniraient les valeurs de $H_e$ et $Z_e$; mais nous devons les rendre logarithmiques, ce que nous ferons en posant, suivant l'habitude en pareil cas,

$$(30) \quad \mathrm{tang}\,\varphi = \cot D \cos (\mathcal{L}_0 - \mathcal{L}_e);$$

d'où

$$\cos D \cos (\mathcal{L}_0 - \mathcal{L}_e) = \frac{\sin D}{\cos \varphi} \sin \varphi;$$

mettant cette valeur dans l'équation (24) et la première (28), et reproduisant la deuxième, on aura

$$(31) \quad \begin{cases} \sin H_e = \dfrac{\sin D}{\cos \varphi} \sin (L_e + \varphi), \\[2mm] \cos Z_e \cos H_e = \dfrac{\sin D}{\cos \varphi} \cos (L_e + \varphi), \\[2mm] \sin Z_e \cos H_e = \cos D \sin (\mathcal{L}_0 - \mathcal{L}_e). \end{cases}$$

Ces équations, jointes à (30), déterminent complétement $H_e$ et $Z_e$, et fournissent, en même temps, une vérification. On remarquera aisément que l'ambiguïté qui affecte l'angle $\varphi$ est indifférente.

Lorsqu'on voudra réduire les calculs et s'en rapporter à la concordance des résultats obtenus par plusieurs calculateurs, on pourra remplacer les équations (31) par les suivantes :

$$(32) \quad \begin{cases} \mathrm{tang}\, Z_e = \sin \varphi \, \dfrac{\mathrm{tang}\,(\mathcal{L}_0 - \mathcal{L}_e)}{\cos (L_e + \varphi)}, \\[2mm] \mathrm{tang}\, H_e = \mathrm{tang}\,(L_e + \varphi) \cos Z_e, \end{cases}$$

auxquelles on joindra la condition que $\sin Z_e$ ait le signe de $\sin (\mathcal{L}_0 - \mathcal{L}_e)$.

4.

La première s'obtient en divisant la troisième par la deuxième équation (31), l'autre au moyen des deux premières.

Si l'on transporte dans l'équation (29) la valeur de $\delta H_e$ que fournit l'équation (25), on aura

$$(33) \qquad H - H_e = \cos Z_e \, \delta L_e + \sin Z_e \cos L_e \, \delta \mathcal{L}_e.$$

Une autre observation réduite à l'horizon de $(L_e, \mathcal{L}_e)$ fournira cette autre équation

$$(34) \qquad H' - H'_e = \cos Z'_e \, \delta L_e + \sin Z'_e \cos L_e \, \delta \mathcal{L}_e.$$

La résolution des équations (33) et (34) fournit la solution

$$(35) \quad \left\{ \begin{aligned} \delta L_e &= \frac{+(H - H_e)\sin Z'_e - (H' - H'_e)\sin Z_e}{\sin (Z'_e - Z_e)}, \\[2mm] \cos L_e \, \delta \mathcal{L}_e &= \frac{-(H - H_e)\cos Z'_e + (H' - H'_e)\cos Z_e}{\sin (Z'_e - Z_e)}. \end{aligned} \right\} \quad (^1)$$

Ces formules montrent que la meilleure détermination des inconnues est celle qui répond à la perpendicularité des directions azimutales des hauteurs observées.

Rappelons, en terminant ce numéro, le résultat consigné dans la note du n° 5. La plus grande erreur à craindre sur la position du point, et provenant des erreurs des hauteurs observées H et H', est égale à la somme des valeurs absolues de ces erreurs, divisée par le sinus de l'angle compris entre les directions azimutales des deux astres.

Nous donnerons dans le numéro suivant l'interprétation géométrique des équations de la forme (33) ou (34).

**De la représentation de portions peu étendues de la surface d'une sphère, au moyen de figures planes. — Plan tangent. — Cartes marines.**

8. Les solutions de divers problèmes que nous avons encore à résoudre seront mieux comprises, si nous empruntons à la Géométrie les ressources qu'elle nous offre pour rendre un résultat saisissable d'un seul coup d'œil ; d'ailleurs, quelques-uns de ceux que nous avons en vue pourront être obte-

---

($^1$) Il résulte de la discussion concernant l'influence des termes du deuxième ordre (*voir* Note II) qu'il y aura avantage, après avoir obtenu la valeur corrigée de la latitude, au moyen de la première équation (35), à substituer cette valeur à $L_e$ dans le calcul de $\delta \mathcal{L}_e$ au moyen de la deuxième équation (35).

nus par des procédés graphiques d'une exactitude presque toujours suffisante.

*Plan tangent.* — Par un point de la sphère, dont les coordonnées géographiques sont L et $\zeta$, menons, dans le plan tangent en ce point, deux axes rectangulaires des $x$ et des $y$, le premier dirigé dans le sens des longitudes, le second parallèlement au méridien et du côté du pôle boréal. Considérons un point voisin du point (L, $\zeta$) et dont les coordonnées géographiques soient

$$L + \delta L \quad \text{et} \quad \zeta + \delta\zeta,$$

et désignons par R la ligne qui représente le rayon terrestre. Si l'on projette sur le plan tangent le point que nous venons de considérer, $x$ et $y$ étant les coordonnées rectangulaires de ce point, on aura, aux termes près des ordres supérieurs que nous négligerons,

$$(36) \qquad\qquad x = \text{R}\cos L\,\delta\zeta, \quad y = \text{R}\,\delta L.$$

On aurait, relativement à d'autres points toujours peu distants du point de tangence,

$$x' = \text{R}\cos L\,\delta'\zeta, \quad y' = \text{R}\,\delta'L,$$
$$\dots\dots\dots\dots\dots, \quad \dots\dots\dots;$$

et l'on voit que, au degré d'approximation admis, les divers points formeront une figure semblable à celle que forment les points correspondants de la surface de la sphère.

*Cartes marines.* — Nous mènerons, par le point de la carte qui représente le point (L, $\zeta$) de la sphère, des axes coordonnés ayant les directions indiquées au sujet du plan tangent. Nous désignerons encore par $x$ et $y$ les coordonnées rectangulaires d'un point voisin, ayant pour coordonnées géographiques L $+$ $\delta L$ et $\zeta + \delta\zeta$, et par R la ligne qui représente le rayon terrestre à l'échelle de la carte. Or il résulte du système de projection imaginé par Mercator que l'on doit faire

$$(37) \qquad\qquad x = \text{R}\,\delta\zeta, \qquad y = \frac{\text{R}}{\cos L}\,\delta L,$$

en supposant $\delta\zeta$ et $\delta L$ infiniment petits : il est clair que ces relations auront encore lieu, lorsque l'on supposera seulement que ces quantités sont très-petites et que l'on négligera les termes d'ordres supérieurs.

Si l'on compare les valeurs des coordonnées représentatives d'un même point dans les deux systèmes (36) et (37), on reconnaît immédiatement que les coordonnées de ce point, dans les deux systèmes, sont proportionnelles;

et, comme il en est ainsi pour tous les autres points voisins, on conclura que les figures représentatives d'un même espace sphérique peu étendu, dans l'un et l'autre système, sont semblables entre elles et à la figure sphérique considérée.

Les grandeurs des deux échelles, relatives, l'une au plan tangent, l'autre à la projection de Mercator, sont dans le rapport de l'unité à $\dfrac{1}{\cos L}$.

### Droites de hauteur.

9. Revenons au problème dont la solution analytique a été donnée, n° 7.

L'équation de condition que fournit une observation de hauteur est celle marquée (33). Supprimons-y, pour plus de simplicité, les indices $e$ à toutes les lettres autres que H ; prenant pour origine des coordonnées rectangulaires le point estimé, mettons pour $\partial L$ et $\cos L \partial \varrho$ les valeurs que fournissent les relations (36) ; nous aurons, dans le système de représentation au moyen du plan tangent,

$$R(H - H_e) = y\cos Z + x\sin Z.$$

L'origine des coordonnées rectangulaires restant la même, mettons, d'autre part, dans la même équation (33), les valeurs de $\partial L$ et $\cos L \partial \varrho$ que l'on tire des équations (37) ; il viendra, en divisant tout par $\cos L$,

$$\frac{R(H - H_e)}{\cos L} = y\cos Z + x\sin Z,$$

relation spéciale à l'emploi des cartes marines.

Si donc nous posons

$$(38) \quad \begin{cases} p = R(H - H_e), & \text{(plan tangent)}, \\[2mm] p = \dfrac{R(H - H_e)}{\cos L}, & \text{(cartes marines) [1]}, \end{cases}$$

suivant que l'on aura recours à l'un ou l'autre des deux systèmes de projection, l'équation de condition (37) prendra, dans les deux cas, la forme unique

$$(39) \qquad\qquad y\cos Z + x\sin Z = p.$$

---

[1] La valeur de $p$ relative à l'emploi des cartes marines se déduira, sans calcul, des cartes elles-mêmes, en mesurant, à l'échelle des latitudes croissantes, la longueur correspondant à $H - H_e$ pour la latitude L.

Cette équation, qui est celle d'une ligne droite, est un lieu géométrique
de la position qu'occupe le navire; on lui a donné la dénomination de
*droite de hauteur*. La direction de cette droite fait, avec l'axe des $x$ et vers
les $y$, l'angle qui a pour tangente $-$ tang $Z$; par suite, elle fait, avec le côté
négatif des $x$, l'angle $Z$ lui-même : d'où il est facile de conclure qu'elle est
perpendiculaire à la direction azimutale de l'astre observé. En outre, si l'on
projette, sur cette normale, le rayon vecteur d'un point quelconque de la
droite, la projection aura précisément pour expression le premier membre
de l'équation (39); donc la constante $p$ est la grandeur de la perpendiculaire
abaissée du *point estimé* sur la *droite de hauteur*. Pour construire cette
dernière, on n'aura qu'à tracer, par le point estimé et dans la direction
azimutale de l'astre observé, une droite sur laquelle on mesurera une longueur $p$ représentative de $H - H_c$ à l'échelle des latitudes vraies ou des
latitudes croissantes, suivant le système de projection adopté, et à mener
ensuite, par l'extrémité ainsi fixée, de la droite $p$, une autre droite qui lui
soit perpendiculaire.

Le point d'intersection de la droite de hauteur et de la perpendiculaire
abaissée du point estimé mérite de fixer l'attention ; pour le distinguer de
ce dernier, désignons-le par la dénomination de *point rapproché* : il est facile
de justifier cette dénomination.

Si l'on fait abstraction de l'erreur commise dans l'observation de la hauteur H, la distance d'un point de la droite de hauteur pris arbitrairement, au
point estimé, servirait de mesure à l'erreur de l'estime qui aurait lieu effectivement, si le point considéré coïncidait avec la position réelle du navire.
L'erreur de l'estime variant ainsi avec la position du point pris sur la droite
de hauteur, il est visible que celui des divers points auquel correspond la
moindre erreur de l'estime est l'extrémité de la droite $p$, ou le point que
nous avons appelé, par anticipation, *point rapproché*.

**Solution graphique du problème de la détermination du point, au moyen de
deux observations de hauteur.**

**10.** En se reportant à ce qui a été exposé dans les numéros précédents,
on voit qu'il suffira de tracer, en se conformant aux indications présentées
dans ces numéros, la droite de hauteur fournie par l'une et l'autre des deux
observations. Or, comme chacune d'elles est un lieu géométrique de la position du navire, le point qu'il s'agit de déterminer se trouve à l'intersection
des deux droites.

PROBLÈME INDÉTERMINÉ. — *Tirer parti d'une observation unique*
*de hauteur.*

**11.** Il est clair que, dans la nouvelle navigation, comme dans l'ancienne,
on ne se borne à observer une seule hauteur que si l'on ne peut faire autrement. Dans un pareil cas, il s'agit de tirer le meilleur parti possible d'une
observation unique. On a vu, n° 9, que la construction de la droite de hauteur
correspondant à une observation de hauteur fournit un lieu géométrique
de la position du navire et que le pied de la perpendiculaire abaissée du
lieu estimé sur la droite de hauteur est la position la plus probable, eu égard
aux seules erreurs de l'estime. La connaissance de la position de ce point,
que nous avons nommé *point rapproché*, est déjà fort utile en elle-même;
mais elle offre encore l'avantage de fournir un point de départ plus exact
que le point estimé, dans les calculs qui auraient pour objet de résoudre le
problème du point, en utilisant une ou plusieurs autres observations de
hauteur, au cas où l'état du ciel, venant à changer, permettrait d'en faire
de nouvelles.

La connaissance d'une position du point, probablement plus approchée
que celle résultant de la seule estime, permet au navigateur de se mouvoir
avec sécurité dans une zone facile à déterminer. Par exemple, il peut tracer
sur la carte deux droites parallèles à la droite de hauteur et distantes, de
part et d'autre de celle-ci, d'une quantité égale à la plus grande erreur dont
il puisse supposer la hauteur H affectée. L'espace compris entre ces droites
contiendra certainement la position du navire, si l'erreur de l'estime n'est
pas trop considérable, et le navigateur pourra s'y maintenir si la carte
n'indique aucun obstacle dans cette région. Dans le cas où il s'en présenterait, le navigateur a encore la ressource de se déplacer de la quantité nécessaire et de continuer sa navigation, en suivant une autre route qui soit
parallèle à la droite de hauteur.

On suppose ici que la distance zénithale, ou le rayon du cercle de hauteur,
est assez grand pour qu'on puisse considérer la droite de hauteur comme
se confondant sensiblement avec la circonférence du cercle de hauteur dans
tout l'intervalle que l'on se propose de parcourir. Si l'on suppose la distance
zénithale petite, le navigateur pourra construire la courbe de hauteur et la
suivre tant que rien ne s'y opposera.

PROBLÈME PLUS QUE DÉTERMINÉ. — NOMBRE DES OBSERVATIONS DE HAUTEUR
SUPÉRIEUR A DEUX.

**12.** A chaque observation répond une droite de hauteur : soit $n$ le
nombre de ces droites, leurs intersections seront au nombre de $\dfrac{n(n-1)}{2}$.
Les divers points d'intersection, à cause des erreurs des observations, ne
coïncideront généralement pas ; en outre, il arrivera que deux droites peu
différentes de position et répondant à d'excellentes observations présenteront un point d'intersection fort éloigné des autres ; d'ailleurs, l'emploi
rationnel de ces droites n'est permis que dans un espace restreint, puisque
les équations de condition ne deviennent linéaires qu'à la suite de la suppression des termes d'ordres supérieurs. La considération des points d'intersection devra, en conséquence, être écartée dans la recherche du point
qu'il s'agit de déterminer.

Nous avons vu (n° 9) que les équations de condition peuvent être ramenées
à la forme unique

$$(39) \qquad\qquad p = y \cos Z + x \sin Z,$$

dans laquelle $x$, $y$ et $p$ sont liés aux inconnues et aux données par les équations (36) et première (38), lorsque l'on fait usage du plan tangent à la
sphère, et par les équations (37) et deuxième (38) lorsqu'on emploie les
cartes marines.

La formule (39), préparée en vue de solution ou au moins d'interprétation
géométrique, n'est, dans l'un et l'autre cas, qu'une transformation de l'équation de condition primitive ; en sorte que les développements suivants con-
viendront également à une solution analytique et à l'emploi que l'on pourrait
se proposer de faire des procédés graphiques.

Les diverses équations de condition de la forme (39) en nombre $n$ étant
supposées généralement incompatibles, à cause des erreurs des observations ;
en d'autres termes, ces équations ne pouvant être satisfaites par un système
commun de valeurs des inconnues $x$ et $y$, nous allons former de nouvelles
équations de condition où, pour éviter toute confusion, nous désignerons
par $a$ et $b$ les valeurs des coordonnées du point cherché, qui seront capables
de satisfaire à l'ensemble des nouvelles équations. Or, il est clair que ce
système se déduira des équations (39), en appliquant aux quantités observées ou aux quantités qu'elles représentent les corrections nécessaires.

En premier lieu, on reconnaîtra, en vertu des relations (38), que $p$ doit recevoir une correction proportionnelle à la correction de la hauteur observée H, et que nous désignerons par $\eta$ ; il faudra donc remplacer, dans (39), $p$ par $p + \eta$. Il faudrait également appliquer une correction à Z, attendu que Z est une fonction de H; mais on.voit que cette correction introduirait, dans notre équation, des termes du deuxième ordre, dont nous n'avons à tenir aucun compte. Remplaçons donc $p$ par $p + \eta$, $x$ et $y$ par $a$ et $b$ ; nous obtiendrons, en transposant,

$$(40) \qquad\qquad \eta = b \cos Z + a \sin Z - p.$$

On aura autant d'équations pareilles que d'observations de hauteur.

Les équations de condition primitives formaient un système *plus que déterminé* de $n$ équations à deux inconnues; celui que nous venons de lui substituer comprend le même nombre d'équations, mais un nombre d'inconnues égal à $n + 2$. A un système d'équations incompatibles généralement, nous substituons un système indéterminé d'équations compatibles; dans le nouveau système, la différence du nombre des équations et des inconnues est moindre que dans l'autre, dès que $n$ excède 4.

Si nous connaissions les valeurs réelles de $a$ et $b$, les équations de la forme (40) nous feraient connaître les corrections $\eta$ des erreurs effectives des observations. Or il nous faudrait joindre, au système précédent, deux équations exactes pour en rendre la résolution possible.

A défaut de ces équations exactes, nous aurons recours à celles que nous offre la théorie des probabilités.

Puisque le nouveau système est indéterminé, nous devons considérer les valeurs de $a$ et de $b$ comme des variables dont les variations produisent, dans les valeurs de $\eta$, des variations correspondantes.

A des systèmes de valeurs de $a$ et $b$ répondent certaines valeurs des corrections $\eta$, et l'on conçoit que le meilleur système sera celui qui nécessitera les moindres valeurs de ces corrections. Telle est la pensée qui se présente immédiatement à l'esprit ; mais son énoncé manque de la précision nécessaire. Si l'on se proposait de rendre un minimum la somme des $\eta$, le but ne serait pas rempli, puisque le minimum d'une somme algébrique n'a pas de limites. Legendre a eu l'heureuse idée d'imposer la condition de minimum à la somme des carrés des erreurs : telle est l'origine de la célèbre méthode dite des *moindres carrés*. En la proposant, Legendre ne s'est pas arrêté à cette objection qu'on pourrait, avec autant de raison, s'imposer la condition de minimum de la somme des quatrième, sixième, ... puissances des erreurs.

Il était réservé à Gauss et à Laplace de démontrer que la règle proposée par Legendre est celle qui fournit la solution la plus probable.

En nous conformant à cette règle, nous sommes conduits à rechercher les conditions par lesquelles la somme

$$\Sigma \eta^2$$

devient un minimum. A peine est-il besoin de faire remarquer que le minimum devrait être celui de la somme des carrés des corrections de H, et qu'en y substituant les carrés de $\eta$ qui y sont proportionnels, nous ne portons aucune atteinte au principe.

Les quantités $\eta$ étant des fonctions de $a$ et $b$, les conditions du minimum seront

$$\Sigma \eta \frac{d\eta}{da} = 0, \qquad \Sigma \eta \frac{d\eta}{db} = 0,$$

ou, en vertu de (40),

$$(41) \qquad \Sigma \eta \sin Z = 0, \quad \Sigma \eta \cos Z = 0 ;$$

la substitution de la valeur (40) de $\eta$ donne d'ailleurs

$$(42) \qquad \begin{cases} b\Sigma \sin Z \cos Z + a\Sigma \sin^2 Z \quad - \Sigma p \sin Z = 0, \\ b\Sigma \cos^2 Z \quad + a\Sigma \sin Z \cos Z - \Sigma p \cos Z = 0. \end{cases}$$

Ces équations ne contiennent plus actuellement que les deux inconnues $a$ et $b$; en les supposant résolues et les valeurs de $a$ et de $b$ portées dans les équations de la formule (40), on obtiendrait les valeurs des corrections $\eta$ qui seraient utilisées, s'il y avait lieu de fixer le degré de probabilité de la solution obtenue.

Avant de nous occuper de la résolution des équations (42), nous donnerons une interprétation géométrique des quantités $\eta$.

Par le point $(a, b)$ menons une normale à la droite (39); l'équation de cette normale pourra être mise sous la forme

$$0 = (y - b)\sin Z - (x - a)\cos Z.$$

Actuellement, l'équation de la droite (39), si l'on en élimine la valeur de $p$, à l'aide de la relation (40), peut s'écrire

$$- \eta = (y - b)\cos Z + (x - a)\sin Z.$$

Les valeurs de $x$ et de $y$, qui satisfont à cette équation et à la précédente, sont les coordonnées du point d'intersection de la droite de hauteur et de la normale abaissée, sur celle-ci, du point $(a, b)$. Élevant ces équations au carré et ajoutant, il vient

$$\eta^2 = (y - b)^2 + (x - a)^2 :$$

donc la quantité $\eta$ est la longueur de la normale abaissée du point cherché sur la droite de hauteur. Enfin, les premiers membres des équations $(41)$, étant divisés par $n$, ne sont autre chose que les coordonnées du centre de gravité des pieds des normales abaissées du point $(a, b)$ sur les droites de hauteur, rapportées à des axes menés par le même point $(a, b)$; il en résulte que ces coordonnées sont nulles.

La théorie des probabilités conduit à des conditions qui peuvent s'exprimer ainsi : trouver un point tel que la somme des carrés des normales menées de ce point aux diverses droites de hauteur soit un minimum; ou encore, dans les termes suivants : trouver un point tel que si, de ce point, on mène des normales aux diverses droites de hauteur, ce même point coïncide avec le centre de gravité des pieds des mêmes normales.

Revenons à nos équations $(42)$. Concevons qu'on ait remplacé les puissances et produits de $\sin Z$ et $\cos Z$ en fonctions de $\sin 2Z$ et $\cos 2Z$, et qu'en outre, on ait tout multiplié par $\dfrac{2}{n}$; nous poserons pour simplifier

$$(43) \qquad X = \frac{1}{n} \Sigma p \sin Z, \qquad Y = \frac{1}{n} \Sigma p \cos Z,$$

$$(44) \qquad v = \frac{1}{n} \Sigma \sin 2Z, \qquad u = \frac{1}{n} \Sigma \cos 2Z :$$

ces équations deviendront alors

$$bv + a(1 - u) = 2X,$$
$$b(1 + u) + av = 2Y,$$

et leur résolution donnera

$$(45) \qquad \left\{ \begin{array}{l} b(1 - u^2 - v^2) = 2[(1 - u)Y - vX], \\ a(1 - u^2 - v^2) = 2[(1 + u)X - vY]. \end{array} \right.$$

Telle est la forme la plus simple que l'on puisse donner au résultat.

Si l'on veut faire des applications numériques de ces formules, on pourra, dans le calcul de $p$, faire abstraction du facteur R qui devient arbitraire et employer la première formule $(38)$; alors il faudra tirer $\delta g$ et $\delta L$ des équations (36), dans lesquelles on fera également abstraction de R, et où l'on remplacera $x$ et $y$ respectivement par les valeurs de $a$ et de $b$ qui viennent d'être obtenues.

Les équations (45) montrent que la meilleure détermination répond au cas où les quantités $u$ et $v$, ou les sommes $\Sigma \cos 2Z$ et $\Sigma \sin 2Z$, seront nulles. Or il est visible que cela aura lieu si les directions azimutales, abstraction faite de leur sens, partagent la demi-circonférence en parties égales; dans cette circonstance, les valeurs de $a$ et $b$ se réduiront respectivement à $2X$ et $2Y$. On en conclut que, dans cette hypothèse, le point le plus probable est situé sur la droite qui joint le centre de gravité des *points rapprochés* au point estimé et à une distance de celui-ci double de la distance des mêmes points et dans le même sens (').

Cette solution s'étendrait sans doute, et sans trop d'erreur, au cas où, le nombre des côtés étant assez grand, les directions azimutales ne satisferaient pas exactement à la condition qui vient d'être énoncée; attendu que les quantités $u$ et $v$ tendent vers zéro quand $n$ augmente.

Nous terminerons ce numéro en faisant remarquer que les erreurs de l'estime n'affectent pas sensiblement la détermination du point le plus probable : tant que ces erreurs restent petites, elles ne peuvent produire, dans les résultats, que des erreurs du second ordre.

**13.** *Cas particulier de trois droites de hauteur.* — Ce cas étant celui qui se présente le plus fréquemment, quand l'état du ciel permet de multiplier les observations, nous devons faire connaitre le procédé graphique auquel conduit la théorie des probabilités.

On a vu, dans le numéro précédent, que la condition à remplir est de trouver le point tel que la somme des carrés des normales abaissées, de ce point, sur les droites de hauteur soit un minimum.

Il existe diverses manières de résoudre ce problème : nous emploierons celle qui ressort directement de son énoncé et des règles relatives aux questions de maxima et minima, combinées avec les données géométriques.

---

') Le résultat qu'on vient d'obtenir conduit à ce théorème de Géométrie : Soit un point E pris arbitrairement dans le plan d'un polygone régulier; si de ce point E on abaisse des normales sur les côtés de ce polygone prolongés au besoin, le centre de gravité G des pieds des normales sera situé au milieu de la droite qui joint le point E et le centre C du polygone. En effet, le point qui satisfait au minimum de la somme des carrés des normales est le centre C du polygone et la position de ce point s'obtient, en joignant le point E au point G, et prolongeant ensuite la droite EG d'une quantité égale à la longueur de cette droite.

Soit ABC (*fig.* 3) le triangle formé par les trois droites de hauteur; prenons pour axe des $x$ le côté AB et, par le point A, comme origine des

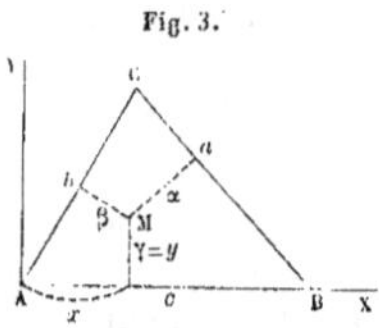

Fig. 3.

coordonnées, menons l'axe des $y$ du côté où se trouve le sommet C. Soient M le point cherché, $x$ et $y$ ses coordonnées; désignons par $\alpha$, $\beta$, $\gamma$ respectivement les perpendiculaires abaissées de M sur les côtés $a$, $b$, $c$ du triangle : les conditions à remplir seront

$$\frac{d\,(\alpha^2 + \beta^2 + \gamma^2)}{dx} = 0, \qquad\qquad \frac{d\,(\alpha^2 + \beta^2 + \gamma^2)}{dy} = 0,$$

ou

$$\alpha\frac{d\alpha}{dx} + \beta\frac{d\beta}{dx} + \gamma\frac{d\gamma}{dx} = 0, \qquad \alpha\frac{d\alpha}{dy} + \beta\frac{d\beta}{dy} + \gamma\frac{d\gamma}{dy} = 0.$$

Il s'agit d'exprimer les normales $\alpha$, $\beta$, $\gamma$ en fonction des coordonnées $x$ et $y$ : or, si l'on désigne les angles du triangle opposés à $a$, $b$, $c$ par A, B, C, on aura, suivant la théorie des projections,

$$\alpha = - \gamma\cos B + (c - x)\sin B,$$
$$\beta = - y\cos A + x\sin A,$$
$$\gamma = + y\,;$$

d'où

$$\frac{d\alpha}{dx} = -\sin B, \qquad \frac{d\alpha}{dy} = -\cos B,$$

$$\frac{d\beta}{dx} = +\sin A, \qquad \frac{d\beta}{dy} = -\cos A$$

$$\frac{d\gamma}{dx} = 0, \qquad \frac{d\gamma}{dy} = +1$$

Les deux équations de condition deviennent donc

$$-\alpha\sin B + \beta\sin A = 0, \qquad -\alpha\cos B - \beta\cos A + \gamma = 0.$$

Il resterait à introduire dans ces équations les valeurs de $\alpha$, $\beta$, $\gamma$ en $x$ et $y$,

puis à tirer les valeurs des deux inconnues. Nous n'effectuerons pas ce calcul
qui serait assez compliqué; nous préférons indiquer une construction graphique qui découle des relations précédentes, comparées à celles que fournissent les propositions fondamentales de la Trigonométrie rectiligne, savoir :

$$- a\sin B + b\sin A = 0, \quad - a\cos B - b\cos A + c = 0.$$

En effet, la comparaison de ces relations avec les précédentes montre que les
perpendiculaires $\alpha$, $\beta$, $\gamma$ sont respectivement proportionnelles aux longueurs
$a$, $b$, $c$ des côtés du triangle; on a donc, en désignant par $k$ une constante,

$$\frac{\alpha}{a} = \frac{\beta}{b} = \frac{\gamma}{c} = k.$$

Cela posé, menons ($fig.$ 4) deux droites $b'b'$, $c'c'$ respectivement paral-

Fig. 4.

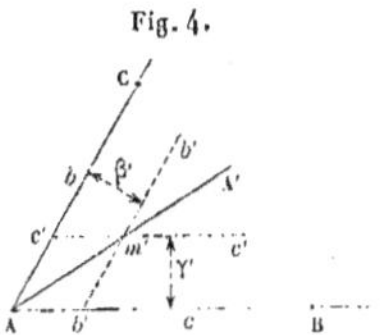

lèles aux côtés $b$ et $c$ du triangle, à des distances $\beta'$, $\gamma'$ respectivement proportionnelles aux longueurs de ces côtés, et comptées vers l'intérieur du
triangle, de sorte que l'on ait

$$\frac{\beta'}{b} = \frac{\gamma'}{c},$$

puis, joignons le point d'intersection $m'$ au point A : nous aurons, en vertu
de cette relation et de la précédente,

$$\frac{\beta'}{\gamma'} = \frac{b}{c} = \frac{\beta}{\gamma};$$

ce qui suffit pour montrer que le point M ($fig.$ 3) est situé sur la droite
A$m'$ ou AA'.

Si donc on fait une construction analogue relativement au sommet B,
le point M sera situé à l'intersection des droites AA', BB' ($fig.$ 4). Enfin,
on aura une vérification, en faisant une construction pareille, relativement au
sommet C : les trois droites devront se couper en un même point.

Il est clair que, si les dimensions de l'épure le permettent, on pourra prendre les distances $\alpha'$, $\beta'$, $\gamma'$ égales aux côtés mêmes du triangle, ce qui dispensera de tout calcul.

### De l'influence des erreurs des chronomètres sur la détermination de la position du navire.

**13** *bis*. — On a examiné, n^os 5 et 9, l'influence des erreurs des observations de hauteur; nous terminerons ce Chapitre en examinant celle de l'erreur des chronomètres.

Éliminons $\mathcal{L}_0$ entre les équations ($7$), nous aurons

$$\sin \mathrm{H} = \sin \mathrm{L} \sin \mathrm{D} + \cos \mathrm{L} \cos \mathrm{D} \cos (\mathrm{S}_0 - \mathcal{L} - \mathcal{R}).$$

On obtiendrait d'autres équations toutes pareilles, en accentuant les lettres H, D, $\mathcal{R}$ et $\mathrm{S}_p$; or, si l'on désigne par $\sigma^{(i)}$ le temps sidéral écoulé à partir de l'observation de H jusqu'à l'observation de $\mathrm{H}^{(i)}$, le cosinus de l'angle horaire, relatif à cette dernière, pourra s'écrire

$$\cos (\mathrm{S}_p - \mathcal{L} + \sigma^{(i)} - \mathcal{R}^{(i)}),$$

en sorte que, si l'on pose

$$\theta = \mathrm{S}_p - \mathcal{L},$$

et que l'on considère comme négligeable l'erreur de la quantité $\sigma^{(i)}$ ou de sa marche du chronomètre dans l'intervalle des observations, comme cela a lieu effectivement dans la pratique, les inconnues du problème seront L et $\theta$. Quel que soit donc le nombre des équations de la forme précédente, les inconnues L et $\theta$ qu'on en déduira seront seulement des fonctions des données H, D, $\mathcal{R}$ et $\sigma$ avec ou sans accents, et ne dépendront en rien de la marche des chronomètres.

Donc la latitude n'est point affectée par les erreurs des chronomètres.

Quant à la longitude $\mathcal{L}$, dont l'expression en fonction de $\theta$ est

$$\mathcal{L} = \mathrm{S}_p - \theta,$$

il est visible que son erreur est égale à celle de $\mathrm{S}_p$ ou à l'erreur du temps sidéral fourni par les chronomètres.

On obtiendrait les mêmes résultats en tirant des équations du problème les valeurs de $\dfrac{d\mathrm{L}}{d\mathrm{S}_p}$ et $\dfrac{d\mathcal{L}}{d\mathrm{S}_p}$: on trouverait, pour valeurs de ces dérivées, respectivement zéro et l'unité.

# CHAPITRE II.

## MÉTHODE INDIRECTE DES COURBES DITES DE HAUTEUR.

14. En traitant les diverses questions qui font l'objet des numéros précédents, nous nous sommes appuyés sur les méthodes en usage dans l'Analyse mathématique, n'ayant recours aux interprétations géométriques qu'autant qu'il était nécessaire pour faciliter l'intelligence du sujet. Nous avons fait pressentir que des méthodes moins directes pourraient cependant nous offrir des avantages en certains cas. Ce sont ces méthodes que nous allons actuellement exposer. Comme elles peuvent fournir un système de solutions à peu près indépendant des théories que nous avons dû utiliser jusqu'ici, on nous pardonnera de reprendre la question à ses origines. De cette manière, nous présenterons un ensemble de solutions réellement distinctes des précédentes, et nous n'aurons à renvoyer le lecteur à ce qui a déjà été exposé que dans le but d'éviter des répétitions inutiles.

Étant admis que l'on peut actuellement déduire des indications des chronomètres l'heure sidérale $S_p$ du premier méridien, correspondant à la hauteur observée d'un astre, nous supposerons que cette hauteur ait reçu les corrections relatives à la réfraction, à la dépression et à la parallaxe s'il y a lieu. Pour comprendre ces divers cas dans nos formules, nous admettrons, en outre, que, suivant le besoin, on aura appliqué les corrections (10) ou (12), n° 3, qui ont pour objet de ramener la hauteur observée sur l'horizon d'un lieu à l'horizon d'un autre lieu, dont les coordonnées géographiques sont la latitude L et la longitude $\mathcal{L}$. Nous désignerons par H la hauteur ainsi corrigée.

Concevons une sphère sur laquelle on ait tracé les grands cercles représentatifs du premier méridien et de l'équateur, et que, par le centre, on ait mené une droite parallèle à la direction zénithale du lieu (L, $\mathcal{L}$); cette droite rencontrera la sphère en un point qui fixera la position astronomique de ce lieu : nous conviendrons que sa latitude sera comptée positivement du côté boréal, et sa longitude dans le sens de l'est à l'ouest. Si nous construisons un cercle horaire dont la longitude comptée, dans le même sens, soit égale à l'excès de l'heure sidérale $S_p$ de l'observation d'un astre sur son ascension droite $\mathcal{R}$, et que nous portions sur ce cercle, à partir de l'équateur et vers le pôle boréal, un arc égal à la déclinaison de cet astre, nous obtiendrons la position du point de la sphère, dont le rayon vecteur, mené du centre, figurera la direction de l'astre par rapport au premier méridien, à l'instant où il aura été observé. La longitude géographique de l'astre ainsi obtenu, que nous désignerons par $\mathcal{L}_0$, aura pour expression

$$(46) \qquad \mathcal{L}_0 = S_p - \mathcal{R} \, ;$$

sa latitude géographique coïncidera avec sa déclinaison D.

Prenant actuellement pour axe et sommet d'un cône le rayon vecteur de l'astre ainsi déterminé de position et le centre de la sphère, nous décrirons autour de l'axe une surface conique, en donnant à la demi-ouverture du cône une amplitude angulaire égale à la distance zénithale de l'astre, ou au complément de sa hauteur observée H, réduite au centre de la sphère. Or il est facile de reconnaitre que la trace de la surface conique, sur la sphère, sera un petit cercle sur la circonférence duquel se trouve nécessairement le lieu (L, $\mathcal{L}$) : en effet, la distance zénithale qui serait observée d'un point quelconque de ce petit cercle et serait réduite au centre de la Terre coïnciderait avec le demi-angle au sommet du cône. Le petit cercle ainsi défini est dit *cercle de hauteur*.

Ainsi donc, une observation fournit un lieu géométrique de la position de l'observateur. On voit déjà que, si l'on avait observé en même temps l'azimut magnétique de l'astre et que l'on pût compter sur les indications de la boussole, on obtiendrait la position approchée du navire au moyen d'une construction assez facile ; mais cela n'est pas l'objet principal de la méthode des *courbes de hauteur*.

Supposons actuellement que l'on ait observé deux astres, ou même que l'on ait observé deux hauteurs d'un même astre, à deux instants séparés par un intervalle de temps suffisant ; il est clair que, chacune des observations permettant de construire un *cercle de hauteur*, la position du navire sera donnée par l'une des intersections de ces deux cercles, intersections entre lesquelles le choix ne présentera aucune difficulté, si elles sont suffisamment distantes.

La position ainsi obtenue sera évidemment celle qui correspond au temps de l'observation faite au lieu (L, $\mathcal{L}$) lui-même. Il est essentiel d'ailleurs de remarquer que les centres des cercles de hauteur ne pourraient représenter la position relative des astres que si les observations étaient simultanées.

Si l'on disposait d'une surface sphérique dont les dimensions permissent d'y lire les minutes ou les milles marins, le problème de la détermination de la position du navire serait résolu par ce qui précède. Dans l'impossibilité d'appliquer pratiquement un tel procédé, on se trouve réduit à la construction de figures planes où l'on représente, dans un mode déterminé de projection, les petits cercles de la sphère qui ont pour rayons les distances zénithales réduites.

La projection de Mercator étant d'un usage constant dans la navigation, nous allons rechercher l'équation, en coordonnées rectangulaires, de la courbe qui représente un petit cercle de la sphère dans les conditions spéciales au problème actuel.

La transformation des cercles de hauteur, dans le système de projection de Mercator, a reçu la dénomination de *courbes de hauteur*.

Pour ne pas compliquer inutilement le problème, nous supposerons que l'on fasse abstraction de l'aplatissement. Dans cette hypothèse, la solution que nous obtiendrons sera tout à fait correcte, puisque l'on se propose ici de déterminer des coordonnées angulaires, sans s'inquiéter des grandeurs linéaires qu'elles peuvent représenter.

### Équation générale des courbes de hauteur.

**15.** Reprenons nos équations (6), savoir

$$(47) \quad \begin{cases} \sin H = \sin L \sin D + \cos L \cos D \cos(\mathcal{L}_0 - \mathcal{L}), \\ \cos Z \cos H = \cos L \sin D - \sin L \cos D \cos(\mathcal{L}_0 - \mathcal{L}), \\ \sin Z \cos H = \cos D \sin(\mathcal{L}_0 - \mathcal{L}), \end{cases}$$

où $\mathcal{L}_0$ est défini par la relation (46), et Z désigne l'azimut de l'astre observé, compté du nord vers l'ouest.

La première de ces équations est celle du *cercle de hauteur*; en effet, elle est une relation entre les seules variables L et $\mathcal{L}$, qui sont les coordonnées angulaires d'un point quelconque de ce cercle.

La valeur de Z, que fournissent les deux autres, est une fonction de L et de $\mathcal{L}$, qui varie avec ces coordonnées.

Si l'on différentie la première équation (47) par rapport à L et $\mathcal{L}$, on trouve

$$o = [\cos L \sin D - \sin L \cos D \cos(\mathcal{L}_0 - \mathcal{L})] \, dL + \cos L \cos D \sin(\mathcal{L}_0 - \mathcal{L}) \, d\mathcal{L},$$

ou, en ayant égard aux deux autres, et supprimant le facteur commun $\cos H$,

$$o = \cos Z \, dL + \sin Z \cos L \, d\mathcal{L} :$$

on en conclut

$$(47\ bis) \qquad \frac{dL}{\cos L\, d\ell} = -\tang Z,$$

relation qui montre que la tangente au petit cercle considéré est perpendiculaire à la direction azimutale de l'astre observé. Au reste, l'inspection d'une simple figure met ce résultat en évidence et dispense de tout calcul pour l'établir. Il suit de là que la *droite de hauteur* n'est autre chose que la tangente au *cercle de hauteur*.

Pour déduire de la première équation (47) la *courbe de hauteur* représentant, dans le système de projection de Mercator, le cercle de hauteur, nous n'avons à effectuer qu'une simple transformation de coordonnées, en nous conformant aux règles adoptées pour la construction des cartes marines.

Nous prendrons pour origine des coordonnées rectangulaires $x$ et $y$ le point correspondant à l'origine des coordonnées sphériques ($L = 0$, $\ell = 0$), et nous conviendrons que le sens des coordonnées positives sera le même que pour les coordonnées angulaires. Nous désignerons par R la grandeur linéaire qui représente le rayon de l'équateur dans la carte dont on dispose.

D'après le mode de projection de Mercator, on aura

$$(48) \qquad \begin{cases} x = R\ell, \\ y = R \log \tang\left(45° + \frac{1}{2} L\right), \end{cases}$$

et la valeur $\ell$ qui figure ici sera censée exprimée en nombres abstraits : il ne s'agit plus que d'éliminer $\ell$ et L entre ces équations et la première (47).

L'élimination se fera de la manière la plus simple, au moyen des fonctions hyperboliques. En effet, si deux variables $\lambda$ et L, dont la seconde est comprise entre $\pm 90°$, ont entre elles la relation

$$(49) \qquad \lambda = \log \tang\left(45° + \frac{1}{2} L\right),$$

on a, en même temps,

$$(50) \qquad \sin L = \mathfrak{Tang}\,\lambda, \qquad \cos L\,\mathfrak{Cos}\,\lambda = 1, \qquad \tang L = \mathfrak{Sin}\,\lambda.$$

On voit que, pour appliquer ces relations à la deuxième équation (48), il suffit de faire

$$(51) \qquad \lambda = \frac{y}{R}.$$

Posons d'ailleurs, en vertu de la première (48),

$$(52) \qquad x_0 = R\ell_0 :$$

en ayant égard à ces diverses relations, la première équation (47), divisée préalablement par cos L, se transforme immédiatement en la suivante :

$$(53) \qquad \operatorname{Cos}\frac{y}{R}\sin H - \operatorname{Sin}\frac{y}{R}\sin D = \cos D \cos\frac{x-x_0}{R}.$$

Cette équation est susceptible de simplifications, ainsi qu'on le verra plus bas. En la conservant sous la forme que nous venons de lui donner, nous allons en déduire la direction de la tangente à la courbe de hauteur, les coordonnées du centre de courbure et celles du rayon de courbure.

Par une première différentiation, on obtient d'abord

$$(54) \qquad \left(\operatorname{Sin}\frac{y}{R}\sin H - \operatorname{Cos}\frac{y}{R}\sin D\right)\frac{dy}{dx} = -\cos D \sin\frac{x-x_0}{R};$$

différentiant une seconde fois, on aura

$$\frac{1}{R}\left(\operatorname{Cos}\frac{y}{R}\sin H - \operatorname{Sin}\frac{y}{R}\sin D\right)\frac{dy^2}{dx^2} + \left(\operatorname{Sin}\frac{y}{R}\sin H - \operatorname{Cos}\frac{y}{R}\sin D\right)\frac{d^2y}{dx^2}$$
$$= -\frac{1}{R}\cos D \cos\frac{x-x_0}{R}.$$

Passant tous les termes dans le premier membre et ayant égard à la relation (53), il viendra

$$(55) \qquad \frac{1}{R}\cos D \cos\frac{x-x_0}{R}\left(1+\frac{dy^2}{dx^2}\right) + \left(\operatorname{Sin}\frac{y}{R}\sin H - \operatorname{Cos}\frac{y}{R}\sin D\right)\frac{d^2y}{dx^2} = 0.$$

Soient $x_c$ et $y_c$ les coordonnées du centre de courbure ; ces quantités sont liées aux coordonnées $x$, $y$ et dérivées de $y$ par les relations

$$(56) \qquad y_c - y = \frac{1+\dfrac{dy^2}{dx^2}}{\dfrac{d^2y}{dx^2}}, \qquad x_c - x = -(y_c-y)\frac{dy}{dx}.$$

La valeur du carré du rayon de courbure $\rho$ est d'ailleurs égale à la somme des carrés de ces expressions.

Mettant, dans la première de ces formules, la valeur du rapport $\dfrac{1+\dfrac{dy^2}{dx^2}}{\dfrac{d^2y}{dx^2}}$ que l'on tire de l'équation (55), on a

$$(57) \qquad y_c - y = -R\,\frac{\operatorname{Sin}\dfrac{y}{R}\sin H - \operatorname{Cos}\dfrac{y}{R}\sin D}{\cos D \cos\dfrac{x-x_0}{R}}.$$

Au moyen de cette expression et de la valeur de $\frac{dy}{dx}$ que l'on déduit de (54), la deuxième (56) devient

$$(58) \qquad x_c - x = - \mathrm{R}\,\tan g \frac{x - x_0}{\mathrm{R}}.$$

On peut donner à ces résultats une autre forme, sans entrer encore dans la considération des cas particuliers. La manière la plus simple d'y parvenir consiste à remarquer que, d'après la théorie de la projection de Mercator, on a

$$\frac{dy}{dx} = \frac{d\mathrm{L}}{\cos \mathrm{L}\, d\chi};$$

d'où l'on déduit, en vertu de (47 *bis*),

$$(58\ bis) \qquad \frac{dy}{dx} = - \tan g\,Z.$$

Cette relation montre que la direction de la tangente aux *courbes* de hauteur se confond avec celle des *cercles* de hauteur.

Si l'on met cette valeur dans (54), on en tire

$$(59) \qquad \mathfrak{Sin}\,\frac{\chi}{\mathrm{R}}\,\sin \mathrm{H} - \mathfrak{Cos}\,\frac{\chi}{\mathrm{R}}\,\sin \mathrm{D} = + \cos \mathrm{D}\,\sin \frac{x - x_0}{\mathrm{R}}\,\cot Z;$$

portant cette valeur dans la formule (57), celle-ci devient

$$(60) \qquad y_c - y = - \mathrm{R}\,\tan g \frac{x - x_0}{\mathrm{R}}\,\cot Z.$$

On obtient des résultats un peu plus symétriques en mettant dans ces formules, à la place de $\sin \frac{x - x_0}{\mathrm{R}}$, la valeur de son égal $\sin(\chi - \chi_0)$, que l'on déduit de la troisième équation (47) : on a de cette manière les nouvelles formules

$$(61) \qquad \begin{cases} x_c - x = + \mathrm{R}\,\dfrac{\cos \mathrm{H}}{\cos \mathrm{D}\,\cos \frac{x - x_0}{\mathrm{R}}}\,\sin Z, \\[2em] y_c - y = + \mathrm{R}\,\dfrac{\cos \mathrm{H}}{\cos \mathrm{D}\,\cos \frac{x - x_0}{\mathrm{R}}}\,\cos Z, \end{cases}$$

qui donnent, pour l'expression du rayon de courbure,

$$(62) \qquad \rho = \pm \frac{\mathrm{R}\cos \mathrm{H}}{\cos \mathrm{D}\,\cos \frac{x - x_0}{\mathrm{R}}};$$

on aurait encore, au moyen des équations (58) et (60),

$$(63) \qquad \rho = \mp \frac{R \tan g \dfrac{x - x_0}{R}}{\sin Z} \cdot$$

Cette dernière expression a l'inconvénient de donner un résultat indéterminé, lorsque Z est nul ou égal à 180 degrés.

Si l'on divise membre à membre les équations (61), il vient

$$\frac{x_c - x}{y_c - y} = \tan g\,Z,$$

relation qui montre que le centre de courbure correspondant au point $(x, y)$ est situé sur la droite menée de ce point dans la direction azimutale Z; au reste, cela résulte suffisamment de ce que la tangente est perpendiculaire à cette direction.

### Simplification de l'équation des courbes de hauteur.

16. Le premier membre de l'équation (53) est susceptible de prendre trois formes distinctes, qui correspondent aux trois positions que le pôle peut occuper par rapport au cercle de hauteur. Le pôle peut être extérieur ou intérieur à ce cercle, ou bien se trouver sur sa circonférence. Pour exprimer analytiquement ces circonstances, nous substituerons, pour un instant, les distances zénithales aux hauteurs, et les distances polaires aux déclinaisons. Désignant les distances zénithales par $\zeta$ et les distances polaires par $\Delta$ et se rappelant que $\zeta$ est le rayon du petit cercle de hauteur, les trois circonstances que nous venons d'énumérer seront exprimées par les relations

$$\frac{\Delta}{\zeta} \gtrless 1, \quad \text{ou} \quad \left(\frac{\cos\Delta}{\cos\zeta}\right)^2 \lessgtr 1.$$

Si nous réintroduisons actuellement les hauteurs et les déclinaisons, les trois cas considérés seront caractérisés analytiquement comme il suit :

1° Pôle extérieur au cercle de hauteur.............. $\dfrac{\sin^2 H}{\sin^2 D} > 1$ ;

2° Pôle intérieur au cercle de hauteur............... $\dfrac{\sin^2 H}{\sin^2 D} < 1$ ;

3° Pôle sur la circonférence du cercle de hauteur . . .. $\dfrac{\sin^2 H}{\sin^2 D} = 1.$

Nous allons examiner successivement ces trois cas.

17. *Pôle extérieur au cercle de hauteur* : $\sin^2 H > \sin^2 D$. — Nous pouvons poser

$$(64) \qquad \begin{cases} k\,\mathfrak{Sin}\,\dfrac{\gamma_0}{R} = \sin D, \\[2mm] k\,\mathfrak{Cos}\,\dfrac{\gamma_0}{R} = \sin H; \end{cases}$$

car il viendra

$$(65) \qquad k^2 = \sin^2 H - \sin^2 D,$$

et la valeur de $k$ sera une quantité réelle. Les équations (64) feront connaître à la fois $\dfrac{\gamma_0}{R}$ et $k$.

La substitution des auxiliaires (64) dans l'équation (53) donnera immédiatement

$$k\,\mathfrak{Cos}\,\frac{\gamma - \gamma_0}{R} = \cos D \cos \frac{x - x_0}{R}.$$

Soient, d'autre part, $a$ et $b$ deux lignes déterminées par les relations

$$(66) \qquad \cos \frac{a}{R} = \frac{1}{\mathfrak{Cos}\,\dfrac{b}{R}} = \frac{k}{\cos D} = \frac{\sqrt{\sin^2 H - \sin^2 D}}{\cos D} = \frac{\sqrt{\cos^2 D - \cos^2 H}}{\cos D},$$

relations qui entraînent comme conséquence

$$(66\ bis) \qquad \begin{cases} \sin \dfrac{a}{R} = \dfrac{\cos H}{\cos D}\,^{(1)} = \mathfrak{Tang}\,\dfrac{b}{R}, \\[2mm] \tang \dfrac{a}{R} = \mathfrak{Sin}\,\dfrac{b}{R}, \\[2mm] \dfrac{b}{R} = \log \tang\left(45^\circ + \frac{1}{2}\,\frac{a}{R}\right); \end{cases}$$

---

(1) Soit, pour abréger,

$$\theta = \frac{\cos H}{\cos D},$$

les relations (66 *bis*) donneront

$$\mathfrak{Tang}\,\frac{b}{R} = \theta, \qquad \sin \frac{a}{R} = \theta.$$

De la première on déduit, par le développement en séries,

$$\frac{b}{R} = \theta + \tfrac{1}{3}\theta^3 + \tfrac{1}{5}\theta^5 + \tfrac{1}{7}\theta^7 + \ldots;$$

l'équation précédente pourra prendre les deux formes

$$(67) \quad \begin{cases} \cos \dfrac{x - x_0}{R} = \cos \dfrac{a}{R} \operatorname{Cos} \dfrac{y - y_0}{R}, \\[2mm] \operatorname{Cos} \dfrac{y - y_0}{R} = \operatorname{Cos} \dfrac{b}{R} \cos \dfrac{x - x_0}{R}. \end{cases}$$

La première de ces équations servira au calcul de $x$ en fonction de $y$, et la deuxième au calcul de $y$ en fonction de $x$.

Sous leur forme extrêmement simple, ces équations montrent que la courbe qu'elles représentent est symétrique, par rapport à des axes menés parallèlement aux $x$ et aux $y$, par le point dont les coordonnées sont $x_0$ et $y_0$. Ce dernier point est un des centres de la courbe.

La courbe de hauteur, dans le cas actuel, se compose d'une suite de courbes fermées ayant la forme d'ovales, qui se trouvent comprises entre les parallèles représentés par $y_0 \pm b$. Les centres de ces ovales sont distants, dans le sens des $x$, de quantités égales à $2\pi R$ ; les constantes $a$ et $b$ sont les demi-axes de ces ovales, parallèles aux $x$ et aux $y$.

Il est facile de s'assurer que les espaces compris entre les limites que nous venons d'assigner à deux ovales consécutifs, dans le sens de $x$, ne contiennent aucun point de la courbe. En effet, soit $i$ un nombre entier positif ou négatif ; $2i\pi R$ et $2(i+1)\pi R$ seront les abscisses des deux centres con-

---

la seconde donne de même

$$\frac{a}{R} = \theta + \frac{1}{2}\frac{1}{3}\theta^3 + \frac{1.3}{2.4}\frac{1}{5}\theta^5 + \frac{1.3.5}{2.4.6}\frac{1}{7}\theta^7 + \ldots :$$

la comparaison de ces développements conduit à

$$\frac{b - a}{R} = \frac{1}{6}\theta^3 + \frac{1}{8}\theta^5 + \frac{11}{112}\theta^7 + \frac{31}{384}\theta^9 + \ldots ;$$

donc, les ovales dont est formée la courbe de hauteur sont allongés dans le sens des méridiens.

Les relations ( 66 *bis* ) fournissent une autre manière d'obtenir ce résultat : l'expression de $\frac{b}{R}$ peut s'écrire

$$\frac{b}{R} = \log \frac{1 + \tan \frac{1}{2}\frac{a}{R}}{1 - \tan \frac{1}{2}\frac{a}{R}},$$

d'où

$$\frac{1}{2}\frac{b}{R} = \tan \frac{1}{2}\frac{a}{R} + \frac{1}{3}\tan^3 \frac{1}{2}\frac{a}{R} + \frac{1}{5}\tan^5 \frac{1}{2}\frac{a}{R} + \ldots ;$$

ce qui suffit pour montrer que $b > a$.

sécutifs, comptés des axes qui se croisent au point $(x_0, y_0)$; les abscisses des points compris entre les limites assignées seront respectivement

$$x - x_0 = 2i\pi R + a \quad \text{et} \quad x - x_0 = 2(i + 1)\pi R - a :$$

les valeurs de $\dfrac{x - x_0}{R}$ resteront ainsi comprises entre

$$2i\pi + \frac{a}{R} \quad \text{et} \quad 2(i+1)\pi - \frac{a}{R}.$$

Leurs cosinus prendront les valeurs des cosinus des angles compris entre $\dfrac{a}{R}$ et $2\pi - \dfrac{a}{R}$; or ces cosinus sont tous $< \cos\dfrac{a}{R}$ : leurs valeurs introduites dans la première équation (67) rendraient $\cos\dfrac{y - y_0}{R} < 1$, et la valeur de $y$ serait imaginaire; donc effectivement les espaces considérés ne comprennent aucun point de la courbe.

Le calcul de $y_0$ et de $b$ ou $a$ par les formules (64) et (66) est fort simple; néanmoins, on trouvera peut-être plus facile, lorsqu'on aura en vue les constructions graphiques, de procéder d'une autre manière.

Soient $y_1$ ou $y_{-1}$ les ordonnées maxima et minima, lesquelles correspondent au méridien dont la longitude est représentée par $\dfrac{x_0}{R}$; il est clair que les points dont les ordonnées sont $y_1$ et $y_{-1}$ ne sont autre chose que les projections, sur les cartes marines, des extrémités du diamètre méridien passant par le lieu de l'astre observé. Or, $z$ étant la distance zénithale, les latitudes sphériques de ces deux points sont $D + z$ et $D - z$; donc, les valeurs de $y_1$ et $y_{-1}$ sont les latitudes croissantes correspondant à ces deux latitudes vraies. On prendra ces deux nombres dans les Tables et l'on aura, en observant que $y_0$ est l'ordonnée du centre de la courbe,

$$(67 \text{ bis}) \qquad\qquad y_0 = \tfrac{1}{2}(y_1 + y_{-1}), \qquad b = \tfrac{1}{2}(y_1 - y_{-1}).$$

D'autre part, il résulte de la première équation (66) que $\dfrac{b}{R}$ et $\dfrac{a}{R}$ sont des arguments hyperbolique et circulaire correspondants. Il s'ensuit que, si l'on prend dans les Tables l'argument circulaire correspondant à l'argument hyperbolique $\dfrac{b}{R}$, le premier exprimera la valeur de $\dfrac{a}{R}$. Dans l'emploi des Tables, on lira, sur l'échelle des latitudes croissantes, la latitude vraie correspondant à $\dfrac{b}{R}$, et cette latitude, mesurée à l'échelle des longitudes, exprimera la valeur de $\dfrac{a}{R}$ [1].

---

[1] Pour vérifier l'expression précédente de $b$, on aura, en ayant recours à la définition de la fonction $y$,

$$\frac{y_1}{R} = \log\tang\left[45^\circ + \tfrac{1}{2}(D + z)\right],$$

$$\frac{y_{-1}}{R} = \log\tang\left[45^\circ + \tfrac{1}{2}(D - z)\right]:$$

Les relations (64) vont nous permettre d'obtenir une détermination assez simple de l'azimut Z ou de la direction de la tangente à la courbe de hauteur. On déduit, en effet, de l'équation (59) combinée avec les relations (66),

$$(68) \qquad \operatorname{tang} Z = \mathfrak{Cos}\, \frac{b}{R}\, \frac{\sin \dfrac{x - x_0}{R}}{\mathfrak{Sin}\, \dfrac{y - y_0}{R}};$$

puis, en ayant égard à la deuxième (67),

$$(69) \qquad \operatorname{tang} Z = \frac{\operatorname{tang} \dfrac{x - x_0}{R}}{\mathfrak{Tang}\, \dfrac{y - y_0}{R}}.$$

L'ambiguïté qui affecte l'azimut Z sera levée, en vertu de la troisième équation (47), par la condition que $\sin Z$ ait le signe contraire de $\sin \dfrac{x - x_0}{R}$.

L'équation (69) nous permet d'écrire les expressions (58) et (60), qui sont relatives au centre de courbure, sous la forme

$$(70) \qquad x_c - x = - R \operatorname{tang} \frac{x - x_0}{R}, \qquad y_c - y = - R\, \mathfrak{Tang}\, \frac{y - y_0}{R}.$$

Quant au rayon de courbure $\rho$, la valeur de $\cos \dfrac{x - x_0}{R}$ étant essentiellement positive dans le cas actuel, la formule (62) peut s'écrire, sans y mettre le double signe,

$$(71) \qquad \rho = \frac{R \cos H}{\cos D \cos \dfrac{x - x_0}{R}}.$$

---

or, en introduisant les hauteurs H à la place des distances zénithales, il viendra

$$45^\circ + \tfrac{1}{2}(D + z) = 90^\circ - \tfrac{1}{2}(H - D),$$
$$45^\circ + \tfrac{1}{2}(D - z) = \tfrac{1}{2}(H + D);$$

d'où

$$\frac{y_1 - y_{-1}}{R} = \log \cot \tfrac{1}{2}(H - D) \cot \tfrac{1}{2}(H + D) = \log \frac{\cos D + \cos H}{\cos D - \cos H} = \log \frac{1 + \dfrac{\cos H}{\cos D}}{1 - \dfrac{\cos H}{\cos D}};$$

ou bien, en posant, comme dans la note précédente, $\theta = \dfrac{\cos H}{\cos D}$,

$$\frac{1}{2}\frac{y_1 - y_{-1}}{R} = \frac{1}{2}\log \frac{1 + \theta}{1 - \theta} = \frac{b}{R} \quad (\textit{voir} \text{ note précédente}).$$

C. Q. F. D.

7.

Le signe de la formule (63) peut également être déterminé ; en effet, la comparaison des expressions (58) et (61) de $x_c - x$ montre que $\sin \dfrac{x - x_c}{R}$ et $\sin Z$ sont de signes contraires : en conséquence, on a ici

$$(71 \ bis) \qquad \rho = - R \ \frac{\tang \dfrac{(x - x_c)}{R}}{\sin Z},$$

formule qui, répétons-le, peut donner des résultats mal déterminés.

Dans les constructions graphiques, il sera préférable de donner à l'expression de $\rho$ une autre forme : en vertu de la première équation (66 *bis*), on peut remplacer, dans (71), $\dfrac{\cos H}{\cos D}$ par $\sin \dfrac{a}{R}$ ; alors les formules (71) et (61) deviennent

$$(71 \ ter) \qquad \rho = R \ \frac{\sin \dfrac{a}{R}}{\cos \dfrac{x - x_c}{R}}, \qquad x_c - x = \rho \sin Z, \qquad y_c - y = \rho \cos Z. \qquad \text{Condition : } \rho > 0.$$

Voici la construction du rayon et du centre de courbure, qui ressort de ces relations :

Par un point M (*fig.* 5) de la courbe de hauteur, menons la droite MN dans la direction azimu-

Fig. 5.

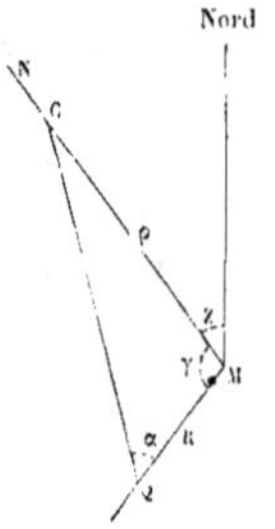

tale Z, correspondant à ce point M. On a vu (n° 45) que le centre de courbure est situé sur la ligne MN ; il ne s'agit plus que d'en construire la grandeur dans le sens convenable.

Soient, pour plus de simplicité, $\alpha = \dfrac{a}{R}$, $\dfrac{x - x_c}{R} = \zeta - \zeta_c$, et posons

$$\gamma = 90° + \zeta - \zeta_c - \alpha :$$

menons la droite MQ qui fasse, avec MN, l'angle $\gamma$ dans le sens de Z, et prenons MQ = R ; par le point Q menons la droite QC, faisant l'angle $\alpha$ avec R, dans le sens indiqué par la figure. Le point C, déterminé par l'intersection de QC et de MN, sera le centre de la courbure, et l'on aura MC = $\rho$.

En effet, l'angle en C est le supplément de $\alpha + \gamma$, et, en conséquence, égal à $90^\circ + \mathcal{L} - \mathcal{L}_0$; donc on a, dans ce triangle,

$$MC = R \frac{\sin\alpha}{\cos(\mathcal{L} - \mathcal{L}_0)},$$

et, par suite, $MC = \rho$. La construction satisfait ainsi aux trois équations (71 *ter*).

On pourrait aussi utiliser la relation (71 *bis*); mais la position du centre de courbure qu'on en déduirait se trouverait mal déterminée, dans le cas des valeurs de Z voisines de zéro ou 180 degrés.

**18.** *Pôle intérieur au cercle de hauteur :* $\sin^2 H < \sin^2 D$. — Nous pourrons poser

$$(72)\qquad \left\{\begin{aligned} g\,\mathfrak{Sin}\frac{y_0}{R} &= \sin H,\\ g\,\mathfrak{Cos}\frac{y_0}{R} &= \sin D,\end{aligned}\right.$$

relations d'où l'on tirera $y_0$, et qui donneront

$$(73)\qquad g^2 = \sin^2 D - \sin^2 H;$$

ce résultat est d'accord avec l'hypothèse $\sin^2 H < \sin^2 D$.

On prendra d'ailleurs pour signe de $g$ celui de $\sin D$, afin que $\mathfrak{Cos}\frac{y_0}{R}$ soit une quantité positive.

Les valeurs (72) étant mises dans l'équation (53), on aura

$$-g\,\mathfrak{Sin}\frac{y - y_0}{R} = \cos D \cos\frac{x - x_0}{R}.$$

Posons

$$(74)\qquad \left\{\begin{aligned} \mathfrak{Sin}\frac{b}{R} &= -\frac{\cos D}{g} = \mp\frac{\cos D}{\sqrt{\sin^2 D - \sin^2 H}}\\ &= \mp\frac{\cos D}{\sqrt{\cos^2 H - \cos^2 D}} = \tang\alpha,\end{aligned}\right\} \qquad \sin D \left\{\begin{array}{l}\text{positif,}\\ \text{négatif;}\end{array}\right.$$

relations qui entraînent les suivantes :

$$(74\ bis)\qquad \left\{\begin{aligned} &\mathfrak{Tang}\frac{b}{R} = \mp\frac{\cos D}{\cos H}\text{[1]} = \sin\alpha, \qquad \mathfrak{Cos}\frac{b}{R} = \frac{1}{\cos\alpha}, \qquad \sin D \left\{\begin{array}{l}\text{positif,}\\ \text{négatif,}\end{array}\right.\\ &\frac{b}{R} = \log\tang\left(45^\circ + \frac{1}{2}\alpha\right);\end{aligned}\right.$$

---

[1] Posons

$$\theta' = \frac{\cos D}{\cos H},$$

les deux premières équations (74 *bis*) donneront

$$\mathfrak{Tang}\frac{b}{R} = \mp\theta', \qquad \sin\alpha = \mp\theta',$$

l'équation de la courbe de hauteur deviendra

$$(75) \qquad \mathrm{Sin}\,\frac{y-y_0}{R} = \mathrm{Sin}\,\frac{b}{R}\cos\frac{x-x_0}{R}.$$

La courbe représentée par cette équation est seulement symétrique par rapport au méridien passant par le point $(x_0,\ y_0)$; elle est formée d'une seule branche comprise entre deux parallèles situés de part et d'autre du parallèle de $y_0$, à une distance égale à $b$. Cette courbe est une sorte de sinussoïde, dont les sommets correspondant aux maxima et minima consécutifs de $y$ sont distants, dans le sens des $x$, d'une quantité égale à $\pi R$.

Substituons au point $(x_0,\ y_0)$ un autre point $(x'_0,\ y_0)$ dont l'abscisse soit liée à $x_0$ par la relation

$$(76) \qquad x'_0 = x_0 - \frac{\pi}{2}\,R;$$

nous aurons

$$\frac{x-x_0}{R} = \frac{x-x'_0}{R} - \frac{\pi}{2}, \qquad \cos\frac{x-x_0}{R} = \sin\frac{x-x'_0}{R},$$

et l'équation (75) deviendra

$$(77) \qquad \mathrm{Sin}\,\frac{y-y_0}{R} = \mathrm{Sin}\,\frac{b}{R}\sin\frac{x-x'_0}{R}.$$

Sous cette forme, on voit que la courbe de hauteur possède un centre, au point dont les coordonnées sont $x'_0$ et $y_0$. Tous les points situés sur le parallèle $y_0$, à des distances du point $(x'_0,\ y_0)$ égales à $i\pi R$ ($i$ étant un nombre

---

tirant de ces relations les valeurs de $\frac{b}{R}$ et de $z$, il viendra

$$\frac{b}{R} = \mp\left(\theta' + \tfrac{1}{3}\theta'^3 + \tfrac{1}{5}\theta'^5 + \tfrac{1}{7}\theta'^7 + \ldots\right).$$

$$z = \mp\left(\theta' + \frac{1}{2}\frac{1}{3}\theta'^3 + \frac{1.3}{2.4}\frac{1}{5}\theta'^5 + \frac{1.3.5}{2.4.6}\frac{1}{7}\theta'^7 + \ldots\right);$$

$$\sin D \begin{cases} \text{positif,} \\ \text{négatif.} \end{cases}$$

On aurait d'ailleurs, en faisant usage de l'expression logarithmique de $\frac{b}{R}$,

$$\frac{b}{R} = \log\frac{1 + \tang\frac{1}{2}z}{1 - \tang\frac{1}{2}z};$$

d'où

$$\frac{1}{2}\frac{b}{R} = \tang\frac{1}{2}z + \frac{1}{3}\tang^3\frac{1}{2}z + \frac{1}{5}\tang^5\frac{1}{2}z + \ldots.$$

N. B. Les deux expressions de $\frac{b}{R}$ montrent qu'entre les limites $\pm\,90°$, on a

$$\sin x + \frac{1}{3}\sin^3 x + \frac{1}{5}\sin^5 x + \ldots = 2\left(\tang\frac{1}{2}x + \frac{1}{3}\tang^3\frac{1}{2}x + \frac{1}{5}\tang^5\frac{1}{2}x + \ldots\right).$$

entier) sont également des centres de la courbe. Cette courbe est ainsi formée d'une suite de portions égales à celles comprises entre $x = x'_0$ et $x = x'_0 + 2\pi R$, qui s'ajoutent indéfiniment dans le sens positif ou dans le sens négatif des $x$.

On peut encore éviter le calcul de $y_0$ et de $b$, comme il a été indiqué (n° 17), dans le cas du pôle extérieur au cercle de hauteur ; seulement, il arrivera que l'une des quantités $D + z$ et $D - z$ excédera en valeur absolue la limite $\pm 90°$ des latitudes vraies. Il est clair qu'alors il suffira de substituer, à cette valeur absolue son supplément, et de prendre la latitude croissante correspondante, avec le signe primitif de la quantité considérée ; on aura alors, comme dans le numéro précédent,

$$y_0 = \tfrac{1}{2}(y_1 + y_{-1}), \qquad b = \mp (y_1 - y_{-1}), \qquad\qquad \sin D \begin{cases} \text{positif,} \\ \text{négatif.} \end{cases}$$

Portons actuellement les valeurs (72) dans l'équation (59), nous aurons, en ayant égard à (74),

$$(78) \qquad \operatorname{tang} Z = \operatorname{Sin} \frac{b}{R} \frac{\sin \dfrac{x - x_0}{R}}{\operatorname{Cos} \dfrac{y - y_0}{R}}.$$

Au moyen de l'équation (75), cette expression se transforme en la suivante :

$$(79) \qquad \operatorname{tang} Z = \operatorname{tang} \frac{x - x_0}{R} \operatorname{Tang} \frac{y - y_0}{R}.$$

Comme dans le cas précédent, l'ambiguïté qui affecte l'angle Z sera levée par la condition que $\sin Z$ ait le signe contraire de $\sin \dfrac{x - x_0}{R}$.

Quant aux formules concernant les coordonnées du centre de courbure, les équations (58) et (60) deviennent, en vertu de la relation qu'on vient d'écrire,

$$(80) \qquad x_c - x = - R \operatorname{tang} \frac{x - x_0}{R}, \qquad y_c - y = - R \operatorname{Cot} \frac{y - y_0}{R}.$$

De ces équations, on déduira aisément le rayon de courbure, à moins qu'on ne préfère recourir aux formules (62) ou (63). Dans ce cas, on remplacerait, au besoin, le facteur $\dfrac{\cos H}{\cos D}$ par $\operatorname{Cot} \dfrac{b}{R}$.

En vue des constructions graphiques, on pourra substituer aux formules (80) d'autres formules que nous déduirons de (61). Désignons par $(\alpha)$ la valeur absolue de l'angle $\alpha$ (74 *bis*) ; nous remplacerons $\dfrac{\cos D}{\cos H}$ par $\sin(\alpha)$ dans les équations (61) ; nous écrirons, en outre, $(y - y_0)$ à la place do $\dfrac{x - x_e}{R}$; alors ces équations seront remplacées par le système suivant :

$$(80\ bis)\qquad \rho = \frac{R}{\sin(z)\cos(\mathcal{L} - \mathcal{L}_0)}, \qquad x_e - x = \rho \sin Z, \qquad y_e - y = \rho \cos Z\ (^1).$$

Pour construire ces expressions, menons, par le point M ($fig.$ 6) de la courbe de hauteur, la droite MN dans la direction azimutale Z correspondant à ce point M. Par le même point, menons la droite ML qui fasse avec MN, et dans le sens de Z, l'angle $(\mathcal{L} - \mathcal{L}_0)$, abstraction faite du signe de cet angle ; menons encore une autre droite MQ faisant avec ML l'angle $90° - (z)$ dans le même sens que la précédente, et prenons sur cette droite une longueur MQ $=$ R. Par le point Q, nous mènerons QL perpendiculaire à ML, ce qui nous donne ML $= \dfrac{R}{\sin(z)}$ ; menons enfin, par le point L, la droite LC perpendiculaire à ML ; nous aurons

$$MC = \frac{ML}{\cos(\mathcal{L} - \mathcal{L}_0)} = \frac{R}{\sin(z)\cos(\mathcal{L} - \mathcal{L}_0)} = \rho.$$

Le point C ainsi déterminé satisfait évidemment aux relations ($80\ bis$).

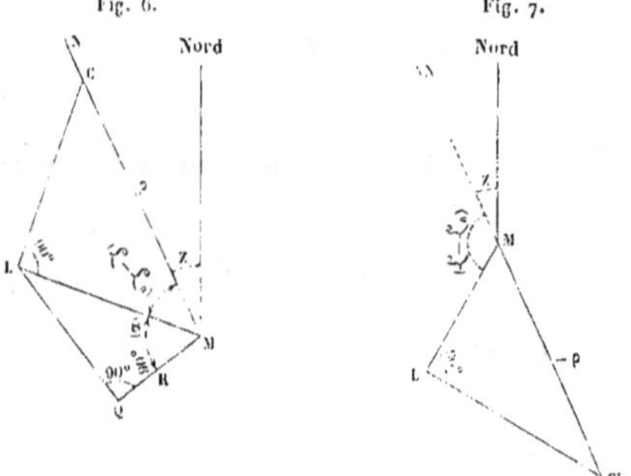

Fig. 6.        Fig. 7.



L'angle $(z)$ est nécessairement aigu ; il peut en être autrement de l'angle $\mathcal{L} - \mathcal{L}_0$. Dans ce cas, on aurait le tracé ($fig.$ 7), où l'on voit que le centre de courbure est en C', sur le prolongement de MN.

L'expression générale (62) montre que le rayon de courbure $\rho$ devient infini, pour les valeurs de $\dfrac{x - x'}{R}$ dont le sinus est nul ; il en résulte que tous

---

(¹) Si, dans une question un peu différente de la question actuelle, on suppose données les valeurs de $(x_e - x)$ et $(y_e - y)$ et que l'on veuille en déduire Z et $\rho$, il faudra, en vertu de la troisième équation (6), choisir Z, de manière que son sinus soit de signe contraire à celui de $\sin(\mathcal{L} - \mathcal{L}_0)$.

les points désignés plus haut, comme centres de la courbe, sont en même temps des points d'inflexion. On remarquera que les tangentes en ces points font, avec le parallèle de déclinaison, l'angle $\pm \alpha$ [éq. (74)].

Enfin, si l'on suppose que l'étoile observée soit à l'un des pôles, on aura $\cos D = 0$, et la valeur de $\frac{b}{R}$, que fournissent les équations (74), sera nulle : l'équation (75) montre que la courbe de hauteur est alors une ligne droite ayant pour équation $y = y_0$; c'est le parallèle dont la position est donnée par les formules (72) : $\mathfrak{Tang}\,\frac{y_0}{R} = \pm \sin H$. Il résulte des équations (49) et (50) que la latitude vraie de ce parallèle égale $\pm H$. Ce résultat est d'ailleurs évident, la hauteur du pôle étant égale à la latitude du lieu de l'observation.

**19.** *Pôle situé sur la circonférence du cercle de hauteur :* $\sin^2 H = \sin^2 D$. — On a, dans cette circonstance,

$$81)\qquad \sin D = \pm \sin H, \qquad \cos D = + \cos H,$$

les signes supérieur et inférieur correspondant respectivement au cas de D positif ou négatif.

L'équation (53) devient, en y substituant ces valeurs et divisant ensuite par $\sin H$,

$$(82)\qquad \mathfrak{Cos}\,\frac{y}{R} \mp \mathfrak{Sin}\,\frac{y}{R} = \cot H \cos \frac{x - x_0}{R}$$

ou

$$e^{\mp \frac{y}{R}} = \cot H \cos \frac{x - x_0}{R};$$

d'où

$$\frac{y}{R} = \mp \log \cot H \mp \log \cos \frac{x - x_0}{R}.$$

Si l'on fait

$$(83)\qquad \frac{y_0}{R} = \mp \log \cot H,$$

on aura finalement

$$(84)\qquad \frac{y - y_0}{R} = \mp \log \cos \frac{x - x_0}{R}.$$

La courbe que représente cette équation est symétrique, par rapport au méridien qui passe par le point $(x_0, y_0)$ : elle se compose d'une suite de branches égales, comprises entre des asymptotes parallèles aux méridiens et distantes de la quantité $\pi R$ ; ces branches sont séparées par des bandes de largeur égale à l'intervalle des asymptotes et qui ne contiennent aucun point de la courbe ; elles s'étendent, d'un seul côté, dans le sens de $y$, et leurs sommets sont situés sur un même parallèle, celui du point $(x_0, y_0)$ qui est lui-même un de ces sommets. [La courbe (84) se rencontre dans un grand nombre de problèmes de natures diverses.]

Par la substitution des valeurs (81) dans la formule (59), on obtient d'abord

$$\operatorname{tang} Z = \cot H \cdot \frac{\sin \dfrac{x - x_0}{R}}{\operatorname{Sin} \dfrac{y}{R} \mp \operatorname{Cos} \dfrac{y}{R}} ;$$

puis, en ayant égard à (82),

$$(85) \qquad \operatorname{tang} Z = \mp \operatorname{tang} \frac{x - x_0}{R}$$

ou

$$(86) \qquad Z = \mp \frac{x - x_0}{R} + (0° \text{ ou } 180°).$$

Ici les signes sont réglés par la condition que le supérieur ait lieu quand $D$ est positif et l'inférieur quand $D$ est négatif : il reste pour lever l'ambiguïté relative à l'addition de zéro ou 180 degrés, à satisfaire à la condition que $\sin Z$ ait le signe contraire de $\sin \dfrac{x - x_0}{R}$.

Enfin les formules (58) et (60), qui sont relatives au centre de courbure, deviennent, en ayant égard à la relation (85),

$$(87) \qquad x_c - x = - R \operatorname{tang} \frac{x - x_0}{R}, \qquad y_c - y = \pm R.$$

La seconde de ces formules montre que la projection du rayon de courbure sur les méridiens est une quantité constante et égale au rayon de la sphère.

Quant à l'expression du rayon de courbure, l'équation (62) se réduit à

$$(88) \qquad \rho = \frac{R}{\cos \dfrac{x - x_0}{R}} ;$$

on a supprimé le double signe, attendu que $\cos \dfrac{x - x_0}{R}$ est nécessairement positif.

*Remarques concernant les applications numériques.*

**20.** Pour pouvoir exposer les principales propriétés des courbes de hauteur et se rendre compte de la figure qu'elles affectent dans les trois cas, il était nécessaire d'employer les coordonnées rectangulaires. Mais, lorsqu'on se propose seulement de calculer les coordonnées de plusieurs points de ces courbes pour les reporter sur les cartes marines, on peut revenir aux coordonnées polaires, attendu que les cartes portent, sur leurs bords, des divisions au moyen desquelles on lit directement les longitudes et les latitudes croissantes. Puisqu'en fait on revient aux coordonnées polaires, il peut paraître inutile d'avoir effectué les transformations qui sont nécessaires quand on veut faire usage des coordonnées rectangulaires. Ces transformations ont cependant été très-utiles, puisqu'elles ont permis de substituer aux formules usuelles de la Trigonométrie sphérique d'autres formules bien plus faciles à appliquer. Il est aisé de se rendre compte du fait analytique qui a produit ce résultat : quand on veut, dans l'équation (17), séparer les variables L et $\mathcal{L}$, on n'y peut parvenir qu'en divisant tout par cosL, et alors les termes en L contiennent les tangente et sécante de L, fonctions qui se prêtent moins facilement à la réduction à un seul terme que les sinus et cosinus. Lorsque, après avoir divisé par cosL, nous faisons la substitution de fonctions hyperboliques, conformément aux relations (50), les termes en $\frac{y}{R}$ qui en résultent se trouvent représentés par un $\mathfrak{Sin}$ et par un $\mathfrak{Cos}$, équation (53), et les transformations des n°s 17 et suivants s'effectuent avec la plus grande facilité.

Nous allons présenter quelques applications numériques et nous joindrons les formules employées, en transformant dans ces formules les $\frac{x}{R}$ en $\mathcal{L}$, et les $\frac{y}{R}$ en $\lambda$; nous remplacerons également $\frac{a}{R}$ et $\frac{b}{R}$ par $\alpha$ et $\beta$. Il faudra seulement se rappeler que $\lambda$, exprimé en nombres abstraits, est le rapport de l'arc de méridien qui mesure les latitudes croissantes, au rayon de la sphère. Si l'on fait usage de Tables de fonctions trigonométriques et hyperboliques, comme celles de M. Houël ou de M. Vladimir Vassal, et que l'on prenne $\lambda$ dans la colonne de l'argument hyperbolique, la latitude vraie L correspondante sera l'argument circulaire qui se trouve en regard de l'argument $\lambda$ dans lesdites Tables.

*Applications numériques.*

**21.** — 1° Le 24 octobre 1874, M. Marc Saint-Hilaire, à l'heure sidérale $S_p$ de Paris

$$S_p = 22^h 41^m 45^s,$$

a observé l'étoile $\alpha$ de la *Lyre*, dont les coordonnées sont

$$\mathbb{R} = 18^h 32^m 41^s, \quad D = + 38°40',22,$$

il a trouvé, pour hauteur de l'étoile, corrigée de la réfraction et de la dépression,

$$H = 48°51',00;$$

d'où

$$\mathcal{L}_0 = 4^h 9^m 4^s, \quad \text{ou} \quad \mathcal{L}_0 = 62°16',00.$$

On a ici $\sin^2 H > \sin^2 D$ (1ʳᵉ cas) : on fera usage des formules du n° 17 transformées comme il suit :

$$k\,\mathrm{Sin}\,\lambda_0 = \sin D,$$
$$k\,\mathrm{Cos}\,\lambda_0 = \sin H,$$

$$\lambda_0 = 1,18753$$

$$\cos z = \frac{1}{\mathrm{Cos}\,\beta} = \frac{k}{\cos D},$$

$$
\begin{aligned}
l.\cos D &= 9,89252\\
l.\sin D &= 9,79577\\
l.\sin H &= 9,87679\\[2pt]
\hline
l.\mathrm{Tang} &= 9,91898\\
l.\mathrm{Cos} &= 0,25334\\
l.\mathrm{Sin} &= 0,17232\\
l.k &= 9,62345\\
l.\cos\alpha &= 9,73093\\
l.\mathrm{Cos}\,\beta &= 0,26907
\end{aligned}
$$

Les deux équations de la courbe de hauteur deviennent

$$\cos(\ell - \ell_0) = \cos z\,\mathrm{Cos}(\lambda - \lambda_0), \qquad \mathrm{Cos}(\lambda - \lambda_0) = \mathrm{Cos}\,\beta\cos(\ell - \ell_0).$$

Nous emploierons la deuxième, en faisant varier $\ell$ de 10′ en 10′.

| $\ell =$ | $9°\ 20′$ | $9°\ 30′$ | $9°\ 40′$ | $9°\ 50′$ | $10°\ 0′$ |
|---|---|---|---|---|---|
| $\ell - \ell_0 =$ | $-52\ 56$ | $-52\ 46$ | $-52\ 36$ | $-52\ 26$ | $-52\ 16$ |
| $l.\cos(\ell - \ell_0) =$ | $9,78013$ | $9,78180$ | $9,78346$ | $9,78510$ | $9,78674$ |
| $l.\mathrm{Cos}(\lambda - \lambda_0) =$ | $0,04920$ | $0,05087$ | $0,05253$ | $0,05417$ | $0,05581$ |
| $\pm(\lambda - \lambda_0) =$ | $0,48505$ | $0,49354$ | $0,50183$ | $0,50991$ | $0,51789$ |
| $\lambda =$ | $0,70248$ | $0,69399$ | $0,68570$ | $0,67762$ | $0,66964$ |
| $\Delta\lambda =$ | $-\ \ 849$ | $-\ \ 829$ | $-\ \ 808$ | $-\ \ 798$ | |
| $\Delta^2\lambda =$ | $+\ \ 20$ | $+\ \ 21$ | $+\ \ 10(^1)$ | | |

$2°$ Le même observateur, à une autre heure, a mesuré la hauteur de l'étoile $\alpha$ *Cocher* (la Chèvre),

$$D = +45°52′,17;$$

réduction faite de la hauteur au lieu de l'observation de la première étoile, il a trouvé

$$H = \quad 15°\ 32′,50,$$
$$\ell_0 = -96\ \ 6,00.$$

Ici, $\sin^2 H < \sin^2 D$ ($2^e$ cas) : on se servira des formules du n° 18 écrites comme il suit :

$$g\,\mathrm{Sin}\,\lambda_0 = \sin H,$$
$$g\,\mathrm{Cos}\,\lambda_0 = \sin D,$$

$$\lambda_0 = 0,39224$$

$$\mathrm{Sin}\,\beta = -\frac{\cos D}{g},$$

$$
\begin{aligned}
l.\sin H &= 9,42803\\
l.\sin D &= 9,85598\\
l.\cos D &= 9,84280\\[2pt]
\hline
l.\mathrm{Tang} &= 9,57205\\
l.\mathrm{Cos} &= 0,03259\\
l.\mathrm{Sin} &= 9,60464\\
l.g &= 9,82339\\
l.\mathrm{Sin}\,\beta &= 0,01941-
\end{aligned}
$$

---

($^1$) La petite discordance que l'on remarque aux secondes différences tient à ce que cinq décimales dans $\mathrm{Cos}(\lambda - \lambda_0)$ ne permettent pas ici de déterminer exactement la cinquième décimale de $(\lambda - \lambda_0)$.

L'équation de la courbe de hauteur devient

$$\operatorname{Sin}(\lambda - \lambda_0) = \operatorname{Sin}\beta \cos(\mathcal{L} - \mathcal{L}_0);$$

d'où

| $\mathcal{L} =$ | $9°\ 20'$ | $9°\ 30'$ | $9°\ 40'$ | $9°\ 50'$ | $10°\ 0'$ |
|---|---|---|---|---|---|
| $\mathcal{L} - \mathcal{L}_0 =$ | $105\ 26$ | $105\ 36$ | $105\ 46$ | $105\ 56$ | $106\ \ 6$ |
| $l.\cos(\mathcal{L} - \mathcal{L}_0) =$ | $9,42507-$ | $9,42962-$ | $9,43412-$ | $9,43857-$ | $9,44297-$ |
| $l.\operatorname{Sin}(\lambda - \lambda_0) =$ | $9,41418$ | $9,41903$ | $9,43353$ | $9,45798$ | $9,46238$ |
| $\lambda - \lambda_0 =$ | $0,27480$ | $0,27762$ | $0,28044$ | $0,28327$ | $0,28607$ |
| $\lambda =$ | $0,66704$ | $0,66986$ | $0,67268$ | $0,67551$ | $0,67831$ |
| $\Delta\lambda =$ | $+\ \ 282$ | $+\ \ 282$ | $+\ \ 283$ | $+\ \ 280$ | |
| $\Delta^2\lambda =$ | $0$ | $+\ \ 1$ | $-\ \ 3$ | | |

3° Il s'agit maintenant de déduire de la comparaison des valeurs de $\lambda$, fournies par les deux courbes, le système commun des valeurs de $\lambda$ et $\mathcal{L}$, et, par suite, les coordonnées de leur point d'intersection.

Soit $\theta$ la différence des deux valeurs de $\lambda$, correspondant à une même valeur de $\mathcal{L}$, et prise dans un sens arbitraire, mais constant ; nous aurons la condition

$$\theta = 0.$$

Formons donc le tableau des valeurs de $\theta$, en retranchant, par exemple, les $\lambda$ correspondant à la deuxième étoile, de ceux qui répondent à la première ; nous aurons, en y joignant les différences,

| $\mathcal{L} =$ | $9°20'$ | $9°30'$ | $9°40'$ | $9°50'$ | $10°\ 0'$ |
|---|---|---|---|---|---|
| $\theta =$ | $+3544$ | $+2413$ | $+1302$ | $+\ 211$ | $-\ 867$ |
| $\Delta\theta =$ | $-1131$ | $-1111$ | $-1091$ | $-1078$ | |
| $\Delta^2\theta =$ | $+\ \ 20$ | $+\ \ 20$ | $+\ \ 13$ | | |

Il est visible que la condition $\theta = 0$ est remplie pour une certaine valeur $\mathcal{L} = 9°50' + \delta\mathcal{L}$ : on aura donc, pour déterminer $\delta\mathcal{L}$, en faisant $\dfrac{\delta\mathcal{L}}{10'} = i$, l'équation

$$0 = +211 + i\Delta\theta + \frac{i(i-1)}{1.2}\Delta^2\theta;$$

d'où

$$i = -\ \frac{211}{\Delta\theta + \dfrac{i-1}{2}\Delta^2\theta} = \frac{211}{-1078 + \dfrac{i-1}{2}\Delta^2\theta};$$

puis, en négligeant d'abord $\Delta^2\theta$, $i = +0,196$ : ici la valeur $\Delta^2\theta$ fait défaut, et, si l'on prend à sa place la précédente, $+13$, on aura

$$i = 0,195\ (^1);$$

on peut donc prendre $\delta\mathcal{L} = +1',95$.

Ainsi la longitude du point d'intersection des courbes de hauteur est

$$\mathcal{L} = 9°51',95.$$

Quant à la latitude, nous la déduirons de l'interpolation des deux valeurs de $\lambda$, en partant de

---

($^1$) Si l'on tenait à une extrême précision, on disposerait le tableau en sens inverse, comme

$\mathcal{L} = 9°50'$ et faisant $i = + 0,195,$

|                          | Première courbe. | Deuxième courbe. |
|--------------------------|:----------------:|:----------------:|
| $\lambda =$              | 0,67762          | 0,67551          |
| Partie proportionnelle.  | —      156       | +       55       |
| Deuxième différence...   | Négligeable.     | Négligeable.     |
| $\lambda =$              | 0,67606          | 0,67606          |

Les deux résultats se trouvent ainsi parfaitement d'accord.

A cette valeur de $\lambda$, qui exprime la latitude croissante en parties du rayon, répond la latitude vraie

$$L = + 36°4',97.$$

En présentant un calcul fait avec cinq décimales, nous avons voulu montrer qu'on obtient une précision largement suffisante. Il est clair que, dans le cas présent, on aurait pu se contenter de quatre décimales, sans avoir à redouter d'erreurs excédant $\frac{1}{10}$ ou $\frac{2}{10}$ de minute. Alors la considération des secondes différences eût été inutile et l'interpolation, réduite aux parties proportionnelles, aurait été notablement simplifiée.

Le troisième cas ne devant se présenter qu'exceptionnellement, nous nous dispenserons de donner un exemple d'application des formules qui s'y rapportent.

### De l'emploi des arcs de cercle, dans le tracé des courbes de hauteur.

**22.** On a vu, par l'exemple précédent, que, dans le cas où la position estimée est trop incertaine, on peut obtenir la position du *point* au moyen des coordonnées d'un certain nombre de points de deux courbes de hauteur. Nous avons présenté une solution numérique du problème, bien plus rapide que les solutions directes; mais on peut se demander s'il ne serait pas possible d'arriver encore plus rapidement au but, par une combinaison conve-

il suit :

| $\mathcal{L} =$ | 10° 0' | 9°50' | 9°40' | 9°30' |
|-----------------|:------:|:-----:|:-----:|:-----:|
| $\theta =$      | — 867  | + 211 | +1302 | +24,13 |
| $\Delta\theta =$ | +1078 | +1091 | +1111 |        |
| $\Delta^2\theta =$ | + 13 | + 20 |       |        |

Partant de $\mathcal{L} = 9°50'$ et faisant $\dfrac{\delta\mathcal{L}}{10'} = -i$, on aurait

$$0 = + 211 + i \cdot 1091 + \frac{i(i-1)}{2} \cdot 20;$$

d'où

$$i = \frac{211}{1091 + (i-1)10} = -0,195;$$

puis

$$\delta\mathcal{L} = + 1',95,$$

résultat conforme à celui obtenu, dans le texte, en introduisant une valeur hypothétique de $\Delta^2\theta$.

nable des calculs et des procédés graphiques. C'est l'objet que nous nous proposons d'examiner ici.

Nous commencerons par le cas le plus simple, celui des courbes fermées qui diffèrent peu du cercle. Ce cas répond aux observations de hauteur des astres voisins du zénith, lorsque le lieu de l'observation n'est pas lui-même très-voisin de l'un des pôles. Dans cette circonstance, on peut se proposer de remplacer la courbe de hauteur par un cercle d'un certain rayon. Or il peut paraître suffisamment évident que, si l'on choisit, pour le rayon du cercle, la moyenne $\frac{1}{2}(a+b)$ des demi-axes de la courbe, l'erreur que l'on commettra, ou la distance entre les points correspondants du cercle et de la courbe, restera comprise entre les erreurs qui ont lieu aux extrémités des deux diamètres parallèles aux axes coordonnés : dès lors la valeur absolue de l'erreur sera $< \frac{1}{2}(b-a)$. Nous avons obtenu (*voir* la note du n° 17) une expression de $(b-a)$, d'où l'on déduit, en ayant égard à la valeur de $\theta$,

$$\frac{1}{2}\,\frac{b-a}{R} = \frac{1}{12}\left(\frac{\cos H}{\cos D}\right)^3 + \frac{1}{16}\left(\frac{\cos H}{\cos D}\right)^5 + \frac{11}{224}\left(\frac{\cos H}{\cos D}\right)^7 + \dots$$

Or nous supposons la distance zénithale petite; donc, à moins que $\cos D$ ne soit lui-même très-petit, la série précédente sera convergente, et il suffira à notre objet d'en considérer le premier terme. La valeur de l'erreur ainsi obtenue représente une ligne qui, pour être traduite en arc de grand cercle, doit être multipliée par le cosinus de la latitude L. Soit donc $\varepsilon$ l'arc de grand cercle correspondant; on aura

$$\varepsilon = \frac{1}{12}\,\cos L\left(\frac{\cos H}{\cos D}\right)^3$$

Si l'on se propose de rechercher les circonstances dans lesquelles cette erreur n'atteindra pas une limite donnée $\varepsilon_m$, on aura à satisfaire à la condition

$$\varepsilon < \varepsilon_m \quad \text{ou} \quad \frac{1}{12}\,\cos L\left(\frac{\cos H}{\cos D}\right)^3 < \varepsilon_m;$$

d'où

$$(90) \qquad\qquad \frac{\cos H}{\cos D} < \sqrt[3]{\frac{12\,\varepsilon_m}{\cos L}}.$$

Cette relation dépend encore de deux variables D et L que l'on peut réduire à une seule; en effet, dans l'hypothèse d'une faible distance zénithale, L et D ne différeront que de quantités moindres que cette distance zénithale; remplaçons, en conséquence, l'une de ces quantités par l'autre, et H par

$90^\circ - z$, nous aurons la condition suffisamment approchée

$$(91) \qquad \sin z < \sqrt[3]{12\,\varepsilon_m}\left(\cos^{\frac{2}{3}} D \text{ ou } \cos^{\frac{2}{3}} L\right),$$

dans laquelle $\varepsilon_m$ doit être remplacé par son sinus : il est clair qu'il faudra choisir entre L et D celle des deux qui aura la plus grande valeur absolue.

*Exemple.* — Soit

$$\varepsilon_m = \frac{1}{2}\,1', \quad \text{d'où} \quad 12\,\varepsilon_m = \sin 6' \quad (\log = 7,2419),$$

on aura

$$\sin z < (9,0806)\,\cos^{\frac{2}{3}} D;$$

d'où la Table suivante :

| $\pm$ (L ou D) | $0^\circ$ | $10^\circ$ | $20^\circ$ | $30^\circ$ | $40^\circ$ | $50^\circ$ | $60^\circ$ | $70^\circ$ | $80^\circ$ |
|---|---|---|---|---|---|---|---|---|---|
| $z <$ | $6^\circ 55'$ | $6^\circ 50'$ | $6^\circ 38'$ | $6^\circ 17'$ | $5^\circ 47'$ | $5^\circ 8'$ | $4^\circ 21'$ | $3^\circ 23'$ | $2^\circ 9'$ |

(A)

Ce tableau montre qu'avec une valeur de $\varepsilon_m$ assez petite, on pourra remplacer la courbe de hauteur par le cercle décrit du centre de cette courbe, et de rayon égal à la moyenne des deux demi-axes $a$ et $b$, lorsque les distances zénithales seront inférieures au nombre correspondant à $\pm$ (L ou D). On trouvera sous le titre de Table II une Table plus étendue.

En suivant une autre voie, M. Hilleret, supposant $\varepsilon_m < 3'$, trouve pour limites de $z$, quand D varie de zéro à $23^\circ 27',5$, les nombres $12^\circ 32'$ et $11^\circ 29'$. Avec les données de M. Hilleret, notre formule (91) donne, au lieu de ces nombres, $12^\circ 38'$ et $11^\circ 55'$, limites un peu plus étendues.

Lorsque la distance zénithale $z$ n'excédera pas la limite assignée par le tableau précédent, ou toute autre relative à une valeur donnée de $\varepsilon_m$, on remplacera la courbe de hauteur par un cercle dont le centre, situé sur le méridien de l'astre observé, aura pour ordonnée la moyenne des valeurs de $y$ correspondant aux latitudes $D + z$ et $D - z$; la demi-différence de ces mêmes ordonnées fournira le demi-diamètre $b$; prenant ce demi-diamètre pour une latitude croissante, on en déduira (n° **17**) la latitude vraie qui représente le demi-diamètre $a$ de la courbe de hauteur. Enfin le rayon du cercle en question sera égal à $\frac{1}{2}(a + b)$.

### Substitution d'un arc de cercle à une portion restreinte de la courbe de hauteur.

**23.** Actuellement nous allons considérer le cas où l'on ne se propose de remplacer la courbe de hauteur par un arc de cercle que dans des limites restreintes, et nous rechercherons celles que l'on ne doit pas dépasser, lorsque l'on assigne une valeur $\varepsilon_m$ à l'erreur admissible dans cette substitution.

Le problème, dans toute sa généralité, est celui-ci : Étant donnée la position du centre de courbure et le rayon de courbure, pour un point $(x, y)$ d'une courbe quelconque, déterminer la distance $\varepsilon$ comprise entre le cercle osculateur au point $(x, y)$ et un autre point $(x', y')$ de la courbe. Ce problème n'étant pas traité dans les ouvrages sur le Calcul différentiel, nous sommes obligé d'en donner ici la solution [1].

Le problème particulier, que nous avons en vue, nous conduit à substituer à la considération des tangentes celles des normales; cette substitution ne sera pas sans avantage dans le cas général, attendu l'ambiguïté que présente le sens de la tangente; nous l'éviterons en employant les normales, et convenant que leur sens positif est celui qui va du point de la courbe à son centre de courbure : en conséquence de cette convention, le rayon de courbure $\rho$ sera toujours considéré comme positif. Nous désignerons par Z l'angle que fait la normale au point $(x, y)$ avec l'axe des $y$, compté de cet axe vers l'axe des $x$, et par $Z'$ celui de la normale au point $(x', y')$ mesuré de la même manière.

Quant à la distance $\varepsilon$ comprise entre la courbe et le cercle osculateur considéré, on peut la définir de deux manières : nous prendrons pour $\varepsilon$ la partie de la normale à la courbe au point $(x', y')$, comprise entre cette courbe et le cercle osculateur au point $(x, y)$.

Cela posé, soient $\xi, \eta$ les coordonnées courantes du cercle osculateur en $(x, y)$; $x_c$ et $y_c$ les coordonnées du centre de courbure au même point. On aura d'abord

$$92)\qquad\begin{cases}(\xi - x_c)^2 + (\eta - y_c)^2 = \rho^2,\\ \xi - x' = \varepsilon \sin Z',\\ \eta - y' = \varepsilon \cos Z',\\ x_c - x = \rho \sin Z,\\ y_c - y = \rho \cos Z;\end{cases}$$

de ces relations on déduit aisément

$$\xi - x_c = x' - x + \varepsilon \sin Z' - \rho \sin Z,$$
$$\eta - y_c = y' - y + \varepsilon \cos Z' - \rho \cos Z.$$

Substituant ces valeurs dans $(92)$, il vient

$$\left.\begin{aligned}(x' - x)^2 + (y' - y)^2 + 2(x' - x)(\varepsilon \sin Z' - \rho \sin Z)\\ + 2(y' - y)(\varepsilon \cos Z' - \rho \cos Z) + \varepsilon^2 - 2\rho\varepsilon \cos(Z' - Z)\end{aligned}\right\} = 0,$$

[1] Nous apprenons, au moment de mettre sous presse, que ce problème est résolu dans le dernier volume du grand *Traité de Calcul différentiel et intégral* de M. Bertrand, qui vient de paraître.

on en tire

$$\varepsilon\,[\,2\rho\cos(Z'-Z) - \varepsilon - 2\,(x'-x)\sin Z' - 2\,(y'-y)\cos Z\,] =$$
$$= (x'-x)^2 + (y'-y)^2 - 2\rho[\,(x'-x)\sin Z + (y'-y)\cos Z\,],$$

puis

$$(93)\qquad \varepsilon = \dfrac{\dfrac{1}{2\rho}\,[(x'-x)^2 + (y'-y)^2] - [(x'-x)\sin Z + (y'-y)\cos Z]}{\cos(Z'-Z) - \dfrac{1}{2}\dfrac{\varepsilon}{\rho} - \dfrac{1}{\rho}\,[(x'-x)\sin Z' + (y'-y)\cos Z']}\,.$$

Occupons-nous du numérateur de cette expression, et procédons à son développement en séries suivant les puissances de $Z'-Z$; nous aurons, en vertu du théorème de Taylor,

$$(94)\quad
\begin{cases}
x'-x = \dfrac{dx}{dZ}(Z'-Z) + \dfrac{d^2x}{dZ^2}\dfrac{(Z'-Z)^2}{2} + \dfrac{d^3x}{dZ^3}\dfrac{(Z'-Z)^3}{2.3} + \dfrac{d^4x}{dZ^4}\dfrac{(Z'-Z)^4}{2.3.4} + \ldots,\\[2mm]
y'-y = \dfrac{dy}{dZ}(Z'-Z) + \dfrac{d^2y}{dZ^2}\dfrac{(Z'-Z)^2}{2} + \dfrac{d^3y}{dZ^3}\dfrac{(Z'-Z)^3}{2.3} + \dfrac{d^4y}{dZ^4}\dfrac{(Z'-Z)^4}{2.3.4} + \ldots,
\end{cases}$$

puis

$$(95)\quad
\begin{cases}
(x'-x)^2 + (y'-y)^2 = \left(\dfrac{dx^2}{dZ^2} + \dfrac{dy^2}{dZ^2}\right)(Z'-Z)^2 + \left(\dfrac{dx}{dZ}\dfrac{d^2x}{dZ^2} + \dfrac{dy}{dZ}\dfrac{d^2y}{dZ^2}\right)(Z'-Z)^3\\[3mm]
\qquad\qquad + \dfrac{1}{3}\left(\dfrac{dx}{dZ}\dfrac{d^3x}{dZ^3} + \dfrac{dy}{dZ}\dfrac{d^3y}{dZ^3}\right)(Z'-Z)^4\\[3mm]
\qquad\qquad + \dfrac{1}{4}\left[\left(\dfrac{d^2x}{dZ^2}\right)^2 + \left(\dfrac{d^2y}{dZ^2}\right)^2\right](Z'-Z)^4 + \ldots;
\end{cases}$$

$$(96)\quad
\begin{cases}
(x'-x)\sin Z + (y'-y)\cos Z = \left(\dfrac{dx}{dZ}\sin Z + \dfrac{dy}{dZ}\cos Z\right)(Z'-Z)\\[3mm]
\qquad\qquad + \dfrac{1}{2}\left(\dfrac{d^2x}{dZ^2}\sin Z + \dfrac{d^2y}{dZ^2}\cos Z\right)(Z'-Z)^2\\[3mm]
\qquad\qquad + \dfrac{1}{6}\left(\dfrac{d^3x}{dZ^3}\sin Z + \dfrac{d^3y}{dZ^3}\cos Z\right)(Z'-Z)^3\\[3mm]
\qquad\qquad + \dfrac{1}{24}\left(\dfrac{d^4x}{dZ^4}\sin Z + \dfrac{d^4y}{dZ^4}\cos Z\right)(Z'-Z)^4 + \ldots.
\end{cases}$$

Il s'agit actuellement de remplacer les dérivées qui figurent dans ces expressions, par leurs valeurs en fonction de $Z$ et de $\rho$.

Posons, à cet effet,

$$ds = \rho\,dZ,$$

en désignant par $ds$ l'élément d'arc de la courbe, supposé croître avec $Z$; nous aurons

$$(97)\quad
\begin{cases}
dx = -\,ds\cos Z = -\,\rho\cos Z\,dZ,\\
dy = +\,ds\sin Z = +\,\rho\sin Z\,dZ.
\end{cases}$$

De ces relations on déduit d'abord

$$\frac{dx}{dZ} = - \rho \cos Z,$$

$$\frac{dy}{dZ} = + \rho \sin Z,$$

$$\frac{d^2 x}{dZ^2} = + \rho \sin Z - \frac{d\rho}{dZ} \cos Z,$$

$$\frac{d^2 y}{dZ^2} = + \rho \cos Z + \frac{d\rho}{dZ} \sin Z,$$

$$\frac{d^3 x}{dZ^3} = + \rho \cos Z + 2 \frac{d\rho}{dZ} \sin Z - \frac{d^2\rho}{dZ^2} \cos Z,$$

$$\frac{d^3 y}{dZ^3} = - \rho \sin Z + 2 \frac{d\rho}{dZ} \cos Z + \frac{d^2\rho}{dZ^2} \sin Z,$$

$$\frac{d^4 x}{dZ^4} = - \rho \sin Z + 3 \frac{d\rho}{dZ} \cos Z + 3 \frac{d^2\rho}{dZ^2} \sin Z - \frac{d^3\rho}{dZ^3} \cos Z,$$

$$\frac{d^4 y}{dZ^4} = - \rho \cos Z - 3 \frac{d\rho}{dZ} \sin Z + 3 \frac{d^2\rho}{dZ^2} \cos Z + \frac{d^3\rho}{dZ^3} \sin Z;$$

puis

$$\frac{dx^2}{dZ^2} + \frac{dy^2}{dZ^2} = \rho^2,$$

$$\frac{dx}{dZ} \frac{d^2 x}{dZ^2} + \frac{dy}{dZ} \frac{d^2 y}{dZ^2} = + \rho \frac{d\rho}{dZ},$$

$$\frac{dx}{dZ} \frac{d^3 x}{dZ^3} + \frac{dy}{dZ} \frac{d^3 y}{dZ^3} = - \rho \left( \rho - \frac{d^2\rho}{dZ^2} \right),$$

$$\frac{dx}{dZ} \frac{d^4 x}{dZ^4} + \frac{dy}{dZ} \frac{d^4 y}{dZ^4} = - \rho \left( 3 \frac{d\rho}{dZ} - \frac{d^3\rho}{dZ^3} \right),$$

$$\left( \frac{d^2 x}{dZ^2} \right)^2 + \left( \frac{d^2 y}{dZ^2} \right)^2 = + \rho \left( \rho + \frac{1}{\rho} \frac{d\rho^2}{dZ^2} \right);$$

$$\frac{dx}{dZ} \sin Z + \frac{dy}{dZ} \cos Z = 0,$$

$$\frac{d^2 x}{dZ^2} \sin Z + \frac{d^2 y}{dZ^2} \cos Z = + \rho,$$

$$\frac{d^3 x}{dZ^3} \sin Z + \frac{d^3 y}{dZ^3} \cos Z = + 2 \frac{d\rho}{dZ},$$

$$\frac{d^4 x}{dZ^4} \sin Z + \frac{d^4 y}{dZ^4} \cos Z = - \rho + 3 \frac{d^2\rho}{dZ^2}.$$

Au moyen de ces valeurs, il vient

$$(98)\quad\begin{cases}\dfrac{1}{2\rho}\left[(x'-x)^2+(y'-y)^2\right] = +\dfrac{1}{2}\rho(Z'-Z)^2+\dfrac{1}{2}\dfrac{d\rho}{dZ}(Z'-Z)^3\\[2mm]
\qquad-\left(\dfrac{1}{24}\rho-\dfrac{1}{6}\dfrac{d^2\rho}{dZ^2}-\dfrac{1}{8\rho}\dfrac{d\rho^2}{dZ^2}\right)(Z'-Z)^4+\dots,\\[3mm]
-\left[(x'-x)\sin Z+(y'-y)\cos Z\right] = -\dfrac{1}{2}\rho(Z'-Z)^2-\dfrac{1}{3}\dfrac{d\rho}{dZ}(Z'-Z)^3\\[2mm]
\qquad-\left(-\dfrac{1}{24}\rho+\dfrac{1}{8}\dfrac{d^2\rho}{dZ^2}\right)(Z'-Z)^4+\dots;\end{cases}$$

ajoutant ces expressions et réduisant, on aura

$$\text{numér. de }\varepsilon = +\dfrac{1}{6}\dfrac{d\rho}{dZ}(Z'-Z)^3+\left(\dfrac{1}{24}\dfrac{d^2\rho}{dZ^2}+\dfrac{1}{8}\dfrac{1}{\rho}\dfrac{d\rho^2}{dZ^2}\right)(Z'-Z)^4+\dots.$$

On voit par là que le numérateur de $\varepsilon$ est du troisième ordre de petitesse, lorsque l'on considère la différence $Z'-Z$ comme du premier ordre. Or le dénominateur se compose du terme $\cos(Z'-Z)$ qui ne diffère de l'unité que de quantités du deuxième ordre, du terme en $\varepsilon$ qui est du troisième ordre et d'un dernier terme qui est au plus du premier ordre; il s'agit de faire voir que ce terme est au plus du deuxième ordre, en sorte que, si le dénominateur est réduit à l'unité, la valeur de $\varepsilon$ réduite à son numérateur ne se trouvera en erreur que de termes du cinquième ordre.

On a, en développant,

$$(x'-x)\sin Z'+(y'-y)\cos Z' = \quad(x'-x)\sin Z+(y'-y)\cos Z$$
$$+\left[(x'-x)\cos Z-(y'-y)\sin Z\right](Z'-Z)+\dots:$$

or, en vertu de (98) et attendu que $(x'-x)$ et $(y'-y)$ sont du premier ordre, l'expression que nous considérons est effectivement du deuxième ordre; donc, aux termes près du cinquième ordre, on a, moyennant une simple transformation,

$$(99)\qquad \varepsilon = -\dfrac{1}{6}\dfrac{d\rho}{dZ}\left(1+\dfrac{3}{4}\dfrac{Z'-Z}{\rho}\dfrac{d\rho}{dZ}\right)(Z'-Z)^3+\dfrac{1}{24}\dfrac{d^2\rho}{dZ^2}(Z'-Z)^4.$$

Telle est l'expression générale que nous nous proposons d'établir. On peut lui donner une autre forme, en introduisant l'arc de courbe compris entre les points $(x,y)$ et $(x',y')$, au lieu de la différence azimutale $Z'-Z$. Désignant par $\rho'$ le rayon de courbure en un point $(x',y')$ et $ds'$ l'élément d'arc, on a

$$ds' = \rho'\,dZ' = \left[\rho+\dfrac{d\rho}{dZ}(Z'-Z)+\dots\right]dZ';$$

en intégrant entre les limites correspondant aux deux points considérés,
il vient

$$s' - s = \rho\,(Z' - Z) + \frac{1}{2}\frac{d\rho}{dZ}(Z' - Z)^2 + \ldots;$$

d'où l'on tire

$$Z' - Z = \frac{s' - s}{\rho} - \frac{1}{2}\frac{1}{\rho}\frac{d\rho}{dZ}\left(\frac{s' - s}{\rho}\right)^2 - \ldots,$$

$$(Z' - Z)^3 = \left(\frac{s' - s}{\rho}\right)^3 - \frac{3}{2}\frac{1}{\rho}\frac{d\rho}{dZ}\left(\frac{s' - s}{\rho}\right)^4 + \ldots.$$

Substituant ces valeurs dans (99), il vient

$$\varepsilon = \frac{1}{6}\frac{d\rho}{dZ}\left(\frac{s' - s}{\rho}\right)^3 - \frac{1}{8}\left(\frac{1}{\rho}\frac{d\rho^2}{dZ^2} - \frac{1}{3}\frac{d^2\rho}{dZ^2}\right)\left(\frac{s' - s}{\rho}\right)^4.$$

Il est essentiel de remarquer que les valeurs de $\varepsilon$ ainsi calculées ne
peuvent convenir au cas où l'intervalle $s' - s$ comprendrait un point d'inflexion : en effet, au point d'inflexion, la valeur de $Z'$ varie brusquement de
180 degrés, ou, ce qui revient au même, dans le cas où l'on ferait varier $Z$
d'une manière continue, $\rho$ change de signe en passant par l'infini. Or nos
calculs ont été faits conformément à la convention que $\rho$ soit toujours considéré comme une quantité positive; nos formules ne peuvent donc être
appliquées au cas où l'intervalle $s' - s$ comprendrait un point d'inflexion.

**24.** *Application de la formule générale aux courbes de hauteur.* — Du
choix que nous avons fait de la direction de la normale vers le centre de
courbure, et de la comparaison des valeurs (61) et (92) de $x_c - x$ et $y_c - y$,
il résulte que l'on doit prendre

$$\rho = R\frac{\cos H}{\cos D}\frac{1}{\cos\dfrac{x - x_0}{R}}.$$

En effectuant la différentiation logarithmique de cette expression, on a

$$\frac{1}{\rho}\frac{d\rho}{dZ} = \frac{1}{R}\tan\frac{x - x_0}{R}\frac{dx}{dZ}$$

ou, en substituant la valeur trouvée plus haut,

$$\frac{dx}{dZ} = -\rho\cos Z,$$

et ayant égard à la relation (63) où l'on prendra le signe supérieur (¹), on trouvera

$$(101) \qquad \frac{d\rho}{dZ} = + \frac{1}{2} \frac{\rho^3}{R^2} \sin 2Z.$$

Différentions de nouveau, nous aurons

$$\frac{d^2\rho}{dZ^2} = \frac{3}{2} \frac{\rho^2}{R^2} \frac{d\rho}{dZ} \sin 2Z + \frac{\rho^3}{R^2} \cos 2Z,$$

ou, en substituant la valeur (101),

$$(102) \qquad \frac{d^2\rho}{dZ^2} = \frac{3}{4} \frac{\rho^5}{R^4} \sin^2 2Z + \frac{\rho^3}{R^2} \cos 2Z.$$

Si nous mettons actuellement ces valeurs dans l'expression (100), nous aurons, en divisant tout par R,

$$\frac{\varepsilon}{R} = \frac{1}{12} \sin 2Z \left( \frac{s' - s}{R} \right)^3 + \frac{1}{24} \cos 2Z \frac{s' - s}{\rho} \left( \frac{s' - s}{R} \right)^3$$

ou

$$(103) \qquad \frac{\varepsilon}{R} = \frac{1}{12} \left( \sin 2Z + \frac{1}{2} \frac{s' - s}{\rho} \cos 2Z \right) \left( \frac{s' - s}{R} \right)^3.$$

On voit aisément que $\frac{s' - s}{R}$ représente l'arc de grand cercle égal, en longueur, à l'intervalle des points $(x, y)$, $(x', y')$, mesuré le long de la courbe de hauteur, et que $\frac{s' - s}{\rho}$ est sensiblement égal à l'angle compris par les rayons vecteurs menés du centre de courbure à ces mêmes points; désignons le premier par $\sigma$ et le second par $\partial$, la valeur de $\frac{\varepsilon}{R}$ pourra s'écrire

$$\frac{\varepsilon}{R} = \frac{1}{12} \left( \sin 2Z + \frac{1}{2} \partial \cos 2Z \right) \sigma^3.$$

Cette valeur est une fonction de Z, $\partial$ et $\sigma$ : proposons-nous de trouver d'abord la valeur maximum de la parenthèse; il est clair que, $\partial$ pouvant prendre une valeur quelconque, on ne peut que rechercher le maximum relativement à Z. Or, si nous différentions cette parenthèse par rapport à Z,

---

(¹) On fait usage de la relation (9²) $x_1 - x = \rho \sin Z$ : cette expression, jointe à (58), donne effectivement, dans le cas actuel,

$$\tang \frac{x - x_0}{R} = - \frac{\rho}{R} \sin Z.$$

et que nous l'égalions à zéro, nous aurons

$$\cos 2Z - \frac{1}{2}\,\theta \sin 2Z = 0.$$

Nous n'avons pas à nous préoccuper de distinguer si cette relation convient à un maximum ou à un minimum; car, d'après la nature de la question, ce que nous recherchons, c'est le maximum de la valeur absolue, maximum qui répond aussi bien à un minimum qu'à un maximum analytique.

La valeur de Z qui répond au maximum est donnée par la relation précédente, ou

$$\cot 2Z = \frac{1}{2}\,\theta;$$

de là on déduit

$$\sin 2Z = \pm \frac{1}{\sqrt{1 + \cot^2 2Z}} = \frac{\pm 1}{\sqrt{1 + \frac{1}{4}\theta^2}},$$

$$\cos 2Z = \pm \frac{1}{2}\,\theta :$$

il s'ensuit

$$\sin 2Z + \frac{1}{2}\,\theta \cos 2Z = \pm \frac{1 + \frac{1}{4}\theta^2}{\sqrt{1 + \frac{1}{4}\theta^2}} = \pm \sqrt{1 + \frac{1}{4}\theta^2}.$$

Le maximum de $\frac{\varepsilon}{R}$ relatif à Z est ainsi

$$\frac{1}{12}\sqrt{1 + \frac{1}{4}\theta^2}\,\sigma^3.$$

Cette erreur, correspondant à la latitude L, doit être multipliée par $\cos L$ pour représenter un arc de grand cercle. Soit $\varepsilon_m$ l'erreur que l'on se donne pour limite d'écart linéaire, on aura la condition

$$\frac{1}{12}\cos L \sqrt{1 + \frac{1}{4}\theta^2}\,\sigma^3 < \varepsilon_m ;$$

d'où

(104)
$$\sigma < \sqrt[3]{\frac{12\,\varepsilon_m}{\cos L \sqrt{1 + \frac{1}{4}\theta^2}}}.$$

Pour faire usage de cette formule, on attribuera à $\theta$ la plus grande valeur que l'on suppose devoir se présenter.

Soit, par exemple, $\theta = 50^\circ = 0,87266$, et prenons, comme dans le n° **22**, $\varepsilon_m = 0',5$; on aura, en divisant par $\sin 1'$, de manière que le résultat soit exprimé en milles marins,

$$\sigma' < \frac{(2,60\{3)}{\sqrt[3]{\cos L}},$$

la quantité entre parenthèses désignant le logarithme du numérateur.

Dans ces conditions, on a la Table suivante :

$$(\text{B}) \quad \begin{cases} \pm \text{L} \\ \sigma' < \end{cases} \begin{array}{|c|c|c|c|c|c|c|c|c|} \pm\text{L} & 0^\circ & 10^\circ & 20^\circ & 30^\circ & 40^\circ & 50^\circ & 60^\circ & 70^\circ & 80^\circ \\ \hline \sigma' < & 402^\text{M} & 404^\text{M} & 410^\text{M} & 422^\text{M} & 439^\text{M} & 466^\text{M} & 507^\text{M} & 575^\text{M} & 720^\text{M} \end{array}$$

Nous donnons plus loin, sous le titre de Table III, une Table plus étendue.

On voit par là que si, étant donné un point de la courbe de hauteur, on détermine la position du centre de courbure et le rayon de courbure qui répondent à ce point, on pourra, dans une étendue de plusieurs centaines de milles, de part et d'autre de ce point, remplacer la courbe de hauteur par un arc de cercle, sous la condition que, dans l'étendue considérée, la courbe reste éloignée des points d'inflexion, s'il en existe.

Il est facile de s'en assurer, attendu que, dans le cas des courbes non fermées, les points d'inflexion correspondent à des valeurs de $x$ égales à

$$x_0 \pm \frac{\pi}{2} \text{R}.$$

2**3**. Les procédés graphiques qui ressortent des indications précédentes ne pourront être appliqués qu'autant que la position du centre de courbure ne sortira pas des limites de la carte marine dont on dispose, à moins que l'on n'ait recours aux appareils imaginés récemment par M. Peaucellier.

Pour donner une idée de l'exactitude à laquelle on arriverait, dans la substitution des *cercles* osculateurs aux *courbes* de hauteur, nous allons appliquer ce qui précède aux données numériques de l'exemple du n° 21 :

On a vu que la latitude du lieu de l'observation est 36° 1′,97 : supposons que l'on n'ait qu'une donnée très-vague sur cette latitude et proposons-nous, par exemple, de calculer les cercles de courbure correspondant à des points des courbes de hauteur, dont la latitude soit $\text{L} = 38^\circ$, quantité qui diffère, comme on voit, de près de 2 degrés de la latitude inconnue, et reportons-nous aux valeurs numériques des constantes du n° 21 :

1° α *Lyre*

$$\text{L} = + 38^\circ, \quad \frac{y}{\text{R}} \ \text{ou} \ \lambda = \ 0,71799$$

$$\lambda - \lambda_0 = -0,46954 \qquad \text{l.} \cos = \ 0,04621$$

$$\mathcal{L} - \mathcal{L}_0 = -53^\circ 13',82 \qquad = -0,92905 \qquad \text{l.} \cos = \ 9,77714$$

Éq. (70) $\qquad \dfrac{x_c - x}{\text{R}} = -\tan(\mathcal{L} - \mathcal{L}_0), \qquad \dfrac{y_c - y}{\text{R}} = -\tan(\lambda - \lambda_0) :$

$$\frac{x_c - x}{\text{R}} = + 1,33820 \qquad \text{l.} = 0,12652 +$$

$$\frac{y_c - y}{\text{R}} = + 0,43781 \qquad \text{l.} = 9,64129 +$$

Éq. (71 *ter*) $\qquad \rho \sin \text{Z} = \ x_c - x, \qquad \rho \cos \text{Z} = y_c - y :$

$$\text{Z} = \ 71^\circ 53',02 \qquad \text{l.} \tan \text{Z} = 0,48523$$
$$\text{l.} \cos \text{Z} = 9,49269$$
$$\text{l.} \sin \text{Z} = 9,97792$$

$$\frac{\rho}{\text{R}} = + 1,4080 \qquad\qquad 0,14860$$

$$\zeta_0 = 62^\circ 16' \qquad 1,08676$$

$$\zeta = \frac{x}{R} \qquad = +0,15771$$

$$\frac{x_c}{R} \qquad = +1,49591$$

$$\frac{y_c}{R} \qquad = +1,15580$$

$2^\circ$ $\alpha$ *Cocher* $\left(\text{même valeur de } \dfrac{r}{R}\right)$.

$$\lambda - \lambda_0 \qquad = 0,32575 \qquad\qquad l.\,\sin = 9,52054$$
$$\qquad\qquad\qquad\qquad\qquad l.\,\sin\beta = 0,01941\ -$$
$$\zeta - \zeta_0 \qquad 108^\circ 29',08 \qquad\qquad l.\,\cos = 9,50113\ -$$

Éq. (80)
$$\frac{x_c - x}{R} = -\tan(\zeta - \zeta_0), \qquad \frac{y_c - y}{R} = -\cot(\lambda - \lambda_0),$$

$$\frac{x_c - x}{R} = +2,99137 \qquad\qquad l. = 0,47587\ +$$
$$\frac{y_c - y}{R} = -3,17768 \qquad\qquad l. = 0,50211\ -$$

Éq. (80 *bis*)
$$Z = -43^\circ 16',21 \qquad\qquad l.\,\tan = 9,97376\ -\ (^1)$$
$$\qquad\qquad\qquad\qquad\qquad l.\,\cos = 9,86221\ -$$
$$\qquad\qquad\qquad\qquad\qquad l.\,\sin = 9,85597\ -$$
$$\qquad\qquad\qquad\qquad\qquad 0,63990\ -$$

$$\rho = -4,36415$$
$$\zeta_0 = -96^\circ 6'$$
$$\zeta = +12^\circ 23',08$$

$$\zeta - \frac{x}{R} = -0,21615$$

$$\frac{x_c}{R} = +3,20752$$

$$\frac{y_c}{R} = -2,45969$$

Les coordonnées des centres de courbure, ainsi que les rayons $\rho$, se trouvent ainsi déterminés. Or il est visible que les grandeurs de ces quantités ne permettraient de les construire que sur des cartes à très-petites échelles; car, soit $R = 1^m$, auquel cas 1 degré serait représenté par $17^{mm}$,45; on voit que l'on aurait, pour l'étoile $\alpha$ *Cocher*, à tracer un cercle de $4^m$,36415 de rayon.

Dans le cas présent, la construction graphique ne serait applicable qu'à l'aide d'appareils tels que ceux de M. Paucellier.

A défaut de ces appareils, nous avons calculé les coordonnées des points d'intersection des deux

---

($^1$) L'ambiguïté relative à Z est levée par la condition que $\sin Z$ soit de même signe que $\sin(\zeta_0 - \zeta)$.

cercles ([1]), et nous avons trouvé, pour les coordonnées sphériques correspondantes,

$$\mathcal{L} = 9°51',97, \quad L = 36° \ 4',75,$$

nombres qui excèdent ceux correspondant à l'intersection des courbes de hauteur, des quantités

$$0',0, \qquad\qquad -\ 0',2.$$

L'erreur en longitude est nulle, et l'erreur en latitude n'atteint pas $\frac{1}{4}$ de $1'$, quantité inférieure à la limite $\frac{1}{2}\ 1'$ que nous nous sommes imposée.

• **26.** Nous terminerons ces recherches sur l'erreur commise dans la substitution d'arcs de cercle aux courbes de hauteur, en examinant un procédé dont l'application, moins étendue que celle des précédents, est un peu plus expéditive. Il est seulement nécessaire de donner la mesure de l'erreur qu'il comporte.

Ce procédé, qui ne convient que dans le cas des courbes fermées, consiste à marquer sur la carte la position de l'astre observé, au moyen de ses coordonnées géographiques, et à tracer, de ce point comme centre, un cercle dont le rayon s'obtient en prenant, sur l'échelle des latitudes croissantes, l'espace qui sépare les ordonnées correspondant à des latitudes respectivement égales à $D \pm \frac{z}{2}$ ($z$ désignant la distance zénithale).

Commençons par évaluer l'intervalle compris entre le centre de la courbe de hauteur et le centre du cercle dont il s'agit.

Soit $Y$ l'ordonnée du centre de cercle ; on aura, d'après ce qui vient d'être dit,

$$\frac{Y}{R} = \log \operatorname{tang}\left(45° + \frac{1}{2}D\right),$$

d'où

$$\operatorname{Tang}\frac{Y}{R} = \sin D ;$$

---

([1]) Voici les formules qui nous ont servi au calcul des coordonnées du point d'intersection des deux cercles, en désignant par l'accent $'$ les quantités relatives à la deuxième étoile :

$$p = x_e - x'_e, \qquad\qquad q = y_e - y'_e ;$$
$$2\varepsilon = \rho'^2 - \rho^2 - (p^2 + q^2),$$
$$p' = \frac{p}{p^2 - q^2}, \qquad\qquad q' = \frac{q}{p^2 + q^2}$$
$$\gamma = \sqrt{\rho^2(p^2 + q^2) - \varepsilon^2} ;$$
$$x = x_e + p'\varepsilon \mp q'\gamma ,$$
$$y = y_e - q'\varepsilon \pm p'\gamma.$$

d'autre part, les équations (64) donnent, par l'ordonnée $y_0$ du centre de la courbe,

$$\mathfrak{Tang}\,\frac{y_0}{R} = \frac{\sin D}{\sin H};$$

de ces relations, on déduit

$$\mathfrak{Tang}\,\frac{y_0 - Y}{R} = \frac{\dfrac{\sin D}{\sin H} - \sin D}{1 - \dfrac{\sin^2 D}{\sin H}} = \frac{\sin D}{\cos^2 D}\,\frac{1 - \sin H}{1 - \dfrac{(1 - \sin H)}{\cos^2 D}}.$$

Posons, pour simplifier,

(105) $$\zeta = 1 - \sin H \quad \text{et} \quad \theta = \frac{\cos H}{\cos D},$$

on aura

$$\zeta = 1 - \sqrt{1 - \theta^2 \cos^2 D}.$$

Nous développerons le radical suivant les puissances de $\theta$, que nous traiterons comme étant du premier ordre de petitesse : il s'ensuit que, aux termes près du sixième ordre, on aura

(106) $$\zeta = \frac{1}{2}\theta^2 \cos^2 D + \frac{1}{8}\theta^4 \cos^4 D,$$

et l'expression précédente deviendra

$$\mathfrak{Tang}\,\frac{y_0 - Y}{R} = \frac{\sin D}{\cos^2 D}\left(\zeta + \frac{\zeta^2}{\cos^2 D} + \dots\right),$$

ou, en substituant la valeur de $\zeta$,

$$\mathfrak{Tang}\,\frac{y_0 - Y}{R} = \frac{\sin D}{\cos^2 D}\left[\frac{1}{2}\theta^2 \cos^2 D + \frac{1}{8}\theta^4 \cos^2 D\,(2 + \cos^2 D)\right],$$

expression que nous mettrons sous la forme

$$\mathfrak{Tang}\,\frac{y_0 - Y}{R} = \frac{1}{2}\theta^2 \sin D + \frac{1}{8}\theta^4 (3 - \sin^2 D)\sin D.$$

Passant à l'argument; il viendra, aux quantités près du sixième ordre,

(107) $$\frac{y_0 - Y}{R} = \frac{1}{2}\theta^2 \sin D + \frac{1}{8}\theta^4 (3 - \sin^2 D)\sin D.$$

Pour calculer le rayon du cercle, soient $y_{\pm 1}$ les ordonnées correspondant à $D \pm \frac{1}{2}z$, on aura

$$\frac{y_{\pm 1}}{R} = \log\tang\left[45° + \frac{1}{2}\left(D \pm \frac{1}{2}z\right)\right],$$

et, par suite,

$$\mathfrak{Tang}\,\frac{y_{+1}}{R} = \sin\left(D + \frac{1}{2}z\right),$$

$$\mathfrak{Tang}\,\frac{y_{-1}}{R} = \sin\left(D - \frac{1}{2}z\right);$$

on en déduit

$$\mathfrak{Tang}\,\frac{y_1 - y_{-1}}{R} = \frac{\sin(D + \frac{1}{2}z) - \sin(D - \frac{1}{2}z)}{1 - \sin(D + \frac{1}{2}z)\sin(D - \frac{1}{2}z)},$$

ou, en désignant par $r$ le rayon du cercle,

$$\mathfrak{Tang}\,\frac{r}{R} = \frac{2\cos D \sin\frac{1}{2}z}{1 - \dfrac{1 + \cos z - 2\cos^2 D}{2}} = \frac{4\cos D\sqrt{\frac{1}{2}(1 - \sin H)}}{2\cos^2 D + 1 - \sin H}.$$

En ayant égard aux relations (105), cette expression devient

$$\mathfrak{Tang}\,\frac{r}{R} = \frac{\sqrt{2}}{\cos D}\,\frac{\zeta^{\frac{1}{2}}}{1 + \dfrac{\zeta}{2\cos^2 D}} = \frac{\sqrt{2}\,\zeta^{\frac{1}{2}}}{\cos D}\left(1 - \frac{\zeta}{2\cos^2 D} - \frac{\zeta^2}{4\cos^4 D}\right).$$

Reprenons la valeur de $\zeta$, en l'écrivant comme il suit,

$$\zeta = \frac{1}{2}\vartheta^2\cos^2 D\left(1 + \frac{1}{4}\vartheta^2\cos^2 D\right);$$

nous aurons, aux termes près du cinquième ordre,

$$\zeta^{\frac{1}{2}} = \frac{\vartheta\cos D}{\sqrt{2}}\left(1 + \frac{1}{8}\vartheta^2\cos^2 D\right):$$

au moyen de ces valeurs il viendra,

$$\mathfrak{Tang}\,\frac{r}{R} = \vartheta\left(1 + \frac{1}{8}\vartheta^2\cos^2 D\right)\left(1 - \frac{1}{4}\vartheta^2\right)$$

ou

$$\mathfrak{Tang}\,\frac{r}{R} = \vartheta\left[1 - \frac{1}{8}\vartheta^2(1 + \sin^2 D)\right].$$

Passant à l'argument, on aura, aux termes près du cinquième ordre,

(108) $$\frac{r}{R} = \vartheta + \frac{1}{24}(5 - 3\sin^2 D)\vartheta^3.$$

Actuellement, nous rapporterons les coordonnées de la courbe de hauteur au centre du cercle que nous considérons, en conservant, bien entendu, la direction des axes.

Soit $y'$ l'ordonnée rapportée à cette origine; on aura entre cette ordonnée et l'ordonnée $y$, dont l'origine est à l'équateur, la relation

$$y' = y - Y = y - y_0 + y_0 - Y$$

ou, en posant, pour simplifier,

(109) $$\upsilon = \frac{y_0 - Y}{R},$$

$$\frac{y - y_0}{R} = \frac{y'}{R} - \upsilon.$$

Mettant cette expression dans la deuxième équation (67) de la courbe fermée, il viendra

$$\mathfrak{Cos}\left(\frac{y'}{R} - \upsilon\right) = \mathfrak{Cos}\frac{b}{R}\cos\frac{x - x_0}{R}.$$

Introduisons les coordonnées polaires $r'$ et Z, $r'$ désignant le rayon vecteur mené du centre du cercle, cette équation deviendra

$$\mathfrak{Cos}\left(\frac{r'}{R}\cos Z - \upsilon\right) = \mathfrak{Cos}\frac{b}{R}\cos\left(\frac{r'}{R}\sin Z\right).$$

Or les quantités $\frac{r'}{R}$ et $\frac{b}{R}$ étant du premier ordre de petitesse, tandis que, d'après (107) et (109), $\upsilon$ est du deuxième ordre, nous pourrons développer les facteurs de cette expression en séries, et nous aurons, en négligeant le terme du sixième ordre,

$$1 + \frac{\left(\frac{r'}{R}\cos Z - \upsilon\right)^2}{2} + \frac{1}{24}\frac{r'^4}{R^4}\cos^4 Z = \left(1 + \frac{1}{2}\frac{b^2}{R^2} + \frac{1}{24}\frac{b^4}{R^4}\right)\left(1 - \frac{1}{2}\frac{r'^2}{R^2}\sin^2 Z + \frac{1}{24}\frac{r'^4}{R^4}\sin^4 Z\right);$$

d'où

$$\begin{aligned}&\frac{r'^2}{R^2}\cos^2 Z - 2\frac{r'}{R}\upsilon\cos Z + \upsilon^2 + \frac{1}{12}\frac{r'^4}{R^4}\cos^4 Z \\ &\quad = \frac{b^2}{R^2} - \frac{r'^2}{R^2}\sin^2 Z + \frac{1}{12}\frac{b^4}{R^4} - \frac{1}{2}\frac{b^2}{R^2}\frac{r'^2}{R^2}\sin^2 Z + \frac{1}{12}\frac{r'^4}{R^4}\sin^4 Z,\end{aligned}$$

puis

(110) $$\frac{r'^2}{R^2} = \frac{b^2}{R^2} + \frac{1}{12}\frac{b^4}{R^4} - \upsilon^2 + \frac{2r'}{R}\upsilon\cos Z - \frac{1}{2}\frac{b^2}{R^2}\frac{r'^2}{R^2}\sin^2 Z - \frac{1}{12}\frac{r'^4}{R^4}(\cos^2 Z - \sin^2 Z).$$

Laissons de côté, pour un instant, les quantités de quatrième ordre; nous aurons simplement

$$\frac{r'^2}{R^2} = \frac{b^2}{R^2}\left(1 - 2Rr'\frac{v}{b^2}\cos Z\right);$$

d'où, aux quantités près du troisième ordre,

$$\frac{r'}{R} = \frac{b}{R}\left(1 - Rr'\frac{v}{b^2}\cos Z\right);$$

donc, en substituant cette valeur dans le deuxième membre de (110), les erreurs qui résulteront de la substitution ne s'élèveront qu'au cinquième ordre.

On aura, de cette manière,

$$\frac{r'^2}{R^2} = \frac{b^2}{R^2} - \frac{1}{3}\frac{b^4}{R^4}\sin^2 Z - v^2 + 2v\frac{b}{R}\cos Z + 2r'\frac{v^2}{b}\cos^2 Z.$$

Le dernier terme étant du troisième ordre, on peut y remplacer $r'$ par $b$, en restant dans les mêmes limites d'approximation; il vient en conséquence

$$\frac{r'^2}{R^2} = \frac{b^2}{R^2} - \frac{1}{3}\frac{b^4}{R^4}\sin^2 Z + 2v\frac{b}{R}\cos Z + v^2\cos 2Z.$$

Remplaçant $\frac{b}{R}$ par sa valeur en fonction de $\sigma$ (note du n° 17),

$$\frac{b}{R} = \sigma + \frac{1}{3}\sigma^3 + \frac{1}{5}\sigma^5 + \ldots,$$

d'où

$$\frac{b^2}{R^2} = \sigma^2 + \frac{2}{3}\sigma^4 + \ldots,$$

$$\frac{b^4}{R^4} = \sigma^4 + \ldots,$$

et $v$ par l'expression que fournissent les relations (107) et (109), savoir

$$v = \frac{1}{2}\sigma^2\sin D + \ldots,$$

$$v^2 = \frac{1}{4}\sigma^4\sin^2 D + \ldots,$$

il vient

$$\frac{r'^2}{R^2} = \sigma^2\left\{1 + \sigma\sin D\cos Z + \frac{1}{12}\sigma^2[6 + 2 - 3\sin^2 D]\cos 2Z\right\}.$$

On en déduit

$$(111) \qquad \frac{r'}{R} = \theta \left\{ 1 + \frac{1}{2}\theta \sin D \cos Z + \frac{1}{48}\theta^2 \left[12 - 3\sin^2 D + (4 + 3\sin^2 D)\cos 2Z\right] \right\},$$

relation exacte aux quantités près du quatrième ordre.

Retranchons de cette valeur l'expression (108), et posons

$$\varepsilon = r' - r,$$

nous aurons

$$(112) \qquad \varepsilon = \frac{1}{2}\theta^2 \sin D \cos Z + \frac{1}{48}\theta^3 \left[2 + 3\sin^2 D + (4 + 3\sin^2 D)\cos 2Z\right].$$

Comme dans le cas du n° **23**, nous allons rechercher la valeur de **Z** qui rend cette expression maximum ou minimum. En différentiant et égalant le résultat de la différentiation à zéro, il vient, après suppression des facteurs communs,

$$\sin Z \left[\sin D + \theta \frac{(4 + 3\sin^2 D)}{6} \cos Z\right] = 0.$$

L'une des solutions est $\sin Z = 0$; d'où

$$Z = i\pi, \quad \cos Z = \pm 1, \quad \cos 2Z = 1.$$

Or il est clair que la plus grande valeur de $\varepsilon$ s'obtiendra en donnant à $\cos Z$ le signe de $\sin D$; on aura donc

$$(113) \qquad \varepsilon = \pm \frac{1}{2}\theta^2 \sin D + \frac{1}{8}\theta^3 (1 + \sin^2 D). \qquad\qquad \sin D \begin{cases} \text{pos.} \\ \text{nég.} \end{cases}$$

Cette valeur est identique avec la différence $\dfrac{y_0 - Y + b - r}{R}$ des ordonnées des centres du cercle et de la courbe de hauteur, au sommet de cette courbe; en sorte qu'on eût pu éviter une partie des développements précédents, s'il avait paru suffisamment évident que le plus grand écart a lieu en ce point.

Quant à la solution fournie par la relation

$$\cos Z = -\frac{6\sin D}{\theta} \frac{1}{4 + 3\sin^2 D},$$

il est visible que, en vertu de la petitesse de $\theta$, elle ne saurait fournir, pour $\cos Z$, une valeur admissible, que dans le cas de faibles déclinaisons. Si l'on calcule la valeur correspondante de $\varepsilon$, on trouvera

$$-\frac{3}{2} \frac{\theta \sin^2 D}{4 + 3\sin^2 D} - \frac{1}{24}\theta^3.$$

Le premier terme de cette expression est évidemment égal à

$$\tfrac{1}{4}\,\delta^2 \sin D \cos Z;$$

la valeur absolue de ce terme est en conséquence moitié moindre que celle du premier terme de (113).

La comparaison du second terme avec le second de (113) montre que ce dernier est plus fort que l'autre : il s'ensuit que le maximum correspondant à $Z = i\pi$ l'emporte sur l'autre et qu'il n'y a lieu de considérer que la valeur (113) de $z$.

Multiplions cette quantité par $\cos L$, afin d'obtenir l'erreur en arc de grand cercle, et soit $\varepsilon_m$ l'erreur limite que l'on puisse tolérer; on aura la condition

$$\left[ -\tfrac{1}{2}\,\delta^2 \sin D + \tfrac{1}{8}\,\delta^3 (1 + \sin^2 D) \right] \cos L < \varepsilon_m,$$

puis, en mettant pour $\delta$ sa valeur (105),

$$-\tfrac{1}{2} \sin D \,\frac{\cos^2 H}{\cos^2 D} + \tfrac{1}{8} (1 + \sin^2 D) \frac{\cos^3 H}{\cos^3 D} < \frac{\varepsilon_m}{\cos L}$$

ou

$$(114)\qquad \left(\frac{\cos H}{\cos D}\right)^3 - \frac{4 \sin D}{1 + \sin^2 D}\left(\frac{\cos H}{\cos D}\right)^2 < \frac{8 \varepsilon_m}{(1 + \sin^2 D)\cos L},$$

inégalité qui se résoudra à la manière d'une équation du troisième degré.

Il faut pourtant excepter le cas relatif à l'équateur, pour lequel on a $D = 0$ : en faisant également $L = 0$, puisqu'il s'agit d'observations circumzénithales; on a, dans ce cas,

$$(115)\qquad \sin z = \sqrt{8\,\varepsilon_m}.$$

Pour résoudre l'inégalité (114), nous ferons

$$m = \frac{4 \sin D}{1 + \sin^2 D}, \qquad n = \frac{8 \sin \varepsilon_m}{(1 + \sin^2 D)\cos D}, \qquad \sin D \left\{ \begin{array}{l} \text{pos.} \\ \text{nég.} \end{array}\right.$$

$$(116)\qquad \frac{\cos H}{\cos D} - x = \tfrac{1}{3} m :$$

on aura alors

$$x^3 - \tfrac{1}{3} m^2 x - \tfrac{2}{27} m^3 - n < 0,$$

et cette inégalité, comparée au type

$$x^3 - px + q,$$

conduit à considérer la fonction des coefficients $p$ et $q$,

$$\left(\frac{q}{2}\right)^2 - \left(\frac{p}{3}\right)^3 = \left(\tfrac{1}{4} n - \tfrac{1}{27} m^3\right) n.$$

Or, en vertu des valeurs de $n$ et de $m$, cette fonction s'annule pour les valeurs de D, qui satisfont à la relation

$$\frac{\sin^3 D \cos D}{(1 - \sin^2 D)^2} = \frac{27}{32} \sin \varepsilon_m :$$

on aperçoit immédiatement que cette équation a deux racines voisines, l'une de zéro et l'autre de 90 degrés; ces racines sont approximativement fournies par les deux équations

$$\sin D = \sqrt[3]{\frac{27}{32} \sin \varepsilon_m}, \qquad \cos D = \frac{27}{8} \sin \varepsilon_m :$$

d'où

$$D = 2°\,50'\,50'' \quad \text{et} \quad D = 89°\,58'\,18'',75,$$

quand on fait $\varepsilon_m = 30''$.

Pour les valeurs de D inférieures à la première de ces limites et celles comprises entre la seconde et 90 degrés, on fera usage des formules suivantes, dans lesquelles on a mis $\sin z$ à la place de $\cos \Pi$ :

$$117) \qquad \mathbf{C}os\,3u = -\left(1 - \frac{27 \sin \varepsilon_m}{m^2 \sin D \cos D}\right), \qquad \sin z < \frac{2}{3} m \left(\mathbf{C}os\,u - \frac{1}{2}\right).$$

Entre les mêmes limites, les formules relatives au cas irréductible donneront

$$118 \quad \left\{ \begin{aligned} &\cos 3z = \left(1 \mp \frac{27 \sin \varepsilon_m}{m^2 \sin D \cos D}\right), \\ &\sin z = \frac{2}{3} m \cos D \left[\cos\left(z + i\,120°\right) - \frac{1}{2}\right]. \end{aligned} \right.$$

Le choix entre les trois solutions sera fixé par la condition que le second membre reste positif et inférieur à l'unité.

On trouvera, sous le titre de Table IV, une Table donnant les limites des distances zénithales $z$, calculées au moyen des formules précédentes, dans lesquelles on a fait

$$\varepsilon_m = 0'',5.$$

Les valeurs limites de $z$, données par la Table IV, ont pour origine un développement en série, dont le premier membre de l'inégalité (114) ne comprend que deux termes; on trouvera bon sans doute de se convaincre que les termes négligés ne peuvent avoir aucune influence sur les résultats. Voici ce que le calcul nous apprend à cet égard : Les valeurs numériques du rapport $\left(\dfrac{\cos H}{\cos D}\right)^2$, qui affecte le terme principal, varient entre 0,0006 et 0,0017 pour les valeurs de D comprises entre 10 et 80 degrés; ces valeurs sont : 0,0110 pour D = 0°, et 0,0157 pour D = 89°. Or on a négligé, dans les développements en séries, les termes en $\left(\dfrac{\cos H}{\cos D}\right)^4$ : il s'ensuit que le rapport des termes négligés au terme principal est de l'ordre des nombres que nous venons d'écrire, excepté peut-être dans le cas des faibles valeurs de D et de celles très-voisines de 90 degrés qu'on n'aura jamais à considérer.

**27.** *Résumé des divers résultats auxquels conduit l'étude des courbes de hauteur.* — 1° On peut aisément calculer les coordonnées d'un certain nombre de points voisins, d'une ou de plusieurs courbes de hauteur, et en déduire les coordonnées de leurs points d'intersection, soit par le calcul, comme il en a été donné un exemple (n° **21**), soit en reportant sur une carte marine les coordonnées des points de chaque courbe et joignant par un trait continu les points ainsi déterminés.

Cette solution du problème ne sera vraisemblablement employée que dans des cas tout particuliers et fort rares d'ailleurs.

2° Dans le cas des faibles distances zénithales, et hors du voisinage des pôles, on pourra remplacer la courbe de hauteur par un cercle ayant pour rayon la moyenne des demi-axes de la courbe de hauteur; la position du centre et les demi-axes seront déterminés comme il a été dit au n° **22**, lorsqu'on aura constaté que la distance zénithale rentre dans les limites assignées par la Table II du même numéro, ou par toute autre ayant le même objet et relative à une autre valeur de l'erreur limite.

Cette substitution du cercle à la courbe de hauteur nous paraît devoir constituer le plus fréquent usage que l'on pourra faire de la théorie des *courbes* de hauteur, dans les applications à la navigation proprement dite.

3° On a vu (n° **23**) que l'on peut, du centre de courbure correspondant à un point donné d'une courbe de hauteur, et avec le rayon de courbure correspondant à ce point, tracer un arc de cercle qui reste très-voisin de la courbe, dans une assez grande étendue de part et d'autre du point donné : il est seulement nécessaire d'exclure le cas du voisinage des points d'inflexion, si le genre de la courbe en présente. Le Tableau (B) du n° **23** indique, relativement à une limite d'erreur égale à 30 secondes et dans l'hypothèse d'une amplitude de 50 degrés, l'étendue dans laquelle on peut substituer un tel arc de cercle à la courbe de hauteur. Au lieu de calculer les coordonnées du centre de courbure et le rayon, on peut construire ces quantités suivant la méthode indiquée (n° **18**), si toutefois les dimensions de la carte le permettent.

Il faut pourtant reconnaître que, à part les difficultés qui proviendraient des trop faibles dimensions de la carte, le procédé que nous examinons en ce moment n'aurait d'utilité que dans les cas extrêmement rares où le point estimé présenterait d'énormes incertitudes : en effet, si l'on croit pouvoir utiliser le point estimé, on pourra se contenter du tracé d'une droite de hauteur qui se confondra d'autant mieux avec l'arc de cercle ou avec l'arc de courbe, que le rayon de courbure sera plus considérable.

L'emploi des *rayons* de courbure semble dès lors ne devoir être utilisé que dans des cas fort rares [1].

---

[1] On nous communique un procédé assez simple pour tracer, par points, le cercle osculateur à la courbe de hauteur, au point rapproché ; ce procédé, imaginé par M. Émile Perrin, enseigne de vaisseau, est mixte, en ce sens qu'il utilise à la fois les calculs et les tracés. Voici en quoi il consiste :

Par le point rapproché, pris pour origine de coordonnées $\xi$, menons une droite suivant l'azimut $Z_e$. Cette droite passera par le centre du cercle osculateur. Soient $r$ le rayon vecteur d'un point M du cercle osculateur et $\xi$ l'abscisse de ce point ; le rayon vecteur $r$ s'identifiera avec la corde qui joint le point M au point rapproché, et l'on aura, suivant un théorème de Géométrie élémentaire,

$$\xi = \frac{r^2}{2\rho},$$

$\rho$ désignant le rayon de courbure de la courbe de hauteur au point rapproché. De cette manière le point M sera déterminé par le système mixte de coordonnées $r$ et $\xi$.

En faisant usage de la valeur (62) de $\rho$, de préférence à (63), pour les motifs déjà indiqués, et supprimant le double signe, on aura, à cause de $\frac{x - x_0}{R} = \mathcal{L} - \mathcal{L}_0$,

$$\xi = \frac{r^2}{2R} \frac{\cos D}{\cos H} \cos(\mathcal{L}_0 - \mathcal{L}).$$

Cette formule pourra être calculée de deux manières différentes : 1° on préparera les valeurs de $\log \frac{r^2}{2R}$, correspondantes à des valeurs équidistantes de $r$ et qui serviront pour tous les calculs de ce genre, puis on obtiendra le log de $\xi$, en y ajoutant le log du facteur constant $\frac{\cos D}{\cos H} \cos(\mathcal{L}_0 - \mathcal{L})$ ; 2° on posera

$$k = \frac{1}{2R} \frac{\cos D}{\cos H} \cos(\mathcal{L}_0 - \mathcal{L}),$$

et l'on se servira de la règle à calcul, pour obtenir la valeur de $\xi$, suivant la formule

$$\xi = r^2 k.$$

Enfin, si l'on veut que $\xi$ et $r$ soient exprimés en milles marins, il suffira de remplacer la constante $\frac{1}{2R}$ par $\frac{1}{2} \sin 1'$ ou $\sin 30''$.

4° Nous avons montré (n° **25**) comment on peut, dans le cas des courbes fermées et des faibles distances zénithales, remplacer la courbe de hauteur par un cercle dont le centre coïncide avec la position géographique de l'astre et dont le rayon est très-facile à déterminer : la Table IV indique les limites des distances zénithales auxquelles ce procédé peut être appliqué.

De cet examen, il résulte que la théorie des courbes de hauteur sera particulièrement utile dans le cas des faibles distances zénithales, et que, dans le plus grand nombre des deux autres cas, il conviendra de s'en tenir au tracé des droites de hauteur.

On trouvera, dans la Note qui termine la partie théorique de ce Traité, le moyen de s'assurer si l'approximation fournie par l'emploi des droites de hauteur est suffisante, et, dans le cas contraire, l'expression de la correction à appliquer à chacune des coordonnées du point pour avoir égard aux termes du deuxième ordre.

# CHAPITRE III.

## CAS PARTICULIERS OU LES DEUX COORDONNÉES PEUVENT ÊTRE DÉTERMINÉES SÉPARÉMENT.

### Circumméridiennes.

**28.** Dans l'ancienne navigation, les deux coordonnées de la position du navire s'obtenaient isolément, et la latitude était déterminée par les observations méridiennes des astres : les observations circumméridiennes avaient alors une importance capitale. Aujourd'hui, que l'on tient à obtenir simultanément les deux coordonnées, les observations circumméridiennes ne sont plus indispensables. Cependant elles offrent l'avantage de se prêter à une facile réduction et d'abréger ainsi les calculs : elles déterminent la latitude quand on observe la hauteur maximum des astres.

Bien que l'on trouve, dans la plupart des Traités de Navigation, les formules de réduction des circumméridiennes, développées jusqu'aux termes du quatrième ordre, nous croyons utile de présenter un développement très-simple, que nous avons communiqué à M. Laugier il y a une douzaine d'années, et qui a fini par trouver place dans l'enseignement.

Nous commencerons par établir les relations entre la latitude, la déclinaison et la distance zénithale d'un astre, au moment de son passage au méridien. On les déduirait aisément de simples figures : nous préférons les tirer de nos formules générales (6), en y rétablissant la distance zénithale $z$ à la place de la hauteur H, et écrivant l'angle horaire P au lieu de $g_0 - g$. Ces formules deviennent alors

$$(19) \quad \begin{cases} \cos z = \sin L \sin D + \cos L \cos D \cos P, \\ \cos Z \sin z = \cos L \sin D - \sin L \cos D \cos P. \\ \sin Z \sin z = \cos D \sin P. \end{cases}$$

Considérons séparément le cas des passages supérieurs et celui des passages inférieurs.

*Passages supérieurs.* — L'angle horaire P est nul et $\cos P = -1$ : d'après la dernière des équations précédentes, on a $\sin Z = o$, ou $Z = o^o$ et $Z = 180^o$. Les circonstances de l'observation suffisent pour lever l'ambiguïté. Si l'astre observé est au *nord* du zénith, on a $Z = o$ et $\cos Z = + 1$; s'il est au *sud*, on a $Z = \pm 180^o$ et $\cos Z = - 1$.

Introduisons ces diverses valeurs dans les deux premières équations ($119$), nous aurons

$$\cos z = \cos(D - L),$$
$$\pm \sin z = \sin(D - L),$$

au nord,<br>au sud,

relations qui s'accordent à donner

$$z = D - L$$

ou

$$\text{(120)} \qquad L - D \pm z = o.$$

au nord,<br>au sud.

*Passages inférieurs.* — L'angle horaire P est égal à $\pm 180$ degrés, d'où $\cos P = - 1$. On a encore $\cos Z = \pm 1$, suivant que l'astre est observé au *nord* ou au *sud*. Alors les deux premières équations ($119$) deviennent

$$\cos z = \cos(D + L),$$
$$\pm \sin z = \sin(D + L).$$

Ces relations s'accordent à donner

$$z = 180^o - D - L$$

ou

$$\text{(121)} \qquad L + D - 180^o \pm z = o.$$

au nord.<br>au sud.

Nous utiliserons ces relations dans les numéros suivants.


**29.** *Développements en séries suivant les puissances de l'angle horaire.* — Lorsqu'on ne se propose que d'obtenir le terme principal de ces séries, on peut y parvenir par diverses voies plus ou moins simples. Bien que ce terme principal soit le seul qu'il convienne d'employer dans la pratique de la navigation, il est cependant nécessaire de connaître le terme suivant, afin de s'assurer s'il est effectivement négligeable.

Parmi les divers procédés qu'on peut employer pour effectuer le développement en question, nous choisirons celui que fournit l'application du théorème de Maclaurin.

*Passages supérieurs.* — Substituons à $\cos P$, dans l'équation (119), $1 - 2\sin^2 \frac{1}{2} P$, et posons

$$(122) \qquad \varsigma = 2\sin^2 \frac{1}{2} P;$$

cette équation deviendra

$$(123) \qquad \cos z = \cos(D - L) - \theta \cos D \cos L.$$

Par là, nous voyons que L est une fonction de $\varsigma$, dont nous désignerons par $L_0$ la valeur correspondante à $\varsigma = 0$ ou à P nul. Cette valeur est précisément celle de L que l'on déduit de l'équation (120), ou

$$(124) \qquad L_0 = D - z.$$

Nous aurons donc, suivant le théorème de Maclaurin,

$$(125) \qquad L = L_0 + \left(\frac{dL}{d\varsigma}\right)_0 \frac{\theta}{1} + \left(\frac{d^2L}{d\varsigma^2}\right)_0 \frac{\varsigma^2}{1.2} + \dots$$

développement qu'il n'est pas nécessaire d'étendre au delà des termes en $\varsigma^2$.

Différentions, en conséquence, deux fois de suite l'équation (123), en y considérant $\varsigma$ comme variable indépendante; nous aurons

$$[\sin(D - L) + \varsigma \cos D \sin L]\, d L - \cos D \cos L\, d\varsigma = 0,$$

$$\left. \begin{array}{l} [\sin(D - L) + \varsigma \cos D \sin L]\, d^2L - [\cos(D - L) - \theta \cos D \cos L]\, dL^2 \\ \qquad + 2\cos D \sin L\, dL\, d\varsigma \end{array} \right\} = 0.$$

Tirant de ces équations les valeurs des dérivées et faisant ensuite $\varsigma = 0$ et $L = L_0$ dans leurs expressions, il viendra

$$(126) \qquad \left(\frac{dL}{d\varsigma}\right)_0 = \frac{\cos D \cos L_0}{\sin(D - L_0)},$$

$$(126\ bis) \qquad \left(\frac{d^2L}{d\varsigma^2}\right)_0 = \frac{\cos D \cos L_0}{\sin(D - L_0)}\left[\frac{\cos D \cos L_0 \cos(D - L_0)}{\sin^2(D - L_0)} - 2\frac{\cos D \sin L_0}{\sin(D - L_0)}\right];$$

or on a

$$\frac{\cos D \cos L_0 \cos(D - L_0)}{\sin^2(D - L_0)} - \frac{\cos D \sin L_0}{\sin(D - L_0)}$$

$$\frac{\cos D}{\sin^2(D - L_0)}[\cos L_0 \cos(D - L_0) - \sin L_0 \sin(D - L_0)] \qquad \frac{\cos^2 D}{\sin^2(D - L_0)}$$

il vient donc

$$127 \qquad \left(\frac{d^2 L}{d\theta^2}\right)_0 \frac{\cos D \cos L_0}{\sin D - L_0}\left[\frac{\cos^2 D}{\sin^2 D - L_0} - \frac{\cos D \sin L_0}{\sin D - L_0}\right].$$

Substituant les valeurs (126) et (127) des dérivées dans le développement (125), on aura

$$128 \qquad L \quad L_0 \quad \frac{\cos D \cos L_0}{\sin D - L_0}\,\theta \quad \frac{1}{2}\frac{\cos D \cos L_0}{\sin D - L_0}\left[\frac{\cos^2 D}{\sin^2 D - L_0} - \frac{\cos D \sin L_0}{\sin D - L_0}\right]\theta^2,$$

expression dont il suffira de diviser les deux derniers termes par $\sin 1''$ ou $\sin 1'$ pour obtenir un résultat exprimé en secondes ou minutes de degré.

*Passages inférieurs.* — Nous remplacerons, dans la première équation (119), P par $180° - $ P', de manière que P' désigne l'angle horaire compté du méridien inférieur, ce qui donne $\cos P \quad \cos P'$; substituant ensuite $1 - 2\sin^2 \tfrac{1}{2} P'$ à $\cos P'$ et faisant

$$129 \qquad \theta \quad 2\sin^2 \tfrac{1}{2} P',$$

cette équation deviendra

$$130 \qquad \cos z \quad \cos D \quad L \quad \theta \cos D \cos L.$$

Comme dans le cas des passages supérieurs, L est une fonction de $\theta$, dont nous désignerons encore par $L_0$ la valeur correspondante à $\theta = 0$ ou à P' nul; cette valeur est donnée par l'équation (121), d'où l'on tire

$$131 \qquad L_0 \quad 180° - D \qquad \begin{cases} \text{au nord,} \\ \text{au sud.} \end{cases}$$

Si nous comparons cette expression à celle de $L_0$ qui se rapporte au passage supérieur, nous verrons qu'elle s'en déduit en y changeant D en $180° - $ D; or, le même changement, effectué dans l'équation (123), a précisément pour résultat de la transformer en l'équation (130). Cette remarque nous dispense d'effectuer un nouveau développement suivant la formule de Maclaurin: il nous suffira, en effet, de changer dans (128) D en $180° - $ D; on aura ainsi

$$132 \qquad L \quad L_0 \quad \frac{\cos D \cos L_0}{\sin D - L_0}\,\theta \quad \frac{1}{2}\frac{\cos D \cos L_0}{\sin D - L_0}\left[\frac{\cos^2 D}{\sin^2 D - L_0} \quad \frac{\cos D \sin L_0}{\sin D - L_0}\right]\theta^2,$$

expression dont il faudra encore diviser les deux derniers termes par $\sin 1''$ ou $\sin 1'$, pour obtenir un résultat exprimé en secondes ou minutes d'arc.

Les formules (128) et (132) sont faciles à calculer au moyen de Tables telles que celle de M. Caillet, où l'on trouve les valeurs numériques du log du facteur

$$\frac{\cos D \cos L_0}{\sin(D \mp L_0)}$$

et celles de la quantité $\dfrac{\theta}{\sin 1''}$.

30. *Autres formes données aux développements relatifs aux circumméridiennes.* — On trouve, dans beaucoup d'ouvrages, des développements où entrent les puissances de P; il nous sera facile de les déduire de nos formules (128) et (132): on a, en effet,

$$\theta = 2\sin^2 \frac{1}{2} P = \frac{P^2}{2} - \frac{P^4}{2.3.4} + \ldots, \qquad \theta^2 = \frac{P^4}{4} + \ldots$$

Mettons ces valeurs à la place de $\theta$ et $\theta^2$ dans ces formules; elles deviendront

$$(133)\quad \begin{cases} \text{P.S.} \quad L = L_0 + \dfrac{\cos D \cos L_0}{2\sin(D - L_0)}\, P^2 + \dfrac{\cos D \cos L_0}{8\sin(D - L_0)}\left[\dfrac{\cos^2 D}{\sin^2(D - L_0)} - \dfrac{\cos D \sin L_0}{\sin(D - L_0)} - \dfrac{1}{3}\right] P^4, \\[4mm] \text{P.I.} \quad L = L_0 - \dfrac{\cos D \cos L_0}{2\sin(D + L_0)}\, P'^2 - \dfrac{\cos D \cos L_0}{8\sin(D + L_0)}\left[\dfrac{\cos^2 D}{\sin^2(D + L_0)} + \dfrac{\cos D \sin L_0}{\sin(D + L_0)} - \dfrac{1}{3}\right] P'^4. \end{cases}$$

C'est en vue d'obtenir les présentes formules que nous nous sommes abstenu de sortir des crochets de (128) et (132) le facteur commun $\dfrac{\cos D}{\sin(D \mp L_0)}$.

Les formules (133) ne sont d'une application facile qu'au moyen de Tables analogues à celles que l'on trouve dans le recueil de M. Caillet : alors on réduit les termes qui suivent $L_0$ au premier, et l'on recherche jusqu'à quelles limites peuvent s'étendre les angles horaires, pour que le terme négligé n'acquière pas une valeur absolue, égale à un nombre donné de secondes.

Afin de n'avoir à considérer, dans la construction des Tables, que la valeur absolue des coefficients de $P^2$ et $P'^2$, on peut remplacer $\sin(D \mp L_0)$ par $\sqrt{\sin^2(D \mp L_0)}$, sous la condition de faire précéder ce radical du signe du sinus qu'il remplace. Or, en vertu de (124) et (131), $D - L_0 = \pm z$ et $D + L_0 = \pm 180° \mp z$; il s'ensuit que les signes de $\sin(D - L_0)$ et de $\sin(D + L_0)$ sont ceux de $\pm z$. Soit donc

$$(133\,bis)\qquad \alpha = -\frac{1}{2}\,\frac{\cos D \cos L_0}{\sqrt{\sin^2(D \mp L_0)}}; \qquad \begin{array}{l} \text{P. S,} \\ \text{P. I.} \end{array}$$

on aura, en substituant les valeurs de $L_0$ dans (133),

$$(134) \qquad \begin{cases} \text{Pass. sup.} \dots \quad L = D \mp (z - \alpha P^2), \\ \text{Pass. inf.} \dots \quad L = \pm 180° - D \mp (z + \alpha P'^2), \end{cases} \qquad \begin{cases} \text{Nord.} \\ \text{Sud.} \end{cases}$$

Sous cette forme, il est visible que les signes qui précèdent $\alpha$ sont bien les signes convenables; en effet, $z - \alpha P^2$ et $z + \alpha P'^2$ représentent évidemment les distances zénithales correspondantes aux passages méridiens, l'un supérieur, l'autre inférieur. Or, comme, dans le premier, la distance zénithale méridienne est un minimum, toute autre distance $z$ doit subir une réduction; de même la distance zénithale dans les passages inférieurs est un maximum, et toute autre distance zénithale doit recevoir une correction additive.

Il reste à modifier la constante $\alpha$ de manière que les termes $\alpha P^2$ représentent des secondes de degré, alors que les angles horaires P seront exprimés en minutes de temps. Le facteur P devra, en conséquence, être changé en $P \sin 15'$, et, comme il faudra diviser en outre par $\sin 1''$, on devra écrire à la place de $\alpha P^2$, $\dfrac{\alpha}{\sin 1''} \sin^2 15' P^2$. On pourra donc considérer P comme exprimé en minutes de temps dans les formules (134), pourvu que l'on emploie, dans le calcul des Tables de $\alpha$, l'expression

$$(135) \qquad \alpha = \frac{\sin^2 15'}{\sin 2''} \cdot \frac{\cos D \cos L_0}{\sqrt{\sin^2 (D \mp L_0)}}.$$

Il est visible que le facteur numérique de cette expression est égal à $\frac{1}{2}(900)^2 \sin 1''$, facteur employé communément dans les Traités.

*Du calcul des Tables des valeurs de $z$ et des limites de l'angle horaire P, lorsque les développements sont limités au terme en $P^2$.*

31. Passons au calcul des Tables. On voit d'abord que les valeurs de $z$ resteront les mêmes quand D et $L_0$ changeront simultanément de signes : il en résulte que les arguments D et $L_0$ des Tables peuvent être pris positivement, pourvu que l'on distingue les cas où, *en réalité*, D et $L_0$ sont de mêmes signes ou de signes contraires; d'ailleurs le passage de l'un de ces cas à l'autre a pour conséquence le changement de $\sin^2(D - L_0)$ en $\sin^2(D + L_0)$. Il s'ensuit que la formule (135), appliquée en y faisant usage des signes supérieur ou inférieur, suivant que la latitude et la déclinaison sont de même signe ou de signes contraires, fournit les corrections qui conviennent à la fois aux passages supérieurs et inférieurs, sous la seule condition d'appliquer ces corrections aux distances zénithales avec le signe — ou le signe +, suivant qu'il s'agit des passages supérieurs ou inférieurs, ainsi qu'il résulte des relations (134).

Nous donnerons à la fin de ce Traité, sous le titre de *Table V*, une Table étendue des valeurs de $z$.

Actuellement, nous allons rechercher les limites de l'angle horaire P, entre lesquelles on puisse appliquer les formules (134), sans avoir à redouter une erreur qui excède, en valeur absolue, un nombre donné $\varepsilon_m$ de minutes d'arc.

Les termes du quatrième ordre et des ordres supérieurs que l'on néglige ainsi, ne devant pas dépasser en valeur absolue la quantité $\varepsilon_m$, on aura, d'après les équations (133), la condition

$$\pm \frac{\cos D \cos L_0}{8 \sin(D \pm L_0)} \left[ \frac{\cos^2 D}{\sin^2(D \pm L_0)} \pm \frac{\cos D \sin L_0}{\sin(D \pm L_0)} - \frac{1}{3} \right] P^4 \sin^4 15' + \text{termes des ordres sup.} \leqq \sin \varepsilon_m,$$

où P est exprimé en minutes de temps. Pour n'avoir à considérer que des valeurs absolues, nous remplacerons, dans le premier facteur, $\sin(D \pm L_0)$ par $\sqrt{\sin^2(D \pm L_0)}$, et nous considérerons les deux premiers termes de [ ] comme étant ceux du carré d'un binôme que nous compléterons en ajoutant et retranchant dans cette [ ] la quantité $\frac{1}{4}\sin^2 L_0$; de cette manière, l'inégalité précédente deviendra

$$(136) \quad \left\{ \begin{array}{l} \pm \dfrac{\cos D \cos L_0}{8\sqrt{\sin^2(D \pm L_0)}} \left\{ \left[ \dfrac{\cos D}{\sin(D \pm L_0)} \pm \dfrac{1}{2} \sin L_0 \right]^2 - \left( \dfrac{1}{3} + \dfrac{1}{4} \sin^2 L_0 \right) \right\} P^4 \sin^4 15' \\ \quad + \text{termes des ordres sup.} \leqq \sin \varepsilon_m. \end{array} \right.$$

En supposant développés les termes des ordres supérieurs, on ne pourrait obtenir la valeur exacte de P qu'au moyen des approximations successives; on simplifie la question, en négligeant les termes des ordres supérieurs; mais une telle simplification devient tout à fait fautive en certains cas. Il est évident, par exemple, que, si la { } s'annule pour certaines valeurs simultanées de D et $L_0$, la considération du seul terme en $P^4$ donnera, pour P, une valeur infinie, ce qui serait absurde pour toute autre déclinaison que ± 90°; dans cette circonstance, la solution approchée serait fournie par la considération du terme en $P^6$. On voit, en outre, que, dans le cas où la parenthèse serait seulement très-petite au lieu d'être nulle, le terme en $P^4$ deviendrait comparable au terme en $P^6$, et ne saurait, par conséquent, fournir même une solution approchée.

Pour éviter ces inconvénients, tout en négligeant les termes des ordres supérieurs, nous ferons subir à la { } de (136) une modification qui aura, en outre, pour conséquence de réduire les limites de P. Soient $m$ et $n$ les produits du facteur en dehors de la parenthèse { } par le premier et le second terme de cette parenthèse, quantités qui seront essentiellement positives; nous pourrons écrire

$$\pm (m - n) P^4 \sin^4 15' \leqq \sin \varepsilon_m.$$

Supposons $m > n$ : l'inégalité fournie par l'emploi du signe supérieur sera satisfaite *à fortiori*, si l'on fait

$$m P^4 \sin^4 15' \leqq \sin \varepsilon_m.$$

Soit $m < n$ : l'emploi du signe inférieur donnera l'inégalité $+ (n - m) P^4 \sin^4 15' \leqq \sin \varepsilon_m$, qui sera satisfaite *à fortiori*, si l'on pose

$$n P^4 \sin^4 15' \leqq \sin \varepsilon_m.$$

Nous sommes ainsi conduit à faire usage des formules suivantes :

$$(137) \quad 1^\circ \left\{ \begin{array}{l} \left[ \dfrac{\cos D}{\sin(D \pm L_0)} \pm \dfrac{1}{2} \sin L_0 \right]^2 > \dfrac{1}{3} + \dfrac{1}{4} \sin^2 L_0, \\ \pm P \leqq \dfrac{\sqrt[4]{\sin \varepsilon_m}}{\sin 15'} \dfrac{1}{\sqrt[4]{\dfrac{\cos D \cos L_0}{8\sqrt{\sin^2(D \pm L_0)}} \left[ \dfrac{\cos D}{\sin(D \pm L_0)} \pm \dfrac{1}{2} \sin L_0 \right]^2}} \end{array} \right.$$

$$(138) \qquad 2^{\circ} \quad \begin{cases} \left[ \dfrac{\cos D}{\sin(D \mp L_0)} \mp \dfrac{1}{2}\sin I_0 \right]^2 < \dfrac{1}{3} + \dfrac{1}{4}\sin^2 L_0, \\[2em] P < \dfrac{\sqrt[4]{\sin \varepsilon_m}}{\sin 15'} \sqrt[4]{\dfrac{\cos D \cos L_0}{8\sqrt{\sin^2(D \mp L_0)}} \left( \dfrac{1}{3} + \dfrac{1}{4}\sin^2 I_0 \right)} \, . \end{cases}$$

où les signes $\mp$ dans les seconds membres répondent respectivement aux passages supérieurs et inférieurs.

Par là, il est visible qu'il suffira de considérer les passages supérieurs, et l'on déduira ce qui se rapporte aux passages inférieurs, en changeant simplement le signe de $L_0$.

La substitution de la seconde formule à la première se fera, lorsque les valeurs de D et $L_0$ annuleront la valeur primitive de la parenthèse de l'inégalité (136), ou lorsque l'on aura, en ne considérant que les cas des passages supérieurs, pour plus de simplicité,

$$3\cos^2 D - 3\cos D \sin L_0 \sin(D - L_0) - \sin^2(D - L_0) = 0.$$

Développant $\sin(D - L_0)$, on a

$$2\cos^2 D \sin^2 I_0 - \cos D \sin D \sin I_0 \cos I_0 - \sin^2 D \cos^2 I_0 + 3\cos^2 D = 0$$

ou, en divisant tout par $\cos^2 D \cos^2 L_0$ et changeant $\dfrac{1}{\cos^2 L_0}$ en $1 + \tang^2 L_0$,

$$5\tang^2 I_0 - \tang D \tang I_0 + 3 - \tang^2 D = 0 ;$$

on en tire

$$(139) \qquad \tang L_0 = \frac{\tang D \pm \sqrt{21\tang^2 D - 60}}{10} \, . \qquad \text{P. S.}$$

En vertu de la remarque qui vient d'être faite, on aura, relativement aux passages inférieurs,

$$(140) \qquad \tang L_0 = -\frac{\tang D \pm \sqrt{21\tang^2 D - 60}}{10} \, . \qquad \text{P. I.}$$

Telles sont les relations entre les valeurs de D et $L_0$ pour lesquelles le terme en $P^4$ se réduit à zéro.

Les valeurs de $I_0$ que fournissent ces relations ne sont réelles que pour des valeurs de D telles, que l'on ait

$$\tang^2 D > \frac{60}{21}$$

ou

$$(141) \qquad D > 59^{\circ}23',4.$$

Voici la Table de ces valeurs, relatives aux déclinaisons boréales et aux passages supérieurs :

TABLE (D) DES VALEURS DE $D$ ET $L_0$ POUR LESQUELLES LE TERME EN $P^4$ EST NUL.

*Passages supérieurs :* D positif.

| $D$ | $L_0$ (1re solution). | $L_0$ (2e solution). | $D$ | $L_0$ (1re solution). | $L_0$ (2e solution). |
|---|---|---|---|---|---|
| $59° 23',4$ | $+ 9° 35',6$ | $+ 9° 35',6$ | » | » | » |
| $60°$ | $19° 6'$ | $0° 0'$ | $75°$ | $62° 13'$ | $- 49° 2'$ |
| $61$ | $25\ 8$ | $- 6\ 11$ | $76$ | $64\ 11$ | $- 51\ 11$ |
| $62$ | $29\ 30$ | $- 10\ 44$ | $77$ | $66\ 7$ | $- 54\ 21$ |
| $63$ | $33\ 10$ | $- 14\ 37$ | $78$ | $68\ 3$ | $- 57\ 2$ |
| $64$ | $36\ 23$ | $- 18\ 6$ | $79$ | $69\ 57$ | $- 59\ 42$ |
| $65$ | $39\ 19$ | $- 21\ 19$ | $80$ | $71\ 50$ | $- 62\ 24$ |
| $66$ | $42\ 4$ | $- 24\ 23$ | $81$ | $73\ 42$ | $- 65\ 7$ |
| $67$ | $44\ 38$ | $- 27\ 18$ | $82$ | $75\ 33$ | $- 67\ 51$ |
| $68$ | $47\ 5$ | $- 30\ 9$ | $83$ | $77\ 23$ | $- 70\ 35$ |
| $69$ | $49\ 27$ | $- 32\ 56$ | $84$ | $79\ 12$ | $- 73\ 20$ |
| $70$ | $51\ 43$ | $- 35\ 40$ | $85$ | $81\ 1$ | $- 76\ 5$ |
| $71$ | $53\ 55$ | $- 38\ 22$ | $86$ | $82\ 49$ | $- 78\ 51$ |
| $72$ | $56\ 4$ | $- 41\ 3$ | $87$ | $84\ 37$ | $- 81\ 38$ |
| $73$ | $58\ 10$ | $- 43\ 43$ | $88$ | $86\ 25$ | $- 84\ 25$ |
| $74$ | $60\ 12$ | $- 46\ 22$ | $89$ | $88\ 12$ | $- 87\ 12$ |
| $75$ | $62\ 13$ | $- 49\ 2$ | $90$ | $90\ 0$ | $- 90\ 0$ |

En examinant la formule sur laquelle repose le calcul de cette Table, on reconnaît que le changement du signe de D a pour effet de changer le signe de $L_0$ en échangeant en même temps l'ordre des deux solutions; ce qui revient à dire simplement que $L_0$ change de signe avec D dans les passages supérieurs.

Soient donc $L_1$ et $L_2$ les deux solutions correspondantes à une valeur positive de D; on aura

$$(142) \qquad \text{P. S.} \quad \begin{cases} \text{D positif,} & + L_1 \text{ et } + L_2, \\ \text{D négatif,} & - L_1 \text{ et } - L_2. \end{cases}$$

On a vu, plus haut, que la solution relative aux passages inférieurs doit s'obtenir en changeant les signes de $L_0$ dans les formules relatives aux passages supérieurs ; on aura donc

$$(143) \qquad \text{P. I.} \quad \begin{cases} \text{D positif,} & - L_1 \text{ et } - L_2, \\ \text{D négatif,} & + L_1 \text{ et } + L_2. \end{cases}$$

Considérons particulièrement les déclinaisons comprises entre $\pm 60°$ et $\pm 90°$ : les $L_1$ du tableau (D) seront positifs et les $L_2$ négatifs. Si donc nous désignons par $(L_2)$ la valeur absolue fournie par la seconde solution, il viendra, $\pm$ D étant $> 60°$,

$$\text{P. S.} \quad \begin{cases} \text{D positif,} & + L_1 \text{ et } - (L_2), \\ \text{D négatif,} & - L_1 \text{ et } + (L_2) : \end{cases}$$

$$\text{P. I.} \quad \begin{cases} \text{D positif,} & - L_1 \text{ et } + (L_2), \\ \text{D négatif,} & + L_1 \text{ et } - (L_2). \end{cases}$$

Par là, il nous sera facile de reconnaître les solutions qui conviennent aux deux cas que l'on considère dans la construction des Tables de $z$; ces solutions sont :

$$\text{... D } > 60^\circ. \qquad\qquad \text{P. S.} \quad \text{P. I.}$$

$$(144)\quad \begin{cases} 1^\circ \text{ Déclinaisons et latitudes de mêmes signes} \dots\dots & \text{L}_1, & (\text{L}_2), \\ 2^\circ \text{ Déclinaisons et latitudes de signes contraires} \dots & \text{L}_2, & (\text{L}_1). \end{cases}$$

Il résulte de là que, en toute rigueur, on devrait, dans le premier cas, effectuer le changement des formules relatives au calcul des limites de P, au moment où les latitudes atteignent les valeurs absolues $\text{L}_1$ et $(\text{L}_2)$, suivant que les passages sont supérieurs ou inférieurs, et, dans le second cas, effectuer le changement quand les latitudes atteignent les valeurs de $(\text{L}_2)$ et $\text{L}_1$ respectivement, suivant que les passages sont supérieurs ou inférieurs.

L'intervalle compris entre les valeurs absolues et correspondantes de $\text{L}_1$ et $\text{L}_2$ est de $19^{\text{m}}6'$ au maximum. Pour n'avoir point à établir de distinction entre le cas des passages supérieurs et celui des passages inférieurs, et afin que la Table des valeurs limites de P ait le même degré de simplicité que celle des valeurs de $z$, nous nous abstiendrons de donner les valeurs limites de P pour les latitudes comprises entre $\text{L}_1$ et $(\text{L}_2)$; il est certain d'ailleurs que, en admettant pour limite de P la plus petite des deux valeurs correspondantes aux valeurs des latitudes entre lesquelles le tableau présente une lacune, on ne dépassera pas l'erreur limite fixée. On pourrait objecter à cette manière de faire qu'on s'expose à trop restreindre la valeur limite de P; cela n'est pas à craindre, puisqu'on se trouve alors dans les conditions où l'angle limite P devient très-grand.

Considérons actuellement le petit intervalle en déclinaison, compris entre $59^\circ 23',4$ et $60^\circ 0'$; le tableau précédent nous montre que le coefficient du terme en $\text{P}^4$ s'annule pour certaines valeurs de la latitude comprises entre $0^\circ 0'$ et $9^{\text{m}}35',6$ d'une part, puis, d'autre part, entre $9^{\text{m}}35',6$ et $19^{\text{m}}6'$; donc, entre $0^{\text{m}}$ et $19^{\text{m}}6'$ de latitude, le coefficient en question change deux fois de signe; il faudrait donc alors changer de formule pour le calcul de la limite P une première fois, puis revenir un peu plus loin à la formule primitive, qui serait appliquée de nouveau, jusqu'à $\text{L}_0 = 90^{\text{m}}$. Cette petite zone de $36',4$ en déclinaison est la seule dans laquelle il y aurait lieu d'effectuer le double changement de formule. Or, comme notre Table ne s'étend qu'aux nombres entiers de degrés, nous serons dispensé d'avoir égard à cette particularité.

En résumé, de $0^\circ$ à $59^\circ$ de déclinaison, on fera usage d'une formule unique pour le calcul de P : il est suffisamment évident que l'on doit alors faire usage de $(137)$, en y prenant les signes supérieurs, pour le cas des déclinaisons et latitudes de mêmes signes, et les signes inférieurs dans le cas des signes contraires. De $60^{\text{m}}$ à $90^{\text{m}}$ de déclinaison, on continuera d'employer les mêmes formules jusqu'à l'instant où la latitude atteindra la plus petite des valeurs de $\text{L}_1$ et $(\text{L}_2)$ de notre tableau (D); parvenu à ce point, on passera à la plus grande de ces deux latitudes, et l'on fera les calculs en appliquant la formule $(138)$ jusqu'à $\text{L} = 90^{\text{m}}$, sous les mêmes conditions relativement à l'emploi des signes, que l'on vient de rappeler.

## De l'emploi des observations des circumméridiennes.

**32.** L'heure sidérale du premier méridien, correspondante à la hauteur observée H, étant censée connue, la formule générale de l'angle horaire P est

$$(145)\qquad\qquad \text{P} = \text{S}_p - \text{æ} - \text{L}.$$

$1^\circ$ Considérons le cas où l'on aurait fait une observation de hauteur, dans les circonstances favorables à la détermination de la longitude, c'est-à-dire dans le voisinage du premier vertical, ou lorsque l'angle à l'astre, dans le triangle sphérique formé par la distance zénithale, la colatitude et la distance polaire de l'astre, est droit; de telle sorte que l'erreur de la latitude estimée soit sans influence sensible dans le calcul d'un angle horaire : cet angle horaire fera connaître la longitude à l'instant où on l'aura observé, et l'on en pourra déduire, au moyen du déplacement du navire entre cette observation et celle d'une hauteur circumméridienne, la longitude correspondante à celle-ci. La longitude se trouvera ainsi obtenue d'une manière sensiblement indépendante de la latitude, et l'on pourra faire usage de la formule (145), pour le calcul de l'angle horaire destiné à la réduction de l'observation de la circumméridienne. Dès lors, on n'aura qu'à faire l'application de l'une ou l'autre des formules (134) à la détermination de la latitude.

2° Dans le cas général où l'on ne dispose que des latitude et longitude estimées $L_e$ et $\mathcal{L}_e$, l'emploi des formules de réduction des circumméridiennes facilitera le calcul de la quantité $H - H_e$ qui entre dans l'expression $p$ éq. (38) ou la détermination du *point rapproché*, sur lequel repose l'application de la théorie des droites de hauteur.

Appliquons les relations (145) et (134) aux quantités fournies par l'estime; nous aurons, en multipliant (134) par $\pm 1$ et transposant,

$$(146) \qquad \begin{cases} P_e = S_p - \mathrm{R} - \mathcal{L}_e, \\ P'_e = P_e - 12^h, \end{cases}$$

$$(147) \qquad \begin{cases} \text{P. S.} \ldots \quad z_e = \mp (L_e - D) + \alpha P_e^2, \\ \text{P. I.} \ldots \quad z_e = \pm (L_e + D) - \alpha P_e^2 \pm 180^\circ, \end{cases} \qquad \begin{cases} \text{Sud.} \\ \text{Nord.} \end{cases}$$

relations où le signe qui précède les seconds termes est — au nord, + au sud, tandis que le double signe devant 180 degrés doit être pris de manière que $z_e$ soit une quantité peu différente de $z$.

Enfin la troisième équation (119), étant appliquée aux quantités estimées, nous donnera pour déterminer l'azimut $Z_e$,

$$(148) \qquad \sin Z_e = \frac{\cos D}{\sin z_e} \sin P_e.$$

L'angle $Z_e$ fourni par cette formule est ambigu; mais on voit aisément que la valeur absolue de cet angle est comprise entre zéro et 90 degrés dans les cas d'observations faites au nord, et entre 90 et 180 degrés dans celui des observations faites au sud (on ne doit pas oublier, d'ailleurs, que, s'il s'agit de passages inférieurs, on a $P_e = 180 - P'_e$ et, par suite, $\sin P_e = \sin P'_e$).

Il n'y a pas lieu de se préoccuper de l'indétermination qui se produit lorsque $\sin P_e$ et $\sin z_e$ sont simultanément très-petits, ou dans le cas de très-faibles distances zénithales, attendu que les développements en séries ne s'appliquent pas dans cette circonstance.

Ayant déterminé, par ce qui précède, les quantités $z_e$ et $Z_e$, on aura évidemment

$$(149) \qquad\qquad H - H_e = z_e - z \, ;$$

ce qui permettra d'obtenir la valeur de $p$, éq. (38). La position du *point rapproché* se trouvera ainsi déterminée, sans autre recours aux Tables trigonométriques, que celui nécessité par la très-simple formule (148)[1]. Tel était l'objet des développements présentés dans les numéros précédents sur la réduction des observations de circumméridiennes.

---

[1] On peut se proposer de substituer à la formule (148) un développement en séries. Posons, pour abréger,

$$k = \frac{\cos D}{\sin z_e},$$

et, pour plus de simplicité, supprimons momentanément les indices ; nous aurons

$$P.\,S\ldots \quad \sin Z = + k \sin P = + k\left(P - \frac{P^3}{2.3} + \ldots\right),$$

$$P.\,I\ldots \quad \sin Z = - k \sin P' = - k\left(P' - \frac{P'^3}{2.3} + \ldots\right).$$

Il suffit évidemment de traiter le cas des passages supérieurs, puisqu'on passe de l'un à l'autre en changeant P en P' et $k$ en $- k$.

Appliquons la formule qui donne l'angle en fonction de son sinus ; il viendra

$$Z \text{ ou } 180° - Z = kP + \tfrac{1}{6} k(k^2 - 1) P^3 + \ldots,$$

Le facteur $k(k^2 - 1)$, qui affecte le terme en $P^3$, se représenterait dans le terme en $P^5$. On trouve d'abord

$$k^2 - 1 = \frac{\cos^2 D - \sin^2 z}{\sin^2 z} = \frac{\cos(D - z)\cos(D + z)}{\sin^2 z},$$

et la formule précédente devient

$$Z_e \text{ ou } 180° - Z_e = \frac{\cos D}{\sin z_e} P + \frac{1}{6}\,\frac{\cos D \cos(D - z_e)\cos(D + z_e)}{\sin^3 z_e} P^3.$$

La présence de $\sin^3 z_e$ au dénominateur du second terme s'oppose à ce que l'on fasse usage de cette formule, réduite à son premier terme, sans avoir discuté l'erreur qui résulterait de la suppression du second. La discussion conduirait à des limites de l'angle horaire P différentes de celles relatives à l'emploi des formules (147). Les limites qu'on obtiendrait fussent-elles plus étendues que ces dernières, on n'aura pas, pour cela, une formule plus simple que la formule (148), puisque le facteur $\frac{\cos D}{\sin z_e}$ devrait, dans tous les cas, être obtenu au moyen des Tables de logarithmes. Ces considérations nous portent à donner la préférence à la formule (148).

3° *Cas des très-faibles distances zénithales.* — La solution pratique, relative à ce cas, est extrêmement simple : elle consiste à remplacer la courbe de hauteur par un simple cercle, suivant l'une des deux méthodes qui ont été exposées (n°ˢ **22** et **26**), puis résumées (n° **27**), sous la condition que les distances zénithales rentrent dans les limites indiquées par les Tables (II) et (IV).

## Culminations.

**33.** Nous étendrons au sens du mot de *culmination* la généralité que comporte l'emploi des notations algébriques. Ainsi, nous comprendrons dans une même théorie les cas où un astre atteint sa plus grande et sa plus faible *hauteur apparente.*

Les distances zénithales *géocentrique* et *apparente* étant désignées par $z$ et $z_a$; si l'on désigne par $\rho$ la réfraction, $\varpi$ la parallaxe de hauteur et $\gamma$ le demi-diamètre de l'astre observé, on a

$$z_a = z - \rho + \varpi \pm \gamma.$$

La condition relative à la culmination s'obtiendra en égalant à zéro la différentielle de $z_a$, ou en posant

$$dz - d\rho + d\varpi \pm d\gamma = 0.$$

Maintenant il s'agit d'exprimer les différentielles qui suivent $dz$, en fonctions des diverses variables dont elles dépendent : $\rho$ est une fonction de la distance zénithale, de la température $\delta$ et de la hauteur barométrique $\beta$; on a donc

$$d\rho = \frac{d\rho}{dz}\,dz + \frac{d\rho}{d\delta}\,d\delta + \frac{d\rho}{d\beta}\,d\beta.$$

La parallaxe de hauteur $\varpi$ est une fonction de la distance zénithale $z$ et de la parallaxe horizontale $\Pi$, d'où

$$d\varpi = \frac{d\varpi}{dz}\,dz + \frac{d\varpi}{d\Pi}\,d\Pi;$$

enfin le demi-diamètre apparent $\gamma$ est fonction de $z$ et de la parallaxe $\Pi$; on a, par suite,

$$d\gamma = \frac{d\gamma}{dz}\,dz + \frac{d\gamma}{d\Pi}\,d\Pi.$$

Mettant ces diverses valeurs dans l'équation de condition relative à la culmination, elle deviendra

$$\left(1 - \frac{d\rho}{dz} + \frac{d\varpi}{dz} + \frac{d\gamma}{dz}\right) dz - \frac{d\rho}{d\theta}\, d\theta - \frac{d\rho}{d\beta}\, d\beta + \frac{d\varpi}{d\Pi}\, d\Pi + \frac{d\gamma}{d\Pi}\, d\Pi = 0.$$

Quant à la valeur de $dz$, on la formera en différentiant la première équation (119) par rapport aux diverses variables qu'elle renferme; on obtient ainsi

$$-\sin z\, dz = +(\cos L \sin D - \sin L \cos D \cos P)\, dL$$
$$+(\sin L \cos D - \cos L \sin D \cos P)\, dD - \cos L \cos D \sin P\, dP.$$

En éliminant $dz$ entre cette équation et la précédente, et divisant tout par $dt$, différentielle du temps d'où dépendent toutes les variables, il vient

$$(150)\quad \begin{cases} (\cos L \sin D - \sin L \cos D \cos P)\dfrac{dL}{dt} \\[2ex] +(\sin L \cos D - \cos L \sin D \cos P)\dfrac{dD}{dt} - \cos L \cos D \sin P \dfrac{dP}{dt} = \\[2ex] \qquad \dfrac{-\left(\dfrac{d\rho}{d\theta}\dfrac{d\theta}{dt} + \dfrac{d\rho}{d\beta}\dfrac{d\beta}{dt}\right) + \dfrac{d\varpi}{d\Pi}\dfrac{d\Pi}{dt} + \dfrac{d\gamma}{d\Pi}\dfrac{d\Pi}{dt}}{1 - \dfrac{d\rho}{dz} + \dfrac{d\varpi}{dz} + \dfrac{d\gamma}{dz}}\, \sin z. \end{cases}$$

Cette expression doit être réduite à ses termes principaux qu'il s'agit de distinguer. Pour fixer les idées, nous prendrons la minute pour unité de temps. Tout d'abord, il est aisé de vérifier que les plus grandes valeurs absolues de $\frac{dL}{dt}$ et $\frac{dD}{dt}$ n'excéderont jamais guère $\frac{1}{4}$ de minute ou 15 secondes; $\frac{dP}{dt}$ différera peu de 15 minutes, en sorte qu'on peut considérer cette dérivée comme très-grande par rapport aux précédentes. Quant à celles qui figurent au deuxième membre, il est nécessaire d'en former les valeurs approchées :

1° Nous ferons simplement

$$\rho = \rho_0\, \tan z \cdot \frac{\beta}{0,76} \cdot \frac{1}{1 + 0,003665\,\theta},$$

d'où

$$\frac{d\rho}{\rho} = \frac{dz}{\sin z \cos z} + \frac{d\beta}{\beta} - \frac{0,003665}{1 + 0,003665\,\theta}\, d\theta,$$

puis

$$\frac{d\rho}{d\beta}\frac{d\beta}{dt} = \frac{\rho}{\beta}\frac{d\beta}{dt},$$

$$\frac{d\rho}{d\theta}\frac{d\theta}{dt} = -\frac{0,003665}{1 + 0,003665\,\theta}\,\rho\,\frac{d\theta}{dt},$$

quantités dont la somme est

$$\rho \left( \frac{1}{\beta} \frac{d\beta}{dt} - \frac{0,003665}{1 + 0,003665} \frac{d\theta}{dt} \right).$$

Supposons $\rho = 600''$, nombre qui répond à 5 degrés de hauteur environ, puis $\frac{d\beta}{dt} = \frac{1}{60} 1^{cm}$, $\beta = 72^{cm}$; on aura

$$\frac{1}{\beta} \frac{d\beta}{dt} = \frac{1}{4320} = 0,000231.$$

Supposons une variation de température de 3 degrés par heure, ou $\frac{d\theta}{dt} = 0^o,05$; le terme en $\frac{d\theta}{dt}$, abstraction faite du signe, donnera $0,000183$; en l'ajoutant au précédent, et multipliant le résultat par $\rho \sin z$, on aura

$$0,000414 \rho = 0'',25 \sin z,$$

terme dont le coefficient $0'',25$ est environ 60 fois moindre que les maxima de $\frac{dL}{dt}$ et $\frac{dD}{dt}$ : voulût-on doubler ou tripler le nombre précédent, la valeur du terme considéré resterait encore inférieure au vingtième ou au trentième des plus grandes valeurs de $\frac{dL}{dt}$ et $\frac{dD}{dt}$.

2° On a

$$\sin \varpi = \sin \Pi \sin (z + \varpi) \qquad \text{ou} \qquad \varpi = \Pi \sin (z + \varpi);$$

d'où, sensiblement,

$$\frac{d\varpi}{d\Pi} = \frac{\sin (z + \varpi)}{1 - \sin \Pi \cos (z + \varpi)} \quad \text{et} \quad \frac{d\varpi}{d\Pi} \frac{d\Pi}{dt} \sin z = \frac{\sin (z + \varpi)}{1 - \sin \Pi \cos (z + \varpi)} \frac{d\Pi}{dt} \sin z :$$

or la valeur de $\Pi$ ne varie guère au delà de $2'',3$ par heure; d'où $\frac{d\Pi}{dt} < 0'',038$ environ, nombre bien plus faible que ceux fournis par les réfractions.

3° Désignant par $\Gamma$ le demi-diamètre géocentrique; on a

$$\gamma = \Gamma \frac{\sin (\varpi + z)}{\sin z},$$

et, si l'on désigne par $k$ le rapport du rayon terrestre à celui de l'astre observé, rapport qui est environ $3,67$ pour la Lune, il s'ensuit

$$\Gamma = \frac{\Pi}{k};$$

on a donc

$$\gamma = \frac{\Pi}{k} \frac{\sin(\varpi - z)}{\sin z}.$$

Or, attendu que $\varpi$ est fonction de $\Pi$, il vient

$$\frac{d\gamma}{d\Pi} = \frac{1}{k \sin z} \left[ \sin(z + \varpi) + \Pi \cos(z + \varpi) \frac{d\varpi}{d\Pi} \right];$$

d'où, en mettant la valeur trouvée plus haut, de $\frac{d\varpi}{d\Pi}$,

$$\frac{d\gamma}{d\Pi} \frac{d\Pi}{dt} \sin z = \frac{\sin(z + \varpi)}{k [1 - \sin \Pi \cos(z + \varpi)]} \frac{d\Pi}{dt}.$$

Cette expression ne diffère de celle de $\frac{d\varpi}{d\Pi} \frac{d\Pi}{dt} \sin z$ que par le facteur $k$ au dénominateur et l'absence du facteur $\sin z$; il est clair dès lors que le terme correspondant de l'équation (150) est extrêmement petit par rapport à $\frac{dL}{dt}$ ou $\frac{dD}{dt}$.

Nous n'avons pas formé les valeurs des dérivées qui entrent au dénominateur du deuxième membre de (150), parce qu'elles sont évidemment très-petites par rapport à l'unité.

En conséquence de l'examen auquel nous venons de nous livrer, nous considérerons le deuxième membre de l'équation (150) comme négligeable par rapport aux termes qui forment son premier membre, et nous égalerons celui-ci à zéro. Il résulte de la remarque faite au sujet de la grandeur de la dérivée $\frac{dP}{dt}$ par rapport à $\frac{dL}{dt}$ et $\frac{dD}{dt}$ que $\sin P$ peut être considéré comme une quantité très-petite; remplaçons $\cos P$ par $1 - 2 \sin^2 \frac{1}{2} P$, dans le cas des passages supérieurs, notre équation de condition deviendra, en négligeant les termes du troisième ordre par rapport à P,

$$\sin(D - L) \left( \frac{dL}{dt} - \frac{dD}{dt} \right) - \cos L \cos D \sin P \frac{dP}{dt} = 0. \qquad \text{P. S.}$$

Nous remplacerons, pour le cas des passages inférieurs, P par $180 + P'$ et $\cos P$ par $-\cos P' = -1 + 2 \sin^2 \frac{1}{2} P'$, puis $\sin P$ par $-\sin P'$; nous aurons de cette manière, en négligeant toujours les quantités du troisième ordre,

$$\sin(D - L) \left( \frac{dL}{dt} - \frac{dD}{dt} \right) - \cos L \cos D \sin P' \frac{dP}{dt} = 0. \qquad \text{P. I.}$$

Si l'on convient que les angles horaires seront comptés, dorénavant, à partir du méridien inférieur, dans le cas du passage de ce nom, on pourra supprimer l'accent de P′ et réunir les deux formules précédentes en une seule

$$\sin(D \pm L)\left(\frac{dL}{dt} \mp \frac{dD}{dt}\right) \mp \cos L \cos D \sin P \frac{dP}{dt} = 0; \qquad \begin{cases} \text{P. S.} \\ \text{P. I.} \end{cases}$$

d'où, en changeant $\sin P$ en $2\sin\frac{1}{2}P$, ce qui n'altère pas le degré de l'approximation,

$$2\sin\frac{1}{2}P = \frac{\sin(D \pm L)}{\cos D \cos L}\cdot\frac{\dfrac{dL}{dt} \mp \dfrac{dD}{dt}}{\dfrac{dP}{dt}} \qquad \begin{cases} \text{P. S.} \\ \text{P. I.} \end{cases}$$

et

$$(151) \qquad 2\sin^2\frac{1}{2}P = \frac{1}{2}\frac{\sin^2(D \pm L)}{\cos^2 D \cos^2 L}\left(\frac{\dfrac{dL}{dt} \mp \dfrac{dD}{dt}}{\dfrac{dP}{dt}}\right)^2.$$

Actuellement, si nous appliquons la première équation (119) aux deux genres de passages, nous aurons, en vertu de nos conventions relativement aux angles horaires,

$$(152) \qquad \cos z = \pm\cos(D \mp L) \mp \cos D \cos L . 2\sin^2\frac{1}{2}P. \qquad \begin{cases} \text{P. S.} \\ \text{P. I.} \end{cases}$$

Il reste à déduire de cette équation et de (151) la valeur de L. Il nous suffira, à cet égard, de comparer (152) aux relations (123) et (130), et de mettre, dans les formules (128) et (132) limitées aux termes en $\mathcal{G}$, la valeur (151) de $2\sin^2\frac{1}{2}P$ à la place de $\mathcal{G}$. On aura de cette manière, en reproduisant ici les formules (124) et (131),

$$(153 \qquad \text{P. S.} \begin{cases} L_0 - D = z, & \quad \begin{cases} \text{Nord,} \\ \text{Sud.} \end{cases} \\[2ex] L = L_0 \mp \dfrac{1}{2}\dfrac{\sin(D - L_0)}{\cos D \cos L_0}\left(\dfrac{\dfrac{dL}{dt} \mp \dfrac{dD}{dt}}{\dfrac{dP}{dt}}\right)^2, \end{cases}$$

_______________

(¹) Il va sans dire que le second terme de L devra être divisé par $\sin 1'$ ou $\sin 1''$, pour que sa valeur soit exprimée en 1′ ou en 1″.

(154) P. I.

$$\left\{\begin{array}{l} L_0 = \pm 180^\circ - D \mp z, \qquad \left\{\begin{array}{l}\text{Nord,}\\ \text{Sud.}\end{array}\right. \\ L = L_0 - \dfrac{1}{2}\,\dfrac{\sin(D + L_0)}{\cos D \cos L_0}\left(\dfrac{\dfrac{dL}{dt} + \dfrac{dD}{dt}}{\dfrac{dP}{dt}}\right)^2 \text{(1)}. \end{array}\right.$$

Dans les développements précédents, nous nous sommes arrêtés aux termes en $\zeta$ ou en $P^2$, attendu la petitesse de $P^2$ dans la question actuelle.

Calculons la valeur de $\frac{dP}{dt}$ : l'expression générale de P est (145)

$$P = S_p - \mathcal{R} - \zeta;$$

de là on déduit

(155) $$\frac{dP}{dt} = \frac{dS_p}{dt} - \frac{d\mathcal{R}}{dt} - \frac{d\zeta}{dt}.$$

En prenant pour unité de temps la minute de temps moyen, on trouve que

$$\frac{dS_p}{dt} = 15'\,2'',46, \quad \text{par minute de T. M.}$$

La dérivée $\frac{d\mathcal{R}}{dt}$ doit être prise égale au mouvement de l'astre par minute de temps moyen, et transformée en secondes ou minutes de degré; la dérivée $\frac{d\zeta}{dt}$ est le mouvement du navire en longitude pendant le même temps.

On évitera d'effectuer des divisions inutiles, en prenant l'heure de temps moyen pour unité de temps, lorsque les éphémérides donnent le mouvement en ascension droite et en déclinaison par heure de temps moyen, comme il arrive pour le Soleil; la vitesse du navire en latitude et longitude est elle-même ordinairement rapportée à l'heure moyenne. Dans le cas où l'on emploiera l'heure comme unité, on aura

$$\frac{dS_p}{dt} = 15^\circ\,2'\,27'',84 = 54147'',84 = \text{l. } 4,73358, \quad \text{par heure de T. M.}$$

Au moyen de ces valeurs, la formule (155) permettra de calculer aisément $\frac{dP}{dt}$ : on indiquera, dans la PARTIE PRATIQUE, l'usage de la Table V pour simplifier les applications des formules (153) et (154).

(1) Il va sans dire que le second terme de L devra être divisé par sin 1' ou sin 1'', pour que sa valeur soit exprimée en 1' ou en 1''.

### De l'emploi des culminations.

34. L'avantage que l'on recherche dans l'observation des culminations est celui de pouvoir obtenir la latitude lorsque la longitude est inconnue, et de déterminer ensuite la longitude par l'observation d'un angle horaire; les calculs à effectuer au moyen des Tables trigonométriques se réduisent, en effet, à celui de l'angle horaire. La latitude, qui sert au calcul de ce dernier, s'obtient alors en ajoutant, à celle que fournit la culmination, le chemin en latitude décrit par le navire, entre les observations de culmination et d'angle horaire, chemin que l'estime fournit avec une précision suffisante dans la plupart des cas; il faut cependant remarquer que le calcul du déplacement du navire en latitude dépend de la différence des temps correspondants aux deux observations, et que, si l'on connait le temps de l'observation de l'angle horaire, on ne connaît que très-grossièrement celui de la culmination, temps qui n'est pas susceptible d'être déterminé avec précision. La latitude se trouve ainsi exposée à une erreur égale au déplacement du navire pendant un temps égal à celui qui exprime l'incertitude sur le moment de la culmination. L'erreur en latitude provenant de cette source est considérée comme généralement négligeable.

### Circumpolaires.

35. Les étoiles circumpolaires présentent l'avantage de pouvoir être observées par tout angle horaire, sans que la réduction des observations exige plus de calcul que celle des circumméridiennes. D'un autre côté, on peut les utiliser, dans les relâches, pour la détermination de la latitude, au moyen d'instruments plus précis que le sextant, et qui ne fonctionnent pas comme instruments méridiens : les cercles verticaux et théodolites, par exemple. La théorie des circumpolaires permettra à l'observateur de ne pas attendre un moment plus ou moins voisin du passage au méridien, pour -effectuer une observation qu'on réduirait ensuite à la manière des circumméridiennes.

La théorie que l'on donne dans les Traités de Navigation est fondée sur un développement en séries suivant les puissances de la distance polaire, développement que l'on n'y étend pas au delà des termes du deuxième ordre, à cause de la longueur des différentiations à effectuer pour obtenir les termes des ordres supérieurs, au moyen de la formule de Maclaurin. Il y aurait cependant quelque utilité à montrer quelle peut être la grandeur des termes du troisième ordre que l'on néglige. Comme nous avons en vue le cas où l'on aurait à réduire des observations faites avec des instruments pouvant donner les secondes, nous allons effectuer un développement qui sera poussé jusqu'aux termes du quatrième ordre inclusivement.

Nous commencerons par donner une solution rigoureuse, qui se présentera très-simple, au moyen des fonctions hyperboliques; puis nous effectuerons le développement en séries.

L'équation à résoudre par rapport à L est la première équation (47). Remarquons tout d'abord que cette équation ne change pas quand on y change simultanément les signes de L et de D; il s'ensuit que l'on pourra se borner à traiter le cas où D est positif, car il suffira de changer simultanément, dans le résultat final, les signes de L et de D, pour obtenir celui qui convient au cas de D négatif.

En excluant le cas des latitudes très-voisines de $\pm 90°$, on aura toujours $\sin^2 H \lessgtr \sin^2 D$. Or la solution du problème est précisément fournie par les équations (72) à (75), qui se rapporte à ce cas.

Pour plus de commodité, nous écrirons $\lambda$ et $\lambda_0$ à la place de $\frac{r}{R}$ et $\frac{r_0}{R}$, puis P à la place de $\frac{x_0 - x}{R}$. Considérant donc D comme positif, nous aurons, par les équations (72),

$$\operatorname{Tang} \lambda_0 = \frac{\sin H}{\sin D};$$

comme $g$ doit avoir le signe de D ou être positif, nous tirerons de (73), (74) et (75)

$$\operatorname{Sin}(\lambda - \lambda_0) = \frac{\cos D}{\sqrt{\cos^2 H - \cos^2 D}} \cos P.$$

Soit

$$(156) \qquad\qquad \sin \gamma = \frac{\cos D}{\cos H},$$

l'angle $\gamma$ étant supposé compris entre zéro et 90 degrés; l'expression précédente pourra s'écrire

$$(157) \qquad\qquad \operatorname{Sin}(\lambda - \lambda_0) = \cos P \, \operatorname{tang} \gamma;$$

on peut d'ailleurs exprimer $\lambda_0$ au moyen de son sinus hyperbolique ([1]); en ayant égard à la valeur de $\sin\gamma$, on trouve aisément

$$(158) \qquad \operatorname{Sin}\lambda_0 = \frac{\operatorname{tang} H}{\cos\gamma}.$$

On voit ainsi qu'étant donnés la hauteur observée H et l'angle horaire P, les trois formules très-simples (156), (158) et (157) permettront d'obtenir aisément la quantité $\lambda$, laquelle est la valeur de la latitude croissante correspondante à la latitude vraie L.

*Développement en séries* ([2]). — Nous considérerons $\cos D$ comme très-petit du premier ordre, et, en supposant que $\cos H$ soit assez grand relativement à $\cos D$, $\sin\gamma$ et $\operatorname{tang}\gamma$ seront des quantités de l'ordre de $\cos D$ ou du premier ordre. Cela posé, nous appliquerons à l'équation (157) la formule du développement de l'argument en fonction de son sinus hyperbolique, et il viendra, aux termes près du cinquième ordre,

$$(159) \qquad \lambda - \lambda_0 = -\cos P \operatorname{tang}\gamma + \tfrac{1}{6}\cos^3 P \operatorname{tang}^3\gamma - \ldots$$

Bien que cette formule soit très-simple, elle ne se prête pas facilement à une réduction en Tables, attendu que le terme principal $\lambda_0$ de la valeur de $\lambda$ est une fonction des deux variables H et D, et que le terme $-\cos P \operatorname{tang}\gamma$ renferme la nouvelle variable P. Pour lever ces difficultés, nous ferons subir au premier membre de (159) une double transformation.

Posons

$$(160) \qquad \operatorname{tang} H_0 = \frac{\operatorname{tang} H}{\cos\gamma},$$

$H_0$ étant une hauteur auxiliaire peu différente de H; l'équation (158) deviendra

$$\operatorname{Sin}\lambda_0 = \operatorname{tang} H_0;$$

comme on a d'ailleurs

$$\operatorname{Sin}\lambda = \operatorname{tang} L,$$

nous aurons, en vertu de la relation fondamentale de transition entre les fonctions hyperboliques et les fonctions circulaires,

$$\lambda = \log\operatorname{tang}(45° + \tfrac{1}{2}L),$$
$$\lambda_0 = \log\operatorname{tang}(45° + \tfrac{1}{2}H_0);$$

d'où, en soustrayant et développant les tangentes,

$$\lambda - \lambda_0 = \log\frac{(1 + \operatorname{tang}\tfrac{1}{2}L)(1 - \operatorname{tang}\tfrac{1}{2}H_0)}{(1 - \operatorname{tang}\tfrac{1}{2}L)(1 + \operatorname{tang}\tfrac{1}{2}H_0)} = \log\frac{1 + \dfrac{\sin\tfrac{1}{2}(L - H_0)}{\cos\tfrac{1}{2}(L + H_0)}}{1 - \dfrac{\sin\tfrac{1}{2}(L - H_0)}{\cos\tfrac{1}{2}(L + H_0)}}.$$

---

([1]) On a

$$\operatorname{Sin}x = \frac{\operatorname{Tang}x}{\sqrt{1 - \operatorname{Tang}^2 x}}.$$

([2]) Nous donnons ci-après (n° 36) un développement beaucoup plus élémentaire.

Développant le logarithme en série et transportant le résultat dans l'équation (159), on aura, aux termes près du cinquième ordre en $L - H_0$,

$$\frac{\sin\frac{1}{2}(L - H_0)}{\cos\frac{1}{2}(L + H_0)} + \frac{1}{3}\frac{\sin^3\frac{1}{2}(L - H_0)}{\cos^3\frac{1}{2}(L + H_0)} = -\tfrac{1}{2}\cos P \operatorname{tang}\gamma + \tfrac{1}{12}\cos^3 P \operatorname{tang}^3\gamma.$$

Ce résultat montre déjà que $L - H_0$ est de l'ordre de $\gamma$; il est donc exact aux termes près du cinquième ordre. Transposant le second terme et prenant pour sa valeur approchée $-\frac{1}{24}\cos^3 P \operatorname{tang}^3\gamma$, il viendra

$$\frac{\sin\frac{1}{2}(L - H_0)}{\cos\frac{1}{2}(L + H_0)} = -\tfrac{1}{2}\cos P \operatorname{tang}\gamma + \tfrac{1}{8}\cos^3 P \operatorname{tang}^3\gamma.$$

Soit, pour abréger,

$$p = -\tfrac{1}{2}\cos P \operatorname{tang}\gamma + \tfrac{1}{8}\cos^3 P \operatorname{tang}^3\gamma; \tag{161}$$

la relation précédente donnera

$$\sin\tfrac{1}{2}L\cos\tfrac{1}{2}H_0 - \cos\tfrac{1}{2}L\sin\tfrac{1}{2}H_0 = p\cos\tfrac{1}{2}L\cos\tfrac{1}{2}H_0 - p\sin L\sin\tfrac{1}{2}H_0;$$

d'où

$$\sin\tfrac{1}{2}L(\cos\tfrac{1}{2}H_0 + p\sin\tfrac{1}{2}H_0) = \cos\tfrac{1}{2}L(\sin\tfrac{1}{2}H_0 + p\cos\tfrac{1}{2}H_0),$$

puis

$$\operatorname{tang}\tfrac{1}{2}L = \operatorname{tang}\tfrac{1}{2}H_0\,\frac{1 + p\cot\frac{1}{2}H_0}{1 + p\operatorname{tang}\frac{1}{2}H_0}.$$

De là on déduit

$$\operatorname{tang}\tfrac{1}{2}L - \operatorname{tang}\tfrac{1}{2}H_0 = \frac{1}{\cos^2\frac{1}{2}H_0}\,\frac{p\cos H_0}{1 + p\operatorname{tang}\frac{1}{2}H_0},$$

$$\operatorname{tang}L\operatorname{tang}\tfrac{1}{2}H_0 = \operatorname{tang}^2\tfrac{1}{2}H_0\,\frac{1 + p\cot\frac{1}{2}H_0}{1 + p\operatorname{tang}\frac{1}{2}H_0},$$

$$\operatorname{tang}\tfrac{1}{2}(L - H_0) = \frac{p\cos H_0}{\cos^2\frac{1}{2}H_0(1 + p\operatorname{tang}\frac{1}{2}H_0)}\;\frac{1}{1 + \operatorname{tang}^2\frac{1}{2}H_0\,\dfrac{1 + p\cot\frac{1}{2}H_0}{1 + p\operatorname{tang}\frac{1}{2}H_0}},$$

puis

$$\operatorname{tang}\tfrac{1}{2}(L - H_0) = \frac{p\cos H_0}{\cos^2\frac{1}{2}H_0(1 + p\operatorname{tang}\frac{1}{2}H_0) + \sin^2\frac{1}{2}H_0(1 + p\cot\frac{1}{2}H_0)},$$

ou finalement

$$\operatorname{tang}\tfrac{1}{2}(L - H_0) = \frac{p\cos H_0}{1 + p\sin H_0}.$$

La valeur de $L - H_0$ peut aisément être réduite en séries, au moyen de la formule

$$\operatorname{Arg}\left(\operatorname{tang} = \frac{\rho\sin\omega}{1 + \rho\cos\omega}\right) = \rho\sin\omega - \tfrac{1}{2}\rho^2\sin 2\omega + \tfrac{1}{3}\rho^3\sin 3\omega - \tfrac{1}{4}\rho^4\sin 4\omega + \ldots;$$

il faut, pour cela, faire

$$\omega = -90° - H_0, \quad \sin\omega = -\cos H_0,$$

d'où

$$\begin{array}{ll} 2\omega = +180° - 2H_0, & \sin 2\omega = +\sin 2H_0,\\ 3\omega = -90° - 3H_0, & \sin 3\omega = -\cos 3H_0,\\ 4\omega = \quad - 4H_0, & \sin 4\omega = -\sin 4H_0.\\ \ldots\ldots\ldots\ldots\ldots & \ldots\ldots\ldots\ldots\ldots \end{array}$$

on a dès lors

$$\tfrac{1}{2}(L - H_0) = p \cos H_0 - \tfrac{1}{2} p^2 \sin 2 H_0 - \tfrac{1}{3} p^3 \cos 3 H_0 + \tfrac{1}{4} p^4 \sin 4 H_0 + \tfrac{1}{5} p^5 \cos 5 H_0 - \dots$$

ou, en doublant et s'arrêtant aux termes du quatrième ordre,

$$(162) \qquad L - H_0 = 2p \cos H_0 - p^2 \sin 2 H_0 - \tfrac{2}{3} p^3 \cos 3 H_0 + \tfrac{1}{2} p^4 \sin 4 H_0.$$

Pour utiliser cette relation, il est nécessaire de former la valeur de $H_0$ en fonction de $H$. Si, dans l'équation (160), nous remplaçons $\dfrac{1}{\cos \gamma}$ par $\dfrac{1 + m}{1 - m}$, nous aurons

$$m = \tang^2 \tfrac{1}{2} \gamma, \qquad \tang H_0 = \frac{1 + m}{1 - m} \tang H;$$

d'où, en faisant usage d'une formule connue,

$$(163) \qquad H_0 = H + \sin 2 H \, \tang^2 \tfrac{1}{2} \gamma + \tfrac{1}{2} \sin 4 H \, \tang^4 \tfrac{1}{2} \gamma + \dots.$$

On voit, par là, que $H_0$ ne diffère de $H$ que d'une quantité du deuxième ordre. Il nous faut encore exprimer $\cos H_0$, $\sin 2 H_0, \dots$, qui entrent dans (162), en fonctions de $H$ ; or, $\cos H_0$ étant multiplié par $p$, qui est du premier ordre, il suffira de tenir compte des termes du développement jusqu'au troisième ordre ; quant à $\sin 2 H_0$, qui est multiplié par $p^2$, on s'arrêtera aux termes du deuxième : on remplacera, dans les termes suivants, $H_0$ par $H$, sans altérer l'approximation. On aura ainsi

$$\cos H_0 = \cos H - \sin H \sin 2 H \, \tang^2 \tfrac{1}{2} \gamma,$$
$$\sin 2 H_0 = \sin 2 H + \sin 4 H \, \tang^2 \tfrac{1}{2} \gamma.$$

Mettant ces valeurs dans l'équation (162), il viendra

$$L - H_0 = 2p \cos H - p^2 \sin 2 H - 2p \left( \tfrac{1}{3} p^2 \cos 3 H + \tang^2 \tfrac{1}{2} \gamma \sin H \sin 2 H \right) + \tfrac{1}{2} \left( p^4 - 2 p^2 \tang^2 \tfrac{1}{2} \gamma \right) \sin 4 H.$$

Ajoutant cette équation membre à membre avec (163), on éliminera $H_0$ :

$$L = H + 2p \cos H + \left( \tang^2 \tfrac{1}{2} \gamma - p^2 \right) \sin 2 H$$
$$- 2p \left( \tfrac{1}{3} p^2 \cos 3 H + \tang^2 \tfrac{1}{2} \gamma \sin H \sin 2 H \right) + \tfrac{1}{2} \left( \tang^2 \tfrac{1}{2} \gamma - p^2 \right)^2 \sin 4 H.$$

Il est nécessaire d'exprimer ici $\tang^2 \tfrac{1}{2} \gamma$ en fonction de $\tang \gamma$ : or, de la relation

$$\tang \gamma = \frac{2 \tang \tfrac{1}{2} \gamma}{1 - \tang^2 \tfrac{1}{2} \gamma},$$

on déduit, aux termes près du sixième ordre,

$$\tang^2 \tfrac{1}{2} \gamma = \tfrac{1}{4} \left( \tang^2 \gamma - \tfrac{1}{2} \tang^4 \gamma \right) ;$$

on a d'ailleurs (161)

$$p^2 = \tfrac{1}{4} \cos^2 P \, \tang^2 \gamma - \tfrac{1}{3} \cos^4 P \, \tang^4 \gamma ;$$

d'où

$$\tang^2 \tfrac{1}{2} \gamma - p^2 = \tfrac{1}{4} \sin^2 P \, \tang^2 \gamma - \tfrac{1}{5} (1 - \cos^4 P) \, \tang^4 \gamma.$$

Il vient ensuite

$$\tfrac{1}{3} p^2 \cos 3 H + \tang^2 \tfrac{1}{2} \gamma \sin H \sin 2 H = \tfrac{1}{12} \left( \cos^2 P \cos 3 H + 3 \sin H \sin 2 H \right) \tang^2 \gamma.$$

Au moyen de ces valeurs et de (161), l'expression de L devient

$$L = H - \cos P \cos H \, \tang \gamma - \tfrac{1}{4} \sin 2 H \sin^2 P \, \tang^2 \gamma$$
$$+ \tfrac{1}{3} \left( \cos^2 P \cos H + \tfrac{1}{4} \cos^2 P \cos 3 H + \sin H \sin 2 H \right) \cos P \, \tang^3 \gamma$$
$$+ \tfrac{1}{4} \left[ (\cos^4 P - 1) \sin 2 H + \tfrac{1}{4} \sin^4 P \sin 4 H \right] \tang^4 \gamma.$$

Afin de tout exprimer en fonction de $\cos D$, nous remplacerons $\tang\gamma$ par $\dfrac{\sin\gamma}{\sqrt{1-\sin^2\gamma}}$ ; nous aurons, en développant en séries,

$$\tang\gamma = \sin\gamma + \tfrac{1}{2}\sin^3\gamma + \ldots,$$
$$\tang^2\gamma = \sin^2\gamma + \sin^4\gamma + \ldots,$$
$$\tang^3\gamma = \sin^3\gamma + \ldots,$$
$$\ldots\ldots\ldots\ldots\ldots\ldots$$

Substituant, il viendra

$$L = H - \cos P \cos H \sin\gamma + \tfrac{1}{4}\sin 2H \sin^2 P \sin^2\gamma$$
$$+ \tfrac{1}{4}\left[\cos H(\cos^2 P - 2) + \tfrac{1}{3}\cos^2 P \cos 3H + \sin H \sin 2H\right]\cos P \sin^3\gamma$$
$$+ \tfrac{1}{8}\left(\sin 2H + \tfrac{1}{4}\sin 4H\right)\sin^4 P \sin^4\gamma$$

ou bien

$$L = H - \cos P \cos H \sin\gamma + \tfrac{1}{2}\cos H \sin H \sin^2 P \sin^2\gamma$$
$$- \tfrac{1}{6}(1 + 2\sin^2 P)\cos P \cos^3 H \sin^3\gamma$$
$$+ \tfrac{1}{8}(1 + 2\cos^2 H)\sin H \cos H \sin^4 P \sin^4\gamma.$$

Mettant la valeur (156) de $\sin\gamma$, on aura

$$L = H - \cos P \cos D + \tfrac{1}{2}\tang H \sin^2 P \cos^2 D$$
$$- \tfrac{1}{6}(1 + 2\sin^2 P)\cos P \cos^3 D$$
$$+ \tfrac{1}{8}(3 + \tang^2 H)\tang H \sin^4 P \cos^4 D.$$

Enfin, si l'on fait

$$\Delta = 90° - D,$$

d'où

$$\cos D = \sin\Delta = \Delta - \tfrac{1}{6}\Delta^3 + \ldots, \qquad \cos^2 D = \Delta^2 - \tfrac{1}{3}\Delta^4 + \ldots,$$

il viendra

$$(164)\quad \begin{cases} \pm L = H - \cos P\,\Delta + \tfrac{1}{2}\tang H \sin^2 P\,\Delta^2 - \tfrac{1}{3}\sin^2 P \cos P\,\Delta^3 \\[4pt] \qquad + \tfrac{1}{2}\tang H\left[\tfrac{1}{4}(3 + \tang^2 H)\sin^2 P - \tfrac{1}{3}\right]\sin^2 P\,\Delta^4. \end{cases}$$

L'application numérique de cette formule exige que l'on multiplie les termes en $\Delta^2$, $\Delta^3$, $\Delta^4$ respectivement par $\sin 1''$, $\sin^2 1''$, $\sin^3 1''$, lorsque $\Delta$ est exprimé en secondes et que l'on veut obtenir le résultat exprimé en cette espèce d'unités. On a ajouté à L le double signe, pour que la formule s'applique à tous les cas ; ce qui suffit, puisque le changement de D en $-$ D dans $\cos D$ n'en change pas la valeur, et que l'on peut supposer que $\Delta$ désigne la distance absolue au pôle élevé.

**36.** *Autre solution plus élémentaire que la précédente.* — Si l'on y introduit la distance polaire $\Delta$, l'équation à résoudre par rapport à L est

$$(165)\qquad \sin H = \sin L \cos\Delta + \cos L \sin\Delta \cos P.$$

La quantité $\Delta$ étant supposée très-petite, on aura, en négligeant les termes du deuxième ordre,

$$\sin H = \sin L + \cos L\,\Delta \cos P ;$$

d'où, à ce degré d'approximation,

$$\sin H = \sin(L + \Delta \cos P),$$

et, par suite,
$$\text{H} = \text{L} + \Delta \cos \text{P}.$$

Pour obtenir une approximation d'ordre supérieur, nous poserons

$$(166) \qquad \text{L} = \text{H} - \Delta \cos \text{P} + x;$$

$x$ étant, dès lors, une quantité de l'ordre de $\Delta^2$.

Développons le deuxième membre de (165) suivant les puissances de $\Delta$; nous aurons, en négligeant les termes du cinquième ordre,

$$(167) \qquad \sin \text{H} = \sin \text{L} \left( 1 - \frac{1}{2} \Delta^2 + \frac{1}{24} \Delta^4 \right) + \cos \text{L} \cos \text{P} \left( \Delta - \frac{1}{6} \Delta^3 \right).$$

Développons de même les valeurs de $\sin \text{L}$ et $\cos \text{L}$ suivant les puissances de $x$, en nous arrêtant à $x^2$ dans l'expression du sinus et à $x$ dans celle du cosinus; nous aurons

$$\sin \text{L} = \sin(\text{H} - \Delta \cos \text{P}) + x \cos(\text{H} - \Delta \cos \text{P}) - \frac{1}{2} x^2 \sin(\text{H} - \Delta \cos \text{P}),$$

$$\cos \text{L} = \cos(\text{H} - \Delta \cos \text{P}) - x \sin(\text{H} - \Delta \cos \text{P}).$$

Formons également les développements des sinus et cosinus de $(\text{H} - \Delta \cos \text{P})$ suivant les puissances de $\Delta$; il viendra

$$\sin(\text{H} - \Delta \cos \text{P}) = \sin \text{H} - \cos \text{H} \cos \text{P} \Delta - \frac{1}{2} \sin \text{H} \cos^2 \text{P} \Delta^2 + \frac{1}{6} \cos \text{H} \cos^3 \text{P} \Delta^3$$
$$+ \frac{1}{24} \sin \text{H} \cos^4 \text{P} \Delta^4,$$

$$\cos(\text{H} - \Delta \cos \text{P}) = \cos \text{H} + \sin \text{H} \cos \text{P} \Delta - \frac{1}{2} \cos \text{H} \cos^2 \text{P} \Delta^2 - \frac{1}{6} \sin \text{H} \cos^3 \text{P} \Delta^3.$$

Substituant ces valeurs dans les expressions précédentes de $\sin \text{L}$ et $\cos \text{L}$, on aura

$$\sin \text{L} = \sin \text{H} - \cos \text{H} \cos \text{P} \Delta - \frac{1}{2} \sin \text{H} \cos^2 \text{P} \Delta^2 + \frac{1}{6} \cos \text{H} \cos^3 \text{P} \Delta^3 + \frac{1}{24} \sin \text{H} \cos^4 \text{P} \Delta^4$$
$$+ x \cos \text{H} \qquad + x \sin \text{H} \cos \text{P} \Delta - \frac{1}{2} x \cos \text{H} \cos^2 \text{P} \Delta^2$$
$$- \frac{1}{2} x^2 \sin \text{H},$$

$$\cos \text{L} = \cos \text{H} + \sin \text{H} \cos \text{P} \Delta - \frac{1}{2} \cos \text{H} \cos^2 \text{P} \Delta^2 - \frac{1}{6} \sin \text{H} \cos^3 \text{P} \Delta^3$$
$$- x \sin \text{H} \qquad + x \cos \text{H} \cos \text{P} \Delta.$$

Si, maintenant, on substitue ces valeurs dans l'équation $(147)$, on trouvera qu'elle se réduit à

$$0 = x \cos H - \frac{1}{2} \sin H \sin^2 P \, \Delta^2 + \frac{1}{3} \cos H \cos P \sin^2 P \, \Delta^3 + \frac{1}{2} \sin H \left( \frac{1}{3} - \frac{1}{4} \sin^3 P \right) \sin^2 P \, \Delta^4$$
$$- \frac{1}{2} x \cos H \sin^2 P \, \Delta^2$$
$$- \frac{1}{2} x^2 \sin H.$$

Transposant le premier terme et divisant par $\cos H$, on aura

$$- x = - \frac{1}{2} \operatorname{tang} H \sin^2 P \, \Delta^2 + \frac{1}{3} \cos P \sin^2 P \, \Delta^3 + \frac{1}{2} \operatorname{tang} H \left( \frac{1}{3} - \frac{1}{4} \sin^2 P \right) \sin^2 P \, \Delta^4$$
$$- \frac{1}{2} x \sin^2 P \, \Delta^2 \qquad - \frac{1}{2} x^2 \operatorname{tang} H.$$

Les deux derniers termes étant du quatrième ordre, on voit que l'on y peut mettre la valeur de $x$ limitée à son premier terme : de cette manière les termes du quatrième ordre deviennent

$$+ \frac{1}{2} \operatorname{tang} H \left( \frac{1}{3} - \frac{3}{4} \sin^2 P - \frac{1}{4} \operatorname{tang}^2 H \sin^2 P \right) \sin^2 P \, \Delta^4.$$

Substituant ces termes et changeant les signes dans la précédente équation, on aura la valeur de $x$, puis, en vertu de $(146)$,

$$\pm L = H - \cos P \, \Delta + \frac{1}{2} \operatorname{tang} H \sin^2 P \, \Delta^2 - \frac{1}{3} \cos P \sin^2 P \, \Delta^3$$
$$+ \frac{1}{2} \operatorname{tang} H \left[ \frac{1}{4} (3 + \operatorname{tang}^2 H) \sin^2 P - \frac{1}{3} \right] \sin^2 P \, \Delta^4,$$

formule identique avec la formule $(164)$, et qui doit, en conséquence, subir, dans les applications numériques, les modifications indiquées à l'occasion de cette dernière.

**37.** La formule précédente offre cette particularité que : ses termes consécutifs sont alternativement dépendants et indépendants de la hauteur observée H. Le premier terme qui suit H ne dépend que de la distance polaire et de l'angle horaire; on peut se demander jusqu'à quelle valeur de H il est permis de négliger le terme en $\Delta^2$, sans que l'erreur commise atteigne une limite $\varepsilon$ : le maximum de $\sin^2 P$ étant égal à l'unité, on aura alors la condition

$$\frac{1}{2} \operatorname{tang} H \, \Delta^2 \sin 1'' < \varepsilon;$$

d'où

$$\operatorname{tang} H < \frac{2\varepsilon}{\Delta^2 \sin 1''}.$$

Supposons, pour fixer les idées, que l'astre observé soit la Polaire, et prenons $\varepsilon = 3o''$, $\Delta = 1°21'$; on trouvera

$$H < 27°39'10''.$$

Il sera donc généralement nécessaire de conserver le terme en $\Delta^2$ dans la réduction des observations de la Polaire.

Passons au terme en $\Delta^3$ : si l'on cherche quelle est la valeur de P qui rend son coefficient maximum, on trouvera

$$\operatorname{tang}^2 P = 2,$$

d'où

$$\sin^2 P = \frac{2}{3} \quad \text{et} \quad \cos P = \frac{1}{\sqrt{3}} :$$

le coefficient de $\Delta^3$ peut ainsi atteindre la valeur $\dfrac{2}{9\sqrt{3}}$; il s'ensuit que, dans le cas de la Polaire, le terme en $\Delta^3$ ne dépassera pas

$$\frac{2}{9} \frac{1}{\sqrt{3}} \Delta^3 \sin^2 1'' = o'',35.$$

Ce terme sera donc négligeable dans le même cas.

Si l'on demande à quelle distance polaire $\Delta$, le terme en $\Delta^3$ atteindra une valeur de 3o secondse, on aura

$$\frac{2}{9} \frac{1}{\sqrt{3}} \Delta^3 \sin^2 1'' = 3o'';$$

d'où

$$\Delta = 5°58'27''.$$

Il ne suffit pas de constater les circonstances dans lesquelles on peut négliger le terme en $\Delta^3$ : on ne saurait en conclure que le terme en $\Delta^4$ soit négligeable *à fortiori*; attendu que le coefficient de ce terme contient le facteur $\operatorname{tang} H$, qui ne figure pas dans l'autre.

Il est facile de reconnaître que le terme en $\Delta^4$ acquiert sa valeur maximum lorsque l'on a $\sin^2 P = 1$; cette valeur maximum est

$$\frac{1}{2} \operatorname{tang} H \left[ \frac{1}{4}(3 + \operatorname{tang}^2 H) - \frac{1}{3} \right] \Delta^4 \sin^3 1''$$

ou

$$\frac{1}{8} \operatorname{tang} H \left( \frac{5}{3} + \operatorname{tang}^2 H \right) \Delta^4 \sin^3 1''.$$

On peut ici se poser deux questions : 1° étant donnée la distance polaire $\Delta$, trouver la hauteur H pour laquelle le maximum atteint une valeur donnée $\varepsilon$; 2° étant donnée la hauteur H, trouver la distance polaire $\Delta$ à laquelle répond une valeur $\varepsilon$ du terme en question. La solution du premier problème dépend de l'équation du troisième degré

$$\tang^3 H + \frac{5}{3}\tang H - \frac{8\varepsilon}{\Delta^4 \sin^3 1''} = 0;$$

celle du second est fournie par la formule

$$\Delta = \sqrt[4]{\frac{8\varepsilon}{\tang H \left(\frac{5}{3} + \tang^2 H\right)\sin^3 1''}}.$$

Soit, comme ci-dessus, dans le cas de la Polaire, $\Delta = 1°21'$ et $\varepsilon = 30''$, on aura à résoudre l'équation

$$\tang^3 H + \frac{5}{3}\tang H - 3775,2 = 0,$$

dont la racine réelle est $H = 86°19'1''$, et exprime approximativement la latitude correspondante On pourrait donc, jusqu'à une latitude de 86°19′, appliquer notre formule à la réduction des observations de la polaire, en la limitant aux deux premiers termes correctifs, sans avoir à redouter plus de 30 secondes d'erreur ([1]).

Enfin : soient donnés $H = 70°$ et $\varepsilon = 30''$; on aura, pour la valeur correspondante de $\Delta$,

$$\Delta = 10°34'55''.$$

Ainsi, on pourra, dans les régions accessibles aux navigateurs, appliquer nos formules, sans avoir égard au terme du quatrième ordre, jusqu'à 10″,6 du pôle, le terme en $\Delta^3$ deviendra d'ailleurs négligeable jusqu'à près de 6 degrés. Toutefois, on ne pourra utiliser ces avantages que dans les observations faites à terre, et dans l'hémisphère austral, où l'on ne trouve pas de belles étoiles aussi près du pôle que notre Polaire.

38. *De la construction de Tables pour la réduction des observations de hauteur des circumpolaires.* — Nous nous bornerons au cas des Tables relatives à la Polaire. Il résulte, de la discussion à laquelle nous nous sommes livré dans le numéro précédent, que l'on peut réduire la formule (164) à ses trois premiers termes, sans avoir à craindre que les erreurs ne dépassent de faibles fractions de seconde. La formule, ainsi réduite, devient

$$\pm L = H - \cos P\Delta + \frac{1}{2}\tang H \sin^2 P\Delta^2 \sin 1'',$$

où $\Delta$ est exprimé en secondes d'arc. Il s'agit de réduire cette formule en Tables.

Les Tables que publie chaque année le *Nautical Almanac* étant très-usitées et fort commodes d'ailleurs, nous allons exposer la méthode suivie dans leur construction.

Soient $\mathcal{R}_m$ et $\Delta_m$ des valeurs de $\mathcal{R}$ et $D$ qui tiennent à peu près le milieu entre les valeurs extrêmes de ces variables, relativement à l'année considérée; nous poserons

$$(168) \qquad \alpha = \mathcal{R} - \mathcal{R}_m, \qquad \beta = \Delta - \Delta_m, \qquad P_m = S - \mathcal{R}_m;$$

il s'ensuivra

$$\mathcal{R} = \mathcal{R}_m + \alpha, \qquad \Delta = \Delta_m + \beta, \qquad P = P_m - \alpha.$$

_______________

([1]) Si l'on fait $\varepsilon = 0'',3$, on trouve $H = 72°35'27''$.

La valeur de $\cos P$ limitée aux termes en $\alpha$ est

$$\cos P = \cos P_m + \sin P_m \alpha :$$

or, les quantités $\alpha$ et $\beta$ étant très-petites par rapport à $\Delta$, si l'on considère leur produit comme d'un ordre supérieur à $\Delta^2$, on aura, aux termes près du troisième ordre,

$$\cos P \Delta = \cos P_m \Delta_m + \cos P_m \beta + \sin P_m \alpha \Delta_m.$$

Il est visible que, si l'on substitue, dans le terme en $\Delta^2$, $P_m$ et $\Delta_m$ à $P$ et $\Delta$, on ne produira que des erreurs du troisième ordre, que nous négligeons.

Posons actuellement

$$(169) \qquad \begin{cases} [1] = -\cos P_m \Delta_m, \\[1ex] [2] = \dfrac{1}{2} \operatorname{tang} H \sin^2 P_m \Delta_m^2 \sin 1'', \\[1ex] [3] = + 1' - (\beta \cos P_m + \alpha \sin P_m \Delta_m \sin 15''), \end{cases}$$

relations où l'on suppose $\alpha$ exprimé en secondes de temps ; on aura

$$(170) \qquad \pm L = H - 1' + [1] + [2] + [3] :$$

l'addition de la constante $1'$ au terme [3] a pour but de le rendre positif comme le terme [2].

$\Delta_m$ et $\mathcal{R}_m$ étant des constantes, la seule variable qui figure dans le terme [1] est $P_m$ ou plutôt l'heure sidérale S. Ce terme sera ainsi fourni par une Table à simple entrée.

Par le même motif, le terme [2] dépendra d'une Table à double entrée, dont les arguments seront la hauteur H et l'heure sidérale.

Le terme [3] dépend de l'heure sidérale et, en outre, des deux variables $\alpha$ et $\beta$, qui sont fonctions d'une seule variable, le temps ou la date ; en sorte que ce terme sera donné par une Table à double entrée, dont les arguments sont l'heure sidérale et la date de l'observation.

Par cet artifice, on fait dépendre le terme principal [1] de la correction, d'une Table à simple entrée, et l'on dispense le calculateur de recourir aux Éphémérides, pour en tirer les coordonnées $\mathcal{R}$ et $\Delta$.

Tel est l'objet des Tables publiées dans le *Nautical Almanac*, où l'on désigne, sous les dénominations de $1^{re}$, $2^e$ et $3^e$ correction, les valeurs numériques des quantités [1], [2] et [3] de la formule (170).

**39. *De l'emploi des observations des circumpolaires*.** — Si l'on recherche l'erreur $\partial L$ produite, sur L, par une erreur $\partial P$ de l'angle horaire, le terme principal $-\cos P \Delta$ donne

$$\partial L = \Delta \sin P \sin \partial P,$$

quantité dont le maximum est

$$\Delta \sin \partial P.$$

Égalons cette quantité à une valeur tolérable $\varepsilon$ de l'inconnue L ; nous aurons

$$\Delta \sin \partial P = \varepsilon :$$

il viendra donc, pour expression suffisamment exacte de la limite $\partial P$,

$$\sin \partial P = \frac{\varepsilon}{\Delta} \cdot$$

Soient $\varepsilon = 30''$ et $\Delta = 1° 21'$, on aura $\delta P = 1^m 25^s$ environ. Il s'ensuit que, si l'on peut compter sur la longitude estimée, à $1^m 25^s$ près, on n'aura à redouter, dans la réduction de l'observation de la Polaire, qu'une erreur de 30 secondes.

Ainsi, les observations de la Polaire permettent d'obtenir la latitude, lorsque l'on ne connaît la longitude qu'à 1 ou 2 minutes de temps près. Alors la détermination de la longitude, au moyen d'une observation d'angle horaire, s'effectue dans les conditions exposées (n° 34), au sujet des culminations.

### Angles horaires.

**40.** Les angles horaires peuvent être employés à la détermination de la longitude, ainsi qu'il a été dit à l'occasion des circumméridiennes et des circumpolaires, lorsque celles-ci ont fourni une valeur de la latitude; mais ils permettent encore d'obtenir la longitude, au moyen d'une valeur grossièrement approchée de la latitude, lorsqu'on choisit, pour observer l'angle horaire, les circonstances les plus favorables. Comme il s'est produit, dans l'esprit de quelques personnes, une certaine confusion en ce qui concerne ces circonstances, et que, d'ailleurs, on préférera souvent l'observation d'une série de hauteurs à une observation isolée, nous croyons devoir examiner tout d'abord les circonstances favorables à l'observation des séries.

*Des séries.* — La hauteur H d'un astre varie avec le temps, avec les coordonnées de cet astre et celles de l'observateur : explicitement, la variation $H' - H$ est exprimable en fonctions des variations de la latitude L, de la déclinaison D et de l'angle horaire P.

Admettons, pour simplifier, que ces dernières variations puissent être considérées comme proportionnelles au temps, en sorte que l'on ait

$$L' - L = \frac{dL}{dt}(t' - t), \quad D' - D = \frac{dD}{dt}(t' - t), \quad P' - P = \frac{dP}{dt}(t' - t),$$

et reportons-nous à la formule (A) de la Note (I) qui suit notre exposé théorique; nous poserons

$$(171) \begin{cases} T = \cos Z\, \dfrac{dL}{dt} + \cos E\, \dfrac{dD}{dt} - \cos L \sin Z\, \dfrac{dP}{dt}, \\[2ex] \Theta \cos H = \sin Z \sin E\, \dfrac{dL}{dt}\, \dfrac{dD}{dt} + \cos L \sin E \cos Z\, \dfrac{dD}{dt}\, \dfrac{dP}{dt} + \cos D \sin Z \cos E\, \dfrac{dP}{dt}\, \dfrac{dL}{dt} \\[2ex] \qquad - \dfrac{1}{2} \sin H \sin^2 Z\, \dfrac{dL^2}{dt^2} - \dfrac{1}{2} \sin H \sin^2 E\, \dfrac{dD^2}{dt^2} + \dfrac{1}{2} \cos L \cos D \cos Z \cos E\, \dfrac{dP^2}{dt^2}, \end{cases}$$

expressions où les valeurs de toutes les variables se rapportent au temps $t$, et la formule (A) deviendra

$$H' = H + T (t' - t) + \Theta (t' - t)^2.$$

La variable $t$ restant arbitraire, au moins pour l'instant, convenons que $H'$ désigne une hauteur observée à l'époque $t'$, et imaginons que l'on ait écrit autant d'équations pareilles à la précédente, que l'on aura fait d'observations $H'$; si nous ajoutons ces équations et que nous divisions les sommes obtenues par le nombre $n$ des observations, nous aurons

$$\frac{1}{n} \Sigma H' = H + T \left( \frac{\Sigma t'}{n} - t \right) + \frac{\Theta}{n} \Sigma (t' - t)^2 :$$

la valeur de $t$, à laquelle répond $H$, étant indéterminée, nous pouvons poser

$$(172) \qquad t = \frac{1}{n} \Sigma t',$$

en sorte que $t$ désigne la moyenne des temps des observations; alors on tirera de l'équation précédente

$$173) \qquad H = \frac{1}{n} \Sigma H' - \frac{\Theta}{n} \Sigma (t' - t)^2.$$

Il s'ensuit que la hauteur $H$ pourra être prise égale à la moyenne des hauteurs observées $H'$, si le terme

$$(174) \qquad \frac{\Theta}{n} \Sigma (t' - t)^2$$

est négligeable. On nomme *circonstances favorables à l'observation des séries* celles dans lesquelles le terme dont il s'agit est effectivement négligeable. Hâtons-nous d'avertir que la conséquence à tirer des séries d'observations, faites dans ces circonstances, se réduit à la grande probabilité que la hauteur moyenne $H$ soit plus exacte qu'une hauteur isolée prise à l'instant $t$, et qu'il faut bien se garder de la considérer, *à priori*, comme plus propre à la détermination de tel ou tel élément inconnu, qu'une autre hauteur jouissant du même degré de précision, mais prise dans d'autres conditions.

L'expression (174) est le produit de deux facteurs, l'un $\Theta$ défini plus haut, l'autre qui est la moyenne des carrés des différences $(t' - t)$. Examinons d'abord cette moyenne; et, pour faciliter la discussion, supposons que les temps $t'$ des observations soient équidifférents d'une quantité $\tau$ : il y aura à distinguer le cas où le nombre $n$ des observations est un nombre pair et celui où il est un nombre impair. Dans le premier cas ($n$ pair), la valeur de $t$ tient le milieu entre deux valeurs consécutives de $t'$, en sorte que la série des valeurs de $t' - t$ prend la forme

$$-(n-1)\frac{\tau}{2},\quad -(n-3)\frac{\tau}{2},\quad \cdots,\quad -5\frac{\tau}{2},\quad -3\frac{\tau}{2},\quad -1\frac{\tau}{2},$$
$$+1\frac{\tau}{2},\quad +3\frac{\tau}{2},\quad +5\frac{\tau}{2},\quad \cdots,\quad +(n-3)\frac{\tau}{2},\quad +(n-1)\frac{\tau}{2}.$$

Dans le second cas ($n$ impair), la valeur de $t$ coïncide avec le $t'$ correspondant à l'observation du milieu; en sorte que les valeurs de $t' - t$ deviennent

$$-(n-1)\frac{\tau}{2},\quad -(n-3)\frac{\tau}{2},\quad \cdots,\quad -4\frac{\tau}{2},\quad -2\frac{\tau}{2},\quad 0,$$
$$+2\frac{\tau}{2},\quad +4\frac{\tau}{2}+\cdots,\quad +(n-3)\frac{\tau}{2},\quad +(n-1)\frac{\tau}{2}.$$

On a donc

$$\Sigma(t'-t)^2 = 2\left(\frac{\tau}{2}\right)^2\left[1^2 + 3^2 + 5^2 + 7^2 + \ldots + (n-3)^2 + (n-1)^2\right], \quad (n\ \text{pair})$$

$$\Sigma(t'-t)^2 = 2\left(\frac{\tau}{2}\right)^2\left[2^2 + 4^2 + 6^2 + 8^2 + \ldots + (n-3)^2 + (n-1)^2\right]. \quad (n\ \text{impair})$$

Or les expressions de la somme des carrés des nombres entiers pairs ou impairs, jusqu'au carré du nombre $i$ inclusivement, peuvent être mises sous la forme unique

$$\frac{1}{6}i(i+1)(i+2):$$

il s'ensuit

$$\Sigma(t'-t)^2 = \frac{1}{12}(n-1)n(n+1)\tau^2;$$

d'où

$$(175)\qquad\qquad \frac{1}{n}\Sigma(t'-t)^2 = \frac{1}{12}(n^2-1)\tau^2.$$

Cette valeur croît comme le carré du nombre des observations : on peut lui donner une autre forme. Désignons par $t_1$ et $t_n$ les époques des observations extrêmes, on aura

$$(n-1)\tau = t_n - t_1,$$
$$(n+1)\tau = t_n - t_1 + 2\tau,$$

et, par suite,

$$\frac{1}{n}\Sigma(t'-t)^2 = \frac{1}{12}(t_n - t_1)(t_n - t_1 + 2\tau) = \frac{1}{12}(t_n - t_1)^2\left(1 + \frac{2}{n-1}\right).$$

Cette quantité se réduirait sensiblement à $\frac{1}{12}(t_n - t_1)^2$, si le nombre $n$ des observations pouvait être très-grand; ce cas n'est pas celui de la pratique; il conviendra donc de s'en tenir à l'expression (175), et le terme (174) deviendra

$$(176) \qquad \frac{1}{12}(n^2 - 1)\tau^2\Theta.$$

Au moyen de cette expression et de la valeur de $\Theta$ que l'on tire de la deuxième équation (171), on s'assurerait aisément si le terme du deuxième ordre est effectivement négligeable dans un cas donné où les observations seraient également espacées. Dans le cas contraire, on aurait recours à l'expression (174).

*Détermination des circonstances les plus favorables.* — On voit que la solution de ce problème sera fournie par les racines de l'équation $\Theta = 0$. Pour la faciliter et la simplifier, on néglige, dans la valeur de $\Theta$, les termes qui sont très-petits par rapport aux termes les plus influents.

D'après ce qu'on a vu au n° 33, les plus grandes valeurs des dérivées $\frac{d\mathrm{L}}{dt}$ et $\frac{d\mathrm{D}}{dt}$ atteignent à peine le $\frac{1}{60}$ de celle de $\frac{d\mathrm{P}}{dt}$ : eu égard à ce que, dans l'expression de $\Theta\cos\mathrm{H}$, ces diverses dérivées sont affectées de facteurs qui sont tous moindres que $\pm 1$, il est évidemment permis, dans la question qui nous occupe, de négliger les termes en $\frac{d\mathrm{L}^2}{dt^2}$, $\frac{d\mathrm{L}}{dt}\frac{d\mathrm{D}}{dt}$ et ceux en $\frac{d\mathrm{D}^2}{dt^2}$. Privée de ces termes, la deuxième expression (171) se réduit à

$$\Theta\cos\mathrm{H} = \left(\cos\mathrm{L}\sin\mathrm{E}\cos\mathrm{Z}\frac{d\mathrm{D}}{dt} + \cos\mathrm{D}\sin\mathrm{Z}\cos\mathrm{E}\frac{d\mathrm{L}}{dt}\right)\frac{d\mathrm{P}}{dt}$$
$$+ \frac{1}{2}\cos\mathrm{L}\cos\mathrm{D}\cos\mathrm{Z}\cos\mathrm{E}\frac{d\mathrm{P}^2}{dt^2}.$$

Posons donc $\Theta\cos\mathrm{H} = 0$ et divisons tout par $\cos\mathrm{L}\cos\mathrm{D}\frac{d\mathrm{P}}{dt}$, nous aurons, pour équation des circonstances favorables,

$$(177) \qquad \frac{\sin\mathrm{E}\cos\mathrm{Z}}{\cos\mathrm{D}}\frac{d\mathrm{D}}{dt} + \frac{\sin\mathrm{Z}\cos\mathrm{E}}{\cos\mathrm{L}}\frac{d\mathrm{L}}{dt} + \frac{1}{2}\cos\mathrm{Z}\cos\mathrm{E}\frac{d\mathrm{P}}{dt} = 0,$$

équation à laquelle il faut joindre la suivante :

$$(178) \qquad \cos\mathrm{D}\sin\mathrm{E} = \cos\mathrm{L}\sin\mathrm{Z},$$

pour pouvoir déterminer les inconnues Z et E. La solution rigoureuse dépendrait d'une équation du quatrième degré; mais l'exactitude absolue est inutile, puisque l'équation (177) n'est elle-même qu'approximative. Remarquons, tout d'abord, qu'on obtient des solutions approchées, en négligeant les dérivées relatives à D et L ; ces solutions sont $\cos Z = 0$ et $\cos E = 0$. On profitera de cette circonstance, pour rechercher les corrections $\delta Z$ ou $\delta E$ à appliquer à ces solutions, corrections dont on négligera les puissances et produits d'ordres supérieurs au premier. Dans ces conditions, le degré d'approximation de l'équation proposée sera maintenu.

Soient donc $Z_0$ et $E_0$ des valeurs approchées de Z et E, $\delta Z$ et $\delta E$ leurs corrections, de sorte que l'on ait

$$(179) \qquad Z = Z_0 + \delta Z, \quad E = E_0 + \delta E ;$$

il viendra, en développant le premier membre de (177), d'après le théorème de Taylor,

$$(180) \quad \left\{ \begin{aligned} &+ \frac{\sin E_0 \cos Z_0}{\cos D}\frac{dD}{dt} + \frac{\sin Z_0 \cos E_0}{\cos L}\frac{dL}{dt} + \frac{1}{2}\cos Z_0 \cos E_0 \frac{dP}{dt} \\ &+ \left( \frac{-\sin E_0 \sin Z_0}{\cos D}\frac{dD}{dt} + \frac{\cos Z_0 \cos E_0}{\cos L}\frac{dL}{dt} - \frac{1}{2}\sin Z_0 \cos E_0 \frac{dP}{dt} \right)\delta Z \\ &+ \left( \frac{\cos E_0 \cos Z_0}{\cos D}\frac{dD}{dt} - \frac{\sin Z_0 \sin E_0}{\cos L}\frac{dL}{dt} - \frac{1}{2}\cos Z_0 \sin E_0 \frac{dP}{dt} \right)\delta E \end{aligned} \right\} = 0.$$

D'autre part, la relation (178) ayant lieu pour tout système de valeurs de Z et de E, on aura

$$(181) \quad \left\{ \begin{aligned} \cos D \sin E_0 &= \cos L \sin Z_0, \\ \cos D \cos E_0 \, \delta E &= \cos L \cos Z_0 \, \delta Z. \end{aligned} \right.$$

*Première solution.* — Nous ferons

$$(182) \qquad \cos Z_0 = 0,$$

et la deuxième équation (181) donnera

$$\delta E = 0.$$

Ces deux valeurs étant substituées dans (180), les termes qui ne s'annulent pas seront divisibles par $\sin Z_0$ et l'on aura, après suppression de ce facteur,

$$(183) \qquad \frac{\cos E_0}{\cos L}\frac{dL}{dt} - \left( \frac{\sin E_0}{\cos D}\frac{dD}{dt} + \frac{1}{2}\cos E_0 \frac{dP}{dt} \right)\delta Z = 0.$$

Remarquons actuellement que le produit de $\dfrac{dD}{dt}$ par $\delta Z$ est de l'ordre du carré de $\dfrac{dL}{dt}$ que nous avons négligé ; le premier terme de la parenthèse doit donc être supprimé : on obtient alors

$$(184) \qquad \delta Z = \dfrac{2\,\dfrac{dL}{dt}}{\cos L.\dfrac{dP}{dt}}\,\dfrac{1}{\sin 1''},$$

en appliquant à $\delta Z$ le diviseur $\sin 1''$, afin d'obtenir le résultat en secondes.

La solution cherchée est

$$(185) \qquad Z = \pm 90^\circ + \delta Z.$$

et le résultat est indépendant du mouvement de l'astre en déclinaison.

L'instant favorable est donc voisin du passage de l'astre par le premier vertical; l'azimut correspondant est facile à déduire des formules précédentes. On se contente ordinairement d'indiquer, comme circonstance favorable à l'observation d'une série, la condition que l'observation moyenne corresponde au passage par le premier vertical.

Si l'on fait $Z = \pm \dfrac{\pi}{2}$ dans l'expression déjà réduite de $\Theta \cos H$, cette quantité se réduira finalement à

$$\Theta \cos H = \pm \cos D \cos E_0 \frac{dL}{dt}\,\frac{dP}{dt},$$

et l'expression (174) de l'erreur commise sur H, lorsqu'on néglige les termes en $(t' - t)^2$, deviendra

$$\pm \frac{1}{12}(n^2 - 1)\,\tau^2\,\frac{\cos D \cos E_0}{\cos H}\,\frac{dL}{dt}\,\frac{dP}{dt}\,\sin 1'',$$

en ajoutant le facteur $\sin 1''$ pour obtenir le résultat exprimé en 1 seconde d'arc.

Soient, par exemple, en prenant la minute pour unité de temps,

$$\tau = 1^m, \quad n = 4, \quad \frac{dL}{dt} = 15'', \quad \frac{dP}{dt} = 15' = 900'';$$

il viendra

$$\pm 0'',0818\,\frac{\cos D \cos E_0}{\cos H},$$

quantité qui ne pouvait devenir comparable aux erreurs des observations, que si l'astre était observé près du zénith.

On peut donc, dans la pratique, s'en tenir à la règle habituelle qui consiste à observer au premier vertical.

L'application de cette règle suppose d'ailleurs que l'astre puisse effectivement passer par le premier vertical : la condition analytique de cette possibilité résulte de la considération de l'angle à l'astre, dont le sinus doit être $< \pm 1$ ; en vertu de la première (181), cette condition est

$$\frac{\cos L}{\cos D} < 1$$

ou

$$L > D,$$

en ne considérant que les valeurs absolues.

*Seconde solution.* — Soit la valeur approchée de $\cos E$,

$$\cos E_0 = 0,$$

la deuxième équation (181) donnera

$$\delta Z = 0;$$

substituant ces deux valeurs dans l'équation (180), en supprimant le facteur $\sin E_0$, commun aux termes qui ne s'annulent pas, on aura

$$\frac{\cos Z_0}{\cos D}\frac{dD}{dt} - \left(\frac{\sin Z_0}{\cos L}\frac{dL}{dt} + \frac{1}{2}\cos Z_0 \frac{dP}{dt}\right)\delta E = 0.$$

Le terme en $\frac{dL}{dt}$ étant supprimé, par les motifs exposés plus haut, on obtient

$$\delta E = \frac{2\,\dfrac{dD}{dt}}{\cos D\,\dfrac{dP}{dt}}\,\frac{1}{\sin 1''},$$

expression où la présence du diviseur $\sin 1''$ n'a pas besoin d'être justifiée.

La seconde solution est ainsi

$$(186) \qquad\qquad E = \pm 90° + \delta E,$$

et le résultat est indépendant du mouvement $\frac{dL}{dt}$ du navire en latitude.

Quand on néglige $\delta E$, on obtient la solution donnée dans tous les Traités, et qui consiste à considérer comme moment favorable celui où l'angle à l'astre est droit.

En faisant $E = \pm \frac{\pi}{2}$ dans l'expression de $\Theta \cos H$, on aura

$$\Theta \cos H = \pm \cos L \cos Z \frac{dD}{dt}\frac{dP}{dt},$$

et l'on en déduira, dans le cas de l'exemple numérique donné plus haut,

$$\pm 0'',0818 \frac{\cos L \cos Z}{\cos H},$$

pour valeur de l'erreur commise en admettant que la condition $E = \pm \frac{\pi}{3}$ exprime la circonstance la plus favorable.

On reconnaîtra aisément que cette condition entraîne la suivante :

$$\frac{\cos D}{\cos L} < 1$$

ou

$$D > L.$$

Les conditions habituellement admises sont donc parfaitement justifiées ; mais, nous le répétons, ces conditions favorables ne doivent faire rien préjuger en dehors de ce qui se rapporte aux bonnes séries de hauteurs.

**41.** *Des circonstances favorables à l'observation des angles horaires.* — L'expression générale (145) de l'angle horaire P, en fonction de l'heure sidérale $S_p$ du premier méridien, de l'ascension droite Æ de l'astre observé et de la longitude $\mathcal{L}$ du navire est

$$P = S_p - Æ - \mathcal{L}.$$

Désignons par $S'_p$, $Æ'$ et $\mathcal{L}'$ les valeurs plus ou moins erronées dont on dispose, et P' l'angle horaire erroné qui résulte de leur emploi, de sorte que l'on ait

$$P' = S'_p - Æ' - \mathcal{L}',$$

et posons

$$(187) \qquad \delta P = P' - P, \quad \delta S_p = S'_p - S_p, \quad \delta Æ = Æ' - Æ, \quad \delta \mathcal{L} = \mathcal{L}' - \mathcal{L},$$

en affectant la lettre $\delta$ à la désignation des erreurs commises, lesquelles seront généralement inconnues : nous aurons

$$\delta P = \delta S_p - \delta Æ - \delta \mathcal{L} ;$$

d'où

$$(187 \; bis) \qquad \delta \mathcal{L} = \delta S_p - \delta Æ - \delta P.$$

Ici nous ferons remarquer que l'erreur $\delta \mathcal{L}$ n'est pas précisément celle que le navigateur a intérêt à apprécier ; la quantité $\delta \mathcal{L}$ considérée isolément ne fournit aucun renseignement sur l'écart de la position du navire dans le sens est ou ouest : il est indispensable d'y substituer le produit $\cos L\, \partial\zeta$ qui fournit effectivement la mesure de cet écart. Multipliant, en conséquence, les deux membres de l'égalité précédente par $\cos L$, nous aurons

$$(188) \qquad \cos L\, \partial\zeta = \cos L\, (\partial S_p - \partial \mathcal{R}) - \cos L\, \partial P.$$

Si nous désignons par H′, D′, L′ les valeurs erronées de la hauteur H, de la déclinaison D de l'astre observé, de la latitude L du navire, nous pourrons poser encore

$$(189) \qquad \partial H = H' - H, \quad \partial D = D' - D, \quad \partial L = L' - L,$$

les $\partial$ exprimant, comme plus haut, les erreurs de ces quantités. Or nous avons donné, sous la marque (B), dans la Note (I), l'expression générale de $\cos L(P' - P)$ en fonction de $H' - H$, $D' - D$ et $L' - L$; mettant cette valeur et les précédentes dans l'équation (188), nous aurons

$$
(190) \left\{
\begin{aligned}
\cos L\, \partial\zeta = {}& \cos L\, \partial S_p - \cos L\, \partial\mathcal{R} + \frac{1}{\sin Z}\left(\partial H - \cos Z\, \partial L - \cos E\, \partial D\right) \\
& + \frac{\sin \iota''}{\cos L \sin^2 Z \sin P}\left[\cos E\, \partial H\, \partial L - \partial L\, \partial D + \cos Z\, \partial D\, \partial H\right. \\
& \left. - \frac{1}{2}\cos Z \cos E\, \partial H^2 - \frac{1}{2}(\cos Z \cos E - \cos P \sin^2 Z)\, \partial L' \right. \\
& \left. - \frac{1}{2}(\cos Z \cos E - \cos P \sin^2 E)\, \partial D'\right]
\end{aligned}
\right.
$$

pour expression générale de *l'erreur itinéraire* de la longitude, en fonction des erreurs des données.

Examinons l'influence des termes du premier ordre, qui sont les plus importants à considérer. On reconnaît aisément que le moyen de réduire les deux premiers termes ne peut résulter que de l'emploi de bons chronomètres et de bonnes éphémérides. Quant aux termes qui ont $\sin Z$ en dénominateur, on peut négliger le dernier; car, si les ascensions droites de la Lune que fournissent les éphémérides sont encore trop fautives, il n'en est pas de même des déclinaisons. Restent donc les termes en $\partial H$ et $\partial L$, dont l'influence décroîtra à mesure que l'azimut Z se rapprochera davantage de l'angle droit. On voit ainsi qu'en ayant seulement égard aux termes du premier ordre, les circonstances les plus favorables à l'observation des angles horaires ou à la détermination de la longitude se présenteront lors des observations au premier vertical. Cette conclusion est absolue. Néanmoins il y a lieu de considérer le cas où l'état du ciel ne permettrait pas d'observer un astre au premier vertical : il est clair qu'il faudra l'observer par l'azimut le plus voisin possible de l'angle droit. Or la relation

$$(191) \qquad \sin Z \cos L = \cos D \sin E$$

montre que la plus grande valeur absolue de $\sin Z$ répond à la plus grande valeur absolue de $\sin E$; d'où il est aisé de conclure que, dans ce cas, il conviendra d'observer l'angle horaire, au moment où l'angle de position E est un angle droit.

Observons que, dans ce même cas, la valeur de $\sin Z$ est $\dfrac{\cos D}{\cos L}$ et celle de $\cos Z$ : $\pm\sqrt{1-\dfrac{\cos^2 D}{\cos^2 L}}$; dès lors, les termes du premier ordre deviennent

$$\frac{1}{\cos D}\left(\cos L\,\delta H \mp \sqrt{\cos^2 L - \cos^2 D}\,\delta L\right):$$

telle est l'erreur qui subsiste dans cette circonstance; tandis que, dans le cas de l'observation au premier vertical, l'erreur se réduit à

$$\pm\,\delta H.$$

Par là, on reconnaît combien il serait faux de considérer les observations faites lorsque l'angle à l'astre est droit, comme aussi favorables à la détermination de la longitude que les observations faites au premier vertical.

Nous devons faire remarquer que l'origine de ce fâcheux préjugé tient à ce que l'on fait porter ordinairement la discussion sur la quantité $\delta\varrho$, au lieu de la faire porter sur le produit $\cos L\,\delta\varrho$.

Si nous supposons l'erreur de la déclinaison négligeable, l'expression (190) se réduira à

$$(192)\quad\left\{\begin{aligned}\cos L\,\delta\varrho &= \cos L\,\delta S_\mu - \cos L\,\delta R + \frac{1}{\sin Z}(\delta H - \cos Z\,\delta L) + \frac{\sin 1''}{\cos L\,\sin^2 Z\,\sin D}\times\\ &\times\left[\cos E\,\delta H\,\delta L - \frac{1}{2}\cos Z\cos E\,\delta H^2 - \frac{1}{2}(\cos Z\cos E - \cos P\sin^2 Z)\,\delta L^2\right].\end{aligned}\right.$$

**42.** *Hauteurs observées dans le voisinage du premier vertical.* — Pour bien juger de l'importance des termes du deuxième ordre, il est nécessaire de se rendre compte de la manière dont on pourra s'y prendre pour réaliser approximativement la condition $\cos Z = 0$, et d'apprécier l'erreur résultant de ce que cette condition n'est pas exactement remplie.

L'observateur dispose, par hypothèse, de deux données très-grossièrement approchées, les longitude et latitude fournies par l'estime : nous devons supposer que leurs erreurs, $\cos L\, \delta\zeta_e$ et $\delta L_e$, puissent s'élever à un chiffre tel que 1 à 2 degrés.

Pour se préparer à l'observation, l'observateur, s'imposant la condition $\cos Z = 0$, tire l'angle horaire $P_e$ de la formule

$$(193) \qquad 0 = \cos L_e \sin D - \sin L_e \cos D \cos P_e,$$

à laquelle se réduit notre deuxième équation (119), lorsqu'on y ajoute l'indice $e$ aux lettres L et P. Or, si nous supposons

$$\delta L_e = L_e - L, \qquad \delta P_e = P_e - P,$$

nous pouvons considérer le deuxième membre de l'équation (193) comme une fonction de $L + \delta L_e$ et de $P + \delta P_e$, laquelle, étant développée suivant le théorème de Taylor, devient

$$0 = \cos L \sin D - \sin L \cos D \cos P - (\sin L \sin D + \cos L \cos D \cos P)\, \delta L_e$$
$$+ \sin L \cos D \sin P \;\; \delta P_e,$$

lorsqu'on y néglige les termes des ordres supérieurs au premier.

Mettant ici, à la place du coefficient de $\delta L_e$, sa valeur $\cos z$ ou $\sin H$ et retranchant le résultat de la deuxième équation (119), on aura

$$\cos Z \sin z = \sin H \delta L_e - \sin L \cos D \sin P\, \delta P_e :$$

or, la troisième équation (119) est

$$\sin Z \sin z = \cos D \sin P.$$

De celles-ci divisées membre à membre, on déduit

$$\cot Z = \frac{\sin H}{\cos D \sin P}\, \delta L_e - \sin L\, \delta P_e :$$

on a, d'ailleurs,

$$\cos D \sin P = \cos H \sin Z ;$$

il s'ensuit

$$\cot Z = \frac{\tang H}{\sin Z}\, \delta L_e - \tang L . \cos L\, \delta P_e,$$

et

$$\cos Z = \tang H\, \delta L_e - \tang L \sin Z . \cos L\, \delta P_e.$$

Cette expression montre que, aux quantités près du deuxième ordre, on a

$$\sin^2 Z = 1.$$

Si nous mettons ces valeurs dans l'expression (192) et que nous ajoutions l'indice $e$ à L dans $\delta$L, nous aurons, aux termes près du troisième ordre,

$$(194) \quad \left\{ \begin{aligned} \cos L\, \delta \mathcal{E} &= \cos L\, \delta S_p - \cos L\, \delta \mathcal{M} + \frac{1}{\sin Z}\, \delta H \\ &- \sin 1'' \frac{\tan H}{\sin Z}\, \delta L_e^2 + \sin 1'' \tan L\, \delta L_e \cos L\, \delta P_e \\ &+ \frac{\sin 1''}{\cos L \sin P} \cos E\, \delta H\, \delta L_e + \frac{1}{2} \cos P\, \delta L_e^2. \end{aligned} \right.$$

Nous avons actuellement à exprimer $\tan H$, $\cos E$, $\cos P$ et $\cos L \sin P$, en fonctions des quantités connues : comme ces fonctions affectent des termes du deuxième ordre, il suffit de les calculer dans l'hypothèse $\cos Z = 0$.

Quant à $\tan H$, les deux premières équations (119), en y faisant $\cos Z = 0$, donnent

$$(195) \quad \left\{ \begin{aligned} \sin H &= \sin L \sin D + \cos L \cos D \cos P, \\ 0 &= \cos L \sin D - \sin L \cos D \cos P; \end{aligned} \right.$$

on en déduit, en les multipliant respectivement par $\sin L$ et $\cos L$, puis ajoutant,

$$(196) \quad \sin H \sin L = \sin D,$$

relation que l'on obtiendrait directement en faisant $\cos Z = 0$, dans la formule

$$\cos H \cos L \cos Z + \sin H \sin L = \sin D.$$

La relation (196) montre que les passages au premier vertical ne sont observables que pour les étoiles dont la déclinaison est de même signe que la latitude et satisfait à la condition $D < L$. De cette même relation, on déduit

$$\tan H = \frac{\sqrt{\sin^2 D}}{\sqrt{\sin^2 L - \sin^2 D}}.$$

La condition $\cos Z = 0$ entraîne les suivantes :

$$\cos P = \tan D \cdot \frac{\cos L}{\sin L},$$

$$\cos L \sin P = \sin E \cos H, \qquad \sin L \sin H = \sin D,$$
$$\cos D \sin E = \cos L \sin Z, \qquad \sin L \quad H = \cos E \cos D;$$

d'où l'on déduit

$$\frac{\cos E}{\cos L \sin P} = \frac{\cos E}{\sin E \cos H} = \frac{\sin L}{\cos D \sin E} = \frac{\tan g L}{\sin Z},$$

$$\frac{\cos P}{\cos L \sin P} = \frac{\tan g D \cos L}{\sin L \sin E \cos H} = \frac{\tan g D \cos L}{\sin E \cos E \cos D}$$

$$= \frac{\tan g D}{\cos E \sin Z} = \frac{\tan g H}{\sin Z} = \frac{\sqrt{\sin^2 D}}{\sin Z \sqrt{\sin^2 L - \sin^2 D}}.$$

Au moyen de ces diverses valeurs, nous aurons, en vertu de (187 *bis*),

$$(197) \quad \left\{ \begin{aligned} \cos L \delta\mathcal{L} &= \cos L\, \delta S_p - \cos L\, \delta \mathbb{R} + \frac{\delta H}{\sin Z} - \frac{1}{2}\frac{\sin 1''}{\sin Z}\frac{\sqrt{\sin^2 D}}{\sqrt{\sin^2 L - \sin^2 D}}\delta L_e^2 \\ &\quad - \sin 1'' \tan g L\, \delta L_e . \cos L\, \delta\mathcal{L}_e + \frac{\sin 1''}{\sin Z}\tan g L\, \delta H\, \delta L_e, \end{aligned} \right.$$

expression où $\sin Z$ est égal à $\pm 1$. En comparant le terme en $\delta L_e^2$, contenu dans cette expression, au terme correspondant de la formule (192), on reconnaît que ces deux termes y sont égaux et de signes contraires; ce qui montre combien il est faux de discuter l'influence des termes en $\delta L_e^2$, sans se préoccuper de l'effet des erreurs de l'azimut Z, provenant de ce que le moment de l'observation a été calculé en faisant usage d'une valeur erronée de L. Il est facile de s'assurer que le dernier terme de (197) ne fournira que des valeurs négligeables dans la pratique. Soient, en effet, $\delta H = 3'$ et $\delta L_e = 2°$, puis $L = 70°$; on trouvera que ce terme ne s'élève qu'à $17'',25$. En conséquence nous le négligerons.

On peut actuellement se proposer de rechercher les circonstances dans lesquelles l'erreur représentée par les autres termes du deuxième ordre n'excède pas une quantité donnée $\varepsilon$.

Observons que les signes de $\delta L_e$ et de $\delta\mathcal{L}_e$ étant inconnus, nous ne pouvons, d'après la théorie des probabilités, que chercher à rendre inférieure à $\varepsilon$ la racine carrée de la somme des carrés de ces termes. Désignons par $\eta'$ la limite des valeurs, tant de $\delta L_e$ que de $\cos L\, \delta\mathcal{L}_e$; la condition à remplir deviendra

$$\sin 1'' \eta'^2 \sqrt{\frac{1}{4}\frac{\sin^2 D}{\sin^2 L - \sin^2 D} + \tan g^2 L} < \varepsilon;$$

d'où

$$\frac{1}{4}\frac{\sin^2 D}{\sin^2 L - \sin^2 D} + \tan g^2 L < \left(\frac{\varepsilon}{\eta' \sin \eta'}\right)^2,$$

$$\frac{\sin^2 D}{\sin^2 L - \sin^2 D} < \left(\frac{2\varepsilon}{\eta' \sin \eta'}\right)^2 - 4\tan g^2 L.$$

Le dénominateur du premier membre de cette inégalité étant nécessairement positif, en vertu de (196), il doit en être de même pour le second, et la latitude L a pour limite la valeur que fournit l'équation

$$\tang L = \pm \frac{\varepsilon}{\eta' \sin \eta'} :$$

poursuivant le calcul, il vient

$$\sin^2 D < \frac{\left(\dfrac{2\varepsilon}{\eta' \sin \eta'}\right)^2 - 4\,\tang^2 L}{1 + \left(\dfrac{2\varepsilon}{\eta' \sin \eta'}\right)^2 - 4\,\tang^2 L}\; \sin^2 L,$$

ou, en ne considérant que les valeurs absolues de D et de L,

$$(198) \qquad \left\{ \sin D < \sqrt{\frac{\left(\dfrac{2\varepsilon}{\eta' \sin \eta'}\right)^2 - 4\,\tang^2 L}{1 + \left(\dfrac{2\varepsilon}{\eta' \sin \eta'}\right)^2 - 4\,\tang^2 L}}\; \sin L. \right.$$

Cette formule servira à la construction de Tables qui feront connaître les limites des déclinaisons des astres pouvant être observés au premier vertical, sans que l'erreur provenant de l'estime produise, dans la longitude mesurée par un arc de grand cercle, une erreur supérieure à la quantité $\varepsilon$.

Quant à l'erreur $\eta'$, il convient de lui en substituer une autre : nous avons désigné par $\eta'$ la plus grande valeur possible de $\delta L_e$ ou de $\cos L\, \delta \mathcal{L}_e$; or ces deux erreurs déterminent la limite de l'écart compris entre le point estimé et la position vraie du navire. Désignons cet écart par $\eta$, nous aurons

$$(199) \qquad\qquad \eta^2 = 2\eta'^2, \qquad \text{d'où} \qquad \eta' = \frac{\eta}{\sqrt{2}}.$$

On trouvera plus loin, sous le titre de Table VI, une Table calculée pour $\varepsilon = 1'$ ou 1 mille, et dans laquelle l'écart absolu de l'estime varie de 10 en 10 milles depuis 30 jusqu'à 120 milles.

En jetant un coup d'œil sur les nombres de cette Table, on reconnaît que, dans les circonstances ordinaires, où l'erreur de l'estime n'excède pas 30 milles, il suffit, dans les basses latitudes, que la déclinaison de l'astre reste un tant soit peu inférieure à la latitude, et que dans le cas des très-fortes latitudes, 78 degrés par exemple, elle soit de 1 degré environ moindre que la latitude. On réduira évidemment l'effet de l'erreur de l'estime, en choisissant, dans tous les cas, les astres les plus voisins de l'équateur; car alors le terme influent du deuxième ordre se réduira à

$$\pm \frac{1}{2} \sin 1'' \tang L \, \eta^2.$$

Si l'on égale ce terme à une limite d'erreur $\varepsilon$, et qu'on en déduise la valeur de L correspondante à $\eta$, on obtiendra précisément les nombres qui figurent à la dernière ligne de la Table VI. Ces valeurs de L indiquent que, dans le cas de très-faibles déclinaisons, on n'aura pas à craindre d'erreur supérieure à $\varepsilon = 60''$, lorsque les latitudes resteront inférieures à celles de la dernière ligne de ladite Table.

**43.** *Hauteurs observées dans le voisinage de l'angle horaire pour lequel l'angle de position est droit.* — On a la relation

$$(200) \qquad \cos E \cos H = \cos D \sin L - \sin D \cos L \cos P.$$

Si l'on y fait $\cos E = o$, en partant des valeurs estimées de L et de P, que nous continuerons de désigner par $L_e$ et $P_e$, on aura, pour se préparer à l'observation, la formule

$$o = \cos D \sin L_e - \sin D \cos L_e \cos P_e.$$

Posons, comme plus haut,

$$\delta L_e = L_e - L, \qquad \delta P_e = P_e - P;$$

nous traiterons le deuxième membre de l'équation précédente comme une fonction de $L + \delta L_e$ et de $P + \delta P_e$, dont le développement, suivant le théorème de Taylor, donne

$$o = \cos D \sin L - \sin D \cos L \cos P$$
$$+ (\cos D \cos L + \sin D \sin L \cos P) \delta L_e + \sin D \cos L \sin P \, \delta P_e,$$

lorsqu'on y néglige les termes du deuxième ordre et les suivants.

Retranchant cette équation membre à membre de l'équation (200) et ayant égard aux formules de réduction ou de transformation de la Note I, on obtient

$$(201) \quad \cos E \cos H = - (\sin E \sin Z - \cos E \cos Z \sin H) \delta L_e - \sin D \sin E \cos H \, \delta P_e.$$

Nous devons actuellement former les valeurs de $\sin Z$ et $\cot Z$, qui figurent dans l'expression (192), développées seulement jusqu'aux termes du pre-

mier ordre, attendu qu'elles y affectent des termes de ce même ordre. On a
d'abord

$$(202) \qquad \frac{1}{\sin Z} = \frac{\cos L}{\cos D} \frac{1}{\sin E},$$
$$\cos Z = -\cos P \cos E + \sin P \sin E \sin D;$$

d'où, en vertu de la relation

$$\sin E \cos H = \cos L \sin P,$$

on déduit

$$\cot Z = -\frac{\cos L}{\cos D} \frac{\cos E}{\sin E} \cos P + \frac{\sin D}{\cos D} \sin E \cos H.$$

Or l'expression (201) montre que $\cos E$ est une quantité du premier
ordre; donc $\sin^2 E$ ne diffère de l'unité que de quantités du deuxième ordre.
En ayant égard à cette circonstance, il vient

$$\cot Z = \frac{1}{\cos D \sin E} (\sin D \cos H - \cos L \cos E \cos P):$$

mettant ici la valeur de $\cos E$, limitée aux termes du premier ordre, et ayant
égard à (202), on aura

$$\cot Z = \frac{1}{\sin E} \tang D \cos H + \frac{1}{\sin E} \frac{\cos P}{\cos H} \partial L_e + \frac{\cos L}{\cos D} \sin D \cos P \, \partial P_e.$$

La valeur de $\cos P$ peut, suivant (200), être remplacée ici par $\cot D \tang L$;
il s'ensuit

$$(203) \qquad \cot Z = \frac{1}{\sin E} \tang D \cos H + \frac{1}{\sin E} \frac{\cot D \tang L}{\cos H} \partial L_e + \sin L \, \partial P_e.$$

Mettant ces valeurs (202) et (203) dans l'équation (192), et remplaçant $\partial P_e$
par $-\partial \zeta_e$, $\cos L \sin P$ par $\sin E \cos H$, nous aurons, aux termes près du troisième ordre,

$$(204) \quad \left\{ \begin{aligned} \cos L \, \partial \zeta &= \cos L \, \partial S_p - \cos L \, \partial \mathfrak{n} + \frac{1}{\sin E} \frac{\cos L}{\cos D} \partial H - \frac{1}{\sin E} \tang D \cos H \, \partial L_e \\ &\quad - \frac{1}{2} \frac{\sin 1''}{\sin E} \frac{\tang L}{\tang D \cos H} \partial L_e^2 + \sin 1'' \tang L \, \partial L_e . \cos L \, \partial \zeta_e, \end{aligned} \right.$$

formule où $\sin E$ est égal à $\pm 1$.

Ici, comme dans le cas des passages au premier vertical, le terme en $\partial L_e^2$
est précisément égal et de signe contraire à celui que l'on obtient, lorsqu'on
n'a pas égard à l'erreur introduite, dans le calcul du moment favorable,
par la fausse valeur de la latitude estimée.

Il resterait à exprimer H en fonction de L et D : nous nous dispenserons d'effectuer cette transformation. Il nous suffit d'avoir complétement mis en évidence que l'observation de l'angle horaire, dans les circonstances actuelles, n'est pas exempte de l'erreur de la latitude estimée. Il n'est même pas possible de s'arrêter au cas où le coefficient $\tang D \cos H$, du terme du premier ordre, serait insensible; puisque le terme en $\delta L^2$, qui a ce facteur en dénominateur, pourrait alors être fort grand. Quant au terme en $\delta H$, il est facile de voir que $\dfrac{\cos L}{\cos D}$ est $> 1$; l'erreur qui en résulte est supérieure à celle du même terme, dans le cas des passages au premier vertical. Nous devons, en conséquence, considérer les angles horaires, observés dans le voisinage de l'angle de position droit, comme *généralement impropres à la détermination isolée de la longitude.*

**44.** *De la détermination isolée de la longitude.* — De ce qui a été exposé dans les numéros précédents, il résulte que les observations faites dans le voisinage du premier vertical permettent seules d'obtenir une détermination de la longitude qui soit sensiblement affranchie des erreurs de l'estime, tant en latitude qu'en longitude. La méthode à suivre consiste dès lors à consulter la Table VI, en partant d'une valeur maximum de l'erreur $\eta$, à craindre sur la position du navire. Ayant tiré de cette Table la valeur de la déclinaison D correspondante à la latitude estimée, il conviendra de choisir un astre dont la déclinaison n'excède pas cette valeur : il y aurait avantage à choisir celui dont la déclinaison, de même signe que la latitude, fût la plus petite possible, sous la seule condition que la hauteur, au moment de l'observation, ne soit pas tellement faible que la réfraction en devienne incertaine. On calculera alors l'angle horaire P par la formule

$$(2o5) \qquad\qquad \cos P = \tang D \cot L,$$

à moins qu'on ne préfère le tirer de Tables appropriées à cet objet; puis on aura, pour l'heure sidérale $S_p$ du premier méridien, près de laquelle il faudra faire l'observation de la hauteur H,

$$(2o6) \qquad\qquad S_p = P + \mathrm{\AE} + \mathcal{L}.$$

On notera l'heure de l'observation, qui devra peu différer de $S_p$, une ou deux dizaines de secondes par exemple, et l'on calculera l'angle horaire et la longitude par les méthodes usuelles.

Dans ces conditions, l'erreur de l'estime ne produira pas sur la longitude

exprimée en arc de grand cercle une erreur qui atteigne 60 secondes ou
1 mille.

La connaissance de la longitude, à ce degré d'approximation, permettra
de se préparer à la détermination de la latitude par la méthode des circumméridiennes ou celle des circumpolaires.

### Réflexions sur l'exposé théorique qui vient d'être présenté.

Dans cette Partie du présent Traité, nous nous sommes proposé deux objets
distincts : 1° avec les données actuelles du problème de la Navigation, en
présenter diverses solutions; 2° distinguer celles que la nature de la question et l'état actuel de la Science permettent d'utiliser.

Il a été établi que la détermination simultanée des deux coordonnées du
navire ne peut s'obtenir, généralement, que par les observations de hauteur
des astres, en nombre égal à deux au moins.

Dans le cas de deux observations, l'Analyse mathématique fournit d'abord
deux solutions rigoureuses : l'une, directe et généralement impraticable à
cause de la longueur des calculs qu'elle exige; l'autre, moins directe et d'une
application facile, lorsqu'on dispose de Tables de fonctions hyperboliques.

La première de ces solutions a cependant été utile, puisqu'elle a fait
connaître les conditions relatives à la détermination la plus précise.

Quant à la seconde, elle ne serait réellement utile que si les données de
l'estime pouvaient être considérées comme non avenues; ce qui n'est pas
le cas ordinaire de la Navigation.

En dehors des solutions rigoureuses, l'Analyse mathématique fournit des
solutions approchées que l'on peut rendre aussi exactes que l'on veut, en
procédant par approximations successives. On les obtient par la méthode dite
*des équations de condition*. L'application de cette méthode nous a conduit
à former des équations linéaires entre les données et la correction des
valeurs approchées des inconnues, fournies par l'estime.

La considération de chacune de ces équations se traduit géométriquement
par la construction du *point rapproché* correspondant, et le tracé d'une droite
dite *de hauteur*, menée par ce point, perpendiculairement à celle qui joint
le point *estimé* et le point *rapproché :* la solution est fournie par l'intersection des deux droites de hauteur. Dans le cas d'un nombre d'observations
supérieur à deux, nous avons présenté la solution la plus probable, en la

faisant dépendre soit de calculs assez simples, soit de constructions géométriques.

De cette manière, nous avons assigné à la théorie des droites de hauteur la place qui lui convient réellement dans la science nautique.

Au point de vue théorique, et eu égard à ce que l'estime fournit toujours une première approximation que l'on doit utiliser, on peut regarder la théorie des droites de hauteur comme résolvant généralement le problème de la détermination du point. Lorsque les observations s'éloignent trop de satisfaire aux conditions favorables, la substitution du point obtenu par une première approximation au point estimé permet d'obtenir une seconde approximation, tant que les directions azimutales ne font pas un trop petit angle (¹).

Il restait à examiner si la théorie des *courbes de hauteur* ne pourrait pas être utilisée dans certains cas. Il était donc nécessaire de présenter cette théorie avec quelques développements et de discuter les diverses solutions que l'on pourrait en déduire. Nous avons passé en revue ces solutions, fondées sur la substitution de cercles entiers ou de portions de cercle aux courbes de hauteur; ce qui nous a conduit à donner la construction des rayons de courbure : nous avons trouvé qu'avec les procédés graphiques en usage, il n'y a de réellement utilisable que la substitution des cercles de petit rayon; en d'autres termes, que les observations de faibles distances zénithales se prêtent seules à la substitution dont il s'agit et qui dispense de tout calcul relatif à la hauteur de l'astre observé. Nous avons signalé également le tracé par points, des cercles osculateurs, proposé par M. Perrin, et le parti qu'on en peut tirer en partant de la détermination du point rapproché.

Enfin, nous avons dû, toujours dans le but de diminuer les calculs, nous préoccuper de certains cas particuliers où l'on peut déterminer séparément les longitude et latitude.

La latitude se déduit de la culmination des astres, sans le secours de l'estime; elle se déduit également de la hauteur de la polaire, sans autre donnée relative à la longitude, que celle de l'estime.

---

(¹) On trouvera, dans les Notes qui suivent cet exposé, les procédés numériques ou graphiques à l'aide desquels on peut tenir compte des termes du second ordre, négligés dans la première approximation.

La longitude peut s'obtenir, sans que l'on ait à redouter d'erreur sensible, provenant de la latitude estimée, au moyen d'angles horaires observés dans le voisinage du premier vertical, ou encore, mais moins exactement, dans le voisinage de la position où l'angle à l'astre, entre le zénith et le pôle, est un angle droit.

La connaissance de la longitude ainsi obtenue permet ensuite de déduire exactement la latitude, par des observations isolées ou des séries de hauteur circumméridiennes.

En nous livrant à l'étude de ces divers objets, nous avons été conduits à des développements analytiques souvent fort étendus, et sans lesquels il nous eût été difficile d'arriver à des conclusions suffisamment justifiées.

Si nous avions dû nous borner à présenter les méthodes réellement utilisables, nous aurions pu réduire considérablement notre exposé ; mais il était nécessaire de signaler celles dont on ne peut espérer de tirer un parti avantageux dans la pratique.

Nous ne croyons donc pas nécessaire d'introduire, dans l'enseignement, tout ce qui figure dans notre exposé théorique : les professeurs pourront se borner à l'enseignement des divers points que nous venons de passer en revue, en faisant connaitre que, quant aux autres, la théorie fait voir qu'il n'y a aucun avantage à en tirer dans la pratique.

# NOTE I.

DÉVELOPPEMENT, EN SÉRIES, DE CERTAINS ÉLÉMENTS DU TRIANGLE SPHÉRIQUE FORMÉ PAR LE ZÉNITH, LE PÔLE ET L'ASTRE OBSERVÉ, EN FONCTIONS DES AUTRES ÉLÉMENTS.

Le sujet que nous traitons dans cette Note concerne aussi bien l'ancienne que la nouvelle Navigation; pour ce motif, nous n'avons pas cru devoir y consacrer un Chapitre.

Les développements que nous allons présenter seront poussés jusqu'aux termes du deuxième ordre, ce qui suffit à l'usage qu'on en pourra faire.

La présente Note constitue un travail purement analytique : on s'abstiendra d'y discuter les formules au point de vue de leurs usages nautiques; la discussion, sous ce rapport, devant être présentée à l'occasion de leur emploi.

Soient en A, B, C (*fig.* 8) l'astre observé, le zénith et le pôle boréal.

Fig. 8.

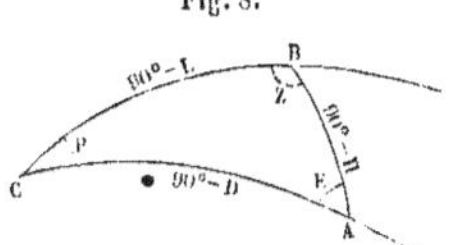

Désignons par E l'angle à l'astre; Z l'angle au zénith, ou l'azimut compté du nord vers l'ouest; P l'angle horaire, également compté vers l'ouest; les côtés respectivement opposés à ces angles seront les compléments de la latitude, de la déclinaison et de la hauteur.

L'équation fondamentale sur laquelle porteront les différentiations est

$$(a) \qquad \sin H = \sin L \sin D + \cos L \cos D \cos P ;$$

Nous y joindrons les suivantes, dont l'objet est de fournir des moyens de réduction [1] :

$$(b) \qquad \cos Z \cos H = \cos L \sin D - \sin L \cos D \cos P,$$

$$(c) \qquad \cos E \cos H = \cos D \sin L - \sin D \cos L \cos P,$$

---

[1] *Formules de la Trigonométrie sphérique, auxquelles se rapportent respectivement les formules* (a) *à* (c) *du texte.*

$$(a) \qquad \cos c = \cos a \cos b + \sin a \sin b \cos C,$$

$$(b) \qquad \cos B \sin c = \sin a \cos b - \cos a \sin b \cos C,$$

$$(c) \qquad \cos A \sin c = \sin b \cos a - \cos b \sin a \cos C,$$

$$(d) \qquad \cos E \cos D = \cos H \sin L - \sin H \cos L \cos Z \; (^1),$$

$$(e) \qquad \cos P \cos D = \cos L \sin H - \sin L \cos H \cos Z,$$

$$(f) \qquad \cos P \cos L = \cos D \sin H - \sin D \cos H \cos E,$$

$$(g) \qquad \cos Z \cos L = \cos H \sin D - \sin H \cos D \cos E,$$

$$(h) \qquad \frac{\sin E}{\cos L} = \frac{\sin Z}{\cos D} = \frac{\sin P}{\cos H},$$

$$(i) \qquad \cos E = - \cos Z \cos P + \sin Z \sin P \sin L,$$

$$(j) \qquad \cos Z = - \cos P \cos E + \sin P \sin E \sin D,$$

$$(k) \qquad \cos P = - \cos E \cos Z + \sin E \sin Z \sin H,$$

$$(l) \qquad \sin D \sin P = \sin E \cos Z + \cos E \sin Z \sin H,$$

$$(m) \qquad \cos L \cos D + \sin L \sin D \cos P = \sin E \sin Z - \cos E \cos Z \sin H.$$

1° *Développement de la hauteur, suivant les puissances et produits des variations de la latitude, de la déclinaison et de l'angle horaire.* — La hauteur H est, suivant (1), une fonction des trois variables L, D et P. Soit H′ la valeur de H, correspondante à des valeurs L′, D′ et P′ des trois variables indépendantes; on aura, suivant le théorème de Taylor,

$$H' = H + \frac{dH}{dL}(L'-L) + \frac{dH}{dD}(D'-D) + \frac{dH}{dP}(P'-P)$$

$$+ \frac{d^2H}{dL\,dD}(L'-L)(D'-D) + \frac{d^2H}{dD\,dP}(D'-D)(P'-P) + \frac{d^2H}{dP\,dL}(P'-P)(L'-L)$$

$$+ \frac{1}{2}\frac{d^2H}{dL^2}(L'-L)^2 + \frac{1}{2}\frac{d^2H}{dD^2}(D'-D)^2 + \frac{1}{2}\frac{d^2H}{dP^2}(P'-P)^2.$$

Il s'agit de déduire, de l'équation (1), les valeurs des diverses dérivées qui figurent dans ce développement. En effectuant les différentiations, il vient successivement

$$\cos H \frac{dH}{dL} = \cos L \sin D - \sin L \cos D \cos P,$$

$$\cos H \frac{dH}{dD} = \sin L \cos D - \cos L \sin D \cos P,$$

$$\cos H \frac{dH}{dP} = \qquad\qquad - \cos L \cos D \sin P,$$

---

$$(^1) \qquad \textit{Formules de la Trigonométrie sphérique, auxquelles se rapportent respectivement}$$
$$\textit{les formules } (d) \textit{ à } (m) \textit{ du texte.}$$

$$(d) \qquad \cos A \sin b = \sin c \cos a - \cos c \sin a \cos B,$$

$$(e) \qquad \cos C \sin b = \sin a \cos c - \cos a \sin c \cos B,$$

$$(f) \qquad \cos C \sin a = \sin b \cos c - \cos b \sin c \cos A,$$

$$(g) \qquad \cos B \sin a = \sin c \cos b - \cos c \sin b \cos A,$$

$$(h) \qquad \frac{\sin A}{\sin a} = \frac{\sin B}{\sin b} = \frac{\sin C}{\sin c},$$

$$(i) \qquad \cos A = - \cos B \cos C + \sin B \sin C \cos a,$$

$$(j) \qquad \cos B = - \cos C \cos A + \sin C \sin A \cos b,$$

$$(k) \qquad \cos C = - \cos A \cos B + \sin A \sin B \cos c,$$

$$(l) \qquad \cos l \sin C = + \sin A \cos B + \cos A \sin B \cos c,$$

$$(m) \qquad \sin a \sin b + \cos a \cos b \cos C = + \sin A \sin B - \cos A \cos B \cos c.$$

$$-\sin H\frac{dH}{dL}\frac{dH}{dD}+\cos H\frac{d^2H}{dL\,dD}=\cos L\cos D+\sin L\sin D\cos P,$$

$$-\sin H\frac{dH}{dD}\frac{dH}{dP}+\cos H\frac{d^2H}{dD\,dP}=\cos L\sin D\sin P,$$

$$-\sin H\frac{dH}{dP}\frac{dH}{dL}+\cos H\frac{d^2H}{dP\,dL}=\sin L\cos D\sin P,$$

$$-\sin H\frac{dH^2}{dL^2}+\cos H\frac{d^2H}{dL^2}=-(\sin L\sin D+\cos L\cos D\cos P),$$

$$-\sin H\frac{dH^2}{dD^2}+\cos H\frac{d^2H}{dD^2}=-(\sin L\sin D+\cos L\cos D\cos P),$$

$$-\sin H\frac{dH^2}{dP^2}+\cos H\frac{d^2H}{dP^2}=-\cos L\cos D\cos P.$$

De ces relations, on déduit, en vertu des formules ($a$) à ($m$),

$$\frac{dH}{dL}=\cos Z,\qquad \frac{dH}{dD}=\cos E,\qquad \frac{dH}{dP}=-\cos L\sin Z,$$

$$\cos H\frac{d^2H}{dL\,dD}=\sin E\sin Z-\cos E\cos Z\sin H+\sin H\cos Z\cos E=\sin E\sin Z,$$

$$\cos H\frac{d^2H}{dD\,dP}=\sin D\sin E\cos H-\sin H\cos L\cos E\sin Z=\sin E(\cos H\sin D-\sin H\cos D\cos E)$$
$$=\sin E\cos L\cos Z,$$

$$\cos H\frac{d^2H}{dP\,dL}=\sin L\sin Z\cos H-\sin H\cos L\cos Z\sin Z=\sin Z(\cos H\sin L-\sin H\cos L\cos Z)$$
$$=\sin Z\cos D\cos E,$$

$$\cos H\frac{d^2H}{dL^2}=-\sin H(1-\cos^2 Z)=-\sin H\sin^2 Z,$$

$$\cos H\frac{d^2H}{dD^2}=-\sin H(1-\cos^2 E)=-\sin H\sin^2 E,$$

$$\cos H\frac{d^2H}{dP^2}=-(\cos L\cos D\cos P-\sin H\cos^2 L\sin^2 Z)=-\cos L\cos D(\cos P+\sin H\sin E\sin Z)$$
$$=-1\cos L\cos D\cos Z\cos E.$$

Au moyen de ces diverses valeurs, le développement de H′ devient

$$(\mathrm{A})\quad\left\{\begin{aligned}H'-H={}&\cos Z(L'-L)+\cos E(D'-D)-\cos L\sin Z(P'-P)\\&+\frac{\sin Z\sin E}{\cos H}(L'-L)(D'-D)+\frac{\cos L\sin E\cos Z}{\cos H}(D'-D)(P'-P)\\&+\frac{\cos D\sin Z\cos E}{\cos H}(P'-P)(L'-L)-\frac{1}{2}\operatorname{tang}H\sin^2 Z(L'-L)^2\\&-\frac{1}{2}\operatorname{tang}H\sin^2 E(D'-D)^2-\frac{1}{2}\frac{\cos L\cos D\cos Z\cos E}{\cos H}(P'-P)^2.\end{aligned}\right.$$

*N. B.* — Les variations $(L'-L)$, $(D'-D)$, $(P'-P)$ étant supposées exprimées en secondes d'arc, il faudra multiplier par $\sin 1''$ tous les termes du deuxième ordre ou des trois dernières lignes, afin que le résultat soit exprimé en secondes angulaires.

On remarquera sans doute que trois des termes de ce développement se déduisent de **trois autres** termes, en vertu de ce que l'on peut, dans le triangle considéré, permuter L et D, sous la condition de permuter en même temps Z et E. Cette remarque aurait permis de réduire les calculs, s'il n'eût été utile de profiter des vérifications qui peuvent se présenter.

2° *Développement de l'angle horaire, suivant les puissances et les produits des variations de la hauteur, de la latitude et de la déclinaison.* — L'angle horaire P est une fonction de ces variables, en vertu de la relation $(a)$; on a, en conséquence,

$$P' - P = \frac{dP}{dH}(H' - H) + \frac{dP}{dL}(L' - L) + \frac{dP}{dD}(D' - D)$$

$$+ \frac{d^2P}{dH\,dL}(H' - H)(L' - L) + \frac{d^2P}{dL\,dD}(L' - L)(D' - D) + \frac{d^2P}{dD\,dH}(D' - D)(H' - H)$$

$$+ \frac{1}{2}\frac{d^2P}{dH^2}(H' - H)^2 + \frac{1}{2}\frac{d^2P}{dL^2}(L' - L)^2 + \frac{1}{2}\frac{d^2P}{dD^2}(D' - D)^2.$$

Nous transposerons préalablement tous les termes de l'équation $(a)$ dans un même membre, ce qui nous donnera

$$\sin L \sin D - \cos L \cos D \cos P - \sin H = 0.$$

En effectuant les différentiations, nous aurons

$$-\cos L \cos D \sin P \frac{dP}{dH} - \cos H = 0,$$

$$-\cos L \cos D \sin P \frac{dP}{dL} + \cos L \sin D - \sin L \cos D \cos P = 0,$$

$$\cos L \cos D \sin P \frac{dP}{dD} - \sin L \cos D + \cos L \sin D \cos P = 0,$$

$$-\cos L \cos D \cos P \frac{dP}{dH}\frac{dP}{dL} - \cos L \cos D \sin P \frac{d^2P}{dH\,dL} + \sin L \cos D \sin P \frac{dP}{dH} = 0,$$

$$\left.\begin{array}{l} -\cos L \cos D \cos P \dfrac{dP}{dL}\dfrac{dP}{dD} - \cos L \cos D \sin P \dfrac{d^2P}{dL\,dD} + \sin L \cos D \sin P \dfrac{dP}{dD} \\[2mm] \quad + \cos L \sin D \sin P \dfrac{dP}{dL} + \cos L \cos D - \sin L \sin D \cos P \end{array}\right\} = 0,$$

$$-\cos L \cos D \cos P \frac{dP}{dD}\frac{dP}{dH} - \cos L \cos D \sin P \frac{d^2P}{dD\,dH} + \cos L \sin D \sin P \frac{dP}{dH} = 0,$$

$$-\cos L \cos D \cos P \frac{dP^2}{dH^2} - \cos L \cos D \sin P \frac{d^2P}{dH^2} + \sin H = 0,$$

$$\left.\begin{array}{l} -\cos L \cos D \cos P \dfrac{dP^2}{dL^2} + \cos L \cos D \sin P \dfrac{d^2P}{dL^2} - 2\sin L \cos D \sin P \dfrac{dP}{dL} \\[2mm] \quad - (\sin L \sin D + \cos L \cos D \cos P) \end{array}\right\} = 0,$$

$$\left.\begin{array}{l} \cos L \cos D \cos P \dfrac{dP^2}{dD^2} + \cos L \cos D \sin P \dfrac{d^2P}{dD^2} - 2\cos L \sin D \sin P \dfrac{dP}{dD} \\[2mm] \quad - (\sin L \sin D - \cos L \cos D \cos P) \end{array}\right\} = 0.$$

De ces relations, on déduit, en vertu des formules $(a)$ à $(m)$.

$$\cos L\,\frac{dP}{dH} = -\frac{1}{\sin Z}, \qquad \cos L\,\frac{dP}{dL}\cdot\frac{\cos Z}{\sin Z}, \qquad \cos L\,\frac{dP}{dD}\cdot\frac{\cos E}{\sin Z}.$$

$$\sin P\cos L\,\frac{d^2P}{dH\,dL} = -\frac{1}{\sin Z\cos L}\left(\sin L\sin P - \cos P\,\frac{\cos Z}{\sin Z}\right);$$

$$\sin P\cos L\,\frac{d^2P}{dH\,dL} = -\frac{\cos E}{\cos L\sin^2 Z}:$$

$$\cos D\sin P\cos L\,\frac{d^2P}{dL\,dD} = -\frac{\cos D\cos P\cos Z\cos E}{\cos L\sin^2 Z} - \frac{\sin L\cos D\sin P\cos E}{\cos L\sin Z}$$

$$+ \sin D\sin P\,\frac{\cos Z}{\sin Z} + \sin E\sin Z - \cos E\cos Z\sin H$$

$$+ \frac{\cos D\cos E}{\cos L\sin^2 Z}(\sin L\sin P\sin Z - \cos P\cos Z)$$

$$-\frac{\cos Z}{\sin Z}(\sin D\sin P - \cos E\sin Z\sin H) + \sin E\sin Z$$

$$= -\frac{\cos^2 E}{\sin E\sin Z} + \frac{\sin E\cos^2 Z}{\sin Z} - \sin E\sin Z = \frac{\cos^2 E}{\sin E\sin Z} - \frac{\sin E}{\sin Z} - \frac{1}{\sin E\sin Z};$$

d'où

$$\sin P\cos L\,\frac{d^2P}{dL\,dD} = \frac{1}{\cos L\sin^2 Z}:$$

$$\cos D\sin P\cos L\,\frac{d^2P}{dD\,dH} = -\frac{1}{\sin Z}\left(\sin D\sin P - \frac{\cos D\cos P\cos E}{\cos L\sin Z}\right)$$

$$-\frac{1}{\sin E\sin Z}(\sin D\sin P\sin E - \cos P\cos E) \cdot \frac{\cos Z}{\sin E\sin Z};$$

d'où

$$\sin P\cos L\,\frac{d^2P}{dD\,dH} = -\frac{\cos Z}{\cos L\sin^2 Z}:$$

$$\cos D\sin P\cos L\,\frac{d^2P}{dH^2} = \sin H - \frac{\cos D\cos P}{\cos L\sin^2 Z} - \frac{\cos L\sin^2 Z\sin H - \cos D\cos P}{\cos L\sin^2 Z}$$

$$-\frac{\cos D(\sin Z\sin E\sin H - \cos P)}{\cos L\sin^2 Z};$$

d'où

$$\sin P\cos L\,\frac{d^2P}{dH^2} = -\frac{\cos Z\cos E}{\cos L\sin^2 Z}:$$

$$\cos D\sin P\cos L\,\frac{d^2P}{dL^2} = -\frac{\cos D\cos P\cos^2 Z}{\cos L\sin^2 Z} - \frac{2\sin L\cos D\sin P\cos Z}{\cos L\sin Z} - \sin H$$

$$-\frac{\cos D\cos Z}{\cos L\sin^2 Z}(-\cos P\cos Z - \sin L\sin P\sin Z)$$

$$-\frac{\sin L\cos D\sin P\cos Z - \cos L\sin Z\sin H}{\cos L\sin Z}$$

$$-\frac{\cos D\cos Z\cos E}{\cos L\sin^2 Z} - \frac{\sin L\cos H\cos Z - \cos L\sin H}{\cos L}$$

$$-\frac{\cos D}{\cos L\sin^2 Z}(\cos Z\cos E - \cos P\sin^2 Z):$$

d'où

$$\sin P \cos L . \frac{d^2 P}{dL^2} = \frac{\cos Z \cos E - \cos P \sin^2 Z}{\cos L \sin^2 Z} ;$$

$$\cos D \sin P \cos L . \frac{d^2 P}{dD^2} = - \frac{\cos D \cos P \cos^2 E}{\cos L \sin^2 Z} + \frac{2 \sin D \sin P \cos E}{\sin Z} \sin H$$

$$+ \frac{\cos D \cos E}{\cos L \sin^2 Z} ( - \cos P \cos E + \sin P \sin E \sin D )$$

$$+ \frac{\sin D \sin P \cos E \cos L - \cos L \sin Z \sin H}{\cos L \sin Z}$$

$$+ \frac{\cos D \cos E \cos Z}{\cos L \sin^2 Z} - \frac{\sin E}{\cos L \sin Z} ( \sin D \cos H \cos E - \cos D \sin H )$$

$$- \frac{\cos D}{\cos L \sin^2 Z} ( \cos E \cos Z - \cos P \sin^2 E ) ;$$

d'où

$$\sin P \cos L . \frac{d^2 P}{dD^2} = \frac{\cos E \cos Z - \cos P \sin^2 E}{\cos L \sin^2 Z} .$$

Au lieu de substituer ces valeurs dans l'expression de P′, nous formerons celle de (P′ — P) cos L. Il est clair qu'il suffira de multiplier par cos L tous les termes qui suivent P dans le développement de P′; nous aurons ainsi

$$(\text{B}) \quad
\begin{aligned}
\cos L (\text{P}'-\text{P}) = {} & \frac{1}{\sin Z} (\text{H}'-\text{H}) + \frac{\cos Z}{\sin Z} (\text{L}'-\text{L}) + \frac{\cos E}{\sin Z} (\text{D}'-\text{D}) \\[4pt]
& + \frac{\cos E}{\cos L \sin^2 Z \sin P} (\text{H}'-\text{H})(\text{L}'-\text{L}) + \frac{1}{\cos L \sin^2 Z \sin P} (\text{L}'-\text{L})(\text{D}'-\text{D}) \\[4pt]
& + \frac{\cos Z}{\cos L \sin^2 Z \sin P} (\text{D}'-\text{D})(\text{H}'-\text{H}) + \frac{1}{2} \frac{\cos Z \cos E}{\cos L \sin^2 Z \sin P} (\text{H}'-\text{H})^2 \\[4pt]
& + \frac{1}{2} \frac{\cos Z \cos E - \cos P \sin^2 Z}{\cos L \sin^2 Z \sin P} (\text{L}'-\text{L})^2 + \frac{1}{2} \frac{\cos Z \cos E - \cos P \sin^2 E}{\cos L \sin^2 Z \sin P} (\text{D}'-\text{D})^2 .
\end{aligned}$$

Comme dans l'application de la formule (A), il sera nécessaire de multiplier les termes des trois dernières lignes par $\sin 1''$, en supposant les différences $(\text{H}'-\text{H})$, $(\text{L}'-\text{L})$, $(\text{D}'-\text{D})$ exprimées en secondes d'arc.

La composition de la formule (B) donnerait lieu à des remarques analogues à celles que nous avons présentées à l'occasion de la formule (A).

# NOTE II.

SECONDE APPROXIMATION DE LA DÉTERMINATION DU POINT. — ERREUR MAXIMUM DE LA PREMIÈRE
APPROXIMATION. — SOLUTION GRAPHIQUE SUR LE PLAN TANGENT.

La solution analytique que nous avons présentée (n° 7) et sa traduction graphique au moyen des droites de hauteur ont été obtenues en négligeant les termes du deuxième ordre, dans le développement de la correction de $H_e$. Ces solutions suffiront dans l'immense majorité des cas. On a compris, du reste, qu'une seconde approximation s'obtiendrait en calculant de nouvelles valeurs des $H_e$ et introduisant, dans les calculs, les coordonnées du point fournies par la première approximation, à la place des coordonnées déduites de l'estime. Cela suffit en toute rigueur; mais on trouvera peut-être plus commode, dans certains cas, d'employer des formules qui dispensent d'effectuer un nouveau calcul des $H_e$.

L'un des objets de cette Note est de donner ces formules : nous présenterons la solution sous deux formes différentes en apparence et cependant identiques au fond.

*Première solution.* — Nous la déduirons de la considération de la valeur corrigée de $H_e$, développée jusqu'aux termes du deuxième ordre.

La condition à laquelle on doit satisfaire est que la hauteur observée $H$ soit égale à la hauteur que l'on calculerait pour un lieu dont la latitude et la longitude excèdent de $L - L_e$ et $\mathcal{L} - \mathcal{L}_e$ respectivement celles de l'estime, quantités qui sont les inconnues du problème.

Or, le développement de la hauteur corrigée se déduit de la formule (A) de la Note (I), en y supprimant les termes en $D' - D$ et remplaçant L par $L_e$, H par $H_e$, L' — L par $L - L_e$ et P' — P par $- (\mathcal{L} - \mathcal{L}_e)$. Si l'on écrit la condition que ce développement soit égal à la hauteur observée $H$, on obtient

$$H_e + \cos Z_e (L - L_e) + \sin Z_e \cos L_e (\mathcal{L} - \mathcal{L}_e) - \cos D \cos E \frac{\sin Z_e}{\cos H_e} (L - L_e)(\mathcal{L} - \mathcal{L}_e)$$
$$\left. \frac{1}{2} \tang H_e \sin^2 Z_e (L - L_e)^2 + \frac{1}{2} \frac{\cos L_e \cos D \cos E \cos Z_e}{\cos H_e} (\mathcal{L} - \mathcal{L}_e)^2 \right\} = H.$$

Nous simplifierons l'écriture en posant d'abord

$$(a) \qquad\qquad y = L - L_e, \qquad x = \cos L_e (\mathcal{L} - \mathcal{L}_e);$$

ce qui nous donnera

$$y \cos Z_e + x \sin Z_e - xy \frac{\cos D \cos E}{\cos L_e \cos H_e} \sin Z_e - \frac{1}{2} y^2 \tang H_e \sin^2 Z_e + \frac{1}{2} x^2 \frac{\cos D \cos E}{\cos L_e \cos H_e} \cos Z_e = H - H_e;$$

or, on a, en vertu de la formule (d) de la Note (I),

$$\frac{\cos E \cos D}{\cos L_e \cos H_e} = \tang L_e - \tang H_e \cos Z_e;$$

substituant, il vient

$$\left.\begin{aligned} y\cos Z_e + x\sin Z_e - xy(\operatorname{tang} L_e - \operatorname{tang} H_e \cos Z_e)\sin Z_e - \frac{1}{2}y^2 \operatorname{tang} H_e \sin^2 Z_e \\ + \frac{1}{2}x^2(\operatorname{tang} L_e - \operatorname{tang} H_e \cos Z_e)\cos Z_e \end{aligned}\right\} = H - H_e,$$

ou, en réunissant les termes du premier membre, en $L_e$ et $H_e$,

$$y\cos Z_e + x\sin Z_e + \operatorname{tang} L_e\left(\frac{1}{2}x^2\cos Z_e - xy\sin Z_e\right) - \frac{1}{2}\operatorname{tang} H_e(x\cos Z_e - y\sin Z_e)^2 = H - H_e.$$

Cette expression va se simplifier en introduisant la valeur de L. Soit en effet

$$(b) \qquad x' = \cos L(\mathfrak{L}' - \mathfrak{L}'_e);$$

d'où, en ayant égard à la deuxième équation ($a$),

$$\frac{x}{x'} = \frac{\cos L_e}{\cos L} = \frac{\cos[L - (L - L_e)]}{\cos L} = 1 + (L - L_e)\operatorname{tang} L = 1 + y \operatorname{tang} L;$$

on aura, aux termes près du troisième ordre,

$$x\sin Z_e = x'\sin Z_e + x'y \operatorname{tang} L_e \sin Z_e.$$

En substituant cette valeur dans notre développement, le terme en $xy$ sera détruit et il viendra, moyennant une transposition, et mettant, dans les termes du deuxième ordre, les valeurs $x'_0$ et $y_0$ de $x'$ et $y$, fournies par la première approximation,

$$(c) \qquad y\cos Z_e + x'\sin Z_e = H - H_e - \frac{1}{2}x'^2_0 \operatorname{tang} L_e \cos Z_e + \frac{1}{2}\operatorname{tang} H_e(x'_0\cos Z_e - y_0 \sin Z_e)^2.$$

Nos résultats prendront une forme plus simple, si nous introduisons la distance $\partial s$ du point estimé au point fourni par la première approximation, et l'azimut V de cette distance ; nous poserons, en conséquence,

$$(d) \qquad \begin{cases} \partial s \sin V = x'_0, \\ \partial s \cos V = y_0; \end{cases}$$

ces formules donneront sans ambiguïté les quantités $\partial s$ et V, au moyen des valeurs de $x'_0$ et $y_0$, censées fournies par la première approximation. (On suppléerait au calcul logarithmique, par l'emploi des Tables de route.) On en déduit

$$(x'_0 \cos Z_e - y_0 \sin Z_e)^2 = \partial s^2 \sin^2(Z_e - V).$$

Posons, d'autre part,

$$(e) \qquad \begin{cases} y = y_0 + \partial y, \\ x' = x'_0 + \partial x'; \end{cases}$$

mettant ces quantités dans l'équation ($c$) et multipliant les termes du deuxième ordre par $\sin 1'$, afin que tous les termes soient exprimés en $1'$ ou en milles marins, il viendra

$$\begin{aligned} y_0\cos Z_e + x'_0 \sin Z_e + \cos Z_e\, \partial y + \sin Z_e\, \partial x' = H - H_e - \frac{1}{2}\operatorname{tang} L_e\, x'^2_0 \sin 1' \cos Z_e \\ + \frac{1}{2}\operatorname{tang} H_e[\partial s \sin(Z_e - V)]^2 \sin 1'. \end{aligned}$$

Or les valeurs de $y_0$ et $x'_0$, que fournit la première approximation, satisfont à la relation

$$y_0 \cos Z_e + x'_0 \sin Z_e = H - H_e:$$

si d'ailleurs nous faisons, pour abréger,

$$b = -\frac{1}{2}\operatorname{tang} L_e\, x_0'^2 \sin 1',$$

$$q = \frac{1}{2}\operatorname{tang} H_e\, [\partial s \sin(Z - V)]^2 \sin 1',$$

$$q' = +\frac{1}{2}\operatorname{tang} H'_e\, [\partial s \sin(Z' - V)]^2 \sin 1',$$

notre équation, appliquée successivement aux deux observations, donnera

$$\cos Z_e\, \partial y + \sin Z_e\, \partial x' = b \cos Z_e + q,$$

$$\cos Z'_e\, \partial y + \sin Z'_e\, \partial x' = b \cos Z'_e + q'.$$

On en déduit

$$(f) \quad \begin{cases} \partial y = b + \dfrac{q \sin Z'_e - q' \sin Z_e}{\sin(Z'_e - Z_e)}, \\[2ex] \partial x' = \dfrac{-q \cos Z'_e + q' \cos Z_e}{\sin(Z'_e - Z_e)}. \end{cases}$$

Les quantités $b$, $q$, $q'$ se tireront de notre Table I, en prenant respectivement pour arguments horizontaux et verticaux, et sans avoir égard aux signes de ces arguments,

$$\begin{array}{lll} x'_0, & \partial s \sin(Z - V), & \partial s \sin(Z' - V), \\ L_e, & H_e, & H'_e. \end{array}$$

Quant aux signes des nombres fournis par la Table, celui de $b$ sera contraire au signe de $L_e$; les quantités $q$ et $q'$ sont essentiellement positives. On pourra éviter tout calcul logarithmique en faisant usage des Tables de point.

Ayant ainsi obtenu $\partial y$ et $\partial x'$, les formules ($e$) feront connaître les valeurs de $y$ et $x'$; on déduira ensuite des équations ($a$) et ($b$)

$$(g) \quad \begin{cases} L = L_e + y, \\ \mathcal{L} = \mathcal{L}_e + \dfrac{x'}{\cos L}. \end{cases}$$

*Exemple d'application numérique des formules précédentes.* — Nous ferons usage des données du n° 21, à cela près que nous choisirons une position estimée, qui est en erreur de plus de 2 degrés.

Soient

$$L_e = 38°\,0', \qquad \mathcal{L}_e = 11°\,0'.$$

*Calcul de $H_c$ et $Z_c$ par les formules (30) et (31).*

|  | α Lyre. | La Chèvre. |
|---|---|---|
| D.............. | 38" 10',22 | 15" 52',17 |
| ℒ_c.............. | 62 16,0 | —96 6,0 |
| H.............. | 18 51,0 | 15 32,5 |
| l. cos D........ | 9,89252 | 9,84280 |
| l. sin D........ | 9,79577 | 9,85598 |
| l. cot D........ | 0,09675 | 9,98682 |
| ℒ_a — ℒ_c...... | 51°16' | —107°6' |
| l. cos(ℒ_a — ℒ_c). | 9,79636 | 9,46841 — |
| l. sin(ℒ_a — ℒ_c). | 9,89213 | 9,98036 — |
| l. tang φ........ | 9,89311 — | 9,55523 — |
| φ.............. | +38° 1',15 | —15°57',26 |
| l. cos φ........ | 9,89642 | 9,98301 |
| L_c + φ........ | 76° 1',15 | 22° 4',74 |
| l. sin(L_c + φ).. | 9,98694 | 9,57505 |
| l. $\dfrac{\sin D}{\cos φ}$..... | 9,89935 | 9,87297 |
| l. cos(L_c + φ).. | 9,38309 | 9,96692 |
| l. sin H_c........ | 9,88629 | 9,44802 |
| l. cos Z_c cos H_c... | 9,28244 | 9,83989 |
| l. sin Z_c cos H_c.... | 9,78465 | 9,82316 — |
| l. tang Z_c........ | 0,50221 | 9,98327 — |
| Z_c.............. | 72" 32',09 | —43"53',80 |
| l. cos Z_c........ | 9,47730 | 9,85769 — |
| l. sin Z_c........ | 9,97950 | 9,84096 — |
| l. cos H_c........ | 9,80515 | 9,98220 |
| l. tang H_c....... | 0,08114 | 9,46582 |
| H_c.............. | 50" 19',3 | 16" 17',6 |
| p = H — H_c.... | — + 28,3 | — 0 45,1 |
| ou   p.............. | — 88,3 | — 0 45,1 |

*Calcul de $y_o$ et $x'_o$ par les formules (35.) mises sous la forme*

$$y_o = \frac{p \sin Z'_c - p' \sin Z_c}{\sin(Z'_c - Z_c)},$$

$$x'_o = \frac{- p \cos Z'_c - p' \cos Z_c}{\sin(Z'_c - Z_c)}.$$

| Y.............. | + 72° 32',1 | l. sin........ | 9,9795 + |
|---|---|---|---|
|  |  | l. cos........ | 9,4773 + |

| | | | |
|---|---|---|---|
| $Z'_e$ ............ | 43°53′,8 | l. sin........ | 9,8410− |
| | | l. cos........ | 9,8577+ |
| | | l. $p$........ | 1,9460− |
| | | l. $p'$........ | 1,6542− |
| $p \sin Z_e$ ....... | 61,23 | | 1,7870+ |
| $- p' \sin Z_e$ ...... | 43,02 | | 1,6337+ |
| Somme ....... | 104,25 | | 2,0181+ |
| $Z'_e - Z_e$ ...... | −116°25′,9 | l. sin........ | 9,9521− |
| $y_0$ ............ | − 116,41 | | 2,0660− |
| $- p \cos Z'_e$ ...... | 63,63 | | 1,8037+ |
| $+ p' \cos Z_e$ ...... | − 13,54 | | 1,1315− |
| Somme ...... | + 50,09 | | 1,6998+ |
| $x'_0$ ........... | 55,94 (¹) | | 1,7477− |

*Seconde approximation.*

(Nous supposerons que l'on fasse usage des Tables de point et de notre Table I.)

Éq. (d). — De $x'_0$ et $y_0$, on tire

$$V = 205°,7, \qquad \delta s = 129^M,1.$$
$$Z_e = +72,5, \qquad Z_e - V = -133°,2, \qquad \delta s \sin(Z_e - V) = -94^M,2.$$
$$Z'_e = -43,9, \qquad Z'_e - V = -249,6, \qquad \delta s \sin(Z'_e - V) = +121,0.$$

Table I :

| | | | |
|---|---|---|---|
| Arguments horizontaux .... | 55$^M$,94 | 94$^M$,2 | 121$^M$,0 |
| »          verticaux ...... | 38° | 50°,3 | 16°,3 |
| | $b = -0,4$ (²) | $q = 1,6$ | $q' = 0,6$ |

Éq. (f) :

| | | | | |
|---|---|---|---|---|
| $q \sin Z'_e$ ... | − 1,10$^M$ | | $- q \cos Z'_e$ ... | − 1,15$^M$ |
| $- q' \sin Z_e$ ... | − 0,57 | | $- q' \cos Z_e$ ... | + 0,18 |
| Somme...... | − 1,67 | $Z'_e - Z_e = -116°,4$ | Somme...... | − 0,97 |

---

(¹) En ajoutant $y_0$ à $L_0$, on obtient, pour résultat de la première approximation,

$$L = 36°3′,59,$$

et la valeur de $x'_0$, divisée par le cosinus de cette latitude, devient

$$\lambda' = 9°50′,80 ;$$

en sorte que, si l'on compare ces nombres aux valeurs vraies des inconnues, données n° 21, on aura, pour erreur de la première approximation,

$$\delta L = +1′,38, \quad \delta\lambda' = +1′,15 ;$$

d'où 1′,5 sur la position du point.

(²) On a donné à la quantité $b$ le signe contraire à celui de L.

$$\begin{array}{ll}
\text{somme} & \\
\sin\,(Z'_e - Z_e) & \cdots\ 1^{M},9 \\
b\ldots\ldots\ldots\ldots & -\ 0,4 \\
\delta)\ldots\ldots\ldots\ldots & -\ 1',5 \\
\text{Éq. }(e):\ y_e\ldots\ldots\ldots\ldots & -\ 116,4 \\
y\ldots\ldots\ldots\ldots & -114,9 \\
\text{Éq. }(g):\ y\ldots\ldots\ldots\ldots & 1''54',9 \\
l\ldots\ldots\ldots\ldots & 38\ \ 0,0 \\
L\ldots\ldots\ldots\ldots & -36°\ 5',1
\end{array}$$

$$\begin{array}{ll}
\text{somme} & \\
\sin\,(Z'_e - Z_e) & +\ 1^{M},08 \\
\delta x'\ldots\ldots\ldots & +\ 1',08 \\
x'_0\ldots\ldots\ldots & -\ 55,94 \\
x'\ldots\ldots\ldots & -\ 54,9 \\
\dfrac{x'}{\cos L}\ldots\ldots & -\ 1''\ 7',9 \\
l'\ldots\ldots\ldots & -11\ \ 0',0 \\
l'\ldots\ldots\ldots & -\ 9''52',1
\end{array}$$

On a vu (n° 21) que les valeurs exactes des inconnues sont

$$L = -36° 4',97, \qquad\qquad l' = -9°51',95 ;$$

les erreurs de $L$ et $l'$, qu'on vient de déterminer, sont respectivement

$$0',1, \qquad\qquad +0',1.$$

*Seconde solution.* — La méthode que nous allons actuellement exposer conviendra particulièrement au cas où l'on aura observé plus de deux hauteurs. Elle consiste à obtenir une solution approchée, en combinant les deux hauteurs dont les différences d'azimut approcheront le plus de l'angle droit. Transportant les deux hauteurs observées au point ainsi obtenu, que l'on substituera, pour toutes les observations, au point estimé, on appliquera à l'ensemble les méthodes des n⁰ˢ 7 et suivants; et l'on pourra compter que les termes du deuxième ordre seront tout à fait négligeables, si les deux hauteurs choisies pour la première approximation ne sont pas entachées d'erreurs grossières, ni trop voisines de 90°. Dès lors, la question à résoudre consiste à former les équations de condition relatives à ces deux hauteurs, sans recommencer le calcul des $H_e$.

Soient (*fig.* 9)

Fig. 9.

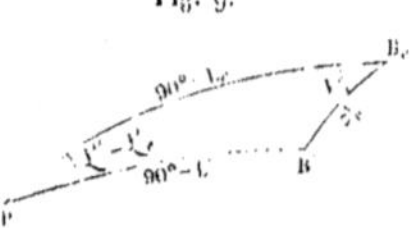


P le pôle boréal;
B le point estimé;
B' le point fourni par la première approximation;
L' et $l'$ les latitude et longitude de ce point;
V' l'azimut de B' par rapport à $B_e$;
$\delta s$ la distance BB';

nos deuxième et troisième équations fondamentales (3), appliquées au triangle $PB_eB'$, donneront

$$\cos V' \sin \delta s = \cos L_e \sin L' - \sin L_e \cos L' \cos (l'' - l'_e),$$
$$\sin V' \sin \delta s = \cos L' \sin (l'' - l'_e).$$

La première de celles-ci se transforme en la suivante :

$$\cos V' \sin \delta s = \sin (L' - L_e) + 2 \sin L_e \cos L' \sin^2 \tfrac{1}{2}(l'' - l'_e).$$

on déduit de ces équations, aux termes près du troisième ordre,

$$\cos V' \partial s = L' - L_e - \tfrac{1}{2}\sin L_e \cos L' (\ell'' - \ell_e)^2,$$
$$\sin V' \partial s = \cos L' (\ell'' - \ell_e).$$

Posons

$$(h) \qquad x'_0 = \cos L' (\ell'' - \ell_e), \qquad y_0 = L' - L_e:$$

les équations précédentes, en y multipliant les termes de deuxième ordre par $\sin 1'$ et supposant, en conséquence, que $\partial s$, $x'_0$ et $v'$ soient exprimés en $1'$, deviendront

$$(i) \qquad \begin{cases} \partial s \sin V' = x'_0, \\[2mm] \partial s \cos V' = y_0 + \dfrac{1}{2}\tan L' \, x_0'^{\,2}\sin 1'. \end{cases}$$

Jointes aux formules $(h)$, ces équations serviront à déterminer, sans ambiguïté, $V'$ et $\partial s$, quand on aura obtenu une première approximation.

On a ainsi les éléments nécessaires au transport de la hauteur $H_e$ du point $B_e$ au point B'.

La formule donnée dans la Note relative à l'équation (12) s'applique aussi bien au transport d'une hauteur calculée qu'à celui d'une hauteur observée; l'application de cette formule, au cas actuel, donne

$$(k) \qquad \partial H_e = \partial s \cos (Z_e - V') - \tfrac{1}{2}\tan H_e \, [\partial s \sin (Z_e - V')]^2 \sin 1'.$$

Si l'on remarque d'ailleurs que $\partial p = -\partial H_e$, on aura, pour la valeur corrigée de $p$ ou de $H - H_e$,

$$(l) \qquad p = H - H_e - \partial H_e.$$

Or, il est clair que le premier terme de $\partial H_e$ ne diffère de $H - H_e$ que d'une quantité du deuxième ordre; donc, la valeur corrigée de $p$ est une quantité de cet ordre. On peut ainsi, dans les formules qui donneront $\partial L'$ et $\partial \ell'$, employer, sans corrections, les valeurs des azimuts, et l'on n'aura pas à redouter d'erreurs du deuxième ordre.

La marche à suivre dans les calculs consiste à tirer de $(h)$ les valeurs de $L'$ et $\ell''$:

$$(m) \qquad L' = L_e + y_0, \qquad \ell'' = \ell_e + \dfrac{x'_0}{\cos L'};$$

puis à tirer $V'$ et $\partial s$ des formules $(i)$. Les équations $(k)$ et $(l)$ fourniront les valeurs de $p$.

On remarquera que le deuxième terme du second membre de la deuxième équation $(i)$ s'obtiendra au moyen de la Table I, en y prenant, pour argument horizontal et vertical, respectivement $x'_0$ et $L'$: le résultat prendra le signe de $L'$. Pareillement, la même Table fournira la valeur du deuxième terme de $(k)$, en y prenant pour arguments $\partial s \sin(Z_e - V')$ et $H_e$: le résultat devra être retranché du premier terme de $\partial H_e$. On aura ensuite à résoudre une suite d'équations de la forme

$$(n) \qquad \cos Z_e \, \partial L' - \sin Z_e \cos L' \, \partial \ell' = p:$$

si leur nombre se réduit à deux, il viendra

$$(p) \qquad \begin{cases} \partial L' = \dfrac{p \sin Z'_e - p' \sin Z_e}{\sin (Z'_e - Z_e)}, \\[4mm] \cos L' \, \partial \ell' = \dfrac{-p \cos Z'_e + p' \cos Z_e}{\sin (Z'_e - Z_e)} \end{cases}$$

*Application de ces formules aux données de la question précédente.* (On emploie les Tables de logarithmes et la Table I.)

On a trouvé, par la première approximation,

Éq. $(m)$ :     $x'_0$ .................. $57,94$     l. ......... $1,7477-$

               $y_0$ .............. $116,41$

Ajoutant le dernier de ces nombres à $L_e$, on obtient

    $L'$ ............... $36° 3',59$     l. cos $L'$ ... $9,9076$

    $\zeta'' - \zeta$ ......... $- 1 \quad 9,20$                $1,8401-$

    $\zeta''$ ............ $9 \quad 50,80$

Éq. $(i)$ : Table I. $\frac{1}{2}$ tang $L' x'^2_0$ sin $1'$.    $0,33$

    $\delta s \cos V'$ ......... $- 116,08$                $2,0647-$

    $V'$ ............... $205 \quad 44$     l. tang $V'$.. $9,6830+$

                                   l. cos $V'$ ... $9,9546-$

                                   l. sin $V'$ ... $9,6377-$

    $\delta s$ ............... $128,83$                $2,1100$

| | α Lyre. | La Chèvre. |
|---|---|---|
| Éq. $(k)$ :   $Z_e - V'$ ............. | $226° 48',1$ | $110° 22',2$ |
| l. cos $(Z_e - V')$ ...... | $9,8354-$ | $9,5417-$ |
| l. sin $(Z_e - V')$ ...... | $9,8627-$ | $9,9720-$ |
| l. $\delta s \cos (Z_e - V')$ ... | $1,9454-$ | $1,6517-$ |
| l. $\delta s \sin (Z_e - V')$ ... | $1,9727-$ | $2,0820+$ |
| $\delta s \sin (Z_e - V')$ ...... | $- 93',91$ | $+ 120',78$ |
| $1^{er}$ terme ........... | $- 88,19$ | $- 44,84$ |
| Table I.   $2^e$ terme ...... | $- 1,58$ | $- 0,63$ |
| $\delta H$ ............. | $- 89,77$ | $- 45,47$ |
| Éq. $(l)$ :   $p$ ............. | $+ 1,47$ | $+ 0,37$ |

Éq. $(p)$ :

          $+ p \sin Z'_e$ ........... $- 1',02$

          $- p' \sin Z_e$ ........... $0,35$

          Somme ........... $- 1,37$

          $\delta L'$ .............. $- 1,53$

          $- p \cos Z'_e$ ........... $- 1,06$

          $+ p' \cos Z_e$ ........... $+ 0,11$

          Somme ........... $- 0,95$

          cos $L' \delta \zeta''$ ........... $+ 1,06$

          $\delta \zeta''$ ........... $+ 1,29$

                                             Erreurs.

Valeurs corrigées. $\begin{cases} L' .............. +36° 5',1 & + 0',1 \\ \zeta'' .............. + 9 \quad 52,1 & + 0,1 \end{cases}$

Les exemples que nous venons de donner semblent prouver que nos formules jouissent du degré de précision nécessaire dans la pratique.

Nous ferons remarquer, en terminant, que, si l'on veut appliquer les valeurs obtenues de $p$ à la solution graphique du problème, il faudra, suivant les relations (38), n° 9, les multiplier par l'un ou l'autre des facteurs R et $\frac{R}{\cos L}$, suivant que les tracés devront se faire dans le plan tangent à la sphère ou sur les cartes marines.

*Erreur maximum de la première approximation.* — Nous avons dit que l'emploi de la solution fournie par les droites de hauteur, ou les calculs qui la représentent, suffira dans le plus grand nombre des cas : il est cependant nécessaire de s'assurer si l'erreur commise est effectivement négligeable. Il s'agit d'obtenir, par un procédé rapide, l'évaluation d'une limite de l'erreur à craindre; le procédé que nous allons exposer présente cet avantage que, si l'on trouve la première approximation insuffisante, le travail effectué pour s'en assurer sera utilisé dans le calcul à exécuter pour tenir compte des termes du deuxième ordre.

Désignons par $\varepsilon$ la distance comprise entre le point $e$ que fournit la première approximation et celui qui résulte de l'emploi des termes des deux premiers ordres : il est clair que l'on aura

$$\varepsilon^2 = (\delta y)^2 + (\delta x')^2,$$

ou, en ayant égard aux formules $(f)$,

$$(j)\qquad \varepsilon^2 = \frac{q^2 - 2qq'\cos(Z'_e - Z_e) + q'^2}{\sin^2(Z'_e - Z_e)} + 2\,\frac{q\sin Z'_e - q'\sin Z_e}{\sin(Z'_e - Z_e)}\,b + b^2.$$

Les quantités $q$ et $q'$ étant essentiellement positives, si nous convenons que $q$ désigne la plus grande des deux, nous pourrons poser

$$q' = \theta q,$$

$\theta$ étant un nombre qui reste compris entre zéro et l'unité; on aura dès lors

$$(k)\qquad \varepsilon^2 = q^2\left[\frac{1 - 2\theta\cos(Z'_e - Z_e) + \theta^2}{\sin^2(Z'_e - Z_e)} + 2\,\frac{\sin Z'_e - \theta\sin Z_e}{\sin(Z'_e - Z_e)}\,\frac{b}{q} + \frac{b^2}{q^2}\right].$$

Proposons-nous de rechercher les valeurs de $\theta$ qui correspondent aux maxima ou minima de $\varepsilon^2$. Nous aurons pour condition commune

$$(l)\qquad \frac{d.\varepsilon^2}{d\theta} = q^2\left[\frac{2\theta - 2\cos(Z'_e - Z_e)}{\sin^2(Z'_e - Z_e)} - 2\,\frac{\sin Z_e}{\sin(Z'_e - Z_e)}\,\frac{b}{q}\right] = 0;$$

différentions de nouveau, il viendra

$$\frac{d^2.\varepsilon^2}{d\theta^2} = \frac{2q^2}{\sin^2(Z'_e - Z_e)},$$

quantité positive dans tous les cas : il s'ensuit que la valeur unique de $\theta$, que fournirait la condition $(l)$, répond à un minimum; on voit d'ailleurs que l'hypothèse $\theta = \infty$ rendrait $\varepsilon^2$ infiniment grand.

Mais nous n'avons à considérer les variations de $\varepsilon^2$ qu'entre les limites $\theta = 0$ et $\theta = 1$; or, s'il n'existe pas de maximum absolu de $\varepsilon^2$, il n'en existe pas entre ces limites, et le maximum relatif, ou la valeur de $\varepsilon^2$, qui surpasse toutes celles qui sont comprises entre lesdites limites, est nécessairement celle qui répond à l'une d'elles. On est ainsi conduit à calculer les valeurs de $\varepsilon^2$ qui répondent à $\theta = 0$ et $\theta = 1$, et à prendre la plus grande des deux.

Distinguant ces valeurs par les indices zéro et 1, nous aurons

$$(m)\qquad \begin{cases} \varepsilon_0^2 = q^2\left[\dfrac{1}{\sin^2(Z'_e - Z_e)} + 2\,\dfrac{\sin Z'_e}{\sin(Z'_e - Z_e)}\,\dfrac{b}{q} + \dfrac{b^2}{q^2}\right], \\[2ex] \varepsilon_1^2 = q^2\left[2\,\dfrac{1 - \cos(Z'_e - Z_e)}{\sin^2(Z'_e - Z_e)} + 2\,\dfrac{\sin Z'_e - \sin Z_e}{\sin(Z'_e - Z_e)}\,\dfrac{b}{q} + \dfrac{b^2}{q^2}\right]; \end{cases}$$

la seconde de ces expressions se transforme aisément en la suivante :

$$(n)\qquad z_1^2 = q^2\left[\frac{1}{\cos^2\frac{1}{2}(Z'_e - Z_e)} + 2\,\frac{\cos\frac{1}{2}(Z'_e + Z_e)}{\cos\frac{1}{2}(Z'_e - Z_e)}\,\frac{b}{q} + \frac{b^2}{q^2}\right].$$

Actuellement considérons $Z'_e - Z_e$ comme une constante et $Z'_e$ comme variable; il est visible que les plus grandes valeurs des expressions $(m)$ et $(n)$ auront lieu quand les seconds termes des parenthèses seront positifs, et lorsque les valeurs absolues des facteurs $\sin Z'_e$ et $\cos\frac{1}{2}(Z'_e + Z_e)$ seront égales à l'unité. Si donc nous convenons de faire abstraction des signes de $\sin(Z'_e - Z_e)$, $\cos\frac{1}{2}(Z'_e - Z_e)$ et de la quantité $b$, les maxima de $z_n^2$ et $z_1^2$ seront

$$z_n^2 = q^2\left[\frac{1}{\sin^2(Z'_e - Z_e)} + 2\,\frac{1}{\sin(Z'_e - Z_e)}\,\frac{b}{q} + \frac{b^2}{q^2}\right],$$

$$z_1^2 = q^2\left[\frac{1}{\cos^2\frac{1}{2}(Z'_e - Z_e)} + 2\,\frac{1}{\cos\frac{1}{2}(Z'_e - Z_e)}\,\frac{b}{q} + \frac{b^2}{q^2}\right];$$

d'où

$$(o)\qquad \begin{cases} z_n = \dfrac{q}{\sin(Z'_e - Z_e)} + b, \\[2ex] z_1 = \dfrac{q}{\cos\frac{1}{2}(Z'_e - Z_e)} + b. \end{cases}$$

Il reste à distinguer la plus grande de ces deux valeurs : la première peut s'écrire

$$z_n = \frac{q}{\cos\frac{1}{2}(Z'_e - Z_e)\, 2\sin\frac{1}{2}(Z'_e - Z_e)} + b;$$

il est visible que l'on aura

$$z_1 > z_n, \quad \text{suivant que} \quad 2\sin\frac{1}{2}(Z'_e - Z_e) > 1,$$

et $z_1 < z_n$ dans le cas contraire. De l'inégalité précédente, on déduit $\sin\frac{1}{2}(Z'_e - Z_e) > \frac{1}{2}$; d'où les deux solutions

$$\frac{1}{2}(Z'_e - Z_e) > 30^\circ, \quad \frac{1}{2}(Z'_e - Z_e) < 150^\circ$$

ou

$$Z'_e - Z_e > 60^\circ, \quad Z'_e - Z_e < 300^\circ.$$

La deuxième de ces solutions ne doit pas être prise en considération, puisque nous avons traité $\sin(Z'_e - Z_e)$ comme une quantité positive : il suit de là que, abstraction faite du signe de $Z'_e - Z_e$, et cette quantité étant prise entre zéro et 180 degrés, on aura

$$(p)\qquad Z'_e - Z_e < 60^\circ, \qquad z < \frac{q}{\sin(Z'_e - Z_e)} + b,$$

$$(q)\qquad Z'_e - Z_e > 60^\circ, \qquad z < \frac{q}{\cos\frac{1}{2}(Z'_e - Z_e)} + b.$$

Ces limites ne sont pas les seules qui se réduisent à des expressions simples; nous allons en présenter une autre que nous comparerons à celles-ci : on sera conduit dès lors à faire usage des expressions qui fourniront les limites les plus resserrées.

Si, au lieu de rapporter, comme nous l'avons fait plus haut, l'une des valeurs $q$ et $q'$ à la plus grande d'entre elles, on les rapporte à leur moyenne arithmétique $\frac{1}{2}(q + q')$, chacune d'elles sera exprimable en fonction du rapport de leur différence à leur somme, rapport qui sera compris entre $\pm 1$. Appliquant à ce rapport le mode de discussion que nous avons appliqué à la variable $\theta$, on sera conduit à deux expressions de $z''_{e}$, dont les maxima, relativement à $Z'_{e}$ et $Z_{e}$, s'identifieront et conduiront à l'inégalité

$$(r) \qquad z = \frac{q + q'}{\sin(Z'_{e} - Z_{e})} \cdot b.$$

Nous nous dispenserons de reproduire le calcul qui conduit à ce résultat, attendu qu'on l'obtient immédiatement en faisant, dans l'expression $(j)$, $\cos(Z'_{e} - Z_{e}) = 1$, $\sin Z'_{e} = 1$, $\sin Z_{e} = 1$, et ne considérant que les valeurs absolues de $\sin(Z'_{e} - Z_{e})$ et de $b$.

En comparant les résultats $(p)$ et $(r)$, on voit que la limite $(p)$ est plus faible que la limite $(r)$ : donc, entre les valeurs zéro et 60 degrés de l'angle $\pm (Z'_{e} - Z_{e})$, il y aura avantage à se servir de la limite $(p)$.

Lorsque $\pm (Z'_{e} - Z_{e})$ est égal à 60 degrés, les deux expressions $(p)$ et $(q)$ fournissent le même résultat, et, comme le premier est moindre que la limite $(r)$, il en est de même de la limite $(q)$. Cette dernière reste donc inférieure à $(r)$ jusqu'à une certaine valeur de $\pm (Z'_{e} - Z_{e})$, que nous obtiendrons en égalant ces expressions. Au delà de cette valeur, la limite $(r)$ sera nécessairement plus faible que $(q)$.

Or, l'égalité de $(q)$ et $(r)$ donne

$$\frac{q}{\cos\frac{1}{2}(Z'_{e} - Z_{e})} = \frac{q + q'}{\sin(Z'_{e} - Z_{e})},$$

relation d'où l'on tire

$$\sin\frac{1}{2}(Z'_{e} - Z_{e}) = \frac{1}{2}\left(1 + \frac{q'}{q}\right),$$

$q'$ étant, en vertu de la convention établie plus haut, supposé moindre que $q$.

Pour plus de clarté, nous désignerons la valeur de $Z'_{e} - Z_{e}$, que fournit l'équation précédente, par $\zeta$, ce qui donnera

$$(s) \qquad \sin\frac{1}{2}\zeta = \frac{1}{2}\left(1 + \frac{q'}{q}\right) :$$

donc, entre les valeurs 60 degrés et $\zeta$ de l'angle $\pm (Z'_{e} - Z_{e})$, on se servira de la formule $(q)$ ; puis, au delà de $\zeta$, on emploiera la formule $(r)$.

En résumé, $q$ désignant la plus grande des deux quantités $q$ et $q'$, on aura le tableau suivant :

$$(t) \qquad \begin{cases} 1^{\circ} & \pm(Z'_{e} - Z_{e}) = 60^{\circ}, \qquad z = \dfrac{q}{\sin(Z'_{e} - Z_{e})} \cdot b. \\[2ex] 2^{\circ} & \pm(Z'_{e} - Z_{e}) = 60^{\circ} \text{ et } \zeta, \qquad z = \dfrac{q}{\cos\frac{1}{2}(Z'_{e} - Z_{e})} \cdot b. \\[2ex] 3^{\circ} & \pm(Z'_{e} - Z_{e}) = \zeta, \qquad z = \dfrac{q + q'}{\sin(Z'_{e} - Z_{e})} \cdot b. \end{cases}$$

dont l'usage sera facilité par la Table I *bis*, qui donne la valeur de l'angle $\zeta$, au moyen du rapport $\dfrac{q'}{q}$.

Voici maintenant comment on pourra procéder dans les applications.

Soient (*fig.* 10) E$x$, E$y$ le parallèle et le méridien du point estimé E ; EA, EA' les directions azimutales des astres observés, faisant, avec le méridien nord et vers l'ouest, les angles $Z'_{e}$ et $Z_{e}$ ; $e$ la position du point résultant de la première approximation ; V l'azimut de $e$E ; $e$A, $e$R, $e$R' les perpendiculaires abaissées du point $e$ sur le méridien et sur les droites AE, A'E. Les points R et R′ seront évidemment les deux points *rapprochés*; de sorte que, si $c$ est obtenu par la solution graphique, R et R′ se trouveront déterminés à l'avance.

Fig. 10.

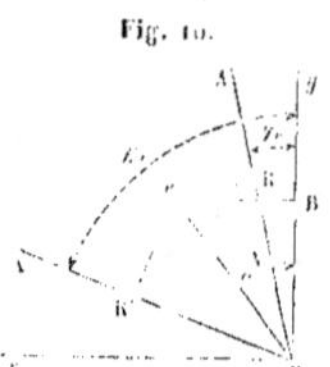

Les arguments pour entrer dans la Table I et les nombres tirés de cette Table seront dès lors :

$$\text{Arguments horizontaux......} \quad c\text{B} = \ldots \quad c\text{R} = \ldots \quad c\text{R}' = \ldots$$
$$\text{»} \quad \text{verticaux........} \quad \pm \text{L} = \ldots \quad \text{H}_c = \ldots \quad \text{H}'_c = \ldots$$
$$\text{Nombres de la Table I.......} \quad b = \ldots \quad q = \ldots \quad q' = \ldots$$

On ne devra pas oublier que, si les arguments horizontaux résultent d'un tracé fait sur les cartes marines, la valeur de $s$, que fourniront les formules $(t)$, devra être multipliée par $\cos$L pour exprimer une valeur itinéraire.

Pour application numérique, nous choisirons le premier exemple de la Note II. **En faisant, sur le plan tangent, la construction relative à la première approximation, on obtient :**

$$\text{Arguments horizontaux..} \quad c\text{B} = 55',9 \quad c\text{R} = 94',0 \quad c\text{R}' = 121'$$
$$\text{verticaux....} \quad \text{L}_c = 38°0' \quad \text{H}_c = 50°19' \quad \text{H}'_c = 16°18'$$
$$\text{Nombres de la Table I...} \quad b = 0',35 \quad q = 1',55 \quad q' = 0',62$$

(Ici $q$ est effectivement $> q'$.)

La valeur de $\pm (Z_c - Z_e)$ est $116°26'$, et l'on a

$$\frac{q'}{q} = 0,40.$$

À cet argument répond, suivant la Table I *bis*,

$$\zeta = 88°51';$$

on a donc

$$\pm (Z_c - Z_e) = \zeta.$$

Appliquant la troisième formule $(t)$, il vient

$$s = \frac{2',17}{\sin 116°26'} = 0,35 < 2',77.$$

La vraie valeur de $s^2$ est égale à $(\delta r)^2 - (\delta x')^2$ ou $2,3 + 1,1 = 3,4$; d'où $\varepsilon = 1',84$, quantité qui est effectivement moindre que $2',77$. Dans cet exemple, la limite de $\varepsilon$ excède sa vraie valeur de $0',93$ ou des $0,50$ de cette dernière.

*Solution graphique du problème de la détermination du point au moyen de deux hauteurs, en partant des deux points rapprochés et en tenant compte des termes du deuxième ordre. (Plan tangent.)*

Les relations établies au commencement de cette Note permettent d'obtenir une solution graphique extrèmement simple et qui nous paraît devoir remplacer celles que fournit l'application numérique des formules; car l'objet de ces dernières est toujours finalement de marquer le point sur la carte, et la précision des calculs numériques, poussée au delà du terme où elle atteint les décimales que l'échelle de la carte permet de représenter, devient tout à fait inutile.

Les quantités $x$, $x'_0$, $y$, $y'_0$, dont il a été fait usage dans le calcul des termes du premier et du deuxième ordre, ne sont en réalité que des auxiliaires et ne peuvent, en toute rigueur, être prises pour des coordonnées rectangulaires; en effet, les différences de latitude et de longitude se traduisent, sur la sphère, par des lignes courbes, menées dans le sens des méridiens et des parallèles. Lorsqu'on s'en tient aux termes du premier ordre, nos auxiliaires peuvent effectivement être prises pour les coordonnées rectangulaires de points situés dans le plan tangent à la sphère et représentant les points qui appartiennent à cette surface; mais, lorsqu'on veut tenir compte des termes des ordres supérieurs, il convient de prendre quelques précautions. Néanmoins, nous traiterons les quantités dont il s'agit, comme les coordonnées rectangulaires de points appartenant à une figure plane; mais nous ne considérerons pas l'ensemble de ces points comme affectant des configurations semblables à celles des points homologues de la sphère ou des cartes marines (nous donnerons dans une autre Note la solution relative à l'emploi de ces cartes). La construction graphique que nous allons exposer ne doit être considérée que comme un moyen de remplacer les calculs et d'obtenir plus facilement les valeurs de quantités à l'aide desquelles on pourra fixer ensuite la position du navire, sur la sphère ou sur les cartes marines.

Ceci entendu, et les formules étant préparées pour que nos auxiliaires soient exprimées en minutes d'arc ou milles marins, nous prendrons le mille marin pour unité linéaire, et nous mènerons, par le point estimé E, deux axes rectangulaires des coordonnées $x$ et $y$, dirigées, les premières, dans le sens ouest, et les secondes vers le nord.

Nous avons posé $(a)$

$$L - L_e = y,$$
$$\cos L\,(\mathcal{L} - \mathcal{L}_e) = x,$$

relations qui feront connaître $L$ et $\mathcal{L}$ quand on aura obtenu $y$ et $x$.

En ayant égard aux relations $(e)$, nous aurons, par les formules $(g)$,

$$y = y_0 - \delta y,$$
$$x = x'_0 + \delta x.$$

Substituant ici les valeurs $(f)$ et $(g\ bis)$, il viendra

$$y - b = \frac{+(p+q)\sin Z'_e - (p'-q')\sin Z_e}{\sin(Z'_e - Z_e)},$$

$$x = \frac{-(p+q)\cos Z'_e + (p'+q')\cos Z_e}{\sin(Z'_e - Z_e)}.$$

Or, si l'on supprime ici les termes du deuxième ordre $b$, $q$, $q'$, on aura la première approximation des valeurs de $y$ et de $x$ : cette première approximation s'obtient graphiquement, par le procédé des droites de hauteur, au moyen des directions azimutales $Z_e$, $Z'_e$ et des valeurs de $p$ et $p'$.

Donc, si l'on applique le même procédé en ajoutant respectivement $q$ et $q'$ à $p$ et $p'$, les nouvelles droites de hauteur détermineront, par leur intersection, le point dont les coordonnées sont $y - b$ et $x$. Ayant obtenu ce dernier, il suffira évidemment d'ajouter la quantité $b$ à l'ordonnée $y - b$, pour achever de construire l'ordonnée $y$.

Voici, en conséquence, la construction, dégagée de toute opération numérique, que l'on aura à effectuer, et qui n'exige que la connaissance des quantités $Z_e$, $Z'_e$ et $p = H - H_e$, $p' = H' - H'_e$ :

Par le point estimé **E** (*fig.* 11), menons le méridien EY, le côté **Y** étant le côté nord; et soient

Fig. 11.

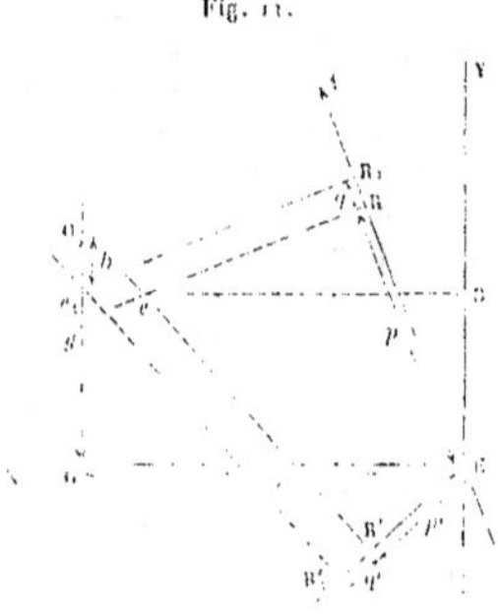

AE, A'E les directions azimutales des astres dont H et H' désignent les hauteurs observées et réduites, s'il est nécessaire, à l'horizon du lieu E: portons de E vers A la distance $p$, si elle est positive, et en sens contraire si elle est négative: son extrémité R sera le point rapproché correspondant à l'astre A: on aura de même le point rapproché correspondant à l'astre A'. Par les points R et R', élevons les perpendiculaires à ER et ER'; leur intersection $e$ correspondra à la position du navire (première approximation).

Projetons le point $e$ sur le méridien, et soit B sa projection; nous aurons, pour entrer dans la Table I, les arguments suivants, sous lesquels sont inscrits les nombres fournis par cette Table :

| | | | |
|---|---|---|---|
| Arguments horizontaux........ | $eR$ | $eR'$ | $eB$ |
| »      verticaux......... | H | H' | $L_e$ |
| Nombres de la Table I........ | $q$ | $q'$ | $\div b$ |

Rappelons que les quantités $q$ et $q'$ sont essentiellement positives, et que le signe de $b$ est contraire à celui de la latitude $L_e$.

Par le point B, portons, dans le sens RA, la quantité $q$, nous obtiendrons un point $R_1$; portant de même, de R' vers A', la quantité $q'$, on aura le point $R'_1$. Menant par $R_1$ et $R'_1$ des parallèles à R$e$ et R'$e$, leur intersection déterminera un point $e_1$; par ce point, on mènera une parallèle au méridien et l'on portera la ligne $b$ vers le nord, si la latitude $L_e$ est australe, et vers le sud, si elle est boréale; on obtiendra ainsi le point O, dont les coordonnées sont

$$y = OG, \quad x = GE :$$

il viendra finalement

$$L = L_1 - OG,$$

$$\zeta = \zeta_1 + \frac{GE}{\cos L}$$

(le second terme de $\zeta$ pourra s'obtenir, sans calcul, au moyen d'une Table de point).

Si l'on peut admettre que, dans toute l'étendue de la construction, les cartes marines restent semblables aux portions de la sphère qu'elles représentent, on effectuera sur ces cartes la construction qui vient d'être indiquée, sous la seule condition que les grandeurs linéaires soient mesurées à l'échelle des latitudes croissantes.

Si cette hypothèse n'est pas admissible, il faudra effectuer le tracé sur une feuille à part, et porter le résultat sur les cartes marines ou effectuer sur la carte marine le tracé que nous décrirons dans la Note V.

# NOTE III.

## DE L'ERREUR QUE L'ON COMMET EN DÉTERMINANT, SUR LES CARTES MARINES, LA POSITION DU POINT RAPPROCHÉ, AU MOYEN DE LA DROITE $\frac{p}{\cos L}$ MENÉE, DU POINT ESTIMÉ E, SUIVANT L'AZIMUT Z.

Considérons le triangle sphérique dont les sommets sont : le point estimé, le pôle boréal et un point quelconque M de l'arc de grand cercle mené, par le point E, suivant l'azimut Z. Soient L et $\mathcal{L}$ les latitude et longitude de M ; $L_e$ et $\mathcal{L}_e$ celles du point E ; $s$ l'arc de grand cercle compris entre M et E ; R le rayon de la sphère.

Les équations fondamentales de la Trigonométrie sphérique, appliquées à ce triangle, fournissent les relations

$$(a)\qquad \left\{\begin{aligned} \cos\frac{s}{R} &= \sin L_e \sin L + \cos L_e \cos L \cos(\mathcal{L} - \mathcal{L}_e),\\ \cos Z \sin\frac{s}{R} &= \cos L_e \sin L - \sin L_e \cos L \cos(\mathcal{L} - \mathcal{L}_e),\\ \sin Z \sin\frac{s}{R} &= \cos L \sin(\mathcal{L} - \mathcal{L}_e). \end{aligned}\right.$$

Pour obtenir l'équation, en coordonnées sphériques, de l'arc de grand cercle EM, il suffit d'éliminer $s$ entre les deux dernières de ces équations ; on obtient ainsi

$$\operatorname{tang} L = \frac{\cot Z}{\cos L_e}\sin(\mathcal{L} - \mathcal{L}_e) + \operatorname{tang} L_e \cos(\mathcal{L} - \mathcal{L}_e),$$

relation qu'on obtiendrait de diverses autres manières.

Posons, pour abréger,

$$(b)\qquad \left\{\begin{aligned} Q\sin\varkappa &= \operatorname{tang} L_e,\\ Q\cos\varkappa &= \frac{\cot Z}{\cos L_e}; \end{aligned}\right.$$

d'où l'on tirera l'angle $\varkappa$ avec une ambiguïté indifférente, puis la constante Q ; l'équation précédente deviendra

$$(c)\qquad \operatorname{tang} L = Q\sin(\mathcal{L} - \mathcal{L}_e + \varkappa) :$$

telle est, sous sa forme la plus simple, l'équation de l'arc de grand cercle en coordonnées sphériques.

Nous en déduirons l'équation de l'arc de grand cercle, transformé suivant la projection de Mercator, en faisant

$$(d)\qquad \operatorname{Sin}\frac{y}{R} = \operatorname{tang} L, \qquad \mathcal{L} - \mathcal{L}_e = \frac{x}{R},$$

$x$ désignant l'abscisse comptée du méridien $\mathfrak{L}_e$, et $y$ l'ordonnée comptée de l'équateur; la première de ces relations entraîne les suivantes :

$$(e)\qquad \operatorname{Cos}\frac{y}{R}\cos L = 1,\qquad \operatorname{Tang}\frac{y}{R} = \sin L,\qquad \frac{y}{R} = \log.\operatorname{tang}\left(45^\circ + \frac{1}{2}L\right).$$

Transportant ces valeurs dans l'équation $(c)$, on obtient, pour équation de l'arc de grand cercle, en projection sur les cartes marines,

$$(f)\qquad \operatorname{Sin}\frac{y}{R} = Q\sin\left(\frac{x}{R} + n\right).$$

Nous allons développer la valeur de $y$, en série ordonnée suivant les puissances de $x$ : le théorème de Taylor nous donnera, à cet effet,

$$(g)\qquad y = y_0 + \left(\frac{dy}{dx}\right)_0 x + \left(\frac{d^2y}{dx^2}\right)_0 \frac{x^2}{2} + \ldots.$$

Différentions deux fois l'équation $(f)$, nous aurons

$$\operatorname{Cos}\frac{y}{R}\frac{dy}{dx} = Q\cos\left(\frac{x}{R} + n\right),\qquad \frac{1}{R}\operatorname{Sin}\frac{y}{R}\frac{dy^2}{dx^2} + \operatorname{Cos}\frac{y}{R}\frac{d^2y}{dx^2} = -\frac{Q}{R}\sin\left(\frac{x}{R} + n\right).$$

Faisons, dans ces relations, $x = 0$ et $y = y_0$, il viendra

$$\operatorname{Sin}\frac{y_0}{R} = Q\sin n;\qquad \operatorname{Cos}\frac{y_0}{R}\left(\frac{dy}{dx}\right)_0 = Q\cos n;\qquad \frac{Q\sin n}{R}\,\frac{Q^2\cos^2 n}{\operatorname{Cos}^2\frac{y_0}{R}} + \operatorname{Cos}\frac{y_0}{R}\left(\frac{d^2y}{dx^2}\right)_0 = -\frac{Q}{R}\sin n;$$

or, en ayant égard à $(b)$, on a

$$\operatorname{Sin}\frac{y_0}{R} = \operatorname{tang} L_e,\qquad \operatorname{Cos}\frac{y_0}{R} = \frac{1}{\cos L_e},\qquad \frac{Q\cos n}{\operatorname{Cos}\frac{y_0}{R}} = \cot Z;$$

il s'ensuit

$$(h)\qquad \left(\frac{dy}{dx}\right)_0 = \cot Z,\qquad \left(\frac{d^2y}{dx^2}\right)_0 = -\frac{1}{R}\frac{\sin L_e}{\sin^2 Z}.$$

Mettant ces valeurs dans le développement $(g)$, on aura

$$(i)\qquad y = y_0 + \cot Z.x - \frac{1}{2R}\frac{\sin L_e}{\sin^2 Z}x^2 + \ldots.$$

Désignons actuellement par $y'$ l'ordonnée de la droite menée par le point E de la carte marine, suivant l'azimut Z; l'équation de cette droite sera

$$(j)\qquad y' = y_0 + \cot Z.x;$$

retranchant l'équation $(i)$ de celle qu'on vient d'écrire, on aura, pour la différence des ordonnées relatives à une même abscisse, entre la droite loxodromique et la courbe représentative de l'arc de grand cercle,

$$y' - y = \frac{1}{2R}\frac{\sin L_e}{\sin^2 Z}x^2 + \ldots.$$

Il est visible qu'en multipliant ce résultat par $\sin Z$, on obtiendra la distance comprise, sur la carte marine, entre l'extrémité de l'arc de grand cercle et la droite loxodromique : l'erreur $\varepsilon$ correspondante, exprimée en milles marins, s'en déduira en multipliant, en outre, par $\frac{1}{R}\frac{\cos L}{\sin 1'}$; on aura donc

$$(k)\qquad \pm z = \frac{1}{2}\frac{\sin L_e \cos L}{\sin Z \sin 1'}\frac{x^2}{R^2}.$$

Il convient actuellement de remplacer l'abscisse $x$ par sa valeur en fonction de l'arc de cercle $s$, exprimé en milles marins; négligeant la très-petite différence de longueur entre cet arc et l'arc loxodromique, on pourra faire, suivant ($j$),

$$x = (y' - y_0)\tang Z:$$

or on a, pour expression de l'arc $s$ de loxodromie,

$$(k\ bis)\qquad \frac{s}{R} = \frac{L - L_e}{\cos Z},$$

puis

$$\frac{y' - y_0}{R} = \frac{L - L_e}{\cos L};$$

il s'ensuit

$$\frac{x}{R} = \frac{L - L_e}{\cos L}\frac{\sin Z}{\cos Z} = \frac{s}{R}\frac{\sin Z}{\cos L},$$

et la valeur de $z$ devient, en négligeant la différence entre L et $L_e$,

$$\pm z = \frac{1}{2}\frac{\tang L \sin Z}{\sin 1'}\frac{s^2}{R^2}.$$

Si nous désignons par $p$ le nombre de minutes de l'arc $s$, nous aurons

$$\frac{s^2}{R^2} = p^2 \sin^2 1',$$

et la valeur de $z$ deviendra finalement

$$(l)\qquad \pm z = \frac{1}{2}\tang L \sin Z\, p^2 \sin 1'.$$

Cette expression montre que l'erreur maximum a lieu dans le cas où l'azimut Z est un angle droit. Considérant ce cas extrême, si l'on demande la limite de $p$ pour laquelle l'erreur $z$ est égale à 1', on aura

$$(m)\qquad p = \sqrt{\frac{2}{\sin 1'}\cot L}.$$

On trouvera, sous le titre de Table VII, les valeurs de cette limite de $p$, calculées pour des valeurs de la latitude de 5 degrés en 5 degrés.

*Autre démonstration.* — On jugera sans doute plus correct d'effectuer le développement de l'abscisse et de l'ordonnée du point M de l'arc de grand cercle, suivant les puissances de l'arc $s$. A cet effet, on déduit aisément des équations ($a$) les suivantes, que l'on pourrait d'ailleurs écrire directement :

$$(u)\qquad \begin{cases} \sin L = \sin L_e \cos\frac{s}{R} + \cos L_e \sin\frac{s}{R}\cos Z, \\ \cos(\zeta - \zeta_e)\cos L = \cos L_e \cos\frac{s}{R} - \sin L_e \sin\frac{s}{R}\cos Z, \\ \sin(\zeta - \zeta_e)\cos L = \sin\frac{s}{R}\sin Z. \end{cases}$$

En vertu des équations $(d)$ et $(c)$, elles se transforment en

$$(o) \quad \begin{cases} \operatorname{Tang}\dfrac{y}{R} = \sin L_e \cos\dfrac{s}{R} + \cos L_e \sin\dfrac{s}{R}\cos Z, \\[2ex] \dfrac{\cos\dfrac{x}{R}}{\operatorname{Cos}\dfrac{y}{R}} = \cos L_e \cos\dfrac{s}{R} - \sin L_e \sin\dfrac{s}{R}\cos Z, \\[2ex] \dfrac{\sin\dfrac{x}{R}}{\operatorname{Cos}\dfrac{y}{R}} = \sin\dfrac{s}{R}\sin Z; \end{cases}$$

différentions, deux fois de suite, la première par rapport à $s$, nous aurons

$$(o\ bis) \qquad \dfrac{1}{\operatorname{Cos}^2\dfrac{y}{R}}\dfrac{dy}{ds} = -\sin L_e \sin\dfrac{s}{R} + \cos L_a \cos\dfrac{s}{R}\cos Z,$$

$$-\dfrac{2}{R}\dfrac{\operatorname{Sin}\dfrac{y}{R}}{\operatorname{Cos}^3\dfrac{y}{R}}\dfrac{dy^2}{ds^2} + \dfrac{1}{\operatorname{Cos}^2\dfrac{y}{R}}\dfrac{d^2y}{ds^2} = -\dfrac{1}{R}\sin L_e \cos\dfrac{s}{R} - \dfrac{1}{R}\cos L_e \sin\dfrac{s}{R}\cos Z.$$

Pour appliquer la formule de Maclaurin, nous ferons $s = 0$; ce qui nous donnera

$$(p) \quad \begin{cases} \operatorname{Tang}\dfrac{y_0}{R} = \sin L_e, \qquad \operatorname{Sin}\dfrac{y_0}{R} = \operatorname{tang} L_e, \qquad \operatorname{Cos}\dfrac{y_0}{R} = \dfrac{1}{\cos L_e}, \\[2ex] \left(\dfrac{dy}{ds}\right)_0 = \dfrac{\cos Z}{\cos L_e}, \qquad \left(\dfrac{d^2y}{ds^2}\right)_0 = -\dfrac{1}{R}\dfrac{\operatorname{tang} L_e}{\cos L_e}(1 - 2\cos^2 Z), \end{cases}$$

et l'on aura

$$(q) \qquad y = y_0 + \dfrac{\cos Z}{\cos L_e}s - \dfrac{1}{2R}\dfrac{\operatorname{tang} L_e}{\cos L_e}(1 - 2\cos^2 Z)s^2 + \ldots$$

Différentions actuellement les deux dernières équations $(o)$ :

$$\dfrac{\sin\dfrac{x}{R}}{\operatorname{Cos}\dfrac{y}{R}}\dfrac{dx}{ds} - \cos\dfrac{x}{R}\dfrac{\operatorname{Sin}\dfrac{y}{R}}{\operatorname{Cos}^2\dfrac{y}{R}}\dfrac{dy}{ds} = -\cos L_e \sin\dfrac{s}{R} + \sin L_e \cos\dfrac{s}{R}\cos Z,$$

$$\dfrac{\cos\dfrac{x}{R}}{\operatorname{Cos}\dfrac{y}{R}}\dfrac{dx}{ds} - \sin\dfrac{x}{R}\dfrac{\operatorname{Sin}\dfrac{y}{R}}{\operatorname{Cos}^2\dfrac{y}{R}}\dfrac{dy}{ds} = \cos\dfrac{s}{R}\sin Z,$$

multipliant la première par $-\sin\dfrac{x}{R}$ et la seconde par $+\cos\dfrac{x}{R}$ et ajoutant, il viendra

$$\dfrac{1}{\operatorname{Cos}\dfrac{y}{R}}\dfrac{dx}{ds} = \sin\dfrac{x}{R}\left(\cos L_e \sin\dfrac{s}{R} - \sin L_e \cos\dfrac{s}{R}\cos Z\right) + \cos\dfrac{x}{R}\cos\dfrac{s}{R}\sin Z;$$

si l'on met ici, à la place de $\sin\frac{x}{R}$ et $\cos\frac{x}{R}$, leurs valeurs tirées des équations $(o)$, et pour $-\dfrac{1}{\cos\frac{y}{R}}$ sa valeur $\cos L$, équation $(e)$, on tirera, toutes réductions faites,

$$(q\ bis) \qquad \frac{dx}{ds} = \frac{\cos L_e \sin Z}{\cos^2 L};$$

de là on déduit

$$\frac{d^2x}{ds^2} = +\frac{2\cos L_e \sin Z \sin L}{\cos^3 L}\frac{dL}{ds};$$

or la première équation $(n)$ donne

$$\cos L\frac{dL}{ds} = \frac{1}{R}\left(\cos Z\cos\frac{s}{R}\cos L_e - \sin\frac{s}{R}\sin L_e\right).$$

Faisant $s = o$ dans la troisième équation $(o)$ et $L = L_e$ dans les expressions des dérivées de L et de $x$ que nous venons d'obtenir, les valeurs de $x$ et de ses dérivées relatives à $s = o$ deviendront

$$x_0 = o, \qquad \left(\frac{dx}{ds}\right)_0 = \frac{\sin Z}{\cos L_e}, \qquad \left(\frac{d^2x}{ds^2}\right)_0 = \frac{2}{R}\frac{\tan g L_e}{\cos L_e}\sin Z\cos Z:$$

on aura, en conséquence,

$$(r) \qquad x = \frac{\sin Z}{\cos L_e}s + \frac{1}{R}\frac{\tan g L_e}{\cos L_e}\sin Z\cos Z.s^2.$$

Passons au développement des coordonnées de l'arc loxodromique, suivant des puissances de $s$. Soit

$$(s) \qquad y' - y_0 = x'\cot Z$$

l'équation de cet arc, dans le système de projection des cartes marines; on aura

$$(t) \qquad \sin\frac{y'}{R} = \tan g L, \qquad \frac{s}{R} = \frac{L - L_e}{\cos Z},$$

et l'équation $(s)$ donnera

$$(u) \qquad x' = (y' - y_0)\tan g Z.$$

En différentiant les équations $(t)$ par rapport à $s$, il viendra

$$\frac{1}{R}\cos\frac{y'}{R}\frac{dy'}{ds} = \frac{1}{\cos^2 L}\frac{dL}{ds} = \frac{1}{R}\frac{\cos Z}{\cos^2 L}$$

ou, en vertu des relations $(e)$ et $(u)$,

$$(v) \qquad \frac{dy'}{ds} = \frac{\cos Z}{\cos L}, \qquad \frac{dx'}{ds} = \frac{\sin Z}{\cos L}.$$

Les dérivées secondes introduiront le facteur $\dfrac{d\frac{1}{\cos L}}{ds} = \dfrac{\tan g L}{\cos L}\dfrac{dL}{ds}$; d'où, en vertu de la seconde équation $(t)$.

$$\frac{d\frac{1}{\cos L}}{ds} = \frac{1}{R}\frac{\tan g L}{\cos L}\cos Z:$$

au moyen de cette expression, les équations $(v)$ donnent

$(w)$
$$\frac{d^2 y'}{ds^2} = \frac{1}{R}\frac{\tang L}{\cos L}\cos^2 Z, \qquad \frac{d^2 x'}{ds^2} = \frac{1}{R}\frac{\tang L}{\cos L}\sin Z \cos Z.$$

Ces dérivées $(v)$ et $(w)$ ne dépendent que de Z et de L; en y faisant $L = L_e$, valeur correspondante à $s = o$, on aura les développements suivants :

$(x)$
$$\begin{cases} y' = y_0 + \dfrac{\cos Z}{\cos L_e}\, s + \dfrac{1}{2R}\dfrac{\tang L_e}{\cos L_e}\cos^2 Z . s^2 + \cdots, \\[2ex] x' = \dfrac{\sin Z}{\cos L_e}\, s + \dfrac{1}{2R}\dfrac{\tang L_e}{\cos L_e}\cos Z \sin Z . s^2 + \cdots. \end{cases}$$

Retranchant les expressions $(q)$ et $(r)$ respectivement des valeurs de $y'$ et $x'$, on aura, pour expressions des différences des coordonnées de la droite loxodromique et de la courbe représentative de l'arc de grand cercle, relativement à une même valeur de l'arc $s$,

$(y)$
$$\begin{cases} y' - y = + \dfrac{1}{2R}\dfrac{\tang L_e}{\cos L_e}\sin^2 Z . s^2, \\[2ex] x' - x = - \dfrac{1}{2R}\dfrac{\tang L_e}{\cos L_e}\sin Z \cos Z . s^2. \end{cases}$$

Soit $\Delta$ la distance des deux points $(x, y)$, $(x', y')$, on aura

$(z)$
$$y' - y = \pm \Delta \sin Z, \quad x' - x = \mp \Delta \cos Z, \quad \Delta = \pm \frac{1}{2R}\frac{\tang L_e}{\cos L_e}\sin Z . s^2;$$

d'où

$$\frac{\Delta}{R}\cos L_e = \pm \frac{1}{2}\tang L_e \sin Z \left(\frac{s}{R}\right)^2.$$

Désignant, comme plus haut, par $\varepsilon$ l'erreur en milles correspondante, et par $p$ la valeur de $\dfrac{s}{R}$, également exprimée en milles, la dernière de ces équations donnera

$$\varepsilon = \pm \frac{1}{2}\tang L_e \sin Z \, p^2 \sin 1',$$

expression identique avec $(l)$.

Examinons les erreurs que l'emploi des cartes marines produit sur les *droites* de *hauteur*.

La droite de hauteur, construite sans corrections, étant perpendiculaire à la droite loxodromique $(j)$ et cette droite passant par le point $(x', y')$, si l'on désigne, pour un instant, par $x$ et $y$ ses coordonnées courantes, on aura, pour équation de la droite de hauteur,

$(a')$
$$y - y' = - \tang Z\,(x - x').$$

Or on aperçoit immédiatement que les coordonnées $x$ et $y$, équation $(z)$, de l'extrémité de l'arc de grand cercle satisfont à l'équation de la droite de hauteur : donc, aux termes près du troisième ordre, l'erreur de situation du *point rapproché* n'affecte nullement la droite de hauteur; en d'autres termes, le déplacement a lieu dans le sens de cette droite. Il n'en faut cependant pas conclure que la droite de hauteur soit ainsi exactement déterminée : en effet, cette droite doit être perpendiculaire à l'arc de grand cercle $s$, en un point de cet arc correspondant à l'arc $p$.

Désignons par $\beta$ l'angle de la tangente à l'arc de grand cercle en ce dernier point, mesuré dans le sens de $y$ à $x$; B l'angle de l'une des directions de la vraie droite de hauteur avec le même axe des $y$ et dans le même sens que le précédent; on aura

$$B = \beta + 90°.$$

Soit B' l'angle de la fausse droite de hauteur ou de la perpendiculaire à la droite $\dfrac{p}{\cos L_e}$, menée suivant l'azimut Z, avec l'axe des $y$; on aura

$$B = Z + 90°.$$

De ces deux relations on déduit

$$B - B' = \beta - Z$$

et, par suite,

$$\sin(B - B') = \sin\beta \cos Z - \cos\beta \sin Z.$$

Or, en vertu de ce que les éléments linéaires $ds$ sont représentés sur les cartes marines par $\dfrac{ds}{\cos L}$, on a évidemment

$$\sin\beta = \cos L \frac{dx}{ds}, \qquad \cos\beta = \cos L \frac{dy}{ds};$$

il s'ensuit

$$(b') \qquad \sin(B - B') = \cos L \left( \frac{dx}{ds} \cos Z - \frac{dy}{ds} \sin Z \right).$$

Nous avons obtenu ($q$ bis)

$$\cos L \frac{dx}{ds} = \frac{\cos L}{\cos L} \sin Z;$$

l'expression ($o$ bis) peut d'ailleurs s'écrire

$$\cos L \frac{dy}{ds} = \frac{\cos L}{\cos L} \cos Z - \frac{\sin L}{\cos L} \sin \frac{s}{R} - 2 \frac{\cos L}{\cos L} \cos Z \sin^2 \frac{1}{2} \frac{s}{R};$$

au moyen de ces valeurs, l'expression précédente devient

$$\sin(B - B') = \frac{\sin L}{\cos L} \sin Z \sin \frac{s}{R} - \frac{\cos L}{\cos L} \sin 2Z \sin^2 \frac{1}{2} \frac{s}{R}$$

et donne, lorsqu'on néglige les termes du deuxième ordre, et qu'on y remplace $\dfrac{s}{R}$ par $p$,

$$(c') \qquad B - B' = p \tang L_e \sin Z.$$

Cette expression va nous permettre d'obtenir l'équation de la vraie droite de hauteur.

Pour éviter toute confusion, nous désignerons par $(x)$ et $(y)$ les coordonnées du point extrême de l'arc de grand cercle, dont les valeurs ($q$) et ($r$) peuvent s'écrire ainsi :

$$(d') \quad \begin{cases} (y) = y_0 + \dfrac{\cos Z}{\cos L} s + \dfrac{\tang L}{2R \cos L} \cos 2Z . s^2, \\[2mm] (x) = \dfrac{\sin Z}{\cos L} s + \dfrac{\tang L}{2R \cos L} \sin 2Z . s^2. \end{cases}$$

Désignons actuellement par $x$ et $y$ les coordonnées courantes de la droite de hauteur, menée par le point $[(x), (y)]$ et, faisant l'angle B avec l'axe des $y$, l'équation de la droite de hauteur sera

$$[x - (x)] = [y - (y)] \tang B;$$

or on a

$$B - B' = (B - B') = 90° - Z + (B - B'); \quad \text{d'où} \quad \tang B = -\cot[Z - (B - B')]$$

ou, en vertu de ce que B — B' est de l'ordre de $p$, ou du premier ordre,

$$\operatorname{tang} B = -\cot Z + \frac{1}{\sin Z}(B - B') = \frac{-\cos Z + p\operatorname{tang}L_c}{\sin Z}.$$

Au moyen de cette valeur, l'équation de la droite de hauteur peut s'écrire

$$(c') \qquad [x - (x)]\sin Z + [y - (y)](\cos Z - p\operatorname{tang}L_c) = 0.$$

Mettant les valeurs $(d')$ dans l'équation $(c')$ et remplaçant $\frac{s}{R}$ par $p$, on aura

$$\left. \begin{aligned} &\left(x - R\frac{\sin Z}{\cos L_c}p - \frac{R}{2}\frac{\operatorname{tang}L_c}{\cos L_c}\sin 2Z.p^2\right)\sin Z \\ &+ \left[(y - y_0) - R\frac{\cos Z}{\cos L_c}p - \frac{R}{2}\frac{\operatorname{tang}L_c}{\cos L_c}\cos 2Z.p^2\right](\cos Z - p\operatorname{tang}L_c) \end{aligned} \right\} = 0$$

ou, en effectuant les développements, négligeant les termes du troisième ordre, transposant et réduisant,

$$(f') \qquad x\sin Z + (y - y_0)\left(\cos Z - \frac{p}{\cos L_c}\sin L_c\right) = R\frac{p'}{\cos L_c} - \frac{1}{2}R\sin L_c\cos Z\left(\frac{p}{\cos L_c}\right)^2,$$

relation où l'angle $p$ est censé exprimé en nombres abstraits. Cette équation diffère de l'équation ordinaire des courbes de hauteur par la présence de termes en $\sin L_c$.

Imaginons que l'on combine cette équation avec une autre de même forme, où $Z$ et $p$ seront remplacés par $Z'$ et $p'$, et que l'on tire de ces deux équations les inconnues $(y - y_0)$ et $x$; on obtiendra les expressions des erreurs commises dans l'emploi de l'équation ordinaire, en retranchant des valeurs obtenues ce qui resterait après la suppression des termes en $\sin L_c$.

Ces erreurs sont des quantités du deuxième ordre : il nous paraît inutile d'en former les expressions, car les erreurs dont il s'agit ne représentent pas, à elles seules, celles qui résultent de l'emploi des droites de hauteur; il y aurait encore à tenir compte des erreurs commises en substituant les droites de hauteur aux courbes de hauteur, erreurs qui sont également du deuxième ordre.

Il existe trois procédés pour éviter les erreurs de cet ordre : le premier, qui consiste à calculer les coordonnées des courbes de hauteur et à déduire leur intersection par voie d'interpolation; le deuxième, qui repose sur le calcul des termes du deuxième ordre et a été exposé dans la Note II; le troisième, qui nous semble le plus approprié aux circonstances de la pratique, consiste, ainsi qu'il a été dit dans la même Note II, à obtenir une solution approchée en combinant deux droites de hauteur faisant entre elles l'angle le plus voisin possible de l'angle droit, et à substituer le point ainsi obtenu au point estimé, pour le calcul des droites de hauteur correspondantes aux diverses observations : en procédant de cette manière, on conservera à la méthode des droites de hauteur la simplicité qui la caractérise, et l'on n'aura pas à craindre l'influence des termes du deuxième ordre négligés, tant que les distances zénithales ne seront pas très-petites, ni l'angle des directions azimutales trop voisin de zéro ou de 180 degrés.

# NOTE IV.

DE L'EMPLOI DES COORDONNÉES POLAIRES, DANS LA DÉTERMINATION DE LA POSITION
DU NAVIRE AU MOYEN DE DEUX HAUTEURS, EN PARTANT DU POINT ESTIMÉ.

Les solutions exposées (n° 7 du texte) pour la première approximation et, dans la Note II, pour la seconde approximation, reposent essentiellement sur l'emploi des coordonnées rectangulaires $x$, $y$, .... Nous nous proposons de montrer ici comment le problème peut être résolu au moyen de coordonnées polaires (azimuts et distances), qui permettront de fixer, sur une carte, la position du navire, à peu près aussi facilement que les différences de latitude et de longitude.

*Première approximation.* — Désignant par E le point estimé, et E' le point que fournit la première approximation, nous prendrons pour coordonnées du point E' sa distance $\delta s$ au point E et l'azimut U de cette distance. Faisant, comme précédemment,

$$(a) \qquad p = \Pi - \Pi_e, \qquad p' = \Pi' - \Pi'_e.$$

les formules (35) donneront

$$(b) \qquad \begin{cases} \delta s \sin U = \dfrac{-p \cos Z'_e + p' \cos Z_e}{\sin(Z'_e - Z_e)}, \\[2mm] \delta s \cos U = \dfrac{+p \sin Z'_e - p' \sin Z_e}{\sin(Z'_e - Z_e)}. \end{cases}$$

Nous transformerons les seconds membres en posant

$$(c) \qquad \begin{cases} \Pi = \dfrac{1}{2}(p' + p), \qquad U_0 = \dfrac{1}{2}(Z'_e + Z_e), \\[2mm] \varpi = \dfrac{1}{2}(p' - p), \qquad \upsilon = \dfrac{1}{2}(Z'_e - Z_e), \end{cases}$$

relations d'où l'on tire

$$p' = \Pi + \varpi, \qquad Z'_e = U_0 + \upsilon,$$
$$p = \Pi - \varpi, \qquad Z_e = U_0 - \upsilon.$$

La substitution de ces valeurs dans les équations $(b)$ donne d'abord

$$\delta s \sin U = \frac{-(\Pi - \varpi)\cos(U_0 + \upsilon) + (\Pi + \varpi)\cos(U_0 - \upsilon)}{\sin 2\upsilon} = \frac{\Pi \sin U_0 \sin \upsilon + \varpi \cos U_0 \cos \upsilon}{\sin \upsilon \cos \upsilon},$$

$$\delta s \cos U = \frac{+(\Pi - \varpi)\sin(U_0 + \upsilon) - (\Pi + \varpi)\sin(U_0 - \upsilon)}{\sin 2\upsilon} = \frac{\Pi \cos U_0 \sin \upsilon - \varpi \sin U_0 \cos \upsilon}{\sin \upsilon \cos \upsilon},$$

puis

$$\delta s \sin U = \frac{\Pi}{\cos \upsilon} \sin U_0 + \frac{\varpi}{\sin \upsilon} \cos U_0,$$

$$\delta s \cos U = \frac{\Pi}{\cos \upsilon} \cos U_0 - \frac{\varpi}{\sin \upsilon} \sin U_0.$$

Multipliant ces équations l'une par $\cos U_0$, l'autre par $-\sin U_0$ et ajoutant; multipliant ensuite par $\sin U_0$ et $\cos U_0$ et ajoutant encore, on aura

$$(d) \qquad \begin{cases} \delta s \sin (U - U_0) = \dfrac{\varpi}{\sin \upsilon}, \\[2ex] \delta s \cos (U - U_0) = \dfrac{\Pi}{\cos \upsilon}. \end{cases}$$

De ces équations on déduira $U - U_0$, sous la condition que $\delta s$ soit une quantité positive, puis $\delta s$; de $U - U_0$ on déduira $U$ : ce qui constitue la première approximation.

Les formules $(d)$ paraissent devoir présenter des cas d'exception, correspondants au degré de petitesse de $\sin \upsilon$ ou de $\cos \upsilon$. Ces cas ne se présenteront pas dans la pratique, puisqu'il est censé convenu que l'angle $Z'_e - Z_e$ ne sera ni petit, ni voisin de $\pm 180°$; en effet, l'angle $\upsilon$, étant la moitié de $Z'_e - Z_e$, ne sera alors ni voisin de zéro, ni voisin de $\pm 90°$, et son sinus ni son cosinus ne seront de petites quantités.

Au moyen de $\delta s$ et de $U$, la position de $E'$ sera facile à fixer sur le plan tangent; si l'on se sert d'une carte marine, il faudra mesurer $\delta s$ à l'échelle des latitudes croissantes.

*Seconde approximation.* — Ayant obtenu l'angle azimutal $U$, on aura [équation $(d)$ de la Note II]

$$x'_0 = \delta s \sin U;$$

on calculera encore

$$\delta s \sin (Z - U) \quad \text{et} \quad \delta s \sin (Z' - U),$$

à moins qu'on ne préfère tirer directement ces quantités des Tables de point. Ces trois quantités serviront d'arguments horizontaux pour déduire de la Table I les quantités $b$, $q$ et $q'$, comme il a été indiqué dans la Note II. On remarquera d'ailleurs que $q$ et $q'$ sont des quantités essentiellement positives, tandis que la quantité $b$ est de signe contraire à la latitude.

Cela posé, convenons que l'on porte sur le méridien de $E'$, et à partir de ce point, la valeur absolue de $b$ vers le nord, dans le cas des latitudes négatives, et vers le sud dans le cas des latitudes positives; désignons par $E_1$ le point ainsi obtenu, et par $M_1$ le point qu'une seconde approximation assigne à la position du navire. Il résulte des formules $(f)$ de la Note II que, si l'on désigne par $\delta s_1$ la distance de $E_1$ au point $M_1$, par $U_1$ l'azimut de $E_1 M_1$, on aura

$$\delta s_1 \sin U_1 = \frac{-q \cos Z'_e + q' \cos Z_e}{\sin (Z'_e - Z_e)},$$

$$\delta s_1 \cos U_1 = \frac{+q \sin Z'_e - q' \sin Z_e}{\sin (Z'_e - Z_e)}.$$

Or, si l'on compare ces formules aux formules $(b)$, on reconnaitra qu'elles n'en diffèrent que par le changement des $p$ et $p'$ en $q$ et $q'$, et par les indices qui affectent $\delta s_1$ et $U_1$. Cette remarque permet de transformer, sans calcul, les relations précédentes en d'autres ayant la forme $(d)$ : il suffit, en effet, de changer les premières équations $(c)$ en les suivantes :

$$(c') \qquad \begin{cases} K = \dfrac{1}{2}(q' + q), \\[2ex] \varkappa = \dfrac{1}{2}(q' - q), \end{cases}$$

moyennant quoi l'on aura

$$(f) \quad \begin{cases} \partial s_1 \sin(U_1 - U_0) = \dfrac{\varkappa}{\sin \upsilon}, \\[2mm] \partial s_1 \cos(U_1 - U_0) = \dfrac{K}{\cos \upsilon}. \end{cases}$$

De ces équations on déduira $U_1 - U_0$ sous la condition $\partial s_1 > 0$, puis la valeur de $\partial s_1$; ajoutant ensuite $U_0$ à $U_1 - U_0$, on aura $U_1$. A l'aide des coordonnées $U_1$ et $\partial s_1$, on fixera finalement la position du point $M_1$. Si l'on opère sur une carte marine, il faudra mesurer $b$ et $\partial s_1$ à l'échelle des latitudes croissantes.

En résumé : l'application des formules $(a)$, $(c)$ et $(d)$ fournira la position du point E'.

On déterminera ensuite les trois arguments horizontaux

$$\partial s \sin U, \qquad \partial s \sin(Z - U), \qquad \partial s \sin(Z' - U)$$

de la Table I, auxquels correspondent respectivement les trois arguments verticaux

$$L_c, \qquad\qquad H, \qquad\qquad H';$$

et ladite Table fournira les valeurs des trois quantités

$$b, \qquad\qquad q, \qquad\qquad q',$$

dont la première est de signe contraire à la latitude et les deux autres sont toujours positives.

Portant alors sur le méridien de E', et à partir de ce point, une longueur $b$ (mesurée à l'échelle des latitudes croissantes, quand on se sert d'une carte marine) vers le nord, si la latitude est australe, et vers le sud si elle est boréale, on obtiendra un point $E_1$.

Alors l'application des formules $(c)$ et $(f)$ fera connaître $U_1$ et $\partial s_1$ coordonnées polaires du point $M_1$ qu'il s'agit de déterminer, par rapport au point $E_1$, pris pour pôle (la quantité $\partial s_1$ devra aussi être mesurée à l'échelle des latitudes croissantes si l'on se sert de cartes marines).

On trouvera, dans la Note suivante, une autre solution graphique.

# NOTE V.

DÉTERMINATION GRAPHIQUE DU LIEU DU NAVIRE, DÉDUITE DE LA THÉORIE DES COURBES
DE HAUTEUR, EN PARTANT DU POINT ESTIMÉ ET NÉGLIGEANT LES TERMES D'ORDRES
SUPÉRIEURS AU SECOND.

L'équation générale des *courbes de hauteur* est celle que nous avons marquée (53) : en y distinguant les variables par l'indice $e$, on aura, entre la hauteur estimée et les coordonnées $x_e$ et $y_e$ du point estimé, la relation

$$(a) \qquad \cos D \cos \frac{x_e - x_0}{R} + \sin D \sin \frac{y_e}{R} - \sin H_e \cos \frac{y_e}{R} = 0.$$

Si, dans la même équation (53), nous faisons

$$(b) \qquad x = x_e + \xi, \qquad y = y_e + \eta, \qquad H = H_e + \frac{p}{R},$$

nous aurons l'équation de condition

$$\cos D \cos \frac{x_e - x_0 + \xi}{R} + \sin D \sin \frac{y_e + \eta}{R} - \sin\left(H_e + \frac{p}{R}\right) \cos \frac{y_e + \eta}{R} = 0,$$

qui se rapporte à l'observation de la hauteur H d'un premier astre; une autre hauteur H' fournirait une équation semblable : l'objet du présent calcul est d'obtenir les valeurs communes des coordonnées $\xi$ et $\eta$ du point d'intersection des deux courbes de hauteur.

On déduit de la précédente équation, par la voie des développements en séries, limités aux termes du deuxième ordre,

$$\cos D \left( \cos \frac{x_e - x_0}{R} - \sin \frac{x_e - x_0}{R} \frac{\xi}{R} - \frac{1}{2} \cos \frac{x_e - x_0}{R} \frac{\xi^2}{R^2} \right)$$
$$+ \sin D \left( \sin \frac{y_e}{R} + \cos \frac{y_e}{R} \frac{\eta}{R} - \frac{1}{2} \sin \frac{y_e}{R} \frac{\eta^2}{R^2} \right) \Bigg\} = 0.$$
$$- \left( \sin H_e + \cos H_e \frac{p}{R} - \frac{1}{2} \sin H_e \frac{p^2}{R^2} \right) \left( \cos \frac{y_e}{R} + \sin \frac{y_e}{R} \frac{\eta}{R} + \frac{1}{2} \cos \frac{y_e}{R} \frac{\eta^2}{R^2} \right)$$

Effectuant les produits indiqués, et supprimant les termes qui se détruisent en vertu de $(a)$, ainsi que les termes d'ordres supérieurs au second, on trouve, après suppression du facteur commun $\frac{1}{R}$,

$$(c) \quad \left\{ \begin{array}{l} - \xi \cos D \sin \frac{x_e - x_0}{R} + \eta \left( \sin D \cos \frac{y_e}{R} - \sin H_e \sin \frac{y_e}{R} \right) - p \cos H_e \cos \frac{y_e}{R} \\ - \frac{1}{2} \frac{\xi^2}{R} \cos D \cos \frac{x_e - x_0}{R} + \frac{1}{2} \frac{\eta^2}{R} \left( \sin D \sin \frac{y_e}{R} - \sin H_e \cos \frac{y_e}{R} \right) - \frac{p\eta}{R} \cos H_e \sin \frac{y_e}{R} \\ \qquad\qquad - \frac{1}{2} \frac{p^2}{R} \sin H_e \cos \frac{y_e}{R} \end{array} \right\} = 0.$$

Cette équation doit subir diverses transformations. En premier lieu, nous déduisons de (48) et (5o)

$$\frac{x_e - x_a}{R} = \zeta_e - \zeta_a,$$

en vertu de quoi l'on tire, des équations fondamentales (47),

$$- \cos D \sin \frac{x_e - x_a}{R} = \cos H_a \sin Z_e,$$

$$- \cos D \cos \frac{x_e - x_a}{R} = \cos H_a \cos Z_a \sin L_e - \sin H_a \cos L_e.$$

Secondement, l'équation (59) et l'équation ($a$) donnent, d'après les relations que nous venons d'écrire,

$$\sin D \cos \frac{y_e}{R} - \sin H_e \sin \frac{y_e}{R} = \cos H_a \cos Z_a,$$

$$\sin D \sin \frac{y_e}{R} - \sin H_e \cos \frac{y_e}{R} = \cos H_e \cos Z_e \sin L_e - \sin H_e \cos L_e.$$

Enfin on a, suivant (5o),

$$\cos \frac{y_e}{R} = \frac{1}{\cos L_e}, \qquad \sin \frac{y_e}{R} = \tang L_e.$$

Substituant ces diverses valeurs dans l'équation ($c$), on aura, en divisant tout ensuite par $\cos H_a$,

$$(d) \quad \left\{ \begin{array}{l} \xi \sin Z_e + \eta \cos Z_e - \dfrac{p}{\cos L_e} + \dfrac{1}{2} \dfrac{\xi^2 + \eta^2}{R} (\cos Z_e \sin L_e - \tang H_a \cos L_e) - \dfrac{p\eta}{R} \tang L_a \\[2ex] \qquad\qquad + \dfrac{1}{2} \dfrac{p^2}{R} \dfrac{\tang H_e}{\cos L_e} \end{array} \right\} = 0.$$

Posons

$$(e) \qquad\qquad\qquad p_a = \frac{p}{\cos L_a};$$

nous aurons, en désignant par $\xi_0$ et $\eta_0$ les valeurs de $\xi$ et $\eta$, que l'on obtient par une première approximation, ou en négligeant les termes du deuxième ordre,

$$(f) \qquad\qquad\qquad \xi_0 \sin Z_e + \eta_0 \cos Z_e - p_0 = 0.$$

Mettons $\xi_0$ et $\eta_0$, dans les termes du deuxième ordre de ($d$), à la place de $\xi$ et $\eta$, puis séparons le terme en $\tang H_a$, nous aurons, en vertu de ($e$),

$$\xi \sin Z_e + \eta \cos Z_e - p_0 - \frac{\sin L_e}{2R} [2 p_0 \eta_0 - (\xi_0^2 + \eta_0^2) \cos Z_e] - \frac{\cos L_e \tang H_e}{2R} (\xi_0^2 + \eta_0^2 - p_0^2) = 0.$$

Or, on déduit de ($f$)

$$2 p_0 \eta_0 - (\xi_0^2 + \eta_0^2) \cos Z_e = 2 \xi_0 \eta_0 \sin Z_e + (\eta_0^2 - \xi_0^2) \cos Z_e,$$

$$\xi_0^2 + \eta_0^2 - p_0^2 = \xi_0^2 \cos^2 Z_e - 2 \xi_0 \eta_0 \cos Z_e \sin Z_e + \eta_0^2 \sin^2 Z_e = (\eta_0 \sin Z_e - \xi_0 \cos Z_e)^2.$$

Posons actuellement

$$(g) \qquad\qquad\qquad \left\{ \begin{array}{l} s_0 \sin V_0 = \xi_0, \\[1ex] s_0 \cos V_0 = \eta_0, \end{array} \right.$$

équations qui feront connaître $s_0$ et $V_0$; nous aurons

$$2 p_0 \eta_0 - (\xi_0^2 + \eta_0^2) \cos Z_e = s_0^2 \sin 2 V_0 \sin Z_e + s_0^2 \cos 2 V_0 \cos Z_e,$$

$$\xi_0^2 + \eta_0^2 - p_0^2 = [s_0 \sin(Z_e - V_0)]^2.$$

Au moyen de ces valeurs, notre équation de condition devient

$$\left(\xi - \frac{s_0^2}{2R}\sin L_e \sin 2V_0\right)\sin Z_e + \left(\eta - \frac{s_0^2}{2R}\sin L_e \cos 2V_0\right)\cos Z_e - p_0 \quad \frac{\cos L_e \tang H_e}{2R}[s_0 \sin(Z_e - V_0)]^2 = 0:$$

nous poserons encore

$$(h) \qquad c = \frac{1}{2R}\tang L_e (s_0 \cos L_e)^2. \qquad q = \frac{1}{2R}\tang H_e [s_0 \sin(Z_e - V_0)\cos L_e]^2,$$

$$(k) \qquad c_0 = \frac{c}{\cos L_e}, \qquad q_0 = \frac{q}{\cos L_e},$$

et l'on aura

$$(l) \qquad (\xi - c_0 \sin 2V_0)\sin Z_e + (\eta - c_0 \cos 2V_0)\cos Z_e - (p_0 + q_0) = 0.$$

Il est nécessaire de faire ici quelques remarques. Si nous prenons la minute d'arc, ou plutôt le mille marin, pour unité linéaire, nous pourrons poser $R \sin 1' = 1$; d'où

$$(m) \qquad \frac{1}{2R} = \frac{1}{2}\sin 1':$$

d'un autre côté, nous remarquerons que $s_0 \cos L_e$ et $s_0 \sin(Z_e - V_0)\cos L_e$ ne sont autre chose que les valeurs de $s_0$ et $s_0 \sin(Z_e - V_0)$, transportées sur l'échelle des latitudes croissantes et estimées à cette échelle: il résulte de là, si l'on se reporte à la composition de notre Table I, que $c$ et $q$ se tireront de cette Table, en y prenant pour arguments horizontaux les quantités $s_0$ et $s_0 \sin(Z_e - V_0)$, estimées à l'échelle des latitudes croissantes, et pour arguments verticaux la latitude $L_e$ et la hauteur $H_e$: la valeur de $c$ prendra le signe de la latitude, tandis que celle de $q$ sera constamment positive. Par les équations $(k)$, on voit que $c_0$ et $q_0$ se déduiront de $c$ et $q$ en mesurant, sur l'échelle des latitudes croissantes, les intervalles correspondants à $c$ et $q$, considérés comme des arcs de latitude vraie.

Il va sans dire que tout ce qui précède s'appliquera également à une seconde observation de hauteur; nous la distinguerons, en affectant de l'accent ' les quantités qui s'y rapportent.

Ainsi on aura deux équations de la forme $(f)$, pour déterminer $\xi_0$ et $\eta_0$ ou leurs équivalents $(g)$ $s_0$ et $V_0$. On a suffisamment rappelé, dans les Notes précédentes, que la solution graphique s'obtient par l'application de la méthode des droites de hauteur; il est visible d'ailleurs que $s_0$ et $V_0$ sont les coordonnées polaires du point déterminé par cette méthode, et que $s_0 \sin(Z_e - V_0)$ est la distance de ce point au *point rapproché*.

D'un autre côté, les deux observations fourniront également deux équations de la forme $(l)$, lesquelles, ayant la même forme que les équations $(f)$, pourront être construites par le procédé des droites de hauteur, en remplaçant $p_0$ et $p'_0$ par $p_0 + q_0$ et $p'_0 + q'_0$. L'intersection des deux droites fournira le point dont les coordonnées sont

$$\xi - c_0 \sin 2V_0 \quad \text{et} \quad \eta - c_0 \cos 2V_0.$$

Il résulte de là que, si, par ce même point, on mène une droite dont l'azimut soit $2V_0$, et que l'on mesure, à partir de ce point, une longueur $c_0$, dans le sens de la direction azimutale ou dans le sens opposé, suivant que $c_0$ est positif ou négatif, l'extrémité de $c_0$ déterminera le lieu dont les coordonnées sont $\xi$ et $\eta$ ou le lieu du navire (seconde approximation).

La construction que l'on déduit de ce qui précède diffère très-peu de celle de la Note II; nous pourrions, en vue d'éviter des redites, y renvoyer: cependant, pour éviter toute confusion, nous exposerons la nouvelle construction dans tous ses détails.

Par le point estimé E (*fig.* 12), on mènera les axes coordonnés EX, EY, dirigés respectivement vers l'ouest et vers le nord; on tracera également les directions azimutales EA, EA', suivant les-

Fig. 12.

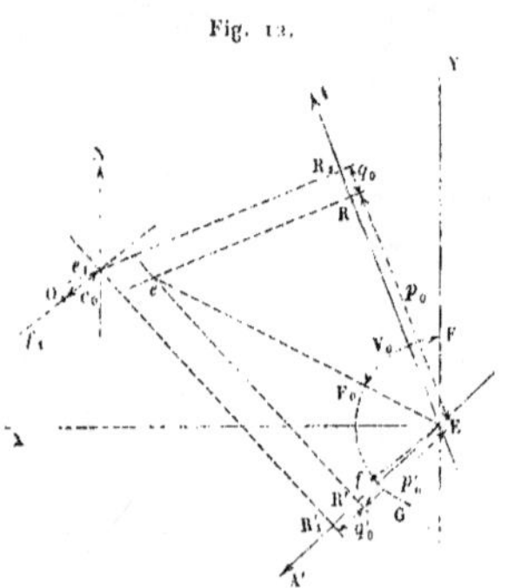

quelles ont été observées les hauteurs H et H', dont l'une est censée avoir reçu, au besoin, les corrections nécessaires pour être réduite à l'horizon du lieu E.

Ayant obtenu les quantités

$$p = H - H_e, \qquad p' = H' - H'_e,$$

on en déduira les quantités (*c*)

$$p_0 = \frac{p}{\cos L_e}, \qquad p'_0 = \frac{p'}{\cos L_e},$$

en se servant d'une Table de point : on pourrait également obtenir $p_0$ et $p'_0$ au moyen de l'échelle des latitudes croissantes, en mesurant, sur cette échelle, l'intervalle compris entre les deux points correspondants aux latitudes vraies $L_e - \frac{1}{2}p$ et $L_e + \frac{1}{2}p$.

Portons de E vers A la distance $p_0$, si elle est positive, ou en sens contraire si elle est négative; son extrémité R sera le *point rapproché* correspondant à l'astre A : on aura de même la position du point R' correspondant à l'astre A'. Pour les points R et R', élevons des perpendiculaires à EA et EA', leur intersection $e$ fournira la première approximation du lieu du navire. Joignant $e$E, l'angle YE$e$ sera celui que nous avons désigné par $V_0$.

On formera les arguments suivants, pour entrer dans la Table I, en ayant le soin de mesurer les arguments horizontaux à l'échelle des latitudes croissantes, et l'on tirera de cette Table les nombres que nous inscrivons au-dessous des arguments :

| | | | |
|---|---|---|---|
| Arguments horizontaux.... | $e$E, | $e$R, | $e$R'. |
| »      verticaux...... | $L_e$, | H. | H'. |
| Nombres de la Table I..... | $c$, | $q$, | $q'$. |

On mesurera ces quantités à l'échelle des latitudes croissantes, et l'on obtiendra les grandeurs linéaires de

$$- c_0, \qquad q_0, \qquad q'_0.$$

dont la première doit prendre le signe de la latitude, tandis que les deux autres sont toujours positives (¹).

Par le point R, on portera, dans le sens de RA, la quantité $q_0$ et l'on obtiendra le point $R_1$; portant de même la quantité $q'_0$ de R' vers A', on aura le point $R'_1$. On mènera, par les deux points $R_1$ et $R'_1$, des parallèles à $Rc$ et $R'c$; leur intersection déterminera un point $c_1$, par lequel on tracera la ligne méridienne $c_1 N$.

Du point E comme centre, avec un rayon arbitraire $EF_0$, traçons un arc $FF_0G$, qui rencontre en F l'axe des Y et en $F_0$ la droite $cE$, puis portons de $F_0$ vers G un arc $F_0 f = F_0 F$; l'angle $FEf$ sera égal à $2V_0$. Menons actuellement par $c_1$ une droite $c_1 f_1$ parallèle à la droite $Ef$ et de même sens, puis portons la longueur $c_0$ de $c_1$ vers $f_1$ ou en sens contraire, suivant que la latitude $L_0$ sera boréale ou australe; l'extrémité de cette droite $c_0$ fixera la position du point O ou celle du navire, en ayant égard aux termes du deuxième ordre.

*Remarques générales, concernant la solution du problème du point, obtenue en tenant compte des termes du deuxième ordre.*

En négligeant les termes des ordres supérieurs au deuxième, on suppose que les séries qui expriment les inconnues jouissent du degré de convergence nécessaire; or il est visible que les termes du deuxième ordre seront déjà loin d'être négligeables, dans le cas des grandes hauteurs et des fortes latitudes, car les fonctions $q$, $q'$ et les quantités $a$ ou $c$ ont, en facteur, l'une des tangentes des hauteurs et de la latitude : d'ailleurs le dénominateur $\sin(Z'_0 - Z_0)$ contribue lui-même à l'accroissement des valeurs des termes du deuxième ordre, quand les directions azimutales font entre elles un petit angle.

Il ne faudrait pas se hâter d'en conclure que la théorie soit ici en défaut : il est facile de s'assurer que le défaut de convergence des séries, dans le cas qui nous occupe, tient à la nature du problème. Considérons, en effet, le cas extrême où l'une, au moins, des deux hauteurs soit voisine de 90 degrés, en même temps que les deux cercles de hauteur présentent un segment commun, d'une très-petite flèche : si, dans cette circonstance, les deux distances zénithales observées sont exemptes d'erreur, la solution est possible et s'obtiendrait à l'aide des méthodes rigoureuses; mais, si l'on imagine que les distances zénithales soient affectées d'erreurs qui diminuent le rayon sphérique de l'un des cercles de hauteur ou de tous deux à la fois, l'intersection de ces cercles pourra cesser d'avoir lieu : alors les méthodes rigoureuses fourniraient des valeurs imaginaires des coordonnées du navire, et les développements en séries ne pourraient traduire de pareils résultats qu'en se présentant sous la forme de séries divergentes.

Si, du cas de l'intersection impossible des deux cercles de hauteur, on passe à celui d'intersections réelles et très-voisines, les solutions rigoureuses pourront laisser le marin dans l'embarras du choix; tandis que les développements en séries qui ne présenteront qu'une solution, au lieu de deux, ne pourront manquer d'être divergents.

Nous avons à peine besoin de rappeler que la méthode des droites de hauteur, même corrigée par l'emploi des termes du deuxième ordre, ne doit être appliquée, ni au cas des faibles distances zénithales, ni à celui des faibles écarts entre les directions azimutales des astres observés.

---

(¹) Quant à la région de l'échelle où les mesures doivent être effectuées, il suffit d'opérer dans le voisinage de $L_0$, attendu qu'il s'agit ici de termes du deuxième ordre, et qu'une légère variation dans le sens des latitudes ne produirait, dans les résultats, que des changements du troisième ordre de petitesse.

# NOTE VI.



En terminant le n° 6, nous avons annoncé une solution du problème, dont l'application est plus rapide que celle de la solution exposée au n° 5; il en existe beaucoup d'autres : nous en présenterons une nouvelle, qui est basée sur l'emploi des fonctions hyperboliques; cette solution nous a d'ailleurs semblé devoir être prise en considération, au point de vue de la théorie.

Conservant les notations du n° 5, nous remplacerons, dans la première équation fondamentale (6), divisée par $\cos L$, les valeurs de $\frac{1}{\cos L}$ et $\tang L$, par leurs expressions en fonctions de l'argument hyperbolique $\lambda$ :

$$\frac{1}{\cos L} = \mathrm{Cos}\,\lambda, \qquad \tang L = \mathrm{Sin}\,\lambda;$$

après transposition du premier terme du second membre, cette équation fondamentale devient

$$\sin H\, \mathrm{Cos}\,\lambda - \sin D\, \mathrm{Sin}\,\lambda = \cos D \cos(\zeta_0 - \zeta) - \cos D \cos\zeta_0 \cos\zeta + \cos D \sin\zeta_0 \sin\zeta.$$

En introduisant ici les valeurs (13) et écrivant une seconde équation, où les accents serviront à distinguer ce qui se rapporte à une seconde observation, on aura les deux suivantes :

$$(a) \qquad \begin{cases} c\, \mathrm{Cos}\,\lambda - e\, \mathrm{Sin}\,\lambda = a \cos\zeta + b \sin\zeta, \\ c'\, \mathrm{Cos}\,\lambda - e'\, \mathrm{Sin}\,\lambda = a' \cos\zeta + b' \sin\zeta, \end{cases}$$

système d'où il s'agit de tirer les deux inconnues $\lambda$ et $\zeta$.

On en déduit aisément

$$\begin{aligned} +\,(ea' - e'a)\, \mathrm{Cos}\,\lambda + (ac' - a'c)\, \mathrm{Sin}\,\lambda &= (ba' - b'a) \sin\zeta, \\ -\,(eb' - e'b)\, \mathrm{Cos}\,\lambda + (cb' - c'b)\, \mathrm{Sin}\,\lambda &= (ba' - b'a) \cos\zeta \end{aligned}$$

ou, en employant les notations (18),

$$(b) \qquad \begin{cases} \alpha\, \mathrm{Cos}\,\lambda + B\, \mathrm{Sin}\,\lambda = C \sin\zeta, \\ \beta\, \mathrm{Cos}\,\lambda + A\, \mathrm{Sin}\,\lambda = C \cos\zeta. \end{cases}$$

En élevant au carré et ajoutant, on éliminera $\zeta$; alors il viendra

$$(\alpha^2 + \beta^2)\, \mathrm{Cos}^2\lambda - 2(A\beta - B\alpha)\, \mathrm{Sin}\,\lambda\, \mathrm{Cos}\,\lambda + (A^2 + B^2)\, \mathrm{Sin}^2\lambda = C^2,$$

équation qui ne contient plus que l'inconnue $\lambda$.

Pour la résoudre, nous remplacerons les puissances et produits de $\operatorname{Sin}\lambda$ et $\operatorname{Cos}\lambda$ par leurs valeurs en fonctions de $\operatorname{Sin}2\lambda$ et $\operatorname{Cos}2\lambda$, ce qui nous donnera

$$(A^2 + \beta^2 + B^2 - \alpha^2)\operatorname{Cos}2\lambda - 2(A\beta - B\alpha)\operatorname{Sin}2\lambda = 2C^2 - A^2 - \alpha^2 + B^2 - \beta^2.$$

Posons

$$(c)\qquad\begin{cases} k\operatorname{Sin}2\lambda_0 = 2(A\beta - B\alpha),\\ k\operatorname{Cos}2\lambda_0 = A^2 - \beta^2 + B^2 - \alpha^2; \end{cases}$$

l'équation précédente deviendra

$$(d)\qquad k\operatorname{Cos}2(\lambda - \lambda_0) = 2C^2 - A^2 - \beta^2 + B^2 - \alpha^2,$$

et permettra de tirer la valeur de $2(\lambda - \lambda_0)$, si l'on peut déduire, des relations $(c)$, des valeurs réelles de $2\lambda_0$ et de $k$. Nous allons voir que cela est possible effectivement.

En effet, la seconde équation $(c)$ peut s'écrire

$$(e)\qquad k\operatorname{Cos}2\lambda_0 = (A - \beta)^2 + (B - \alpha)^2 - 2(A\beta - B\alpha);$$

élevons cette équation au carré et retranchons-en la première équation $(c)$, également élevée au carré, il viendra

$$k^2 = [(A - \beta)^2 + (B - \alpha)^2]^2 - 4[(A + \beta)^2 + (B - \alpha)^2](A\beta - B\alpha)$$

ou

$$k^2 = [(A + \beta)^2 + (B - \alpha)^2][(A + \beta)^2 + (B - \alpha)^2 - 4A\beta + 4B\alpha],$$

valeur qui se transforme en

$$k^2 = [(A + \beta)^2 + (B - \alpha)^2][(A - \beta)^2 + (B + \alpha)^2].$$

Or le second membre de cette équation est essentiellement positif; la valeur de $k$ est donc une quantité réelle.

Faisons, pour simplifier,

$$(f)\qquad\begin{cases} M = A + \beta, & N = B + \alpha, & P = \sqrt{M^2 + N'^2},\\ M' = A - \beta, & N' = B - \alpha, & Q = \sqrt{M'^2 + N^2}; \end{cases}$$

la précédente équation donnera

$$(g)\qquad k = PQ;$$

nous prenons ici le signe $+$, attendu que, d'après la seconde équation $(c)$, $k$ doit effectivement être un nombre positif.

Actuellement, nous tirerons de l'équation $(e)$, jointe à la première $(c)$,

$$k(\operatorname{Cos}2\lambda_0 + \operatorname{Sin}2\lambda_0) = M^2 + N'^2 = P^2;$$

d'où, en vertu de $(g)$, et désignant par $(e)$ la base des logarithmes naturels,

$$(e)^{2\lambda_0} = \frac{P}{Q};$$

il s'ensuit

$$(h)\qquad 2\lambda_0 = \log\frac{P}{Q} = -\log\frac{Q}{P},$$

quantité réelle, puisque P et Q sont de mêmes signes.

Quant à l'équation $(d)$, elle devient, en vertu des relations $(f)$.

$$(i) \qquad k \cos 2(\lambda - \lambda_0) = 2C^2 + MM' - NN'.$$

En introduisant deux angles auxiliaires, on simplifiera les calculs.

Soient, en effet,

$$(j) \qquad \left\{ \begin{array}{ll} P \sin\varphi = B - z, & Q \sin\psi = B + z, \\ P \cos\varphi = A - \beta, & Q \cos\psi = A - \beta, \end{array} \right\} \quad \text{conditions : } P > 0, \; Q > 0,$$

formules qui feront connaître $P$, $\varphi$, $Q$, $\psi$; on trouvera que les termes $MM' - NN'$ de la formule $(i)$ ont pour valeur la quantité $PQ \cos(\varphi - \psi)$; alors la formule $(i)$, divisée par $k$ ou son égal $PQ$, devient

$$(k) \qquad \cos 2(\lambda - \lambda_0) = \frac{2C^2}{PQ} - \cos(\varphi - \psi).$$

Celle-ci, à son tour, peut être remplacée par l'une des suivantes :

$$(l) \qquad \left\{ \begin{array}{l} \sin^2(\lambda - \lambda_0) = \dfrac{C^2}{PQ} - \sin^2 \tfrac{1}{2}(\varphi - \psi), \\[2mm] \cos^2(\lambda - \lambda_0) = \dfrac{C^2}{PQ} - \cos^2 \tfrac{1}{2}(\varphi - \psi). \end{array} \right.$$

La quantité $\lambda$ peut ainsi être aisément calculée au moyen des formules $(j)$, $(h)$ et $(k)$ ou $(l)$ : il faut seulement observer que l'argument $2(\lambda - \lambda_0)$, fourni par la formule $(k)$, ou l'argument $(\lambda - \lambda_0)$, que l'on tire de $(l)$, sont susceptibles de deux valeurs égales et de signes contraires ; d'où deux solutions distinctes.

Ayant fait un choix entre ces deux valeurs, et déduit $\lambda$ au moyen de la valeur de $\lambda_0$, que donne la formule $(h)$, on obtiendra la latitude L en prenant, dans les Tables de latitudes croissantes, la latitude vraie qui répond à la latitude croissante $\lambda$.

Enfin les équations $(b)$ fourniront à la fois la longitude $\mathcal{L}$, en ayant égard au signe connu de C, et la valeur numérique de ce coefficient C, valeur qui devra s'accorder avec celle qu'on a employée dans les calculs.

# NOTE VII.

TRANSFORMATION DES SOLUTIONS RIGOUREUSES DU PROBLÈME DE LA DÉTERMINATION DU POINT AU MOYEN DE DEUX OBSERVATIONS DE HAUTEUR, EN VUE DE LA FACILITÉ DES APPLICATIONS NUMÉRIQUES.

Nous avons suffisamment insisté sur l'utilité pratique de l'application de la théorie des droites de hauteur, et l'on a pu se convaincre qu'à elle seule cette méthode constitue, pour ainsi dire, la nouvelle navigation. Néanmoins, la solution n'étant pas absolument rigoureuse, nous voulons, dans la présente Note, donner satisfaction à ceux qu'un défaut d'expérience empêche de se contenter de solutions approchées.

On a sans doute remarqué que les formules du n° 5 et celles de la Note précédente, bien que très-symétriques, sont d'une application peu facile, sous la forme générale que nous leur avons laissée. Nous allons voir comment il est possible, en sacrifiant la symétrie, d'en déduire un assez grand nombre de solutions plus faciles à appliquer.

### Transformation des formules du n° 5.

Les secondes équations $(7)$ et $(8)$ sont

$$(a) \qquad \begin{cases} \sin H = \sin L \sin D + \cos L \cos D \cos(\zeta_0 - \zeta), \\ \sin H' = \sin L \sin D' + \cos L \cos D' \cos(\zeta''_0 - \zeta); \end{cases}$$

il s'agit d'en tirer les inconnues L et $\zeta$. Or observons que les quantités $\zeta_0$, $\zeta''_0$ et $\zeta$ n'entrent, dans ces équations, que sous forme de différences : on peut donc y remplacer les lettres précédentes respectivement par $\zeta_0 - z$, $\zeta''_0 - z$, $\zeta - z$, $z$ désignant une quantité entièrement arbitraire et $\zeta_0$ et $\zeta''_0$ restant définies par les premières équations $(7)$ et $(8)$. Dès lors, il est visible que, sans recommencer les calculs qui ont conduit à une solution, il suffira d'effectuer les mêmes changements dans toutes les relations par lesquelles la solution a été obtenue. De cette manière, on aura, par les équations $(13)$ et $(15)$,

$$(b) \qquad \begin{cases} a = \cos D \cos(\zeta_0 - z), & a' = \cos D' \cos(\zeta''_0 - z), \\ b = \cos D \sin(\zeta_0 - z), & b' = \cos D' \sin(\zeta''_0 - z), \end{cases}$$

et ces quantités, jointes à $c$ et $c'$, resteront liées aux coefficients A, B, $z$, $\zeta$ par les équations $(18)$, coefficients qui sont, ainsi que $a$, $b$, $a'$, $b'$, des fonctions de l'arbitraire $z$ [1]. On se trouve donc en

---

[1] Nous ne faisons pas figurer ici les coefficients C et $\gamma$, parce qu'ils sont réellement indépendants de $z$, comme il est facile de s'en assurer.

présence de huit fonctions de $z$, et l'on peut disposer arbitrairement de l'une d'elles pour déterminer cette quantité $z$; il s'ensuit que l'on aura autant de systèmes différents de formules, pour résoudre le problème, que l'on posera de conditions arbitraires.

Nous n'avons pas l'intention d'examiner ici les diverses formes que l'on peut donner à la solution; nous nous bornerons à celle qui répond au cas où l'on annule l'une des quantités $b$ ou $b'$, la seconde par exemple.

Posons, en conséquence,

$$(c) \qquad z = \mathcal{L}'_0,$$

et faisons

$$(d) \qquad \varpi = \mathcal{L}_0 - \mathcal{L}''_0;$$

es relations précédentes deviendront, en y joignant les valeurs de $c$, $c'$, $e$ et $e'$,

$$(e) \qquad \begin{cases} a = \cos D \cos\varpi, & a' = \cos D', & e = \sin H, \\ b = \cos D \sin\varpi, & b' = 0, & e' = \sin H', \\ c = \sin D, & c' = \sin D', \end{cases}$$

et les coefficients $(18)$ se réduiront à

$$(f) \qquad \begin{cases} A = c'b, & \alpha = ea' - e'a, \\ B = ac' - a'c, & \beta = -e'b, \\ C = a'b, & \gamma = ee' - c'c. \end{cases}$$

On voit que la transformation a pour résultat de réduire à moitié le nombre des binômes qui figuraient dans les expressions primitives.

La valeur de $\cos\Theta$ devient alors

$$(g) \qquad \cos\Theta = aa' + cc' = \sin D \sin D' + \cos D \cos D' \cos\varpi,$$

relation qui se vérifie d'elle-même; quant à la valeur de $W$, elle se déduit de la deuxième des formules $(20)$

$$(h) \qquad \cos W = \frac{\cos\Theta - cc'}{ff'}.$$

Enfin les équations $(22)$ deviennent

$$\begin{cases} \cos(\mathcal{L} - \mathcal{L}''_0) \cos L \sin^2\Theta = B\gamma - C\beta = A ff' \sin W, \\ \sin(\mathcal{L} - \mathcal{L}''_0) \cos L \sin^2\Theta = C\alpha - A\gamma = B ff' \sin W, \\ \sin L \sin^2\Theta = A\beta - B\alpha = C ff' \sin W. \end{cases}$$

*Transformation des formules de la Note VI.*

Appliquons les transformations représentées par les formules $(d)$, $(e)$, $(f)$ à la solution fondée sur l'emploi des fonctions hyperboliques (Note VI). Les formules qui devront être jointes à ces dernières (la valeur de $\gamma$ y étant supprimée) sont :

$$(g') \qquad \begin{cases} P\sin\varphi = B - \alpha, & Q\sin\psi = B + \alpha, \\ P\cos\varphi = A - \beta, & Q\cos\psi = A - \beta, \end{cases} \qquad \text{conditions : P et Q} >$$

$(h')$ $\qquad 2\lambda_0 = \log\dfrac{P}{Q} = -\log\dfrac{Q}{P}$ (¹),

$(i')$ $\qquad \cos 2(\lambda-\lambda_0) - \dfrac{2C^2}{PQ} = \cos(\varphi-\psi), \qquad 2\lambda = 2(\lambda-\lambda_0) + 2\lambda_0,$

$(j')$ $\qquad L = $ lat. vraie correspondante à la latitude croissante $\lambda$,

$(k')$ $\qquad \begin{cases} C\sin(\mathcal{L}-\mathcal{L}_0) = B\sin\lambda + z\cos\lambda, \\ C\cos(\mathcal{L}-\mathcal{L}_0) = A\sin\lambda - \zeta\cos\lambda; \end{cases}$ ou $\begin{cases} C\cos L\sin(\mathcal{L}-\mathcal{L}_0) = B\sin L + z, \\ C\cos L\cos(\mathcal{L}-\mathcal{L}_0) = A\sin L - \zeta. \end{cases}$

*Application numérique de ces dernières formules.* — Nous choisirons pour exemple celui que l'on trouve à la page 312 du *Traité de Navigation* de M. V. Caillet (2ᵉ édition) :

#### Données.

| | | | |
|---|---|---|---|
| $\mathcal{L}_0$ | $53°\ 3'\ 50'',7$ | $\mathcal{L}'_0$ | $115°\ 21'\ 54'',0$ |
| D | $+\ 4\ 18\ 19,4$ | D' | $-\ 4\ 22\ 19,9$ |
| H | $38\ 11\ 16,0$ | H' | $54\ 47\ 19,0$ |

#### Calculs.

| | | | | |
|---|---|---|---|---|
| Éq. $(d)$ et $(e)$ : | $\varpi$ | $-62°18'3'',3$ | l. cos $\varpi$ | $9,66729+$ |
| | | | l. sin $\varpi$ | $9,94714-$ |
| | | | l. cos D | $9,99877$ |
| | | | l. $a$ | $9,66606+$ |
| | | | l. $b$ | $9,94591-$ |
| | | | l. $c$ | $8,87548+$ |
| | | | l. $a'$ | $9,99873+$ |
| | | | l. $c'$ | $8,88516+$ |
| | | | l. $c$ | $9,79116+$ |
| | | | l. $c'$ | $9,91224+$ |
| Éq. $(f)$ : | A | $-0,0673084$ | l. A | $8,82807+$ |
| | $ac'$ | $+0,0353369$ | | $8,51822+$ |
| | $-a'c$ | $-0,0748531$ | | $8,87421-$ |
| | B | $-0,0395169$ | | $8,59678-$ |
| | C | | | $9,94464-$ |
| | $ca'$ | $+0,616439$ | | $9,78989+$ |
| | $-c'a$ | $-0,378704$ | | $9,57830-$ |
| | $z$ | $-0,237735$ | | $9,37609+$ |
| | $\zeta$ | $+0,721357$ | | $9,85815+$ |
| Éq. $(g')$ : | $P\sin\gamma$ | $-0,277252$ | | $9,44287+$ |
| | $P\cos\gamma$ | $+0,788665$ | | $9,89689+$ |
| | $Q\sin\psi$ | $-0,198218$ | | $9,29714+$ |
| | $Q\cos\psi$ | $-0,654049$ | | $9,81561-$ |

---

(¹) Les log. sont des logarithmes népériens.

$$\varphi \dots \dots \quad 19^{\circ}22'8'' \qquad \begin{aligned} &\text{l. tang.} \quad 9,54598 \\ &\text{l. cos.} \quad 9,97470 \\ &\text{l. sin.} \quad 9,52068 \\ &\text{l. P.} \quad 9,92219 \end{aligned}$$

$$\varphi \dots \dots \quad 163^{\circ}8'24'' \qquad \begin{aligned} &\text{l. tang.} \quad 9,48153 \\ &\text{l. cos.} \quad 9,98092 \\ &\text{l. sin.} \quad 9,46245 \\ &\text{l. Q.} \quad 9,83469 \\ &\text{l. PQ} \quad 9,75688 \end{aligned}$$

Éq. $k'$ :  Conversion en log. naturels $\qquad \text{l.}\dfrac{P}{Q} \quad 0,08750$

$$\begin{aligned} &0,200325 \qquad\qquad 0,087 \\ &\phantom{0,20}1151 \qquad\qquad\quad 50 \\ \hline \end{aligned}$$

$$2\lambda_0 \dots \dots \quad 0,20148$$

Éq. $i'$ :  $\varphi - \varphi \dots \dots \quad 182^{\circ}30'32''$

$$\begin{aligned} &\text{l. 2.} \quad 0,30103 \\ &\text{l. C}^2 \quad 9,88928 \\ &\text{c. l. PQ} \quad 0,24312 \end{aligned}$$

$$\frac{2C^2}{PQ} \dots \dots \quad 1,71288 \qquad\qquad 0,43343$$

$$\begin{aligned} &\cos(\varphi - \varphi) \dots \quad -0,99904 \\ &\mathbf{Cos}\,2(\lambda - \lambda_0) \dots \quad 1,71384 \\ &2(\lambda - \lambda_0) \dots \quad +1,43324\,(^1) \\ &2\lambda \dots \dots \quad 1,33472 \\ &\lambda \dots \dots \quad -0,66736 \end{aligned}$$

Éq. $i'$ :  $\text{L} \dots \dots \quad 35^{\circ}40',72$

Éq. $k'$ :

$$\begin{aligned} &\text{l. cos L.} \quad 9,90972 \\ &\text{l. sin L.} \quad 9,76583 \end{aligned}$$

$$\begin{aligned} &\text{B sin L.} \dots \quad -0,023047 \qquad\quad 8,36261 \\ &\text{A sin L.} \dots \quad -0,039255 \qquad\quad 8,59590 \\ \hline &\text{C cos L sin}(\zeta - \zeta_0) \quad 0,214688 \qquad 9,33181 \\ &\text{C cos L cos}(\zeta - \zeta_0) \quad 0,682109 \qquad 9,83325 \\ \hline \end{aligned}$$

$$\zeta - \zeta_0 \dots \dots \quad 17^{\circ}28'16'' \qquad \begin{aligned} &\text{l. tang.} \quad 9,49796 \\ &\text{l. cos.} \quad 9,97949 \\ &\text{l. sin.} \quad 9,47745 \\ &\text{l. C cos L.} \quad 9,85436 \\ &\text{l. C.} \quad 9,94464 \\ &\text{Erreur.} \quad 0,00000 \end{aligned}$$

$$\zeta \dots \dots \quad 97^{\circ}53'38''$$

On abrégerait un peu les calculs en faisant usage des logarithmes de Gauss (*voir le Recueil de formules et de Tables numériques* de J. Hoüel).

---

(¹) On prend le signe — dans la valeur de $2(\lambda - \lambda_0)$.

# NOTE VIII.

## DÉTERMINATION RIGOUREUSE DE LA POSITION LA PLUS PROBABLE DU LIEU DU NAVIRE, AU MOYEN D'UN NOMBRE QUELCONQUE D'OBSERVATIONS DE HAUTEUR.

Nous avons présenté, n° 12, une détermination du point le plus probable, en appliquant la méthode des moindres carrés aux équations du problème réduites à la forme linéaire, par un développement en séries dont on a supprimé les termes des ordres supérieurs. Comme on peut, dans ce cas, soulever la même objection qui se présente lorsqu'on n'a affaire qu'à deux observations auxquelles on applique la méthode des équations linéaires, nous voulons présenter ici les moyens de s'assurer si la solution du n° 12 jouit d'une exactitude suffisante.

Nous ne proposons pas de substituer la méthode rigoureuse à la méthode approchée, dans les calculs de la pratique ordinaire de la Navigation; mais nous voulons que l'on soit à même de s'assurer, à loisir, si la différence entre les deux solutions est assez considérable pour jeter du doute sur l'exactitude de la solution approchée : il suffira, pour cela, de considérer quelques cas où l'on aura trouvé de fortes différences entre la position estimée et la position la plus probable, et de traiter ces cas particuliers par la méthode que nous allons actuellement exposer.

Reportons-nous à la première équation (6), et posons

$$(a)\qquad F(H) = \sin L \sin D + \cos L \cos D \cos(\zeta_0 - \zeta) - \sin H;$$

si nous désignions par $\varkappa$ la correction que doit subir la hauteur observée H, l'observation de l'astre ($\zeta_0$, D) nous fournirait l'équation rigoureuse

$$(b)\qquad F(H + \varkappa) = 0;$$

les observations d'autres astres en fourniraient de pareilles.

Or, en développant cette équation et négligeant les puissances de $\varkappa$, on aura

$$F(H) + \frac{dF}{dH}\varkappa = 0$$

ou

$$F(H) - \cos H . \varkappa = 0;$$

on en déduit, hors le cas des valeurs très-petites de cos H, c'est-à-dire relativement aux astres qui ne sont pas observés dans le voisinage du zénith,

$$(c)\qquad \varkappa = \frac{F(H)}{\cos H}.$$

On a vu, n° 12, que la position la plus probable s'obtiendra en déterminant les inconnues de manière à rendre un minimum la somme $\Sigma n^2$ étendue à toutes les observations. Cette somme étant une fonction des deux inconnues L et $\mathcal{L}$, on aura, en égalant à zéro les dérivées relatives à ces inconnues,

$$(d) \qquad \sum \frac{d . n^2}{d\mathrm{L}} = 0, \qquad \sum \frac{d . n^2}{d\mathcal{L}} = 0,$$

ou, en substituant la valeur $(c)$,

$$\sum \frac{1}{\cos^2 \mathrm{H}} \mathrm{F(H)} \frac{d\mathrm{F}}{d\mathrm{L}} = 0, \qquad \sum \frac{1}{\cos^2 \mathrm{H}} \mathrm{F(H)} \frac{d\mathrm{F}}{d\mathcal{L}} = 0;$$

mais on déduit de $(a)$

$$(e) \qquad \begin{cases} \dfrac{d\mathrm{F}}{d\mathrm{L}} = \cos \mathrm{L} \sin \mathrm{D} - \sin \mathrm{L} \cos \mathrm{D} \cos(\mathcal{L}_0 - \mathcal{L}). \\[1em] \dfrac{d\mathrm{F}}{d\mathcal{L}} = - \cos \mathrm{L} \cos \mathrm{D} \sin(\mathcal{L}_0 - \mathcal{L}), \end{cases}$$

ou, en vertu des deuxième et troisième équations $(6)$,

$$(f) \qquad \frac{d\mathrm{F}}{d\mathrm{L}} = \cos \mathrm{H} \cos \mathrm{Z}, \qquad \frac{d\mathrm{F}}{d\mathcal{L}} = \cos \mathrm{L} \cos \mathrm{H} \sin \mathrm{Z}.$$

Posons, pour abréger,

$$(g) \qquad h = \frac{\cos \mathrm{Z}}{\cos \mathrm{H}}, \qquad h' = \frac{\sin \mathrm{Z}}{\cos \mathrm{H}};$$

les équations de condition pourront s'écrire

$$(h) \qquad \Sigma h \mathrm{F(H)} = 0, \qquad \Sigma h' \mathrm{F(H)} = 0.$$

On voit, par là, que chaque équation de la forme de la première équation $(6)$ doit être multipliée successivement par les facteurs $h$ et $h'$, et que les deux équations du problème s'obtiendront en ajoutant de part et d'autre les produits obtenus.

Avant d'effectuer ces opérations, nous remplacerons, dans $\mathrm{F(H)}$, $\cos(\mathcal{L}_0 - \mathcal{L})$ par

$$\cos(\mathcal{L}_0 - z) \cos(\mathcal{L} - z) + \sin(\mathcal{L}_0 - z) \sin(\mathcal{L} - z),$$

$z$ étant une arbitraire dont on disposera suivant le besoin. Moyennant cette substitution et celle de $\mathrm{F(H)}$, équation $(a)$, les équations $(h)$ deviendront

$$(i) \qquad \begin{cases} \sin \mathrm{L} \, \Sigma h \sin \mathrm{D} + \cos \mathrm{L} \cos(\mathcal{L} - z) \Sigma h \cos \mathrm{D} \cos(\mathcal{L}_0 - z) \\ \qquad + \cos \mathrm{L} \sin(\mathcal{L} - z) \Sigma h \cos \mathrm{D} \sin(\mathcal{L}_0 - z) \end{cases} = - \Sigma h \sin \mathrm{H},$$

$$\begin{cases} \sin \mathrm{L} \, \Sigma h' \sin \mathrm{D} + \cos \mathrm{L} \cos(\mathcal{L} - z) \Sigma h' \cos \mathrm{D} \cos(\mathcal{L}_0 - z) \\ \qquad + \cos \mathrm{L} \sin(\mathcal{L} - z) \Sigma h' \cos \mathrm{D} \sin(\mathcal{L}_0 - z) \end{cases} = - \Sigma h' \sin \mathrm{H}.$$

On remarquera que les facteurs $h$ et $h'$ devraient être multipliés par le poids des observations, si l'on avait à tenir compte de l'inégalité de leur précision. Il suit de là qu'une erreur dans les facteurs $h$ et $h'$ se confondrait avec une erreur dans les poids; or, comme on ne doit guère compter sur l'exacte évaluation des poids, on peut accepter, dans l'évaluation desdits facteurs, la même tolérance qu'on accepterait dans l'appréciation des poids. On pourra donc, lorsqu'on fera usage des formules $(g)$, se contenter, quant aux azimuts Z, d'une grossière approximation, telle que la donnerait l'emploi de la boussole : on évitera ainsi d'en faire le calcul.

Nous nous proposons actuellement de faire voir que la résolution rigoureuse des équations $(i)$ peut être ramenée à celle de la détermination du point, au moyen de deux observations de hauteur : il s'agit simplement de déterminer les coordonnées $\bar{D}$, $\bar{L}_0$ et la hauteur $\bar{H}$ d'un premier astre fictif, puis les coordonnées $\bar{D}'$, $\bar{L}'_0$ et la hauteur $\bar{H}'$ d'un second astre également fictif, de telle sorte que l'application des méthodes rigoureuses aux observations fictives de ces deux astres conduise à des valeurs de $L$ et $\mathcal{L}$ qui satisfassent aux équations $(i)$.

Si nous posons

$(j)$
$$\begin{cases} x = \cos L \cos(\mathcal{L} - z), & \xi = \cos D \cos(\mathcal{L}_0 - z), \\ y = \cos L \sin(\mathcal{L} - z), & \eta = \cos D \sin(\mathcal{L}_0 - z), \\ z = \sin L, & \zeta = \sin D, \end{cases}$$

les équations $(i)$ deviendront d'abord

$(k)$
$$\begin{cases} z\,\Sigma h\,\zeta + x\,\Sigma h\,\xi + y\,\Sigma h\,\eta = \Sigma h \sin H, \\ z\,\Sigma h'\zeta + x\,\Sigma h'\xi + y\,\Sigma h'\eta = \Sigma h'\sin H. \end{cases}$$

Posons encore

$(l)$
$$\begin{cases} k \cos \bar{D} \cos(\bar{\mathcal{L}}_0 - z) = \Sigma h\xi, & k' \cos \bar{D}' \cos(\bar{\mathcal{L}}'_0 - z) = \Sigma h'\xi, \\ k \cos \bar{D} \sin(\bar{\mathcal{L}}_0 - z) = \Sigma h\eta, & k' \cos \bar{D}' \sin(\bar{\mathcal{L}}'_0 - z) = \Sigma h'\eta, \\ k \sin \bar{D} = \Sigma h\zeta, & k' \sin \bar{D}' = \Sigma h'\zeta, \end{cases}$$

équations qui feront connaître, sans ambiguïté autre que celle de $k$ et $k'$, les quantités $\bar{\mathcal{L}}_0 - z$, $\bar{D}$, $k$ ; $\bar{\mathcal{L}}'_0 - z$, $\bar{D}'$, $k'$ [1] ; soient enfin

$(m)$
$$\begin{cases} \bar{a} = \dfrac{\Sigma h\xi}{k}, & \bar{a}' = \dfrac{\Sigma h'\xi}{k'}, \\[4pt] \bar{b} = \dfrac{\Sigma h\eta}{k}, & \bar{b}' = \dfrac{\Sigma h'\eta}{k'}, \\[4pt] \bar{c} = \dfrac{\Sigma h\zeta}{k}, & \bar{c}' = \dfrac{\Sigma h'\zeta}{k'}, \\[4pt] c = \dfrac{\Sigma h \sin H}{k}, & c' = \dfrac{\Sigma h'\sin H}{k'}, \end{cases}$$

en sorte que $\bar{a}$, $\bar{b}$, $\bar{c}$ soient les cosinus des angles formés par la direction $(\bar{D}, \bar{\mathcal{L}}_0 - z)$ avec les axes des $x$, $y$, $z$, et $\bar{a}'$, $\bar{b}'$, $\bar{c}'$ les cosinus analogues, relativement à la direction $(\bar{D}', \bar{\mathcal{L}}'_0 - z)$ : les équations $(k)$, divisées respectivement par $k$ et $k'$, deviendront

$(n)$
$$\begin{cases} \bar{a}x + \bar{b}y + \bar{c}z = c, \\ \bar{a}'x + \bar{b}'y + \bar{c}'z = c'; \end{cases}$$

en y joignant la relation

$(o)$
$$x^2 + y^2 + z^2 = 1,$$

et posant, comme au n° 5,

$(p)$
$$\begin{cases} \sin \bar{H} = c, & \sin \bar{H}' = c', \\ \cos \bar{H} = f, & \cos \bar{H}' = f', \end{cases}$$

---

[1] L'ambiguïté relative à $k$ et $k'$ sera levée par la condition que $\sin \bar{H}$ et $\sin \bar{H}'$ [éq. $(p)$] soient des quantités positives : cette dernière condition sera remplie, en vertu des éq. $(m)$, si l'on donne respectivement à $k$ et $k'$ les signes de $\Sigma h \sin H$ et $\Sigma h'\sin H$.

relations qui feront connaître les hauteurs fictives $\bar{H}$ et $\bar{H}'$, ainsi que les quantités $f$, $f'$, les équations du problème seront ramenées à la forme des équations (14), (16) et (17), dont on a les solutions rigoureuses : supprimant les traits qui surmontent les lettres $a$, $b$, $c$ avec et sans accents, et qui sont devenus inutiles, et remplaçant la lettre $\zeta$, dans les formules des solutions rigoureuses, par $\zeta - z$, on aura tout ce qu'il faut pour procéder à l'application de ces formules.

Nous devons prévenir une question qu'on ne manquerait pas de se poser : Les équations ($p$) ne pouvant conduire à des valeurs réelles des hauteurs fictives $\bar{H}$ et $\bar{H}'$ qu'autant que l'on aura

$$c^2 < 1, \qquad c'^2 < 1,$$

est-il certain que ces conditions seront toujours satisfaites? Nous allons voir qu'elles le seront effectivement dans tous les cas. Considérons la quantité $c$ par exemple; son carré sera moindre que l'unité si l'on a

$$\frac{k^2}{(\Sigma h \sin \bar{H})^2} < 1 \quad \text{ou} \quad k^2 - (\Sigma h \sin H)^2 < 0.$$

Or les équations ($l$) donnent

$$(q) \qquad k^2 = (\Sigma h \xi)^2 + (\Sigma h \eta)^2 + (\Sigma h \zeta)^2;$$

développant les sommes des seconds membres, et désignant par les indices $i$ et $i'$ les valeurs différentes entre les diverses quantités $h$, $\xi$, $\eta$, $\zeta$, nous aurons d'abord

$$(\Sigma h \xi)^2 = \Sigma h^2 \xi^2 + 2 \Sigma h_i h_{i'} \xi_i \xi_{i'},$$
$$(\Sigma h \eta)^2 = \Sigma h^2 \eta^2 + 2 \Sigma h_i h_{i'} \eta_i \eta_{i'},$$
$$(\Sigma h \zeta)^2 = \Sigma h^2 \zeta^2 + 2 \Sigma h_i h_{i'} \zeta_i \zeta_{i'}.$$

Ajoutant et ayant égard aux relations $\xi^2 + \eta^2 + \zeta^2 = 1$, $\xi_i \xi_{i'} + \eta_i \eta_{i'} + \zeta_i \zeta_{i'} = \cos(i, i')$, où la quantité entre parenthèses désigne l'angle formé par les directions des astres comparés deux à deux, on aura, en vertu de ($q$),

$$k^2 = \Sigma h^2 + 2 \Sigma h_i h_{i'} \cos(i, i');$$

d'un autre côté, on a

$$(\Sigma h \sin H)^2 = \Sigma h^2 \sin^2 H + 2 \Sigma h_i h_{i'} \sin H_i \sin H_{i'};$$

soustrayant cette équation de la précédente, il vient

$$k^2 - (\Sigma h \sin H)^2 = \Sigma h^2 \cos^2 H + 2 \Sigma h_i h_{i'} [\cos(i, i') - \sin H_i \sin H_{i'}].$$

Or le triangle sphérique formé par le zénith et les deux astres fournit la relation

$$\cos(Z_i - Z_{i'}) \cos H_i \cos H_{i'} = \cos(i, i') - \sin H_i \sin H_{i'};$$

substituant cette valeur et développant $\cos(Z_i - Z_{i'})$, on aura

$$k^2 - (\Sigma h \sin H)^2 = \Sigma h^2 \cos^2 H + 2 \Sigma h_i h_{i'} (\cos Z_i \cos Z_{i'} + \sin Z_i \sin Z_{i'}) \cos H_i \cos H_{i'},$$

ou, en ayant égard aux relations ($g$),

$$k^2 - (\Sigma h \sin H)^2 = \Sigma \cos^2 Z + 2 \Sigma \cos^2 Z_i \cos^2 Z_{i'} + 2 \Sigma \cos Z_i \sin Z_i \cos Z_{i'} \sin Z_{i'};$$

on a d'ailleurs

$$(\Sigma \sin Z \cos Z)^2 = \Sigma \sin^2 Z \cos^2 Z + 2 \Sigma \cos Z_i \sin Z_i \cos Z_{i'} \sin Z_{i'}.$$

Éliminant, entre celle-ci et la précédente, la somme des produits de sinus et de cosinus, on trouve

$$k^2 = (\Sigma h \sin \Pi)^2 \, \Sigma \cos^2 Z - 2\Sigma \cos^2 Z_i \cos^2 Z_{i'} + (\Sigma \sin Z \cos Z)^2$$

ou, plus simplement,

$$k^2 = (\Sigma h \sin \Pi)^2 \, \Sigma \cos^2 Z - (\Sigma \sin Z \cos Z)^2,$$

quantité essentiellement positive. Donc $c^2$ est $> 1$.

Il est suffisamment évident que l'on aurait de même

$$k'^2 = (\Sigma h' \sin \Pi)^2 \, \Sigma \sin^2 Z - (\Sigma \cos Z \sin Z)^2 \, (^1)$$

et, par suite, $c'^2 > 1$.

Il se trouve ainsi démontré que les équations $(p)$ seront satisfaites au moyen de valeurs réelles de $\Pi$ et de $\Pi'$.

Résumons-nous : On calculera les facteurs $h$ et $h'$, relatifs à chaque astre, par les formules

$$(r) \qquad h = \frac{\cos Z}{\cos \Pi}, \qquad h' = \frac{\sin Z}{\cos \Pi},$$

en faisant usage des azimuts observés au compas; puis, au moyen des déclinaisons D et des longitudes géographiques $\mathcal{L}_0$ des astres observés, diminués d'une constante arbitraire $z$, on appliquera à chacun d'eux les formules

$$(s) \qquad \begin{cases} \xi = \cos D \cos (\mathcal{L}_0 - z), \\ \eta = \cos D \sin (\mathcal{L}_0 - z), \\ \zeta = \sin D : \end{cases}$$

___

($^1$) Cette équation et la précédente fournissent des relations qui serviraient à la vérification de calculs numériques, si les données $\Pi$ et $Z$ s'accordaient avec les vraies coordonnées des astres observés.

En vertu de $(m)$ et de $(p)$, elles deviennent

$$k^2 f^2 = \frac{1}{4} \Sigma (1 + \cos 2Z)^2 + \frac{1}{4} (\Sigma \sin 2Z)^2.$$

$$k'^2 f'^2 = \frac{1}{4} \Sigma (1 - \cos 2Z)^2 + \frac{1}{4} (\Sigma \sin 2Z)^2,$$

ou, en désignant par $n$ le nombre des observations, et transformant d'abord la première,

$$4 k^2 f^2 = (n + \Sigma \cos 2Z)^2 + (\Sigma \sin 2Z)^2,$$
$$= n^2 + 2n \Sigma \cos 2Z + (\Sigma \cos 2Z)^2 + (\Sigma \sin 2Z)^2,$$
$$= n^2 + 2n \Sigma \cos 2Z + \Sigma \cos^2 2Z + 2\Sigma \cos 2Z_i \cos 2Z_{i'}$$
$$+ \Sigma \sin^2 2Z + 2\Sigma \sin 2Z_i \sin 2Z_{i'},$$

on a donc

$$4 k^2 f^2 = n^2 + n + 2n \Sigma \cos 2Z + 2\Sigma \cos 2(Z_i - Z_{i'});$$

il viendrait de même

$$4 k'^2 f'^2 = n^2 + n - 2n \Sigma \cos 2Z + 2\Sigma \cos 2(Z_i - Z_{i'}).$$

On tire de ces équations

$$k^2 f^2 + k'^2 f'^2 = \frac{1}{2} n(n+1) + \Sigma \cos 2(Z_i - Z_{i'}),$$

$$k^2 f^2 - k'^2 f'^2 = n \Sigma \cos 2Z.$$

On calculera ensuite les sommes

$$\Sigma h\xi, \qquad \Sigma h\eta, \qquad \Sigma h\zeta, \qquad \Sigma h\sin H,$$
$$\Sigma h'\xi, \qquad \Sigma h'\eta, \qquad \Sigma h'\zeta, \qquad \Sigma h'\sin H,$$

et l'on aura, pour la détermination des coordonnées $\overline{D}$, $\overline{\zeta}_0$, $\overline{D}'$, $\overline{\zeta}'_0$ des deux astres fictifs, les formules

$$
\left\{
\begin{aligned}
k\cos\overline{D}\cos\left(\overline{\zeta}_0-\varkappa\right) &= \Sigma h\xi, & k'\cos\overline{D}'\cos\left(\overline{\zeta}'_0-\varkappa\right) &= \Sigma h'\xi,\\
k\cos\overline{D}\sin\left(\overline{\zeta}_0-\varkappa\right) &= \Sigma h\eta, & k'\cos\overline{D}'\sin\left(\overline{\zeta}'_0-\varkappa\right) &= \Sigma h'\eta,\\
k\sin\overline{D} &= \Sigma h\zeta, & k'\sin\overline{D}' &= \Sigma h'\zeta;
\end{aligned}
\right.
$$

d'où l'on déduira, en même temps, les valeurs de $k$ et de $k'$, auxquelles on donnera respectivement les signes de $\Sigma h\sin H$ et $\Sigma h'\sin H$.

Les hauteurs fictives $\overline{H}$ et $\overline{H}'$ des deux astres seront données par les formules

$$\sin\overline{H} = \frac{1}{k}\,\Sigma h\sin H, \qquad\qquad \sin\overline{H}' = \frac{1}{k'}\,\Sigma h'\sin H.$$

Telles sont les transformations à l'aide desquelles on ramènera la solution rigoureuse du problème de la détermination du point la plus probable à celle de la détermination du point au moyen de deux observations seulement.

Si l'on veut employer les solutions que nous avons données de ce problème, on calculera les quantités

$$
\left\{
\begin{aligned}
a &= \frac{1}{k}\,\Sigma h\xi, & a' &= \frac{1}{k'}\,\Sigma h'\xi,\\
b &= \frac{1}{k}\,\Sigma h\eta, & b' &= \frac{1}{k'}\,\Sigma h'\eta,\\
c &= \frac{1}{k}\,\Sigma h\zeta, & c' &= \frac{1}{k'}\,\Sigma h'\zeta,\\
e &= \sin\overline{H}, & e' &= \sin\overline{H}',\\
f &= \cos\overline{H}, & f' &= \cos\overline{H}';
\end{aligned}
\right.
$$

Vérification :

$$\frac{1}{n}\left(k^2 f^2 - k'^2 f'^2\right) = \Sigma\cos 2Z \; [1].$$

L'application de nos formules se fera en supprimant les traits que nous avons laissés aux hauteurs fictives pour éviter toute confusion, et remplaçant, dans les mêmes formules, les longitudes $\zeta \ldots$ par $\zeta - \varkappa \ldots$.

Si l'on voulait introduire tout d'abord la simplification qu'on obtient en posant

$$b' = 0.$$

on calculerait $\varkappa$ par la formule

$$\tang\varkappa = \frac{\Sigma h'\cos D\sin\zeta_0}{\Sigma h'\cos D\cos\zeta_0};$$

mais il sera tout aussi simple de faire $\varkappa = 0$, dans le calcul des formules $(7)$ à $(n)$, dont l'objet

---

[1] $n$ est le nombre des observations. On ne devra pas s'attendre à une vérification rigoureuse, à cause des erreurs des hauteurs et des azimuts.

est de déterminer les coordonnées et hauteurs des astres fictifs. Quant à la détermination des inconnues L et $\zeta$, au moyen de ces dernières, on pourra attribuer à l'indéterminée $z$ toute nouvelle valeur qui sera de nature à simplifier les calculs.

Les formules précédentes conviennent à l'emploi ultérieur de toute méthode, propre à la détermination rigoureuse du point au moyen de deux observations.

Nous devons ajouter que, si l'on veut recourir à l'emploi des fonctions hyperboliques, il ne sera pas nécessaire de passer par toutes ces formules.

Posant, en effet,

$$\lambda = \log \tang \left( 45° + \frac{1}{2} L \right);$$

d'où

$$\tang L = \mathfrak{Sin}\,\lambda \quad \text{et} \quad \frac{1}{\cos L} = \mathfrak{Cos}\,\lambda,$$

les formules $(i)$, préalablement divisées par $\cos L$, deviennent, par la substitution de ces valeurs et après une transposition de termes,

$$\Sigma h \sin H \, \mathfrak{Cos}\,\lambda - \Sigma h \sin D \, \mathfrak{Sin}\,\lambda = \Sigma h \xi \cos (\zeta - z) + \Sigma h \eta \sin (\zeta - z),$$

$$\Sigma h' \sin H \, \mathfrak{Cos}\,\lambda - \Sigma h' \sin D \, \mathfrak{Sin}\,\lambda = \Sigma h' \xi \cos (\zeta - z) + \Sigma h' \eta \sin (\zeta - z).$$

En faisant ici

$$(a') \qquad \begin{cases} \xi = \cos D \cos (\zeta_0 - z), \\ \eta = \cos D \sin (\zeta_0 - z), \\ \zeta = \sin D; \end{cases}$$

$$(b') \qquad \begin{cases} a = \Sigma h \xi, & a' = \Sigma h' \xi, \\ b = \Sigma h \eta, & b' = \Sigma h' \eta, \\ c = \Sigma h \zeta, & c' = \Sigma h' \zeta, \\ e = \Sigma h \sin H; & e' = \Sigma h' \sin H, \end{cases}$$

nos équations deviendront

$$(c') \qquad \begin{cases} e\,\mathfrak{Cos}\,\lambda - c\,\mathfrak{Sin}\,\lambda = a \cos (\zeta - z) + b \sin (\zeta - z), \\ e'\,\mathfrak{Cos}\,\lambda - c'\,\mathfrak{Sin}\,\lambda = a' \cos (\zeta - z) + b' \sin (\zeta - z), \end{cases}$$

et s'identifieront avec les équations $(a)$ de la Note VI : on doit seulement remarquer que les coefficients $a$, $b$, $c$, $a'$, $b'$, $c'$ n'expriment plus des cosinus, mais des quantités qui sont proportionnelles aux cosinus des angles directeurs ; de même $e$ et $e'$ cessent de représenter des sinus. La solution d'équations de la forme $(c')$, par les fonctions hyperboliques, ayant été donnée dans la Note VI, nous y renverrons.

Si l'on veut annuler le coefficient $b'$, en déterminant $z$ par la formule $(y)$, on achèvera la solution au moyen des formules suivantes :

$$(e') \qquad \begin{cases} P \sin \varphi = B - z, & Q \sin \psi = B + z, \\ P \cos \varphi = A + \beta, & Q \cos \psi = A - \beta, \end{cases} \qquad \text{conditions : P et Q} > 0$$

$$(f') \qquad \begin{cases} 2\lambda_0 = \log \dfrac{P}{Q} - \log \dfrac{Q}{P}\,(^1), \\[2mm] \mathfrak{Cos}\,2 (\lambda - \lambda_0) = \dfrac{2 C^2}{PQ} + \cos (\varphi - \psi), \qquad 2\lambda = 2(\lambda - \lambda_0) + 2\lambda_0, \\[2mm] L = \text{latitude vraie, correspondante à la latitude croissante } \lambda, \end{cases}$$

---

$(^1)$ Les log sont ici des log népériens. On évitera l'emploi des fonctions hyperboliques, en remplaçant

$$(g') \quad \begin{cases} C \sin(\mathcal{L} - z) = B \sin\lambda + z \cos\lambda, \\ C \cos(\mathcal{L} - z) = A \sin\lambda - \zeta \cos\lambda, \end{cases} \text{ou} \quad \begin{cases} C \cos L \sin(\mathcal{L} - z) = B \sin L + z, \\ C \cos L \cos(\mathcal{L} - z) = A \sin L - \zeta ; \end{cases}$$

ce qui achève la solution et fournit une vérification.

*Application de la théorie précédente.*

Le 2 août 1875, à bord du navire-école *la Renommée*, les élèves ont fait des observations de hauteur, qui ont été réduites à l'horizon du lieu inconnu (L, $\mathcal{L}$) : l'heure sidérale du premier méridien (Paris), au moment où le navire était au lieu (L, $\mathcal{L}$), a été fournie par les chronomètres et trouvée

$$S_p = 22^h 34^m 0^s.$$

Aux hauteurs H, nous joignons les azimuts Z grossièrement observés et les coordonnées ($\mathcal{L}_0$, D) des astres.

| Astres observés. | H. | Z. | $\mathcal{L}_0$. | D. |
|---|---|---|---|---|
| $\alpha$ Andromède | 58° 27′ 48″ | − 112° 5′ | +338° 0′ 30″ | +28° 24′ 12″ |
| La Chèvre | 41 4 30 | − 44 45 | +261 37 55 | +45 52 12 |
| $\alpha$ Lyre | 54 2 30 | + 84 5 | + 60 18 45 | +38 40 12 |
| $\alpha$ Aigle | 44 6 10 | +135 0 | + 42 19 0 | + 8 30 0 |
| Fomalhaut | 11 59 0 | −165 0 | − 4 12 0 | −30 17 0 |
| Fomalhaut | 12 12 18 | −166 0 | − 4 12 0 | −30 17 0 |

Au moyen des formules $(r)$, on a calculé les diverses valeurs des quantités $h$ et $h'$; les $\xi$, $\eta$, $\zeta$ ont été calculés par les formules $(s)$, en y faisant l'arbitraire $z = 0$; on a obtenu, au moyen de ces diverses quantités, les valeurs suivantes des sommes $\Sigma$ :

$$\Sigma h \sin H = -1.29783, \quad \Sigma h \xi = -3,02071, \quad \Sigma h z = -0,69731, \quad \Sigma h \zeta = +1,16494,$$

$$\Sigma h' \sin H = +0,16712, \quad \Sigma h'\xi = -0,43422, \quad \Sigma h' z = +2,94178, \quad \Sigma h'\zeta = +0,07695.$$

Ces nombres ayant été mis dans les équations $(t)$ où l'on a fait encore $z = 0$, et dans les équations $(u)$, on en a déduit

$$\overline{\mathcal{L}_0} = +12° 59′ 55″, \qquad \overline{\mathcal{L}'_0} = +98° 23′ 47″,$$

$$\overline{D} = -20\ 35\ 41, \qquad \overline{D'} = + 1\ 28\ 56,$$

$$\overline{H} = +23\ 4\ 19, \qquad \overline{H'} = + 3\ 13\ 14 \ (^1).$$

---

les formules $(f')$ par les suivantes :

$$(f'') \qquad \cos\Phi = \dfrac{1}{\dfrac{2C^2}{PQ} + \cos(\varphi - \varphi')}, \qquad \text{condition:} \ \Phi \begin{cases} > -90° \\ < +90° \end{cases}$$

$$\operatorname{tang}\left(45° + \tfrac{1}{2}L\right) = \sqrt{\dfrac{P}{Q}}\ \operatorname{tang}\left(45° + \tfrac{1}{2}\Phi\right).$$

Ces formules fournissent une double solution, à cause du double signe de $\Phi$. On les démontre aisément, à l'aide des relations fondamentales (49) et (50).

$(^1)$ L'application de la formule $(x)$ a fourni les résultats suivants :

$$\tfrac{1}{n}(h^2 f^2 - h'^2 f'^2) = + 0,0771$$
$$\Sigma \cos z Z = + 0,0558$$
$$\text{Erreur} = \overline{\quad 0,0213\quad}$$

Telles sont les coordonnées et hauteurs des deux astres fictifs, auxquelles nous allons faire l'application de la méthode rigoureuse, exposée dans la Note VII.

Pour la conformité des notations, nous supprimerons les traits qui surmontent les lettres précédentes. Les formules $(d)$, $(e)$, $(f)$ ont conduit aux valeurs suivantes :

$$A = + 0,024137, \quad B = + 0,353576, \quad \log C = 9,96977 -,$$
$$\beta = + 0,052422, \quad z = + 0,387531,$$

et l'on en a déduit, au moyen des formules $(g')$,

$$\varphi = - 23° 55' 3'', \quad \log P = 8,92299 +,$$
$$\psi = + 92\ 11\ 9, \quad \log Q = 9,87020 +.$$

Par les formules $(h')$, $(i')$ et $(j')$, on a obtenu

$$2\lambda_0 = - 2,1810\ (\text{'}),$$
$$2(\lambda - \lambda_0) = + 1,0097$$
$$\overline{2\lambda = + 1,8287} \qquad \lambda = + 0,91435, \qquad L = + 46° 19' 13''.$$

Enfin, on a calculé, suivant les formules $(k')$ de la Note VII, la valeur de $\zeta - \zeta'_0$, et l'on a trouvé

$$\zeta - \zeta'_0 = - 86° 53' 19'';$$

d'où

$$\zeta = + 11\ 30\ 28.$$

Ces mêmes formules ont reproduit exactement la valeur de $\log C$ obtenue plus haut.

Il est intéressant de comparer ces valeurs de L et $\zeta$ à celles que fournit la méthode des moindres carrés, appliquée aux droites de hauteur. Nous présenterons ici le résultat de deux comparaisons faites en partant de valeurs très-différentes des coordonnées du point estimé : les calculs relatifs à ces données ont été faits suivant les formules (30), (31) ou (32), n° 7, (38), n° 9 et (43) à (45), n° 12. Voici les données et les résultats du calcul :

| Point estimé. | | Point obtenu. | | Erreur. | |
|---|---|---|---|---|---|
| $L_e$ | $\zeta_e$ | L | $\zeta$ | $\partial L$ | $\partial \zeta$ |
| + 46° 40' | + 11° 20' | + 46° 19' 10'' | + 11° 30' 30'' | − 3'' | + 2'' |
| + 47 50 | + 10 2 | + 46 20 4 | + 11 30 45 | + 51 | + 17 |

Eu égard à l'emploi de Tables à 5 décimales, le premier résultat peut être considéré comme identique avec celui que fournit la méthode rigoureuse : quant au second, malgré l'erreur de 1° 48' 50'' de la position du point estimé, celle du résultat ne s'élève pas même à 54 secondes.

En multipliant les exemples de cette nature, on se rendra compte de l'influence des termes des ordres supérieurs qui sont négligés dans les équations réduites à la forme linéaire.

---

(') On a fait également le calcul de L au moyen des formules $(f'')$ de la Note. p. 186, formules qui dispensent de l'emploi des fonctions hyperboliques ; et le résultat s'est accordé avec le précédent, à une seconde près.

Dans la théorie exposée au commencement de cette Note, nous avons exclu les observations faites trop près du zénith : nous allons montrer qu'effectivement on ne sauroit les combiner avec les autres, sans s'exposer à de grandes incertitudes et sans avoir fixé préalablement les limites inférieures des distances zénithales.

En vertu des équations $(a)$ et $(b)$, l'une des équations de condition peut s'écrire

$$(h')\qquad 0 = \sin L \sin D + \cos L \cos D \cos(\zeta_0 - \zeta) - \sin(\Pi + z);$$

d'où, en retranchant de l'équation $(a)$,

$$(i')\qquad F(\Pi) = \sin(\Pi + z) - \sin\Pi.$$

Proposons-nous de tirer de cette équation la valeur de $z^2$, en série ordonnée suivant les puissances de $F(\Pi)$, que nous écrirons simplement F, pour abréger. Nous poserons

$$(j')\qquad z^2 = A_0 + A_1 F + A_2 F^2 + A_3 F^3 + \ldots,$$

$A_0$, $A_1$, $A_2$, ... étant des coefficients qu'il s'agit de déterminer. Or, en différentiant cette équation par rapport à $z$, nous aurons

$$2z = (A_1 + 2A_2 F + 3A_3 F^2 + 4A_4 F^3 + \ldots)\frac{dF}{dz},$$

ou, en ayant égard à ce que l'équation $(i')$ donne

$$\frac{dF}{dz} = \cos(\Pi + z),$$

$$(k')\qquad 2z = (A_1 + 2A_2 F + 3A_3 F^2 + 4A_4 F^3 + \ldots)\cos(\Pi + z).$$

Différentiant cette dernière équation et mettant, pour $\dfrac{dF}{dz}$, la valeur précédente, il viendra

$$(l')\qquad \left\{ \begin{aligned} 2 &= (1.2A_2 + 2.3A_3 F + 3.4A_4 F^2 + \ldots)\cos^2(\Pi + z) \\ &\quad - (A_1 + 2A_2 F + 3A_3 F^2 + \ldots)\sin(\Pi + z). \end{aligned} \right.$$

Or, on tire de l'équation $(i')$,

$$\sin(\Pi + z) = \sin\Pi + F,$$
$$\cos^2(\Pi + z) = \cos^2\Pi - 2\sin\Pi\cdot F - F^2;$$

substituant ces valeurs dans la précédente et ordonnant par rapport à F, on aura l'identité

$$(m')\ \left\{ \begin{array}{l|l|l|l|l|l}
2 = 1.2A_2\cos^2\Pi & -\,2.3A_3\cos^2\Pi & F + 3.4A_4\cos^2\Pi & F^2 + 4.5A_5\cos^2\Pi & F^3 + 5.6A_6\cos^2\Pi & F^4 + \ldots \\
 & -\,1.2A_2\,2\sin\Pi & -\,2.3A_3\,2\sin\Pi & -\,3.4A_4\,2\sin\Pi & -\,4.5A_5\,2\sin\Pi & \\
 & & -\,1.2A_2 & -\,2.3A_3 & -\,3.4A_4 & \\
 & -\,A_1 & -\,2A_2 & -\,3A_3 & -\,4A_4 & \\
-\,A_1\sin\Pi & -\,2A_2\sin\Pi & -\,3A_3\sin\Pi & -\,4A_4\sin\Pi & -\,5A_5\sin\Pi &
\end{array} \right.$$

d'où l'on déduira les coefficients $A_i$, lorsque $A_0$ et $A_1$ auront été déterminés. A cet effet, on remarquera que, suivant la relation $(i')$, les quantités F et $z$ s'annulent en même temps ; faisons donc F et $z$ nuls, dans les équations $(j')$, $(k')$ et $(l')$, nous aurons

$$(n')\qquad A_0 = 0, \qquad A_1 = 0, \qquad A_2 = \frac{1}{\cos^2\Pi}.$$

Égalant actuellement à zéro les coefficients des diverses puissances de F dans $(m')$, on aura la suite d'égalités

$(o')$
$$\begin{cases} 2.3\,A_3\cos^2\Pi = 2.3\,A_2\sin\Pi, \\ 3.4\,A_4\cos^2\Pi = 3.5\,A_3\sin\Pi + 4A_2, \\ 4.5\,A_5\cos^2\Pi = 4.7\,A_4\sin\Pi + 9A_3, \\ 5.6\,A_6\cos^2\Pi = 5.9\,A_5\sin\Pi + 16A_4, \\ \dots\dots\dots\dots\dots\dots\dots\dots\dots\dots\dots \end{cases}$$

suite dont la loi est évidente.

On en déduit

$(p')$
$$\begin{cases} A_3 = \dfrac{\sin\Pi}{\cos^4\Pi}, \\[2mm] A_4 = \dfrac{5}{4}\dfrac{\sin^2\Pi}{\cos^6\Pi} + \dfrac{1}{3}\dfrac{1}{\cos^4\Pi}, \\[2mm] A_5 = \dfrac{7}{4}\dfrac{\sin^3\Pi}{\cos^8\Pi} + \dfrac{11}{12}\dfrac{\sin\Pi}{\cos^6\Pi}, \\[2mm] A_6 = \dfrac{21}{8}\dfrac{\sin^4\Pi}{\cos^{10}\Pi} + \dfrac{49}{24}\dfrac{\sin^2\Pi}{\cos^8\Pi} + \dfrac{8}{45}\dfrac{1}{\cos^6\Pi}, \\[2mm] \dots\dots\dots\dots\dots\dots\dots\dots\dots\dots\dots \end{cases}$$

Nous avons, comme plus haut, à satisfaire aux équations $(d)$, qui nous donneront d'abord

$$\Sigma\,\frac{d.\eta^2}{dF}\,\frac{dF}{dL} = 0, \qquad \Sigma\,\frac{d.\eta^2}{dF}\,\frac{dF}{d\zeta} = 0,$$

puis, en substituant les valeurs $(f)$,

$$\Sigma\cos Z\cos\Pi\,\frac{d(\eta^2)}{dF} = 0, \qquad \Sigma\sin Z\cos\Pi\,\frac{d(\eta^2)}{dF}.$$

Or on tire de la série $(j')$, en ayant égard aux relations $(n')$,

$$\frac{d(\eta^2)}{dF} = 2A_2F + 3A_3F^2 + 4A_4F^3 + \dots;$$

d'où, en mettant les valeurs des coefficients $(p')$,

$(q')$
$$\cos\Pi\,\frac{d(\eta^2)}{dF} = \frac{F}{\cos\Pi}\left[2 + 3\frac{\sin\Pi}{\cos^2\Pi}F + \left(5\frac{\sin^2\Pi}{\cos^4\Pi} + \frac{4}{3}\frac{1}{\cos^2\Pi}\right)F^2 + \left(\frac{35}{4}\frac{\sin^3\Pi}{\cos^6\Pi} + \frac{55}{12}\frac{\sin\Pi}{\cos^4\Pi}\right)F^3 \right.$$
$$\left. + \left(\frac{63}{4}\frac{\sin^4\Pi}{\cos^8\Pi} + \frac{49}{4}\frac{\sin^2\Pi}{\cos^6\Pi} + \frac{16}{15}\frac{1}{\cos^4\Pi}\right)F^4 + \dots\right].$$

Soit $2\theta$ la valeur de la parenthèse; nos équations de condition pourront s'écrire

$$\Sigma\theta\,\frac{\cos Z}{\cos\Pi}\,F(\Pi) = 0, \qquad \Sigma\theta\,\frac{\sin Z}{\cos\Pi}\,F(\Pi) = 0.$$

Ces équations ne pourront rentrer dans la forme $(h)$ qu'autant que le facteur $\theta$ se réduira sensiblement à l'unité. Or ce facteur ne pourra former une série convergente, que si la quantité $\frac{F\sin\Pi}{\cos^2\Pi}$ est une petite fraction. En ne considérant que les deux premiers termes, on aurait

$$\theta = 1 + \frac{3}{2}\frac{F\sin\Pi}{\cos^2\Pi},$$

ou, en vertu de $(i')$,

$$\theta = 1 + \frac{3}{2}\frac{\sin(\Pi + \eta) - \sin\Pi}{\cos^2\Pi}\sin\Pi:$$

il est visible que négliger le second terme devant l'unité revient à altérer le poids de l'observation ; mais les poids sont tellement incertains qu'on peut évidemment se permettre de les modifier d'une fraction telle que $\frac{1}{m}$, $m$ étant une quantité positive ou négative, dont la valeur absolue excède 3 ou 4 par exemple. Admettons cette tolérance et posons

$$\frac{1}{m} = \frac{3}{2} \sin \Pi \, \frac{\sin(\Pi + z) - \sin \Pi}{\cos^2 \Pi} ;$$

d'où

$$\cos^2 \Pi = \frac{3}{2} m \sin \Pi \left( 2 \sin \tfrac{1}{2} z \cos \tfrac{1}{2} z \cos \Pi - 2 \sin^2 \tfrac{1}{2} z \sin \Pi \right),$$

puis, en divisant tout par $\sin^2 \Pi$ et transposant,

$$\cot^2 \Pi - 3 m \sin \tfrac{1}{2} z \cos \tfrac{1}{2} z \cot \Pi = - 3 m \sin^2 \tfrac{1}{2} z :$$

en résolvant cette équation par rapport à $\cot \Pi$, il viendra

$$\cot \Pi = \frac{3}{2} m \sin \tfrac{1}{2} z \cos \tfrac{1}{2} z \pm \frac{1}{2} \sin \tfrac{1}{2} z \sqrt{3 m \left( 3 m \cos^2 \tfrac{1}{2} z - 4 \right)}.$$

Or, $z$ étant supposé très-petit, on pourra remplacer $\cos \tfrac{1}{2} z$ par l'unité, et $\sin \tfrac{1}{2} z$ par $\frac{1}{2} \sin z$ ; alors on aura

$$(r') \qquad\qquad \cot \Pi = \tfrac{1}{4} \sin z \left[ 3 m \pm \sqrt{3 m (3 m - 4)} \right].$$

On voit d'abord qu'en supposant $m$ positif, il faut que l'on ait $m > \frac{4}{3}$, pour que $\cot \Pi$ ne soit pas imaginaire : cette condition est satisfaite, puisque nous supposons $\pm m > 3$ ou 4.

Considérons successivement les valeurs positives et négatives de $m$.

$1°\ m > \frac{4}{3}$. — On devra s'en tenir au signe supérieur devant le radical, afin que $\cot \Pi$ prenne la valeur la plus grande : comme cette quantité est essentiellement positive, la formule répondra au cas de $z$ positif et deviendra

$$\cot \Pi = \tfrac{1}{4} \sin z \left[ 3 m + \sqrt{3 m (3 m - 4)} \right].$$

$2°\ m < 0$. — Il est visible qu'il faudra prendre le signe inférieur, et l'on aura

$$\cot \Pi = \tfrac{1}{4} \sin z \left[ 3 m - \sqrt{3 m (3 m - 4)} \right],$$

valeur qui répondra au cas de $z$ négatif.

Convenons actuellement que $m$ et $z$ désignent désormais des valeurs absolues, les deux équations précédentes pourront se mettre sous la forme

$$\cot \Pi = \tfrac{1}{4} \sin z \left[ 3 m + \sqrt{3 m (3 m \mp 4)} \right],$$

les signes supérieur et inférieur répondant au cas de $m$ primitivement positif ou négatif. Enfin, dans le but d'obtenir un résultat applicable à tous les cas, il suffira de considérer celui qui donne la plus grande valeur de $\cot H$; on aura dès lors

$$(s') \qquad \cot H = \frac{1}{4} \sin z \left[ 3m + \sqrt{3m(3m+4)} \right].$$

Soit, pour fixer les idées, $m = 4$: il viendra

$$\cot H = \sin z \left( 3 + \sqrt{12} \right) = 6,464 \sin z, \qquad (m = 4)$$

ou, simplement, en introduisant la distance zénithale $z$ à la place de la hauteur $H$,

$$z = 6,464 z.$$

Soit, d'autre part, $z = 3'$; on aura, pour limite inférieure des distances zénithales,

$$19',392.$$

Si l'on considère le cas d'observations faites l'horizon étant très-brumeux, cas où la valeur de $z$ pourrait atteindre 9 à 10 minutes, on aurait, pour limite de $z$, environ 60 minutes ou 1 degré.

Donc, si l'erreur $z$ n'excède pas 3 minutes, on pourra appliquer les formules ($h$) aux observations faites depuis l'horizon jusqu'à $19',4$ du zénith, sans avoir à redouter d'erreurs équivalentes à celle qui résulterait d'une altération du poids des observations, égale au quart de ce poids.

Par un horizon brumeux, il conviendrait de ne pas employer les observations faites à moins de 1 degré de distance zénithale.

Déjà, pour d'aussi faibles distances zénithales, les azimuts seront très-incertains; on conçoit dès lors qu'il convienne, pour éviter de grandes incertitudes, de ne pas appliquer les formules ($h$) à des observations faites encore plus près du zénith.

A cause du diviseur $\cos H$, les observations voisines du zénith fourniront, aux sommes $\Sigma$, des termes bien plus influents que les astres observés près de l'horizon; en sorte que ces derniers ne joueront qu'un rôle presque insignifiant par rapport aux autres. Ce résultat paraît, au premier abord, en contradiction avec celui que l'on a obtenu pour le cas de deux observations : les étoiles basses étant alors plus propres à une bonne détermination du *point*, lorsque les directions azimutales sont rectangulaires. Cette contradiction n'est qu'apparente, attendu que la condition relative aux faibles hauteurs avait seulement pour objet de séparer nettement les deux solutions : on se rappelle d'ailleurs que cette condition n'apparait plus dans l'application de la méthode des droites de hauteur, où l'on n'a pas à distinguer entre deux solutions.

Revenant au cas de faibles distances zénithales, on reconnaîtra d'abord que, si l'on n'a que deux observations, l'application de la méthode des moindres carrés ne peut fournir un autre résultat que les méthodes rigoureuses du n° 5 ou de la Note V. Mais si l'on dispose de plus de deux observations, les solutions multiples se divisent en deux groupes : les unes qui coïncideraient s'il n'existait pas d'erreurs dans les observations; les autres qui fourniront autant de solutions différentes que l'on peut faire de combinaisons des observations deux à deux. Ces dernières disparaissent nécessairement du résultat fourni par la méthode des moindres carrés, et sont remplacées par une solution étrangère, facile à distinguer de la vraie.

Il résulte de ces considérations que, hors le voisinage immédiat du zénith, c'est-à-dire au delà de 20 minutes environ à 1 degré de distance zénithale, suivant les cas, le nombre des observations nécessaires pour obtenir un résultat d'une précision donnée sera moindre dans le cas des grandes que dans celui des faibles hauteurs. On n'oubliera pas, d'ailleurs, que l'erreur d'un azimut Z, par les faibles distances zénithales, produirait le même effet qu'une altération du poids de l'observation correspondante.

# NOTE IX.

### CONSTRUCTION GRAPHIQUE DE LA POSITION LA PLUS PROBABLE DU NAVIRE, AU MOYEN DES DROITES DE HAUTEUR.

Nous avons présenté, n° 13, une solution relative au cas particulier de trois droites de hauteur. Nous donnerons, dans cette Note, une solution qui s'applique à un nombre quelconque de ces droites : en la déduisant directement des équations qui nous ont fourni la solution analytique, nous éviterons l'inconvénient de recourir à des considérations étrangères au sujet lui-même.

Par le point estimé E (*fig.* 13), menons des axes de coordonnées rectangulaires EX et EY, dirigés respectivement vers l'ouest et vers le nord.

Fig. 13.

Menons, par le point E, les directions azimutales Z ou $Z_c$ des astres observés, comptées positivement de Y vers X ; soit EA l'une de ces droites : nous porterons de E vers A la quantité $p$ définie, n° 9, ou, en sens contraire, suivant que cette quantité $p$ sera positive ou négative, et nous fixerons ainsi un point R. Ayant appliqué cette construction aux diverses droites de hauteur, on obtiendra une suite de points R, dont on déterminera les coordonnées X et Y du centre de gravité, suivant les formules (49),

$$(a) \qquad X = \frac{1}{n} \Sigma p \sin Z_c, \qquad Y = \frac{1}{n} \Sigma p \cos Z_c,$$

où $n$ désigne le nombre des droites de hauteur.

En faisant (11),

$$(b) \qquad v = \frac{1}{n} \Sigma \sin 2 Z_c, \qquad u = \frac{1}{n} \Sigma \cos 2 Z_c,$$

nous avons réduit les deux équations du problème aux suivantes :

$$(c) \qquad bv + a(1 - u) = 2\,X, \qquad b(1 + u) + av = 2\,Y,$$

où $a$ et $b$ désignent les coordonnées $x$ et $y$ du point le plus probable.

Chacune de ces deux équations est celle d'une droite sur laquelle se trouve le point inconnu : il s'ensuit que la solution du problème est ramenée à la construction de deux droites, dont l'intersection fixera précisément la position la plus probable.

Les quantités X et Y étant déterminées par ce qui précède, il convient de représenter graphiquement les auxiliaires $v$ et $u$, ou de construire des lignes qui leur soient proportionnelles. A cet effet, d'un point C pris arbitrairement sur EY comme centre, et avec un rayon $\rho = $ EC, décrivons une circonférence, et marquons sur cette circonférence le point $\varpi$ où elle coupe la droite AE prolongée s'il est nécessaire ; joignant C$\varpi$, il est visible que l'angle DC$\varpi$ est égal à $2\,Z_e$. Les coordonnées du point $\varpi$ auront dès lors pour expressions

$$\rho \sin 2 Z_e \qquad \text{et} \qquad \rho + \rho \cos 2 Z_e.$$

Concevons que l'on ait marqué les points $\varpi$ correspondants aux diverses directions azimutales, et désignons par $\xi$ et $\eta$ les coordonnées de leur centre de gravité, nous aurons

$$(d) \qquad \xi = \frac{\rho}{n}\,\Sigma \sin 2 Z_e, \qquad \eta = \rho + \frac{\rho}{n}\,\Sigma \cos 2 Z_e.$$

De la comparaison de ces expressions avec $(b)$, on déduit

$$(e) \qquad v = \frac{\xi}{\rho}, \qquad u = \frac{\eta - \rho}{\rho}.$$

La valeur de $u$ fournit les suivantes :

$$(f) \qquad 1 - u = \frac{2\rho - \eta}{\rho}, \qquad 1 + u = \frac{\eta}{\rho}.$$

Substituant ces valeurs et celle de $v$ dans les équations $(c)$, et faisant disparaître le dénominateur $\rho$, il vient

$$(g) \qquad \begin{cases} \xi b + (2\rho - \eta)\,a = 2\rho\,X, \\ \eta b + \xi a = 2\rho\,Y. \end{cases}$$

Il reste à construire les droites représentées par ces équations. Ce problème est très-simple et susceptible de solutions variées, entre lesquelles le choix n'est pas indifférent ; il est, en effet, nécessaire d'éviter les indéterminations et l'emploi de lignes qui pourraient prendre des dimensions démesurées. Observons, à cet égard, que le centre de gravité des points $\varpi$ sera généralement peu éloigné du centre C, de sorte que son abscisse $\xi$ pourra être très-petite, tandis que son ordonnée $\eta$ différera peu du rayon $\rho$ ; il en sera de même de la quantité $2\rho - \eta$. Ces remarques nous conduisent à diviser la première équation $(g)$ par $2\rho - \eta$ et la deuxième par $\eta$ : tirant alors les valeurs de $a$ et de $b$, il vient

$$(h) \qquad \begin{cases} a = - \dfrac{\xi}{2\rho - \eta}\,b + \dfrac{2\rho}{2\rho - \eta}\,X, \\[2ex] b = - \dfrac{\xi}{\eta}\,a + \dfrac{2\rho}{\eta}\,Y. \end{cases}$$

Supposant reportés sur la *fig.* 14, ou même obtenus directement, les points E, C, D et les centres de gravité G et $\gamma$, nous allons procéder successivement à la construction de la première et de la deuxième droite $(h)$.

*Première droite* $(h)$. — Par le point G, menons une parallèle à l'axe des $y$, et par le point $\gamma$ une parallèle à l'axe des $x$; puis marquons leur point d'intersection B. Joignons DB et prolongeons

Fig. 14.

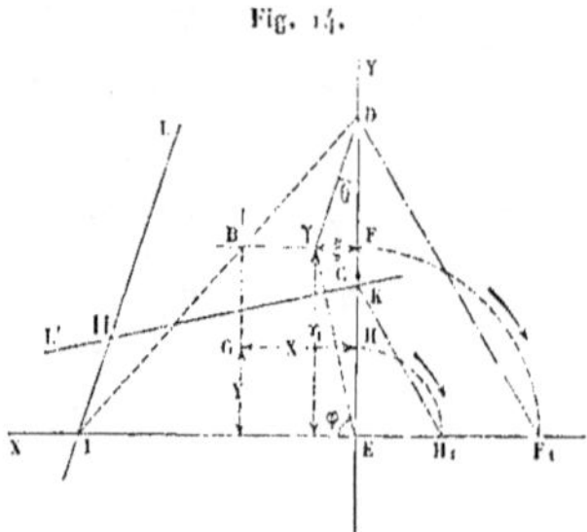

cette droite jusqu'à son intersection I avec l'axe des $x$ : le point ainsi obtenu est un point de la droite; en effet, les triangles semblables DFB, DEI donnent la proportion

$$\frac{IE}{DE} = \frac{BF}{DF},$$

d'où, en vertu de relations faciles à lire dans la figure,

$$IE = \frac{2\rho}{2\rho - x} X :$$

or, cette quantité est la valeur de $a$ correspondante à $b = 0$.

Joignons D$\gamma$, et soit $\theta$ l'angle $\gamma$DF; on aura

$$\tan g\,\theta = \frac{\xi}{2\rho - x}.$$

Mais, si l'on désigne par $\beta$ l'angle de la droite avec l'axe des $y$, compté de $y$ vers $x$, on aura, suivant la première équation $(h)$,

$$\tan g\,\beta = -\frac{\xi}{2\rho - x};$$

de la comparaison de ces deux relations, on déduit $\beta = -\theta$. Il s'ensuit que la droite fait, avec l'axe des $y$, l'angle $\theta$ mesuré de $y$ vers le prolongement de l'axe des $x$. Donc, si l'on mène par le point I une droite IL parallèle à D$\gamma$, on obtiendra la première droite $(h)$.

*Deuxième droite* $(h)$. — Pour fixer les idées, supposons d'abord l'ordonnée Y du point G positive, et désignons par F et H les projections des points $\gamma$ et G sur l'axe des $y$ : nous rabattrons les droites EF et EH sur le prolongement de l'axe des $x$; ce qui nous donnera deux points $F_1$, $H_1$, dont les distances au point E sont

$$EF_1 = x, \qquad EH_1 = Y.$$

Joignons DF$_1$, et menons par H$_1$ une parallèle à DF$_1$; le point de rencontre K de cette parallèle avec l'axe des $y$ appartiendra à la deuxième droite : en effet, les deux triangles semblables DEF$_1$, KEH$_1$ fournissent la proportion

$$\frac{KE}{EH_1} = \frac{DE}{EF_1},$$

d'où, en vertu de relations également faciles à lire sur la figure,

$$KE = \frac{2\rho}{\eta} Y.$$

Cette quantité est effectivement égale à l'ordonnée à l'origine, suivant la deuxième équation ($h$).

Si l'ordonnée Y est négative, la considération de la continuité suffira pour montrer que le rabattement du point H devra se faire sur le côté opposé de l'axe des $x$, c'est-à-dire sur le côté positif de cet axe. On comprendra les deux rabattements dans un énoncé unique, en disant qu'ils doivent être faits au moyen de un quart de cercle de rayon EH décrit dans le sens de $x$ vers $y$.

Joignons actuellement $\gamma$E, et soit $\varphi$ l'angle $\gamma$EX ou l'angle que la droite $\gamma$E fait avec l'axe des $x$ vers $y$; nous aurons, d'après la figure,

$$\tan g\,\varphi = \frac{\eta}{\xi} :$$

soit $\varphi'$ l'angle de la deuxième droite avec le même axe des $x$, on aura, suivant la deuxième équation ($h$),

$$\tan g\,\varphi' = -\frac{\xi}{\eta} ;$$

multipliant ces équations membre à membre, il vient

$$\tan g\,\varphi \, \tan g\,\varphi' = -1,$$

relation d'après laquelle la deuxième droite est perpendiculaire à la direction $\gamma$E. Donc, si, par le point K, on mène une perpendiculaire KL′ à la droite $\gamma$E, on obtiendra la deuxième droite qu'il s'agissait de construire.

L'intersection Π de nos deux droites est la position du point le plus probable.

*Remarques concernant la détermination des centres de gravité* P *et* ϖ. — Il importe, dans cette opération, d'éviter que les termes formant les sommes $\Sigma$ ne prennent des signes différents; il convient encore d'éviter toute confusion et de faciliter le relevé des coordonnées. Voici comment nous nous proposons de procéder :

Ayant tracé (*fig.* 13) les deux axes coordonnés EX et EY, on fera le rayon arbitraire $\rho$ égal, tout au moins à la moitié du rayon du *rapporteur* dont on dispose et tout au plus égal à ce rayon. Du point C pris pour centre, sur la direction EY, et à la distance $\rho$ de l'origine E, on tracera une circonférence de cercle.

Par le point E, on mènera une droite suivant la direction azimutale de l'un des astres observés, que l'on prolongera jusqu'à sa rencontre avec la circonférence de rayon $\rho$ : sur ladite direction, ou en sens contraire, selon que la quantité $p$ sera positive ou négative, on portera la longueur $p$ à partir du point E ; ce qui fournira la position du point rapproché R : le point de rencontre de la même droite azimutale avec la circonférence décrite de C, avec le rayon $\rho$, a été désigné plus haut par la lettre ϖ. La même opération sera effectuée pour chacun des astres observés.

Cela fait, pour déterminer la position G du centre de gravité des points R, on tracera deux axes auxiliaires et respectivement parallèles à EX, EY, qui laissent tous les points R d'un même côté, par rapport à l'un et l'autre de ces axes : on pourra même les faire passer chacun par l'un des points R le plus écarté dans un sens ou dans l'autre; on supprimera ainsi la lecture de l'abscisse ou de l'ordonnée de ce point. On projettera chacun des points R sur l'un et l'autre des nouveaux axes, en ayant le soin de prolonger les lignes de projection de 1 à 2 millimètres au delà de l'axe correspondant.

Dans ces conditions, on appliquera le zéro d'une règle divisée, au point de croisement des nouveaux axes, et on lira sur chacun d'eux les abscisses ou les ordonnées des points R, sans avoir à déplacer la règle. Faisant la somme de toutes les lectures, et divisant par le nombre des points R, on obtiendra les coordonnées du point G, que l'on marquera (*fig.* 14) sur l'épure ou sur la carte.

Quant aux points $\varpi$, on opérera de même, à cela près que l'on choisira, pour axes arbitraires, des droites opposées par rapport aux anciens axes ; ce qui évitera toute confusion : on marquera encore la position $\gamma$ du centre de gravité des points $\varpi$.

La construction qui reste à faire est tellement simple et si distincte, qu'il ne sera pas même nécessaire d'effacer les lignes qui auront servi à la détermination des points G et $\gamma$. Voici, en résumé, les indications relatives à cette construction :

On marquera, sur l'axe des $y$, l'extrémité D du diamètre du cercle de rayon $\rho$ opposée à **E**, et l'on joindra le point $\gamma$ au point **E** : par le même point $\gamma$, on mènera une parallèle à l'axe des **X** qui déterminera la projection de $\gamma$ sur l'axe des $y$ en **F** ; on projettera de même en H le point G sur le même axe. Menant ensuite, par ce même point G, une parallèle à l'axe des $y$, on déterminera son intersection B avec la droite $\gamma$F. Joignant DB et prolongeant au besoin, on obtiendra l'intersection I de cette droite avec l'axe des $x$ ; joignant, d'un autre côté, les points D et $\gamma$, puis menant, par le point I, une parallèle à D$\gamma$, on aura l'une des droites IL.

Pour construire la deuxième droite, on rabattra les droites EF et EH sur l'axe des $x$, au moyen de quarts de circonférence décrits de E comme centre, dans le même sens angulaire de $x$ vers $y$ ; ce qui fournira les points $F_1$ et $H_1$. Joignant $DF_1$, on mènera, par le point $H_1$, une droite parallèle à $DF_1$, qui coupera l'axe des $y$ en un point K ; puis, par le point K, on mènera la droite KL' perpendiculairement à $\gamma$E. Cette droite KL' est la deuxième droite qu'il s'agissait d'obtenir.

Enfin, le point d'intersection H des droites IL et KL' représente la position la plus probable du navire.

# NOTE X.

SUR LES COURBES DE HAUTEUR, DANS LE CAS OU LE RAPPORT $\dfrac{\sin^2 H}{\sin^2 D}$

EST VOISIN DE L'UNITÉ.

Suivant que le rapport $\dfrac{\sin^2 H}{\sin^2 D}$ est supérieur ou inférieur à l'unité, les courbes de hauteur sont des ovales fermés ou des espèces de sinusoïdes à branches infinies : les équations de ces courbes ont été données sous des formes très-simples, où les coordonnées peuvent être considérées comme rapportées à des axes menés par leurs centres. L'emploi de ces équations implique la détermination de l'ordonnée $y_0$ du centre, ordonnée qui tend vers l'infini lorsque le rapport $\dfrac{\sin^2 H}{\sin^2 D}$ tend vers l'unité; de là un inconvénient quand ledit rapport diffère peu de l'unité : l'objet de la présente Note est de modifier la forme de nos équations, de manière à éviter l'emploi de l'ordonnée du centre.

Soit

$$(a) \qquad z = 1 \mp \frac{\sin H}{\sin D} \quad \text{ou} \quad \frac{\sin H}{\sin D} = \pm (1 - z). \qquad\qquad \sin D \begin{cases} \text{positif,} \\ \text{négatif,} \end{cases}$$

en sorte que la quantité $\alpha$ soit une quantité très-petite, l'équation générale (53), n° 15, des courbes de hauteur, préalablement divisée par $\sin D$, devient, en y mettant pour $\dfrac{\sin H}{\sin D}$ la valeur précédente,

$$\pm \operatorname{Cos} \frac{y}{R}(1 - z) - \operatorname{Sin} \frac{y}{R} = \cot D \cos \frac{x - x_0}{R}$$

ou

$$(b) \qquad \pm \left( e^{\mp \frac{y}{R}} - z \operatorname{Cos} \frac{y}{R} \right) = \cot D \cos \frac{x - x_0}{R},$$

équation dans laquelle, ainsi que dans les suivantes, les signes supérieurs et inférieurs répondent respectivement au cas où $\sin D$ est positif ou négatif.

Cette équation fournit, pour expression de l'abscisse en fonction de l'ordonnée,

$$(c) \qquad \cos \frac{x - x_0}{R} = \pm \operatorname{tang} D \left( e^{\mp \frac{y}{R}} - z \operatorname{Cos} \frac{y}{R} \right) :$$

on peut lui donner cette autre forme

$$(d) \qquad \cos \frac{x - x_0}{R} = \pm \operatorname{tang} D \, e^{\mp \frac{y}{R}} \left[ 1 - \frac{1}{2} z \left( 1 - e^{\pm \frac{2y}{R}} \right) \right].$$

L'une ou l'autre de ces équations fournit une solution de la question proposée.

On obtiendra les limites de $y$, en posant $\frac{dy}{dx} = 0$ dans l'équation (54), ce qui donne

$$\frac{x - x_0}{R} = i\pi, \quad \text{d'où} \quad \cos\frac{x - x_0}{R} = \pm 1 \,;$$

substituant cette valeur à la place du premier membre de $(d)$, et éliminant $\alpha$, au moyen de son expression $(a)$, on parviendra aux valeurs suivantes :

$$e^{\pm\frac{y}{R}} = \frac{\cos D + \cos H}{\sin H \mp \sin D}, \qquad e^{\pm\frac{y}{R}} = \frac{\cos D - \cos H}{\sin H \mp \sin D},$$

qui peuvent s'écrire

$$e^{\pm\frac{y}{R}} = \cot\frac{1}{2}(H \mp D), \qquad e^{\pm\frac{y}{R}} = \tan\frac{1}{2}(H \pm D)\,;$$

d'où

$$(e) \qquad \frac{y}{R} = \pm \log\cot\frac{1}{2}(H \mp D), \qquad \frac{y}{R} = \pm \log\tan\frac{1}{2}(H \pm D).$$

Si l'on suppose $H = \pm D$, d'où $H \mp D = 0$ et $\frac{H \pm D}{2} = H$, la première de ces limites devient infinie et la seconde donne

$$\frac{y}{R} = \pm \log\tan H = \mp \log\cot H,$$

résultat conforme à celui que fournit l'équation (83), où $y_0$ désigne l'ordonnée du sommet.

Pareillement, on déduira de (54) les limites de $x$, en posant $\frac{dx}{dy} = 0$ : il en résultera

$$(f) \qquad\qquad \operatorname{Tang}\frac{y}{R} = \frac{\sin D}{\sin H}.$$

Cette relation montre que l'on n'obtiendra des valeurs réelles de $\frac{y}{R}$ qu'autant que l'on aura $\sin^2 H \geqq \sin^2 D$, ce que l'on sait déjà : en d'autres termes, les courbes ne seront limitées, dans le sens des $x$, que si cette inégalité est satisfaite.

Si l'on compare les équations $(f)$ et $(64)$ du n° 17, on verra que la valeur de $y$ qu'on vient de déterminer est l'ordonnée du centre de la courbe de hauteur.

De la relation précédente, on déduit

$$\operatorname{Cos}\frac{y}{R} = \frac{\sin H}{\sqrt{\sin^2 H - \sin^2 D}}, \qquad \operatorname{Sin}\frac{y}{R} = \frac{\sin D}{\sqrt{\sin^2 H - \sin^2 D}}.$$

Au moyen de ces valeurs, l'équation (53) fournit, pour la détermination des limites de $x$,

$$(g) \qquad \cos\frac{x - x_0}{R} = \frac{\sqrt{\sin^2 H - \sin^2 D}}{\cos D} = \frac{\sqrt{\sin(H + D)\sin(H - D)}}{\cos D}$$

ou, en introduisant la valeur $(a)$ de $\alpha$,

$$\cos\frac{x - x_0}{R} = \pm \tan D \sqrt{-2\alpha + \alpha^2}.$$

Les équations $(e)$ et $(d)$ fournissent les valeurs de $x$ en fonction de $y$ ; il nous reste à présenter l'expression de $y$ en fonction de $x$, en série ordonnée suivant les puissances de la quantité $\alpha$.

Écrivons l'équation $(b)$ comme il suit :

$$(h) \qquad c^{\mp \frac{y}{R}} = \pm \cot D \cos \frac{x - x_0}{R} + z \, \mathfrak{C}\mathrm{os} \, \frac{y}{R},$$

et posons

$$(i) \qquad u = e^{\mp \frac{y}{R}}, \quad t = \pm \cot D \cos \frac{x - x_0}{R}, \quad \mathfrak{C}\mathrm{os} \, \frac{y}{R} = fu ;$$

notre équation prendra la forme

$$(j) \qquad u = t + z f u.$$

Il s'agit de résoudre cette équation par rapport à $u$, ou, mieux encore, d'en déduire la valeur d'une fonction $Fu$ que nous ferons égale à $\log u$,

$$(k) \qquad Fu = \log u ;$$

car, d'après $(i)$, nous aurons

$$(l) \qquad \mp \frac{y}{R} = \log u.$$

Quant à la fonction $fu$, il viendra évidemment $fu = \mathfrak{C}\mathrm{os}\left(\pm \frac{y}{R}\right)$ ou

$$(m) \qquad fu = \frac{1}{2}\left(u + \frac{1}{u}\right).$$

Or Lagrange a donné, pour expression d'une fonction quelconque $F$ de $u$, liée à une variable $t$ par la relation $(j)$, la série suivante :

$$(n) \quad Fu = Ft + \frac{z}{1} ft F't + \frac{\alpha^2}{1.2}\frac{d[(ft)^2 F't]}{dt} + \frac{z^3}{1.2.3}\frac{d^2[(ft)^3 F't]}{dt^2} + \frac{z^4}{1.2.3.4}\frac{d^3[(ft)^4 F't]}{dt^3} + \dots,$$

où $F't$ est la dérivée de $Ft$.

Pour appliquer cette formule, nous aurons, suivant $(m)$ et $(k)$,

$$ft = \frac{1}{2}\left(t + \frac{1}{t}\right), \quad F't = \frac{1}{t},$$

d'où

$$(o) \qquad ft \, F't = \frac{1}{2}\left(1 - \frac{1}{t^2}\right);$$

développant la puissance $m^{ième}$ de $ft$ et divisant ensuite par $t$, nous aurons

$$(ft)^m F't = \frac{1}{2^m}\left[t^{m-1} + \frac{m}{1} t^{m-3} + \frac{m(m-1)}{1.2} t^{m-5} + \frac{m(m-1)(m-2)}{1.2.3} t^{m-7} + \dots\right].$$

Différentiant cette expression $\mu$ fois, il viendra

$$\frac{d^\mu[(ft)^m F't]}{dt^\mu} = \frac{1}{2^m}\left[(m-1)(m-2)\dots(m-\mu) t^{m-\mu-1} + \frac{m}{1}(m-3)(m-4)\dots(m-\mu-2) t^{m-\mu-3}\right.$$
$$+ \frac{m(m-1)}{1.2}(m-5)(m-6)\dots(m-\mu-4) t^{m-\mu-5}$$
$$\left. + \frac{m(m-1)(m-2)}{1.2.3}(m-7)(m-8)\dots(m-\mu-6) t^{m-\mu-7} + \dots\right].$$

Si, dans cette formule, on fait $\mu = m - 1$, on trouvera

$$\frac{d^{m-1}\left[(ft)^m F't\right]}{dt^{m-1}} = \frac{1}{2^m}\left[(m-1)(m-2)\ldots 2.1 + \frac{m}{1}\,\frac{(m-3)(m-4)\ldots 2.1.0(-1)}{t^2}\right.$$
$$-\frac{m(m-1)}{1.2}\,\frac{(m-5)(m-6)\ldots 2.1.0(-1)(-2)(-3)}{t^4}$$
$$\left.-\frac{m(m-1)(m-2)}{1.2.3}\,\frac{(m-7)(m-8)\ldots 2.1.0(-1)(-2)(-3)-4)(-5)}{t^6}+\ldots\right].$$

Faisant successivement $m = 2,\ m = 3,\ m = 4,\ m = 5,\ldots$, on obtient les expressions suivantes :

$$(p)\quad\begin{cases}\dfrac{d\left[(ft)^2 F't\right]}{dt} = \dfrac{1}{4}\left(1-\dfrac{2}{t^2}-\dfrac{3}{t^4}\right),\\[2ex]\dfrac{d^2\left[(ft)^3 F't\right]}{dt^2} = \dfrac{1}{8}\left(2+\dfrac{18}{t^4}+\dfrac{20}{t^6}\right),\\[2ex]\dfrac{d^3\left[(ft)^4 F't\right]}{dt^3} = \dfrac{1}{16}\left(6-\dfrac{36}{t^4}-\dfrac{240}{t^6}-\dfrac{210}{t^8}\right),\\[2ex]\dfrac{d^4\left[(ft)^5 F't\right]}{dt^4} = \dfrac{1}{32}\left(24+\dfrac{1200}{t^6}+\dfrac{4200}{t^8}+\dfrac{3024}{t^{10}}\right),\\[2ex]\dfrac{d^5\left[(ft)^6 F't\right]}{dt^5} = \dfrac{1}{64}\left(120-\dfrac{2400}{t^6}-\dfrac{37800}{t^8}-\dfrac{90720}{t^{10}}-\dfrac{55440}{t^{12}}\right),\end{cases}$$

Au moyen de ces valeurs, jointes à $(o)$, la formule $(n)$, en ayant égard aux relations $(k)$ et $(l)$, devient finalement

$$(q)\quad\begin{cases}\mp\dfrac{r}{R} = \log\left(\pm\cot D\,\cos\dfrac{x-x_0}{R}\right)+\dfrac{z}{2}\left(1-\dfrac{1}{t^2}\right)+\dfrac{z^2}{8}\left(1-\dfrac{2}{t^2}-\dfrac{3}{t^4}\right)+\dfrac{z^3}{24}\left(1+\dfrac{9}{t^4}+\dfrac{10}{t^6}\right)\\[2ex]\quad+\dfrac{z^4}{64}\left(1-\dfrac{6}{t^4}-\dfrac{40}{t^6}-\dfrac{35}{t^8}\right)+\dfrac{z^5}{160}\left(1+\dfrac{50}{t^6}+\dfrac{175}{t^8}+\dfrac{126}{t^{10}}\right)+\dfrac{z^6}{384}\left(1-\dfrac{20}{t^6}-\dfrac{315}{t^8}-\dfrac{756}{t^{10}}-\dfrac{462}{t^{12}}\right)\end{cases}$$

formule dans laquelle on a

$$(r)\qquad\frac{1}{t^2} = \left(\frac{\tang D}{\cos\dfrac{x-x_0}{R}}\right)^2.$$

On remarquera sans doute que, dans le cas des courbes fermées, à chaque valeur de $x$ répondent deux valeurs de $r$; tandis que le développement de Lagrange n'en fournit qu'une seule : cela est sans inconvénient dans la question actuelle, puisqu'on ne saurait songer à obtenir les ordonnées de points situés au delà du centre de la courbe.

Dans tous les cas, il est visible que la série $(q)$ ne sera convergente que pour les valeurs de $x$, telles que $\frac{z}{t^2}$ soit encore une assez faible fraction : cette série ne pourra servir dans le voisinage du point d'inflexion des courbes sinussoïdales; car, au point d'inflexion, $\frac{z}{t^2}$ deviendrait infini pour les valeurs de D différentes de zéro.

On trouvera sans doute inutile d'insister davantage sur ce sujet, puisque la formule $(d)$ permet, dans tous les cas, d'obtenir l'abscisse en fonction de l'ordonnée, et, par suite, de fixer la position de tant de points que l'on voudra de la courbe de hauteur.

FIN DE LA PARTIE THÉORIQUE.

# PRATIQUE

PAR

M. AVED DE MAGNAC.

# TABLE DES MATIÈRES.

## PRATIQUE

### Par M. AVED DE MAGNAC.

## CHAPITRE II.

### DÉTERMINATION DU POINT. — MÉTHODES DIRECTES.

# CHAPITRE III.

## DÉTERMINATION DU POINT. — MÉTHODE INDIRECTE.

### § V. — *Détermination de la droite de hauteur.*



### § VI. — *Détermination du point par l'intersection de deux droites de hauteur.*



### § VII. — *Détermination de la limite de l'erreur du point déterminé par deux droites de hauteur.*



### § VIII. — *Opérations complémentaires de la détermination du point lorsque la première approximation est jugée insuffisante. Deux méthodes.*



### § IX. — *Cas particuliers des droites de hauteur*



#### *Détermination directe de la latitude.*



#### *Détermination directe de la longitude.*

# CHAPITRE IV.

### DES ERREURS QUI PEUVENT AFFECTER LES QUANTITÉS SERVANT A DÉTERMINER LE POINT. — DE LEURS EFFETS. — MOYEN DE LES COMBATTRE.

#### § I. — *Erreurs des observations. — Erreurs de courant. — Erreur des chronomètres.*



#### § II. — *Effets des erreurs des diverses quantités servant à déterminer le point.*

# CHAPITRE V.

### OBSERVATIONS DE NUIT.



# CHAPITRE VI.

### EXEMPLES DE CALCULS RELATIFS A LA NOUVELLE NAVIGATION.

# TABLES NUMÉRIQUES.

------

# ERRATA.

Page 33, première ligne de la note, *au lieu de* immédiatement après et avant, *lisez* immédiatement avant et après.

46, troisième ligne à partir du bas, *supprimer* 1°.

47, lignes 1 et 2, *au lieu de* 2° et 3°, *lisez* 1° et 2°.

52, ligne 5, *au lieu de* sera prise, lisez serait prise.

55, ligne 18, *au lieu de* 15°,9, *lisez* 15°,6.

56, dernière ligne, *au lieu de* $z'_m = \pm 0^s,06$, *lisez* $z'_m = \pm 0^s,03$.

57, ligne 20, *au lieu de* $A\,m_a - M\,m_a = \pm 0^s,46$, *lisez* $A\,m_a - M\,m_a = \pm 0^s,43$, ligne 24, *au lieu de* $B\,m_a - M\,m_a = \pm 0,56$, *lisez* $B\,m_a - M\,m_a = \pm 0^s,59$.

81, ligne 6, *au lieu de* $\frac{a-b}{2} = 439,1$, *lisez* $\frac{a+b}{2} = 439,1$.

83, ligne 3, *au lieu de* que les angles $Z\,c\,Z'$. $Z\,c'\,Z'$ ou quand la distance, *lisez* que quand les angles $Z\,c\,Z'$, $Z\,c'\,Z'$, ou la distance.

87, lignes 4 et 5, *au lieu de* lorsque l'astre est entre le zénith et le nord, et le signe — lorsqu'il est entre le zénith et le sud, *lisez* lorsque l'astre est entre le zénith et le point nord H de l'horizon, et le signe — lorsqu'il est entre le zénith et le point sud H' de l'horizon.

95, avant-dernière ligne, *au lieu de* $Z_e - \partial H$, *lisez* la valeur absolue de $Z_e$ diminuée de $\partial H$, dans le cas de la culmination supérieure augmentée dans le cas de la culmination inférieure.

120, note (¹), *au lieu de* $\cos L'$, *lisez* $\cos L_1$.

124, ligne 16, *au lieu de* $\cos\,L_1\ \partial G_e$, *lisez* $\cos L_1\,\partial G_e$.

136, ligne 17, *au lieu de* valeur maximum de, *lisez* valeur maximum $\eta$ de.

153, ligne 1, *au lieu de* on portera sur la ligne $ER_1$, $ER_2$, *lisez* on portera sur les lignes $ER_1$, $ER_4$.

171, *au lieu de* (78) $L = $, *lisez* $L_p = $ ; *au lieu de* (7) $\cos L\,\partial G_{-}$, *lisez* $\cos L_p\,\partial G_{-}$ et *ajoutez* à la suite de (79), (80) $G_p = G_e + \partial G_e$.

182, ligne 16, *au lieu de* sur le méridien, *lisez* sur ce méridien.

188, lignes 3 et 4, *au lieu de* on obtiendra six points formant des longueurs $Ir$, $Js$, encore égales à $2T_p$; l'hexagone *pqrstu*, *lisez* des longueurs $Ir$, $Js$, encore égales à $2T_p$; on obtiendra six points formant l'hexagone *pqrstu*.

191, lignes 13 et 14, *au lieu de* montre d'habitude, *lisez* montre d'habitacle.

197, les hauteurs des deuxième et troisième séries devraient être écrites sur le même alignement que la hauteur de la première série.

Dans le calcul des marches diurnes, au lieu de $A_n - B_n = -10^h 51^m 34^s,5$, *lisez* $A_n - B_n = 10^h 51^m 34^s,5$ ; *au lieu de* $A_1 - C_1$, *lisez* $A_1 - C_1$.

198, dans le calcul de latitude, *au lieu de* $z - \partial H$, *lisez* $z + \partial H_e$.

200, *au lieu de* variation de l'équation du temps en $1^h 0^s,27$, *lisez* variation de l'équation du temps en $1^h - 0^s,27$.

-----◦◦◦◦-----

# AVERTISSEMENT.

En exposant les nouvelles méthodes, M. Yvon Villarceau a été conduit à les distinguer en *directes* et *indirectes*. C'est en se plaçant au point de vue analytique, que l'auteur a été conduit à faire cette distinction. Les premiers Chapitres de la *Théorie* étaient imprimés, lorsque M. de Magnac a commencé la rédaction du Chapitre II de la *Pratique*, lequel est relatif aux méthodes de détermination du point. Envisageant la question des Méthodes à un autre point de vue, M. de Magnac a pensé qu'il convenait de distinguer celles qui ne supposent aucune connaissance de la position approchée du navire, et celles qui supposent au contraire la connaissance du point estimé : il a cru devoir donner aux premières le nom de *méthodes directes* et aux secondes celui de *méthodes indirectes*. En adoptant les nouvelles dénominations, on altérait sciemment l'harmonie des deux Parties dont se compose notre Ouvrage. Néanmoins l'avantage d'offrir aux marins une classification très-claire nous a déterminé à adopter les dénominations proposées par M. de Magnac : quant à la Théorie, les distinctions employées n'offrent qu'un médiocre intérêt, et l'on aurait pu éviter de les établir, ou même en substituer d'autres qui fussent plus en harmonie avec la Pratique. Inutile de faire remarquer que, si les dénominations diffèrent, les choses qu'elles représentent, chacune de leur côté, restent néanmoins identiques.

Eu égard au sacrifice que nous avons pensé devoir faire aux convenances des praticiens, nous osons espérer que l'on jugera avec quelque indulgence le défaut d'harmonie que nous venons de signaler et qui aurait certainement

été évité, si nous avions pu attendre, pour livrer le manuscrit à l'imprimerie, que la rédaction en fût entièrement terminée. En effet, nous avons
été pressés de hâter la publication de notre Ouvrage : on eût voulu que la
partie principale pût être mise à la disposition des professeurs, avant l'ouverture des cours de l'année scolaire 1876-77; il n'a pas dépendu de nous
qu'il en fût ainsi.

PRATIQUE.

# PRATIQUE

DE LA

# NOUVELLE NAVIGATION ASTRONOMIQUE.

### Considérations préliminaires.

**1.** Nous avons intitulé cette Partie de notre Traité de Navigation *Nouvelle Navigation*. L'emploi d'un pareil titre provoquera sans doute quelque étonnement; il est cependant facile de le justifier.

Avant qu'on se servît de chronomètres à la mer, le navigateur déterminait sa position en latitude, par les hauteurs méridiennes des astres, et, en longitude, par les distances lunaires. On pouvait alors obtenir la latitude à quelques milles près; mais, quant à la longitude, eu égard aux difficultés de l'observation et aux erreurs des Tables lunaires, on ne pouvait pas en répondre, dans les circonstances les plus favorables, à 8 ou 9 minutes près, et, dans les moins favorables à 20 et même 30 minutes : la latitude jouait ainsi le rôle principal dans l'*Ancienne Navigation*. L'emploi des chronomètres à bord n'a réellement eu d'autre objet essentiel, jusqu'à ces derniers temps, que de suppléer aux observations de distances lunaires, lorsque le voisinage du Soleil et l'état du ciel les rendaient impossibles. Dans ces circonstances, les longitudes déduites de l'observation des chronomètres se trouvaient affectées, à la fois, des erreurs dues à la dernière distance lunaire observée, et de celles qui affectaient les indications des chronomètres, en l'absence de méthodes vraiment scientifiques, pour tenir compte des influences de toute nature auxquelles les montres marines sont soumises. Cependant, les nombreuses tentatives qui ont eu pour objet de tenir compte de ces mêmes influences ont produit quelques résultats utiles. Assez souvent on est parvenu, dans des traversées longues, à tirer un aussi bon parti des chronomètres que des distances lunaires, pour la détermination des longitudes. Quoi qu'il en soit, le rôle des chronomètres dans la Navigation n'était pas nettement défini, et la rénovation que leur emploi était destiné à apporter à la Navigation n'a pu se faire jour, tant qu'il restait de l'incertitude sur la manière d'utiliser ces instruments.

Les perfectionnements apportés, tant à la construction des chronomètres qu'à leur emploi à la mer, depuis quelques années, ont eu pour résultat de dissiper ces incertitudes et d'introduire définitivement, dans la pratique de la Navigation, des méthodes qui n'avaient pu réussir à y prendre le rang qu'elles doivent désormais occuper.

2. Le premier pas dans la *Nouvelle Navigation* a été fait par le capitaine américain Sumner, il y a quarante ans environ; c'est lui qui, le premier, a signalé que la connaissance de l'heure du premier méridien, au moment d'une hauteur observée, permet de décrire sur le globe un cercle sur lequel le navire se trouve. Si, jusqu'à présent, la *Nouvelle Navigation* n'avait pas reçu son développement complet, cela provenait de deux causes : 1° de ce que le problème de la conservation exacte de l'heure du premier méridien à la mer n'avait pas été complétement résolu, ainsi qu'on vient de le dire; 2° de ce que les auteurs qui ont traité de la Navigation, dans les quarante dernières années, ne se sont pas rendu compte de toute la *portée de la remarque* du capitaine Sumner. En effet, elle nous conduit aux conséquences suivantes : la première, c'est que l'importance relative de l'observation de la hauteur méridienne, qui détermine le parallèle du navire, est annulée, puisque chaque hauteur observée donne un cercle de la sphère sur lequel est l'observateur, et que les différents cercles de la sphère jouissant de propriétés communes, il importe peu que le cercle déterminé par l'observation soit un cercle quelconque, au lieu d'être un parallèle. La seconde conséquence est que, de deux observations dont on ne tirait autrefois que la latitude, on peut maintenant déduire le point. En outre, le problème de la détermination du lieu du navire se présente sous un tout autre point de vue : autrefois on cherchait toujours à le résoudre en déterminant séparément et directement la latitude et la longitude, ce qui assujettissait à observer aux moments favorables pour obtenir ces coordonnées, et l'on était toujours obligé d'observer au méridien ou au premier vertical. Il en est tout autrement maintenant; car, chaque hauteur observée donnant un cercle de la sphère sur lequel est le navire, il n'y a plus qu'à obtenir en même temps deux cercles qui se coupent sous un angle convenable : le lieu du navire se trouve évidemment à l'une des deux intersections.

C'est cette différence, si sensible entre les anciens procédés de navigation et les nouveaux, mais surtout la supériorité incontestable, à tout point de vue, des derniers sur les premiers, qui nous les ont fait séparer entièrement, en donnant aux anciens le nom d'*Ancienne Navigation*; aux nouveaux, celui de *Nouvelle Navigation*. Est-ce à dire que l'*Ancienne Navigation* ne pourra plus être utilisée? Loin de là, car il faudra y revenir chaque fois que l'on n'aura qu'un chronomètre, ou que, pour une raison quelconque, on ne pourra plus se fier aux indications de ces instruments, lorsqu'on en aura plusieurs.

3. Dans cette seconde Partie de la *Nouvelle Navigation*, nous nous proposons de tirer des études analytiques, faites par M. Yvon Villarceau, tout ce qui pourra être utile dans la pratique. Afin de rendre autant que possible les nouvelles méthodes familières aux personnes peu habituées à l'Analyse, nous traiterons, par les Mathématiques élémentaires, tous les problèmes qui pourront être résolus par cette voie. Mais nous laisserons de côté toutes les démonstrations boiteuses que l'on base quelquefois sur les Mathématiques élémentaires; nous trouvons qu'il vaut beaucoup mieux, immédiatement, énoncer les résultats qui ne peuvent être obtenus que par les Mathématiques supérieures, au lieu de donner des moitiés de démonstration. Que sont-elles, en effet, sinon un travail inutile, ne faisant que reculer la difficulté et ne la résolvant pas, puisqu'on est toujours, en définitive, obligé d'affirmer les résultats démontrés par une analyse que les élèves ne peuvent aborder? Enfin nous donnerons les formules à employer dans les calculs numériques, en même temps que les procédés graphiques qui peuvent, sans nuire à la précision, leur être substitués avec avantage, ou leur venir en aide comme moyens de vérification. Notre seul but dans ce travail sera d'exposer les méthodes les plus simples de faire le point, soit à l'aide du calcul, soit à l'aide des procédés graphiques. Nous connaissons trop les difficultés qu'un officier des montres doit surmonter, pour n'être pas convaincus de la nécessité de chercher, par tous les moyens possibles, à lui faciliter le travail.

La connaissance de l'heure du premier méridien étant la base de la *Nouvelle Navigation*, nous nous occuperons d'abord des chronomètres et de la méthode qui permet, dans la plupart des circonstances, d'obtenir, à l'aide de ces instruments, l'heure du premier méridien, aussi exacte que l'exigent les besoins de la Navigation.

# CHAPITRE PREMIER.

## DES CHRONOMÈTRES ET DE LEUR EMPLOI A LA MER.

**4.** Les chronomètres sont des instruments destinés à conserver à la mer l'heure du premier méridien. La connaissance de cette heure est nécessaire pour tirer, des éphémérides astronomiques, l'ascension droite et la déclinaison des astres, coordonnées qui fixent leur position dans le ciel et qui sont indispensables pour résoudre les problèmes d'Astronomie nautique. Malgré les perfectionnements extrêmement remarquables, apportés aux chronomètres par les habiles artistes des différents pays, ces instruments n'ont pas une marche parfaite, c'est-à-dire qu'ils avancent ou retardent tous d'une quantité variable sur le temps moyen ou le temps sidéral qu'ils devraient suivre s'ils étaient parfaits. Cette avance ou ce retard, pris dans les vingt-quatre heures, ont été appelés *marche diurne.*

L'effet de la marche diurne d'un chronomètre se traduit par une différence, variant à chaque instant, entre l'heure du premier méridien et celle du chronomètre ; cette différence a reçu le nom d'*état sur l'heure du premier méridien.* (Nous dirons bientôt dans quel sens il convient de prendre cette différence.)

Il est évident que, si l'on connaît l'état du chronomètre à une époque donnée et sa marche diurne, on peut à chaque instant trouver l'état du chronomètre, par suite, en conclure l'heure du premier méridien.

Ainsi, de prime abord, on voit que, dans l'usage des chronomètres, on a deux questions à traiter : 1° avant le départ, déterminer à l'aide des observations astronomiques l'état d'un chronomètre à un moment donné ; 2° déterminer chaque jour sa marche diurne. Ce sont les seules questions réellement importantes et dont les solutions présentent quelques difficultés ; mais, comme nous nous proposons d'exposer ici les différentes opérations que comporte l'emploi des montres, exactement comme elles doivent être exécutées dans la pratique, nous allons les décrire dans l'ordre qui se présente naturellement.

§ I. — **Embarquement des chronomètres; leur installation à bord.**

5. *Embarquement des chronomètres.* — Dans chaque port de la Marine militaire, il existe un observatoire où sont déposés les chronomètres destinés aux navires de guerre. Ces observatoires, dont la direction est confiée à des lieutenants de vaisseau, reçoivent les chronomètres du Dépôt des Cartes et Plans de la Marine, où ils ont été admis pour le service, lorsqu'ils ont satisfait à toutes les conditions que de bons instruments de cette sorte doivent remplir. Pendant le temps que les montres sont à l'observatoire, elles sont comparées tous les jours à une pendule astronomique. On déduit de ces comparaisons les états et les marches diurnes; les températures diurnes moyennes sont aussi notées avec soin. Nous recommandons d'embarquer les chronomètres le plus tôt possible avant le départ, de faire l'embarquement dans le port si rien ne s'y oppose; on évitera ainsi un transport en canot. Cette recommandation a pour but de déterminer à bord le plus qu'on pourra de marches diurnes, afin de constater si le transport a dérangé les chonomètres, ou si les nouvelles conditions dans lesquelles ils se trouvent ont de l'influence sur leurs marches.

6. C'est à l'observatoire de la Marine que les officiers chargés des montres doivent aller eux-mêmes les chercher; ils emploieront, pour le transport, des hommes choisis parmi les timoniers les plus intelligents et les plus soigneux.

Les chronomètres destinés à la navigation sont suspendus dans leurs boîtes par un système à la Cardan; cette disposition a pour objet de les soustraire à l'influence des mouvements de tangage et de roulis. Avant de remettre ces instruments aux porteurs, on arrête la suspension au moyen d'un verrou, puis on les met dans des boîtes capitonnées, construites pour les voyages ou le transport à la main. Les montres étant placées dans les boîtes capitonnées, on ferme celles-ci avec soin, et l'officier du bord en prend livraison. L'officier de l'observatoire remet alors à ce dernier leurs états, généralement déterminés pour le midi, temps moyen du premier méridien, du jour de la remise; il y joint les marches diurnes qui ont été obtenues dans les cinq ou dix jours précédents. Nous recommandons de réclamer en outre la liste des marches diurnes, observées depuis que les chronomètres sont à l'observatoire et celle des températures moyennes correspondantes. Il conviendra de comparer le thermomètre qui doit être placé dans la *boîte des montres du bord*, avec le thermomètre employé à mesurer les températures de l'armoire des montres de l'observatoire; cette comparaison servira à ramener au même zéro les températures du bord et de l'observatoire. On verra, par la suite, le très-grand parti que l'on peut tirer de ces données.

Les chronomètres sont des instruments très-délicats; aussi, dans le transport, doit-on prendre les plus grandes précautions pour leur éviter les chocs, les secousses, qui pourraient troubler leur marche; mais *il faut surtout empêcher, en prenant d'extrêmes précautions, les mouvements circulaires autour de l'axe des chronomètres;* ces mouvements produisent, presque à coup sûr, des dérangements, souvent très-notables, dans les marches des montres.

M. Yvon Villarceau, qui a fait de nombreuses expéditions astronomiques, tant à l'intérieur de la France qu'à l'étranger, recommande un moyen très-simple qu'il a souvent employé, pour éviter les mouvements circulaires dans les transports à la main. Ce moyen consiste à faire usage d'un cercle de barrique, dans l'intérieur duquel se place le porteur. Saisissant alors de chaque main le cerceau et la poignée de la boîte du chronomètre placé à terre, le porteur soulève le tout et se met en marche; ce mode d'opérer est exactement celui qu'emploient les jardiniers pour transporter des seaux pleins d'eau sans en répandre.

On empêche ainsi les chronomètres de prendre un mouvement circulaire autour de leurs axes, et les montres ne peuvent heurter contre le porteur pendant la marche. Quand le trajet devra être un peu long, nous conseillons d'employer le moyen que nous venons d'indiquer ou tout autre analogue.

7. *Installation des montres à bord.* — L'emplacement qui conviendrait le mieux aux chronomètres, à bord, serait celui où l'humidité, les trépidations de la machine, les secousses causées par la mer ou le canon se feraient le moins sentir, et celui où les variations de température seraient les moindres. Mais une foule de raisons s'opposent à ce que l'on puisse placer les montres dans un endroit qui soit à l'abri de toutes ces causes de perturbations; tout ce que l'on peut faire, c'est de choisir un emplacement dans les conditions les moins défavorables. Il faut, avant tout, chercher à mettre les chronomètres à l'abri de l'humidité et des trépidations imprimées par les mouvements de l'appareil à vapeur. A bord des petits bâtiments, cette dernière cause de trouble est à craindre; à bord des grands, il est facile d'éloigner

suffisamment les montres de la machine et de l'hélice, pour que les secousses et les trépidations qu'elles causent ne soient pas à redouter; c'est ce qui a été prouvé par des observations faites sur dix-sept chronomètres, à bord de trois grands navires, un vaisseau de troisième rang et deux frégates de premier. Quand il sera possible, on fera bien de placer les montres dans une pièce fermée; on évitera ainsi les chocs directs, les accidents auxquels elles seraient exposées dans un endroit où l'on fait passer des objets quelconques pour le service : la chambre de l'officier des montres parait être généralement le lieu le plus convenable.

A bord, les trépidations et les chocs sont reçus et transmis, le plus souvent, par les murailles du navire; alors, pour que les chronomètres soient le moins possible influencés par ces causes de dérangement, on visse la boite sur un billot massif, fixé sur le pont, dans des conditions telles, que cette boite ne soit pas en contact avec la muraille, les cloisons ou les meubles.

8. On recommande, dans plusieurs ouvrages, d'éloigner les chronomètres des grandes masses de fer. Des expériences, faites au Dépôt des Cartes et Plans de la Marine, ont prouvé que le magnétisme du bâtiment ne doit avoir que peu d'influence sur les marches chronométriques, à la condition toutefois que les pièces de l'instrument, qui sont en acier, ne soient pas aimantées : si par hasard un chronomètre présentait ce phénomène d'aimantation, on en serait vite averti par les variations que les changements de cap du navire produiraient dans sa marche. Nous pensons donc qu'il n'y a pas lieu de trop se préoccuper de cette recommandation d'éloigner les montres des grandes masses de fer; d'autant moins que beaucoup de navires sont actuellement construits en fer et mus par de fortes machines à vapeur; que d'autres portent d'énormes canons et d'épaisses cuirasses, circonstances qui, toutes, empêchent d'avoir égard à ladite recommandation.

9. On conseille de séparer les montres par une distance de 2 décimètres au moins, pour éviter l'influence qu'elles peuvent avoir l'une sur l'autre : nous pensons que cette distance est exagérée; car, à bord des bâtiments, les montres sont toujours beaucoup plus rapprochées, et nous n'avons pas appris qu'on ait constaté des influences réciproques : nous avons eu, nous-mêmes, entre les mains, plus de trente chronomètres, souvent très-rapprochés les uns des autres, et jamais nous n'avons remarqué quoi que ce soit, pouvant provenir d'actions mutuelles des chronomètres.

**10.** Une fois les montres à bord, on les dispose sur le fond de leur boîte, de la manière qui paraît la plus avantageuse pour pouvoir facilement les ouvrir, les remonter et lire sur les cadrans : puis on trace au crayon, sur la planche du fond, les contours des boîtes des chronomètres; on enlève ensuite les instruments, et, autour des carrés marqués au crayon, on construit d'autres carrés, dont les côtés sont plus grands de 4 ou 5 centimètres environ. Cette opération étant terminée, on fait clouer des liteaux autour des côtés des grands carrés : ces liteaux doivent être assez élevés pour que, dans les violents coups de roulis, les chronomètres ne soient pas exposés à être jetés hors de leurs emplacements.

Les liteaux étant cloués, on place dans les carrés qu'ils forment des matelas de matières propres à amortir les chocs, telles que la sciure de bois, la laine, le coton ou l'étoupe. Le matelas du fond sur lequel repose l'instrument doit être assez épais, parce que c'est évidemment par le fond de la boîte que peuvent se transmettre les chocs; au contraire, les matelas que l'on dispose sur les côtés, et dont le but est particulièrement de maintenir les montres, n'ont pas besoin d'une grande épaisseur. L'étoupe est la matière qu'on se procure le plus facilement à bord; on devra s'assurer de sa parfaite siccité, tout comme de celle des autres corps que l'on emploierait pour le même usage.

Les chronomètres étant ainsi disposés et bien accorés, on ferme à clef la boîte des montres, afin de soustraire les instruments aux accidents et aux effets de la maladresse de personnes qui tenteraient de les voir et d'y toucher.

**11.** Il faut autant que possible ne pas déplacer les chronomètres : plusieurs auteurs prescrivent de les sortir de leur boîte, pour les faire tenir à la main ou les poser sur un lit, quand on tire le canon à bord; nous pensons qu'il ne faut effectuer cette opération que dans le cas où la pièce qui tirerait, étant tout près des montres, pourrait leur imprimer une forte secousse; dans les autres circonstances, et surtout quand on ne tire qu'à poudre, il y a plus d'inconvénients que d'avantages à déplacer les chronomètres.

**12.** Le remontage des montres doit se faire, tous les jours, à la même heure : le moment le plus convenable est entre 8 heures et 9 heures du matin; il faut prendre toutes les précautions possibles pour ne pas oublier de faire cette opération. Les chronomètres se remontent presque tous en dessous : la boîte de l'instrument étant ouverte, on le retourne avec précaution; puis, on découvre le trou de la clef, en poussant une petite plaque de cuivre qui sert à empêcher la poussière de pénétrer dans le mécanisme; on introduit la clef; on la tourne doucement de droite à gauche (presque tous les chronomètres actuels se remontent dans ce sens), jusqu'à ce que l'on sente un arrêt, sur lequel il ne faut pas forcer : du reste, quand on a remonté une fois un chronomètre, on sait combien de demi-tours il faut donner; on peut donc, lorsque l'on arrive au dernier demi-tour, aller avec précaution, pour ne rien forcer; le chronomètre étant remonté, on retire la clef et l'on recouvre son trou par la plaque de cuivre; on laisse enfin revenir doucement l'instrument dans sa position normale. Si l'on venait à oublier de remonter un chronomètre, pendant assez longtemps pour qu'il s'arrêtât, on le remonterait; puis, prenant sa boîte et la tenant horizontalement dans les deux mains, on lui imprimerait un vif mouvement circulaire alternatif de 90 degrés environ : l'instrument se remettrait en marche. Les chronomètres arrêtés et remis en mouvement reprennent presque toujours la marche diurne qu'ils avaient avant l'arrêt, à la condition toutefois que cet arrêt n'ait duré que peu de jours.

Dès que les montres sont installées à bord, on doit commencer les opérations nécessaires pour assurer leur bon emploi à la mer : nous exposerons ces opérations dans le Chapitre suivant.

### § II. — Conduite des chronomètres à bord.

**13.** A bord, trois cahiers sont nécessaires pour assurer la facilité, et par suite, la sûreté des opérations et des calculs qu'un officier des montres doit exécuter.

Le premier est le cahier d'observations : sa dimension doit être assez petite pour qu'on puisse le mettre facilement dans sa poche; on inscrit, sur ce cahier, toutes les observations quelles qu'elles soient. On verra, dans les divers types de calcul qui seront donnés par la suite, la manière dont doivent être écrits et disposés les nombres obtenus dans les observations : cela est fort important et nous recommandons d'y attacher le plus grand soin; car il est évident qu'il faut, avant tout, chercher à assurer l'exactitude des données, et, pour cela, éviter toute espèce de causes qui pourraient amener des méprises ou des incertitudes au sujet des nombres provenant des observations.

Le second cahier est le registre des chronomètres : il est délivré par le Dépôt des Cartes et Plans; on le réserve pour tout ce qui concerne particulièrement ces instruments.

Le troisième cahier est le cahier de calcul proprement dit : c'est sur celui-là que seront faits tous les calculs destinés à déterminer la position du navire à la mer.

**14.** *Conventions diverses.* — Pour diminuer les écritures et éviter la confusion entre les chronomètres qui auraient les mêmes numéros, on désignera chaque instrument par l'une des lettres A, B, C, D, ...; les chronomètres portatifs, dits *compteurs*, seront désignés par les lettres M, N, .... Il est convenu en outre, que : $1°$ les heures précédées des lettres A, B, C, ... seront respectivement celles que l'on aura obtenues à l'aide de ces chronomètres; $2°$ $T_p$ désignera l'heure moyenne du premier méridien (pour nous celle de Paris); $3°$ $T_p - A$, $T_p - B$, $T_p - C$, ..., $T_p - M$, ... les états ([1]) des chronomètres A, B, C, ... M, ...; $4°$ $m_a$, $m_b$, $m_c$, . .. $m_m$, $m_n$, ..., les marches diurnes de A, B, C, ..., M, N, ...; $5°$ les chronomètres pouvant se trouver en avance ou en retard sur le premier méridien, on ajoutera douze heures, s'il est nécessaire, à l'heure du premier méridien, pour effectuer la soustraction; de cette manière, tous les états seront positifs. Dans l'emploi des chronomètres à la *mer*, l'opération de beaucoup la plus fréquente est de passer de l'heure d'un de ces instruments à celle du premier méridien : d'après ce qui vient d'être convenu en dernier lieu, il faudra, pour effectuer cette opération, ajouter toujours l'état du chronomètre à son heure; cette manière d'opérer offre l'avantage de n'avoir jamais qu'une addition à faire, au lieu d'une opération tantôt additive, tantôt soustractive, comme l'enseignaient quelques auteurs. Une conséquence de cette convention est qu'il faudra retrancher des états les marches diurnes en avance et ajouter celles en retard; convenons donc encore que les premières auront le signe —, les secondes le signe +, et que, par suite, les sommes de marches diurnes et de fractions de marches diurnes, corrections des états, seront ajoutées avec leurs signes ([2]).

**15.** *Des comparaisons.* — Quand on a plusieurs chronomètres à bord, il

---

([1]) Les états ainsi définis ne sont autre chose que ce que les astronomes appellent *corrections des chronomètres*.

([2]) Nous regrettons vivement que la pratique des conventions algébriques relatives aux signes ne soit pas plus répandue chez la plupart des marins; il y aurait, suivant nous, avantage à définir les marches diurnes des chronomètres, en partant de la définition de la correction du temps du chronomètre. Ainsi nous dirions, en désignant par R la correction du chronomètre A, par exemple, $T_p - A = R$, et nous désignerions par $\frac{dR}{dt}$ la dérivée de la correction que l'on peut, dans la praest nécessaire, pour utiliser toutes leurs indications, de connaître les heures qu'ils marquent tous au même moment; dans ce but, on compare leurs heures entre elles. Généralement, dans cette opération, on se sert d'un compteur comme intermédiaire : d'ailleurs, quand on observe, soit sur le pont, soit à terre, comme on ne peut déplacer les chronomètres, on doit se servir du compteur pour avoir l'heure des observations; il est donc nécessaire de comparer le compteur au chronomètre, pour avoir l'heure du chronomètre correspondante à celle du compteur. On voit que la comparaison de deux montres entre elles est une opération très-fréquente à bord; mais elle est aussi une des plus délicates : pour cette raison, nous allons l'exposer dans ses moindres détails.

Deux méthodes sont en usage, l'une qui n'exige qu'un observateur, et l'autre qui en réclame un second. La première des deux méthodes est, à bord, la plus avantageuse à tous les points de vue : tout officier des montres doit y être très-exercé. La seconde sert dans le cas où l'on n'a pas encore une habitude suffisante de la première, et dans celui où le bruit causé par les mouvements du navire est tellement fort qu'on ne peut entendre les battements des montres.

**16.** *Première méthode.* — Soit à comparer entre eux les chronomètres A, B, C et le compteur M. On place M de manière à pouvoir entendre distinctement ses battements et faire avec facilité la lecture du chronomètre à comparer; on fixe à l'avance l'heure et la minute du compteur M, à laquelle on se propose de faire la comparaison, et l'on inscrit cette heure sur le cahier d'observations, soit, par exemple, $M = 3^h 27^m 0^s$; cela fait, on s'approche du compteur, et, lorsque son aiguille des secondes arrive entre 45 et 50 secondes, on la suit des yeux, en écoutant les battements de l'instrument, de manière à bien suivre sa cadence; quand l'aiguille des secondes arrive sur 55 secondes, on compte 0; puis, aux battements suivants, 1, 2, 3, ...; au sixième ou au septième battement, on porte les yeux sur le chro-

---

tique, remplacer par l'accroissement algébrique de la correction R dans un espace égal à l'unité de temps; il suit de là que, si $R_0$ désigne la valeur de R à l'époque $t_0$, l'expression générale de $T_\mu$, au bout du temps $t$, est

$$T_\mu = A + R_0 + \frac{dR}{dt}(t - t_0) = A + R_0 + \Delta R(t - t_0).$$

Alors, il ne serait plus nécessaire de se préoccuper de la distinction entre les mouvements diurnes positifs et les mouvements diurnes négatifs. Il est évident que les $\Delta R$ positifs répondraient à une marche diurne en retard, et les $\Delta R$ négatifs à une marche diurne en avance.

nomètre, et, quand on arrive à compter 10, on remarque si l'aiguille des
secondes est stationnaire soit sur le trait qui marque la seconde, soit au
milieu de l'intervalle de deux traits, ou si elle est en mouvement pour passer
de l'une de ces positions à l'autre : dans le cas où l'aiguille était stationnaire,
on écrit la fraction $0^s,0$ ou $0^s,5$; dans celui où elle était en mouvement,
on écrit la fraction $0^s,2$ ou $0^s,3$, lorsqu'elle a passé d'une seconde entière
à une demi-seconde, et $0^s,7$ ou $0^s,8$ lorsqu'elle a passé d'une demi-seconde
à une seconde entière. On écrit alors l'heure de A, soit A $== 9^h 17^m 32^s,3$. (Si
le compteur battait les $\frac{2}{5}$ de seconde, on compterait à partir de 56 secondes
au lieu de 55 secondes, et l'on s'arrêterait pareillement au nombre 10.)

A la minute suivante de M, on compare B de la même manière. Supposons
qu'il marque $7^h 23^m 9^s,7$; on retranche une minute et l'on écrit $7^h 22^m 9^s,7$;
à la minute suivante, on compare C et l'on écrit C $== 4^h 37^m 51^s,0$; on retranche
deux minutes, et l'on écrit C $== 4^h 35^m 51^s,0$. De cette manière, l'heure du
compteur reste la même pour tous les chronomètres.

**17.** *Deuxième méthode.* — Pour faire une comparaison à deux personnes,
on opère ainsi : la personne la moins exercée à ce genre d'opérations prend
le compteur et énonce l'heure et la minute ($0^s$) du compteur M, soit
$3^h 27^m 0^s,0$, à laquelle on fera la comparaison, et l'on inscrit cette heure
sur le cahier d'observations. L'observateur le plus exercé ouvre la boite du
chronomètre et se tient prêt à comparer. Lorsque l'aiguille des secondes
du compteur arrive à 54 secondes, si le compteur bat la demi-seconde, à
55 secondes, si cet instrument bat les $\frac{2}{5}$ de seconde, la personne qui le suit
dit : *attention*, puis, à partir de 55 secondes, si le compteur bat la demi-
seconde, à partir de 56 secondes, s'il bat les $\frac{2}{5}$ de seconde, elle compte tout
bas les battements du compteur, en commençant par 0, dans les deux
cas; cette personne compte ainsi 0, 1, 2, 3, ..., 9; au battement correspondant au nombre 10, elle prononce haut et brièvement *top*. L'observateur qui doit observer le chronomètre porte les yeux sur cet instrument lorsqu'il entend : *attention;* alors il suit à vue l'aiguille des secondes,
en écoutant bien les battements, et, quand l'aiguille arrive sur le premier
multiple de 5 secondes qui suit l'avertissement *attention*, soit, par exemple,
30 secondes, il compte les battements du chronomètre; au mot *top*, il estime
à l'oreille, à $0^s,2$ près, le nombre de dixièmes de seconde, soit $0^s,3$, qui
suit le dernier battement compté. En ajoutant le nombre de dixièmes de
seconde ainsi obtenu, $0^s,3$, au nombre 4 de battements comptés, et divisé
par 2, on obtient $2^s,3$, nombre de secondes que l'on ajoute au multiple

de 5 secondes (3o secondes), auquel l'observateur a commencé à compter les battements du chronomètre. On a ainsi le nombre de secondes, 32ˢ,3, marqué par le chronomètre au moment de la comparaison. On écrit alors l'heure et la minute du chronomètre, 9ʰ17ᵐ, et l'on trouve l'heure du chronomètre au moment de la comparaison, soit 9ʰ17ᵐ32ˢ,3 (¹).

**18.** Si l'on avait plus de trois chronomètres, on continuerait, ainsi que nous venons de le faire, jusqu'à ce qu'ils fussent tous comparés. En opérant de cette manière, on obtient les heures A, B, C, M, lesquelles, vu la

---

(¹) On obtient une exactitude supérieure à celle du procédé que nous venons d'exposer, si l'observateur qui suit le chronomètre fait usage de la méthode de fractionnement de la seconde, indiquée par Arago à M. Yvon Villarceau. On suppose l'observateur habitué au rhythme musical ou au mouvement cadencé de la marche militaire, etc. L'observateur, tenant son crayon à la main, s'en sert, à la manière d'un chef d'orchestre, pour battre la mesure à deux temps, le frappé correspondant au nombre entier de secondes et le levé à oˢ,5 ; (*on suppose qu'il se soit exercé à battre la mesure en concordance avec les battements du chronomètre*). L'observateur commence à compter au multiple de 5 secondes qui suit l'avertissement *attention* donné par l'assistant. Il s'agit actuellement d'estimer la fraction de seconde qui sépare le moment du *top* du frappé ou du levé le plus voisin (seconde entière ou demi-seconde). On voit déjà que, sans préparation, ce procédé ne comporterait qu'une erreur moyenne d'un quart de seconde : on va réduire l'estime de la différence entre le *top* et l'un des deux battements considérés, à ne pas excéder $\frac{2}{10}$ de seconde ; de cette manière, l'estime ne portera pas sur les fractions de seconde, telles que oˢ,3, oˢ,4, oˢ,5, oˢ,6, oˢ,7, oˢ,8, oˢ,9, mais seulement sur les fractions oˢ,2 et oˢ,1. Toute l'habitude que doit acquérir l'observateur est celle d'apprécier l'intervalle de oˢ,2 ; on conçoit en effet que, si l'on parvient à se figurer un pareil intervalle, il n'y aura aucune difficulté à se figurer un autre intervalle moitié moindre ou oˢ,1. Voyons comment on peut acquérir la connaissance d'un intervalle de oˢ,2. Que l'on se place en face d'un mur faisant écho, et que l'on s'en éloigne d'environ 34 mètres mesurés au pas, intervalle que le son parcourt en oˢ,1 ; et que l'on produise un bruit net, comme en frappant une main dans l'autre, l'écho reproduira le même bruit au bout de oˢ,2. Ayant répété un nombre suffisant de fois cette expérience, on acquerra une idée très-nette de l'intervalle oˢ,2. Cet intervalle est très-sensible, et, pour les commençants, un intervalle moitié moindre est à peine sensible ; néanmoins on se le figure très-bien, quand on a la notion de la durée de deux dixièmes de seconde. On va voir actuellement que ces deux notions suffisent à l'estime de tous les dixièmes de la seconde : 1° si le *top* a lieu au moment du frappé ou du levé, le dixième de seconde sera oˢ,o ou oˢ,5 ; 2° si le *top* a lieu oˢ,2 avant le frappé, oˢ,2 après, oˢ,2 avant le levé, oˢ,2 après le levé, les fractions de seconde seront respectivement oˢ,8 de la précédente, oˢ,2 de la seconde actuelle, oˢ,3, oˢ,7 ; 3° si le top a lieu oˢ,1 avant ou après le frappé, oˢ,1 avant ou après le levé, les dixièmes de seconde correspondants seront oˢ.9 de la seconde précédente, oˢ,1, oˢ,4, oˢ,6 de la seconde actuelle ; or, si l'on rapproche ces différents résultats, on reconnait que tous les dixièmes de la seconde sont ainsi estimés, par voie de comparaison des petits intervalles oˢ,2 et oˢ,1 avec oˢ,o et oˢ,5 du chronomètre.

Comme résultat, les astronomes exercés estiment le passage d'une belle étoile à un fil, avec l'erreur probable oˢ,o7 ; la part d'erreur dans l'estime de la fraction de seconde est de beaucoup inférieure à ce même chiffre, car ce chiffre représente l'erreur due à l'observateur et aux ondulations de l'étoile.

petitesse ordinaire des marches diurnes, peuvent être considérées comme parfaitement correspondantes. Si l'on voulait avoir les heures de Paris, données par chaque chronomètre au moment de la comparaison, on n'aurait qu'à ajouter, aux nombres que nous venons d'obtenir, les états respectifs des montres, calculés pour l'instant de la comparaison. Mais, dans la plupart des cas, ce n'est pas, pour le moment même où l'on a comparé, que l'on veut avoir les heures du premier méridien, données par chaque instrument, c'est le plus souvent pour un autre moment; dans ce cas, il faut considérer les différences de A avec les heures marquées par les montres au même moment, soit $A - B$, $A - C$, $A - M$; on s'arrange de manière que ces différences soient toujours positives, en ajoutant douze heures à l'heure de A, s'il le faut. Ici on se demande : pourquoi retrancher toutes les heures de celle de A? Il y a un grand intérêt à procéder ainsi, comme on le reconnaîtra plus tard. On voit déjà, d'après cela, que A doit jouer un grand rôle dans la conduite des chronomètres : pour cette raison, nous l'avons choisi le meilleur du groupe embarqué, et l'avons appelé *premier chronomètre*.

Avant d'aller plus loin, il nous faut donner la disposition du registre des chronomètres, dans lequel sont écrites toutes les données nécessaires pour leur bon usage à bord d'un navire.

**19.** *Disposition du registre des chronomètres et détails divers sur ce qu'il contient.* — Ce registre (*voir* page 18) est divisé en colonnes qui contiennent : 1° la date du bord, l'heure du compteur, au moment des comparaisons que l'on doit effectuer tous les jours, entre 8 et 9 heures du matin; 2° les différences $A - B$, $A - C$, ..., qu'on est convenu d'appeler *comparaisons;* 3° les excès $m_a - m_b$, ... des comparaisons d'un jour sur celles du jour précédent, avec le signe de ces excès; 4° la température journalière de la boîte des montres, observée entre 8 et 9 heures du matin, immédiatement *avant* le remontage des montres; 5° l'intervalle qui sépare deux dates indiquées; 6° les moyennes arithmétiques des valeurs des $m_a - m_b$, ..., moyennes qui serviront au calcul des marches pendant les intervalles inscrits dans la colonne précédente; 7° les températures moyennes dans ces mêmes intervalles; 8° le nom du lieu des observations des $T_p - A$, avec sa latitude et sa longitude, ou bien l'indication que l'on est à la mer: 9° les marches diurnes observées à terre, ou les marches diurnes données par les courbes quand on est à la mer; au-dessous les marches diurnes qu'on y substitue pour diverses raisons, et que nous nommons *marches adoptées;* enfin les excès des marches adoptées, sur les marches fournies par les courbes; 10° les

$T_{p}$ — A observés ou adoptés pour le midi moyen du premier méridien, à la date en regard ; au-dessous les marches diurnes de A fournies par celles des autres chronomètres, puis la marche de A, moyenne des diverses marches admises pour ce chronomètre : c'est d'elle qu'est déduit le retard adopté pour A ; 11° les causes que l'on suppose pouvoir influencer les montres, telles que : orages, tirs, navigation à la vapeur, secousses quelconques imprimées aux montres, roulis, tangage, humidité, etc.

**20.** Nous avons cru utile de donner ici un extrait du registre de comparaisons de la frégate-école d'application *la Renommée;* on y trouve tout ce que nous venons d'indiquer.

*N. B.* Les états observés à l'horizon artificiel sont accompagnés d'un astérisque, pour les distinguer de ceux qui ont été obtenus par les courbes.

La température moyenne pendant un certain intervalle de temps est obtenue en faisant la demi-somme des températures extrêmes, et prenant la moyenne de cette demi-somme et des températures des jours intermédiaires.

| DATES et HEURES DE M. 1875. | A — B | $m_a - m_b$ | A — M | $m_q - m_m$ | TEMPÉRATURE. | INTERVALLES. |
|---|---|---|---|---|---|---|
| 16 mars $11^h 17^m$ | $7^h 3^m 5,5^s$ | | $4^h 12^m 20,5^s$ | | 14,4° | |
| | | + 0,5$^s$ | | + 4,5$^s$ | | |
| 17   0  6 | 5,0 | | 16,0 | | 14,6 | |
| | | + 1,0 | | + 5,5 | | |
| 18   0 40 | 4,0 | | 10,5 | | 14,0 | |
| | | + 0,5 | | + 6,5 | | |
| 19   0 51 | 3,5 | | 4,0 | | 14,7 | |
| | | 0,0 | | + 6,0 | | |
| 20   1 13 | 3,5 | | 11 58,0 | | 12,0 | |
| | | 0,0 | | + 5,5 | | |
| 21   1 13 | 3,5 | | 52,5 | | 13,0 | |
| | | — 0,5 | | + 4,5 | | |
| 22   0 53 | 4,0 | | 48,0 | | 14,0 | |
| | | + 0,5 | | + 7,5 | | |
| 23   0 41 | 3,5 | | 40,5 | | 12,2 | |
| | | — 0,5 | | + 6,5 | | |
| 24   1  5 | 4,0 | | 34,0 | | 11,5 | |
| | | — 1,0 | | + 6,0 | | |
| 25   0 46 | 5,0 | | 28,0 | | 9,2 | |
| | | — 0,5 | | + 7,0 | | |
| 26   0 54 | 5,5 | | 31,0 | | 10,0 | |
| | | 0,0 | | + 6,5 | | |
| 27   1  4 | 5,5 | | 14,5 | | 13,4 | |
| | | + 0,5 | | + 6,0 | | |
| 28   0 50 | 5,0 | | 8,5 | | 14,0 | |
| | | 0,0 | | + 6,0 | | |
| 29   0 51 | 5,0 | | 2,5 | | 13,6 | |
| | | + 0,5 | | + 6,5 | | |
| 30   0 33 | 4,5 | | 10 56,0 | | 12,0 | |
| | | 0,0 | | + 5,5 | | |
| 31   0 48 | 4,5 | | 50,5 | | 13,5 | 15ʲ. du 16 au 31. |
| | | + 0,5 | | + 6,5 | | |
| 1er avril 0 48 | 4,0 | | 44,0 | | 13,2 | |
| | | + 1,7 | | + 6,2 | | |
| 2   0 35 | 2,3 | | 37,8 | | 16,5 | |
| | | + 1,8 | | + 8,8 | | |
| 3   0 45 | 0,5 | | 29,0 | | 16,0 | |
| | | + 2,5 | | + 7,0 | | |
| 4   0 54 | 2 58,0 | | 22,0 | | 17,0 | |
| | | + 3,0 | | + 7,5 | | |
| 5   0 50 | 55,0 | | 14,5 | | 16,8 | 5 : du 31 au 5. |
| | | + 2,0 | | + 6,0 | | |
| 6   1  7 | 53,0 | | 8,5 | | 17,0 | |

| TEMPÉRATURE MOYENNE. | LIEUX D'OBSERVATION. | MARCHES OBSERVÉES, MARCHES ADOPTÉES. | | | $T_p - A$ A $0^h$ DE PARIS, et marches diurnes de A. | CIRCONSTANCES REMARQUABLES, tirs, jours de chauffe, mouvements du navire, orages, etc. |
|---|---|---|---|---|---|---|
| | | $m'_a$ | $m'_b$ | $m'_m$ | | |
| // | Toulon. 43° 7′ 0″ N. 0$^h$ 14$^m$ 19$^s$ E. | // | // | // | 3$^h$ 34$^m$ 4$^s$,3* | Chauffé et marché à la vapeur pendant trois heures. |
| // | | // | // | // | | |
| // | | // | // | // | | |
| // | | // | // | // | | |
| // | | // | // | // | | |
| // | | // | // | // | | |
| // | | // | // | // | | |
| // | | // | // | // | | |
| // | | // | // | // | | |
| // | | // | // | // | | |
| // | | // | // | // | | |
| // | | // | // | // | | |
| // | | // | // | // | | |
| // | | // | // | // | | |
| // | | // | // | // | | |
| 12,8° | Id. A la mer. | + 0,94$^s$ | + 0,88$^s$ | — 5,06$^s$ | 3 34 18,9* | |
| // | | // | // | // | | Marché à la vapeur pendant quatre heures. |
| // | | // | // | // | | |
| // | | // | // | // | | |
| // | | // | // | // | | |
| 15,6 | Id. | + 0,64 + 1,66 | — 0,34 — 0,24 | — 4,84 — 5,54 | 3 34 27,3 | |
| | | + 1,02 | 0,00 | — 0,70 | | |
| // | | // | // | // | | |

3.

| DATES et HEURES DE M. 1875. | A — B | $m_a - m_b$ | A — M | $m_a - m_m$ | TEMPÉRATURE. | INTERVALLES. |
|---|---|---|---|---|---|---|
| | h m s | s | h m s | s | ° | |
| 7 avril — 0 53 | 7 2 30,5 | | 7 10 1,5 | + 7,0 | 16,0 | |
| | | + 2,5 | | | | |
| 8 — 0 58 | 48,0 | | 9 56,0 | + 5,5 | 16,6 | |
| | | + 2,5 | | | | |
| 9 — 0 40 | 45,0 | | 50,0 | + 6,0 | 17,8 | |
| | | + 3,0 | | | | |
| 10 — 1 7 | 42,5 | | 42,5 | + 7,5 | 18,0 | 5j : du 5 au 10. |
| | | + 2,5 | | | | |
| 11 — 0 57 | 39,3 | | 37,8 | + 4,7 | 18,1 | |
| | | + 3,2 | | | | |
| 12 — 3 20 | 36,5 | | 30,0 | + 7,8 | 18,0 | |
| | | + 2,8 | | | | |
| 13 — 1 05 | 33,5 | | 22,5 | + 7,5 | 17,3 | |
| | | + 3,0 | | | | |
| 14 — 0 52 | 31,5 | | 16,0 | + 6,5 | 17,0 | |
| | | + 3,0 | | | | |
| 15 — 1 3 | 28,0 | | 9,0 | + 7,0 | 18,0 | 5 : du 10 au 15. |
| | | + 3,5 | | | | |
| 16 — 0 58 | 25,5 | | 2,5 | + 6,5 | 18,0 | |
| | | + 2,5 | | | | |
| 17 — 1 20 | 22,5 | | 8 56,0 | + 6,5 | 17,8 | |
| | | + 3,0 | | | | |
| 18 — 1 15 | 19,5 | | 50,5 | + 5,5 | 19,2 | |
| | | + 3,0 | | | | |
| 19 — 1 23 | 16,5 | | 41,5 | + 6,0 | 19,0 | |
| | | + 3,0 | | | | |
| 20 — 1 13 | 13,2 | | 38,5 | + 6,0 | 18,6 | 5 : du 15 au 20. |
| | | + 3,3 | | | | |
| 21 — 1 16 | 10,0 | | 31,5 | + 7,0 | 17,8 | |
| | | + 3,2 | | | | |
| 22 — 1 34 | 6,5 | | 24,5 | + 7,0 | 18,6 | |
| | | + 3,5 | | | | |
| 23 — 1 54 | 3,5 | | 19,5 | + 5,0 | 18,8 | |
| | | + 3,0 | | | | |
| 24 — 1 51 | 1 59,6 | | 13,0 | + 6,5 | 18,4 | |
| | | + 3,9 | | | | |
| 25 — 1 33 | 56,5 | | 7,0 | + 6,0 | 19,0 | 5 : du 20 au 25. |
| | | + 3,1 | | | | |
| 26 — 1 59 | 52,5 | | 1,0 | + 6,0 | 19,2 | |
| | | + 4,0 | | | | |
| 27 — 2 9 | 49,0 | | 7 55,5 | + 5,5 | 19,6 | |
| | | + 3,5 | | | | |
| 28 — 2 0 | 45,0 | | 49,5 | + 6,0 | 20,8 | |
| | | + 4,0 | | | | |

| TEMPÉRATURE MOYENNE. | LIEUX D'OBSERVATION. | MARCHES OBSERVÉES, MARCHES ADOPTÉES. | | | $T_p - A$ à $0^h$ de Paris, et marches diurnes de A. | CIRCONSTANCES REMARQUABLES, tirs, jours de chauffe, mouvements du navire, orages, etc. |
|---|---|---|---|---|---|---|
| | | $m'_a$ | $m'_b$ | $m'_m$ | | |
| // | | // | // | // | $Am_a = +0,64$ | |
| r | Rade d'Alger. | // | // | // | $B = +1,66$ | Marché à la vapeur pendant vingt heures. |
| // | | // | // | // | $M = +2,36$ | |
| | | | | | $(B)m_a = +1,66$ | |
| | | $+0,58$ | $-1,08$ | $-4,88$ | | |
| 16,9° | | $+1,47$ | $-1,03$ | $-4,93$ | $3^h 34^m 34^s,6$ | |
| | | $+0,89$ | $+0,05$ | $-0,05$ | | |
| // | 36° 46′ 49″ N. 0h 2m 57s E. | // | // | // | $3\ 34\ \ 36,0^*$ | 36s,1, par les courbes. |
| // | | // | // | // | $Am_a = +0,58$ | |
| // | | // | // | // | $B = +1,42$ | |
| // | A la mer. | // | // | // | $M = +1,52$ | A la vapeur pendant deux heures. |
| | | | | | $(BM)m_a = +1,47$ | |
| | | $+1,17$ | $-1,43$ | $-4,66$ | | |
| 17,7 | Id. | $+1,66$ | $-1,24$ | $-5,04$ | $3^h 34^m 43^s,9$ | |
| | | $+0,19$ | $+0,19$ | $-0,38$ | | |
| // | | // | // | // | $Am_a = +1,47$ | Huit heures à la vapeur. |
| // | | // | // | // | $B = +1,47$ | |
| // | En rade de Mers-el-Kébir. | // | // | // | $M = +2,04$ | |
| // | A la mer. | // | // | // | $(ABM)m_a = +1,66$ | Marché pendant deux heures à la vapeur. Cinq heures à la vapeur. |
| | | $+1,45$ | $-1,80$ | $-4,98$ | | |
| 18,4 | Id. | $+1,34$ | $-1,72$ | $-4,86$ | $3^h 34^m 49^s,1$ | |
| | | $-0,21$ | $+0,08$ | $+0,12$ | | |
| // | | // | // | // | $Am_a = +1,45$ | Huit heures à la vapeur. |
| // | | // | // | // | $B = +1,16$ | |
| // | | // | // | // | $M = +1,12$ | |
| // | | // | // | // | $(ABM)m_a = +1,24$ | |
| // | | // | // | // | | |
| | | $+1,45$ | $-1,80$ | $-5,02$ | | |
| 18,4 | Id. | $+1,42$ | $-1,92$ | $-4,88$ | $3^h 34^m 56^s,2$ | |
| | | $-0,03$ | $-0,12$ | $+0,14$ | | |
| // | | // | » | // | $Am_a = +1,45$ | |
| // | | // | // | // | $B = +1,54$ | |
| // | | // | // | // | $M = +1,28$ | |
| // | | // | // | // | $(ABM)m_a = +1,42$ | |

| DATES et HEURES DE M. 1875. | | A--B | $m_a - m_b$ | A--M | $m_a - m_m$ | TEMPÉRATURE. | INTERVALLES. |
|---|---|---|---|---|---|---|---|
| | h m | h m s | s | h m s | s | ° | |
| 29 avril | 1 16 | 7 1 41,5 | + 3,5 | 7 1 41,0 | + 5,5 | 20,8 | |
| 30 | 1 8 | 37,5 | + 4,0 | 38,0 | + 6,0 | 20,6 | 5ʲ : du 25 au 30. |
| 1ᵉʳ mai | 1 57 | 34,0 | + 3,5 | 34,0 | + 4,0 | 20,0 | |
| 2 | 2 20 | 30,0 | + 4,0 | 27,0 | + 7,0 | 20,8 | |
| 3 | 2 21 | 26,7 | + 3,3 | 21,5 | + 5,5 | 21,3 | |
| 4 | 2 13 | 22,5 | + 4,2 | 16,0 | + 5,5 | 22,1 | |
| 5 | 2 6 | 19,0 | + 3,5 | 10,5 | + 5,5 | 21,6 | 5: du 30 au 5. |
| 6 | 2 26 | 15,0 | + 4,0 | 5,5 | + 5,0 | 21,1 | |
| 7 | 2 14 | 11,0 | + 4,0 | 0,0 | + 5,5 | 21,2 | |
| 8 | 1 23 | 7,5 | + 3,5 | 6 55,0 | + 5,0 | 22,0 | |
| 9 | 2 30 | 3,5 | + 4,0 | 50,0 | + 5,0 | 21,3 | |
| 10 | 2 11 | 0 59,5 | + 4,0 | 44,5 | + 5,5 | 20,6 | 5: du 5 au 10. |
| 11 | 2 39 | 55,5 | + 4,0 | 39,0 | + 5,5 | 18,8 | |
| 12 | 3 32 | 51,5 | + 4,0 | 33,0 | + 6,0 | 20,4 | |
| 13 | 2 27 | 48,0 | + 3,5 | 27,0 | + 6,0 | 21,3 | |
| 14 | 2 9 | 44,0 | + 4,0 | 21,5 | + 5,5 | 21,6 | |
| 15 | 2 20 | 39,5 | + 4,5 | 16,5 | + 5,0 | 21,4 | 5 : du 10 au 15. |
| 16 | 2 32 | 35,5 | + 4,0 | 10,0 | + 6,5 | 22,0 | |
| 17 | 2 46 | 31,0 | + 4,5 | 5,0 | + 5,0 | 21,8 | |
| 18 | 2 36 | 26,5 | + 4,5 | 0,5 | + 4,5 | 21,8 | |
| 19 | 2 27 | 22,0 | + 4,5 | 5 55,5 | + 5,0 | 22,3 | |
| 20 | 2 44 | 17,0 | + 5,0 | 50,5 | + 5,0 | 22,2 | 5 : du 15 au 20. |

| TEMPÉRATURE MOYENNE. | LIEUX D'OBSERVATION. | MARCHES OBSERVÉES, MARCHES ADOPTÉES. | | | $T_p - A$ à $0^h$ DE PARIS, et marches diurnes de A. | CIRCONSTANCES REMARQUABLES, tirs, jours de chauffe, mouvements du navire, orages, etc. |
|---|---|---|---|---|---|---|
| | | $m'_a$ | $m'_b$ | $m'_m$ | | |
| " | A la mer. | + 1,43 | — 2,16 | — 4,93 | | |
| 20,0 | | + 1,31 | — 2,49 | — 4,40 | $3^h 35^m 2^s,7$ | |
| " | | — 0,12 | — 0,33 | + 0,44 | $A m_a = + 1,43$ | |
| " | | " | " | " | $B = + 1,64$ | |
| " | | " | " | " | $M = + 0,87$ | |
| " | | " | " | " | $(ABM) m_a = + 1,31$ | |
| " | | " | " | " | | |
| " | | + 1,39 | — 2,40 | — 4,76 | | |
| 21,0 | Id. | + 1,14 | — 2,56 | — 4,36 | $3^h 35^m 8^s,\iota$ | |
| " | | — 0,25 | — 0,16 | + 0,40 | $A m_a = + 1,39$ | |
| " | | " | " | " | $B = + 1,30$ | |
| " | | " | " | " | $M = + 0,74$ | |
| " | | " | " | " | $(ABM) m_a = + 1,14$ | |
| " | Rade de Funchal. | " | " | " | | Quatre heures à la vapeur. |
| " | | " | " | " | | Salut de vingt-un coups. |
| 21,3 | | + 1,35 | — 2,65 | — 4,76 | $3^h 35^m 14^s,9$ | |
| " | 32°37'47" N. | + 1,30 | — 2,60 | — 3,90 | | |
| " | 1ʰ 17ᵐ 2ˢ,7 O. | — 0,05 | + 0,05 | + 0,86 | 3  35  16,3* | 16.2 par les courbes. |
| " | | " | " | " | $A m_a = + 1,35$ | |
| " | | " | " | " | $B = + 1,35$ | |
| " | A la mer. | " | " | " | $M = + 0,44$ | |
| " | | " | " | " | $(AB) m_a = + 1,30$ | |
| " | | + 1,35 | — 2,46 | — 4,96 | $3^h 35^m 22^s,\iota$ | |
| 20,6 | Id. | + 1,44 | — 2,56 | — 4,16 | $A m_a = + 1,35$ | |
| " | | + 0,09 | — 0,10 | + 0,80 | $B = + 1,54$ | |
| " | | " | " | " | $M = + 0,64$ | |
| " | | " | " | " | $(AB) m_a = + 1,44$ | |
| " | | " | " | " | | |
| " | | " | " | " | | |
| " | | " | " | " | | |
| " | | + 1,21 | — 3,77 | — 3,84 | | |
| 21,9 | Id. | + 1,43 | — 3,07 | — 3,77 | $3^h 35^m 29^s,3$ | |
| " | | + 0,22 | — 0,30 | + 0,07 | | |

| DATES et HEURES DE M. 1875. | A — B | $m_a - m_b$ | A — M | $m_a - m_m$ | TEMPÉRATURE. | INTERVALLES. |
|---|---|---|---|---|---|---|
| | h m s | + 3,8 | h m s | + 5,0 | ° | |
| 21 mai  2 42 | 7 0 13,2 | | 4 5 45,5 | | 20,8 | |
| | | + 4,2 | | + 5,0 | | |
| 22  2 32 | 9,0 | | 40,5 | | 20,8 | |
| | | + 4,5 | | + 4,5 | | |
| 23  2 27 | 4,5 | | 36,0 | | 21,5 | |
| | | + 5,0 | | + 5,5 | | |
| 24  2 51 | 6 59 59,5 | | 30,5 | | 22,1 | |
| | | + 4,0 | | + 5,5 | | |
| 25  2 52 | 55,5 | | 25,0 | | 21,7 | $5^d$ : du 20 au 25. |
| | | + 4,5 | | + 5,0 | | |
| 26  3 15 | 51,0 | | 20,0 | | 21,4 | |
| | | + 4,8 | | + 5,8 | | |
| 27  2 56 | 46,2 | | 14,2 | | 21,3 | |
| | | + 4,2 | | + 5,7 | | |
| 28  2 59 | 42,0 | | 8,5 | | 22,2 | |
| | | + 4,5 | | + 5,5 | | |
| 29  3 2 | 37,5 | | 3,0 | | 21,0 | |
| | | + 3,5 | | + 4,0 | | |
| 30  3 3 | 34,0 | | 4 59,0 | | 21,2 | 5 : du 25 au 30. |
| | | + 4,5 | | + 4,5 | | |
| 31  3 5 | 29,5 | | 54,5 | | 20,8 | |
| | | + 3,5 | | + 5,5 | | |
| 1er juin  3 13 | 26,0 | | 49,0 | | 21,8 | |
| | | + 4,0 | | + 4,5 | | |
| 2  3 22 | 22,0 | | 44,5 | | 21,0 | |
| | | + 3,5 | | + 4,5 | | |
| 3  3 13 | 18,5 | | 40,0 | | 20,5 | |
| | | + 3,5 | | + 4,5 | | |
| 4  3 17 | 15,0 | | 35,5 | | 22,1 | |
| | | + 4,0 | | + 5,5 | | |
| 5  3 5 | 11,0 | | 30,0 | | 22,8 | 6 : du 30 au 5. |
| | | + 4,2 | | + 4,5 | | |
| 6  3 27 | 6,8 | | 25,5 | | 22,0 | |
| | | + 3,8 | | + 4,5 | | |
| 7  3 11 | 3,0 | | 21,0 | | 20,5 | |

| TEMPÉRATURE MOYENNE. | LIEUX D'OBSERVATION. | MARCHES OBSERVÉES, MARCHES ADOPTÉES. | | | $T_p$ A, A $0^h$ DE PARIS, et marches diurnes de A. | CIRCONSTANCES REMARQUABLES, tirs, jours de chauffe, mouvements du navire, orages, etc. |
|---|---|---|---|---|---|---|
| | | $m'_a$ | $m'_b$ | $m'_m$ | | |
| " | | " | " | " | $Am_a = + 1^s,21$ | |
| " | | " | " | " | $B = + 1,73$ | |
| " | | " | " | " | $M = + 1,36$ | |
| " | | " | " | " | $(ABM)\, m_a = + 1,43$ | |
| " | | " | " | " | | |
| " | | " | " | " | | |
| | | $+ 1^s,30$ | $2^s,62$ | $— 4^s,07$ | | |
| $21°,4$ | A la mer. | $+ 1,30$ | $3,00$ | $3,80$ | $3^h 35^m 35^s,8$ | |
| " | | $+ 0,10$ | $— 0,38$ | $+ 0,27$ | $Am_a = + 1,20$ | |
| " | | " | " | " | $B = + 1,68$ | |
| " | | " | " | " | $M = + 1,03$ | |
| " | | " | " | " | $(ABM)\, m_a = + 1,30$ | |
| " | | " | " | " | | |
| " | | " | " | " | | |
| | | $+ 1,20$ | $— 2,64$ | $— 4,11$ | | |
| $21\ ,5$ | *Id.* | $+ 1,31$ | $2,99$ | $3,89$ | $3^h 35^m 42^s,4$ | |
| " | | $+ 0,11$ | $— 0,35$ | $+ 0,22$ | $Am_a = + 1,20$ | |
| " | | " | " | " | $B = + 1,66$ | |
| " | | " | " | " | $M = + 1,09$ | |
| , | | " | " | " | $(ABM)\, m_a = + 1,31$ | |
| " | | " | " | " | | Marché sept heures à la vapeur. Fort roulis. |
| " | En rade de la Horta. | " | " | " | | |
| " | | " | " | " | | |
| | | $+ 1,20$ | $— 2,64$ | $— 4,13$ | | |
| $21\ ,3$ | | $+ 1,03$ | $2,80$ | $3,80$ | $3^h 35^m 48^s,6$ | |
| " | . | $0,17$ | $0,16$ | $0,33$ | $Am_a = + 1,20$ | |
| " | | " | " | " | $B = + 1,19$ | |
| " | | " | " | " | $M = + 0,70$ | |
| " | 38° 31' 45" N. | " | " | " | $(ABM)\, m_a = + 1,03$ | |
| | $2^h 3^m 35^s$ O. | | | | $3^h 35^m 47^s,0*$ | $50^s,7$ par les courbes. |

Les colonnes qui contiennent les différences des comparaisons prises, à peu près, à vingt-quatre heures d'intervalle (ainsi que le montrent les heures du compteur inscrites dans la première colonne), portent en tête $m_a - m_b$, $m_a - m_m$; c'est que, les différences des comparaisons, étant supposées prises exactement à vingt-quatre heures d'intervalle, sont égales aux différences des marches diurnes consécutives, ainsi qu'il est facile de le voir. En effet, le premier jour, au moment de la comparaison, les chronomètres marquant les heures $A_1$, $B_1$, vingt-quatre heures après, ils marquent

$$A_2 = A_1 - m_{a_1}, \quad B_2 = B_1 - m_{b_1};$$

d'où

Comparaison du premier jour...    $A_1 - B_1$,

Comparaison du second jour. ..    $A_2 - B_2 = A_1 - m_{a_1} - B_1 + m_{b_1}$,

et

$$(1) \qquad (A_1 - B_1) - (A_2 - B_2) = m_{a_1} - m_{b_1}.$$

Dans les colonnes des comparaisons, on n'a marqué les minutes que quand les minutes des comparaisons changent; nous allons montrer ce qui permet d'agir ainsi, et, en même temps, de rendre très-simple et très-rapide l'opération des comparaisons journalières. Comme nous venons de le voir, les comparaisons de deux jours consécutifs ne diffèrent que des différences algébriques des marches diurnes; or, ces marches n'étant très-généralement que de quelques secondes, leurs différences ne seront que d'un petit nombre de secondes; les minutes des comparaisons ne changeront donc qu'à quelques jours d'intervalle. Dès lors, il devient inutile d'écrire chaque jour les chiffres des heures et des minutes marquées par les chronomètres aux moments des comparaisons observées : une première comparaison complète (c'est-à-dire telle que nous l'avons décrite plus haut) ayant été faite, il suffira, les jours suivants, de ne s'occuper que du chiffre des secondes des comparaisons. Du reste, l'inspection de la série des chiffres des secondes des $A - B$, $A - C$, ... ne peut laisser aucun doute sur les dates, ni sur le sens des changements à faire aux chiffres des minutes.

21. *Formules utiles, pour divers calculs relatifs à l'usage des chronomètres.* — Si l'on considère une suite de comparaisons, on est conduit à des re-

marques importantes dans la pratique. Soit un nombre quelconque de comparaisons consécutives, quatre par exemple :

$$1^{er} \text{ jour} \dots \dots \dots \dots \dots \dots \quad A_1 - B_1,$$
$$2^e \quad » \dots \dots \dots \dots \dots \dots \quad A_2 - B_2,$$
$$3^e \quad » \dots \dots \dots \dots \dots \dots \quad A_3 - B_3,$$
$$4^e \quad » \dots \dots \dots \dots \dots \dots \quad A_4 - B_4;$$

supposons que les trois premières de ces comparaisons puissent être considérées comme ayant été prises exactement à vingt-quatre heures d'intervalle, et la quatrième à une fraction décimale de jour, $f$, de la troisième. Soient encore $m_{a_1}, m_{a_2}, m_{a_3}, m_{b_1}, m_{b_2}, m_{b_3}$ les marches diurnes de A et de B du premier jour au deuxième, du deuxième au troisième et du troisième au quatrième; on a évidemment

$$A_2 - B_2 = A_1 - m_{a_1} - B_1 + m_{b_1},$$
$$A_3 - B_3 = A_2 - m_{a_2} - B_2 + m_{b_2},$$
$$A_4 - B_4 = A_3 - fm_{a_3} - B_3 + fm_{b_3}.$$

Ajoutant ces trois équations membre à membre et transposant, il vient

$$(2) \qquad (A_1 - B_1) - (A_4 - B_4) = (m_{a_1} + m_{a_2} + fm_{a_3}) - (m_{b_1} + m_{b_2} + fm_{b_3}),$$

équation qui montre que la différence de deux comparaisons, prises à un certain intervalle de jours et de fractions de jour, est égale à la différence des sommes des marches diurnes et fractions de marche diurne, correspondante à l'intervalle en question. Désignons par $t_4 - t_1$ l'intervalle de temps moyen qui sépare les comparaisons extrêmes, et par $m'_a, m'_b$ les marches diurnes moyennes pendant l'intervalle $t_4 - t_1$; l'équation (2) donnera

$$(3) \qquad m'_a - m'_b = \frac{(A_1 - B_1) - (A_4 - B_4)}{t_4 - t_1}.$$

Cette expression est générale et sert constamment dans la pratique.

### § III. — Détermination de l'état d'un chronomètre, par des observations faites à terre, dans un lieu de position connue.

22. Nous ne décrirons que les deux méthodes reposant sur l'emploi d'instruments toujours embarqués à bord : dans la première, on compare le chronomètre à une pendule astronomique; dans la seconde, on observe à

terre la hauteur d'un astre, au moyen d'un horizon artificiel et d'un instrument à réflexion.

**23.** *Première méthode.* — On compare le compteur au chronomètre; on obtient ainsi un premier résultat : $A - M$. Alors, on va comparer le compteur à la pendule; ce qui se fait directement, ou par l'intermédiaire d'un signal (boule qui tombe, pavillon amené, coup de canon, etc.) : on obtient ainsi l'heure $M_1$ du compteur, correspondante à l'heure P de la pendule. L'observatoire dans lequel on fait la comparaison, ou qui envoie le signal, donne l'heure $T_p$ du premier méridien, correspondante à l'heure P, ou le nombre $T_p - P$; d'où l'on déduit soi-même $T_p$.

On retourne prendre une seconde comparaison avec A, soit $A' - M'$ : alors, on a tout ce qui est nécessaire pour avoir $T_p - A$.

Il s'agit de calculer l'heure A que marquait le chronomètre A, au moment où l'on a comparé M à la pendule; pour cela, nous raisonnerons ainsi.

A l'instant où le compteur marquait l'heure M, la différence de cette heure avec celle de A était $A - M$; au moment de la seconde comparaison, le compteur marquant M', cette différence était devenue $A' - M'$ : donc, dans l'intervalle des deux comparaisons, exprimé en temps du compteur, c'est-à-dire $M' - M$, la comparaison du compteur au chronomètre a varié de

$$(A' - M') - (A - M) = \Delta(A - M);$$

supposons que cette différence ait changé progressivement et régulièrement (ce que l'on est obligé d'admettre), et que le temps $M' - M$ soit exprimé en minutes et dixièmes de minute; la variation de cette différence, dans une minute, sera égale à

$$\frac{\Delta(A - M)}{M' - M}.$$

Mais du moment de la première comparaison à celui de la comparaison avec la pendule, il s'est écoulé un temps du compteur égal à $M_1 - M$; en conséquence, à l'instant de la comparaison de M avec P, la différence $A_1 - M_1$ de A avec M était devenue

$$A_1 - M_1 = A - M + \frac{\Delta(A - M)}{M' - M} \times (M_1 - M).$$

Connaissant $A_1 - M_1$, nous y ajouterons $M_1$, d'où nous déduirons $A_1$, puis $T_p - A_1$; ce qu'il s'agissait d'obtenir.

**24.** *Recommandation.* — Dès le lendemain de l'embarquement des montres à bord, on doit aller faire une comparaison à la pendule de l'observatoire, ou observer soi-même à terre, pour déterminer les retards de ses montres et constater l'effet que le transport a pu produire sur elles. Nous *recommandons tout particulièrement* de ne jamais prendre la mer avec un seul état : on peut s'être trompé sur cet état et les erreurs de cette sorte peuvent avoir les conséquences les plus funestes ('); d'un autre côté, les marches pourraient avoir changé pendant le transport des montres à bord, et l'on serait encore exposé à de graves erreurs.

**25.** *Deuxième méthode.* — Dans cette méthode, ainsi que nous l'avons déjà dit, on fait usage d'un horizon artificiel et d'un instrument à réflexion. Il existe deux sortes d'horizons artificiels : les uns à glace, les autres à liquide. Les horizons à glace sont des appareils très-rarement exécutés avec le degré de précision désirable ; on sait, en effet, que les bons miroirs plans, d'un certain diamètre, et les fioles de niveau bien régulières, sont presque des œuvres d'art, qu'un *très-petit* nombre d'artistes réussissent à exécuter à la satisfaction des astronomes. D'un autre côté, les marins sont peu exercés à se servir du niveau à bulle d'air, et l'on considère un bon nivellement comme une opération des plus délicates de l'Astronomie pratique ; nous conseillons donc de ne pas employer les horizons à glace.

Les liquides employés dans les autres horizons artificiels sont le goudron, l'huile et le mercure. Ce dernier est celui qui a le plus grand pouvoir réflecteur ; seulement il est très-mobile : la moindre secousse, la moindre trépidation, un souffle d'air, déterminent soit des mouvements, soit un état vibratoire de la surface, qui troublent considérablement la netteté des images et empêchent d'observer ; on emploie cependant, autant que possible,

---

(') En septembre 1864, le transport *la Saône*, étant en partance, avait dû être réparé précipitamment et recalfaté presque entièrement dans ses hauts ; à cause des ébranlements répétés que produit le calfatage, on n'embarqua les chronomètres à bord que quelques heures avant d'appareiller. On ne vit le soleil que le surlendemain du départ ; le point observé présenta une différence de 30 milles avec le point estimé, différence qui fut attribuée au courant. En arrivant aux Canaries, croyant atterrir dans le canal de Ténériffe et de Palma, on se trouva à une distance très-considérable dans l'Ouest ; étonné de cette erreur dans l'atterrissage, on rechercha quelle pouvait en être la cause : il fut reconnu que ce ne pouvait provenir que d'une erreur de 5 minutes dans l'état donné par l'Observatoire de Brest. D'après les routes faites, on avait cru passer à une distance considérable des îles Salvages dans l'est ; en fait, le navire passa à 10 milles de ces îles, dans l'Ouest ; si l'on eût fait route pour passer 10 milles plus à l'Est, on se fût jeté sur des rochers, pendant une nuit très-noire et par gros temps ; ce qui eût certainement causé la perte corps et biens du navire.

le mercure, à cause des belles images qu'il peut donner. Il faut néanmoins avoir toujours, à sa disposition, de l'huile ou du goudron, pour remplacer le mercure, dans le cas où les circonstances rendent son emploi impraticable (¹).

Quand on veut aller à terre pour déterminer le retard d'un chronomètre, il faut d'abord se préoccuper de l'heure à laquelle il convient de prendre les hauteurs de l'astre que l'on se propose d'observer. On se rappellera que les observations doivent être faites, lorsque l'astre est au premier vertical, ou quand l'angle de position est droit. Cependant il est nécessaire que la hauteur ne soit pas inférieure à 12 degrés, ni plus grande que 65 à 70 degrés : la limite inférieure est imposée par la difficulté d'observer un astre à l'horizon artificiel lorsque les hauteurs sont petites ; la limite supérieure dépend de l'angle que l'on peut mesurer avec son sextant ou son cercle, angle qui ne dépasse guère 140 degrés ; encore faut-il remarquer qu'à cette limite un angle est très-difficile à mesurer, car le grand miroir se réfléchit alors dans le petit, comme une bande très-étroite et ne présentant plus qu'un champ insuffisant pour voir aisément l'image réfléchie de l'astre. Ainsi, quand on voudra observer l'état d'un chronomètre, il faudra d'abord déterminer l'heure à laquelle l'astre passe au premier vertical ou celle à laquelle l'angle de position est droit, ensuite les hauteurs correspondantes à ces heures ; si la hauteur est plus petite que 12 degrés ou plus grande que 70 degrés, on devra se résoudre à observer, selon le cas, avant ou après, l'heure déterminée théoriquement : il va sans dire que, dans ces circonstances, il faudra observer le plus près possible, soit du premier vertical, soit du moment où l'angle de position est droit.

Quand on aura fixé l'heure à laquelle on devra quitter le bord pour aller à terre, on fera, quelques instants seulement avant le départ, une comparaison entre le chronomètre et le compteur, soit A — M : avant de s'embarquer, on s'assurera que le timonier, qui doit vous accompagner pour compter, a fait mettre dans l'embarcation votre instrument à réflexion,

---

(¹) Nous croyons devoir signaler à l'attention des observateurs, bien que nous ne l'ayons pas expérimenté nous-même, un appareil qui paraîtrait avoir réussi entre les mains de quelques personnes ; il consiste en une capsule construite en un métal que le mercure peut mouiller, tel que le cuivre rouge décapé : la couche de mercure déposée dans cette capsule doit avoir une faible épaisseur : l'action capillaire paraît suffire pour empêcher la transmission des mouvements vibratoires ou autres. Il y aurait seulement à examiner quel est le minimum d'épaisseur à donner à la couche liquide, pour que la capillarité n'exerce aucune influence sur l'horizontalité de la surface du mercure.

l'horizon artificiel, le thermomètre et une chaise. L'officier doit faire lui-même l'embarquement du compteur; il ne faut confier cet instrument à d'autres personnes, que dans le cas où il n'y a pas possibilité de faire autrement.

26. Arrivé à terre, on cherche un endroit où les tremblements du sol ne sont pas à redouter et où l'on soit à l'abri du vent; on se propose ainsi d'éviter les mouvements qui déforment les images des astres, en agitant les liquides réflecteurs.

Après avoir choisi le terrain convenable pour l'observation, on place d'abord le thermomètre à l'ombre, puis on dispose l'horizon artificiel. On rectifie très-exactement la perpendicularité du grand miroir; cela fait, on visse la lunette astronomique sur son instrument (cette lunette doit être employée, parce qu'elle donne un fort grossissement); on rectifie la perpendicularité du petit miroir. L'instrument étant parfaitement rectifié, on mesure l'erreur instrumentale deux fois, quand on observe le Soleil ou la Lune, par des contacts des bords inférieurs et supérieurs de l'astre observé; la moyenne des deux résultats sera adoptée comme erreur instrumentale. Si l'on observait un astre qui n'eût pas de diamètre apparent sensible, tel que celui d'une planète, ou la Lune, lorsque l'on ne peut voir distinctement que l'un de ses bords horizontaux; on prendrait quatre fois l'erreur instrumentale, en faisant recouvrir l'image directe par l'image réfléchie : on adopterait la moyenne de ces quatre résultats comme erreur instrumentale.

Il est bon, lorsque la lumière du Soleil ne varie pas notablement d'intensité, de se servir d'une bonnette : on évite ainsi les erreurs provenant du défaut de parallélisme des faces des verres colorés, et l'on obtient deux images d'intensités à peu près égales : ce que l'on doit toujours rechercher.

27. Dans l'emploi de l'horizon artificiel, il est commode d'être assis sur une chaise; on cherche la position dans laquelle, étant assis, on voit, le plus à son aise, l'astre dans l'horizon artificiel, c'est-à-dire celle qui permet de voir l'astre dans l'horizon, sans avoir besoin de s'incliner en avant ou en arrière. Une fois bien établi sur la chaise, on vise à l'image directe (image vue dans l'horizon), puis mettant son instrument dans le vertical (¹) de l'astre

_______________

(¹) Les commençants éprouvent quelque embarras à mettre l'instrument dans le vertical de l'astre; quant au Soleil et à la Lune, on y parvient assez facilement en visant l'image directe d'abord; puis, en tâchant de maintenir exactement l'instrument à la place qu'il occupe, on retire

que l'on observe, on ramène l'image réfléchie à être en contact avec l'image directe. En se servant de la Lunette astronomique, on mesure la hauteur du bord supérieur en mettant en contact le bord supérieur de l'image de l'astre vue dans l'horizon, avec le bord inférieur de l'image vue par réflexion dans le petit miroir; dans la position inverse des images, on obtient la hauteur du bord inférieur.

Contrairement à l'opinion de quelques personnes, nous estimons que l'observation alternative des hauteurs des deux bords est celle qui jouit de la plus grande exactitude dans la détermination des états : cette observation se fait rapidement avec un cercle; mais, si l'on veut employer ce mode d'observer avec un sextant, il faut déplacer l'alidade de 1 degré environ après chaque observation, ce qui retarde et peut gêner dans le cours d'une série; donc, quand on se servira du sextant, si l'on veut prendre les hauteurs des deux bords, on ne le fera qu'avec un ciel parfaitement pur et qui permette d'observer sans trop de précipitation.

Quand on prend un contact (¹) entre les deux images d'un astre, il faut balancer légèrement l'instrument; on voit, par ce moyen, si l'arc que décrit l'image réfléchie ne touche l'image directe qu'en un seul point; s'il en est ainsi, on est sûr que l'on a bien la hauteur du point de l'astre qui est dans le vertical. On observe plus facilement un contact lorsque les bords des images se séparent que quand ils se réunissent; il y aura donc avantage, si l'on n'observe qu'un seul bord, à prendre la hauteur du bord inférieur le matin et du bord supérieur le soir. L'homme qui compte les secondes du compteur doit le faire de zéro à 60; on évite bien des erreurs en comptant de cette manière, au lieu de compter par dizaines de secondes seulement. L'observateur énonce le nombre de secondes auquel il a observé le contact,

---

l'œil de la lunette; ensuite on fait tourner l'instrument autour de l'axe optique de la lunette, jusqu'à ce que l'ombre des rayons du sextant qui sont en avant couvre exactement la face antérieure des rayons qui sont en arrière ; alors le sextant est dans le vertical : si l'axe optique n'a pas été sensiblement dérangé dans le mouvement de rotation de l'instrument; en remettant l'œil à la lunette et faisant mouvoir l'alidade, on verra apparaître l'image réfléchie à côté de l'image directe. Mais ce qu'il y a de plus certain et de plus commode pour trouver facilement l'astre réfléchi dans le champ de la lunette, c'est de calculer approximativement quelle sera la hauteur de l'astre au moment de l'observation ; alors, en mettant l'alidade au degré voulu, on trouve immédiatement les images directes et réfléchies dans le champ de la lunette.

(¹) Le procédé qui donne le plus de précision pour prendre un contact, et qui peut s'appliquer quand on n'est pas trop pressé, est de faire mordre les images avec la vis de rappel quand les images doivent se séparer, de les écarter au contraire si elles doivent se réunir; on attend alors qu'elles se mettent en contact d'elles-mêmes : on n'est pas ainsi préoccupé de faire mouvoir la vis de rappel, et l'on peut juger plus facilement de l'heure à laquelle a lieu le contact.

alors on arrête le comptage, et l'on marque l'heure et la hauteur. Il est utile
que la personne qui compte soit assez près de l'observateur, pour que celui-ci
puisse vérifier d'un coup d'œil la minute et la dizaine de secondes de l'heure
marquée.

**28.** Afin d'obtenir une précision suffisante et de s'assurer de la bonté des
observations, on prend plusieurs séries de hauteurs, trois au moins; quatre
hauteurs dans chaque série suffisent. Avec les horizons dont les toits
portent des glaces et non du talc, on retourne le toit après avoir pris les
deux premières hauteurs de la série : c'est une précaution indispensable
pour éviter les erreurs provenant des glaces elles-mêmes ou de leurs positions dans leurs montures. Avec des glaces, on ne peut guère compter sur
l'exactitude du résultat d'un nombre impair de hauteurs: il faut, dans les
séries, prendre autant de hauteurs d'un côté que de l'autre du toit.

Aussitôt que l'on a fini d'observer, on fait les différences des heures consécutives, et pareillement celles des angles observés; c'est une bonne précaution à prendre : en effet, les angles devant varier à peu près proportionnellement aux temps, on peut immédiatement se rendre compte de ce
que valent les observations, en examinant si la proportionnalité entre les
différences des temps et celles des angles est suffisamment approchée. Dans
le cas où l'on ne trouverait pas cette proportionnalité satisfaisante, on
recommencerait les observations. Le grand avantage d'un tel examen est de
faire reconnaître immédiatement l'existence d'une grosse erreur qui se serait
glissée dans les angles ou les heures.

Si les observations sont trouvées satisfaisantes, on lit le degré marqué
par le thermomètre (¹), et l'on inscrit la température; puis on retourne
à bord le plus promptement possible : aussitôt arrivé, on prend une seconde comparaison $A' - M'$; ensuite, on demande à la timonerie la hauteur
du baromètre pendant les observations, on l'inscrit à côté de la température.

On verra plus loin, dans les calculs nautiques que nous donnons à la
suite de ce travail, la manière dont il faut disposer sur le cahier d'observation toutes les données qu'on aura recueillies.

**29.** Ayant appliqué à ces données les corrections dont il sera parlé plus

---

(¹) Il serait préférable de faire deux observations de température, immédiatement après et avant
les observations de hauteurs; de cette manière, on reconnaîtrait et l'on corrigerait une grosse
erreur qui pourrait se produire dans la lecture du thermomètre.

loin, on calcule l'angle horaire de l'astre observé, au moyen de la formule

$$(1) \qquad \sin \frac{P}{2} = \pm \sqrt{\frac{\cos S \sin (S - H)}{\sin \Delta \cos L}},$$

déduite du triangle de position PZA, dans lequel P désigne le pôle élevé, Z le zénith et A l'astre; S est la demi-somme des angles; H la hauteur vraie, $\Delta$ la distance polaire, L la latitude. On prend le signe + quand l'astre descend, et le signe — quand il monte.

Cette formule peut servir dans tous les cas; elle ne donne lieu à aucune indétermination, parce que l'on n'observe jamais des angles horaires tellement grands, que $\sin \frac{P}{2}$ s'approche des limites $\pm 1$. On trouvera, dans les calculs nautiques, un exemple du calcul du retard d'un chronomètre, avec tous les détails nécessaires.

**30.** Une seule observation d'état ne donne jamais une grande exactitude; deux états observés le même jour, l'un le matin, l'autre le soir, et ramenés à un même temps, ne s'accordent que tout à fait exceptionnellement, même quand les circonstances atmosphériques sont identiques et les séries observées très-concordantes.

La différence entre ces deux résultats tient particulièrement à l'existence d'erreurs systématiques, dans la détermination de certaines constantes instrumentales et dans la manière d'observer ou l'équation personnelle. Il est à remarquer, en ce qui concerne la manière d'observer, que, tantôt les contacts s'obtiennent pendant que les disques se rapprochent, tantôt quand ils s'écartent; les erreurs systématiques, dans ces deux circonstances, peuvent présenter de notables différences, suivant les observateurs.

Imaginons que l'on ait employé, dans les observations du soir et du matin, le même mode de détermination des constantes instrumentales, et que, s'il s'agit du Soleil ou de la Lune, on ait observé dans les mêmes circonstances de rapprochement ou d'écartement des disques; en outre, et pour plus de simplicité, supposons que les astres aient été observés par la même hauteur moyenne : on aperçoit, sans calcul, que les erreurs de la valeur absolue de l'angle horaire, dues aux différentes causes que nous venons d'énumérer, seront égales et de signes contraires; naturellement il en sera de même pour les erreurs des états, de sorte que, si l'on prend leur moyenne arithmétique, on aura, pour le milieu de l'intervalle des observations, un état d'où les erreurs constantes dont il s'agit auront été éliminées : c'est sur cette remarque que repose le principe de la *méthode des hauteurs correspondantes*.

Ce mode d'élimination suppose nécessairement que les erreurs d'une certaine nature restent les mêmes, dans les observations du matin et du soir; en conséquence, on ne pourrait pas compter qu'elle réussît exactement, s'il s'agissait d'observations faites dans des circonstances différentes, sous le rapport du rapprochement ou de l'éloignement des disques, et que les hauteurs fussent par trop inégales.

Mais il est souvent difficile, à cause du service, d'aller observer à terre deux fois dans le même jour, et plus encore, de se trouver exactement à l'heure, pour observer les hauteurs correspondantes : à cause de ces circonstances, nous n'exposerons pas la méthode des hauteurs correspondantes, et nous conseillerons, si l'on veut une grande exactitude, d'obtenir deux états, au moyen d'observations faites, les unes du côté de l'est, les autres du côté de l'ouest, en se conformant aux indications qui viennent d'être présentées quant aux circonstances de rapprochement ou d'écartement des disques et à l'égalité approximative des hauteurs moyennes : il va sans dire que l'on prendra la moyenne de ces deux états, que l'on fera correspondre à la moyenne des temps.

La plupart du temps, on ne va qu'une fois à terre dans un jour, le matin ou le soir, pour observer les hauteurs du Soleil, ce qui est généralement suffisant pour les besoins de la navigation; mais il faut, autant que possible, observer toujours le matin ou toujours le soir, parce que la différence des états que l'on obtiendrait, l'un le matin, l'autre le soir, se trouverait affectée d'une erreur égale à la somme des erreurs systématiques.

31. On ne calcule que le retard $T_p - A$ du premier chronomètre; cela suffit. Si, pour une raison quelconque, on voulait connaître l'état d'un autre chronomètre, B par exemple, il serait très-facile de l'obtenir : au moyen des comparaisons journalières, on calculerait $A - B$ pour le moment où l'on désire avoir l'état; ajoutant cette différence à $T_p - A$, on aurait l'état demandé, $T_p - B$.

§ IV. — Calcul des marches diurnes des chronomètres,<br>
au moyen des états observés.

**32.** Soient deux retards du premier chronomètre $(T_p - A)_1$ et $(T_p - A)_n$ obtenus à des époques $t_1$ et $t_n$; on a évidemment

$$m'_a = \frac{(T_p - A)_n - (T_p - A)_1}{t_n - t_1}.$$

Par suite du peu de précision des instruments nautiques, on ne peut, en cours de campagne, obtenir l'état d'un chronomètre avec beaucoup de précision : pour que les marches diurnes soient suffisamment approchées, il est nécessaire que $t_n - t_1$ soit assez grand; $t_n - t_1 = 10^j$ serait, pensons-nous, l'intervalle de temps le plus convenable à adopter dans la détermination des marches diurnes.

Dans les relâches, on ne peut, que rarement, observer des états à des intervalles de dix jours; on n'a donc que des marches diurnes assez peu approchées. Il ne faut pas déterminer une marche diurne par un intervalle moindre que trois jours. On peut encore tirer bon parti des marches diurnes obtenues par de petits intervalles, mais, en tenant compte, comme il sera indiqué plus loin, du degré d'approximation qui doit leur être attribué.

**33.** Ayant calculé la marche $m'_a$ de A pour l'intervalle $t_n - t_1$, on en conclut les marches $m'_b$, $m'_c$ au moyen de la formule (3). $A_1 - B_1$, $A_1 - C_1$ étant les comparaisons au moment de la première observation de l'état, et $A_n - B_n$, $A_n - C_n$ au moment de l'observation suivante, on a

$$\frac{(A_1 - B_1) - (A_n - B_n)}{t_n - t_1} = m'_a - m'_b,$$

$$\frac{(A_1 - C_1) - (A_n - C_n)}{t_n - t_1} = m'_a - m'_c;$$

on tire de là

$$m'_b = m'_a - \frac{(A_1 - B_1) - (A_n - B_n)}{t_n - t_1},$$

$$m'_c = m'_a - \frac{(A_1 - C_1) - (A_n - C_n)}{t_n - t_1}.$$

Ce calcul des marches $m'_b$, $m'_c$ peut être simplifié; nous indiquerons plus loin la simplification.

### § V. — Recherche des marches diurnes des chronomètres à la mer.

**34.** Le premier travail sérieux qui ait été entrepris sur cette question à
été fait par M. Lieussou, ingénieur hydrographe; c'est lui qui, le premier,
a émis et affirmé l'idée que, dans l'état normal, les fortes variations des
marches des chronomètres devaient être seulement attribuées à la température et au temps; il donna une formule qui représente les marches diurnes
en fonction du temps et de la température, d'une manière bien plus satisfaisante que celles qui avaient été proposées jusque-là.

Postérieurement, M. Yvon Villarceau, membre de l'Institut, astronome à
l'Observatoire de Paris, a soumis à l'analyse mathématique l'étude des
mouvements des chronomètres; il a déduit de la théorie les causes qui produisent les variations de marche avec le temps; dans le Mémoire où il indi-
quait les moyens de les faire disparaître, il formulait également les procédés à
suivre pour réaliser la compensation relative à la température. Ne s'illu-
sionnant pas sur la possibilité de voir ses propositions prochainement réa-
lisées par les constructeurs, il s'est préoccupé d'obtenir une formule propre
à représenter les marches des chronomètres plus ou moins imparfaitement
compensés. Le Mémoire de M. Yvon Villarceau est inséré dans le tome VII
des *Annales de l'Observatoire de Paris*.

**35.** A l'aide de la méthode de cet astronome, des études ont été poursuivies sur vingt et un chronomètres construits par des artistes français; pendant trois ans, en 1864, 1865, 1866, 1867, à bord de la frégate *la Victoire*;
pendant deux ans, en 1871, 1872, 1873, à bord du vaisseau-école d'application *le Jean-Bart*; pendant un an, en 1874, 1875, à bord de la frégate-école
d'application *la Renommée*; pendant dix-huit mois, à bord de la corvette *le
Decrès*, par M. Rouyaux, enseigne de vaisseau (¹); et enfin, en 1876, dans

---

(¹) Quoiqu'il n'eût à bord que deux chronomètres et peu d'observations de marches diurnes, cet
officier put, grâce à ses connaissances mathématiques, parvenir à vérifier l'exactitude de la formule
proposée par M. Yvon Villarceau. Il remarqua que, si la série de Taylor s'appliquait à la détermination des marches diurnes d'un chronomètre, elle devait s'appliquer également aux différences des
marches diurnes de deux chronomètres placés dans la même boîte; or la différence des marches
diurnes de deux montres est égale à la différence des comparaisons journalières; il soumit donc au
calcul les différences des comparaisons journalières, et trouva que la théorie de M. Yvon Villarceau
était parfaitement vérifiée. On peut lire le travail remarquable de cet officier dans la *Revue maritime*
de 1876.

un voyage de France en Cochinchine, à bord de la *Mayenne*, par M. du Valdailly, enseigne de vaisseau. Nous sommes heureux de citer et de remercier ici cet officier, pour la grande part qu'il a prise à nos travaux de recherches, exécutés à bord du *Jean-Bart*. En 1873-1874, sous la direction de M. le D$^r$ Peters, un des premiers astronomes d'Europe, il a été fait aussi, à l'Observatoire de Kiel, des recherches qui ont été poursuivies pendant une année. Quatre-vingt-onze chronomètres appartenant à la Marine impériale allemande ont été l'objet d'études très-sérieuses; ces chronomètres étaient de différents artistes étrangers. Toutes les études exécutées, soit à bord des navires français, soit à l'Observatoire de Kiel, ont démontré que les principales causes physiques agissant sur les chronomètres sont la température et le temps, et que la formule

$$(5) \quad m' = m + a(t' - t) + b(\theta' - \theta) + c(\theta' - \theta)^2 + d(t' - t)(\theta' - \theta) + e(t' - t)^2$$

représente bien la marche diurne en fonction du temps et de la température, lorsque cette marche ne subit pas de solutions de continuité.

Dans la formule (5), $m'$ représente la marche diurne à l'époque $t'$ et à la température $\theta'$; $t$ et $\theta$ sont des quantités arbitraires, prises respectivement entre les limites des valeurs observées $t'$ et $\theta'$ : $m$, $a$, $b$, $c$, $d$, $e$ sont des constantes que l'on obtient en résolvant un grand nombre d'équations de la forme (5) entre les quantités observées $m'$, $t'$ et $\theta'$.

On trouve, dans un Mémoire intitulé : *Recherches sur l'emploi des chronomètres à la mer*, par M. Aved de Magnac, lieutenant de vaisseau, l'ensemble des considérations et des calculs à l'aide desquels on est parvenu à constater que l'équation ci-dessus représente bien les variations de marche des chronomètres. La première Partie de ce Mémoire a été insérée dans le cahier n° 9 des *Recherches chronométriques*, publiées par le Dépôt des cartes et plans de la Marine.

Le calcul des coefficients $a$, $b$, $c$, ..., étant certainement impraticable dans la navigation, nous avons dû chercher à le remplacer par une méthode graphique, très-simple et très-rapide, qui remplit le même but, en donnant un peu moins d'exactitude, il est vrai; mais ce manque d'exactitude n'a aucune importance dans la question des atterrissages.

36. On jugera de ce que nous avançons au sujet de la grande difficulté d'appliquer la méthode des coefficients dans la pratique de la navigation courante.

Sur dix-sept chronomètres que nous avons étudiés à bord de différents navires :

$$5 \text{ avaient les coefficients } a,\ b,\ c$$
$$1 \qquad » \qquad » \qquad a,\ b,\ e$$
$$1 \qquad » \qquad » \qquad a,\ d,\ e$$
$$10 \qquad » \qquad » \qquad a,\ b,\ c,\ d$$

Parmi les dix derniers, il y en avait cinq pour lesquels $d$ était très-petit et ne pouvait avoir une influence un peu sensible qu'à la fin d'une longue traversée; mais, pour les cinq autres, il était nécessaire d'employer les quatre coefficients $a,\ b,\ c,\ d$. On voit donc que les coefficients joints à la constante $m$ forment un total d'au moins quatre inconnues à déterminer, et que, de temps en temps (une fois sur quatre), ce nombre s'élève à cinq. Les erreurs des observations de marche et de température nécessitent l'emploi de huit à dix équations, pour obtenir lesdits coefficients avec une exactitude à peu près suffisante. Ainsi, le moindre travail que l'on ait à faire est de calculer quatre inconnues avec huit équations, calcul qui ne laisse pas d'être assez long; mais l'inconvénient le plus grave est qu'il faut recommencer la résolution des équations, chaque fois qu'une nouvelle marche amène une nouvelle équation : en supposant donc que l'on ait calculé les coefficients avec huit équations, quand on aura une marche diurne en plus, il faudra recommencer le calcul avec neuf équations, puis, la fois suivante, avec dix, et ainsi de suite. On voit donc que, en appliquant la méthode des coefficients, on s'engage dans une voie qui exige une suite de calculs fort longs, surtout pour des officiers à bord. Si, au contraire, on fait usage de courbes, chaque nouvelle observation de marche diurne donne un point qu'il est très-facile de faire servir à continuer et perfectionner la courbe. Pour ces raisons, nous allons étudier les courbes des marches diurnes des chronomètres.

### § VI. — Étude des courbes de marche diurne des chronomètres.

37. Ayant choisi arbitrairement les constantes $t$ et $\vartheta$ entre les limites respectives des $t'$ et des $\vartheta'$, concevons qu'on mette dans l'équation (5) les valeurs observées de ces quantités, on aurait autant d'expressions analytiques des marches diurnes que d'observations; mais il sera préférable d'y substituer une représentation graphique. A cet effet, soient tracés deux axes des coordonnées $x$ et $y$ : prenant les temps pour abscisses et les températures pour ordonnées, nous aurons une première courbe qui sera celle

des températures; d'autre part, avec les mêmes abscisses et les marches diurnes pour ordonnées, nous aurons une deuxième courbe qui sera celle des marches diurnes. En examinant ces courbes, nous verrons que la courbe des marches diurnes suit plus ou moins les inflexions de celle des températures; cela dépend des températures d'abord et de la grandeur des coefficients de température; si, d'un autre côté, nous joignons par un trait continu les marches de différentes époques, mais de même température, la ligne ainsi décrite sera un arc de parabole : ce genre de ligne est celui que nous avons appelé *courbes isothermes*. Si l'on trace plusieurs de ces lignes, on verra qu'elles présentent certaines différences.

Nous n'avons pas besoin de rappeler que la courbure d'un arc de parabole est plus ou moins prononcée, suivant que le point considéré est plus ou moins voisin du sommet. Dans les courbes chronométriques isothermes, les arcs de parabole ont le plus souvent une courbure assez faible et peuvent être remplacés, pendant assez longtemps, par des lignes droites, auxquelles nous avons donné le nom de *tangentes isothermes*. Il arrive que certains coefficients de l'équation (5) sont trop faibles pour être pris en considération; si c'est celui du carré du temps, les lignes isothermes cessent d'être des paraboles et deviennent des lignes droites, qui diffèrent d'inclinaison, suivant les températures auxquelles elles se rapportent; si $e$ coefficient du carré du temps et $d$ coefficient du temps multiplié par la température peuvent, par le motif que nous venons d'indiquer, être considérés comme nuls, les lignes isothermes se réduisent toutes à des droites parallèles : il arrive aussi que quelques-uns des coefficients de température disparaissent également; alors la courbe des marches s'infléchit par rapport à celle des températures, moins ou plus, suivant que le coefficient annulé est $c$ ou l'un des coefficients $b$ et $d$ ([1]). Cela posé, on voit que la courbe des marches diurnes d'un chronomètre étant tracée, il n'y aura, pour avoir la marche de ce chronomètre à une date et à une température données, qu'à chercher le point de la ligne isotherme de ladite température, qui correspond à la date proposée, puis à mesurer l'ordonnée de ce point sur l'échelle des marches diurnes : on aura ainsi la marche demandée.

38. Nous venons de supposer que l'on avait les équations des marches diurnes, pour montrer ce que peuvent être les courbes représentatives de ces marches; maintenant que nous l'avons vu, nous pouvons chercher à tracer

----

([1]) Voir *Recherches sur l'emploi des chronomètres à la mer*, p. 74.

directement la courbe d'un chronomètre avec les données, telles que nous les
possédons, c'est-à-dire les températures et les marches diurnes observées.
Nous allons donner la règle pratique à suivre pour cette opération; mais, au-
paravant, il est nécessaire de présenter quelques remarques indispensables.

**39.** Malgré toutes les précautions que l'on peut prendre dans les observations, les marches diurnes sont toujours, pour une foule de raisons, entachées
d'erreurs. Un observateur exercé peut, dans de bonnes circonstances, espérer
avoir un état à 1 seconde près; en fait, il l'aura presque toujours à moins
de 1 seconde, mais il ne peut jamais en être sûr : dès que les circonstances
seront un peu moins favorables ou que l'observateur ne sera pas *très-exercé*,
l'erreur des états pourra s'élever à 2 secondes, et, dans de mauvaises conditions (réfractions anormales, etc.), à 3 et 4 secondes.

Si l'on suppose qu'on prenne la différence de deux états séparés par
un intervalle de dix jours, pour en déduire des marches diurnes, les erreurs
moyennes à craindre dans ces marches diurnes seront environ $\pm$ o$^s$, 1, $\pm$ o$^s$, 2,
$\pm$ o$^s$, 3, $\pm$ o$^s$, 4. Cependant, en pratique, les erreurs dépasseront très-rarement $\pm$ o$^s$, 3, et, plus rarement encore, $\pm$ o$^s$, 4. En effet, dans la très-grande
majorité des cas, les erreurs des états n'atteignent pas leurs valeurs maxima ;
il s'établit nécessairement des compensations dans les différences des états,
quand ces erreurs sont de même signe. Il résulte de là que, pratiquement, on
ne devra guère admettre comme limite des erreurs des marches diurnes, dues
aux erreurs des observations, que le chiffre $\pm$ o$^s$, 3, dans les conditions ordinaires. Du reste, l'officier des montres doit s'être fait une idée de l'exactitude de ses observations et en tenir compte, ainsi que des circonstances dans
lesquelles il a observé, pour fixer les limites des erreurs de ses marches
diurnes, provenant seulement des observations; mais, nous le répétons, il
ne devra admettre des erreurs de $\pm$ o$^s$, 4 et surtout au delà de ce nombre,
que dans des cas extrêmement rares et avec des motifs parfaitement établis.

**40.** Quant aux perturbations, nous entendrons par là les changements
qui peuvent se produire dans la marche des chronomètres à la suite d'accidents de nature quelconque, et s'opposent à ce que l'ensemble des marches
puisse être représenté par un développement rationnel, suivant les puissances et les produits des variations de la température et du temps, comprises dans des limites convenables; il va sans dire que, pour ce qui concerne
les perturbations, nous substituerons encore la considération des courbes
à celle du développement analytique.

Les chronomètres éprouvent des perturbations, les uns très-rarement, les autres de temps en temps; ces perturbations, qui proviennent de causes connues (page 17) et d'autres causes que nous n'avons pu déterminer, ont été rangées en quatre catégories distinctes : 1° les changements instantanés dans l'état du chronomètre (on les appelle *sauts*); 2° les changements de marche qui se produisent tout d'un coup et n'affectent que la constante *m* de la formule, cette altération de la constante *m* persistant indéfiniment; 3° les changements de marche qui affectent tout d'un coup la même constante *m* durent pendant une courte période et finissent par disparaître; 4° les changements qui se montrent petits d'abord, pour croître ensuite, atteindre un maximum, décroître et enfin disparaître. Ce quatrième genre de perturbations nous semble devoir être rare; nous n'en n'avons trouvé qu'un exemple, à bord du *Jean-Bart*, dans le chronomètre 386 Dumas. Nous ne pensons pas devoir classer à part les chronomètres dont les marches deviennent tellement irrégulières, qu'ils doivent être considérés comme hors de service. Sur les dix-sept montres que nous avons eues entre les mains, nous n'avons trouvé que deux de ces instruments, dont les marches soient devenues, au bout d'un certain temps, tout à fait irrégulières; nous nous croyons devoir attribuer leurs dérangements à ce qu'ils ont été placés isolément, l'un en 1871-1872, l'autre en 1872-1873, dans une position exceptionnelle, où ils étaient exposés à une très-forte humidité. Pour de plus amples renseignements sur les perturbations, nous renvoyons à notre Mémoire déjà cité, et aux cahiers des *Recherches chronométriques* du Dépôt des cartes et plans.

Il est évident que, dans la construction des courbes, *il faut absolument tenir compte des erreurs d'observation des marches diurnes et des perturbations.* D'ailleurs il est facile de voir que, par suite de ces erreurs, on n'obtiendra jamais des courbes parfaitement exactes, et que ces courbes approcheront d'autant plus de l'exactitude que le nombre des observations sera plus grand et celui des perturbations plus petit. (On verra par la suite qu'il est facile de s'affranchir des effets d'une forte perturbation.)

**Règle pratique pour la représentation graphique des marches chronométriques.**

41. Prendre une feuille de papier quadrillé de millimètre en millimètre, tracer deux axes de coordonnées : sur l'axe des $x$, compter les temps (1 millimètre représentera un jour); sur l'axe des $y$, porter les températures

( 5 millimètres vaudront 1 degré); puis, sur ce même axe, porter aussi les
marches diurnes (5 millimètres représenteront $\frac{1}{10}$ de seconde).

Porter, d'après leurs coordonnées $t'$, $\theta'$, les points correspondants aux
températures observées; et pareillement ceux qui correspondent aux marches diurnes, au moyen de leurs coordonnées $t'$ et $m'$ (voir *Pl. I*). Cela
fait, joindre les points des températures par une ligne courbe tracée au
crayon d'abord (on la passe à l'encre ensuite), puis joindre aussi par une
ligne courbe les points des marches diurnes. Cette opération sera faite au
crayon seulement, car elle n'a pour but que de mettre en évidence l'influence de la température sur le chronomètre et d'éliminer les marches
diurnes entachées d'erreurs évidentes ou de perturbations : à cet effet, examiner quelle est l'allure que suit la courbe des marches par rapport à celle
des températures; si elle monte en même temps que la température, ou,
au contraire, si elle descend, ou bien encore si ces deux courbes paraissent
n'avoir aucune analogie entre elles (*voir* Note I). Cela bien établi, il est facile
de reconnaître les fortes anomalies provenant, soit de perturbations, soit d'er
reurs extraordinaires d'observation, par les grands et brusques crochets que
les deux courbes font l'une par rapport à l'autre, contrairement à leurs allures
générales (¹). Quand on aura constaté les fortes anomalies, supprimer les
points qui en sont affectés; et, dans le cas où une analogie entre les courbes
de température et de marches diurnes est incontestable, tracer une nouvelle
ligne courbe des marches diurnes, en reproduisant autant que possible les
sinuosités de la courbe de température, si le sens des courbures est le
même dans les deux courbes, ou des sinuosités de sens contraire dans l'autre
cas ; il va sans dire qu'on n'y parviendra qu'en s'écartant plus ou moins des
points des marches diurnes observées.

Quand cette opération est terminée, on a une courbe approchée qu'il
s'agit de perfectionner s'il est possible : dans ce but, mener au crayon des
parallèles à l'axe des $x$, dont les intersections avec la courbe des températures soient au nombre de deux au moins (ne pas mener des parallèles
qui seraient distantes de moins de deux degrés à l'échelle des températures); ces parallèles étant tracées, la plus élevée, par exemple, donnera

---

(¹) Cette opération correspond à l'examen préparatoire à la mise en équation, pour le calcul de
coefficients; dans cet examen, on suppose que les termes du premier degré seuls ont une action très-
forte (ce que l'expérience a effectivement montré); il est facile de reconnaître que, dans ces conditions, la courbe des marches diurnes et celle des températures présentent (au sens près) la même
allure : c'est en se fondant sur cette remarque que l'on parvient à découvrir les grandes irrégularités des marches diurnes, et, par conséquent, à rejeter des équations à coup sûr mauvaises.

6.

un certain nombre de points correspondants à diverses époques et à une même température : alors chercher les points de la courbe des marches diurnes qui répondent aux points d'intersection ainsi obtenus ; ces points joints ensemble forment une ligne isotherme, qui doit être un arc de parabole ou une ligne droite dite *tangente isotherme* ; mais, à cause des erreurs d'observation, on ne trouve presque jamais une ligne droite ou un arc de parabole, quand le nombre des points dépasse deux ou trois ; alors on trace une ligne droite ou une courbe *continue* et *sans inflexion*, en s'écartant le moins possible des points des marches isothermes : les écarts ne doivent guère être de plus de $0^s,3$, d'après la limite que nous avons admise. Cette opération faite pour la première ligne isotherme, on passe aux suivantes. Quand toutes les lignes isothermes sont tracées, on compare les inclinaisons de leurs tangentes pour la même valeur de $t'$ : toutes ces tangentes peuvent avoir la même inclinaison (c'est le cas où $d$ et $e$ sont égaux à zéro) ; dans le cas contraire, elles présentent des inclinaisons différentes, variant proportionnellement aux différences de température. Il se trouve, de temps en temps, des points éloignés de plus de $0^s,3$ des premières lignes isothermes tracées ; mais, en changeant un peu la direction de ces lignes et en retouchant légèrement la courbe des marches diurnes, on parvient souvent, sans nuire à sa configuration générale, à déterminer des lignes isothermes qui sont dans les conditions voulues : c'est ainsi que l'on arrive à rectifier et perfectionner considérablement les courbes.

Si la courbe des températures et celle des marches diurnes ne paraissent avoir aucun rapport entre elles, ou le chronomètre est tellement bien compensé que la température n'a pas d'influence sensible sur sa marche, ou ses marches sont tellement irrégulières qu'il est impossible de s'en servir pour la navigation. Si le chronomètre est très-bien compensé, la ligne des marches diurnes est toujours, sauf les erreurs d'observation, une ligne droite ou un arc de parabole.

Les diverses opérations que nous venons d'indiquer étant terminées, on passe à l'encre la courbe des marches diurnes.

Si la courbe rectifiée ne s'écarte pas de plus de $0^s,3$ (maximum admis pour les erreurs d'observation) des points de marches diurnes, la courbe est tout à fait satisfaisante ; dans le cas contraire, elle serait plus ou moins acceptable, suivant le nombre de points dont l'écart serait égal à $0^s,3$, ou excéderait cette quantité. On se basera, tant sur le nombre des écarts, que sur la grandeur de ces écarts, pour rejeter l'usage d'un chronomètre.

A propos de la limite $0^s,3$, on se rappellera qu'elle suppose que les marches ont été déterminées par des intervalles de dix jours : si ces intervalles étaient plus grands ou plus petits que dix jours, on aurait les limites d'erreurs d'observation des marches en multipliant $0^s,3$ par le rapport de dix au nombre de jours de ces intervalles.

Remarquons encore qu'il faut que, dans une suite de marches qui servent à déterminer une tangente isotherme, les dates des marches diurnes les plus éloignées soient à un intervalle assez grand, un mois par exemple ; c'est la limite minima que nous adopterons, en faisant encore remarquer qu'une ligne isotherme ainsi obtenue ne devra être employée que pendant un temps assez court, un mois par exemple ; quand on n'aura qu'un petit nombre de lignes isothermes, tel que deux ou trois, et qu'elles différeront peu d'inclinaison, on prendra la tangente isotherme d'inclinaison moyenne, qui servira alors à déterminer les marches diurnes. Il est bien entendu que, si l'on pouvait déterminer des courbes isothermes (ce qui demande un assez grand nombre de marches isothermes), on devrait le faire. Quand on aura trois, quatre ou un plus grand nombre de tangentes isothermes, on verra comment varie l'inclinaison de ces lignes, et l'on en conclura facilement celles de toutes les tangentes isothermes intermédiaires ou peu éloignées des tangentes extrêmes, en se rappelant que les variations de ces inclinaisons sont proportionnelles à celles de la température.

Les courbes ainsi établies, on procédera comme il suit, pour extrapoler les marches diurnes : c'est le cas du problème de la navigation. Quand on voudra avoir une marche diurne, pour une certaine date et à une température donnée, on prendra la dernière marche diurne indiquée par la température donnée ; alors on mènera, par le point correspondant à cette marche diurne, une parallèle à la tangente isotherme d'inclinaison moyenne, ou bien à la tangente isotherme de ladite température, ou bien encore on prolongera à peu près la courbe isotherme ; l'ordonnée du point où ces parallèles couperont la ligne de la date donnée représentera la marche diurne cherchée. Si la dernière marche diurne indiquée par la courbe, pour la température donnée, était d'une date très-éloignée, on ne pourrait pas se fier complétement à la marche qu'elle fournirait ; mais il faudrait vérifier cette marche en la comparant à des marches de dates plus récentes et de températures qui approchent de la sienne ; cela est nécessaire, parce qu'il arrive qu'une tangente isotherme, partant de très-loin, peut donner des erreurs graves, par suite d'une légère erreur dans son inclinaison.

**42.** *Usage des courbes des marches diurnes à la mer, pour déterminer* $T_p - \Lambda$, *en vue d'obtenir la position du navire.* — L'application de la règle précédente donne facilement la marche diurne d'un chronomètre à la mer, à la condition, bien entendu, qu'il n'ait pas subi de perturbations. D'ailleurs, quand on n'a qu'*une* montre, il est absolument impossible, au large, de savoir si sa marche n'a pas été troublée; bien que la nouvelle méthode donne des résultats incomparablement meilleurs que l'ancienne, il n'en faut pas conclure que l'heure du premier méridien jouira du degré d'exactitude nécessaire, et l'on devra alors vérifier, de temps en temps, l'état de cette montre par les distances lunaires. Quand on a *deux* montres, si les heures du premier méridien provenant des courbes sont d'accord ou ne s'écartent que dans des limites que l'on peut fixer comme nous allons le voir, la longitude obtenue jouit d'une exactitude suffisante, parce que, pour qu'elle fût fausse, il faudrait que les deux chronomètres eussent subi, en même temps, des perturbations égales et de même sens; or, il est évident qu'une telle coïncidence ne peut être qu'un fait très-extraordinaire. Si l'un des deux chronomètres ou tous les deux ont subi des perturbations, il y aura désaccord entre les heures conclues; alors, on prendra la moyenne des heures, parce qu'il est absolument impossible de distinguer quel est le chronomètre qui a subi des perturbations, au cas où il n'y en aurait eu qu'un de dérangé. Quand on a *trois* chronomètres, comme c'est le cas à bord des grands navires, il est presque toujours facile de constater les perturbations, en les comparant les uns aux autres; en outre, il est possible, dans la très-grande majorité des cas, de déterminer la valeur des perturbations subies, par conséquent de conserver assez exactement l'heure du premier méridien. Nous allons faire comprendre comment on peut arriver à ce résultat.

**43.** Supposons que l'on prenne la mer, et que l'on ait tracé des courbes avec un nombre suffisant de données (¹) : 1° on pourrait, dès le départ, en déduire, chaque jour, les marches diurnes des chronomètres; mais ce serait un travail considérable et que n'exige pas la détermination du

---

(¹) Dix marches diurnes, observées dans un espace de trois à quatre mois, par des températures différentes, donnent déjà de bonnes courbes. Ce qui manque le plus souvent, quand on part, ce n'est pas le nombre des marches diurnes observées, mais bien l'observation des marches à des températures assez distantes. Plus loin, on verra comment on peut arriver assez vite, à l'aide des comparaisons prises à la mer et de quelques marches observées dans les relâches, à suppléer à l'observation, faite à terre, des marches correspondant à des températures variées.

point. On ne doit le faire que dans les cas où : 2° les comparaisons accuseraient des *sauts* dans les marches des chronomètres, et 3° dans les cas où les changements de température atteindraient 6 degrés. Dans les autres circonstances, il vaut mieux attendre quelques jours pour déterminer les marches diurnes, afin que les erreurs de température puissent se compenser et celles des comparaisons être atténuées. Nous avons adopté, comme règle à la mer, de déterminer les marches diurnes tous les cinq jours, lorsque les différences des comparaisons n'ont pas très-sensiblement changé, et que les températures n'ont pas varié de 6 degrés ; quand les comparaisons ne changent pas sensiblement et que les températures ne varient pas de plus de 3 degrés, nous portons l'intervalle de cinq à dix jours.

**44.** Admettons, pour fixer les idées, que l'on ait les trois montres réglementaires à bord des grands navires, soit deux chronomètres A et B, et un compteur M.

Considérant un intervalle de cinq jours, soient $m'_a$, $m'_b$, $m'_m$ les marches diurnes fournies par la simple considération des courbes.

Nous n'avons besoin que de la marche du premier chronomètre A, pour calculer $T_p - A$. Désignons par $s_b$, $s_m$ les moyennes des nombres de secondes des comparaisons prises au bout de cinq jours entre A et à B, puis, entre A et M ; on aura, en ajoutant les marches $m'_b$ et $m'_m$ à $s_b$ et $s_m$, deux marches de A, soit

$$m_a = s_b + m'_b,$$
$$m_a = s_m + m'_m.$$

La première de ces marches est obtenue par l'intermédiaire de B ; l'autre, par celui de M ; pour cette raison, nous poserons

$$(6) \qquad\qquad B m_a = s_b + m'_b,$$
$$(6\ bis) \qquad\qquad M m_a = s_m + m'_m.$$

et pour la symétrie $A m_a = m'_a$. Ces trois marches de A données par les trois montres seraient identiques, si les marches $m'_a$, $m'_b$, $m'_m$ et les comparaisons étaient exactes ; mais cela n'arrive pas généralement.

**45.** D'abord, les marches obtenues ne seront exactes que très-exceptionnellement ; car elles sont presque toujours entachées d'erreurs provenant, d'une part, des courbes qui ne sont jamais parfaites, d'autre part, des températures qui sont le plus souvent erronées : relativement aux chronomètres A, B, M, nous désignerons par $\varepsilon_a$, $\varepsilon_b$, $\varepsilon_m$ les erreurs résultant de l'emploi des courbes, et par $\varepsilon_a'$, $\varepsilon_b'$, $\varepsilon_m'$ les erreurs dues aux températures observées.

D'un autre côté, les comparaisons sont aussi erronées; désignons par $\delta_{a_1}$, $\delta_{b_1}$ les erreurs des comparaisons effectuées le premier des cinq jours entre A et M, puis entre B et M, enfin par $\delta_{a_5}$, $\delta_{b_5}$ les erreurs des comparaisons du cinquième jour.

Toutes ces diverses erreurs feront que $A m_a$, $B m_a$ et $M m_a$ seront erronées; et si $m_a''$ représente la *vraie* marche du chronomètre A, dans l'intervalle des cinq jours, et que l'on suppose que les chronomètres n'aient pas éprouvé de perturbations, on a

$$(7) \qquad A m_a = m_a'' + (\varepsilon_a + \varepsilon_a'),$$

$$(8) \qquad B m_a = m_a'' + \left[ \varepsilon_b + \varepsilon_b' + \frac{(\delta_{a_1} - \delta_{b_1}) - (\delta_{a_5} - \delta_{b_5})}{5} \right] \ {}^{(1)},$$

$$(9) \qquad M m_a = m_a'' + \left( \varepsilon_m + \varepsilon_m' + \frac{\delta_{a_1} - \delta_{a_5}}{5} \right).$$

Ces trois marches doivent très-généralement différer : en effet, les quantités entre parenthèses ne sont nulles que très-exceptionnellement, c'est-à-dire quand les diverses erreurs s'annulent séparément ou se détruisent les unes les autres; deux cas qui ne se présentent qu'assez rarement.

On peut calculer les limites de toutes ces erreurs en particulier. Ces limites étant connues, il est facile de voir de combien les trois marches de A, prises deux à deux, peuvent différer; si leurs différences, $A m_a - B m_a$, $A m_a - M m_a$, $B m_a - M m_a$, sont dans les limites voulues, on admettra que les trois marches de A sont bonnes et également bonnes. Nos équations donneront donc, aux diverses erreurs près, qui se compenseront en partie, une marche de A égale à $\dfrac{A m_a + B m_a + M m_a}{3}$; nous désignerons cette valeur par la notation $(ABM) m_a$ : c'est avec cette marche moyenne que l'on calculera $T_p - A$, pour la dernière date des cinq jours.

Faisons les différences suivantes :

$$(ABM) m_a - s_b,$$

$$(ABM) m_a - s_m,$$

_________________

(1) Si l'on avait plus de trois chronomètres, tous les $m_a$ obtenus par d'autres chronomètres que A et M seraient de la forme $B m_a$.

ces résultats sont des marches de B et de M correspondantes à la marche
$(ABM)m_a$ : nous avons donc, en définitive, comme marches des trois chronomètres,

$$(ABM)m_a \qquad \text{Marche de A,}$$
$$(ABM)m_a - s_b \qquad \text{»} \quad \text{de B,}$$
$$(ABM)m_a - s_m \qquad \text{»} \quad \text{de M.}$$

Ce sont les marches qui doivent être adoptées pour les trois montres; pendant l'intervalle de cinq jours, ces marches porteront désormais le nom de
marches *adoptées*. Nous écrirons ces marches dans la colonne intitulée :
*Marches observées, marches adoptées;* en regard de la dernière date de l'intervalle de cinq jours, nous inscrirons pareillement l'état adopté $T_p - A$,
calculé avec la valeur de $(ABM)m_a$, qui se trouve en regard de la même date.
Enfin nous porterons, au-dessus des marches adoptées, les marches données par les courbes, et nous retrancherons les dernières des premières : les
différences ainsi obtenues nous seront utiles, comme on le verra plus loin.

**46.** S'il arrive que, parmi les différences de marches $Am_a - Bm_a$,
$Am_a - Mm_a$, $Bm_a - Mm_a$, il s'en trouve qui sortent des limites voulues,
il ne peut se présenter que deux cas : ou deux différences sont en dehors
des limites calculées, tandis qu'une seule est comprise entre ces limites, ou
les trois différences sortent des limites fixées.

Dans le premier cas, on est en droit d'admettre que les deux chronomètres, dont la différence de marche est dans les limites voulues, ont bien
eu pour marches, dans l'intervalle de temps considéré, les deux marches
indiquées par les courbes : on devra donc adopter ces marches comme
bonnes et également bonnes; quant à la marche du troisième chronomètre,
elle a évidemment subi une perturbation, et la valeur qui en est donnée par
la courbe doit être rejetée. Supposons que ce soit la différence $Am_a - Bm_a$,
qui soit dans la limite de grandeur voulue; on adoptera $\dfrac{Am_a + Bm_a}{2}$, comme
marche de A dans l'intervalle de cinq jours : nous indiquerons cette moyenne
par $(AB)m_a$; on calculera $T_p - A$ avec cette marche, pour la date considérée. Ensuite, on calculera, comme nous venons de le faire, les marches
$(AB)m_a - s_b$, $(AB)m_a - s_m$ (ce sont les marches que nous avons désignées
sous le nom de marches *adoptées* de B et de M), et l'on fera les différences
entre les marches *adoptées* et les $m'_a$, $m'_b$, $m'_m$ : dans le cas que nous venons
de supposer, la différence

$$[(AB)m_a - s_m] - m'_m$$

donnera évidemment la perturbation subie par M. La connaissance de la
valeur de cette perturbation nous est très-utile; on a vu en effet, n° 40, que
le genre de perturbation que nous avons le plus souvent constaté est celui
d'un changement de la constante $m$ de la marche; ce changement étant
connu, on n'aura, par la suite, qu'à corriger en conséquence la marche
indiquée par la courbe, et l'on trouvera, dans la majorité des cas, que la
marche ainsi corrigée coïncide avec la marche suivie ultérieurement par
le chronomètre.

**47.** Dans le second cas, où les trois différences $Am_a - Bm_a$, $Am_a - Mm_a$,
$Bm_a - Mm_a$ sont en dehors des limites voulues, deux des chronomètres, ou
les trois, ont subi des perturbations en même temps; mais il est impossible
de dire si deux seulement de ces instruments ou les trois ont été troublés.
Dans cette circonstance, il faut prendre, *jusqu'à nouvel ordre*, la moyenne
des trois marches de A données par les courbes et les comparaisons, comme
marche vraie de ce chronomètre; ensuite, attendre pour constater si, dans
les jours suivants, les trois chronomètres ou deux seulement ont éprouvé
des perturbations. Il arrive, parfois, que la perturbation d'un des chronomètres cesse de se manifester; alors, si deux seulement ont été dérangés,
on peut reconnaître, en revenant en arrière, celui des trois chronomètres
qui n'avait point été troublé. L'instrument qui n'a pas subi de perturbation, étant reconnu, servira à donner la marche avec laquelle on calculera
$T_p - A$, pour l'intervalle pendant lequel on avait provisoirement adopté
la moyenne des trois marches de A, données par les courbes. Cela fait, on
calcule à nouveau les marches et définitivement les marches dites *adoptées*,
puis les différences de ces marches avec celles des courbes.

Si, les trois montres ayant éprouvé en même temps des perturbations, il
arrive que, par la suite, les perturbations de l'une des deux ou des trois
montres cessent l'une après l'autre, alors on a de nouveau leurs vraies
marches, et il peut se faire qu'en retournant en arrière on puisse, par
diverses considérations, retrouver les marches réellement suivies pendant
la période des perturbations. Dans tous les cas, si les perturbations ne du-
raient qu'un temps, on n'aurait à en craindre les effets, que dans l'intervalle
pendant lequel on se serait servi de la moyenne des trois marches troublées.

Remarquons que le dernier cas dont nous venons de parler, c'est-à-dire
celui où des perturbations viennent troubler *en même temps* les marches de
deux ou trois chronomètres, est très-rare, par conséquent, peu à redouter.

En résumé, nous dirons que beaucoup de cas peuvent se présenter dans l'examen des perturbations; mais qu'avec un peu d'étude et de réflexion, un officier des montres reconnaîtra aisément les valeurs réelles des perturbations et parviendra à s'affranchir de ces causes d'erreur.

**48.** Il va sans dire que, si les perturbations des chronomètres étaient assez grandes pour faire redouter une erreur itinéraire de plus de huit milles ou de $\dfrac{32^s}{\cos L}$ en longitude, il faudrait avoir recours, pour continuer sa route, à l'ancienne Navigation et observer des distances lunaires. Depuis quelques années, l'habitude d'observer les distances lunaires s'est beaucoup perdue dans la marine; nous trouvons que c'est un mal : car, si l'on n'a qu'un chronomètre, on ne sait pas s'il éprouve ou non des dérangements; si l'on en a deux et que l'un éprouve des perturbations, on ne saura pas distinguer lequel a été troublé dans sa marche; si l'on en a trois et que deux viennent à être dérangés, on ne pourra pas encore être sûr, dans ce cas, de l'heure du premier méridien : nous venons de rappeler, il n'y a qu'un instant, que ce cas est heureusement très-rare. Quel que soit d'ailleurs le nombre des chronomètres, il peut arriver qu'on les ait laissé s'arrêter, qu'un grand ressort se brise; enfin que, pour des raisons quelconques, les chronomètres se trouvent hors de service. Dans ces diverses circonstances, un officier des montres qui n'a pas l'habitude d'observer les distances lunaires peut se trouver très-embarrassé pour donner la position du navire : nous conseillons donc aux officiers des montres, qui veulent être complétement à la hauteur de leur tâche, de s'exercer souvent à observer des distances lunaires; il n'est pas nécessaire de les calculer toutes : il faut seulement en calculer de temps en temps, pour pouvoir, au besoin, trouver rapidement la longitude par cette méthode.

**49.** A mesure que l'on adopte des marches diurnes, il faut les porter au crayon sur la feuille des courbes et les joindre par un trait; les courbes provisoires que l'on obtient ainsi peuvent faciliter, par la suite, la discussion des marches. Quand on arrive à une relâche dont la longitude est bien déterminée, un seul $T_p$ A observé, et comparé à celui que les courbes ont donné, suffit pour indiquer si les chronomètres ont bien suivi les marches qui ont été employées à la mer; si la longitude n'est pas bien connue, deux états observés donneraient des marches diurnes que l'on comparerait à celles que les courbes indiquent. Dans le cas où l'état déterminé par les observations faites dans un lieu de longitude connue et l'état fourni par les courbes seraient suffisamment concordants, ou encore, si les marches observées ne différaient des marches diurnes obtenues par les courbes que dans les limites voulues, la courbe provisoire sera prise comme définitive et tracée à l'encre : dans les cas contraires, on remonterait ou descendrait la courbe pour la mettre d'accord avec le résultat des observations.

Pour mieux faire comprendre ce que nous venons d'exposer, nous donnerons une application faite aux chronomètres de la *Renommée*, dans la campagne 1874-1875.

### § VII. — Application des règles précédentes aux chronomètres de la frégate-école d'application *la Renommée*.

**50.** A bord de la *Renommée*, on avait cinq chronomètres et un chronomètre portatif dit *compteur*, savoir : 813 *Dumas*, 353 *Leroy*, 525 *Winnerl*, 228 *Leroy*, 866 *Bréguet*, et compteur 879 *Dumas*. En partant de Brest, nous ne possédions que des données incomplètes sur les trois premiers de ces instruments et de tout à fait insignifiantes, pour 866 *Bréguet* et 879 *Dumas*. Malgré cela, avec les portions de courbe tracées avec ce peu de données, nous avons pu déterminer les marches à la mer, assez exactement pour n'avoir, en arrivant à Hyères, qu'une différence de 2ˢ,9 avec la longitude du lieu : une aussi faible différence et le point trouvé exact au cap Saint-Vincent et à Tarifa indiquaient évidemment que les marches employées dans la traversée étaient bonnes; il a donc été possible d'en faire usage pour le tracé des courbes. En y joignant les marches diurnes observées en rade, jusqu'au départ de Toulon, nous avons finalement obtenu des courbes suffisamment exactes pour naviguer, par la suite, sans erreurs appréciables; c'est-à-dire que les longitudes trouvées étaient d'accord avec celles des ports de relâche, dans les limites d'erreur d'observation de $T_p - A$. Mais les bâtiments n'ont jamais cinq chronomètres et un compteur; nous ne pouvons donc donner, comme exemple, la navigation de la *Renommée* : il faut nous mettre dans les conditions ordinaires des navires qui n'ont qu'un chronomètre, ou un chronomètre et un compteur, et au plus deux chronomètres seulement et un compteur. Pour mieux faire ressortir la puissance de la méthode, nous emploierons les deux chronomètres les plus difficiles à conduire : 228 *Leroy*, A; 353 *Leroy*, B; et cela, à cause des perturbations qu'a subies le premier au départ de Toulon, et de la très-grande sensibilité du second aux variations de température.

Nous donnons ici les tableaux des marches de ces chronomètres, avec les dates, les températures et les lieux d'observation :

**A, 228 LEROY.**

| DATES. | | Marches observées. | Température et remarques. |
|---|---|---|---|
| 1874. | | | |
| Sept. | 10 | +1,55 | 17,4 |
| | 20 | +1,50 | 17,7 |
| Oct. | 1 | +1,75 | 17,7 |
| | 8 | +1,81 | 14,9 |
| | 13 | +1,67 | 17,6 |
| | 18 | +1,62 | 18,4 |
| | 23 | +1,47 | 20,0 |
| | 28 | +1,41 | 20,8 |
| Nov. | 3 | +1,43 | 22,2 |
| | 8 | +1,50 | 21,3 |
| | 13 | +1,50 | 16,6 |
| | 25 | +1,56 | 14,9 |
| Déc. | 17 | +1,56 | 11,9 |
| | 26 | +1,44 | 11,9 |
| 1875. | | | |
| Févr. | 1 | +1,14 | 13,0 |
| Mars | 12 | +0,81 | 15,5 |
| | 24 | +0,94 | 12,8 |

Remarques : Observatoire de Brest. — Marches obtenues par courbes à la mer, vérifiées à l'arrivée aux Salins. — Horizon artificiel.

**B, 353 LEROY.**

| DATES. | | Marches observées. | Température et remarques. |
|---|---|---|---|
| 1874. | | | |
| Juin | 1 | −1,59 | 18,0 |
| | 10 | −1,75 | 18,8 |
| | 20 | −1,89 | 18,2 |
| Juill. | 1 | −1,95 | 18,1 |
| | 10 | −2,03 | 20,9 |
| | 20 | −2,48 | 23,0 |
| Août | 1 | −2,57 | 19,5 |
| | 10 | −1,90 | 17,9 |
| | 20 | −2,62 | 21,6 |
| Sept. | 1 | −2,47 | 18,5 |
| | 10 | −2,04 | 17,4 |
| | 20 | −2,27 | 17,9 |
| Oct. | 1 | −1,77 | 17,5 |
| | 8 | −1,39 | 14,9 |
| | 13 | −1,23 | 17,6 |
| | 18 | −1,58 | 18,4 |
| | 23 | −1,93 | 20,0 |
| | 28 | −2,19 | 20,8 |
| Nov. | 3 | −2,57 | 22,2 |
| | 8 | −2,50 | 21,3 |
| | 13 | −1,10 | 16,6 |
| | 25 | −0,89 | 14,9 |
| Déc. | 17 | −1,06 | 11,9 |
| | 26 | −0,74 | 11,9 |
| 1875. | | | |
| Févr. | 1 | −0,27 | 13,0 |
| Mars | 12 | −0,40 | 15,5 |
| | 24 | −0,88 | 12,8 |

Remarques : Observatoire de Brest. — Même observation que pour les marches de A. — Horizon artificiel.

**M, 879 DUMAS.**

| DATES. | | Marches observées. | Température et remarques. |
|---|---|---|---|
| 1874. | | | |
| Oct. | 13 | −3,77 | 17,6 |
| | 18 | −3,78 | 18,0 |
| | 23 | −3,33 | 20,0 |
| | 28 | −2,39 | 20,8 |
| Nov. | 3 | −3,77 | 22,2 |
| | 8 | −2,60 | 21,3 |
| | 13 | −4,20 | 16,6 |
| | 25 | −3,94 | 14,9 |
| Déc. | 17 | −3,42 | 11,9 |
| | 26 | 4,26 | 11,9 |
| 1875. | | | |
| Févr. | 1 | » | » |
| Mars | 12 | −4,95 | 15,5 |
| | 24 | −5,06 | 12,8 |

Remarques : Obtenues par courbes à la mer, vérifiées à l'arrivée aux Salins. — Horizon artificiel.

**51.** Avec ces données, nous avons tracé (voir *Pl. I*), d'après la règle prescrite, la courbe des températures, puis celle des marches diurnes des deux chronomètres et du compteur. Pour que les courbes ne nécessitent pas l'emploi d'une trop grande feuille de papier, on prendra, suivant les cas, l'un ou l'autre des deux sens de l'axe des marches diurnes, pour le sens positif : cela n'a pas d'inconvénient; il suffira de convenir, pour le cas présent, que la marche de A est positive en dessus de l'axe des $x$, celle de B négative en dessus et positive en dessous, et enfin celle de M dans les mêmes conditions que celle de B.

La courbe de A a été très-facile à déterminer : à première vue, ses courbures sont de sens contraire à celles de la courbe de température, elle ne présente aucune marche sensiblement erronée ou anomale; on a pu tracer deux tangentes isothermes, une pour 15°,5 et l'autre pour 13° : ces lignes sont évidemment bonnes, l'une étant déterminée par quatre points et l'autre par trois; elles montrent que le temps produit une diminution dans la marche de A. Quant à la courbe de B, on voit immédiatement qu'elle suit les inflexions de la courbe des températures, que l'action de la température est très-forte sur ce chronomètre, et qu'elle s'accentue de plus en plus à mesure que le thermomètre baisse : la courbe définitive s'écarte de plusieurs marches diurnes, mais seulement dans les limites des erreurs d'observation; ainsi la marche diurne dont elle s'éloigne le plus est celle du 1er août, et l'écart n'est que de 0°,24, quantité qui n'atteint pas les limites admises. La température a baissé considérablement du 8 novembre jusqu'au 17 décembre; la partie de la courbe correspondante à cet intervalle de temps, surtout du 8 au 13 novembre, a été très-délicate à tracer : on voit, en effet, que, si on la reporte très-peu à droite ou à gauche, les marches diurnes qu'elle donne changent de plusieurs dixièmes de seconde; mais, comme il y a quatre tangentes isothermes qui coupent la courbe dans cette partie, on a pu néanmoins la déterminer avec assez d'exactitude. Le nombre des marches diurnes observées a suffi, pour tracer un arc continu et sans inflexions correspondant à 18°, puis les tangentes isothermes de 13°, 15°,5, 20° et 22°,2; il est à remarquer que les inclinaisons de ces lignes diffèrent très-sensiblement. Quant au compteur, on voit que ses marches sont irrégulières; une partie de ces irrégularités est très-probablement due aux transports et aux secousses auxquelles l'instrument est exposé : malgré cela, on constate que ses marches oscillent d'un côté et de l'autre d'une courbe dont les sinuosités sont en sens contraire de celles de la température. Nous avons déterminé les tangentes isothermes de 13 degrés et de 15°,5; la première n'a pas été tracée, elle se confond presque en entier avec la courbe. La marche de cet instrument croit avec le temps. On ne doit pas espérer d'obtenir des résultats bien exacts, avec des marches diurnes aussi peu nombreuses; on verra cependant que ces données incomplètes peuvent encore être utilisées.

**52.** Partant du port de Toulon, nous allons déterminer, au moyen de

nos courbes, la longitude de Horta (Açores). La *Renommée* a quitté Toulon
le 1ᵉʳ avril 1875 ; le dernier $T_p - A$ observé est de la veille, 31 mars. Consultons le registre des comparaisons à partir du 1ᵉʳ avril. Du 31 mars au
1ᵉʳ avril, la température et les comparaisons sont restées à peu près celles
des jours précédents : il est donc fort probable que les marches diurnes
sont les mêmes que celles de la dernière observation ; le 2, le 3 et les jours
suivants, les comparaisons ont augmenté très-sensiblement ; un, deux ou
les trois chronomètres ont donc changé de marche. Examinons la température : elle a aussi notablement changé à partir du 2, de sorte que les
changements de marches peuvent très-bien lui être attribués. Pour nous
en assurer, attendons quelque temps, soit cinq jours, afin que les erreurs
de température puissent se compenser en partie. Du 31 au 5, on a calculé
(sauf à le rectifier après) l'état $T_p - A$, avec les marches de départ ; d'après
les comparaisons, elles ne pourront jamais donner une grande erreur au
bout de quatre jours. Le 5, faisons les $m_a - m_b$, $m_a - m_m$ moyens et la
température moyenne correspondante, pour les cinq derniers jours écoulés ;
puis, cherchons par les courbes les marches diurnes, pour la température
moyenne calculée 15°,9, et pour le 3 avril, temps correspondant à peu
près à la moyenne du 31 mars au 5 avril : on trouve

$$m_a = + 0^s,64, \quad m_b = 0^s,24 \quad \text{et} \quad m_m = - 4^s,84 :$$

combinons ces valeurs avec les $m_a - m_b$, $m_a - m_m$ moyens, il viendra

Marche de A par A.  . . . . . . . . . . . . . . . . . . . . . .  $A m_a = + 0,64$
Marche de A par B.  . . . . . . . . . . . . . . . . . . . . . .  $B m_a = + 1,66$
Marche de A par M.  . . . . . . . . . . . . . . . . . . . . . .  $M m_a = + 2,36$

Voilà trois marches de A qui présentent des différences très-sensibles ;
cherchons si ces différences sont dans des limites admissibles.

53. Pour cela, nous reviendrons aux expressions (7), (8) et (9), et nous
calculerons les diverses erreurs qui les composent en partie.

En ce qui regarde le chronomètre A, la courbe des marches diurnes est
très-régulière et paraît devoir être dans de très-bonnes conditions d'exactitude, d'autant plus que cet instrument est très-peu sensible à la température ; pour ces raisons, nous admettrons

$$\varepsilon_a = 0^s,1.$$

Déterminons ce que peut être $\varepsilon'_a$ : dans ce but, nous examinerons, au moyen des diverses marches diurnes observées de A, quelle est, dans le voisinage de $15°,0$, l'influence de la température sur ce chronomètre. En parcourant le tableau des marches observées de cet instrument, on trouve

$$13 \text{ novembre pour } +16,6 \ldots\ldots\ldots\ldots\ldots m_a = +1,50$$
$$25 \text{ novembre pour } +14,9 \ldots\ldots\ldots\ldots\ldots m_a = +1,56$$
$$12 \text{ mars } \quad\text{ pour } +15,5 \ldots\ldots\ldots\ldots\ldots m_a = +0,81$$
$$24 \text{ mars } \quad\text{ pour } +12,8 \ldots\ldots\ldots\ldots\ldots m_a = +0,94 :$$

de ces données, en ne comparant que celles de dates voisines, on tire

$$\text{Variation de } m_a \text{ pour } \pm 1° \ldots\ldots\ldots\ldots = \mp 0^s,041.$$

Nous admettrons, une fois pour toutes, que l'erreur sur la moyenne des températures de cinq jours puisse atteindre $\pm 0°,5$.

Il s'ensuit que l'on a

$$\text{Pour } \pm 0'',5 \ldots\ldots\ldots\ldots\ldots\ldots \varepsilon'_a = \mp 0^s,02.$$

Passons au chronomètre B. La courbe fournie par cet instrument est aussi dans de très-bonnes conditions; d'autant mieux, qu'elle a été déterminée par un grand nombre de marches : mais, comme ce chronomètre est très-sensible à la température, nous prendrons pour $\varepsilon_b$ un nombre un peu plus fort que celui de A, soit

$$\varepsilon_b = 0^s,15.$$

En calculant $\varepsilon'_b$, ainsi qu'il a été fait pour le premier chronomètre, on trouve

$$\text{Pour } \pm 0'',5 \ldots\ldots\ldots\ldots\ldots\ldots \varepsilon'_b = 0^s,15.$$

Comme maximum d'erreur de comparaison, nous admettrons $\pm 0^s,3$ : attribuons à $\partial_{a_1}$, $\partial_{b_1}$, $\partial_{a_2}$, $\partial_{b_2}$, dans l'équation (8), cette valeur $\pm 0^s,3$; supposons, en outre, que, par suite de leurs signes, ces erreurs s'ajoutent, on aura

$$\frac{\partial_{a_1} - \partial_{b_1}}{5} \quad \frac{\partial_{a_2} + \partial_{b_2}}{} \text{, égal, au maximum, à } \frac{1^s,2}{5} = \pm 0^s,24.$$

Passons aux erreurs de $M m_a$. La courbe du compteur M n'est construite qu'avec un petit nombre de marches, et cet instrument a éprouvé des perturbations assez grandes; pour ces raisons, nous admettrons

$$\varepsilon_m = \pm 0^s,2.$$

On trouve, comme nous l'avons fait, pour les autres montres :

$$\text{Pour } \pm 0'',5 \ldots\ldots\ldots\ldots\ldots\ldots \varepsilon'_m = \mp 0^s,06.$$

On a encore

$$\frac{\delta_{a_1} - \delta_{a_5}}{5} = \pm\, 0^s,12.$$

Nous pouvons actuellement faire les différences des divers $m_a$. Des expressions (7) et (8), page 48, on tire

$$A\,m_a - B\,m_a = (\varepsilon_a - \varepsilon_b) + (\varepsilon'_a - \varepsilon'_b) - \frac{\delta_{a_1} - \delta_{b_1} - \delta_{a_5} + \delta_{b_5}}{5};$$

$\varepsilon_a$ et $\varepsilon_b$ peuvent être de signes contraires : il est donc possible que l'on ait

$$\varepsilon_a - \varepsilon_b = \pm\, 0^s,25;$$

$\varepsilon'_a$ et $\varepsilon'_b$ doivent être retranchés l'un de l'autre, puisque la température fait varier A et B dans le même sens; on a donc

$$\varepsilon'_a - \varepsilon'_b = \pm\, 0^s,13;$$

d'ailleurs

$$\frac{\delta_{a_1} - \delta_{b_1} - \delta_{a_5} + \delta_{b_5}}{5} = \pm\, 0^s,24.$$

En admettant, comme il peut arriver, que ces diverses erreurs s'ajoutent, on aura

$$A\,m_a - B\,m_a = \pm\, 0^s,62.$$

En opérant ainsi que nous venons de le faire pour A et B, et se servant de la formule tirée de (7) et (9),

$$A\,m_a - M\,m_a = (\varepsilon_a - \varepsilon_m) + (\varepsilon'_a - \varepsilon'_m) - \frac{\delta_{a_1} - \delta_{a_5}}{5},$$

on trouverait

$$A\,m_a - M\,m_a = \pm\, 0^s,46;$$

par la formule, déduite de (8) et de (9),

$$B\,m_a - M\,m_a = (\varepsilon_b - \varepsilon_m) + (\varepsilon'_b - \varepsilon'_m) - \frac{\delta_{b_1} - \delta_{b_5}}{5},$$

on aurait, enfin,

$$B\,m_a - M\,m_a = \pm\, 0^s,56.$$

Calculant les écarts des divers $m_a$ obtenus par les courbes et les comparaisons, page 55, on trouve

$$A\,m_a - B\,m_a = 1^s,02, \qquad A\,m_a - M\,m_a = 1^s,72,$$
$$B\,m_a - M\,m_a = 0^s,70.$$

Ces écarts sont tous en dehors des limites que nous avons fixées; donc deux chronomètres, au moins, ont subi des perturbations : nous ne pouvons, jusqu'à plus ample informé, adopter pour $m_a$, que la moyenne des trois $m_a$ que nous avons trouvées page 55.

Calculant les marches diurnes du 5 au 10 avril (*voir* page 21), on trouve

$$A m_a = + 0^s,58.$$
$$B m_a = + 1^s,42,$$
$$M m_a = + 1^s,52.$$

$B m_a$ et $M m_a$ sont d'accord, tandis que $A m_a$ est très-éloigné de ces deux marches; il y a évidemment de grandes probabilités pour que la moyenne de $B m_a$ et de $M m_a$ soit bonne, tandis que $A m_a$ soit mauvais : en conséquence, nous adopterons

$$m_a = \frac{+ 1^s,42 + 1^s,52}{2} = + 1^s,47.$$

Si l'on introduit cette valeur de $m_a$ dans les $m_a - m_b$, $m_a - m_m$ moyens, inscrits aux tableaux des pages 20 et 21, on en tire

$$m'_b = - 1,03, \qquad m'_m = - 4,93,$$

marches que nous adopterons pour l'intervalle du 5 au 10 avril, en y joignant $m_a = + 1^s,47$. Écrivons sur le registre des comparaisons (page 21), au-dessus de ces marches adoptées, les marches données par les courbes, et faisons les différences de ces deux sortes de marches; nous trouvons $+ 0^s,89$, $+ 0^s,05$, $- 0^s,05$ : la différence $+ 0^s,89$ montre que A doit avoir subi une perturbation de $0^s,9$ environ, du 5 au 10 avril. Ici, remarquons que les $m_a - m_b$ sont restés sensiblement les mêmes à partir du 2 jusqu'au 10 et que la température n'a guère changé; il est donc fort probable que la perturbation de A est restée à peu près la même depuis le 2 jusqu'au 10. Pour vérifier le fait, ajoutons la perturbation $0^s,89$ du 5 au 10, à la valeur de $A m_a$ donnée par la courbe du 31 mars au 5 avril; on trouve

$$m_a = + 0^s,64 + 0^s,89 = 1^s,53,$$

nombre qui diffère très-peu de $B m_a = + 1^s,66$ : cela nous montre qu'il est extrêmement probable que B n'a pas subi de perturbation, du 31 mars au 5 avril. On devra donc admettre, pour cet intervalle,

$$B m_a = + 1^s,66.$$

comme marche de A, et rejeter les valeurs

$$A m_a = 0^s,64, \quad M m_a = 2^s,36.$$

Avec cette marche $m_a = + 1^s,66$, on trouve que, du 31 mars au 5 avril, les
chronomètres A et M ont éprouvé des perturbations de $+ 1^s,02$ et $- 0^s,70$,
A ayant subi, du 31 au 5, une perturbation de $+ 1^s,02$ et, du 5 au 10, une
perturbation de $+ 0^s,89$; nous admettrons comme perturbation de cette
montre, du 31 avril au 10 mars, la moyenne

$$+ \frac{1,02 + 0,89}{2} = + 0^s,95.$$

54. Si maintenant, à partir du 10 avril, on recherche les marches diurnes
par les courbes, et qu'on ajoute $0^s,95$ à la marche de A, on trouve des $m_a$ ne
s'écartant que dans des limites parfaitement admissibles : du 25 au 30 avril,
B $m_a$ et M $m_a$ diffèrent de $0^s,77$; nous avons néanmoins admis ces marches,
parce que les erreurs sur les marches diurnes, au bout d'un mois, peuvent
augmenter de $0^s,1$ à $0^s,2$; en effet, on voit qu'une légère erreur d'inclinaison d'une tangente isotherme peut donner, au bout de trente jours, une
erreur de $0^s,1$ et au delà. Nous ferons remarquer ici qu'une différence entre
deux $m_a$, provenant d'erreurs maxima, peut être admise pour cinq jours seulement; si elle se continuait pendant les jours suivants, on devrait la regarder comme provenant des perturbations.

A partir du 10 mai, la différence de M $m_a$ avec les deux autres $m_a$ atteint
des limites qui ne sont plus admissibles : on a considéré la discordance
moyenne $+ 0^s,83$ avec les deux autres montres, comme provenant des perturbations; en corrigeant la marche de M donnée par la courbe, nous avons
trouvé, jusqu'à Horta, trois $m_a$ suffisamment concordants. (Au moment où
cette discordance s'était manifestée, nous nous étions demandé si elle provenait de perturbations ou du défaut d'exactitude de la courbe résultant
du petit nombre des $m_m$ qui avaient servi à la construire; nous avions été
portés à admettre cette hypothèse, qui a été confirmée par la suite.)

55. Arrivé à Horta, avec le $T_p - A$ obtenu par ces courbes, nous avons
cherché la longitude du lieu : elle ne diffère de celle de la *Connaissance des
Temps* que de $+ 3^s,7$; cette erreur est complétement insignifiante, surtout
après soixante-huit jours écoulés depuis le départ de Toulon : si l'on compare
les longitudes d'Alger et de Madère à celles qu'ont données les courbes, on
ne trouve que des différences de $+ 0^s,1$ et $- 0^s,1$; donc constamment, depuis
Toulon jusqu'à Horta, pendant un intervalle de soixante-huit jours, nous
avons conservé l'heure du premier méridien avec une exactitude très-grande,
eu égard aux exigences de la Navigation.

8.

Nous avons marqué au crayon, ainsi qu'il est recommandé page 51, n° 49, les marches adoptées pour la traversée de Toulon à Horta, et nous avons passé à l'encre la courbe provisoire : parce que la longitude de ce port avait été obtenue avec une exactitude telle, que la marche diurne de A ne doit pas être en erreur de plus de o$^s$,07, et qu'on n'avait pu, dans cette localité, obtenir de marche diurne à l'horizon artificiel.

**56.** Maintenant, nous allons mettre en parallèle la méthode des courbes avec l'ancienne méthode de calculer l'heure de Paris à la mer, laquelle consiste à prendre, comme marches diurnes, les dernières marches observées avant le départ; pour cela, nous comparerons les erreurs sur les longitudes données par les deux méthodes, en supposant qu'on dispose d'une, de deux ou de trois montres.

On trouvera, dans les *Recherches sur l'emploi des chronomètres à la mer*, les résultats obtenus à bord de la *Victoire* et du *Jean-Bart*. Ici, nous allons donner une partie de ceux qu'a fournis la campagne de la *Renommée*, en 1874-1875.

La frégate est partie de Toulon le 1$^{er}$ avril 1875, a touché à Alger, Madère, Horta (Açores), Vigo, enfin a mouillé à Brest le 5 août de la même année. Toutes les longitudes de ces différents ports ont été obtenues avec une grande précision. Nous ne donnerons que les détails concernant celle de Vigo, où la frégate a relâché après cent-sept jours d'absence de Toulon : cette longitude est d'une grande importance ; car elle montre que la nouvelle méthode permet désormais de naviguer avec une grande. sécurité, les traversées de *cent jours* étant devenues excessivement rares.

Le tableau que nous donnons ici contient les expressions, en milles marins, des erreurs en longitude, des atterrissages obtenus par la nouvelle méthode, et, en regard, celles de l'ancienne méthode, dans laquelle, avons-nous dit, on prenait, comme marches diurnes, les dernières marches observées.

| ERREURS DES **ATTERRISSAGES** DE VIGO, EXPRIMÉES EN MILLES MARINS. | | | | VALEURS DES **ATTERRISSAGES** DE VIGO. | |
|---|---|---|---|---|---|
| ANCIENNE méthode. | NOUVELLE méthode. | ANCIENNE méthode. | NOUVELLE méthode. | ANCIENNE méthode. | NOUVELLE méthode. |
| **UN** *chronomètre.* | | **TROIS** *chronomètres.* | | **UN** *chronomètre.* | |
| A    10,5 | — 0,7 | A»C(*)  16,1 | ABC    0,7 | 2 très-mauvais. | 1 très-mauvais. |
| B    71,1 | — 3,6 | A»D    4,8 | ABD    1,8 | 2 mauvais. | 1 médiocre. |
| C    21,7 | — 0,8 | A»E    5,6 | ABE    1,0 | 2 très-bons. | 1 bon. |
| D    0,9 | — 18,1 | A»M    0,6 | ABM    1,1 | | 3 très-bons. |
| E    0,8 | — 0,2 | ACD    15,6 | ACD    0,2 | | |
| M    11,8 | — 7,6 | ACE    16,5 | ACE    0,4 | **DEUX** *chronomètres.* | |
| **DEUX** *chronomètres.* | | ACM    10,2 | A»CM    0,3 | 6 très-mauvais. | 1 mauvais. |
| AB    10,9 | — 1,4 | »CD    10,4 | BCD    1,6 | 2 mauvais. | 4 médiocres. |
| AC    16,1 | — 0,8 | »CE    11,2 | BCE    1,0 | 3 assez bon. | 3 bons. |
| AD    4,8 | — 9,4 | »CM    4,9 | BCM    1,1 | 2 bons. | 7 très-bons. |
| AE    5,6 | — 0,2 | CDE    7,2 | CDE    0,4 | 2 très-bons. | |
| AM    0,6 | — 4,1 | CDM    3,0 | CDM    0,4 | | |
| BC    46,5 | 1,4 | DEM    3,9 | DEM    0,9 | **TROIS** *chronomètres.* | |
| BE    36,1 | — 1,9 | »DE    0,1 | BDE    1,9 | 3 très-mauvais. | 18 très-bons. |
| BD    35,2 | 7,2 | »DM    6,3 | BDM    2,0 | 3 mauvais. | 2 parfaits. |
| BM    34,8 | — 2,0 | ADM    0,7 | ADM    0,6 | 1 médiocre. | |
| CD    10,4 | — 9,1 | AEM    0,2 | AEM    0,0 | 3 assez bons. | |
| CE    11,2 | — 0,3 | »EM    5,5 | BEM    1,4 | 5 bons. | |
| CM    4,9 | — 4,2 | CEM    3,5 | CEM    0,0 | 5 très-bons. | |
| DE    0,1 | — 8,9 | ADE    0,2 | ADE    0,5 | | |
| DM    6,3 | — 12,8 | | | | |
| EM    5,5 | — 3,7 | | | | |

(*) Les guillemets indiquent que, dans l'application de l'ancienne méthode, la longitude fournie par le chronomètre B a été rejetée comme s'écartant trop de celles des autres montres : nous ferons remarquer que la nouvelle méthode a permis de les utiliser toutes.

En examinant ce tableau, on voit de suite que les mêmes chronomètres ou groupes de chronomètres, traités par les deux méthodes, donnent des résultats extrêmement différents, et que l'avantage est tout à fait à la nouvelle méthode. Nous pouvons maintenant comparer, au point de vue de la sûreté de la Navigation, les valeurs absolues des résultats fournis par les deux manières d'opérer. Nous dirons qu'un atterrissage est *très-bon,* lorsqu'il est fait à 2 milles près; *bon,* de 2 à 5 milles; *assez bon,* de 5 à 7; *médiocre,* de 7 à 10; *mauvais,* de 10 à 15; *très-mauvais* au delà.

Ces résultats montrent qu'avec l'ancienne méthode on avait souvent de mauvais atterrissages, tandis qu'avec la nouvelle ils sont très-rares. Ainsi, la construction graphique que l'on déduit de l'expression des marches diurnes suivant la série de Taylor, permet de naviguer bien plus sûrement qu'autrefois : à l'aide de trois de ces instruments, les atterrissages deviennent d'une sûreté inconnue jusqu'ici et pour ainsi dire absolue.

Maintenant que nous avons exposé la méthode qui permet, presque toujours, de conserver, à la mer, l'heure exacte du premier méridien, nous allons procéder à la détermination de la position du navire à la mer ou du *point*, en employant le langage usité dans la Navigation.

# CHAPITRE II.

## DÉTERMINATION DU POINT. — MÉTHODES DIRECTES.

### CONSIDÉRATIONS GÉNÉRALES CONCERNANT LES DIVERSES MÉTHODES.

**57.** *Conventions et définitions.* — Avant d'aborder la question, il est nécessaire de faire quelques conventions (¹), de présenter des définitions : les unes et les autres sont indispensables pour résoudre facilement le problème qui va nous occuper.

Nous représenterons la longitude par G, et nous la compterons positivement vers l'ouest du premier méridien et négativement vers l'est. L désignera la latitude, et sa valeur absolue sera affectée du signe $+$ ou du signe $-$, suivant qu'elle sera boréale ou australe; D représentera la déclinaison, et sera, quant aux signes, assujettie à la même convention que la latitude. Nous rappellerons ici que l'ascension droite d'un astre est comptée positivement de o à 360 degrés ou de zéro à 24 heures, dans le sens de l'ouest vers l'est en passant par le méridien supérieur. Les angles horaires seront désignés par P et comptés de zéro à 24 heures, positivement en allant du méridien supérieur vers l'ouest, négativement dans le sens opposé. Les azimuts seront représentés par Z, et comptés de zéro à 180 degrés, à partir du nord, positivement vers l'ouest et négativement vers l'est.

**58.** On a observé la hauteur d'un astre $a$, à l'heure $T_p$ du premier

---

(¹) Dans les conventions que nous allons faire, nous nous conformerons aux usages adoptés en Trigonométrie et dans la Géométrie analytique ; les questions seront ainsi traitées plus rationnellement, et, par suite, avec plus de facilité et de généralité, que si l'on employait, par exemple, les dénominations nord, sud, est ou ouest dont on se sert encore en Navigation, pour distinguer certains angles. Cependant, comprenant qu'il serait très-difficile aux personnes habituées à l'usage des lettres et d'angles toujours plus petits que 180 degrés, de changer le système qu'elles ont toujours pratiqué. nous donnerons en note, à leur intention, les calculs faits, en employant les dénominations actuellement usitées dans la Marine.

méridien : avec cette heure, nous entrons dans la *Connaissance des Temps*, et nous y prenons les coordonnées équatoriales, ascension droite $Æ$ et déclinaison $D$ de l'astre $a$; ce qui nous fait connaître sa position dans le ciel.

Avec ces coordonnées, $Æ$ et $D$, fixons la position de l'astre $a$ sur la sphère céleste ( *fig.* 1); soient P, P' les pôles de la sphère terrestre ([1]); QQ' son

Fig. 1.

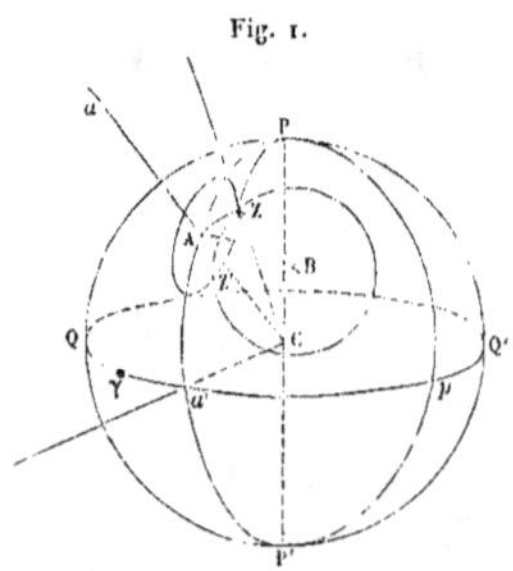

équateur : joignons l'astre $a$ au centre C de la Terre; la ligne $a$C coupe la surface terrestre en un point A; nous appellerons ce point *position géographique de l'astre*. Menons le méridien PAP': ce méridien coupe l'équateur en un point $a'$; il est évident, d'après la définition de la déclinaison, que $Aa' = D$. Soit maintenant $\gamma$ le point vernal et $PpP'$ le premier méridien : on a, par définition, $\gamma p = $ heure sidérale du premier méridien; désignons cette heure par $S_p$; on a de même, par définition, $\gamma a' = Æ$; de là on tire

$$\gamma p - \gamma a' = S_p - Æ = a'p;$$

posons $a'p = G_a$. La position du point A sera déterminée par la déclinaison $D$ de l'astre et par l'angle

$$(10) \qquad\qquad G_a = S_p - Æ.$$

Nous appellerons $D$ la latitude géographique de l'astre, et $G_a$ sa longitude géographique : ces deux coordonnées, $D$ et $G_a$, forment un système qui a reçu la dénomination de *coordonnées géographiques de l'astre*.

Cela établi, nous allons procéder à la détermination du point.

---

([1]) Nous substituons une sphère à l'ellipsoïde terrestre, attendu que les erreurs qui résultent de cette substitution n'affectent que les distances linéaires des points de la surface, et que ces erreurs sont complétement négligeables, dans la pratique de la Navigation.

**59.** *Deux genres de méthodes pour déterminer le point : méthodes directes,
méthodes indirectes.* — Les premières s'appliquent au cas où l'on n'a absolument aucune donnée sur la position du navire ; elles supposent simplement
que l'on connaisse la date et l'heure du premier méridien, date et heure qui
sont toujours fournies par le chronomètre. On n'emploie, dans l'application
de ces méthodes, que les hauteurs observées des astres, en tenant
compte, s'il est nécessaire, du déplacement du navire entre deux observations peu éloignées, déplacement que l'on détermine au moyen de la boussole, du loch et du courant : en ce qui concerne le courant, il ne convient
d'y avoir égard, dans les réductions, qu'autant qu'on pourra compter sur
une *évaluation suffisamment approchée* de son intensité et de sa direction.

Les méthodes indirectes utilisent toutes les données employées dans les
méthodes directes, et, en outre, celles qui résultent de la position approchée
du navire, désignée sous le nom de *point estimé*.

## MÉTHODES DIRECTES.

### § I. — Détermination simultanée de la latitude et de la longitude.

**60.** Les observations des astres, que l'on peut se proposer de faire à la
mer, sont : 1° les hauteurs des astres au-dessus de l'horizon de la mer, au
moyen du sextant ; 2° les azimuts des astres que l'on mesure à l'aide de la
boussole ; 3° la distance angulaire de deux astres. Les hauteurs et les distances peuvent être observées avec une certaine précision : il en est autrement des azimuts ; nous verrons cependant que les azimuts, si peu approchés
qu'ils soient, peuvent néanmoins fournir des données utiles.

Nous ferons remarquer immédiatement que la distance angulaire de deux
astres ne peut servir à donner la position d'un lieu ; car, aux effets près de
la parallaxe, cette distance est la même de tous les points de la terre où
on l'observerait à un même instant : on comprend donc qu'elle ne peut
déterminer le lieu où l'on se trouve. La seule donnée qu'une distance angulaire puisse fournir, lorsqu'elle varie rapidement, est l'heure du premier
méridien ; mais cette donnée nous est inutile, puisque les chronomètres sont
supposés conserver l'heure du premier méridien, avec une précision supérieure à celle qu'on obtient par l'observation des distances lunaires. Il en

résulte que les seules observations qui puissent servir à la détermination du point à la mer sont celles des hauteurs et des azimuts des astres.

**61.** *Toute hauteur observée, à une heure connue du premier méridien, détermine un cercle de la sphère, sur lequel se trouve l'observateur.* — Supposons, pour un moment, que nous ayons une sphère d'un diamètre assez grand pour que l'on puisse apprécier sur sa surface le demi-mille, quantité qui, pour les besoins de la Navigation, est tout à fait dans les limites de l'approximation désirable : une observation, faite à l'heure $T_p$ du premier méridien, fournit diverses données dont on déduit la hauteur corrigée H de l'astre et son azimut corrigé Z. Avec $T_p$ on entre dans la *Connaissance des Temps,* on en tire D, Æ et $S_p$, et l'on conclut $G_a$ ; les coordonnées D et $G_a$ permettent de placer sur notre sphère la position géographique A de l'astre observé : en conséquence de la correction relative à la parallaxe, la distance zénithale corrigée $z$ est l'angle, compris au centre de la sphère, entre la direction de l'astre et celle du zénith ou du navire. Il est clair, dès lors, que si l'on considère (*fig.* 1) une droite CZ faisant avec CA un angle $z$, mesuré par l'arc AZ, le point Z ainsi déterminé sera l'une des positions possibles du navire ; or, comme on peut faire cette contruction dans des plans CAZ orientés d'une manière quelconque, autour de la droite AC, il en résulte que, si du point A comme pôle, et avec une ouverture de compas égale à AZ, on décrit une circonférence de cercle ; le cercle ainsi tracé sera le lieu géométrique du navire. La construction que l'on vient d'indiquer étant supposée faite, soit Z la position du point qu'il s'agit de déterminer ; joignons PZ et ZA. Connaissant PA, ZA et l'azimut Z dans le triangle PZA, il serait facile de le construire et, par suite, de déterminer le point Z ; mais comme, avec la boussole, on ne peut obtenir l'angle Z, qu'à plusieurs degrés près, une pareille détermination du point Z est par trop grossière : nous ne nous arrêterons pas à cette solution.

**62.** *Deux hauteurs sont généralement nécessaires, pour déterminer la position du navire : une seule suffirait cependant, si elle était égale à 90 degrés.* — On vient de voir que l'observation d'un seul astre, avec les moyens dont on dispose à la mer, ne peut donner un point suffisamment exact ; il y a cependant une exception, c'est le cas où la distance zénithale est nulle. Dans cette circonstance, la position du navire coïncide avec celle de l'astre, et le problème est résolu. Si la distance zénithale observée est de quelques minutes seulement, on peut encore prendre la position géographique de l'astre comme position du navire ; car, dans cette circonstance, et en faisant abstraction des erreurs d'observation, l'erreur sur le point ne dépasse évidemment pas la distance zénithale elle-même. De là une première règle pratique *pour avoir le point, lorsqu'on a observé un astre au zénith.*

*Quand la distance zénithale d'un astre est nulle, le point coïncide avec la position géographique de cet astre, et l'on a*

$$ L = D \quad \text{et} \quad G = G_a = S_p - \text{Æ} ; $$

*de plus, si la distance zénithale,* $90° - H$, *est égale, par exemple, à* 30″, 1′, 2′, 3′, …, *on ne commet, en prenant, pour position du navire, la position géographique de l'astre, que des erreurs de* 30″, 1′, 2′, 3′, ….

Lorsqu'on veut avoir égard aux erreurs $\varepsilon_H$ d'observation de la hauteur, l'effet de ces erreurs est bien facile à constater ; car on voit aisément que, si $\varepsilon$ est l'erreur totale sur la position du navire, en prenant comme point la position géographique de l'astre, on a, dans tous les cas,

$$ (11) \qquad \varepsilon = 90° - H + \varepsilon_H, $$

résultat qui peut s'énoncer ainsi :

*Quand on s'en tient, dans la détermination du point, à la position géographique d'un astre, l'erreur commise est égale à la distance zénithale de cet astre, plus ou moins l'erreur de la hauteur, suivant que cette erreur est positive ou négative.*

63. Puisqu'une seule observation de hauteur et d'azimut d'un astre ne peut déterminer le point, que dans des cas tout à fait exceptionnels, nous allons examiner ce qu'il est possible de déduire de deux observations. Observons donc un second astre et faisons la même construction que ci-dessus : soit (*fig.* 1) B la position géographique du second astre, dont la distance zénithale est $z' = 90° - H'$. De B comme pôle, avec $z'$ comme ouverture de compas, décrivons un cercle ; le navire doit être évidemment sur ce cercle et sur celui que nous avons décrit du point A comme pôle : il est donc à l'une des intersections Z, Z′ de ces deux cercles ; mais à laquelle des deux ? L'incertitude, à ce sujet, est généralement levée par la considération des azimuts des astres, qui fait distinguer, à première vue, celui des deux points d'intersection Z, Z′, où il faut se placer pour avoir l'astre dans la direction azimutale observée : il est d'ailleurs évident qu'un seul azimut suffit pour en décider. Le plus souvent, il n'est pas nécessaire de connaître

l'azimut avec une grande précision, et l'on peut même, quand la hauteur est déjà *trop grande* pour qu'on puisse relever l'astre au compas, remplacer l'observation de l'azimut par l'examen des circonstances dans lesquelles on a observé. Cet examen permet de distinguer le cadran ou même simplement le signe de l'azimut, ce qui suffit pour faire disparaître l'ambiguïté dans un grand nombre de cas : nous reviendrons sur ce sujet, en temps utile.

**64.** *Ramener une hauteur de l'horizon d'un lieu à celui d'un autre lieu.* — Il convient, autant qu'il est possible, d'observer deux astres en même temps ; mais les circonstances ne le permettent pas toujours : on est alors obligé d'observer le même astre dans deux positions différentes, ou deux astres à un certain intervalle. Si, dans l'intervalle des deux observations, le navire ne s'était pas déplacé, le cas se ramènerait à celui de l'observation simultanée de deux astres différents ; mais le navire, à part les temps de calme dans la navigation à la voile, se déplace toujours : il est donc le plus souvent nécessaire, quand on a observé deux fois le même astre, ou deux astres différents à un certain intervalle de temps, d'avoir égard au changement de position du navire dans cet intervalle. Il n'existe, pour résoudre cette question, qu'un procédé suffisamment exact : c'est de ramener la hauteur observée en l'un des lieux à l'horizon de l'autre lieu dont on se propose de déterminer les coordonnées.

*Règle pour ramener la hauteur observée en un lieu, à l'horizon d'un autre lieu.* — Soient H la hauteur d'un astre observée en un premier lieu, Z l'azimut de l'astre au même moment, V l'angle de la route faite pour aller du premier lieu au second, angle compté dans le même sens et à partir de la même origine que les azimuts, $\mathfrak{M}$ le nombre de milles de cette route, H' la hauteur ramenée au second lieu, on a

$$(12) \qquad H' = H + \mathfrak{M} \cos (Z - V) - \frac{1}{2} \operatorname{tang} H \,[\sin (Z - V)\, \mathfrak{M}]^2 \sin 1'.$$

Pour calculer cette formule, à l'aide des Tables de point, on fait la différence Z — V, sans se préoccuper du signe de cette quantité ; deux cas sont alors à examiner, savoir :

$$Z - V < 90° \quad \text{et} \quad Z - V > 90°.$$

Si $(Z - V) < 90°$, on entre dans la Table de point, avec le nombre de milles $\mathfrak{M}$ et Z — V comme angle de route : on trouve, dans la colonne N et S, le terme $\mathfrak{M}\cos(Z-V)$, qui sera toujours positif, et, dans la colonne E et O, le terme $\mathfrak{M}\sin(Z-V)$. Entrant dans la Table I, avec la valeur trouvée de $\mathfrak{M}\sin(Z-V)$, et la hauteur observée H, on y prend la valeur absolue de

$$\frac{1}{2}\,\mathrm{tang}\,\mathrm{H}\,[\sin(Z-V)\,\mathfrak{M}]^2\sin\iota';$$

ce terme sera toujours soustractif.

Si l'on a $(Z-V) > 90°$, on fait la différence $180° - (Z-V)$, et l'on entre, dans la Table de point, avec ce supplément comme angle de route et le nombre de milles $\mathfrak{M}$. On y trouve, comme plus haut, les quantités $\mathfrak{M}\cos(Z-V)$ et $\mathfrak{M}\sin(Z-V)$; $\mathfrak{M}\cos(Z-V)$ sera négatif : la Table I fournira encore la valeur absolue du troisième terme de l'équation (12), terme qui sera pris avec le signe négatif.

En faisant la somme algébrique de H, de $\mathrm{M}\cos(Z-V)$ et de $-\frac{1}{2}\,\mathrm{tang}\,\mathrm{H}\,[\sin(Z-V)\,\mathfrak{M}]^2\sin\iota'$, on aura H'.

**65.** *Conditions favorables à la détermination du point.* — On voit, d'après ce qui précède, que le problème de la détermination du point à la mer se ramène, d'une *manière absolument générale*, à la construction du triangle ZAB (*fig.* 1). On démontre, par l'analyse, que la condition la plus favorable à l'exacte détermination du point est *que le triangle ZAB soit trirectangle, et par suite formé de trois côtés égaux chacun à un quadrant*. On peut remarquer l'analogie existant entre cette solution et celle relative aux triangles rectilignes les mieux conditionnés, dans les réseaux géodésiques; on sait, en effet, que la meilleure solution, dans les problèmes de triangulation, est donnée par les triangles équilatéraux.

Dans notre problème, les conditions théoriquement les plus favorables à l'exacte détermination du point sont : 1° *que l'écart azimutal entre les deux astres observés soit de 90 degrés;* 2° *que les hauteurs soient nulles.*

La théorie montre que, de ces deux conditions, la première a une grande importance, tandis que l'autre n'est que secondaire; d'ailleurs certaines causes nuisent à l'exactitude des observations faites par de trop faibles hauteurs : par exemple, la correction pour la réfraction, fournie par les Tables, est très-incertaine dans cette circonstance. Nous pensons que, par les temps où l'air est agité, il ne convient pas d'observer à moins de 6 degrés de hauteur, et que les observations faites aussi bas, lorsque l'air est très-calme, ne doivent inspirer aucune confiance : c'est, en effet, par les temps de calme, que se produit le phénomène du mirage.

En conséquence, nous croyons pouvoir fixer ainsi les conditions favo‑
rables dans la pratique : *choisir des astres dont les directions azimutales
soient le plus près possible d'être rectangulaires, et dont les hauteurs soient
supérieures à 6 degrés, sans être trop voisines de 90 degrés.* (Ces conditions
supposent que l'on ne soit pas dans le cas exceptionnel d'un air très‑calme;
nous dirons plus loin les précautions à prendre dans ce cas‑là.)

**66.** On peut faire comprendre facilement combien ces conditions sont
rationnelles. Il est un fait très‑connu, c'est que l'angle sous lequel deux
lignes doivent se couper, pour que les erreurs de leurs directions aient le
moins d'influence possible sur la position du point où elles se coupent, est
l'angle droit.

Examinons la condition relative aux faibles hauteurs. Supposons que nous
ayons une très‑petite hauteur H′ et une très‑grande H; la construction sur la
sphère se présentera dans les conditions de la *fig.* 2 : A sera le centre du

Fig. 2.

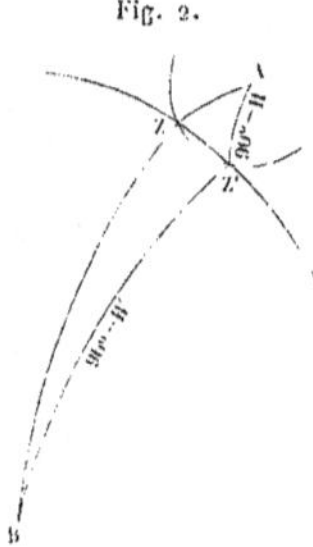

cercle décrit avec 90° — H comme ouverture de compas; Z et Z′ seront les
points où le cercle décrit, de B comme pôle, avec 90° — H′, coupe le premier.

Examinons ce qui se produit dans ces circonstances. Le cercle AZZ′ étant
très‑petit, la distance ZZ′ sera aussi très‑petite, quel que soit d'ailleurs
l'écart azimutal BZA ou BZ′A; par suite, il sera impossible de savoir à la‑
quelle des deux intersections Z, Z′ le navire se trouve. En effet, si l'on
considère les azimuts dont on peut se servir, dans le cas général, pour lever
l'ambiguïté, on voit que l'azimut du premier astre A est très‑mal déterminé,
parce que la hauteur est très‑grande; l'erreur de cet azimut peut atteindre
90 degrés et au delà : d'un autre côté, les points Z et Z′ étant très‑voisins,
l'azimut de l'astre B est très‑sensiblement le même dans ces deux positions.

Il suit de là que l'ambiguïté ne peut être levée par la considération des azimuts ; car, dans le premier cas, une grosse erreur dans l'azimut peut faire prendre Z′ pour Z et réciproquement ; dans le second, une légère erreur sur l'azimut peut également faire prendre les points Z, Z′, l'un pour l'autre : or nous savons qu'il est impossible d'observer un azimut, avec un peu de précision, au moyen de la boussole. Si les deux hauteurs étaient très-grandes, on verrait aisément, en raisonnant ainsi que nous venons de le faire, que l'ambiguïté existerait *à fortiori*.

### *Lignes de même hauteur, courbes de hauteur.*

**67.** Il est impossible d'avoir à bord une sphère aussi grande que nous l'avons supposée ; il faut donc, pour déterminer le point, recourir à un procédé autre que celui que nous venons d'exposer. La première idée qui vient à ce sujet est de rechercher si l'on ne pourrait faire, sur les cartes marines, des constructions analogues à celles que nous venons d'exécuter sur la sphère. Dans ce but, on a étudié quelle pouvait être, sur la carte de Mercator, la ligne représentative d'un cercle de hauteur, décrit sur la sphère. La théorie démontre que cette ligne est très-généralement une courbe, à laquelle on a donné les noms de *ligne de même hauteur, courbe de hauteur*. Si l'on suppose chacune des courbes de hauteur tracée sur la carte, il est évident que la position du navire sera déterminée par l'une des intersections de deux de ces courbes.

L'équation d'une courbe de hauteur est susceptible de prendre trois formes distinctes, qui correspondent aux trois circonstances suivantes : 1° le pôle est en dehors du cercle de hauteur ; 2° le pôle est dans l'intérieur du cercle de hauteur ; 3° le cercle de hauteur passe par le pôle.

Dans le premier cas, les cercles de hauteur se traduisent, sur la carte de Mercator, par des courbes fermées qui sont des ovales 1, 1, 1, 1 (voir *Pl. II*). Ces courbes de hauteur ont un grand axe, un petit axe et un centre ([1]). Le grand axe et le centre sont sur le méridien dont la longitude est $G_a$ ; la latitude du centre est égale à la demi-somme des latitudes croissantes qui correspondent à $D + z$ et à $D - z$, considérés comme latitudes vraies ; le grand axe $2b$ est égal à la différence de ces deux latitudes croissantes : le petit axe $2a$, qui se mesure sur l'échelle des longitudes, est égal, en degrés, à la latitude qui correspond à l'extrémité du grand axe porté sur l'échelle des

---

[1] On a marqué, pour l'une des courbes fermées, le centre C, et indiqué la grandeur du demi-petit axe $a$ et celle du demi-grand axe $b$.

latitudes à partir de l'équateur. Ces ovales diffèrent très-peu du cercle, quand les distances zénithales sont petites, mais ils s'allongent, quand ces quantités augmentent; en outre, ils s'allongent d'autant plus rapidement que la déclinaison est plus grande.

Dans le second cas, 2, 2, 2, 2, la courbe affecte une forme sinussoïdale, ainsi qu'on le voit dans la *Pl. II* : cette courbe est symétrique par rapport à un méridien, et ses points d'inflexion sont situés sur un même parallèle.

Dans le troisième cas, 3, 3, 3, 3, les courbes de hauteur se traduisent par des branches infinies comprises entre des asymptotes parallèles aux méridiens.

Quand les cercles de hauteur se confondent avec des méridiens ou des parallèles, les courbes de hauteur deviennent des lignes droites, qui sont les méridiens et les parallèles des cartes de Mercator.

**68.** *On peut remplacer les courbes de hauteur par des cercles lorsque les distances zénithales sont petites.* — Les ovales différant très-peu du cercle quand les distances zénithales sont petites, on a été conduit à se poser le problème suivant :

*Trouver la limite des distances zénithales, assez petites pour que l'on puisse tracer, sur la carte de Mercator, suivant une construction identique à celle que l'on exécute sur la sphère pour avoir les cercles de hauteur, un cercle rr′ r″ r‴ pouvant être considéré comme se confondant, dans la pratique, avec la courbe de hauteur fermée, ou avec l'ovale L′ D′ L″ D″ (fig. 3)*; en d'autres termes,

Fig. 3.

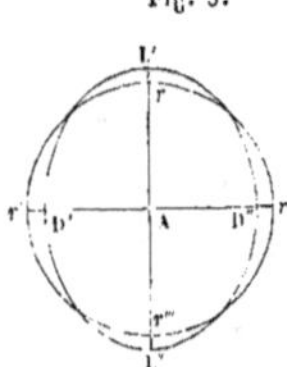

*substituer aux courbes de hauteur résultant des petites distances zénithales des cercles ayant pour centres les positions géographiques des astres observés et pour rayons les distances zénithales mesurées à l'échelle des latitudes;* sous la condition que le plus grand écart entre le cercle et la courbe, résultant de cette substitution, soit moindre qu'un demi-mille : cet écart maximum a lieu aux sommets L′, L″ de la courbe, et sa mesure est donnée par la différence entre le rayon A$r$ du cercle et les rayons vecteurs AL′, AL″, menés du centre du cercle aux sommets de la courbe.

La solution de ce problème est donnée par une formule que l'on a mise en Table : la Table n° IV a été calculée pour cet objet; nous allons en expliquer l'usage et décrire la construction qui permet de remplacer l'ovale par un cercle.

*Règles pour substituer à une courbe de hauteur, tracée sur la carte de Mercator, un cercle dont le centre soit la position géographique de l'astre.* — Ayant obtenu, à l'heure $T_p$ du premier méridien, une hauteur corrigée H, plus grande que 83° 57′, la retrancher de 90 degrés, ce qui donne la distance zénithale $z$ ; ensuite, calculer la déclinaison D et l'Æ de l'astre à l'heure $T_p$ : entrer dans la Table IV avec D + $z$ (¹) si l'on a observé du côté du pôle abaissé; avec D si l'on a, au contraire, observé du côté du pôle élevé. (Dans le cas où l'on connaît la latitude approchée $L_e$, on entre dans la Table avec la plus grande des quantités $L_e$ ou D ; il conviendra même de le faire dans l'immense majorité des cas : c'est par ce motif que l'on a pris pour argument de la Table L ou D). Lire la distance zénithale qui est inscrite en regard de D + $z$ ou de D ; si la distance zénithale lue est égale à la distance observée $z$ ou plus grande qu'elle, la construction qui nous occupe pourra être appliquée.

Alors, calculer $G_a = S_p - Æ$ ; placer sur la carte le point ayant $G_a$ pour longitude et D pour latitude; marquer sur l'échelle des latitudes les points L′ et L″ correspondants à $D + \frac{z}{2}$ et $D - \frac{z}{2}$; prendre au compas la distance L′ − L″; enfin, du point ($G_a$, D) comme centre, avec L′ − L″ comme rayon, décrire une circonférence : théoriquement le navire serait à moins de 1 demi-mille de cette circonférence.

Parfois il arrivera qu'il soit impossible de marquer les deux points L′ et L″ sur la carte; dans ce cas, on peut trouver le rayon L′ − L″ en se servant des Tables des latitudes croissantes : pour cet objet, prendre dans la Table des latitudes croissantes celles qui répondent à $D + \frac{z}{2}$, et à $D - \frac{z}{2}$, en faire la différence; cette différence mesurée en minutes de l'échelle des longitudes sera le rayon demandé L′ − L″.

---

(¹) Il n'y a pas lieu de se préoccuper du signe de D, D + $z$ désigne ici la somme des valeurs absolues de D et de $z$.

Nous estimons que la limite de l'erreur, résultant de cette construction, sera d'un mille environ, parce qu'il pourra arriver que l'erreur graphique de la construction elle-même augmente l'erreur théorique de 1 demi-mille. Il est bien entendu que l'on fait ici abstraction des erreurs qui peuvent affecter l'heure du premier méridien et la hauteur observée.

*Application des règles précédentes.* — Le 10 janvier 1876, à l'heure du premier méridien $T_p = 10^h 22^m 18^s,6$, on a observé, faisant face à la région du nord, $\alpha$ du Cocher (la Chèvre); sa hauteur corrigée a été trouvée de $89°9',8$ ([1]) : voyons d'abord si l'on peut remplacer la courbe de hauteur par un cercle ayant pour centre la position géographique de l'astre.

La hauteur corrigée étant plus grande que $83°57'$, retranchons-la de 90 degrés, on aura

$$z = 0°50',2.$$

Dans la *Connaissance des Temps*, on trouve, à la date du 10 janvier 1876, à $0^h 0^m$ de Paris, page 420, colonne $\alpha$ Cocher,

$$D = 45°52',4 ; \qquad AR = 5^h 7^m 33^s,4.$$

À cause de l'extrême petitesse de leurs variations diurnes, ces coordonnées peuvent être considérées comme correspondant à $T_p = 10^h 22^m 18^s,6$.

D'après la valeur de D et la distance zénithale, nous sommes évidemment dans l'hémisphère nord : cela résulte, à première vue, de ce qui a été exposé au n° **62**.

On a donc observé du côté du pôle élevé; entrons alors dans la Table IV, avec D ([2]) que nous prendrons en nombre rond égal à 46 degrés : nous lisons, vis-à-vis de 46 degrés, dans la colonne des distances zénithales, $0°57'$; or notre distance zénithale observée, n'étant que de $0°50',2$, est inférieure à la distance zénithale tabulaire $0°57'$; il est visible que l'on peut employer la construction qui nous occupe.

Appliquons les formules

$$(13) \qquad \left\{ \begin{array}{l} S_p = T_p + AR\odot_m, \\ G_a = S_p - AR : \end{array} \right.$$

On prend dans la *Connaissance des Temps* $AR\odot_m$ pour le 10 janvier à $0^{hm}$

---

([1]) Dans les calculs à la mer, nous n'écrirons pas les secondes de degré, mais seulement les dixièmes de minute, qui s'obtiennent en divisant le nombre de secondes par 6 et en forçant le quotient si le reste est plus grand que 3; cette manière de faire simplifie les calculs et ne peut affecter la précision désirable dans les calculs nautiques.

([2]) Si l'on connaissait $L_e$, on entrerait dans cette Table avec la plus grande des quantités $L_e$ ou D.

de Paris, on l'écrit au-dessous de $T_p$; puis, entrant dans la Table VI de la
*Connaissance des Temps* avec $T_p = 10^h 22^m$ (pour faire usage de la Table VI
on peut faire abstraction des secondes de $T_p$, en forçant le chiffre des minutes si le nombre des secondes dépasse 3o), on y trouve les deux nombres inscrits au-dessous de l'$Æ\odot_m$ : faisant la somme de tous les nombres
que nous venons d'écrire les uns sous les autres, et retranchant 24 heures
de cette somme, on obtient $S_p$ ([1]).

$$T_p = \quad 10^h 22^m 18^s,6$$

| | | |
|---|---|---|
| 10 janvier $Æ\odot_m$ à $0^h$ t. m. de Paris.......... | | $19 \quad 25 \quad 3,7$ |
| *Connaissance des Temps*, ⎰ pour 10 heures... | | $1 \quad 38,5$ |
| Table VI............ ⎱ pour 22 minutes.. | | $3,6$ |

$$S_p = + \quad 5 \quad 49 \quad 4,4$$
$$Æ = + \quad 5 \quad 7 \quad 33,4$$
$$G_a = + \quad 0 \quad 41 \quad 31,0$$

Ayant écrit $Æ$ sous $S_p$, on a fait la différence $S_p - Æ$ qui donne $G_a$.

Nous avons pris la carte n° 2447 du Dépôt des cartes et plans (elle est
à une échelle très-convenable pour le tracé des cercles correspondants aux
petites distances zénithales) : on y a marqué le point ayant pour latitude

$$D = 45° 52',4$$

et pour longitude

$$G_a = + 0^h 41^m 31^s,0 = + 10° 22',7 ;$$

avec les quantités

$$D + \frac{z}{2} = 45° 52',4 + 0° 2',51 = 46° 17',5,$$

$$D - \frac{z}{2} = 45° 52',4 - 0° 2',51 = 45° 27',3,$$

prises pour latitudes vraies, on a fixé les deux points $L'$, $L''$ sur l'échelle
des latitudes ; on a pris leur distance avec un compas, et décrit, avec cette
distance comme rayon, un cercle dont le centre est le point $(D, G_a)$ que nous
venons de marquer sur la carte ; ce cercle est celui qu'il s'agissait de
substituer à la courbe de hauteur.

---

([1]) $S_p$ *se compte*, comme on le sait, de zéro à 24 heures ; on doit donc retrancher 24 heures de ladite somme, toutes les fois qu'elle dépasse ce nombre. Quand la différence $S_p - Æ$ est positive, la
longitude $G_a$ est comptée en allant du premier méridien vers l'ouest : si elle est négative, elle est
comptée du côté de l'est. Si $G_a$ était plus grande que 12 heures, on la retrancherait de 24 heures
et l'on changerait le signe du résultat. On doit faire cette opération, puisqu'on est dans l'habitude
de ne compter les longitudes que jusqu'à 180 degrés ou 12 heures.

**69.** *Règles pour substituer, à une courbe de hauteur, le cercle dont le centre coïncide avec celui de la courbe de hauteur, et le rayon est égal à la moyenne des demi-axes de la courbe.* — En parcourant la Table IV, on voit que les distances zénithales y sont presque toutes très-petites; à 5o degrés de latitude, par exemple, la limite des distances zénithales, avec lesquelles on peut appliquer la construction précédente, n'est plus que de 53′ : alors, on a cherché si l'on ne pourrait pas remplacer encore la courbe de hauteur par un cercle n'exigeant que des constructions simples, dans le cas où les distances zénithales excéderaient les limites de la Table IV. La méthode à laquelle on a été conduit dans cette recherche consiste à tracer, du centre de la courbe, un cercle de rayon égal à la moyenne $\frac{a+b}{2}$ des demi-axes de la courbe ([1]); la règle pratique qui en dérive est la suivante.

Ayant obtenu, à l'heure $T_p$ du premier méridien, une hauteur corrigée H, plus grande que 83° 4′ (limite supérieure des distances zénithales de la Table II), la retrancher de 9o degrés; on obtient ainsi une distance zénithale $z$; calculer, pour l'heure $T_p$, la déclinaison D et l'ascension droite Æ de l'astre observé : alors, entrer dans la Table II, avec $D + z$ ([2]), si l'on a observé du côté du pôle abaissé; avec D, si l'on a observé du côté du pôle élevé. (Dans le cas où l'on connaît la latitude approchée $L_e$, on entre dans la Table avec la plus grande des quantités $L_e$ ou D; il conviendra même de le faire dans l'immense majorité des cas : c'est par ce motif que l'on a pris L ou D pour argument de la Table.) Lire la distance zénithale qui est inscrite en regard de $D + z$ ou de D : si la distance zénithale lue est égale à la distance zénithale observée $z$ ou plus grande qu'elle, la construction qui nous occupe pourra être appliquée.

Ayant reconnu cette possibilité, calculer $G_a = S_p - Æ$; puis marquer, sur l'échelle des latitudes, les points L′ et L″ correspondants à $D + z$ et à $D - z$, déterminer le point milieu de la distance L′L″; soit D′ ce milieu : placer sur la carte le point ayant $G_a$ pour longitude et D′ pour latitude; puis avec un rayon égal à la distance L′D′ ou L″D′, diminuée d'un quart de mille mesuré à partir du point D′, décrire du point $(G_a, D′)$, comme centre, une circonférence : théoriquement le navire serait à moins d'un demi-mille de cette circonférence.

---

([1]) Cette méthode a été indiquée par M. Hilleret dans son *Étude sur les courbes de hauteur.*

([2]) Il n'y a pas lieu de se préoccuper ici du signe de D; $D + z$ est la somme des valeurs absolues de D et de $z$.

Parfois il arrivera qu'il soit impossible de marquer les deux points L' et L" sur la carte; dans ce cas, on déterminera le rayon $L'D' - \dfrac{1^M}{4}$ ou $L''D' - \dfrac{1^M}{4}$, en se servant des latitudes croissantes : à cet effet, calculer $D + z$, $D - z$; chercher leurs latitudes croissantes dans la Table, faire la moyenne de ces deux latitudes croissantes, chercher la latitude vraie correspondante à cette moyenne; cette latitude sera celle de D' : alors marquer sur l'échelle des latitudes le point D' et celui des deux points L', L", qui peut y être porté; continuer l'opération suivant le mode que nous venons d'indiquer. On pourrait aussi opérer de la même manière, si la division de L'L", en deux parties égales, offrait quelques difficultés pour un motif quelconque.

Nous pensons que l'erreur résultant de cette construction pourra, dans la pratique, s'élever à un mille environ; parce que l'erreur commise dans la construction elle-même pourra atteindre un demi-mille. Il est entendu que l'on fait abstraction des erreurs qui affectent la hauteur et l'heure du premier méridien.

70. En opérant comme nous venons de le faire, on obtient, avec une exactitude très-suffisante, la moyenne des deux demi-axes de la courbe : la construction rigoureuse, un peu plus longue que celle que nous venons d'indiquer, est la suivante : après avoir marqué les points L', L", D' sur la carte, prendre avec un compas la distance L'D' ou L"D', demi-grand axe de la courbe; puis placer une pointe du compas à l'intersection de l'équateur et de l'échelle des latitudes, voir à quelle latitude correspond la seconde pointe du compas : cette latitude exprime le nombre de divisions de l'échelle des longitudes qui représente le demi-petit axe de la courbe; mesurer à cette échelle la longueur accusée par ledit nombre de divisions : cette mesure sera celle du demi-petit axe que l'on portera à partir de L' ou L" vers D' (soit, par exemple, à partir de L'); on obtient ainsi un point D" : la moyenne de L'D' et de L'D" est la moyenne exacte des deux demi-axes de la courbe.

Il arrive le plus souvent que l'équateur n'est pas marqué sur la carte dont on doit se servir; dans ce cas, il faut employer, comme il suit, la Table des latitudes croissantes; prendre les latitudes croissantes de $D + z$ et $D - z$, en faire la demi-somme et la demi-différence : la première sera la latitude croissante de D'; la seconde sera la valeur du demi-grand axe $b$ exprimé en divisions de l'échelle des longitudes; entrer avec ce demi-grand axe pris comme latitude croissante dans la Table de ces quantités, lire la latitude

vraie qui y correspond; cette latitude représentera le nombre de degrés, minutes et secondes de l'échelle des longitudes, qui composent le demi-petit
axe $a$ : connaissant le demi-grand axe et le demi-petit axe, on fera leur
moyenne $\dfrac{a+b}{2}$, qui sera, en divisions de l'échelle des longitudes, le rayon
du cercle demandé.

La demi-différence $\dfrac{b-a}{2}$ du demi-grand axe et du demi-petit axe ainsi
obtenue donne la limite de l'erreur qui résulte de la substitution d'un
cercle à une courbe de hauteur, dans le cas où le centre du cercle coïncide avec celui de la courbe : partant de la connaissance de ce fait, on
comprend que, si l'on ne tient pas à avoir une limite d'erreur aussi restreinte
que $0^M,5$, il est possible d'employer la dernière construction que l'on vient
d'indiquer, pour des distances zénithales plus grandes que celles de la
Table II; car, en divisant par 2 la différence des axes, on aurait la limite
de l'erreur commise, limite qui est simplement assujettie à ne pas atteindre
un nombre donné de milles.

*Application de la règle précédente.* — Le 10 janvier 1876, à l'heure du
premier méridien $T_p = 10^h 39^m 40^s,7$, étant tourné du côté du sud, on a
observé l'étoile $\alpha$ du Cocher (la Chèvre) dont le mouvement était descendant;
sa hauteur corrigée a été trouvée de $86° 49',2$ : voyons si l'on peut remplacer la courbe de hauteur par un cercle dont le centre coïncide avec
celui de la courbe de hauteur et dont le rayon soit la moyenne des demi-
axes de cette courbe.

La hauteur étant plus grande que $83°4'$, retranchons-la de 90 degrés,
il vient

$$z = 3° 10',8.$$

Dans la *Connaissance des Temps*, on trouve, à la date du 10 janvier 1876,
$0^h$ t. m. de Paris, page 420, colonne $\alpha$ Cocher,

$$D = 45° 52',4, \quad \text{Æ} = 5^h 7^m 33^s,4 :$$

à cause de l'extrême petitesse de leurs variations diurnes, ces coordonnées
peuvent être considérées comme correspondant à

$$T_p = 10^h 39^m 40^s,7.$$

D'après la déclinaison D et la distance zénithale $z$, nous sommes évidemment dans l'hémisphère nord (on peut s'en rendre compte en se reportant

au n° **62**); on a observé face au sud, et par suite, du côté du pôle abaissé ; entrons alors dans la Table II avec $D + z$ (') $= 49° 3'$ : vis-à-vis de 45 degrés, nous lisons $5° 29'$ et en face de 50 degrés nous trouvons $5° 8'$ ; or notre distance zénithale étant seulement de $3° 10',8$, il est évident que nous pouvons appliquer la construction qui nous occupe.

Calculons $G_a = S_p - \text{Æ}$ (*voir* page 75 : nous y avons exposé tout ce qui regarde ce calcul).

$$
\begin{array}{lrrr}
& T_p = & 10^h \ 39^m \ 40^s,7 \\
\text{10 janvier à } 0^h \text{ t. m. de Paris} \dots \dots \dots \dots & \text{Æ}\odot_m = & 19 \quad 25 \quad 3,7 \\
\textit{Connaissance des Temps,} \ \{ \text{ pour 10 heures} \dots & & 1 \quad 38,5 \\
\text{Table VI} \dots \dots \ \dots \dots \ \{ \text{ pour 40 minutes} \dots & & 6,5 \\
\hline
& S_p = & 6 \quad 6 \quad 29,4 \\
& \text{Æ} = & 5 \quad 7 \quad 33,4 \\
\hline
& G_a = & 0 \quad 58 \quad 56,0
\end{array}
$$

Prenant la feuille n° 2447 du Dépôt des cartes et plans, marquons, sur l'échelle des latitudes, les points $L'$ et $L''$ ayant pour latitudes vraies

$$D + z = 49° \ 3',2,$$
$$D - z = 42 \ 41 ,6.$$

Déterminant, avec le compas, le milieu $D'$ de la distance $L'L''$, et marquant ce milieu par un trait, plaçons sur la carte le point ayant pour latitude

$$D' = + 45° 58',0$$

et pour longitude

$$G_a = + 0^h 58^m 56^s = + 14° 44',0.$$

Avec une ouverture de compas égale à $L''D' - \dfrac{1^M}{4}$, quart de mille mesuré à partir de $D'$, et du point que nous venons de marquer comme centre, décrivons une circonférence : nous aurons ainsi le cercle qu'il s'agissait de substituer à la courbe de hauteur. -

**71.** Le quart de mille est à peine appréciable sur la carte n° 2447 ; cependant, il l'est encore assez, pour que l'on puisse admettre que le cercle tracé représente la courbe à moins d'un mille : avec des cartes à plus petite

---

(') Si l'on connaissait la latitude estimée $L_e$, et qu'elle fût plus grande que la déclinaison $45° 53'$, on entrerait, avec cette latitude, dans la Table II.

échelle, et par les latitudes que nous venons d'employer, on ne pourrait plus guère compter sur le mille. Du reste, il est évident que l'exactitude de la construction dépendra de la grandeur du mille mesuré sur l'échelle des latitudes, à la hauteur du centre du cercle, et que l'on ne devra compter sur l'approximation d'un mille que quand on pourra apprécier le quart de mille.

Indépendamment de la Chèvre, on a observé, d'autre part, $\beta$ du Cocher, étoile de $2^e$ grandeur, à peu près au même moment $T_p = 10^h 39^m 56^s,4$, que la Chèvre : la hauteur corrigée de $\beta$ Cocher a été trouvée de $84°50',0$, et l'observation a été faite du côté sud, alors que l'astre montait : traçons, s'il est possible, le cercle de hauteur de cette étoile.

On a

$$z = \phantom{0}5°10',0,$$
$$D = 44\ 56\ ,1,$$
$$D + z = 50\ \phantom{0}6\ ,1,$$
$$D - z = 39\ 46\ ,1,$$

et le calcul donne

$$S_p = 6^h\ \phantom{0}6^m 45^s,1$$
$$\mathcal{A} = 5\ 50\ \phantom{0}27\ ,8$$
$$G_a = 0\ 16\ \phantom{0}17\ ,3 = 4°4',3.$$

Nous emploierons les Tables de latitudes croissantes pour donner un exemple de ce qu'il y aurait à faire, si l'on ne pouvait se servir de la carte, ou si l'on préférait déterminer par le calcul le rayon et le centre du cercle. Nous nous servirons des Tables de M. Caillet :

| Arguments. | Lat. croiss. |
|---|---|
| $D + z = 50° \phantom{0}6',1$.... | 3466,6 |
| $D - z = 39\ 46,1$.... | 2590,0 |
| Somme..... | 6056,6 |
| Demi-somme.... | 3028,3 |

A cette demi-somme, prise pour latitude croissante, correspond la latitude de $D'$ :

$$\text{Latitude de } D' = +45°10',2,$$

Différence des latitudes croissantes....  $2b = 876,6,$
$$b = 438,3.$$

Prenant $b$ comme latitude croissante, on trouve, dans la colonne des latitudes vraies,

$$a = 7°20',0 = 440',0 \,^{(1)}$$
$$b = 438\ ,3$$
$$a + b = 878\ ,3$$
$$\frac{a + b}{2} = 439,\ 1 = 7°19',1.$$

Mesurant sur l'échelle des longitudes la longueur correspondante à ce nombre de minutes, nous aurons le rayon demandé.

Nous connaissons les coordonnées $G_a$, D', du centre du cercle et le rayon $\frac{a + b}{2}$; nous avons donc tout ce qu'il faut pour décrire la circonférence de ce cercle.

**72.** *Détermination du point par deux cercles de hauteur.* — Les cercles obtenus dans les deux exemples que nous venons de présenter, étant tracés sur la carte n° 2447, se coupent en deux points, dont les positions sont :

$$1^{er} \text{ point...} \begin{cases} 47°21',0 \text{ N,} \\ 10\ 40\ ,0 \text{ O;} \end{cases}$$
$$2^e \text{ point...} \begin{cases} 43\ 57\ ,5 \text{ N,} \\ 11\ 10\ ,5 \text{ O.} \end{cases}$$

Il s'agit de distinguer celui des deux points où le navire se trouvait; or $\alpha$ et $\beta$ du Cocher étaient tous les deux dans le Sud : le navire ne pouvait donc être qu'à l'intersection la plus boréale des deux, c'est-à-dire au premier point.

On voit que les deux constructions que nous venons d'étudier permettent, dans un certain nombre de cas, de tracer facilement, et presque sans calcul, les lignes de même hauteur; par conséquent, de déterminer aisément et rapidement le point, quand on a observé deux distances zénithales comprises dans les limites des Tables II et IV.

**73.** Outre sa simplicité, cette méthode de détermination du point offre le grand avantage de pouvoir discuter, sur le papier, ce que l'on peut tirer des observations, et, par suite, de lever l'ambiguïté des solutions, si la chose

---

($^1$) On peut remarquer que le petit axe $a$ est ici plus grand que le grand axe $b$ : cette singularité provient de ce que, dans la Table des latitudes croissantes de M. Caillet, il a été tenu compte de l'aplatissement de la Terre.

est possible. Lorsque les hauteurs sont aussi grandes que le comporte l'u-
sage des Tables II et IV, on ne peut plus relever les astres au compas, ni
par conséquent lever l'ambiguïté en ayant recours aux azimuts; néanmoins, en examinant les circonstances dans lesquelles on a observé, on parvient, dans un grand nombre de cas, à distinguer la vraie solution, comme
nous l'avons annoncé n° **63**; ces circonstances sont le rhumb de vent dans
la direction duquel on était tourné lorsqu'on a mis l'astre en contact avec
l'horizon, et le sens, soit ascendant, soit descendant du mouvement de
l'astre en hauteur. Quand les hauteurs sont très-grandes, de 88 ou 89 degrés,
on ne peut guère juger de la direction du vertical de l'astre, par le point
de l'horizon où l'on a mis en contact, qu'à plusieurs dizaines de degrés
près (cela dépend de la netteté de l'horizon) : mais le sens du mouvement
de l'astre en hauteur vient souvent en aide; car, étant très-rapide par les
très-grandes hauteurs, il indique avec sûreté si l'astre est dans l'est ou
dans l'ouest. Il résulte de cela que l'ambiguïté sera plus à craindre, lorsque
les astres seront disposés comme l'indique la *fig.* 4, que lorsqu'ils présen-

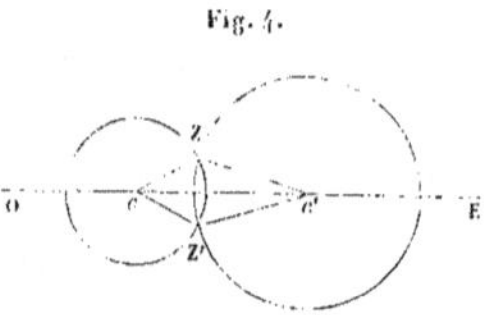

Fig. 4.

teront la disposition de la *fig.* 5, où $c$ et $c'$ sont les centres des cercles
substitués aux courbes de hauteur; centres qui sont très-voisins des positions géographiques des astres : en effet, dans le cas de la *fig.* 4, il faut
savoir si l'on est au nord ou au sud de la ligne $cc'$ qui joint les deux
astres; or, les angles $ZcZ'$, $Zc'Z'$ étant petits, il est à craindre que l'incertitude de plusieurs dizaines de degrés, qui peut affecter la direction du
point de l'horizon où l'on a mis en contact, ne permette pas de distinguer
si l'on doit prendre les verticaux $Zc$, $Zc'$ dans la région nord, ou les verticaux $Z'c$, $Z'c'$ dans la région sud. S'il s'agit du cas de la *fig.* 5, il faut savoir
si l'on est à l'est ou à l'ouest de la ligne $cc'$; or nous venons de voir qu'on
peut le reconnaître facilement quand les hauteurs sont très-grandes. Dans
la *fig.* 4, les positions géographiques des astres ont très-sensiblement même
déclinaison; dans la *fig.* 5, elles ont même ascension droite : le cas où

les positions géographiques des deux astres auront même ascension droite
sera donc celui où l'on aura le moins à redouter l'ambiguïté.

Il est d'ailleurs évident que les angles $ZcZ'$, $Zc'Z$ ou quand la distance
$ZZ'$ seront très-petits, il sera souvent impossible de lever l'ambiguïté [1];

Fig. 5.

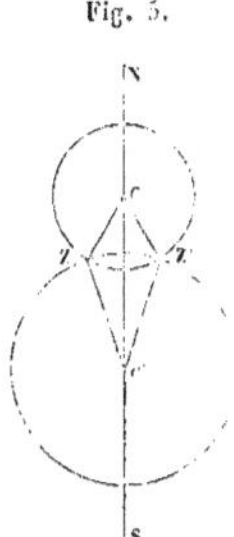

dans ces circonstances, une troisième observation de hauteur serait nécessaire.

**74.** *Utilité des observations faites dans les environs du zénith.* — Les observations de hauteur dans les environs du zénith sont moins faciles et un
peu moins précises que celles des hauteurs plus petites : néanmoins, elles
sont encore très-bonnes, et peuvent, par suite, être très-utiles; d'autant
plus, que les astres sont souvent visibles aux environs du zénith, tandis
qu'ils ne le sont pas dans les autres parties du ciel. Autrefois, on évitait
l'observation des très-grandes hauteurs, parce que les méthodes de calcul
les plus usitées ne permettaient que rarement de les employer; maintenant,
on voit qu'au moyen de constructions très-simples on peut en tirer un
grand parti.

**75.** On a proposé aussi de substituer, aux courbes de hauteur, des cercles
qui peuvent, sans erreur sensible, les remplacer dans une très-grande
étendue; ces cercles portent le nom de *cercles osculateurs*. Étude faite de
l'emploi des cercles osculateurs, dans les solutions purement graphiques,

---

[1] Quand on disposera d'un point estimé et que la distance $ZZ'$ dépassera la limite d'erreur de
ce point, on pourra l'utiliser pour lever l'ambiguïté; mais, si la distance $ZZ'$ est plus petite que
cette limite d'erreur, la connaissance du point estimé ne pourra évidemment servir à rien.

11.

nous avons trouvé qu'il ne présentait rien de pratique; nous n'en parlerons pas davantage, pour l'instant.

Les deux constructions fort simples que nous venons de décrire sont tout ce que l'étude des courbes de hauteur a donné de réellement pratique au point de vue des constructions; nous allons maintenant passer à un autre ordre d'idées.

Les procédés graphiques, pour trouver le point, ne pouvant être utilisés au delà de ce que nous venons d'indiquer, on est obligé d'avoir recours au calcul pour résoudre le problème.

76. Un grand nombre de solutions ont été proposées pour la détermination directe de la position du navire, mais elles conduisent toutes à des calculs fort longs. Ce problème est traité avec beaucoup d'élégance dans l'*Astronomie sphérique* du D<sup>r</sup> Brünnow. Disons, d'ailleurs, que, dans la nouvelle navigation, il n'est jamais nécessaire de recourir aux méthodes rigoureuses, parce qu'en fait on connaît toujours la position du navire, avec une approximation suffisante pour pouvoir faire usage des méthodes indirectes, qui sont plus courtes et moins compliquées que les méthodes directes. Il y a cependant un cas particulier, où la méthode directe est plus courte que la méthode indirecte, c'est celui où l'un des astres a été observé au méridien : nous allons exposer l'application de la méthode directe à ce cas particulier.

### § II. — Déterminations séparées de la latitude et de la longitude.

77. Dans l'application des méthodes directes, on suppose que l'on n'ait aucune connaissance de la position approchée du navire : pour appliquer une méthode directe dans le cas où un astre est au méridien, il faut pouvoir reconnaître s'il en est effectivement ainsi, et cela, sans posséder aucun renseignement sur le point où se trouve le bâtiment.

78. *Examen du mouvement apparent d'un astre au-dessus de l'horizon.* — Nous commencerons par le cas le plus simple, où l'observateur est fixe, alors que les mouvements de l'astre en ascension droite et en déclinaison sont nuls, ce qui, dans les problèmes d'Astronomie nautique, peut être considéré comme vrai, quant aux étoiles.

A l'exception du cas particulier où la latitude et la déclinaison sont égales, et dans lequel, en conséquence, l'étoile traverse le méridien au zénith, généralement le mouvement des étoiles en hauteur, dans le voisinage du méridien supérieur, mouvement qui est alors positif, va en décroissant, jusqu'à devenir nul, au moment même du passage au méridien ; après ce passage, la vitesse du mouvement ascensionnel va en croissant dans le sens négatif : il est à remarquer que la variation de vitesse ne donne lieu à aucune solution de continuité. Dans le cas du passage au méridien inférieur, les vitesses, avant et après le passage, sont de sens contraires à celles qui correspondent au passage supérieur, et la même continuité s'observe dans les variations de vitesse.

Le cas particulier des étoiles zénithales exige, pour être traité convenablement, une modification dans la manière de compter les hauteurs ; il convient alors de compter les hauteurs constamment, à partir du côté oriental de l'horizon, même au delà du zénith (*) : de cette manière on trouve que la vitesse du mouvement en hauteur atteint son maximum au passage par le zénith, et l'on doit remarquer que la continuité se maintient dans les variations de vitesse du mouvement en hauteur. Si, après le passage au méridien, on voulait se conformer à l'habitude de compter les hauteurs à partir du côté occidental de l'horizon, on trouverait que les vitesses en hauteur, immédiatement avant et après le passage au zénith, vitesses qui sont loin d'être nulles, puisqu'elles sont maxima, prendraient des valeurs égales et de signes contraires; on se trouverait en présence d'une solution de continuité inacceptable dans les phénomènes naturels et qui, comme on le voit, aurait simplement sa source dans un changement arbitraire de l'origine des hauteurs effectué au moment du passage.

**79.** *Culminations des astres.* — Lorsque le mouvement observable en hauteur ne devient nul qu'une fois, ce qui est le cas du passage au méridien supérieur, au moment où la vitesse est nulle, la hauteur atteint son maximum ; ce phénomène est désigné sous le nom de *culmination*. Quand le mouvement en hauteur s'annule deux fois, la hauteur est encore maximum lorsque l'astre passe au méridien supérieur, et elle est minimum lorsqu'il est au méridien inférieur. Nous étendrons au mot *culmination* la généralité que comporte l'emploi des notations algébriques, c'est-à-dire que nous dirons qu'il y a *culmination supérieure* lorsque la hauteur d'un astre est maximum et *culmination inférieure* lorsqu'elle est minimum.

---

(*) Ainsi une hauteur occidentale de 80 degrés devrait être remplacée par une hauteur orientale égale à 100 degrés.

**80.** *Détermination de la latitude par les hauteurs méridiennes.* — La considération des effets du mouvement diurne permet de déterminer la hauteur d'un astre quand il passe au méridien, sans qu'il soit nécessaire de connaître la position du navire : en effet, on peut reconnaître si un astre s'approche du méridien, soit en se servant d'un azimut grossièrement obtenu au moyen de la boussole, soit en constatant, à la simple vue, que l'astre s'approche du zénith, dans le cas où il est impossible de le relever. Alors, l'astre étant près du méridien, on se met en observation : on suit le mouvement en hauteur au moyen du sextant, et la hauteur maximum ou minimum que l'on obtient est, erreur d'observation à part, la hauteur méridienne inférieure ou supérieure de l'astre.

Supposons donc que l'on ait observé la culmination d'un astre, et soient *fig. 6* :

PQ P′ Q′ le plan méridien;

P, P′ les pôles;

QQ′ la trace de l'équateur sur le plan méridien (P étant le pôle nord);

Z le zénith;

HH′ la trace de l'horizon;

H la hauteur méridienne corrigée, d'où l'on a tiré $z = 90° - H$.

Soient encore $A_1, A_2, A_3, A_4$ les quatre genres de positions différentes que l'astre observé au méridien peut occuper. En ne considérant que les valeurs absolues des distances zénithales et des déclinaisons, on aura, dans la position $A_1$ de l'astre,

$$ZQ = QA_1 - ZA_1;$$

dans la position $A_2$,

$$ZQ = QA_2 + ZA_2;$$

l'astre étant en $A_3$,

$$ZQ = ZA_3 - QA_3.$$

Dans ces trois premiers cas, l'astre est au méridien supérieur.

Si l'astre est en $A_4$, c'est-à-dire au méridien inférieur, on a

$$ZQ = QA_4 - ZA_4.$$

Convenons maintenant de donner aux *distances zénithales méridiennes* le signe $+$ lorsque l'astre est entre le zénith et le nord, et le signe $-$ lorsqu'il est entre le zénith et le sud : il est facile de reconnaître la région où se trouve l'astre; dans le premier cas, on observe en faisant face au nord, dans le second, face au sud. Donnant aux distances zénithales, à la déclinaison et à la latitude les signes convenus, les trois premiers cas examinés conduisent à la formule unique

$$(14) \qquad\qquad L = D - z; \qquad\qquad \text{P. S.}$$

la dernière donne

$$(15) \qquad\qquad L = D - z + 180°. \qquad\qquad \text{P. I.}$$

Dans la figure qui a servi à établir ces formules, la latitude est positive; il est facile de s'assurer qu'elles conviennent encore au cas où la latitude est négative.

On peut, en langage ordinaire, tirer de ces formules les règles suivantes :

*Pour avoir la latitude d'un lieu par une observation de hauteur faite au méridien supérieur, on retranche la distance zénithale méridienne de la déclinaison : dans le cas d'une observation au méridien inférieur, on change le signe de la déclinaison, on en retranche la distance zénithale méridienne, on ajoute, au résultat de cette soustraction, 180 degrés si l'on est dans l'hémisphère nord; on les retranche si l'on est dans l'hémisphère sud* (').

On voit donc que la hauteur méridienne obtenue par la culmination d'un astre de déclinaison constante donne, par un calcul très-simple, la latitude d'un observateur qui ne se déplace pas.

---

(') Si, au lieu des signes, on désire employer les noms, on conviendra de donner à la distance zénithale le nom du pôle auquel on tournait le dos pendant l'observation; alors, pour obtenir la latitude par la hauteur observée au méridien supérieur, on fera la différence de la déclinaison et de la distance zénithale si ces quantités sont de noms contraires, on fera la somme si elles sont de même nom; la latitude portera le nom de la plus grande de ces quantités dans le premier cas, et le nom commun aux deux dans le second.

Si l'on a observé au méridien inférieur, la latitude sera toujours égale à 180 degrés moins la somme de la déclinaison et de la distance zénithale; la latitude sera de même nom que la déclinaison.

**81.** *Détermination de la latitude par la culmination d'un astre, l'observateur étant fixe.* — Supposons maintenant que l'observateur, étant toujours fixe, ait observé des astres dont les coordonnées célestes ne peuvent être considérées comme constantes, c'est-à-dire les planètes, le Soleil et la Lune, et recherchons l'effet que peuvent produire les variations des ascensions droites et des déclinaisons de ces astres sur les culminations supérieure et inférieure.

Le changement en ascension droite, n'étant qu'un mouvement de l'ouest à l'est ou de l'est à l'ouest, ne peut que retarder ou avancer le moment de la culmination; mais il ne peut l'empêcher de se faire au méridien, pas plus qu'augmenter ou diminuer les hauteurs méridiennes; il n'en est pas de même des changements en déclinaison. Voyons ce que produit la combinaison des mouvements en hauteur et en déclinaison d'un astre.

Dans les passages au méridien supérieur il peut se présenter deux cas : ou le mouvement en déclinaison fait monter l'astre au-dessus de l'horizon, ou, au contraire, il le fait descendre. Dans le premier de ces cas : au moment où le mouvement ascensionnel de l'astre cessera, c'est-à-dire où celui-ci sera au méridien, le mouvement en déclinaison continuera à faire monter l'astre, et cela jusqu'à l'instant où la vitesse de descente de l'astre, causée par le mouvement diurne, sera égale à celle que lui imprime, en sens contraire, le mouvement en déclinaison; dans ces circonstances, la hauteur maximum aura lieu après le passage au méridien. Un raisonnement analogue à celui que nous venons de faire montrerait que, dans le cas où le mouvement en déclinaison fait baisser l'astre à l'horizon, la culmination a lieu avant le passage au méridien.

Considérant le passage au méridien inférieur, on voit que la hauteur minimum a lieu avant le passage, quand le changement en déclinaison fait monter l'astre; et après le passage, lorsque ce changement le fait descendre.

Dans ces circonstances, l'astre n'étant plus au méridien au moment de la culmination, on ne peut plus déduire la latitude des hauteurs maxima ou minima; mais, de ces hauteurs, on conclut aisément la hauteur qui aurait lieu, si l'astre était au méridien au moment de l'observation : on rentre ainsi dans le cas des hauteurs méridiennes.

On établit, par l'analyse, les expressions suivantes de l'angle horaire au moment de la culmination d'un astre qui a un mouvement en déclinaison :

*Culmination près du méridien supérieur*

$$(16) \quad \begin{cases} \mathrm{P} = -\dfrac{\Delta\mathrm{D}}{2\,\alpha\,\mathrm{M}}, & \text{observation faite face au nord,} \\[2ex] \mathrm{P} = +\dfrac{\Delta\mathrm{D}}{2\,\alpha\,\mathrm{M}}, & \text{observation faite face au sud.} \end{cases}$$

*Culmination près du méridien inférieur*

$$(17) \quad \begin{cases} \mathrm{P} = 12^{\mathrm{h}} - \dfrac{\Delta\mathrm{D}}{2\,\alpha\,\mathrm{M}}, & \text{observation faite face au nord,} \\[2ex] \mathrm{P} = 12^{\mathrm{h}} + \dfrac{\Delta\mathrm{D}}{2\,\alpha\,\mathrm{M}}. & \text{observation faite face au sud.} \end{cases}$$

P est exprimé en minutes de temps.

$\Delta$D est le mouvement en déclinaison, exprimé en secondes d'arc, par minute de temps moyen.

$\alpha$ est un coefficient toujours positif, que l'on trouve dans la Table V; il représente le changement en hauteur, dans la minute qui suit ou qui précède le passage au méridien.

M est donné par l'expression générale

$$\mathrm{M} = 1 + \frac{1}{60}\,(0^{s},00274 - \Delta\!\mathrm{R} - \Delta\mathrm{G}).$$

$\Delta\!$R et $\Delta$G sont les variations de l'ascension droite de l'astre et de la longitude, par minute de temps moyen; ils sont exprimés en secondes de temps. Tous ces $\Delta$ sont obtenus en prenant les valeurs des variables correspondantes aux deux temps $t$ et $t + 1^{\mathrm{m}}$, puis retranchant les premières des secondes; il est bien entendu que l'on tient compte des signes en se conformant aux conventions du n° **57**.

Dans la pratique, M peut, le plus souvent, être considéré comme étant égal à 1; cependant le $\Delta\!$R relatif à la Lune atteint par moments une valeur approchant de trois secondes; dans ce cas, si l'on veut une grande exactitude, il y a lieu de calculer M; quant à $\Delta$G, on remarquera que, en vertu de l'hypothèse actuelle de l'immobilité du navire, cette variation est nécessairement nulle (').

---

(') Si l'on considère M comme égal à 1 et que $\Delta$D désigne la valeur absolue du changement en déclinaison pendant une minute de temps moyen, les formules ci-dessus peuvent être remplacées par les suivantes :

$$(16\ bis) \qquad \mathrm{P} = \pm\frac{\Delta\mathrm{D}}{2\,\alpha}, \qquad \text{culmination supérieure,}$$

$$(17\ bis) \qquad \mathrm{P} = 12^{\mathrm{h}} \mp\frac{\Delta\mathrm{D}}{2\,\alpha}, \qquad \text{culmination inférieure;}$$

La correction $\delta H$ à faire à la hauteur maximum ou minimum observée, pour obtenir la hauteur qui aurait lieu si l'astre était au méridien, à l'instant de l'observation, est donnée, en secondes d'arc, par la formule

$$(18) \qquad \delta H = \pm \frac{\Delta D^2}{4\alpha M} \qquad \begin{cases} \text{culmination supérieure,} \\ \text{culmination inférieure.} \end{cases}$$

Examinons la valeur que peut atteindre $\delta H$, afin de juger le degré d'importance de cette correction.

Pour le Soleil et les planètes, $\Delta D$ n'atteint pas 2 secondes; si l'on suppose la latitude du navire égale à 70 degrés, latitude qu'on ne dépasse jamais dans les navigations ordinaires, $\alpha$ devient égal à $0'',7$; dans ces circonstances,

$$\delta H = 1'',4,$$

nombre absolument négligeable dans la pratique; on voit ainsi que, pour le Soleil et les planètes, il n'y a pas lieu de se préoccuper des changements en déclinaison : donc, quand on observera une culmination de ces astres et qu'on fera abstraction du mouvement du navire, on pourra toujours la traiter comme une culmination méridienne.

Mais il n'en est pas de même pour la Lune : en effet, $\Delta D$ peut atteindre jusqu'à 18 secondes; par suite, on peut avoir, à 70 degrés de latitude,

$$\delta H = \pm 1'56'' :$$

à 45 degrés, on aurait

$$\delta H = \pm 0'58''.$$

Ces nombres, surtout le premier, sont de ceux auxquels il peut être utile d'avoir égard.

**82.** *Détermination de la latitude par la culmination d'un astre, l'observateur étant en mouvement.* — Nous avons supposé jusqu'ici le navire immobile; admettons maintenant qu'il soit en marche. Le déplacement du navire en latitude rapproche ou éloigne, de l'astre, le zénith de l'observateur, et cela, dans le sens nord ou sud : or, le changement en déclinaison, lorsque l'on suppose l'observateur fixe, produit absolument le même effet; il suit de là que l'effet du mouvement du navire, en latitude, peut être

---

on prendra les signes supérieurs quand le mouvement en déclinaison fera monter l'astre, et les signes inférieurs quand il le fera descendre : les signes supérieurs répondent au cas où l'astre est à l'ouest, les signes inférieurs à celui où il est à l'est. Comme il est très-facile de reconnaître si le changement en déclinaison $\Delta D$ fait monter ou descendre l'astre, nous n'entrerons dans aucun détail à ce sujet.

complétement assimilé à celui du mouvement de l'astre en déclinaison, par
conséquent, être combiné avec lui par addition ou soustraction, suivant qu'ils
agissent dans le même sens ou en sens contraire, pour faire monter l'astre
au-dessus de l'horizon ou le faire descendre.

Appelant $\Delta L$ le changement du navire en latitude, exprimé en secondes
pendant une minute de temps moyen, et introduisant cette quantité dans
les formules (16) et (17), on obtient, relativement aux culminations, les
formules suivantes, qui sont générales :

*Culmination près du méridien supérieur*

$$(19) \quad \left\{ \begin{aligned} P &= - \frac{\Delta D - \Delta L}{2\,\alpha\,M}, \\ P &= + \frac{\Delta D - \Delta L}{2\,\alpha\,M}, \end{aligned} \right. \quad \text{observateur faisant face} \left\{ \begin{aligned} &\text{au nord} \\ &\text{au sud} \end{aligned} \right\} (^2)$$

$$(20) \quad \delta H = + \frac{1}{4\,\alpha} \left( \frac{\Delta D - \Delta L}{M} \right)^2 ;$$

*Culmination près du méridien inférieur*

$$(21) \quad \left\{ \begin{aligned} P &= 12^{\text{h}} - \frac{\Delta D + \Delta L}{2\,\alpha\,M}, \\ P &= 12^{\text{h}} + \frac{\Delta D + \Delta L}{2\,\alpha\,M}, \end{aligned} \right. \quad \text{observateur faisant face} \left\{ \begin{aligned} &\text{au nord} \\ &\text{au sud} \end{aligned} \right\} (^1)$$

$$(22) \quad \delta H = - \frac{1}{4\,\alpha} \left( \frac{\Delta D + \Delta L}{M} \right)^2 .$$

Mêmes remarques que précédemment, quant aux signes et à la valeur
de M et de $\Delta D$; $\Delta L$, d'après les conventions générales, prend le signe $+$
quand le déplacement a lieu vers le nord, le signe $-$ dans le cas contraire $(^2)$.

Examinons quelle valeur la correction $\delta H$ peut atteindre, sous l'influence
des déplacements de l'astre et du navire.

On construit actuellement des croiseurs qui doivent filer 17 nœuds, à
la vapeur : il est possible que, dans certaines circonstances, ces navires
atteignent 18 nœuds; ce qui donnera, dans le cas où le bâtiment fera route

---

$(^1)$ Ces formules, qui donnent l'angle horaire au moment de la culmination, peuvent servir à
calculer approximativement le moment de ce phénomène, dans le cas où l'on aurait un point estimé;
par suite, elles donneront l'heure à laquelle on devra se mettre en observation.

$(^2)$ Si l'on ne tient pas compte des signes de $\Delta D$ et de $\Delta L$, et que l'on considère M comme égal

sur un méridien, $\Delta L = \pm 18''$. Pour juger de l'erreur que peut donner la vitesse seule, supposons $\Delta D = 0$ et attribuons au coefficient $\alpha$ la plus petite valeur qu'il puisse prendre, dans la pratique, $0'',7$; on aura

$$\text{Pour } 18 \text{ nœuds.....} \quad \delta H = \pm 1' 56'',$$
$$\text{Pour } 10 \text{ nœuds.....} \quad \delta H = \pm 0' 36''.$$

Si maintenant nous considérons les astres qui ont des changements sensibles en déclinaison, on trouve qu'on peut avoir, dans le cas du Soleil, et par 70 degrés de latitude,

$$\text{Pour } 18 \text{ nœuds, avec } \left\{ \begin{array}{l} \Delta D = 1'' \\ \Delta L = 18'' \end{array} \right\} \cdots \delta H = \pm 2' 9'',$$
$$\text{Pour } 10 \text{ nœuds, avec } \left\{ \begin{array}{l} \Delta D = 1'' \\ \Delta L = 10'' \end{array} \right\} \cdots \delta H = \pm 0' 43'';$$

et par 45 degrés de latitude,

$$\text{Pour } 18 \text{ nœuds, avec } \left\{ \begin{array}{l} \Delta D = 1'' \\ \Delta L = 18'' \end{array} \right\} \cdots \delta H = \pm 0' 47'',$$
$$\text{Pour } 10 \text{ nœuds, avec } \left\{ \begin{array}{l} \Delta D = 1'' \\ \Delta L = 10'' \end{array} \right\} \cdots \delta H = \pm 0' 16''.$$

Certaines planètes conduiraient à des nombres un peu plus forts.

Si l'on considère la Lune, on pourrait avoir, par 70 degrés de latitude,

$$\text{Pour } 18 \text{ nœuds, avec } \left\{ \begin{array}{l} \Delta D = 18'' \\ \Delta L = 18'' \end{array} \right\} \cdots \delta H = \pm 7' 36'',$$
$$\text{Pour } 10 \text{ nœuds, avec } \left\{ \begin{array}{l} \Delta D = 18'' \\ \Delta L = 10'' \end{array} \right\} \cdots \delta H = \pm 4' 40'';$$

---

à 1, les formules ci-dessus peuvent s'écrire

$$(19 \text{ bis}) \qquad P = \pm \frac{\Delta D \pm \Delta L}{2\alpha},$$
$$(20 \text{ bis}) \qquad \delta H = + \frac{(\Delta D \pm \Delta L)^2}{4\alpha},$$

$\left.\phantom{\begin{array}{c}a\\a\\a\end{array}}\right\}$ Culmination supérieure,

$$(21 \text{ bis}) \qquad P = 12 \mp \frac{\Delta D \pm \Delta L}{2\alpha},$$
$$(22 \text{ bis}) \qquad \delta H = - \frac{(\Delta D \pm \Delta L)^2}{4\alpha}.$$

$\left.\phantom{\begin{array}{c}a\\a\\a\end{array}}\right\}$ Culmination inférieure.

Ici $\Delta D$ et $\Delta L$ sont les valeurs absolues des changements, par minute de temps moyen, en déclinaison et en latitude : on prendra les signes supérieurs devant les fractions algébriques, lorsque la combinaison de $\Delta D$ et de $\Delta L$ fera monter l'astre à l'horizon, et les signes inférieurs quand elle le fera descendre. Si $\Delta L$ agit dans le même sens que $\Delta D$, on prendra le signe $+$ dans les numérateurs; s'il agit dans le sens contraire, on prendra le signe $-$. Même remarque que précédemment, pour la position de l'astre à l'ouest ou à l'est.

par 45 degrés de latitude,

$$\text{Pour 18 nœuds, avec } \left\{ \begin{array}{l} \Delta D = 18'' \\ \Delta L = 18'' \end{array} \right\} \cdots \delta H = \pm 2'50'',$$

$$\text{Pour 10 nœuds, avec } \left\{ \begin{array}{l} \Delta D = 18'' \\ \Delta L = 10'' \end{array} \right\} \cdots \delta H = \pm 1'43''.$$

Ces divers nombres montrent que, dans la détermination de la latitude par les culminations des astres, il y a lieu d'avoir égard aux formules (20) et (22), si $\alpha$ est petit en même temps que la vitesse du navire et le changement en déclinaison sont grands, mais surtout quand ils le deviennent simultanément et que leurs valeurs absolues s'ajoutent.

**83.** *Dans certaines circonstances, les culminations ne donnent pas une bonne latitude.* — Les formules du numéro précédent servent à calculer la correction $\delta H$, qu'on doit appliquer à la hauteur maximum ou minimum pour en déduire la latitude; d'un autre côté, le calcul de la latitude exige la connaissance de la déclinaison; or cette déclinaison ne peut être obtenue, si la variation de cette coordonnée est un peu sensible, qu'au moyen de l'heure $T_p$ du premier méridien au moment de la culmination. Enfin le navire se déplace en latitude : or il est nécessaire de connaître le moment même de la culmination pour être en mesure de calculer le déplacement ultérieur du navire, à partir de la latitude fournie par la culmination. Nous sommes ici en présence de difficultés sérieuses; on sait, en effet, que la valeur d'une variable indépendante, qui correspond au maximum ou au minimum d'une fonction de cette variable, est généralement impossible à déterminer dans la pratique, attendu que, dans le voisinage du maximum ou du minimum, la fonction conserve sensiblement la même valeur.

Examinons les circonstances que présentent les culminations, suivant que les observations ont lieu plus ou moins près du zénith.

Si l'astre passe au zénith, le moment de la culmination n'est point indéterminé, il est seulement difficile à observer; mais, cependant, on peut l'obtenir à quelques secondes près : on remarquera, toutefois, que l'observation au zénith est très-improbable. A quelque distance du zénith, le moment de la culmination est sensiblement indéterminé, et l'on ne saurait l'estimer qu'à 10 ou 20 secondes près, suivant la grandeur de la distance zénithale. Toutes les fois qu'on pourra avoir le moment de la culmination à moins de 30 secondes, il y aura lieu d'employer le compteur pour marquer l'heure de la culmination.

Passons actuellement au cas des faibles hauteurs : alors les erreurs d'observation des hauteurs ont une grande influence sur l'estime du moment de la culmination, qui est déjà par lui-même très-indéterminé ; il peut se produire une incertitude de plusieurs minutes sur ce moment, et même, lorsque l'astre culmine très-bas, cette incertitude peut atteindre jusqu'à 10 minutes. Dans ces circonstances, il suffit grandement de faire usage de la montre d'habitacle pour estimer l'heure. Une incertitude de 10 minutes, sur le moment de la culmination, ne peut entraîner sur la déclinaison des planètes et du Soleil que des erreurs insignifiantes ; mais on pourrait craindre une erreur de 3 minutes sur la déclinaison de la Lune aux époques où la variation de la déclinaison atteint 18 secondes.

84. Lorsque le navire a une très-grande vitesse, une incertitude de 10 minutes sur l'heure de la culmination peut aussi produire des erreurs assez fortes : ainsi supposons que, filant 18 nœuds au sud, on ait marqué que la culmination a eu lieu à $11^h 45^m$, et qu'en réalité elle n'ait eu lieu qu'à $11^h 55^m$ ; la latitude déduite de la hauteur maximum ou minimum observée sera évidemment trop boréale, d'une quantité égale au chemin fait de $11^h 45^m$ à $11^h 55^m$ : or, à 18 nœuds de vitesse, on fait 3 milles en dix minutes ; l'erreur sur la latitude sera donc de 3 milles dans ces circonstances. Si l'on supposait que l'on ne filât que 12 nœuds, l'erreur serait encore de 2 milles. En réduisant l'incertitude sur l'heure de la culmination à 5 minutes, on trouve que l'on peut craindre encore des erreurs de $1^M,5$ et $1^M,0$, par des vitesses de 18 et 12 nœuds.

Disons que ces erreurs sont tout à fait exceptionnelles, parce qu'il est très-rare que l'on se trouve dans les cas où elles se produisent ; nous avons cru cependant devoir signaler les circonstances défavorables que présente l'observation des *seules* culminations, afin qu'on ne perde pas de vue la grandeur des erreurs auxquelles on se trouve alors exposé.

85. *Calcul de la latitude au moyen des culminations.* — Il nous reste à indiquer comment le calcul de la latitude doit être fait, quand l'astre culmine hors du méridien. Pour calculer $\delta$H, il est nécessaire de connaître $\alpha$, coefficient qui est donné dans la Table V et devra toujours être considéré comme positif. On entre, dans cette Table, avec la latitude et la déclinaison de l'astre : la Table est partagée en deux parties, l'une concernant le cas où la déclinaison et la latitude sont de mêmes signes, l'autre relative à celui où elles sont de signes contraires. Mais, par hypothèse, nous ne connaissons

pas la latitude : on lève cette difficulté ainsi que nous allons le montrer.

En parcourant la Table V, on peut voir que, si la déclinaison et la latitude diffèrent de moins de 5 degrés, $\alpha$ est grand, et que la correction $\delta$H est alors assez petite pour être négligée : si la différence entre la latitude et la déclinaison excède 5 degrés, la quantité $\alpha$ varie très-lentement, et il suffit d'avoir une latitude approchée pour obtenir ce coefficient. Dans les circonstances les plus défavorables, si l'on traite les hauteurs provenant des culminations comme hauteurs méridiennes, on obtient, par les formules (14) ou (15), la latitude à moins de 10 minutes près ; on pourra donc entrer dans la Table V, avec la latitude ainsi obtenue, pour en tirer la valeur suffisamment approchée de $\alpha$, ce dont il est facile de s'assurer : connaissant $\alpha$, on calculera $\delta$H. On devrait, à cause de la réfraction, corriger de cette quantité $\delta$H la hauteur maximum ou minimum, puis recommencer le calcul de la réfraction et celui de la latitude, avec les hauteurs ainsi obtenues ; mais, en pratique, il suffit de recalculer la latitude avec la première hauteur corrigée de $\delta$H.

En définitive, pour déduire la latitude de la culmination observée d'un astre, on appliquera les formules (20) et (22) ou la règle suivante :

*Calculer les variations en une minute* $\Delta D$ *et* $\Delta L$ *de la déclinaison de l'astre observé et de la latitude du navire* ($\Delta L$ *est égal, en secondes d'arc, au nombre de nœuds filés dans le sens nord ou sud : entrant, dans la Table de point, avec l'angle de route et le nombre de nœuds que l'on file, on trouve, dans la colonne N et S,* $\Delta L$ *exprimé en milles*) ; *faire, suivant les cas [voir note* ($^2$), *p. 91 et 92], la somme ou la différence de ces quantités. Si le résultat est moindre que 10 secondes, en grandeur absolue, considérer la hauteur H de l'astre comme étant la vraie hauteur méridienne, et faire le calcul exposé au n° 80 ; adopter la latitude ainsi calculée, comme vraie latitude du navire. Si, au contraire, la valeur absolue de la somme ou de la différence de* $\Delta D$ *et de* $\Delta L$ *est plus grande que 10 secondes, calculer la latitude approchée avec la hauteur observée, prise comme hauteur méridienne ; puis, avec cette latitude, entrer dans la Table V, d'où l'on tirera* $\alpha$ ; *avec ce coefficient, et* $\Delta D$ *et* $\Delta L$, *calculer* $\delta$H *en appliquant les formules (20) et (22), introduire dans les formules (14) et (15)* $z_e - \delta H$ *à la place de* $z_e$, *on obtiendra ainsi la latitude demandée* ([1]).

---

([1]) En ne considérant que les valeurs absolues, augmenter, du nombre $\delta$H, la valeur absolue de la latitude approchée, quand l'astre sera entre le zénith et le pôle élevé ; dans tous les autres cas, diminuer, de la correction $\delta$H, la valeur absolue de la latitude approchée : on se servira des formules (20 *bis*) et (22 *bis*). En procédant ainsi, on obtiendra la latitude à moins de 30 secondes, sauf, bien entendu, ce qui peut résulter des erreurs d'observation.

La règle précédente s'applique au cas où l'on n'aurait aucune donnée relativement à l'estime : quoique nous ayons admis en tête de ce Chapitre qu'on ne connaissait aucune valeur approchée du point, afin de n'avoir pas à revenir plus loin sur les culminations, nous présentons ici la règle qu'il y a lieu de suivre quand on dispose de la latitude estimée.

*On entrera dans la Table V avec cette latitude, et l'on y prendra α; puis on calculera δH, on en corrigera la hauteur maximum ou minimum obtenue; le résultat sera considéré comme une hauteur méridienne, avec laquelle on calculera la latitude suivant les formules (14) et (15).*

**86.** *Calcul du point au moyen d'une culmination et d'un angle horaire.* — Ce que nous avons exposé, nos **78** et suivants, montre d'abord que les hauteurs maxima ou minima d'un astre ont lieu au méridien ou très-près du méridien; que, dans ce dernier cas, les hauteurs peuvent y être ramenées; ensuite, que ces hauteurs peuvent être observées sans que l'on connaisse la position approchée du navire; enfin, qu'un calcul très-simple permet de déduire, d'une hauteur méridienne, la latitude du lieu de l'observation.

Supposons maintenant que l'on ait observé, à l'heure $T_p$, la culmination d'un astre A, et, à une autre heure $T_p'$, la hauteur H' d'un autre astre B de déclinaison D' : de la culmination observée, on déduira la latitude L du lieu de l'observation. Si l'on appelle $\delta$L le mouvement en latitude effectué par le navire, depuis l'observation de la culmination jusqu'au moment de l'observation de H', on aura, pour latitude du second lieu,

$$L' = L + \delta L\,;$$

alors, dans le triangle sphérique PZB formé par le pôle, le zénith et l'astre, on connaîtra

$$PZ = 90 - L', \qquad ZB = 90 - H', \qquad PB = 90 - D';$$

on pourra donc calculer l'angle horaire P', au moyen de la formule

$$(4) \qquad \sin\frac{P'}{2} = \pm\sqrt{\frac{\cos S' \sin(S' - H')}{\cos L' \sin \Delta'}}\,,$$

que nous avons déjà donnée, n° **29**, au sujet de la détermination de l'état d'un chronomètre. Ayant obtenu l'angle horaire de l'astre, on en déduira l'heure moyenne $T_l'$ ou l'heure sidérale $S_l'$ du lieu d'observation, suivant que l'on aura observé le Soleil ou un autre astre : comparant alors l'heure $T_l'$ ou $S_l'$ du lieu, à l'heure correspondante du premier méridien $T_p'$ ou $S_p'$, on obtiendra la longitude du lieu. On connaîtra ainsi la latitude et la longitude du navire au moment de la deuxième observation : nous donnerons, à ce sujet, tous les détails nécessaires lorsque nous présenterons les exemples de calculs nautiques.

D'après ce que nous avons dit (65), concernant les conditions favorables à la détermination du point, dans le cas actuel, les meilleures circonstances se présenteront quand l'astre B, qui n'est pas au méridien ni près du méridien, sera près du premier vertical.

Ici se termine l'exposé de la seule méthode directe qui soit pratique ; nous allons passer à l'étude des *méthodes indirectes*.

# CHAPITRE III.

## DÉTERMINATION DU POINT. — MÉTHODE INDIRECTE.

### § I. — Considérations générales sur la méthode.

**87.** Les nombreux problèmes que l'on rencontre en Astronomie sont résolus, le plus souvent, à l'aide d'une méthode indirecte, généralement connue sous le nom de *méthode des équations de condition;* rien donc de plus naturel que de l'appliquer à l'*Astronomie nautique.*

La méthode indirecte dont il s'agit consiste en ceci :

*Connaissant des valeurs approchées d'inconnues que l'on veut déterminer, on substitue au calcul direct, souvent très-compliqué, de ces inconnues, le calcul plus simple des corrections à leur faire subir, pour en déduire les valeurs des inconnues primitives.*

En Navigation, le problème se pose ainsi :

*Connaissant les valeurs approchées $L_e$, $G_e$ de la latitude et de la longitude que fournit l'estime, au lieu de $L$ et $G$ que l'on veut déterminer, on substitue au calcul direct très-compliqué de $L$ et $G$ le calcul plus simple des quantités $\delta L_e$, $\delta G_e$ qui, ajoutées à $L_e$ et à $G_e$ donnent les valeurs approchées $L_1$ et $G_1$ de la latitude et de la longitude: ces valeurs $L_1$ et $G_1$ diffèrent assez peu de $L$ et $G$ pour pouvoir être prises généralement à la place de ces coordonnées.*

Cela revient analytiquement à remplacer (¹) les équations compliquées qui contiennent L, G par d'autres équations où $\delta L_e$, $\delta G_e$ entrent comme

---

(¹) Ce remplacement se fait au moyen de développements en séries. Dans le cas qui nous occupe, les données sont : l'heure $T_p$ du premier méridien, fournie par les chronomètres ; H la hauteur observée et D la déclinaison de l'astre; $\alpha$ son ascension droite ; $L_e$, $G_e$ les latitude et longitude estimées: il s'agit d'en déduire L et G, latitude et longitude vraies du navire.

On pourrait déterminer directement L et G, sans passer par le point estimé, au moyen des méthodes

inconnues, et donnent lieu à des termes du premier, du second, du troisième degré, etc., par rapport à ces inconnues, termes qui seront pour nous du premier, du second, du troisième ordre, etc. Si $\delta L_e$ et $\delta G_e$ sont assez petits, autrement dit, si le point estimé n'est pas trop erroné, on peut, dans l'immense majorité des cas, négliger, sans qu'il en résulte d'erreurs sensibles, les termes d'ordres supérieurs au premier : les équations, ainsi réduites, qui contiennent $\delta L_e$ et $\delta G_e$, ne sont plus que du premier degré, c'est-à-dire de la forme la plus simple; on comprend donc que leur emploi puisse simplifier singulièrement la solution du problème. Ici on se demande immédiatement : mais comment saura-t-on si $\delta L_e$, $\delta G_e$ sont assez petits pour qu'on puisse négliger les termes qui contiennent leurs puissances supérieures au premier degré? On verra, par la suite, qu'il est généralement assez facile de reconnaître si l'erreur sur la position du navire, qui résulte de la somme des termes négligés, peut s'élever à 1, 2 ou 3 milles.

---

dont nous avons parlé (76); mais, en utilisant $L_e$ et $G_e$, on opérera comme il suit.

On posera

$$L = L_e + \delta L_e, \quad G = G_e + \delta G_e :$$

H est fonction de L et de G, en vertu de la première des équations (6) de la partie théorique (*voir* n° 2); si l'on met, dans cette équation, les valeurs fournies par l'estime, et que nous désignons par $L_e$ et $G_e$, H prend une valeur particulière que nous distinguerons par l'indice $e$ : cette valeur $H_e$ ne coïncide généralement pas avec la valeur observée H; mais on conçoit qu'en appliquant à $L_e$ et $G_e$ des corrections inconnues $\delta L_e$, $\delta G_e$, la valeur que l'on en déduira pour H et que nous désignerons par $H_e + \delta H_e$ puisse être identifiée avec la valeur observée H : on est donc conduit à écrire l'équation de condition

$$H = H_e + \delta H_e ;$$

d'où, en développant par le théorème de Taylor et passant $H_e$ dans le premier membre,

$$H - H_e = \left(\frac{dH}{dL}\right)_e \delta L_e + \left(\frac{dH}{dG}\right)_e \delta G_e + \left(\frac{d^2H}{dL^2}\right)_e \frac{\delta L_e^2}{1.2} + \left(\frac{d^2H}{dL\,dG}\right)_e \frac{\delta L_e}{1}\,\frac{\delta G_e}{1} + \left(\frac{d^2H}{dG^2}\right)_e \frac{\delta G_e^2}{1.2} + \ldots$$

Chaque observation fournit ainsi une équation contenant $\delta L_e$, $\delta G_e$; si donc on écrit une seconde équation, pareille et correspondante à une nouvelle observation de hauteur, la résolution de ces deux équations fournira les valeurs des deux inconnues $\delta L_e$, $\delta G_e$ : il est seulement à remarquer que la résolution de cette équation serait en toute rigueur très-compliquée, puisque les inconnues figurent dans des termes de degré supérieur au premier. On profite de cette circonstance, que les corrections inconnues sont, par hypothèse, très-faibles, pour supprimer les termes des ordres supérieurs, comme négligeables par rapport aux termes du premier ordre. Cela permet, en outre, de traiter avec facilité un système d'équations dont le nombre est supérieur à celui des inconnues, en faisant usage des méthodes usitées, en pareil cas, pour les équations que l'on a ramenées à la forme linéaire, c'est-à-dire qui ne contiennent que des termes du premier degré par rapport aux inconnues.

### § II. — Étude de la méthode indirecte par la Géométrie. — Droites de hauteur.
### Point rapproché.

**88.** *Géométriquement, la méthode indirecte revient à substituer, aux courbes de hauteur, des tangentes à ces mêmes courbes :* DROITES DE HAUTEUR. — La résolution des équations qui donnent $\delta L_e$, $\delta G_e$ a été présentée dans la Partie théorique (**7**); l'Analyse mathématique étant peu familière à la plupart des navigateurs, nous allons poursuivre la solution du problème par les procédés géométriques.

Les équations du premier degré entre deux variables représentent des lignes droites, ainsi que la Géométrie analytique nous l'enseigne. Si, à l'aide des parties connues et des coefficients des inconnues dans ces équations, nous construisons, sur la carte, la ligne droite que représente chacune de nos équations réduite aux termes du premier degré, en $\delta L_e$ et $\delta G_e$, chacune de ces lignes est un lieu géométrique du navire; le point cherché est donc à leur intersection. Telle est la solution du problème, aux termes près des ordres supérieurs qui ont été négligés.

Maintenant, si l'on se reporte au n° 67, on y verra que la position du navire est déterminée par l'intersection de deux courbes de hauteur; or, il est facile de voir que la solution fournie par la méthode des équations linéaires revient à substituer, à ces courbes, des portions de lignes droites tangentes à ces courbes. Cela ne peut se faire qu'à la condition que les points de tangence soient peu éloignés de l'intersection que l'on veut déterminer. Il est très-facile de faire comprendre l'importance de cette condition.

En effet (*fig.* 7), soient deux courbes, AB, A′B′, situées dans un même

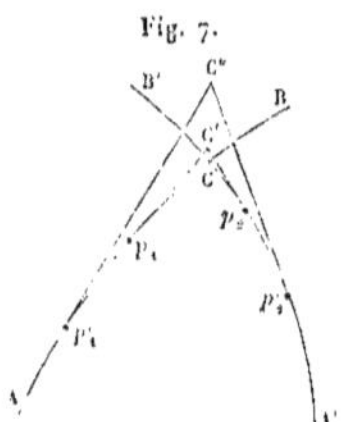

Fig. 7.

plan et se coupant en un point C; il est évident que, si l'on mène, par deux points $p_1$, $p_2$ situés très-près du point C, des droites tangentes aux courbes, le point d'intersection C′ de ces droites sera très-près du point C et pourra être regardé, dans certaines limites, comme se confondant avec lui; si, au contraire, les points de tangence $p'_1$, $p'_2$ sont éloignés du point C, l'intersection $C''$ de ces lignes en sera pareillement éloignée.

Les méthodes indirectes, appliquées à la Navigation, conduisent ainsi au problème suivant de Géométrie :

*Substituer à l'intersection de deux courbes de hauteur celle de deux tangentes à ces courbes, sous la condition que l'écart entre l'intersection des courbes et celle de leurs tangentes n'excède pas une quantité donnée : il faut évidemment, pour réaliser cette condition, que les points de tangence soient suffisamment rapprochés du point d'intersection des courbes.*

89. D'après ce qui vient d'être exposé, la première question à résoudre est celle-ci :

*Étant donné une hauteur H, observée à l'heure $T_p$ du premier méridien, et le point estimé $(L_e, G_e)$, tracer, sur la carte de Mercator, la tangente à la courbe de hauteur, qui convient le mieux à la détermination du point : nous donnerons à cette tangente le nom de* droite de hauteur. *On détermine cette droite par son point de tangence et son orientation.*

Ce point, ainsi qu'on l'a vu, doit être le plus voisin possible du point $(L, G)$, lequel est situé sur la courbe de hauteur correspondante à la hauteur H : nous allons, en partant de cette condition, procéder à la recherche du point qui doit être adopté comme point de tangence.

90. *Deux sortes de points estimés : point estimé proprement dit et point estimé combiné.* — Avant d'aller plus loin, il nous est nécessaire de bien établir ce que nous entendrons par point estimé, dans le problème que nous allons traiter.

A la mer, quand le vent souffle de l'arrière, on mesure, au moyen de la boussole et du loch, la direction de la route et le nombre de milles parcourus; ces instruments, quoique assez grossiers, donnent la route parcourue, avec une exactitude encore assez grande, à la condition que l'on suive très-attentivement les mouvements de la boussole, et qu'on jette le loch toutes les demi-heures, ainsi qu'il est pratiqué à bord des navires de guerre; si le vent ne souffle pas de l'arrière, il se produit de la dérive.

On mesure la dérive au moyen d'un quart de cercle placé sur le couronnement du navire : mais ce moyen est des plus grossiers, et il n'est pas rare que la dérive ainsi mesurée soit en erreur de 5 à 10 degrés et même davantage; en général, les timoniers sont portés à estimer la dérive au-dessous de ce qu'elle est en réalité.

Mais, en supposant que tout ce qui concourt à la détermination du point estimé soit très-bien mesuré, on ne peut néanmoins compter sur son exactitude, car le courant exerce encore son influence. Le courant est très-variable en vitesse et en direction. On a tenté de déterminer les courants à la surface des mers, en effectuant de très-nombreuses comparaisons entre les routes observées et les routes estimées correspondantes : on a ainsi obtenu les directions et vitesses approximatives des courants généraux au loin des côtes; mais on n'est arrivé à rien de satisfaisant en ce qui regarde les courants des zones d'atterrissage. Lorsqu'on navigue hors de vue de terre, mais près des côtes, là où les fonds sont très-petits, on peut estimer le courant, avec précision, en se servant du loch de fond : malheureusement, il est très-rare que les fonds soient assez petits pour permettre l'emploi de cet instrument.

Ainsi, la dérive mal mesurée et le courant sont les causes principales qui produisent souvent un désaccord très-grand entre le point vrai et le point estimé. Les capitaines mettent toujours le plus grand soin à l'étude de ces causes, ils supputent les effets qu'ils pensent devoir en résulter, pour en déduire le point qu'ils jugent le plus probable : nous appellerons ce dernier *point estimé combiné*. Dans ce qui va suivre, nous supposerons que l'on emploie le *point estimé proprement dit* ou le *point estimé combiné*, suivant les cas : en outre, pour éviter les longueurs, nous prévenons que les mots *point estimé* désigneront, par la suite, celui des deux points estimés que l'on aura jugé à propos d'adopter comme étant la position la plus probable du navire.


91. *Recherche géométrique du point par lequel on doit mener la droite de hauteur ou du* POINT RAPPROCHÉ. — Soient H la hauteur d'un astre observée à l'heure $T_p$ et $(L_e, G_e)$ le point estimé qu'on a adopté : il nous faut, avec ces données, déterminer le point de tangence de la droite de hauteur, ou, en vertu de ce qui a été exposé au n° **89**, le point le plus probablement voisin du point vrai.

Revenons, pour le moment, à la sphère. Le point estimé E est un point dont le lieu vrai du navire se trouve à une certaine distance inconnue, dans une direction également inconnue; cette direction peut d'ailleurs être celle d'une aire de vent quelconque : tout ce qu'on peut dire à ce sujet, c'est

que la distance en question ne dépasse pas une certaine grandeur qu'on peut
fixer. Soit, sur la sphère, E (*fig.* 8) le point dont la latitude et la longitude

Fig. 8.

sont $L_e$ et $G_e$; mesurons, avec un compas sphérique, un arc E$c$ égal à la
distance maximum $\eta$ que l'on suppose exister entre le point E et le point
vrai; puis, du point E comme pôle, avec E$c$ comme ouverture de compas,
décrivons un petit cercle : nous appellerons ce petit cercle, *cercle d'erreur.*
Le point vrai est sûrement compris dans la portion de la surface terrestre
enveloppée par ce petit cercle; de plus, il peut être en un point quelconque
de cette surface. Maintenant, traçons le cercle de hauteur correspondant à
la hauteur H, il coupera le petit cercle en deux points $h$, $h'$ : le point vrai
est certainement sur ce cercle de hauteur, et comme, d'un autre côté, il se
trouve aussi sur la calotte sphérique $ehh'$, il s'ensuit que l'arc $hh'$ le contient
sûrement; mais il n'y a pas plus de raison pour que le point vrai soit plutôt en une région qu'en une autre de l'arc $hh'$. On ignore la place que le
navire occupe sur cet arc, et l'on ne peut que se proposer d'y rechercher
celui de ses points qui offre le moins de chances d'erreur : ce point est
évidemment le milieu R de l'arc $hh'$, car il occupe la position moyenne de
toutes celles où le navire peut se trouver. Il ressort de ce que nous avons
dit plus haut que le point R devra être adopté comme point de tangence de
la droite de hauteur.

Ce point R jouit d'une propriété remarquable, c'est qu'à part le cas où il
se confond avec le point estimé, il est toujours plus près du point vrai que
ne l'est le point estimé. En effet (*fig.* 8), l'arc ER est perpendiculaire à
l'arc $hh'$, puisqu'il joint le pôle E au milieu R de cet arc; dès lors, il est
clair que la distance de tout point $h_i$ de l'arc $hh'$, au point E, est plus grande
que la distance ER : donc, en prenant, pour position du navire, le point R

au lieu du point estimé, on se rapproche du point vrai; c'est ce qui nous (¹)
a fait donner à R le nom de *point rapproché*. Ce point, comme on peut
déjà le prévoir, joue un rôle très-important en navigation. A l'avenir,
nous désignerons la latitude du point rapproché par $L_r$ et sa longitude
par $G_r$.

92. La construction qui nous a servi pour déterminer le *point rapproché*
a été la suite du raisonnement que nous avons dû faire pour fixer le point de
tangence de la droite de hauteur; il existe une construction plus simple
pour obtenir le point rapproché.

Soient (*fig.* 9)

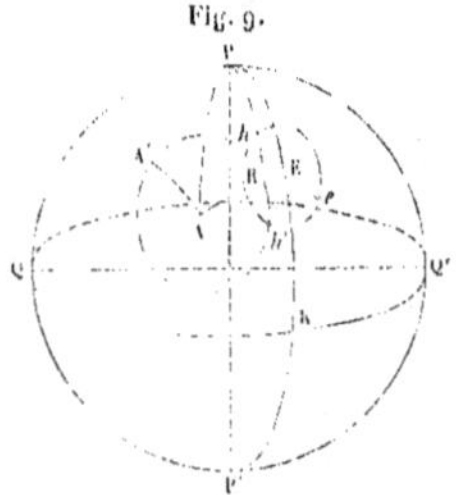

Fig. 9.

PQP'Q' la sphère terrestre;
P, P' les pôles;
QKQ' l'équateur;
E le point estimé;
*ehh'* le *cercle d'erreur;*
A la position géographique de l'astre observé;
A'*hh'* le cercle de hauteur, décrit avec une ouverture de compas 90° — H,
    égale à AA';
R le point rapproché qu'il s'agit de déterminer.

Joignons les points A et E au point R, par des arcs de grand cercle. ER est,
comme nous le savons déjà, perpendiculaire au cercle de hauteur; AR est
aussi perpendiculaire à ce cercle; ER et AR, étant tous deux perpendiculaires au cercle de hauteur au point R, sont, nécessairement, dans le pro-

---

(¹) Le commandant Marcq-Saint-Hilaire a, le premier, introduit dans la science nautique la
considération du point rapproché; il en a signalé l'importance, et en a fait usage, dès 1874,
à bord de la frégate-école d'application *la Renommée*.

longement l'un de l'autre. Cette remarque conduit à la construction suivante : on marque le point estimé E, la position géographique A de l'astre, on joint ces deux points par un arc de grand cercle; puis du point A comme pôle, avec la distance zénithale observée, comme ouverture de compas, on décrit un arc de cercle qui coupe l'arc AE en R. Le point R, ainsi déterminé, est le point rapproché; mais on ne peut avoir à bord une sphère assez grande pour obtenir dans la détermination du point rapproché l'approximation nécessaire : il faut avoir recours à d'autres procédés.

93. *Détermination du point rapproché, par une opération purement géométrique, exécutée sur la carte de Mercator.* — La première idée qui vient à ce sujet est d'examiner si l'on ne pourrait exécuter, sur les cartes marines, une construction analogue à celle que nous venons de décrire pour obtenir le point rapproché sur une sphère. Poursuivant cette idée, on voit d'abord que, si la construction peut être employée, ce ne sera que dans le cas où la courbe de hauteur pourra être remplacée par un cercle dont le centre coïncide avec la position géographique de l'astre; cela n'est possible que dans le cas des faibles distances zénithales inscrites dans la Table IV.

Pour faire comprendre la solution graphique que nous allons proposer, concevons d'abord que l'on projette, sur la carte de Mercator, la construction que nous venons de faire sur la sphère (*fig.* 9), pour avoir le point rapproché. Soient (*fig.* 10) l'ovale L'dL"d' qui représente la projection du cercle

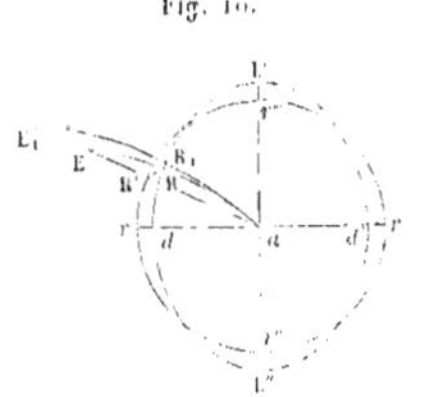

Fig. 10.

de hauteur sur la carte, *a* la position géographique de l'astre, E celle du point estimé : l'arc de grand cercle, allant de *a* au point E, se projettera suivant une courbe *a*RE; le point R, où cette courbe coupera l'ovale, sera le point rapproché. Dans le cas des distances zénithales, égales à celles de la Table IV ou plus petites que ces distances, cas auquel se rapporte exclusivement ce qui suit, l'ovale peut être remplacé par le cercle $rr'r''r'''$ dont le centre est en $a$, et dont le rayon $ar'$ est égal à la latitude croissante de $D + \frac{z}{2}$, moins la latitude croissante de $D - \frac{z}{2}$ (D étant la déclinaison de l'astre observé et $z$ sa distance zénithale). La construction sur la carte, correspondante à celle que l'on a exécutée sur la sphère, pour avoir le point rapproché, consistera évidemment à joindre, par une ligne droite, le point E au point $a$ : on obtiendra ainsi l'intersection R', que l'on considérera comme étant le point rapproché. Mais, ainsi que le montre la figure, R' est à une certaine distance du vrai point rapproché R, et il est visible que les distances ER' et RR' croissent en même temps; la considération d'un point $E_1$, pris arbitrairement sur la ligne ER, à une plus grande distance du centre $a$ que le point E, et celle du point rapproché correspondant $R_1$, mettent en évidence l'exactitude de notre assertion.

Nous avons calculé les limites des erreurs résultant de la construction faite dans le cas le plus défavorable ; ce cas est celui où la distance zénithale atteint la grandeur inscrite dans la Table IV, en regard de la latitude estimée ou de la déclinaison, et où le point estimé et la position géographique de l'astre ont même latitude. Nous avons trouvé que, dans ces circonstances, la latitude du point E étant supposée égale à 70 degrés, la distance RR', réduite en arc de grand cercle, serait moindre que 2 milles pour une distance $ER' = 101^M$ : la distance RR' diminue rapidement, à mesure que la latitude diminue; on peut donc employer la construction indiquée, sans avoir à tenir compte des erreurs qui peuvent en résulter sur la position du point rapproché.

94. Ayant vu que l'on pouvait, dans la pratique, déterminer le point rapproché sur la carte, au moyen des cercles tracés avec les distances zénithales inscrites dans la Table IV, nous nous sommes demandé si l'on ne pourrait y parvenir, au moyen des cercles décrits avec les distances zénithales de la Table II.

Examinant la question, on voit qu'elle présente une certaine analogie avec la précédente. Si l'on joint le point estimé E à la position géographique $a$ de l'astre, on obtient, comme précédemment, un point R' qui peut être pris comme point rapproché; l'erreur que l'on commettra, en opérant ainsi, dépendra de la grandeur de la distance zénithale, de la latitude et de l'azimut de l'arc ER'. Pour déterminer R', on joindra le point E au centre du cercle, au lieu de le joindre à la position géographique de l'astre (deux points qui ne coïncident pas, dans le cas des distances zénithales de la Table II) ; il n'en résultera aucun inconvénient.

Pour nous rendre compte des erreurs que cette construction peut entraîner sur la position du point rapproché, nous avons eu recours au calcul et avons été conduits aux conclusions suivantes :

*Pour une valeur de ER′ atteignant jusqu'à 95 milles, sous la condition que la latitude ne dépasse pas 20 degrés et que l'angle aigu, formé par la direction ER′ avec le méridien, soit moindre que 20 degrés, on n'aura jamais 2 milles d'erreur à craindre, en prenant R′ pour le point rapproché. D'ailleurs, dans les conditions les plus défavorables, l'erreur à redouter ne sera pas de 3 milles, pour les valeurs suivantes de ER′, tant que la latitude du point E ne dépassera pas la limite inscrite en regard :*

|  | Limite |
| ER′. | de la latitude. |
| 93ᴹ | 30° |
| 72 | 40 |
| 56 | 50 |
| 45 | 60 |
| 36 | 70 |
| 28 | 80 |

*A mesure que la distance ER′ diminue, l'erreur RR′ décroît à peu près proportionnellement ; on voit donc qu'il sera très rare que la détermination graphique du point rapproché, avec des distances zénithales comprises dans les limites de la Table II, entraîne des erreurs dont il y ait lieu de se préoccuper.*

95. L'objet que nous avions en vue, dans la recherche du point rapproché, était de trouver le point par lequel on doit mener une tangente à la courbe de hauteur, à l'effet de remplacer cette courbe par sa tangente : or, dans la construction que nous venons d'indiquer, on substitue un cercle à la courbe ; la détermination graphique du point rapproché, au moyen de cercles de hauteur, exposée (93 et 94), n'a donc plus à remplir le but que l'on s'était d'abord proposé (89) : elle a cependant son utilité ; car, ainsi qu'on le verra plus loin, le point rapproché, considéré en lui-même, peut rendre des services.

Les constructions graphiques ne pouvant nous donner le point rapproché, que dans des conditions spéciales, nous allons le déterminer par le calcul.

### § III. — Calcul du point rapproché.

**96.** Revenons à la sphère et à la *fig.* 9 que l'on connaît déjà, et rappelons que les données du problème sont : H hauteur observée à l'heure $T_p$ du premier méridien et ramenée, si cela est nécessaire, à l'horizon du lieu $E_t$. $L_e$ et $G_e$ latitude et longitude estimées.

Avec l'heure $T_p$ du premier méridien, on a calculé l'heure sidérale $S_p$ du premier méridien, l'ascension droite Æ et la déclinaison D de l'astre observé.

Menons les méridiens PE, PA et joignons EA : dans le triangle PEA, on connaît la colatitude

$$PE = 90° - L_e,$$

la distance polaire

$$PA = 90° - D,$$

et l'angle horaire

$$APE = (S_p - Æ) - G_e = G_a - G_e :$$

nous pouvons donc calculer EA et l'angle PEA. On a d'ailleurs

$$ER = EA - RA \qquad EA = 90° - H.$$

Menons le méridien PR : dans le triangle EPR, on connaît PE, PER et ER : on peut donc calculer l'angle EPR et le côté PR ; or, PR = colatitude de R point rapproché ; d'un autre côté, retranchant l'angle RPA = EPA — EPR de la longitude de A, on aura celle du point R. Mais l'arc ER n'étant jamais grand, on le considère comme se confondant avec un arc de loxodromie ; ce qui simplifie la question et évite de calculer, dans le triangle EPR, le côté PR et l'angle EPR. Nous reviendrons sur ce sujet plus tard : considérons d'abord le côté EA et l'angle PEA.

Remarquons que, si le point estimé était exact, la distance zénithale que l'observateur devrait trouver serait EA ; pour cette raison, on a appelé la distance EA *distance zénithale estimée;* par la même raison, l'angle en E a reçu le nom d'*azimut estimé* : nous désignerons donc EA par $z_e$ et l'angle en E par $Z_e$. Calculer $z_e$ revient à calculer $90° - z_e = H_e$, $H_e$ désignant ce que nous nommerons *hauteur estimée.* Il s'agit, pour le moment, d'obtenir $H_e$ et $Z_e$.

**97.** Nous allons calculer ces deux quantités, en nous servant des trois équations fondamentales de la Trigonométrie sphérique, qui conviennent dans la circonstance.

Le triangle sphérique PEA donne les trois relations

$$(23)\qquad \sin H_e = \sin L_e \sin D + \cos L_e \cos D \cos(G_a - G_e),$$

$$(24)\qquad \cos Z_e \cos H_e = \cos L_e \sin D - \sin L_e \cos D \cos(G_a - G_e),$$

$$(25)\qquad \sin Z_e \cos H_e = \cos D \sin(G_a - G_e).$$

Nous remplacerons les deux premières de ces équations par d'autres auxquelles on puisse facilement appliquer le calcul logarithmique.

Divisant les équations (23) et (24) par $\sin D$, il vient

$$\frac{\sin H_e}{\sin D} = \sin L_e + \cos L_e \cot D \cos(G_a - G_e),$$

$$\frac{\cos Z_e \cos H_e}{\sin D} = \cos L_e - \sin L_e \cot D \cos(G_a - G_e);$$

posons, suivant l'usage,

$$(26)\qquad \operatorname{tang}\varphi = \cot D \cos(G_a - G_e),$$

les deux équations ci-dessus deviendront

$$\frac{\sin H_e}{\sin D} = \frac{\sin L_e \cos\varphi + \cos L_e \sin\varphi}{\cos\varphi},$$

$$\cos Z_e \frac{\cos H_e}{\sin D} = \frac{\cos L_e \cos\varphi - \sin L_e \sin\varphi}{\cos\varphi};$$

d'où l'on déduit, en y joignant l'équation (25), les trois relations

$$(27)\qquad \sin H_e = \frac{\sin D}{\cos\varphi} \sin(L_e + \varphi),$$

$$(28)\qquad \cos Z_e \cos H_e = \frac{\sin D}{\cos\varphi} \cos(L_e + \varphi),$$

$$(29)\qquad \sin Z_e \cos H_e = \cos D \sin(G_a - G_e).$$

Ces formules en fournissent d'autres pour le calcul de $Z_e$ et $H_e$, au moyen de diverses fonctions trigonométriques; or la fonction trigonométrique qui détermine le mieux un angle est la tangente : en conséquence, nous donnerons les formules qui fournissent les inconnues au moyen des tangentes. Pour cela divisons (29) par (28), il viendra

$$\operatorname{tang} Z_e = \cot D \cos\varphi \frac{\sin(G_a - G_e)}{\cos(L_e + \varphi)};$$

introduisant dans cette équation la valeur de $\cot D \cos\varphi$ tirée de (26), on trouve

$$(30) \qquad \tan Z_e = \frac{\sin\varphi \tan(G_a - G_e)}{\cos(L_e + \varphi)};$$

divisant (27) par (28), on obtient

$$(31) \qquad \tan H_e = \cos Z_e \tan(L_e + \varphi).$$

Ces deux dernières formules, jointes à (26), sont absolument générales et peuvent être employées dans tous les cas, sans donner lieu à d'autres indéterminations que celles qui peuvent résulter des données elles-mêmes.

Dans les calculs, on prendra toujours $(G_a - G_e)$ plus petit en valeur absolue que 180 degrés, en le retranchant, au besoin, de 360 degrés et en changeant le signe du reste.

L'ambiguïté qui affecte l'angle $\varphi$ étant indifférente, on le prendra toujours entre les limites — 90 et + 90 degrés.

En vertu des limites convenues de $G_a - G_e$, si $(G_a - G_e)$ est positif, l'azimut sera aussi positif et compté du côté ouest; si $(G_a - G_e)$ est négatif, l'azimut sera aussi négatif et sa valeur absolue comptée du côté est.

Tang $Z_e$ sera positive ou négative; à chaque tangente correspondant un angle positif et un angle négatif, tous deux plus petits que 180 degrés, on choisira celui de ces deux angles qui aura le signe de $(G_a - G_e)$.

98. Nous connaissons maintenant $EA = z_e = 90° - H_e$; d'ailleurs $RA = 90° - H$ : on tire de ces relations $ER = H - H_e$. Nous désignerons désormais ER par $p$, et l'on aura

$$(31 \ bis) \qquad p = H - H_e;$$

cette expression est générale et pourra donner lieu à des valeurs positives ou négatives de $p$.

Mais, $p$ étant presque toujours petit, on peut très-généralement, dans la pratique, le considérer comme une loxodromie ou une route faite dans la direction déterminée par l'azimut $Z_e$, si $p$ est positif; si, au contraire, il était négatif, la direction de la route serait diamétralement opposée.

Ainsi : *pour déterminer le point rapproché, on entrera dans la Table de point avec p : si p est positif, l'angle de route à employer sera $Z_e$ ou son supplément, suivant que $Z_e \lessgtr 90$ degrés; si p est négatif, on prendra l'angle de route diamétralement opposé à $Z_e$ ou à son supplément; on trouvera ainsi, dans les colonnes nord et sud, est et ouest, les quantités $\delta L_e$, $\delta G_e \cos L_e$ : connaissant $\delta L_e$, on l'ajoutera avec son signe à $L_e$, on aura ainsi $L_r$; puis considé-*

*rant* $L_r$ *comme un angle de route et* $\delta G_e \cos L_e$ *comme un nombre de milles faits dans la direction nord et sud, on trouvera, dans la colonne des milles, la correction* $\delta G_e$, *qui, ajoutée algébriquement à* $G_e$, *fera connaître* $G_r$.

99. Il est évident qu'au lieu de faire le calcul pour trouver $L_r$ et $G_r$, on peut marquer immédiatement le point rapproché sur la carte : *il suffit pour cela de porter, à partir du point estimé, la longueur p comme une route faite dans la direction azimutale de l'astre si p est positif, ou dans la direction opposée si p est négatif.*

On voit facilement, à l'aide d'une figure, dans quelles conditions se traduit, sur la carte, l'erreur résultant de la substitution d'une loxodromie à un arc de grand cercle, lorsqu'on détermine le point rapproché, comme il vient d'être indiqué.

Soient (*fig.* 11) PE le méridien du point estimé E, ER la représentation de

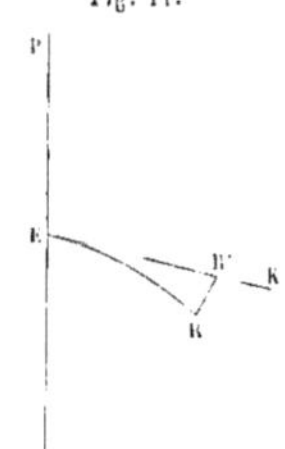

Fig. 11.

l'arc de grand cercle, qui va du point E au vrai point rapproché; menons par le point E la ligne EK, faisant avec le méridien un angle égal à $Z_e$: suivant une propriété des cartes de Mercator, cette ligne sera tangente à l'arc ER au point E; si maintenant nous portons sur EK une longueur en milles, égale à $p$, nous obtiendrons un point R′, qui sera le point rapproché résultant de la substitution d'une loxodromie à un arc de grand cercle. La distance RR′ représente l'erreur que l'on commet en prenant R′ pour point rapproché; or, par suite de la faible grandeur que peut atteindre, dans la pratique, l'arc ER, le point R′ sera à très-peu près à la même distance du point E que le point R, mais dans une direction un peu différente de celle de R. Il est visible d'ailleurs que, pour une même position du point E et la même direction de EK, plus la grandeur de l'arc ER augmentera, plus RR′ croîtra. D'un autre côté, la loxodromie ER′ tend à se confondre avec la courbe ER, à mesure que ER et la latitude $L_e$ diminuent, et que la direction de l'azimut PEK se rapproche de celle du méridien, dans un sens ou dans l'autre.

En supposant les circonstances les plus défavorables, c'est-à-dire celles où E et R ont la même latitude, M. Yvon Villarceau a calculé, pour diverses latitudes, les longueurs de $p$ qui, dans la substitution de la loxodromie ER' à l'arc ER, ne produisent pas un écart d'un mille entre les points R et R' : on trouve ces longueurs de $p$ dans la Table VII. En parcourant cette Table, on voit que, dans la pratique, la grandeur de la distance ER' entrainera rarement un écart RR' dépassant un mille.

### § IV. — Cas particuliers qui se présentent dans le calcul du point rapproché.

100. Les cas particuliers qui se présentent dans la détermination du point rapproché sont relatifs aux valeurs particulières que peuvent prendre les éléments du triangle PEA (*fig.* 9) :

| | | | | |
|---|---|---|---|---|
| 1° | P peut prendre les valeurs............... | 0° | 90° | 180° |
| 2° | $Z_e$ ............................... | 0 | 90 | 180 |
| 3° | A ................................. | 0 | 90 | 180 |
| 4° | H ................................. | 0 | 90 | |
| 5° | $L_e$ ............................... | 0 | 90 | |
| 6° | D ................................. | 0 | 90 | |

Les numéros suivants contiennent les expressions que prennent les divers éléments du triangle PEA, lorsqu'on attribue à l'un des autres éléments les valeurs zéro, 90 ou 180 degrés.

101. 1° : P = 0°, P = 90°, P = 180°.

Si P = 0°, le zénith, l'astre et le pôle sont tous les trois sur le même méridien ; si P = 180°, il en est de même. Donc, lorsque P est égal à zéro ou à 180 degrés, on a $Z_e$ = 0° ou $Z_e$ = 180°, et encore A = 0° ou A = 180° : la réciproque est évidemment vraie, c'est-à-dire que, l'un quelconque des trois angles du triangle venant à prendre une des deux valeurs zéro ou 180 degrés, les deux autres prennent en même temps l'une des valeurs zéro ou 180 degrés.

Si P = 0°, l'astre est au méridien supérieur. Alors, suivant la formule (14),

$$L_e = D - z_e,$$

d'où

$$z_e = D - L_e.$$

(3)

Si $P = 180°$, l'astre est au méridien inférieur, et, d'après la formule (15), on a

$$L_e = (\pm 180° - D) - z_e,$$

d'où

$$(35) \qquad z_e = L_e - (\pm 180° - D).$$

Ayant obtenu ainsi $z_e$, on en prendra la valeur absolue; son complément donnera la hauteur estimée $H_e$.

D'un autre côté, considérant le signe que les formules (34) et (35) donnent pour $z_e$, on voit, d'après les conventions établies, que si ce signe est $+$, l'astre est au nord du zénith, dans ce cas $Z_e = 0$; si au contraire le signe est $-$, l'astre est au sud du zénith, et $Z_e = 180°$.

Si $P = 90°$, le triangle PEA est rectangle en P, et l'on a

$$(36) \qquad \operatorname{tang} Z_e = \pm \frac{\cot D}{\cos L_e},$$

$$(37) \qquad \operatorname{tang} H_e = \operatorname{tang} L_e \cos Z_e.$$

On déterminera $Z_e$ d'après le signe de P, comme il a été dit au n° 97.

**102.** $2° : Z_e = 0°, Z_e = \pm 90°, Z_e = 180°.$

Si $Z_e$ est égal à zéro ou à 180 degrés, la valeur de P est zéro ou 180 degrés; d'après ce qu'on vient de voir, ce cas rentre dans le cas précédent.

Quand $Z_e = \pm 90°$, le triangle PEA est rectangle en E, l'astre est au premier vertical; on a

$$(38) \qquad \operatorname{tang} H_e = \frac{\cot (G_a - G_e)}{\cos L_e}.$$

Pour pouvoir utiliser cette formule dans la pratique, il faudrait, d'après les données $T_p$, D, Æ, $L_a$ et $G_a$, dont on dispose à la mer, vérifier si $Z_a$ est effectivement égal à 90 degrés : or, les opérations à faire pour cela étant très-souvent inutiles, et, dans les cas où elles pourraient être utiles, ne devant amener qu'une simplification de peu d'importance, nous trouvons, somme toute, qu'il vaut mieux ne pas se préoccuper du cas où $Z_e$ est égal à 90 degrés.

**103.** $3° : A = 0°, A = 90°, A = 180°.$

Si A est égal à zéro ou à 180 degrés, on a $P = 0°$ ou $P = 180°$ : on rentre ainsi dans le cas particulier du n° 101.

Il n'y a pas lieu de s'occuper du cas où A $= 90^o$ : les motifs exposés, n° 102, au sujet de $Z_e = 90^o$, nous en dispensent.

**104.** 4° : $H_e = 0^o$, $H_e = 90^o$.

Il est inutile de rechercher ce que deviennent les formules qui donnent $Z_e$, dans ces cas particuliers; car on ne peut savoir que par le calcul de $H_e$, au moyen des formules (30) et (31), si l'on a $H_e = 0^o$ ou $H_e = 90^o$.

**105.** 5° : $L_e = 0^o$, $L_e = 90^o$.

Si $L_e = 0^o$, on a

$$(39) \qquad \tang Z_e = \cot D \sin (G_a - G_e).$$

$$(40) \qquad \tang H_e = \cot (G_a - G_e) \sin Z_e.$$

$Z_e$ sera déterminé, quant à son signe, par celui de $(G_a - G_e)$ et, quant à sa grandeur, par le signe de $\tang Z_e$ (*voir* n° 97).

Si $L_e = 90^o$, l'observateur doit se trouver au pôle : il n'y a pas lieu de s'occuper de cette valeur de la latitude estimée.

**106.** 6° : $D = 0^o$, $D = 90^o$.

Quand $D = 0$, on a

$$(41) \qquad \tang Z_e = - \frac{\tang (G_a - G_e)}{\sin L_e},$$

$$(42) \qquad \tang H_e = - \cot L_e \cos Z_e.$$

Même remarque que ci-dessus, pour déterminer $Z_e$. Le cas où $D = 90^o$ n'est point à considérer, car il n'y a pas d'astre observable ayant cette déclinaison.

**106** *bis.* Il est utile d'examiner ce que deviennent les formules servant au calcul de $Z_e$ et $H_e$, lorsque les éléments du triangle PEA approchent beaucoup des valeurs particulières que nous venons de considérer; c'est ce que nous ferons dans les numéros suivants.

**107.** 1° : P voisin de zéro, de 180 degrés ou de 90 degrés.

Si P est voisin de zéro, l'astre est près du méridien supérieur; on démontre dans ce cas que, H étant la hauteur d'un astre dont l'angle horaire est P, on a

$$(43) \qquad H_m = H + \alpha P^2,$$

où $H_m$ désigne la hauteur que l'astre aurait s'il était au méridien au moment où son angle horaire est P : $\alpha$ est le coefficient dont il a déjà été parlé au n° 81; on l'obtient en entrant, dans la Table V, avec la latitude $L_e$ et la déclinaison D. Cette Table donne, en même temps que $\alpha$, la limite de l'angle horaire P pour lequel on peut appliquer la formule (43), sans avoir à craindre une erreur de 1 minute sur $H_m$.

Il suit de là que, quand $(G_a - G_e) = P$ ne dépassera pas $1^h 59^m$, plus grande valeur de P se trouvant dans la Table V, on cherchera dans cette Table, avec $L_e$ et D, la limite de P pour laquelle on peut se servir de la formule (43) : si $(G_a - G_e)$ calculé est égal à cette limite ou plus petit qu'elle, on prendra la valeur de $\alpha$.

Remarquons maintenant que, si $H_e$ est la hauteur au moment où l'angle horaire est P, la hauteur méridienne à cet instant serait $H_e + \alpha P^2$; or on a, d'après la formule (14),

$$L_e = D - [90° - (H_e + \alpha P^2)];$$

d'où

(44)
$$H_e = L_e - D - \alpha P^2 + 90°.$$

Si P est voisin de 180 degrés, et que $180° - P$ soit compris dans les limites de la Table V, l'astre est près du méridien inférieur; on voit que, $\alpha$ étant connu, la formule (15) fera connaître $H_e$ : on tire de cette formule

(45)
$$H_e = L_e + D \mp 180° + 90°.$$

On prendra 180 degrés avec le signe $-$ si l'on est dans l'hémisphère nord, avec le signe $+$ si l'on est dans l'hémisphère sud.

L'azimut sera donné dans ces deux cas, par la simple formule

(46)
$$\sin Z_e = \frac{\cos D \sin (G_a - G_e)}{\cos H_e}.$$

Le signe de $Z_e$ sera celui de $(G_a - G_e)$ : si l'astre est du côté nord du zénith, l'azimut sera voisin de zéro; si l'astre est du côté du sud, l'azimut sera voisin de 180 degrés.

Le cas où P est voisin de 90 degrés, n'offrant pas d'intérêt au point de vue pratique, nous n'aurons pas à nous en occuper.

108. Si $Z_e$ est voisin de zéro ou de 180 degrés, on rentre dans le cas du numéro précédent.

Nous avons trouvé qu'il n'y avait pas lieu d'avoir égard à la valeur particulière $Z_e = 90°$; il y a évidemment moins de raisons encore de s'arrêter au cas où $Z_e$ est seulement voisin de cette limite.

Les valeurs de A, voisines de zéro, 90 degrés, 180 degrés, ne présentent pas d'intérêt au point de vue pratique; il en est de même de $H_e$ ou $L_e$, lorsque ces quantités sont voisines de zéro ou de 90 degrés : nous laisserons de côté ces cas particuliers.

**109.** 6° D voisin de zéro ou de 90 degrés.

Le cas où D est voisin de zéro se présente trop rarement dans la navigation pour qu'il y ait lieu de s'en occuper; au contraire, les valeurs de D approchant de 90 degrés se présentent très-fréquemment dans l'hémisphère boréal.

On a démontré par l'analyse (voir *Partie théorique*, n° 38) la formule suivante, où H est la hauteur d'un astre, dont la déclinaison diffère peu de celle de $\alpha$ de la Petite Ourse, P son angle horaire, $\Delta$ sa distance polaire :

$$47 \qquad L = H - \Delta \cos P + \frac{1}{2} \tan H \sin^2 P \sin 1'',$$

formule qui donne la latitude à moins de 30 secondes jusqu'à 86 degrés de déclinaison.

Ajoutons l'indice $e$ aux lettres L et H, faisons passer H dans le premier membre, L dans le second, et remplaçons P par $(G_a - G_e)$, il viendra

$$48 \qquad H_e = L_e + \Delta \cos (G_a - G_e) - \frac{1}{2} \tan H_e \sin^2 (G_a - G_e) \sin 1''.$$

De tous les astres observables en mer, $\alpha$ de la Petite Ourse, dite *la Polaire*, est le seul dont la distance $\Delta$ soit dans les conditions qui permettent d'appliquer la formule (48) : on a calculé des Tables pour faciliter l'emploi des observations de cette étoile.

Le terme $\Delta \cos (G_a - G_e)$ est donné avec une approximation suffisante pour les besoins de la pratique, par la Table (14) de **M. Labrosse**. Cette Table s'étend jusqu'à l'année 1895 : ses arguments sont le temps sidéral du lieu $S_l$ et l'année ; on a d'ailleurs, $T_l$ désignant le temps moyen du lieu,

$$S_l = T_l + Æ \odot_m.$$

Quand la montre d'habitacle est bonne, on peut se contenter de la valeur de $T_l$ qu'elle fournit, puisqu'ici il n'est pas nécessaire de connaître le temps à moins de 2 minutes près.

Le second terme $- \frac{1}{2} \tan H_e \sin^2 (G_a - G_e) \sin 1''$, qui est toujours négatif, est donné avec une approximation suffisante dans la Table (15) de M. Labrosse; les arguments sont l'heure sidérale du bord et la latitude approchée : remarquons que, suivant la formule (47), l'argument devrait être la hauteur de l'astre; mais on sait que la hauteur de la Polaire et la latitude diffèrent peu : il s'ensuit que l'une de ces quantités peut, sans inconvénient, être prise à la place de l'autre comme argument du second terme.

Les Tables, au nombre de trois, que le *Nautical Almanac* publie tous les ans, représentent avec une exactitude rigoureuse les valeurs des deux termes de la formule (47). Sur notre demande, appuyée par le Comité hydrographique, le Bureau des Longitudes a décidé que des Tables analogues à celles du *Nautical Almanac* seront insérées dans la *Connaissance des Temps*.

Ajoutant à $L_e$ les corrections tabulaires, prises avec les signes contraires, on obtiendra $H_e$, ainsi qu'il résulte de (48); connaissant cette quantité, on calculera $Z_e$ par la formule (46).

$Z_e$ aura le signe de $(G_a - G_e)$; sa valeur absolue sera toujours plus petite que 90 degrés, parce que, la Polaire étant à moins de 2 degrés du pôle, son azimut, dans les latitudes où l'on peut naviguer, ne peut atteindre une valeur voisine de 90 degrés.

### § V. — Détermination de la droite de hauteur.

110. Nous venons d'exposer les moyens de calculer le point rapproché, autrement dit, de déterminer le point par lequel on devra mener à la courbe de hauteur une tangente destinée à remplacer cette courbe, dans la solution la plus simple du problème du point : nous avons désigné cette tangente sous le nom de *droite de hauteur*; il s'agit maintenant d'en fixer la position sur la carte.

Soient E le point estimé, PP′ le méridien de E, R le point rapproché,

Fig. 12.

EE′R la projection de l'arc de grand cercle allant, sur la sphère, du point estimé au point rapproché; on démontre que la droite de hauteur RH est perpendiculaire en R à l'arc de courbe EE'R. Nous avons dit (96) qu'on pouvait généralement, dans la pratique, remplacer l'arc de courbe ER par la loxodromie ER' : cette loxodromie fait partie de la droite EK menée tangentiellement à l'arc ER au point E, et fait avec le méridien un angle PEK égal à l'azimut de l'astre. Or, comme le point R' est très-près du point R et que la droite ER' se confond presque avec l'arc ER, il est évident que, si l'on mène une perpendiculaire R'H' en R' à la ligne ER', cette ligne aura, à très-peu près, la même direction que la droite de hauteur RH. Mais les deux droites R'H', RH passant par deux points R, R' très-voisins, et ayant, à très-peu près, la même direction, se confondent presque complétement, jusqu'à certaines distances, de part et d'autre des points R, R'; on comprend donc que, dans la pratique, on puisse remplacer la première de ces droites par la seconde.

111. Si l'on considère les erreurs résultant de cette substitution, on voit qu'elles sont de deux sortes, l'une qui affecte la distance de la droite de hauteur au point E, l'autre l'inclinaison de cette droite; il est visible d'ailleurs que plus la distance ER sera grande, plus les points R et R' seront éloignés l'un de l'autre et plus les deux droites RH et R'H' tendront à différer de position; si donc ER atteignait une certaine grandeur, ce qui ne pourrait provenir que de très-fortes erreurs dans la position du point estimé, on ne pourrait plus considérer la droite R'H' comme se confondant avec la droite de hauteur RH.

Il est intéressant d'étudier les divers cas particuliers dans lesquels les droites de hauteur peuvent se présenter; nous ne nous en occuperons point ici, afin de ne pas interrompre la poursuite de notre objet principal, la détermination du point dans le cas général : nous nous réservons, bien entendu, de revenir en temps utile sur les droites de hauteur.

*Remarque concernant le point rapproché et la droite de hauteur.*

112. En substituant à la courbe de hauteur la tangente à cette courbe au point rapproché, et ne considérant que des portions restreintes de cette droite, de part et d'autre de ce point, nous avons traité ces parties de la tangente comme des quantités du premier ordre de petitesse, et les écarts de la tangente et de la courbe dans ces intervalles comme des quantités du deuxième ordre , que nous avons dû négliger dans la première approximation du problème du point.

Une conséquence de cette manière d'opérer eût été de négliger également, dans la détermination du point rapproché et dans celle de la droite de hauteur, les

quantités du second ordre; nous aurions pu ainsi nous borner à fixer la position
du point rapproché, au moyen de la direction azimutale $Z_e$, sur laquelle on eût
mesuré la quantité $\dfrac{p}{\cos l_e}$ : quant à la droite de hauteur, il eût suffi de mener, par
le point rapproché ainsi obtenu, une perpendiculaire à la direction azimutale. Nous
aurions évité les explications par lesquelles nous avons essayé de montrer que les
erreurs de ces substitutions sont réellement négligeables dans une première approximation : nous ne nous sommes décidés à présenter ces explications, que pour donner
satisfaction aux personnes qui n'apercevraient pas aussi clairement la possibilité de
faire les substitutions particulièrement relatives à la droite de hauteur, qu'elles ont
pu apercevoir, celle de substituer cette droite à la courbe de hauteur elle-même.

### § VI. — Détermination du point, par l'intersection de deux droites de hauteur.

113. Nous savons maintenant construire une droite de hauteur, ligne
qui le plus souvent, dans la pratique, peut remplacer la courbe de hauteur;
nous avons donc le moyen de déterminer simplement le point à l'aide de
deux observations.

Supposons que deux hauteurs, prises simultanément ou ramenées au
même horizon, nous aient permis de calculer deux points rapprochés,
et que nous les ayons portés sur la carte au moyen de la construction indiquée (n° 98) : soient (*fig.* 13) E le point estimé, $R_1$, $R_2$ les points rappro-

Fig. 13.

chés; menons en $R_1$ et $R_2$ des perpendiculaires aux lignes $ER_1$, $ER_2$, nous
aurons deux droites de hauteur, dont l'intersection O sera généralement
très-voisine de la position vraie du navire. Le point O a reçu la dénomination
de *point observé*. Le procédé graphique peut être remplacé par le calcul des
coordonnées. Voici en quoi consiste ce calcul.

Ayant obtenu les quantités

$$p = H - H_e, \quad p' = H' - H'_e, \quad Z_e \text{ et } Z'_e :$$

on fera usage des formules suivantes, démontrées (*Partie théorique*, n° 7),
auxquelles nous joignons les relations entre les coordonnées $L_1$, $G_1$ et $L_e$, $G_e$,

$$(49) \qquad \delta L_e = \frac{p \sin Z'_e - p' \sin Z_e}{\sin(Z'_e - Z_e)},$$

$$(50) \qquad L_1 = L_e + \delta L_e,$$

$$(51) \qquad \cos L_1 \, \delta G_e = \frac{- p \cos Z'_e + p' \cos Z_e}{\sin(Z'_e - Z_e)} \, (^1),$$

$$(52) \qquad G_1 = G_e + \delta G_e;$$

On calcule très-facilement les seconds membres de $(49)$ et $(51)$ au moyen de
la Table de point, ainsi qu'on le verra dans les exemples de calcul que nous
donnerons plus loin; de $(51)$ on tire $\delta G_e$. A l'aide des coordonnées $L_1$, $G_1$,
ainsi obtenues, on pourra marquer sur la carte la position du point O $(^2)$.

**114.** *Procédé du commandant Marcq-Saint-Hilaire.* — On peut obtenir
autrement un point observé O', en suivant le procédé indiqué par cet officier. M. Marcq-Saint-Hilaire calcule d'abord, ainsi que nous l'avons fait,
$H - H_e$, $Z_e$, puis la latitude $L_r$ et la longitude $G_r$ du premier point rapproché $R_1$; alors considérant $L_r$ et $G_r$ comme coordonnées d'un nouveau
point estimé, il calcule, avec les données de la seconde observation, une

---

($^1$) On a trouvé plus exact d'écrire au premier membre $\cos L'$ au lieu de $\cos L_1$.

($^2$) On peut calculer la latitude et la longitude du point O d'une autre manière. Remarquons
(*fig.* 13) que si, partant du point E, on considérait les deux lignes $ER_1$ et $R_1 O$ comme des routes
faites pour aller de E en O, on obtiendrait, au moyen de la Table de point, la latitude et la longitude
demandées. Comme on le sait, la distance $ER_1$ est égale à $p_1$, et son azimut est égal à $Z_e$ ou à
$Z_r$ 180°; il reste donc à connaître la longueur de la route $R_1 O$ et sa direction.

Désignant les angles de route de $ER_1$, $ER_2$, $R_1 O$ par $V_1$, $V_2$, $V_0$, et rappelant que $ER_2 = p_2$,
nous poserons $R_1 O = p_0$.

Par le point $R_1$ (*fig.* 13), menons une parallèle à $R_2 O$; soit K le point où cette parallèle rencontrera $R_2 E$; du point O, abaissons une perpendiculaire OP sur $R_1 K$: dans le triangle $OPR_1$, on a

$$R_1 O = \frac{OP}{\sin E} = p_0;$$

d'ailleurs $OP = R_2 E - KE = p_2 - KE$, et le triangle $R_1 K E$ donne

$$KE = R_1 E \cos E = p_1 \cos E;$$

de ces relations on conclut

$$p_0 = \frac{p_2}{\sin E} - \frac{p_1 \cos E}{\sin E}.$$

L'angle en E est celui des directions des deux routes $p_1$ et $p_2$; il se déduit, par une addition ou

nouvelle hauteur estimée $H'_r$ et un nouvel azimut $Z'_r$, puis la différence $H' - H'_r$. Cela fait, il porte sur la carte (*fig.* 14) le point $R_1$; puis, partant de

Fig. 14.

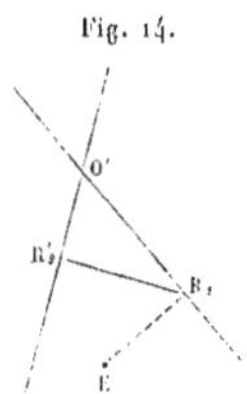

ce point $R_1$ et dans la direction azimutale $Z'_r$ ou son opposée, il porte la longueur $H' - H'_r$, suivant qu'elle est positive ou négative : il obtient ainsi un nouveau point rapproché $R'_2$.

Ensuite il mène, par les points $R_1$, $R'_2$, deux droites respectivement perpendiculaires à $ER_1$ et à $R_1R'_2$; or il est clair que ces deux perpendiculaires sont deux droites de hauteur, dont l'intersection $O'$ est un point observé.

Au lieu de faire une construction sur la carte, on peut calculer directement la latitude et la longitude du point $O'$. Remarquons (*fig.* 14) que, dans le triangle $R_1 O' R'_2$, on a

$$R_1 O' = \frac{R_1 R'_2}{\sin R_1 O' R'_2} = \frac{H' - H'_r}{\sin(Z'_r - Z_e)}.$$

Cette quantité $R_1 O'$ se calcule avec la Table de point.

La distance $R_1 O'$ étant connue, il ne reste plus, pour avoir le point $O'$,

---

une soustraction, des angles $V_1$ et $V_2$, en retranchant, s'il le faut, l'un de ces angles de 180 degrés, pour le rapporter au même point N ou S que l'autre.

Dans cette formule qui donne $p_0$, on prendra toujours $p_1$ et $p_2$ positifs; si E est obtus, cos E est négatif et, $\dfrac{p_1 \cos E}{\sin E}$ s'ajoutant à $\dfrac{p_2}{\sin E}$, $p_0$ est positif; dans le cas où E est aigu, $p_0$ peut être positif ou négatif.

Maintenant il nous faut déterminer $V_0$ : $R_1 O'$ se trouve sur la première droite de hauteur, mais il peut être compté d'un côté ou de l'autre du point $R_1$; $V_0$ peut donc avoir deux valeurs de directions opposées. On distinguera ainsi celle des deux valeurs qui devra être employée : quand $p_0$ sera positif, on prendra la direction de la partie de la droite de hauteur qui se trouve du côté de $R_1$, par rapport à $ER_1$; si $p_0$ est négatif, on choisira, au contraire, la direction de la partie de la droite de hauteur qui se trouve du côté de $ER_1$, opposé à $R_1$. Une construction, faite à main levée, des lignes $ER_1$, $ER_2$, et de la première droite de hauteur, facilitera beaucoup la détermination de la direction de $R_1 O$ et évitera les erreurs.

qu'à considérer la distance $R_1O'$ comme une route partant de $R_1$ et faite sur la partie de la première droite de hauteur qui forme un angle aigu avec la ligne $R_1R'_2$.

Ce procédé, du commandant Marcq Saint-Hilaire, ne présente pas de différence sensible, au point de vue de la longueur des calculs, avec la méthode que nous avons exposée; quant à ce qui regarde les résultats, il donne une exactitude un peu plus grande, mais qui n'a pas d'importance en pratique. D'un autre côté, eu égard à l'emploi des équations de condition, il entraîne, dans certaines circonstances, quelques inconvénients; nous engageons donc, en vue de l'uniformité des calculs, à employer la méthode qui résulte des études analytiques faites par M. Yvon Villarceau, et que, du reste, disons-le, le commandant Marcq Saint-Hilaire avait indiquée, mais comme ne devant être employée que dans le cas d'observations simultanées.

**115.** Nous voici donc arrivés à la solution du problème du point par la méthode indirecte, qui consiste analytiquement, ainsi que nous l'avons dit (**87**), à substituer à des équations très-compliquées d'autres équations contenant $\delta L_c$, $\delta G_c$, à la première puissance, à la deuxième, à la troisième, etc., ainsi que les produits de ces puissances prises deux à deux, à la condition, toutefois, que l'on puisse négliger tous les termes de ces équations, dans lesquels les exposants ou les sommes des exposants de $\delta l_c$ et de $\delta G_c$ sont supérieurs à l'unité. Il est donc nécessaire, quand on a calculé le point par ladite méthode, de s'assurer que la somme des termes négligés ne dépasse pas le nombre de milles que l'on s'est fixé.

### § VII. — Détermination de la limite de l'erreur du point déterminé par deux droites de hauteur.

**116.** M. Yvon Villarceau a donné des formules très-simples pour calculer un maximum $\varepsilon_m$ de la résultante des termes du second ordre, et deux procédés graphiques pour déterminer cette résultante. Ce maximum et cette résultante servent à fixer une limite de l'erreur du point obtenu par deux droites de hauteur; nous allons donc donner les formules et les procédés graphiques en question.

**117.** *Formules servant à déterminer $\varepsilon_m$.* — Soient, sur la carte (*fig.* 15), E le point estimé, EP le méridien, EQ le parallèle; $EK_1$, $EK_2$ les directions azimutales estimées des astres observés, faisant avec le méridien les angles $Z_e$, $Z'_e$; $R_1$, $R_2$, les deux points rapprochés obtenus par le calcul, O le point observé.

Fig. 15.

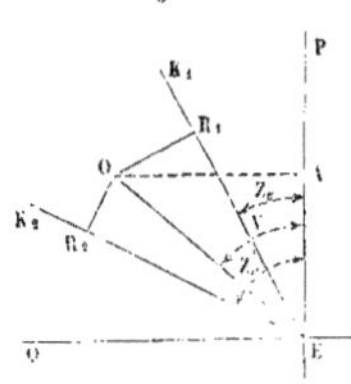

Menons les lignes OA, $OR_1$, $OR_2$, respectivement perpendiculaires à EP, $EK_1$, $EK_2$; mesurons ces trois premières lignes à l'échelle des latitudes, et écrivons les résultats dans le tableau suivant :

| Argument | | |
|---|---|---|
| Horizontal. | Vertical. | Nombres de la Table I. |
| OA $=$ . . . . . . . . | $\pm$ L, $=$ . . . . . . . . | $b$ . . . . . . . . . . |
| $OR_1 =$ . . . . . . . | $H_e$ . . . . . . . . | $q$ . . . . . . . |
| $OR_2$ . . . . . . . . | $H'_e$ . . . . . . . . | $q'$ . . . . . . . . |

Avec les valeurs de OA, $OR_1$, $OR_2$ comme arguments horizontaux, et les quantités connues $L_1$, $H_e$, $H'_e$ comme arguments verticaux, entrons dans la Table I : nous y trouverons trois nombres que nous appellerons $b$, $q$, $q'$, et que nous traiterons pour le moment comme positifs; ces nombres vont nous permettre de calculer aisément $\varepsilon_m$.

Le calcul du point nous a donné $Z'_e - Z_e$, dont la valeur absolue est toujours comprise entre les limites suivantes :

1°. $Z'_e - Z_e$ 60° :

$$(53) \qquad \varepsilon_m = \frac{q \text{ ou } q'}{\sin(Z'_e - Z_e)} + b;$$

2°. $Z'_e - Z_e$ 60° et $\angle \zeta$ :

$$(54) \qquad \varepsilon_m = \frac{q \text{ ou } q'}{\cos\frac{1}{2}(Z'_e - Z_e)} + b;$$

3°. $Z'_e - Z_e \angle \zeta$ :

$$(55) \qquad \varepsilon_m = \frac{q + q'}{\sin(Z'_e - Z_e)} + b.$$

On prendra toujours, aux numérateurs de (53) et (54), la plus grande des quantités $q$ et $q'$. L'angle $\zeta$ peut s'élever jusqu'à 180 degrés; on le trouve dans la Table I *bis*, en prenant comme argument celui des deux rapports $\frac{q'}{q}$, $\frac{q}{q'}$, qui est inférieur à l'unité.

Aux valeurs de $Z'_e - Z_e$, comprises entre zéro et 60 degrés, correspond la formule (53) qui donne $\varepsilon_m$; il en existe pareillement deux autres, (54) et (55), pour les cas où $Z'_e - Z_e$ est compris entre 60 degrés et $\zeta$ ou $\zeta$ et 180 degrés. Ces trois formules sont écrites à la suite des expressions qui indiquent les limites de grandeur entre lesquelles est compris l'angle $Z'_e - Z_e$.

On appliquera au calcul de $\varepsilon_m$ celle des trois formules qui répond au cas où l'on se trouve : l'emploi de la Table de point suffira pour ce calcul.

Si l'on n'avait pas tracé sur la carte les droites de hauteur pour déterminer O, on calculerait très-facilement, au moyen de la Table de point, les quantités nécessaires pour obtenir $b$, $q$, $q'$. En entrant avec $\delta L_e$ dans la colonne N et S, $\cos L$, $\delta G_e$ dans la colonne E et O, on trouverait l'angle de route V et la distance EO (*fig.* 15); connaissant V, on ferait les différences

$$Z_e - V, \quad Z'_e - V;$$

entrant de nouveau dans la Table de point, on obtiendrait, colonne E et O,

$$OR_1 = EO \sin(Z_e - V), \quad OR_2 = EO \sin(Z'_e - V).$$

On n'aura à tenir compte, dans tout cela, que des valeurs absolues des arguments. Ayant d'ailleurs

$$OA = \cos L, \delta G_e,$$

on connaît les trois quantités OA, $OR_1$, $OR_2$, nécessaires pour entrer dans la Table I, afin d'en tirer $b$, $q$, $q'$.

**118.** *Constructions pour déterminer $\varepsilon$, résultante des termes du second ordre en $\delta L_e$ et $\delta G_e$.* — Cette résultante des termes du second ordre s'obtient au moyen de l'une ou de l'autre des constructions suivantes : la première se fait sur un plan tangent à la sphère au point estimé E, la seconde sur la carte de Mercator.

Pour obtenir $\varepsilon$ sur le plan tangent, on opérera avec une échelle quelconque, dont une division représente 1 mille (une feuille de papier bien quadrillé serait très-avantageuse dans cette circonstance); on placera le point E, puis (*fig.* 16), avec les quantités calculées $p$, $p'$, $Z_e$, $Z'_e$, on déterminera un point O d'une manière absolument analogue à celle qui résulte

Fig. 16.

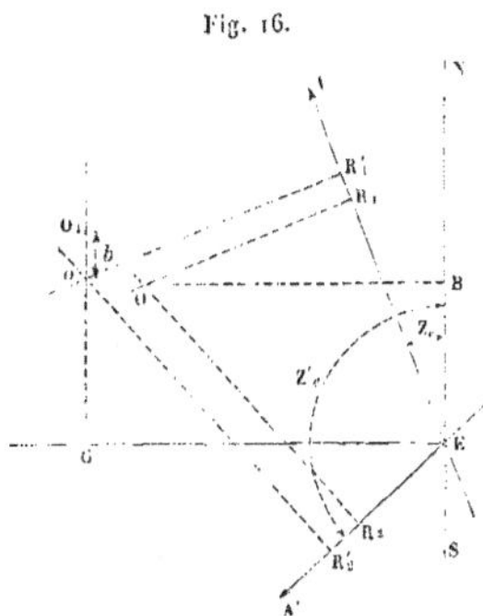

des indications données aux n°s 98 et 113 : on aura ainsi une position approchée du navire.

Projetons le point O sur le méridien ; nous aurons, pour entrer dans la Table I, les arguments suivants, sous lesquels sont inscrits les nombres fournis par cette Table :

| Arguments horizontaux. .. | OB | OR₁ | OR₂ |
|---|---|---|---|
| » verticaux . . . . . . | $L_e$ | H | H' |
| | $b$ | $q$ | $q'$. |

Les quantités $q$ et $q'$ sont essentiellement positives, et le signe de $b$ est contraire à celui de la latitude $L_e$. Du point $R_1$, sur la ligne $ER_1$, toujours du côté de l'astre, portons un nombre de milles égal à $q$; faisons de même avec $q'$ sur la ligne $ER_2$, nous obtiendrons deux nouveaux points $R'_1$, $R'_2$; menons par ces points des parallèles à $R_1O$ et à $R_2O$, l'intersection de ces deux lignes déterminera un point $o$ : par ce point, menons un méridien sur lequel nous porterons $b$ vers le nord si $L_e$ est australe, vers le sud si cette latitude est boréale; nous obtiendrons finalement un point $O_1$. La distance $OO_1$ est égale à la vraie résultante ε des termes du second ordre.

Pour déterminer ε sur la carte marine, on placera le point observé d'après les règles indiquées aux n°s 98 et 113. Soit O le point ainsi obtenu (*fig.* 17);

on déterminera les quantités $b$, $q$, $q'$, d'après les prescriptions du n° **117**, puis mesurant $q$ et $q'$ en milles, sur l'échelle des latitudes par le travers

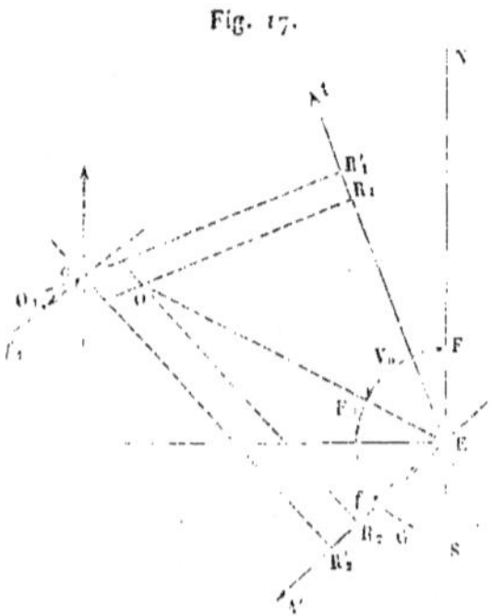

Fig. 17.

de E, on fera une construction absolument analogue à celle que nous avons exécutée dans la *fig.* 16, pour obtenir le point $o$; nous aurons ainsi un nouveau point que nous désignerons encore par $o$. Décrivons maintenant du point E comme centre, avec un rayon arbitraire, un arc de cercle partant du côté nord du méridien, allant vers la ligne OE et la coupant en un point $F_0$; prolongeons cet arc d'une longueur $F_0G$ un peu plus grande que $FF_0$; plaçons la pointe d'un compas en $F_0$, prenons la distance $FF_0$ et décrivons un arc de cercle qui coupe le premier en $f$; joignons E$f$, et menons par $o$ une parallèle $of_1$ à E$f$ : sur la ligne $of_1$, portons dans la direction de $of_1$ si la latitude est boréale, dans la direction opposée si elle est australe, une longueur en milles égale à $b$; nous déterminerons un point $O_1$. La distance $OO_1$, mesurée en milles, sera égale à la résultante $\varepsilon$.

**119.** Maintenant que nous savons déterminer $\varepsilon_m$ et $\varepsilon$, voyons comment on peut utiliser ces quantités.

Quand on aura trouvé $\varepsilon_m$ égal à 1, 2 ou 3 milles, on pourra considérer le point obtenu par le premier calcul, comme exact à 1, 2 ou 3 milles près; si c'est $\varepsilon$ que l'on a déterminé, et que sa valeur soit égale à $0^M,5$, $1^M,5$ ou $2^M,5$, on pourra également considérer le point comme obtenu à 1, 2 ou 3 milles près. Si $\varepsilon_m$ et $\varepsilon$ dépassaient ces nombres, ou que l'on voulût avoir le point calculé, à moins de 1, 2 ou 3 milles, il faudrait recourir aux méthodes exposées dans le paragraphe suivant.

§ VIII. — **Opérations complémentaires de la détermination du point, lorsque la première approximation est jugée insuffisante. — Deux méthodes.**

**120.** *Première méthode.* — Elle consiste à calculer la latitude et la longitude $L_2$ et $G_2$ d'un nouveau point, au moyen des relations

$$(56) \qquad\qquad L_i = L_i + \delta L_i,$$
$$(57) \qquad\qquad G_i = G_i + \delta G_i,$$

où les quantités $\delta L_i$, $\delta G_i$ représentent de nouvelles corrections à appliquer aux premières coordonnées obtenues. Pour les calculer, on considère $L_i$ et $G_i$ comme de nouvelles latitude et longitude estimées; on recommence, avec ces nouvelles données, deux calculs de point rapproché, qui donnen les quantités

$$p_i = H - H_{c_i}, \qquad p'_i = H' - H'_{c_i},$$
$$Z_{c_i}, \qquad\qquad Z'_{c_i} :$$

introduisant ces résultats dans les formules (49) et (51) ou dans toutes autres destinées à remplir le même objet, on obtient $\delta L_i$, $\delta G_i$ corrections qui, étant transportées dans les formules (56) et (57), donneront $L_2$ et $G_2$.

Quand on a obtenu le point $(L_2, G_2)$, on doit se demander s'il est suffisamment exact; car, en calculant $\delta L_i$, $\delta G_i$, on a encore négligé, dans les équations, les termes d'ordre supérieur au premier par rapport à $\delta L_i$ et $\delta G_i$ : pour s'assurer que ces termes peuvent être négligés, on opérera au moyen des Tables I et I *bis*, absolument comme nous l'avons fait, pour savoir si le premier point était suffisamment exact; le point $(L_i, G_i)$ jouera, par rapport au point $(L_2, G_2)$, absolument le même rôle que celui de $(L_e, G_e)$ par rapport à $(L_i, G_i)$.

On obtiendra ainsi une nouvelle limite $\varepsilon_m$ et une nouvelle résultante $\varepsilon$; dans le cas où ces quantités dépasseraient 1, 2 ou 3 milles, suivant l'approximation désirée, on recommencerait une seconde fois, en mettant $L_2$, $G_2$ à la place de $L_i$, $G_i$, des calculs absolument analogues à ceux que nous venons d'indiquer en vue d'obtenir une deuxième approximation du point : on calculerait ainsi deux nouvelles corrections $\delta L_2$, $\delta G_2$, qui, ajoutées à $L_2$ et à $G_2$, donneraient de nouvelles coordonnées $L_3$ et $G_3$, encore plus approchées que $L_2$ et $G_2$. Mais, recommencer une troisième fois un calcul ne laisse pas que d'être assez long; d'ailleurs, dans certains cas, on pourrait être obligé d'en entreprendre un quatrième et n'obtenir encore rien de bon; il peut même arriver que le calcul ne puisse donner aucun résultat (¹) : il y a donc évidemment un très-grand intérêt à reconnaître les cas où le calcul du point serait très-long, et ceux où les méthodes précédentes ne pourraient aboutir. Il est clair que l'on se trouvera dans ces cas défavorables, quand $\varepsilon_m$ ou $\varepsilon$ seront très-grands.

121. Examinons dans quelles circonstances ces quantités deviendront très-fortes : pour plus de simplicité, nous ne nous occuperons que de $\varepsilon_m$, en remarquant toutefois que, si cette limite est très-grande, $\varepsilon$, quoique moindre, atteindra encore une valeur très-considérable. Revenons aux trois expressions algébriques de $\varepsilon_m$,

$$\varepsilon_m = \frac{q \text{ ou } q'}{\sin\left(Z'_c - Z_e\right)} + b, \quad \varepsilon_m = \frac{q \text{ ou } q'}{\cos\frac{1}{2}\left(Z'_c - Z_e\right)} + b, \quad \varepsilon_m = \frac{q + q'}{\sin\left(Z'_c - Z_e\right)} + b.$$

La quantité $b$ est commune à ces trois valeurs de $\varepsilon_m$, elle dépend de $L_1$ et de $\cos L_1 \, \partial G_c = OA$ (*voir* 117) : $L_1$ atteint très-rarement, dans la pratique, 70 degrés et $\cos L_1 \, \partial G_e$, $120^M$ ; ce qui fait que $b$ dépassera très-exceptionnellement $5^M,8$, valeur correspondante, dans la Table I, à $L = 70°$ et à $OA = 120^M$. On peut voir du reste que $b$ ne peut atteindre une très-grande valeur dans les latitudes où la navigation est possible; il ne pourra donc influer beaucoup sur la valeur de $\varepsilon_m$ qui, dès lors, dépendra des fractions

$$\frac{q \text{ ou } q'}{\sin\left(Z'_c - Z_e\right)}, \quad \frac{q \text{ ou } q'}{\cos\frac{1}{2}\left(Z'_c - Z_e\right)}, \quad \frac{q + q'}{\sin\left(Z'_c - Z_e\right)}.$$

Ces expressions atteindront de fortes valeurs :.premièrement, quand l'une des quantités $q$ ou $q'$, qui forment les numérateurs, sera grande; cela se présentera, comme on peut le voir, par la Table I, lorsque EO ou $\partial s$, d'où dépendent $OR_1$, $OR_2$, sera fort, mais surtout quand $H_e$ et $H'_v$ approcheront

---

(¹) Il est bon de faire remarquer que l'impossibilité d'obtenir un résultat par les approximations successives que nous venons d'indiquer peut se rencontrer dans l'emploi des méthodes rigoureuses, ainsi que M. Yvon Villarceau l'a indiqué ; cela arriverait dans le cas où les rayons sphériques des cercles de hauteur, ou même un seul de ces rayons, seraient très-petits, alors que la corde commune à ces deux cercles serait très-petite elle-même. Si l'on imagine qu'à la suite des erreurs des observations les rayons des cercles soient diminués de quelques minutes, il pourra se faire que les cercles de hauteur ne se coupent plus : il est évident, dès lors, que les méthodes rigoureuses ne pourront donner que des solutions imaginaires : il est donc tout naturel que la solution fournie par es méthodes d'approximation se présente sous la forme de séries divergentes. (Voir *Partie théorique,* Note V.)

beaucoup de 90 degrés; secondement, quand la différence d'azimut $Z'_e - Z_e$ sera voisine de zéro ou de 180 degrés.

Il résulte de tout cela que les deux causes qui feront atteindre à $\varepsilon_m$ et à $\varepsilon$ des nombres de milles considérables sont la grandeur des hauteurs et les différences d'azimut voisines de zéro ou de 180 degrés. Il faudra donc, au point de vue du calcul, éviter d'observer des astres dont les hauteurs seraient très-grandes et dont la différence d'azimut serait très-petite ou très-voisine de 180 degrés : or ces conditions, par suite des erreurs d'observation, sont précisément celles qu'il faut éviter en vue d'une bonne détermination du point (*voir* n° **65**) : il arrivera donc très-rarement, en pratique, que l'on ait à calculer une deuxième approximation du point et surtout une troisième.

En définitive, afin de ne pas risquer de faire des calculs trop longs ou inutiles, nous engageons les officiers à ne calculer une deuxième approximation du point, ainsi que nous venons de l'indiquer, que dans les cas où $\varepsilon_m$ et $\varepsilon$ ne dépasseront pas 50 milles.

**122.** Si $\varepsilon_m$ et $\varepsilon$ ne sont supérieurs que de quelques milles à l'approximation voulue de 1, 2 ou 3 milles, l'emploi des termes du second ordre donnera un résultat suffisamment exact. Dans ce cas, le point $O_1$, déterminé graphiquement sur le plan tangent à la sphère ou sur la carte marine (*voir* **118**), sera pris comme position exacte du navire; seulement, pour avoir la longitude de $O_1$ dans le cas du plan tangent, il faudra diviser EG par $\cos L_e$ (*fig.* 15), afin d'avoir la correction à faire à la longitude de E. On pourrait encore calculer les coordonnées du point $O_1$; soient $L_2$, $G_2$ ces coordonnées, on poserait

$$L_2 = L_1 + \delta L_1,$$
$$G_2 = G_1 + \delta G_1.$$

$\delta L_1$ et $\delta G_1$ se calculeraient par les formules suivantes :

$$\delta L_1 = \frac{q \sin Z'_e - q' \sin Z_e}{\sin (Z'_e - Z_e)} + b,$$

$$\cos L_2\, \delta G_1 = \frac{- q \cos Z'_e + q \cos Z_e}{\sin (Z'_e - Z_e)}.$$

Les azimuts $Z'_e$ et $Z_e$ sont ceux du premier calcul; les quantités $b$, $q$, $q'$ sont déterminées d'après ce qui a été dit au n° **117**; $q$ et $q'$ sont toujours positifs et $b$ de signe contraire à $L_1$.

Si l'on observe dans des conditions défavorables auxquelles répondent

de très-grandes valeurs de $\varepsilon_m$ et de $\varepsilon$, et que l'on doive, quand même, chercher à en tirer parti, il faudra renoncer à obtenir le point par les méthodes
précédentes et recourir à celle que nous exposons dans le numéro suivant.

DEUXIÈME MÉTHODE. — *Détermination du point au moyen d'une première
approximation et des cercles osculateurs.*

**123.** Dans cette méthode, on détermine graphiquement le point, soit sur
une feuille de papier, soit sur la carte, en remplaçant les parties des courbes
de hauteur où doit se trouver, le navire par des arcs de cercles dits *cercles
osculateurs.* Divers procédés, concernant l'emploi des cercles osculateurs,
ont été proposés; mais nous jugeons inutile d'en donner ici d'autres que
celui dont l'auteur est M. Émile Perrin, enseigne de vaisseau.

Supposons qu'ayant fait un calcul de point rapproché, on ait placé sur la
carte (*fig.* 18) E le point estimé, R, le point rapproché, R, H, la droite de

Fig. 18.

hauteur; soit C un point situé sur le prolongement de la ligne R, E, à une
distance CR,, exprimée en divisions de l'échelle des longitudes et donnée
par la formule

$$CR_1 = \frac{\cos H}{\cos D \cos (G_a - G_e) \sin i'} = \rho$$

(cette quantité $\rho$ est appelée *rayon de courbure*). Si de ce point C (appelé
*centre de courbure*) comme centre, avec $\rho$ pour rayon, nous décrivons un
arc de cercle $M_3 R_1 M'_3$, cet arc de cercle sera tangent en R, à la droite de

hauteur et à la courbe de hauteur. Le cercle dont fait partie l'arc $M_3 R_1 M'_3$ est appelé *cercle osculateur* à la courbe, il est très-rapproché de cette ligne, et, dans les cas où elle n'est pas sinussoïdale, ne s'en écarte pas de plus d'un demi-mille jusqu'à une distance d'au moins 402 milles de chaque côté du point $R_1$ (voir *Théorie*, nᵒˢ **23** et **24**). Or, dans la pratique, la distance du point vrai est beaucoup au-dessous de 402 milles; on pourra donc toujours considérer le cercle osculateur comme se confondant avec les courbes de hauteur qui ne sont pas sinussoïdales. D'ailleurs, dans les latitudes où l'on navigue ordinairement, c'est-à-dire ne dépassant pas 75 degrés, il n'y aura jamais lieu, ainsi qu'il est facile de s'en assurer, de recourir à la présente méthode, lorsque les courbes seront sinussoïdales; le procédé des cercles osculateurs pourra donc toujours être appliqué dans le cas où il présentera de l'utilité.

Si les centres de courbure pouvaient toujours se placer sur la carte, le point s'obtiendrait graphiquement avec une grande facilité; mais le rayon $\rho$ devient tellement grand, quand les distances zénithales sont un peu fortes, que les centres de courbure sont presque toujours hors des cartes; c'est cette raison qui a déterminé M. Perrin à chercher un moyen de tracer le cercle osculateur, sans connaître la position de son centre. Le procédé de cet officier consiste à déterminer plusieurs points du cercle osculateur et à les joindre par une ligne continue; mais, la détermination de ces points exigeant la connaissance du point rapproché, il n'y a lieu d'employer ledit procédé que dans les circonstances où les droites de hauteur ne permettent pas d'obtenir une détermination suffisamment exacte du point.

**124.** Revenons à la *fig.* 18, et supposons que l'on veuille déterminer des points $M_1, M_2, M_3, \ldots$ de l'arc$\ldots M_3 R_1 M'_3 \ldots$

On fixe ces points au moyen de leurs distances au point $R_1$, et des projections $R_1 1, R_1 2, R_1 3, \ldots$ des lignes $M_1 R_1, M_2 R_1, M_3 R_1, \ldots$ sur la ligne $R_1 E$, en opérant comme il suit : ayant calculé une constante $k$ par la formule

$$K = \frac{\cos D \cos(G_a - G_e)}{\cos H},$$

on prendra arbitrairement les distances $M_1 R_1, M_2 R_1, M_3 R_1, \ldots$, en divisions de longitude, soit 10′, 20′, 30′, $\ldots$ Les projections de ces lignes sont données à la même échelle par les formules

$$R_1 1 = \frac{10'^2 \sin 1'}{2} K, \quad R_1 2 = \frac{20'^2 \sin 1'}{2} K, \quad R_1 3 = \frac{30'^2 \sin 1'}{2} K, \quad \ldots, \quad R_1 i = \frac{(10 i)'^2 \sin 1'}{2} K.$$

Ces expressions ont une partie commune K, qui représente l'inverse du rayon de courbure $\rho$ ; le logarithme de cette quantité se calcule facilement : en effet, on n'a qu'à prendre les logarithmes de $\cos D$ et de $\cos H$ ; $\log\cos(G_a - G_e)$ est connu, puisqu'il a servi à obtenir $\tang\varphi$ dans le calcul du point rapproché $R_1$. Les logarithmes des quantités $\dfrac{10^2\sin 1'}{2}$, $\dfrac{20^2\sin 1'}{2}$, $\dfrac{30^2\sin 1'}{2}$,... sont préparés à l'avance, pour être employés dans tous les cas ; nous les donnerons dans un autre Chapitre. Remarquons que le calcul des points $M_1$, $M_2$, $M_3$,... permet d'en obtenir un nombre double ; car ils ont évidemment leurs symétriques $M'_1$, $M'_2$, $M'_3$,... de l'autre côté de la ligne $R_1 E$.

Dans la *fig.* 18, le cercle osculateur est du même côté de la droite de hauteur que le point estimé E ; il pourrait être du côté opposé : il est donc nécessaire de savoir de quel côté de la droite de hauteur se trouve ce cercle. Les cercles osculateurs n'étant utilisables que dans le cas des courbes formées, si $p = H - H_e$ est positif, le cercle osculateur est du côté de la droite de hauteur opposé à E ; si $H - H_e$ est négatif, c'est le contraire.

**125.** *Règle pour construire un arc de cercle osculateur.* — Ayant calculé les projections $R_1 1$, $R_1 2$, $R_1 3$,..., voici comment on opérera, pour placer sur la carte les points $M_1$, $M_2$, $M_3$,... ; $M'_1$, $M'_2$, $M'_3$,... : on portera sur la ligne $R_1 E$ du côté opposé à E, si $H - H_e$ est positif, du côté de E, si $H - H_e$ est négatif, les longueurs $R_1 1$, $R_2 2$, $R_3 3$,..., mesurées à l'échelle des longitudes : on obtiendra ainsi des points 1, 2, 3,... ; par ces points, on mènera des perpendiculaires à la ligne $R_1 E$ : cela fait, on prendra avec un compas une distance de 10 minutes de longitude ; puis, plaçant la pointe du compas en $R_1$, on décrira deux arcs de cercle qui couperont, en deux points, la perpendiculaire menée par le point 1 : ces deux points seront $M_1$, $M'_1$ ; prenant une distance de 20 divisions de longitude et plaçant la pointe du compas au point $R_1$, on obtiendra de même $M_2$ et $M'_2$ ; en continuant ainsi, on déterminera $M_3$, $M'_3$,.... Tous ces points ayant été obtenus, on les joindra par un trait continu ; la ligne ainsi tracée représentera l'arc de cercle osculateur demandé.

L'intersection de deux arcs de cercles, tracés ainsi que nous venons de l'indiquer, donnera le point avec toute l'exactitude nécessaire.

**126.** On peut construire sur le plan tangent un arc de cercle osculateur, en faisant sur une feuille de papier une construction analogue à la précédente (le papier quadrillé facilitera les opérations) : on prendra le point E comme origine de coordonnées, un méridien et un parallèle seront les axes ;

pour avoir le point $R_1$, on devra exprimer $p$ en minutes de longitude, ce qui se fera en divisant cette quantité par $\cos L_e$; on aura donc à calculer $\dfrac{p}{\cos L_e}$: à cet effet, on entrera dans la Table de point, avec $L_e$ comme angle de route et $p$ comme chemin nord ou sud; on trouvera $\dfrac{p}{\cos L_e}$ dans la colonne des milles.

Une construction pareille donnera la position du point $R_2$, et permettra de tracer un arc du second cercle osculateur.

Quand on aura obtenu le point observé O, par deux arcs de cercle osculateur tracés sur une feuille de papier, on aura la différence de latitude $\delta L_e$ entre le point O et le point E, en convertissant en milles l'ordonnée du point O : pour cela, on entrera dans la Table de point, avec $L_e$ comme angle de route et l'ordonnée comme nombre de milles; on trouvera $\delta L_e$ dans la colonne nord et sud. Il est évident, d'ailleurs, que la quantité $\delta G_e$ sera égale à l'abscisse du point O.

### § IX. -- Cas particuliers des droites de hauteur.

**127.** Considérons les cas où l'azimut $Z_e$ serait égal à zéro, 180 degrés, 90 degrés.

Si $Z_e = 0°$, la position géographique A de l'astre, le point estimé E ou E′ (*fig.* 19) le point rapproché $R_1$, se trouvent sur le même méridien : alors

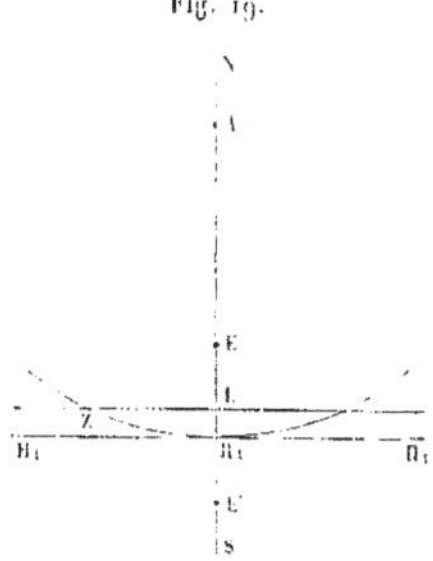

Fig. 19.

la droite de hauteur est perpendiculaire au méridien; elle se confond donc avec un parallèle.

Si $Z_e = 180°$, on se figurera la disposition relative des points que nous venons de considérer, en échangeant entre elles les lettres N et S de la figure : dans ce cas, comme dans le précédent, la droite de hauteur se confondra avec un parallèle.

Quand $Z_e = \pm 90°$ (*fig.* 20), les points E ou E′ et $R_1$ sont sur le même parallèle : la droite de hauteur se confond avec un méridien.

**128.** *Cas de* $Z_e = 0°$ *ou 180 degrés.* — Traçons (*fig.* 19) la courbe de hauteur ; cette courbe sera tangente à la droite de hauteur $R_1$ H, au point $R_1$. Soit Z la vraie position du bâtiment ; sur cette courbe menons le parallèle de Z : il coupe le méridien du point estimé en un point L. Comme on le voit, la différence en latitude des points Z et $R_1$ est égale à $LR_1$, projection de l'arc ou de la corde $ZR_1$ sur le méridien ; mais la courbe, aux environs du méridien, étant très-rapprochée de la droite de hauteur, quand la distance zénithale n'est pas très-petite, il s'ensuit que, généralement, la projection $LR_1$ de la distance $ZR_1$ est très-petite, par rapport à cette distance même : autrement dit, la différence en latitude $LR_1$ des points Z et $R_1$ est généralement très-petite, par rapport à la distance $ZR_1$ de ces points. Or $ZR_1$ varie évidemment avec l'erreur de l'azimut $Z_e$, qui elle-même dépend de l'erreur du point estimé EZ ; on est donc conduit à la conclusion suivante : eu égard à l'erreur de l'estime $EZ_1$, l'observation des hauteurs dans le voisinage du méridien est favorable à la détermination de la latitude.

**129.** *Cas où* $Z_e = \pm 90°$. — Si l'on trace la courbe de hauteur (*fig.* 20), et que l'on mène le méridien ZG′ de la position vraie du navire, on voit que

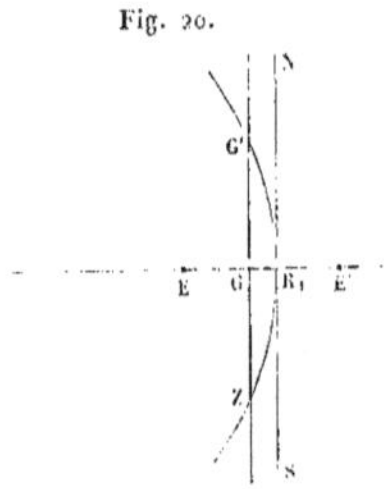

Fig. 20.

la distance en longitude $GR_1$ des points Z et $R_1$ est très-petite, par rapport à la distance même $ZR_1$ de ces points ; il en résulte que, si $Z_e = \pm 90°$, ce qui place l'astre dans les environs du premier vertical, la situation de l'astre, eu égard à l'erreur de l'estime, est favorable à la détermination de la longitude.

**130.** La théorie démontre ce que nous venons d'énoncer là ; elle établit, en outre, qu'à tous les points de vue les moments favorables à la détermination de la latitude ou de la longitude sont ceux où l'astre est voisin du méridien ou du premier vertical.

La détermination du point par la latitude et la longitude, obtenues directement et séparément dans ces cas particuliers, n'exige pas d'aussi longs calculs que ceux de deux points rapprochés; il y a donc avantage à les employer *quand on peut observer aux moments favorables ;* d'ailleurs, pour une raison quelconque, on peut désirer avoir, soit la latitude, soit la longitude. Dans l'un et l'autre but, on est tout d'abord conduit à résoudre l'un des problèmes suivants : 1° Étant donnée la limite de l'erreur du point estimé, calculer l'erreur que l'on aura à redouter sur la latitude, en observant au moment où $Z_e$ est égal à zéro ou à 180 degrés; 2° La même limite d'erreur étant donnée, calculer l'erreur à craindre sur la longitude, quand $Z_e = \pm 90°$. Nous allons traiter successivement ces deux problèmes, ainsi que tout ce qui regarde la détermination directe de la latitude et de la longitude.

DÉTERMINATION DIRECTE DE LA LATITUDE.

**131.** *Reconnaître les astres qui passeront au méridien à une heure donnée.* — A la mer, lorsqu'on désire obtenir la latitude, c'est pour un instant fixé à une heure près; il suit de là que la première chose à faire, dans cette circonstance, est de savoir quels seront les astres qui passeront au méridien du lieu, où l'on pense devoir se trouver, à l'heure du bord à laquelle on se propose de déterminer la latitude. Dans ce but, on ajoutera à cette heure du bord le temps sidéral à $0^h$ T. M. de Paris; on aura ainsi, avec une exactitude très-suffisante, l'heure sidérale $S_l$ du lieu auquel on suppose devoir observer. $S_l$ sera égale à l'ascension droite des astres qui passeront au méridien à peu près au moment fixé : en prenant donc, dans le catalogue d'étoiles, celles qui auront une ascension droite voisine de $S_l$, et dont la déclinaison, combinée avec la latitude estimée, donnera, d'après la formule

$$z_e = L_e + D$$

[tirée de l'équation (14)], une distance zénithale méridienne en valeur absolue, plus petite que 81 degrés, on aura les étoiles qui seront observables au méridien estimé. Il faut, bien entendu, s'assurer encore que le passage aura lieu au crépuscule ou pendant la nuit. Théoriquement, en supposant les erreurs d'estime inférieures à 3 degrés, il suffirait d'avoir une distance zénithale $Z_e$ plus petite que 87 degrés; mais, à cause des erreurs de réfraction qui affectent les hauteurs observées près de l'horizon, nous devons diminuer de 6 degrés cette limite et la fixer à 81 degrés.

En ce qui regarde la Lune et les planètes, les heures des passages à Paris, fournies par la *Connaissance des Temps* et prises à la date la plus voisine de l'heure du bord, à laquelle on se propose d'observer la latitude, donneront les heures des passages, avec une précision bien suffisante pour faire reconnaitre si l'on pourra observer les hauteurs méridiennes au moment proposé.

**132.** *Détermination de l'erreur à redouter sur la latitude, par suite de l'erreur du point estimé.* — Quand on aura reconnu la possibilité d'observer un astre au méridien, il faudra, d'après ce que nous avons vu, déterminer l'erreur $\delta L$ à redouter sur la latitude, par suite de l'erreur EZ de l'estime. Alors on recherchera la valeur maximum de l'erreur EZ, provenant du courant probable et des erreurs admissibles, tant sur la direction de la route, que sur la vitesse du navire; cela fait, pour faciliter la solution du problème, on cherchera, dans la Table de point, les composantes en latitude et en longitude $(\delta L_e)$, $\cos L_e (\delta G_e)$ du maximum trouvé de EZ : $(\delta L_e)$ sera exprimé en milles; en divisant la seconde composante par 15 $\cos L_e$, on aura $(\delta G_e)$ exprimé en minutes de temps.

Avec la déclinaison D et la latitude estimée $L_e$, entrons dans la Table V, nous y trouverons le coefficient $\alpha$; prenons la valeur absolue $\Delta\alpha$ de deux $\alpha$ consécutifs dans la colonne de la déclinaison; ensuite, calculons la quantité

$$(58) \qquad \delta\alpha = \frac{\Delta\alpha}{60} \times (\delta L_e),$$

$(\delta L_e)$ désignant ici la valeur absolue de l'erreur maximum : $\delta\alpha$ sera la limite de l'erreur à craindre sur $\alpha$, par suite de l'erreur de la latitude estimée. Avec $\alpha + \delta\alpha$, nous aurons, d'après ce que la théorie démontre,

$$(59) \qquad \delta L = (\alpha + \delta\alpha)(\delta G_e)^2.$$

Si $\delta L$ est dans les limites fixées de l'approximation, on obtiendra la latitude avec la précision voulue, en observant l'astre au moment où, d'après l'estime, il sera au méridien. Admettant que $\delta L$ soit inférieur à la limite fixée, il faudra calculer l'heure à laquelle on devra observer la hauteur, c'est-à-dire déterminer l'heure du chronomètre au moment du passage de l'astre au méridien.

**133.** *Détermination du méridien estimé, auquel on devra observer, en tenant compte de la marche du navire.* — Avant tout, il convient de faire une remarque : c'est que, lorsqu'on est dans l'intention d'observer une hauteur méridienne à la mer, on ne peut, la plupart du temps, connaître à l'avance, avec une exactitude suffisante, la longitude du lieu où l'observation devra être faite : en effet, un navire en marche faisant très-rarement route sur un méridien change presque constamment de longitude; d'ailleurs on n'est pas certain du nombre de milles qu'il parcourra, à partir de l'instant où l'on aura décidé l'observation de la latitude, jusqu'au moment même de cette observation; il résulte de là qu'on est obligé d'opérer ainsi que nous allons le dire. Quand on aura constaté qu'il est possible d'obtenir une latitude méridienne vers une certaine heure; environ $1^h 30^m$ avant cette heure, on fera le point estimé, et l'on obtiendra un point $(L_e, G_e)$. On calculera l'heure A que devra marquer le chronomètre au moment où l'astre passera au méridien de longitude $G_e$ : puis, environ une demi-heure avant l'heure A, on demandera à la timonerie les routes faites depuis le point $(L_e, G_e)$, le cap du navire et sa vitesse : alors on calculera le changement en longitude $\Delta G_e$, qui pourra se produire depuis le moment où l'on était au point $(L_e, G_e)$, jusqu'à celui où l'on pensera être à l'heure A, et, l'ajoutant à $G_e$, on aura la longitude du méridien estimé. L'heure A′, à laquelle on devra observer le passage, aura pour expression $A' = A \pm \dfrac{\Delta G_e}{15}$, suivant que le changement $\Delta G_e$ aura été est ou ouest.

**134.** *Calcul de l'heure $T_p$ du premier méridien, au moment du passage d'un astre au méridien supérieur.* — Il nous faut déterminer l'heure A du chronomètre au moment du passage de l'astre au méridien : dans ce but, on calcule l'heure moyenne $T_p$ du premier méridien, à l'instant où l'astre passe au méridien $G_e$. A la mer, il suffit grandement de calculer cette heure à une minute près. Dans la pratique, le calcul du passage au méridien n'est pas le même pour tous les astres; on procède de diverses manières, suivant qu'il s'agit du Soleil, de la Lune et des planètes, enfin des étoiles.

Se proposant d'obtenir, à une date donnée, l'heure du passage du Soleil au méridien supérieur d'un lieu dont la longitude est $G_e$, on calcule l'heure vraie $V_p$ de Paris, au moment du passage au méridien $G_e$; on a

$$V_p = + G_e,$$
$$V_p = 24 - G_e,$$

suivant que la longitude est ouest ou est : ajoutant algébriquement à cette heure $V_p$ l'équation du temps tirée des éphémérides (colonne de gauche de la *Connaissance des Temps*), on aura l'heure moyenne correspondante $T_p$ de Paris.

Quant à ce qui regarde la Lune, le calcul est presque aussi simple, lorsqu'on emploie les heures moyennes des passages de la Lune au méridien supérieur de Paris, qui sont données, en temps astronomique, par la *Connaissance des Temps*, ou toute autre éphéméride.

Pour déterminer le temps moyen $T_p$ du passage de la Lune au méridien du lieu dont la longitude est $G_e$; on prend la différence $\Delta T$ entre l'heure du passage du jour et l'heure du passage de la veille si le lieu est à l'est de Paris, ou bien la différence $\Delta T'$ entre l'heure du passage du jour et l'heure du passage du lendemain si le lieu est à l'ouest, puis on calcule une correction $x$ d'après la formule

$$(60) \qquad x = \frac{G_e}{15} \cdot \frac{\Delta T \text{ ou } \Delta T'}{24};$$

en retranchant dans le premier cas cette quantité $x$ de l'heure du passage à Paris, et en l'ajoutant dans le second, on obtient l'heure $T_p$ de Paris, à l'instant du passage de la Lune au méridien dont la longitude est $G_e$.

Dans la suite des heures des passages au méridien, on trouve un trait vers le jour de la nouvelle Lune : ce trait indique que l'astre ne passe pas au méridien de Paris ce jour-là ; naturellement il arrive aussi que la Lune ne passe pas au méridien d'autres lieux. Mais nous n'avons pas à nous préoccuper de ce cas-là, lequel répond au voisinage de la nouvelle Lune, parce que, dans cette circonstance, l'astre n'étant pas visible ne peut être observé.

On trouve dans la *Connaissance des Temps*, à partir de 1876, une autre méthode de calculer l'heure du passage de la Lune au méridien ; elle est plus exacte que la précédente : toutes les explications nécessaires à ce sujet étant données à la fin de cette éphéméride, nous y renvoyons.

Pour trouver l'heure du passage des planètes au méridien supérieur, on fera un calcul absolument analogue à celui que nous venons d'indiquer

pour la Lune ; seulement, dans le cas où les heures de deux passages vont
en diminuant, il faudra changer le sens de la correction $x$ ; on la retran-
chera donc si $G_e$ est occidentale et on l'ajoutera si $G_e$ est orientale. Le plus
souvent $x$ sera assez faible pour qu'on puisse négliger cette correction et
prendre, pour heure du passage de la planète au méridien $G_e$, l'heure du
passage au méridien de Paris.

Quant à ce qui concerne le passage d'une étoile au méridien supérieur,
on remarquera qu'au moment où l'étoile est au méridien, l'heure sidérale $S_l$
du lieu est égale à l'ascension droite de l'étoile ; par suite, l'heure sidérale $S_p$ du premier méridien est égale à l'ascension de l'astre, plus la longitude prise avec son signe : on a

$$(61) \qquad\qquad S_p = \text{Æ} + \frac{G_e}{15}.$$

Connaissant l'heure sidérale du premier méridien, on passe facilement à
son heure moyenne $T_p$ ; nous donnerons, dans nos types de calculs, la marche
à suivre pour cette opération.

**135.** *Détermination de l'heure du passage au méridien, pour une obser-*
*vation de précision, faite à terre.* — Si, pour une observation à terre, on voulait avoir une heure du passage de la Lune ou d'une planète, plus approchée
que ne la donnent les méthodes précédentes, on calculerait, avec l'heure
qu'elles auraient fournie, l'ascension droite de l'astre que l'on se propose
d'observer ; avec cette ascension droite, on ferait un calcul identique à celui
que nous venons d'indiquer pour déterminer l'heure du passage d'une étoile
au méridien : le résultat de ce calcul donnerait l'heure du passage d'une planète aussi exactement qu'on peut la demander et celle du passage de la Lune
à moins de 3 secondes. Si l'on voulait encore une heure plus approchée pour
la Lune, avec cette heure du passage, on recommencerait l'opération que
nous venons d'indiquer : on aurait ainsi exactement l'heure du passage de
la Lune au méridien.

**136.** *Calcul de l'heure $T_p$ au moment du passage au méridien inférieur.* —
Dans le cas où l'on devrait observer un astre au méridien inférieur, on remplacerait, dans tout ce que nous venons d'exposer, $G_e$ par $G'_e = \frac{G_e}{15} \pm 12^h$ ;
on prendrait le signe $+$ ou le signe $-$, de manière que $G'_e$ fût moindre
que 12 heures.

**136 bis.** *Calcul de l'heure* $M_0$ *du compteur au moment du passage d'un astre au méridien.* — Quand on aura obtenu l'heure $T_p$ du premier méridien, au moment du passage d'un astre au méridien, on calculera l'état du chronomètre $T_p - A$ pour cette heure; retranchant $T_p - A$ de $T_p$, on aura l'heure demandée $A$ : pour avoir l'heure du compteur $M_0$, on n'aura qu'à retrancher de $A$ la comparaison $A - M$ prise quelques instants avant ou après l'observation de la hauteur méridienne.

**137.** *Formules pour calculer la latitude.* — Pour déduire la latitude de l'observation d'une hauteur faite au méridien estimé, on n'aura qu'à appliquer les formules (14) et (15), ainsi que nous l'avons indiqué dans la méthode directe.

DÉTERMINATION DIRECTE DE LA LONGITUDE.

**138.** Pour déterminer directement la longitude à la mer, il faut faire des opérations préliminaires du même genre que celles qu'on a dû exécuter pour la détermination de la latitude, c'est-à-dire : 1° reconnaître les astres qui passeront au premier vertical estimé, aux environs du moment où l'on veut avoir la longitude; 2° fixer la limite de l'erreur $\delta G$, à craindre sur la longitude, par suite de l'erreur de l'estime; 3° calculer l'heure $A$ que marquera le chronomètre au moment où l'on devra observer la hauteur.

**139.** *Conditions dans lesquelles doit se trouver un astre pour qu'on puisse l'observer au premier vertical.* — Les conditions nécessaires pour qu'un astre puisse être observé au premier vertical sont : 1° que la latitude et la déclinaison soient de même signe; 2° que la latitude soit, en grandeur absolue, plus forte que la déclinaison. Il résulte de là, comme on peut le voir facilement, que l'angle horaire d'un astre au premier vertical sera toujours, en grandeur absolue, moindre que 6 heures. Ces conditions, dans lesquelles les astres se trouvent quand ils sont au premier vertical, vont nous permettre de reconnaître ceux qui s'y trouveront au moment où l'on se proposera d'observer la longitude.

**140.** *Reconnaître les astres qui passeront au premier vertical à une heure donnée.* — Il conviendra d'opérer ainsi : calculer, pour le moment donné de ce passage, l'heure sidérale grossièrement approchée du lieu $S_l$, ainsi que nous l'avons indiqué au sujet du passage d'un astre au méridien; cela fait, prendre un planisphère céleste, chercher, sur l'équateur où sont marquées les ascensions droites (*fig.* 21), le point correspondant au nombre d'heures et de minutes de l'heure $S_l$; joindre ce point au pôle P par une ligne droite; marquer sur la ligne ainsi tracée, en se servant de l'échelle des déclinaisons, un point $L_e$ distant de l'équateur, d'un nombre de degrés égal à celui de la latitude estimée $L_e$; enfin marquer encore sur l'équateur deux points E et O correspondants à $S_l + 6^h$ et $S_l - 6^h$. Si le premier vertical était figuré sur le planisphère, il formerait une courbe passant par les points E, $L_e$, O, et

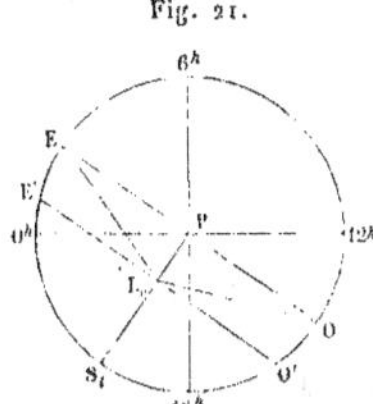

Fig. 21.



dont la convexité serait tournée du côté de l'équateur : les astres situés sur cette courbe seraient ceux qui passeraient au premier vertical, exactement au moment où l'on veut obtenir la longitude. Mais tracer cette courbe est pratiquement impossible; nous avons dû chercher à la remplacer. On y parviendra de cette manière : les points E et O seront joints à $L_e$ par des lignes droites; puis on mènera en $L_e$ une perpendiculaire E'O' au méridien $S_l$P; cette perpendiculaire coupera l'équateur en des points E' et O'. Les astres dont la déclinaison sera plus petite que $L_e$ et qui seront compris dans les espaces limités, l'un par les lignes $L_e$E, $L_e$E' et l'arc EE', l'autre par $L_e$O, $L_e$O' et l'arc OO', passeront au premier vertical à l'est et à l'ouest, à des instants d'autant plus voisins de l'heure à laquelle on se propose d'observer, qu'ils seront moins éloignés de la courbe qui joindrait les points O, $L_e$, E. Quant aux points compris dans ces espaces et qui sont les plus éloignés de la courbe, les heures de leurs passages au premier vertical ne différeront de l'heure fixée que d'une quantité peu importante au point de vue de la Navigation. On ne trouve que les étoiles sur le planisphère: dans le cas où l'on voudrait connaître si les planètes ou la Lune passeront au premier vertical au moment voulu, on n'aurait qu'à les placer sur le planisphère d'après leurs ascensions droites et leurs déclinaisons. Pour le Soleil, la Table XXXIX de M. Caillet donnera l'heure vraie à laquelle le Soleil passera au premier vertical : nous expliquerons plus loin l'usage de cette Table.

**141.** *Détermination de la limite de l'erreur à craindre sur la longitude, par suite de l'erreur du point estimé.* — Une fois que l'on aura constaté la possibilité d'observer des astres au premier vertical, il faudra déterminer la limite $\partial G$ de l'erreur à craindre sur la longitude, par suite de l'erreur du point estimé.

M. Yvon Villarceau a étudié ce problème (voir *Partie théorique*, n° 42); il a calculé la Table VI, qui donne les déclinaisons au-dessous desquelles l'erreur de la longitude, déduite d'observations faites au premier vertical estimé, n'excède pas 1 mille. Les arguments de cette Table sont : $\eta$ erreur maximum supposée pouvoir exister sur le point estimé; $L_e$ la latitude estimée. L'argument $\eta$ va jusqu'à 120 milles, erreur qui n'est, pour ainsi dire, jamais atteinte dans la pratique.

Il s'ensuit que, pour observer directement la longitude, on devra fixer $\eta$ ainsi que nous l'avons indiqué pour la latitude (**132**); puis on entrera, dans la Table VI, avec $\eta$ comme argument horizontal et $L_e$ comme argument vertical : la déclinaison correspondante à ces arguments sera la limite supérieure des déclinaisons que pourront avoir les astres passant au premier vertical, pour que la longitude fournie par leur observation ne soit pas erronée de 1 mille. Il va sans dire que, si l'on pouvait observer plusieurs astres, il faudrait choisir celui d'entre eux dont la hauteur, au moment de l'observation, serait supérieure à 9 degrés, sans cependant approcher trop de 90 degrés, à cause des difficultés d'observation des très-grandes hauteurs.

**142.** *Calculer l'heure que marquera le chronomètre au moment du passage d'un astre au premier vertical estimé.* — Pour les mêmes raisons que nous avons données à propos de la latitude, on fera le point estimé $(L_e, G_e)$ à $1^h 30^m$ environ, avant le moment où l'on pense devoir observer; puis on calculera, au moyen de la déclinaison et de la latitude estimée, l'angle horaire P de l'astre et la hauteur au moment de son passage au premier vertical : ces deux quantités seront données par les formules

$$(62) \qquad \cos P = \frac{\tang D}{\tang L_e},$$

$$(63) \qquad \sin H_e = \frac{\sin D}{\sin L_e}.$$

Si la déclinaison de l'astre n'est pas supérieure à 24°, ni la latitude plus grande que $70°$, on trouvera P et la hauteur correspondante $H_e$ dans la Table XXXIX de M. Caillet : les arguments pour y entrer sont la latitude et la déclinaison.

Connaissant P, on en déduira l'heure sidérale $S_l$ du lieu, au même moment, par la formule

$$(64) \qquad S_l = P + Æ,$$

où Æ désigne l'ascension de l'astre prise pour l'heure de Paris, correspondante à l'heure du bord vers laquelle on se propose d'observer. Connaissant $S_l$, il sera facile d'en tirer $S_p$ au moyen de la relation

$$(65) \qquad S_p = S_l + \frac{G_e}{15}.$$

De $S_p$, on passera à l'heure moyenne $T_p$ de Paris, ainsi que nous l'avons dit (134).

Si l'on observait le Soleil, P serait égal à l'heure vraie; il y aurait à la corriger de l'équation du temps et de la longitude pour avoir $T_p$.

L'heure moyenne de Paris $T_p$ étant connue, on en conclura, ainsi que nous l'avons indiqué n° 136 *bis*, l'heure correspondante A du chronomètre. Trente minutes environ avant l'heure A, on demandera à la timonerie les routes faites depuis le point $(L_e, G_e)$, le cap du navire et la vitesse; on calculera le nouveau point $(L'_e, G'_e)$, où l'on supposera devoir se trouver à l'heure A : alors, on recommencera les calculs précédents, qui donneront une nouvelle heure du chronomètre A', d'où sera conclue l'heure M, que marquera le compteur au moment du passage de l'astre au premier vertical estimé.

143. On utilisera la hauteur $H_e$ pour se préparer à l'observation, en mettant l'index de son instrument à cette hauteur; on évitera ainsi d'avoir à ramener l'image de l'astre à l'horizon.

Quand la hauteur aura été obtenue, on déterminera la longitude du point rapproché, qui sera la longitude cherchée, en se servant des formules suivantes, dont deux sont données aux n°$^s$ 98 et 102 :

$$p = H - H_e \quad \text{et} \quad G = G_e \pm \frac{p}{\cos L_e}, \qquad \text{Astre à} \begin{cases} \text{l'ouest} \\ \text{l'est} \end{cases}$$

$$\operatorname{tang} H_e = \frac{\cot (G_n - G'_e)}{\cos L'_e}.$$

On pourra encore, si on le préfère, calculer l'angle horaire par la formule

$$(66) \qquad \operatorname{tang} P = \pm \frac{\cot H}{\cos L'_e}.$$

Si l'on a observé le Soleil, on corrigera P de l'équation du temps : on aura ainsi l'heure moyenne $T_l$ du lieu, qui, retranchée de l'heure correspondante $T_p$ du premier méridien, donnera la longitude. Si l'astre observé était autre que le Soleil, avec $T_p$, on calculerait l'ascension droite Æ de l'astre, laquelle, ajoutée à P, fournirait l'heure sidérale $S_l$ du lieu ; calculant l'heure sidérale $S_p$ correspondante à $T_p$, on aurait $G = S_p - S_l$.

**144.** Ici, nous ferons une remarque : on lit dans les *Traités de Navigation* que les moments favorables à la détermination de la longitude sont 1° celui du passage de l'astre au premier vertical ; 2° le moment où l'angle à l'astre est droit : c'est vrai ; mais, cependant, il y a une très-grande différence entre les résultats obtenus dans ces deux circonstances (*voir* les n°⁹ 41, 42, 43 et 44 de la *Théorie*). En effet, l'observation faite dans le voisinage du premier vertical est la seule qui donne certainement une longitude très-approchée : celle qui est faite au moment où l'angle de position est droit peut produire, au contraire, une erreur très-considérable sur la longitude ; cette ·eur sera d'autant plus forte que l'azimut $Z_e$ s'éloignera davantage de 90 grés. L'observation d'un astre, à l'instant où l'angle de position est droit, est simplement la moins défavorable pour obtenir la longitude, en observant un astre qui ne passe pas au premier vertical.

**145.** *Détermination de la latitude en supposant la longitude connue.* — Dans cette hypothèse, les quantités connues sont $T_p$, H, D, G. De la longitude géographique de l'astre et de G, on tire

$$G_a - G = P :$$

on connait alors, dans le triangle de position, deux côtés, $90° - H$, $90° - D$, et l'angle horaire P opposé à $90° - H$ ; on posera donc, suivant l'usage,

$$\operatorname{tang} \varphi = \cot D \cos P,$$

ce qui conduira à la formule

$$(67) \qquad \sin(L + \varphi) = \frac{\sin H \cos \varphi}{\sin D}.$$

On pourra prendre en valeur absolue $\varphi < 90°$ ; la latitude estimée fera connaitre lequel des deux angles correspondants à $\sin(L + \varphi)$, on devra prendre pour avoir la latitude, que l'on obtiendra en retranchant $\varphi$ de $L + \varphi$.

### Cas où $Z_e$ est voisin de zéro ou 180 degrés.

Dans le cas où $Z_e$ est voisin de zéro ou de 180 degrés, la droite de hauteur se rapproche beaucoup d'un parallèle; il résulte de là que l'on peut encore déterminer la latitude, entre certaines limites de petitesse de $Z_e$. Dans cette circonstance, on distingue deux cas : ou l'angle horaire ne peut devenir grand, et l'on dit alors que les hauteurs observées sont circumméridiennes; ou l'angle horaire de l'astre est quelconque, c'est le cas des circumpolaires.

**146.** *Emploi des hauteurs circumméridiennes.* — Si $H$ désigne une hauteur circumméridienne, $P$ l'angle horaire correspondant, $H_m$ la hauteur qu'aurait l'astre observé, s'il passait au méridien avec la déclinaison qu'il a au moment de l'observation, on a, d'après ce qui a déjà été dit n° 107,

$$(43) \qquad H_m = H + \alpha P^2, \qquad\qquad \text{P. S.}$$

$$(43 \; bis) \qquad H_m = H - \alpha P^2 : \qquad\qquad \text{P. I.}$$

$\alpha$ est le coefficient donné par la Table V et dont nous avons déjà parlé n° **81**. Cette Table donne aussi la limite de $P$, dans laquelle l'application des formules (43) et (43 *bis*) permet d'obtenir la latitude à moins de $1'$, sauf, bien entendu, ce que peuvent produire les erreurs de la hauteur et du point estimé.

Avant de procéder à l'observation des hauteurs circumméridiennes, il est nécessaire de déterminer quelle peut être l'erreur à craindre sur la latitude, par suite de l'erreur de la position estimée du navire. Si $\delta L$ désigne l'erreur maximum à craindre sur la latitude, on aura, suivant la théorie,

$$(68) \qquad \delta L = (\alpha + \delta\alpha) [P + \delta G_e]^2 - \alpha P^2,$$

l'erreur maximum ($\delta G_e$) et $P$ étant pris avec le même signe; ($\alpha + \delta\alpha$) se calcule ainsi que nous l'avons indiqué au n° **132**, et l'on prend comme valeur de $P$ celle qui est donnée par la Table V, avec $L_e$ et $D$ comme arguments.

**147.** Quand $\delta L$ est compris dans les limites admises, il reste, pour pouvoir appliquer les formules (43) et (43 *bis*), à connaitre l'angle horaire $P$

au moment de l'observation de la hauteur; la marche à suivre, pour déterminer cet élément, est la suivante : on calcule, comme précédemment
(134, 136), l'heure $M_0$ que marquera le compteur au moment où, d'après
l'estime, $Z_e$ sera égal à zéro ou à 180 degrés; puis désignant par M l'heure
du compteur correspondante à la hauteur H, on pose $M_0 - M = P$ ou
$M - M_0 = P$, suivant que l'observation a lieu avant ou après le passage au
méridien : les intervalles de temps mesurés par le compteur diffèrent toujours assez peu du temps vrai pour que ces dernières égalités puissent, à la
mer, être considérées comme exactes, en ce qui concerne le Soleil, les planètes et les étoiles. Quant au temps lunaire, il n'en est pas toujours de
même : les formules précédentes se transforment ainsi pour l'angle horaire
de la Lune :

$$(69) \qquad\qquad P_{\mathbb{C}} = (M_0 - M) 1^s,035,$$

$$(69\,bis) \qquad\qquad P_{\mathbb{C}} = (M - M_0) 1^s,035,$$

$M_0 - M$ et $M - M_0$ étant des nombres de minutes de temps.

148. L'angle horaire P, ainsi que nous l'avons dit, est limité; il est donc
nécessaire de connaître les limites correspondantes de M, entre lesquelles
on pourra observer des hauteurs circumméridiennes : pour déterminer ces
limites, on cherchera la limite de P dans la Table V, et l'on aura, en ce qui
concerne les observations du Soleil, des planètes et des étoiles,

$$(70) \qquad\qquad \lim M = M_0 - \lim P, \qquad\qquad \text{Avant le passage.}$$

$$(70\,bis) \qquad\qquad \lim M = M_0 + \lim P. \qquad\qquad \text{Après le passage.}$$

En ce qui regarde la Lune, les formules deviennent

$$(71) \qquad\qquad \lim M = M_0 - \lim P (1,035), \qquad\qquad \text{Avant le passage.}$$

$$(71\,bis) \qquad\qquad \lim M = M_0 + \lim P (1,035). \qquad\qquad \text{Après le passage.}$$

En faisant les observations entre ces limites, on obtiendra la latitude
à moins de 1 minute, sauf, bien entendu, ce qui peut résulter des erreurs
d'estime et de hauteur.

149. Si l'on examine la formule (68), on voit que l'angle horaire y entre
au carré; il en résulte que l'erreur $(\delta G_e)$, qui se porte intégralement sur
l'angle horaire, exerce une grande influence sur la latitude : cette remarque
a fait rechercher si l'on ne pourrait obtenir simplement, au moyen des ob-

servations de hauteur circumméridiennes, un angle horaire plus exact
que celui résultant du point estimé; et l'on a pu trouver un procédé qui
permet souvent d'obtenir P à 1 minute près, approximation généralement
suffisante pour déterminer la latitude par une hauteur circumméridienne.

Supposons que l'on ait observé deux hauteurs circumméridiennes H et H'
aux heures du compteur M et M', correspondantes aux angles horaires P
et P', on aura

$$H_m = H \pm \alpha P^2, \qquad\qquad \text{Passage} \begin{cases} \text{sup.} \\ \text{inf.} \end{cases}$$
$$H_m = H' \pm \alpha P'^2;$$

on tire de là

$$H - H' = \pm \alpha (P^2 - P'^2) = \pm \alpha (P - P')(P + P'),$$

d'où

$$P + P' = \pm \frac{H - H'}{\alpha (P - P')} = \pm \frac{H - H'}{\alpha (M - M')}:$$

ajoutant $P - P'$, qui est connu, à $P + P'$, et isolant P, il vient

$$(72) \qquad P = \pm \frac{H - H'}{2\alpha (M - M')} + \frac{1}{2} (M - M').$$

Mais il faut, pour employer cette manière d'obtenir P, que les observations de hauteur soient faites à des moments où l'astre monte encore assez
vite, c'est-à-dire le plus longtemps possible avant ou après le passage au
méridien; il faut aussi que l'intervalle entre les observations soit le plus
grand possible : enfin il sera encore nécessaire que les erreurs à redouter
sur les hauteurs restent petites. Ce procédé donne de meilleurs résultats
qu'on ne pourrait s'y attendre à première vue; cela provient uniquement
de ce que les erreurs provenant de l'instrument et une partie de celles de la
réfraction, étant communes aux hauteurs H et H', se détruisent dans la différence de ces quantités; il n'est cependant applicable que dans le cas où
les mouvements du navire et de l'astre sont négligeables ([1]).

**150.** L'observation des circumméridiennes offre un avantage : c'est de
remplacer l'observation méridienne, lorsque, pour une raison quelconque
(par exemple des nuages qui cachent l'astre pendant quelques instants aux
environs du passage au méridien), on ne peut observer la hauteur méridienne.

---

([1]) M. Hilleret a traité très-complétement la question des hauteurs circumméridiennes; nous
renvoyons à son Mémoire les personnes qui désireraient de plus amples renseignements à ce sujet.

**151.** *Emploi des observations d'astres circumpolaires.* — Il n'existe à notre époque, pour les marins, qu'une étoile circumpolaire dont l'observation présente des avantages, c'est α de la Petite Ourse, dite la *Polaire*. Les hauteurs de la Polaire donnent la latitude à moins de 30 secondes, au moyen de la formule

$$L = H - \Delta \cos P + \frac{1}{2} \tang H \sin^2 P \sin 1'',$$

déjà indiquée au n° 109. On peut calculer directement cette formule; mais il est plus simple d'employer les Tables de M. Labrosse ou celles du *Nautical Almanac;* nous avons déjà mentionné ces Tables au n° 109, nous n'y reviendrons donc pas. Pour de plus amples renseignements sur la détermination de la latitude par la Polaire, voir *Partie théorique,* n°ˢ 35 à 39.

**152.** Nous ne terminerons pas ce qui regarde les déterminations directes et séparées de la latitude et de la longitude, sans faire une remarque que nous considérons comme très-importante : c'est que, si ces déterminations donnent le point par des calculs un peu plus courts que ceux du point rapproché, ils exigent des opérations préliminaires, pour obtenir le moment où l'on devra observer, et assujettissent à prendre des hauteurs à des heures fixées; or tout cela constitue des complications que doivent éviter les marins : à la mer, on fait comme on peut et non comme on voudrait. On doit donc préférer un système de calculs qui soit applicable dans toutes les circonstances, et permette d'utiliser toutes les hauteurs observées; ce sont justement les conditions remplies par la méthode du point rapproché : on reconnaîtra nécessairement que cette méthode fournit un procédé plus *marin* que les autres modes de calcul.

# CHAPITRE IV.

## DES ERREURS QUI PEUVENT AFFECTER LES QUANTITÉS SERVANT A DÉTERMINER LE POINT. — DE LEURS EFFETS. — MOYENS DE LES COMBATTRE.

### § I. — Erreurs des observations. — Erreurs de courant. — Erreurs des chronomètres.

**153.** *Erreurs d'observation.* — *Considérations générales.* — Dans les problèmes que nous avons traités, à part ceux qui concernent les chronomètres, nous avons supposé que les données des observations étaient exactes; or il n'en est jamais ainsi : toute mesure faite est susceptible d'erreurs; il faut donc, quand on introduit les résultats des observations dans les constructions ou dans les formules destinées à donner le point, voir quelle peut être l'influence des erreurs des observations sur la position obtenue du navire. Dans certaines circonstances, cette influence est très-considérable et entraîne de très-fortes erreurs; aussi les astronomes se sont-ils efforcés d'en atténuer les effets : de là est née la *Théorie des erreurs d'observation*, qui dérive elle-même de la *Théorie des probabilités*. A l'exception des astronomes et des géodésiens, peu de personnes se sont occupées en France de la *Théorie des erreurs d'observation;* on commence à peine à en dire quelques mots dans les écoles : elle est cependant indispensable à connaître, pour obtenir certains résultats très-importants. Il n'existe, à notre connaissance, qu'un ouvrage écrit en français, et contenant presque tous les renseignements que l'on peut désirer à ce sujet : c'est l'ouvrage du général du génie belge, M. Liagre : malheureusement, peu d'officiers sont préparés à la lecture d'un pareil ouvrage.

Il nous est impossible ici de nous étendre beaucoup sur la théorie des erreurs d'observation (¹); nous donnerons seulement quelques définitions nécessaires à l'intelligence du sujet.

On divise les erreurs d'observation en deux catégories, les erreurs *systématiques* et les erreurs *accidentelles*. Les premières sont ou constantes, ou variables suivant une loi déterminée. Celles qui ne changent pas dans le courant d'une série d'observations sont, par exemple, l'erreur de la collimation d'un sextant, l'erreur des verres colorés; celles qui suivent, dans une certaine mesure, une loi déterminée sont les erreurs provenant de la graduation et de l'excentricité du sextant. Les erreurs accidentelles changent, au contraire, à chaque observation : telles sont les erreurs de pointé ou de contact.

Les erreurs systématiques peuvent quelquefois être déterminées, par exemple les erreurs de division des cercles gradués; alors on en corrige les lectures, et ces erreurs sont comme si elles n'existaient pas.

Le plus souvent la grandeur et le sens des erreurs systématiques restent inconnus; il en est de même, en ce qui concerne les erreurs accidentelles : c'est là ce qui caractérise les erreurs d'observation proprement dites.

Les erreurs accidentelles, avons-nous dit, changent au contraire à chaque observation : tout ce que l'on peut faire à leur égard, c'est de leur assigner une valeur maximum que l'on affecte du double signe $\pm$, puisqu'on ignore leur sens et leur vraie grandeur.

Dans ce qui suit, nous passerons successivement en revue les erreurs des diverses observations que l'on fait à la mer; nous en étudierons ensuite les effets, puis nous passerons aux moyens de les combattre.

**154.** *Énumération des erreurs d'observation à craindre à la mer; quelques détails à leur sujet.* — Les quantités observées que l'on emploie dans la nouvelle navigation sont :

1° Les angles de route;
2° Les nombres de milles parcourus;
3° Les azimuts des astres;
4° Les hauteurs des astres.

Les angles de route et le nombre de milles parcourus sont les données sur lesquelles se fonde la navigation estimée; nous renvoyons, en conséquence, à la navigation estimée pour tout ce qui se rapporte à ces

---

(¹) Ce que nous allons dire sur les erreurs d'observation ne s'applique évidemment pas aux grossières erreurs provenant d'inattention ou de négligence, erreurs que, du reste, on peut la plupart du temps reconnaître immédiatement.

quantités : nous dirons seulement ici que les erreurs sur les angles de route et sur le nombre de milles parcourus influent sur le point observé, quand le chemin, fait en allant d'un lieu à un autre, est utilisé pour ramener une hauteur observée à l'horizon d'un autre lieu. Cela ne se présente que dans les circonstances où il n'a pas été possible d'observer deux astres à un intervalle de temps assez court, pour qu'on puisse regarder les observations comme simultanées.

Les erreurs des azimuts proviennent de l'emploi d'une variation défectueuse et des erreurs du pointé de l'astre au moyen de l'alidade, ainsi que de celles de la lecture sur la rose des vents. Les erreurs de variation peuvent être considérées comme constantes, les erreurs de pointé comme accidentelles : celles-ci peuvent devenir très-fortes quand la hauteur est grande; à quelques degrés du zénith, elles atteignent de telles proportions, que l'on ne peut plus compter sur les azimuts observés.

Les erreurs qui affectent les hauteurs sont, les unes *systématiques*, les autres *accidentelles* (¹).

Les erreurs que l'on peut considérer comme *systématiques* sont les suivantes :

1° Erreurs provenant de l'imperfection du sextant lui-même, c'est-à-dire de la graduation, du défaut de parallélisme de faces des miroirs ou des verres colorés, etc.; les instruments fournis par les bons constructeurs sont tellement perfectionnés, que ces erreurs sont généralement très-petites ;

2° Erreurs de rectification, provenant de la grande difficulté d'amener les miroirs à être perpendiculaires au plan du limbe ;

3° Erreur de la collimation : elle résulte des erreurs de pointé et de lecture, dans les observations que l'on a faites pour la déterminer; cette erreur peut atteindre un nombre de secondes fort appréciable;

4° Erreur de réfraction de l'astre : le défaut d'horizontalité des couches atmosphériques de même densité, qui provient de causes quelconques, notamment des mouvements de l'atmosphère, s'oppose à ce que les Tables de réfraction, qui se rapportent à l'hypothèse de la parfaite horizontalité desdites couches, soient applicables, en toute rigueur, dans le calcul de réduction des hauteurs observées : aussi cette sorte d'erreur peut-elle devenir assez forte, surtout quand l'astre est peu élevé;

5° Erreur sur la position de l'horizon de la mer, par suite de la réfrac-

---

(¹) M. Hilleret a déjà parlé de ces erreurs, dans sa *Théorie générale des circomméridiennes* mentionnée plus haut.

tion; cette erreur peut, dans certaines circonstances, atteindre une valeur très-considérable : elle provient, suivant les auteurs les plus accrédités, de la différence entre les températures de l'air et de la mer. Lorsque la mer est plus chaude que l'air, l'horizon paraît au-dessous de sa place normale, c'est-à-dire de celle qu'il occuperait si l'air et la mer avaient même température; la dépression donnée par la Table est alors trop faible : si, au contraire, la mer est plus froide que l'air, l'horizon paraît au-dessus de sa place normale; la dépression tabulaire est trop grande. Mais on ne trouve nulle part d'indications pour corriger la dépression au moyen de la différence entre la température de l'air et celle de l'eau; il serait donc imprudent de compter sur une grande exactitude, dans les observations, quand cette différence sera bien accusée, et surtout quand on se trouvera en présence du phénomène du mirage. On est encore exposé à des erreurs lorsque, par un ciel en partie nuageux, la Lune ou le Soleil, étant assez bas, éclairent vivement la surface de la mer au-dessous d'eux : il se forme alors des bandes alternatives de lumière et d'ombre, et il est possible de confondre la limite d'une de ces bandes avec la vraie ligne d'horizon; ce qui peut évidemment entraîner une erreur de plusieurs minutes sur la hauteur. On devra, dans ces circonstances, apporter toute l'attention nécessaire pour reconnaître le véritable horizon : dans le cas où l'on ne serait pas certain d'y avoir réussi, on devrait, si la hauteur était plus grande que 60 degrés avec certains sextants, plus grande seulement que 45 degrés avec d'autres, mesurer le supplément de la hauteur en tournant le dos à l'astre.

Il existe une autre cause qui produit une erreur sur le lieu apparent de l'horizon, c'est la faible intensité de la lumière pendant la nuit : on ne trouve dans les Traités de navigation que de très-vagues indications, en ce qui concerne les observations de nuit. Nous avons commencé des études sur ce sujet, étant à bord du *Jean-Bart* et de la *Renommée;* mais elles ne sont pas encore assez nombreuses pour que l'on puisse, dès à présent, en déduire des conclusions certaines; nous nous proposons de continuer ces recherches. On reviendra plus loin sur ce sujet, qui doit être considéré comme extrêmement important;

6° Erreur personnelle, c'est-à-dire particulière à chaque personne et relative au pointé.

Les erreurs *accidentelles*, qui affectent les hauteurs, se classent comme il suit :

1° Erreur de dépression : elle résulte de la variation continuelle de la hauteur de l'œil au-dessus du niveau de la mer, lorsque la mer est grosse et houleuse; on peut voir, d'après la Table de dépression, que cette erreur peut atteindre plusieurs minutes, surtout quand l'observateur est à un niveau peu élevé:

2° Erreur de pointé ou de contact : elle dépend de l'habileté de l'observateur et des difficultés plus ou moins grandes de l'observation. Par les gros temps, il faut soigneusement éviter de prendre la crête d'une lame pour la ligne d'horizon; le meilleur moyen de se soustraire à cette cause d'erreur est d'observer d'une position assez élevée.

Dans les circonstances ordinaires de la navigation, les erreurs que l'on vient de considérer isolément peuvent, étant réunies, monter assez fréquemment à 2 ou 3 minutes. Quelquefois elles atteindront 4 ou 5 minutes; lorsqu'il se produira des réfractions anormales, elles pourront s'élever jusqu'à 15 minutes et au delà : mais, en aucun cas, on ne sera certain qu'une hauteur observée soit exacte à moins de 1 minute.

**155.** *Erreur de courant.* — Le courant exerce de l'influence sur le point observé, au même titre que l'estime : par ce motif, l'erreur de courant pouvant être complétement assimilée à une erreur d'estime, nous renvoyons à ce qui a été dit sur ce sujet au commencement du numéro précédent.

**156.** *Erreurs des chronomètres.* — Si l'on a trois chronomètres, que deux aient toujours fourni des marches du premier chronomètre, s'accordant entre des limites admissibles, ou que, deux ayant subi des perturbations en même temps, on ait pu déterminer ces perturbations ultérieurement, il est très-probable que l'heure du premier méridien, donnée par ces instruments, est très-approchée : il en sera de même dans le cas où, n'ayant que les montres A et M, les marches $A m_a$ et $M m_a$ se seront toujours accordées dans les limites voulues (*voir* n° 42). Mais il est clair que, malgré toutes les précautions que l'on peut prendre pour obtenir des marches exactes, on ne pourra jamais compter sur une précision complète, à cause de l'imperfection des instruments que le marin doit employer, en campagne, pour la détermination des états et l'observation des températures.

On fera toujours bien d'admettre une erreur d'au moins $\pm$ 2ˢ sur l'état observé au départ, et, pendant la traversée, une erreur moyenne de $\pm$ 0ˢ,2 dans la marche adoptée du premier chronomètre (on suppose ici que l'on soit dans les circonstances les plus favorables). Si, au départ, les courbes n'étaient pas complétement satisfaisantes, il est évident que l'on devrait substituer, à l'erreur ± 0ˢ,2 des marches diurnes, un nombre un peu plus fort; mais on ne peut donner aucune règle précise pour fixer l'erreur en question : l'officier des montres estimera à peu près l'exactitude sur laquelle il pourra compter. La pratique en apprendra plus, après quelque temps d'études sérieuses, que nous ne pourrions le faire ici dans de nombreuses pages.

Quand les chronomètres ont subi des perturbations que l'on a pu simplement constater, mais non déterminer, on adopte comme marche diurne du premier chronomètre A la moyenne des marches diurnes $Am_a$, $Bm_a$, ...., fournies par ce chronomètre et par les autres montres. Dans cette circonstance, pour se rendre compte de l'erreur à craindre au moment de l'atterrissage sur l'état $T_p$ — A adopté, on fera les sommes $\Sigma Am_a$, $\Sigma Bm_a$,..., des diverses marches diurnes $Am_a$, $Bm_a$,... données par les courbes et les comparaisons depuis le dernier état observé; on fera la moyenne de ces diverses sommes, puis les différences de cette moyenne avec chaque somme composante : la plus grande de ces différences sera traitée comme erreur probable. Généralement, l'erreur vraie sera moindre que cette dernière; cependant il pourra arriver, encore assez souvent, que la première dépasse la seconde : il y a tout lieu d'admettre que l'erreur vraie excède très-rarement la plus grande différence entre la moyenne des sommes $\Sigma Am_a$, $\Sigma Bm_a$,..., et ces sommes elles-mêmes, surtout quand on aura plus de deux chronomètres.

**157.** Les perturbations les plus dangereuses sont celles de la deuxième catégorie, qui produisent un changement très-rapide dans la constante $m$ de la marche, changement qui persiste indéfiniment (*voir* p. 42). En effet, si, par une coïncidence extrêmement peu probable d'ailleurs, deux chronomètres venaient à éprouver des perturbations de cette sorte, qui fussent à très-peu près égales et de même sens, elles passeraient inaperçues; si, de plus, ce phénomène s'était présenté au commencement d'une longue traversée, il pourrait produire sur l'atterrissage une erreur notable.

M. Caspari, ingénieur hydrographe, dont les travaux très-remarquables sur les chronomètres sont bien connus, est porté à conclure, à la suite de nombreuses expériences faites par lui-même et d'autres personnes, que ce genre de perturbations ne se produit guère, qu'aux moments des changements brusques de température et lorsque les huiles viennent d'être renouvelées. Quant à ce genre de perturbations, nous n'en avons constaté qu'un petit nombre d'exemples, et nous avons remarqué qu'ils s'étaient produits à la suite de changements brusques de la température.

**158.** En définitive, les instruments actuellement délivrés par le Dépôt des Cartes et Plans de la Marine sont déjà assez solidement constitués pour que les expériences des dix dernières années aient permis de conclure ainsi, en ce qui concerne les perturbations :

*Moyennant l'emploi des courbes, tel que nous l'avons indiqué, il sera extrémement rare que l'erreur à craindre sur la marche diurne adoptée, du premier chronomètre, atteigne 1 seconde par jour, avec deux de ces instruments, et $0^s,6$ avec trois.*

Ces conclusions sont celles auxquelles est arrivé M. Caspari, qui a été chargé du service des chronomètres pendant ces six dernières années.

**159.** A propos de la possibilité des erreurs de $T_p - A$, qui peuvent se présenter dans le cas de perturbations passant inaperçues, quelques rares personnes prétendent que, les chronomètres pouvant produire de fortes erreurs dans la détermination du temps, on ne doit se fier qu'aux distances lunaires, pour obtenir la longitude. A ces personnes nous répondrons que le phénomène de perturbations de même sens et à très-peu près égales, qui physiquement est possible, ne peut se produire que très-fortuitement; d'ailleurs, l'existence de perturbations presque identiques, se continuant pendant longtemps et capables de produire des effets très-sensibles, est bien plus improbable encore.

Il ne faut pas oublier que les mesures de distances lunaires sont très-difficiles à observer : les erreurs dont elles sont affectées dépassent souvent 30″; d'un autre côté, les erreurs tabulaires atteignent maintenant 15″; supposons-les seulement de 10″ : la somme des erreurs des observations et des Tables, sur les distances lunaires, pourra s'élever à 40″; ce qui produira, assez souvent, une erreur moyenne environ 30 fois plus forte, sur la longitude, c'est-à-dire de 20 minutes d'arc. Or il sera *extrémement rare* que la marche du premier chronomètre, fournie par deux montres qui ont éprouvé des perturbations égales et de même signe, reste affectée d'une erreur de 1 seconde pendant une très-longue traversée, telle que 80 jours, ce qui donnerait précisément l'erreur de 20 minutes. Ainsi, la probabilité de fortes erreurs en longitude, quand on a recours aux distances lunaires, est bien plus considérable que lorsqu'on fait usage de notre méthode chronométrique : donc l'observation des distances lunaires doit inspirer beaucoup moins de confiance que l'emploi des montres, dans les conditions de précision réalisables aujourd'hui et dans une limite de 80 jours de traversée.

20.

### § II. — Effets des erreurs des diverses quantités servant à déterminer le point.

160. — *Effets des erreurs des angles de route, du nombre de milles parcourus, des azimuts et du courant.* — D'après ce que nous avons vu aux nos 154 et 155, en ce qui concerne l'estime et le courant, si l'on désigne par $V_c$ l'angle de route qui représente la direction supposée du courant, par $M_c$ le nombre de milles, également supposé, dont le courant a emporté le navire pendant l'intervalle des observations de hauteurs, faites en deux lieux différents, on n'aura besoin, pour tenir compte de l'effet du courant, que de considérer le chemin parcouru pour aller du premier lieu d'observation au second, comme se composant des routes estimées et de la route dont les données sont $V_c$ et $M_c$. Ayant calculé le chemin résultant de ces données, il restera à tenir compte des erreurs qui peuvent affecter les angles de route, les nombres de milles parcourus et l'azimut de l'astre observé.

La route estimée et l'azimut observé servent, ainsi qu'on le sait, à ramener la hauteur obtenue dans un lieu à l'horizon d'un autre lieu; par suite, les erreurs de ces quantités produiront une erreur dans la réduction de la hauteur au second lieu : l'effet de ces erreurs pourra donc être complétement assimilé à celui d'une erreur sur la hauteur que l'on eût observée dans ce second lieu; dès lors, on calculera cet effet et on le combinera avec l'erreur d'observation de la hauteur. Ainsi les influences des diverses erreurs dont nous venons de parler se réduisent en définitive à l'effet d'une certaine erreur commise sur la hauteur.

Le calcul de l'erreur sur la hauteur réduite au second lieu, résultant des erreurs d'estime et d'azimut, prises en valeurs absolues, se fera comme il suit : soient $\varepsilon_V$, $\varepsilon_M$ les erreurs sur l'angle de route et sur le nombre de milles parcourus, $\varepsilon_Z$ l'erreur d'azimut; on calculera l'erreur de la réduction

$$M \cos(Z - V) - \frac{1}{2} \tan H [\sin(Z - V) M]^2 \sin 1'$$

(*voir* 64), en négligeant la variation du terme du second ordre, variation qui est sans importance. La variation du terme principal est donnée par l'expression suivante :

$$\cos(Z - V) \varepsilon_M - M \sin(Z - V)(\varepsilon_Z - \varepsilon_V) \sin 1';$$

le maximum de la somme de ces deux termes, ou l'erreur cherchée de la hauteur, s'obtiendra en remplaçant $\varepsilon_V - \varepsilon_Z$ par la somme des valeurs absolues de ces quantités, et ajoutant ensuite les valeurs absolues des termes ainsi obtenus. $\cos(Z - V)\varepsilon_{\text{M}}$ se prendra dans la Table de point, colonne N et S, et $M \sin(Z - V)$ dans la colonne E et O.

**161. — *Effets des erreurs de hauteur.* —** Soient sur la sphère (*fig.* 22) A la position géographique d'un astre, $z_{\text{v}} = 90^\circ - H_{\text{v}}$ sa distance zénithale vraie, *hhh* le cercle de hauteur décrit avec $z_{\text{v}}$ comme ouverture de compas. Supposons que la hauteur observée soit trop grande d'une quantité $+ \varepsilon_{\text{H}}$, la distance zénithale deviendra $z = z_{\text{v}} - \varepsilon_{\text{H}}$, et le cercle *aaa* sera décrit, avec une ouverture de compas plus petite, de la quantité $\varepsilon_{\text{H}}$, que la dis-

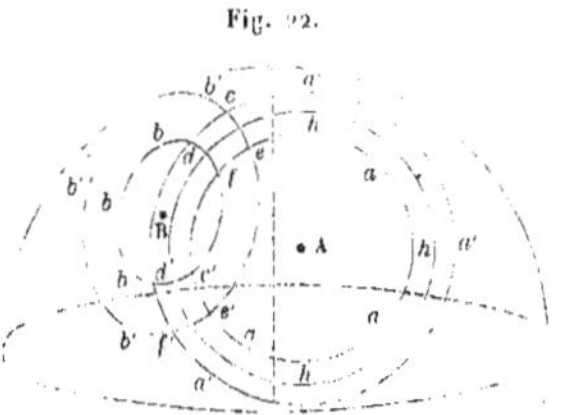

Fig. 22.

tance zénithale observée $z$; il est évident que, si $\varepsilon_{\text{H}}$ était négatif, le cercle de hauteur, provenant de l'observation, serait plus grand que le vrai cercle de hauteur. De là, il résulte que l'effet d'une erreur sur la hauteur est de substituer, au vrai cercle de hauteur, un cercle de même pôle, mais dont la circonférence est distante de celle du premier, d'une quantité égale à $\pm \varepsilon_{\text{H}}$, erreur de la hauteur.

Maintenant que nous connaissons l'effet d'une erreur de hauteur, voyons ce que peuvent produire les erreurs de cette sorte sur la position du point observé, déterminée par deux hauteurs.

**162.** D'après ce que nous avons dit (153), au sujet de la grandeur et du sens des erreurs d'observation, il n'est possible que de leur assigner un maximum précédé du double signe $\pm$; ce maximum peut donc seul entrer dans les constructions ou dans les calculs destinés à déterminer l'influence de cette sorte d'erreurs sur la position du point observé. En conséquence, soit $\pm \varepsilon_{\text{H}}$ l'erreur maximum pouvant affecter la hauteur observée H de l'astre A : traçons (*fig.* 22) un premier cercle *aaa*, de A comme pôle, avec $90^\circ - H - \varepsilon_{\text{H}}$ comme ouverture de compas; décrivons-en un

second $a'a'a'$, avec $90° - H + \varepsilon_H$ : il est évident que le navire se trouvera
entre les deux cercles $aaa$, $a'a'a'$. Soient B la position géographique du second
astre observé, $\pm \varepsilon_H$ le maximum de l'erreur de la hauteur observée H' de B;
décrivons, du point B comme pôle, avec $90° - H' - \varepsilon_H$ et $90° - H' + \varepsilon_{H'}$,
pour ouvertures de compas, deux cercles $bbb$, $b'b'b'$ : la position du navire
se trouvera comprise entre les deux nouveaux cercles. Le point vrai, devant
être à la fois entre les cercles $aaa$, $a'a'a'$ et les cercles $bbb$, $b'b'b'$, est évidemment situé dans l'un des quadrilatères sphériques $cdef$, $c'd'e'f'$ : le
doute sera levé, s'il est possible, comme nous l'avons indiqué pour le
point observé (**63** et **73**), au moyen des azimuts ou du point estimé.

Ainsi, le résultat des erreurs de hauteur est que *les hauteurs ne peuvent
pas donner le point : elles permettent seulement de circonscrire un quadrilatère
sphérique, dans l'intérieur duquel le navire se trouve effectivement;* il est entendu que cet énoncé concerne uniquement l'effet des erreurs de hauteur.

**163.** Il est impossible d'avoir à bord une sphère assez grande pour déterminer à une échelle convenable le quadrilatère sphérique en question; on est
obligé d'avoir recours aux cartes marines et de substituer, à ce quadrilatère,
une surface qui en soit la représentation. Le procédé qu'on emploie est des
plus simples, et, quoique n'étant pas tout à fait rigoureux, il est parfaitement
suffisant pour les besoins de la pratique : ce procédé consiste à remplacer,
par des cercles ou des droites de hauteur tracés sur la carte, les cercles décrits sur la sphère avec les distances zénithales augmentées ou diminuées
des erreurs à craindre. Il est clair que l'on fera usage de l'une ou de l'autre de
ces deux sortes de lignes, suivant que les courbes de hauteur pourront être
remplacées par des cercles ou par des droites de hauteur.

Quand les distances zénithales seront assez petites pour être comprises
dans les limites de la Table II, et que l'on aura déterminé le point par le
tracé des cercles correspondants aux distances zénithales observées $z$, $z'$, on
décrira des centres de ces cercles, mais avec des rayons $z - \varepsilon_H$, $z + \varepsilon_H$, pour
le premier $z' - \varepsilon_H$, $z' + \varepsilon_H$ pour le second, des arcs qui détermineront le
quadrilatère plan qu'il s'agit de substituer au quadrilatère sphérique : le
navire occupera un des points de la surface ainsi circonscrite sur la carte.
Si le point a été obtenu au moyen d'arcs de cercles osculateurs, de chaque
côté de ces arcs, on tracera d'autres arcs concentriques aux premiers, et dont
les circonférences en seront distantes de quantités égales à $\varepsilon_H$, $\varepsilon_H$; de
cette manière on déterminera encore le quadrilatère contenant le bâtiment.

Si l'on a trouvé suffisant d'employer les droites de hauteur pour la détermination du point, on portera sur la ligne $ER_1$, $ER_2$ (*fig.* 23), de chaque côté des points rapprochés $R_1$, $R_2$, des distances en milles, égales aux erreurs $\varepsilon_{II}$,

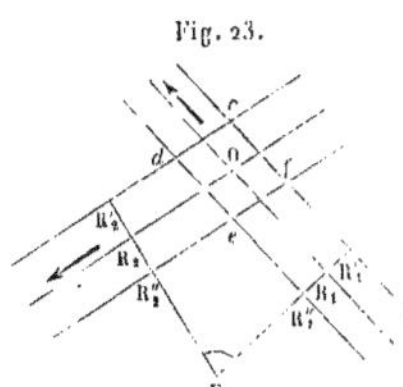

Fig. 23.

$\varepsilon_{II}$; puis par les points ainsi obtenus, $R'_1$, $R''_1$, $R'_2$, $R''_2$, on mènera des parallèles à la première et à la seconde droite de hauteur $R_1O$, $R_2O$; ces parallèles détermineront le parallélogramme *cdef*, dans lequel le navire est situé.

164. L'intersection O des droites de hauteur, que l'on prend comme position du navire, est, ainsi qu'il est facile de le voir, le centre du parallélogramme *cdef* : elle divise donc les diagonales *ce*, *df*, chacune en deux parties égales; mais, le navire pouvant être en l'un quelconque des points de la surface du parallélogramme, il est visible que la plus grande erreur du point O aura lieu lorsque le bâtiment sera à l'une des extrémités de la plus grande des diagonales *ce* ou *df*. La première *ce* de ces lignes sera d'autant plus grande, que l'écart azimutal des astres $R_1ER_2$ sera plus grand; la seconde diagonale *df* augmentera d'autant plus, que l'écart azimutal $R_1ER_2$ sera plus petit; il est entendu que cet écart azimutal est toujours compté entre zéro et 180 degrés. L'erreur du point O est minimum, comme nous le savons déjà, dans le cas où $R_1OR_2$ est droit : alors le parallélogramme devient un carré, les diagonales sont égales et leurs valeurs sont minima, eu egard aux grandeurs des erreurs $\varepsilon_{II}$, $\varepsilon_{II}$.

Il est intéressant de connaitre, en nombres, les grandeurs que peuvent atteindre les demi-diagonales $cO$, $dO$ : ces lignes sont plus grandes qu'on ne le croit généralement. On n'est jamais certain d'avoir une hauteur à moins de 1 minute (*voir* 154); si l'on admet cette valeur pour $\varepsilon_{II}$ et $\varepsilon_{II}$, et que l'écart azimutal soit égal à 90 degrés, on se trouvera dans le cas le plus favorable à la détermination du point : dans ces circonstances, les demi-diagonales sont égales entre elles et à la quantité $1^M,4$; on ne sera donc jamais certain d'avoir le point à moins de $1^M,4$. Nous donnons ci-dessous, en milles,

les plus grandes erreurs à craindre sur le point, pour diverses valeurs des erreurs des hauteurs e :de l'écart azimutal :

*Erreurs du point observé.*

| Erreurs des hauteurs $\varepsilon_H$ et $\varepsilon_H$ | Écart azimutal. | | | | |
|---|---|---|---|---|---|
| | 90°. | 60°. | 30°. | 20°. | 10°. |
| | M | M | M | M | M |
| 1 | 1,4 | 2,0 | 3,9 | 5,8 | 11,5 |
| 2 | 2,8 | 4,0 | 7,7 | 11,5 | 22,9 |
| 3 | 4,2 | 6,0 | 11,6 | 17,3 | 34,4 |
| 4 | 5,7 | 8,0 | 15,5 | 23,0 | 45,9 |
| 5 | 7,0 | 10,0 | 19,3 | 28,8 | 57,4 |
| | 90° | 120° | 150° | 160° | 170° |
| | Écart azimutal. | | | | |

Ce tableau montre que les erreurs des hauteurs peuvent produire de fortes erreurs sur la position du point observé; il y a donc très-grand intérêt à chercher à les combattre par tous les moyens possibles.

**165.** *Effet de l'erreur des chronomètres.* — Convenons que $\pm\, \delta T_p$ représente l'erreur à craindre sur l'heure du premier méridien, fournie par les chronomètres; les déclinaisons et ascensions droites des astres observés en subiront l'influence. Nous avons trouvé (159) une limite très-admissible de la valeur de $\delta T_p$, laquelle est $\pm 1^m 20^s$; il est clair que le mouvement en déclinaison, pendant ce temps, sera négligeable, puisque, dans le cas de la Lune, qui est l'astre dont le changement en déclinaison est le plus rapide, il ne dépasse pas 3o secondes.

La position géographique de l'astre, qui dépend des ascensions droites, sera affectée de l'erreur $\delta T_p$ convertie en temps sidéral et du mouvement de l'astre en ascension droite : ce mouvement, dans le cas le plus défavorable, qui est celui de la Lune, ne dépassera pas 1'; or, comme $\delta T_p$ exprimé en arc vaut 20', on voit que l'erreur provenant de l'ascension droite est négligeable, même dans le cas de la Lune, par rapport à l'erreur $\delta T_p$.

D'après cela, le résultat de l'erreur $\pm\, \delta T_p$ des chronomètres sera évidemment de porter, d'une quantité $\delta T_p$, à l'ouest ou à l'est, les positions géographiques des astres observés; les cercles de hauteur décrits de ces positions comme pôles seront également portés à l'ouest et à l'est de la même quantité $\delta T_p$; il est clair qu'il en sera de même de leur intersection, qui est prise pour point observé.

**166.** *Surface de position.* — Eu égard aux effets des diverses sortes d'erreurs que nous venons de passer en revue, il est évident que les observations à la mer ne fournissent pas la position exacte du navire, mais qu'elles circonscrivent seulement une surface à l'intérieur de laquelle le navire se trouve certainement. Cette surface, que nous nommerons *surface de position*, est très-importante à considérer, pour pouvoir juger des routes que le navire peut faire, dans les circonstances où une erreur sur le point pourrait entraîner sa perte.

La surface de position doit évidemment tenir compte de toutes les erreurs auxquelles on est exposé. Pour mieux en faire comprendre la détermination, nous allons présenter un exemple.

A la fin d'une longue traversée, et par mauvais temps d'ouest-nord-ouest, on a obtenu dans l'après-midi une hauteur de Lune, et au crépuscule une hauteur d'étoile; l'erreur sur la hauteur de la Lune, ramenée au second horizon, en tenant compte des erreurs d'estime et de courant, est supposée de 3 minutes, l'erreur de la hauteur de l'étoile est de $1',5$ : d'après le calcul, l'erreur $\delta T_p$ de l'heure de Paris, fournie par les chronomètres, peut atteindre $\pm 30^s$. Le point obtenu par les deux droites de hauteurs est ( *fig.* 24 )

$$\mathrm{L}_1 = 45° 49',0 \; \mathrm{N.},$$
$$\mathrm{G}_1 = 4° 27,5 \; \mathrm{O.};$$

ce point est près du pertuis d'Antioche : il faut faire route pour donner dans ce passage et gagner la rade de l'île d'Aix ou celle des Basques.

Nous avons tracé ( *fig.* 24 ) les deux droites de hauteur, puis le parallélogramme *cdef*, résultant des erreurs sur les hauteurs, d'après ce qui a été dit au n° 163. Il a fallu ensuite tenir compte de l'erreur des chronomètres; pour cela, nous avons mené, par les sommets *c, e* du parallélogramme, l'un le plus boréal, l'autre le plus austral, deux parallèles de latitude, sur lesquels il a été porté, à droite et à gauche de *c* et de *e*, une longueur égale à $30^s$, ou $7',5$ de longitude : cette construction a donné quatre points, *c', c''*, *e', e''*, par lesquels nous avons tracé des parallèles aux côtés du parallélogramme respectivement les plus voisins de chacun de ces points; il a été ainsi formé un hexagone *c'c''he''e'g* : cet hexagone est la surface de position du navire. En effet, d'après ce qui a été dit au n° 165, l'erreur des chronomètres ne fait que transporter à l'ouest ou à l'est, d'une valeur égale à elle-même, les positions du navire données par les hauteurs, et il est visible que la dernière construction a eu pour effet de transporter à l'ouest et à l'est le parallélogramme *cdef*, d'une quantité égale à 7',5 de longitude, erreur admise de l'état des chronomètres. Si les fonds compris dans la surface de position présentent des différences notables, on devra sonder; lorsque la sonde aura été obtenue dans de bonnes conditions, elle donnera des renseignements très-utiles. Supposons que, dans l'exemple que nous avons pris, on ait trouvé 68 mètres de fond : on voit immédiatement, à l'inspection de la *fig.* 24, que le navire se trouvera dans la région *c"fhe"* de

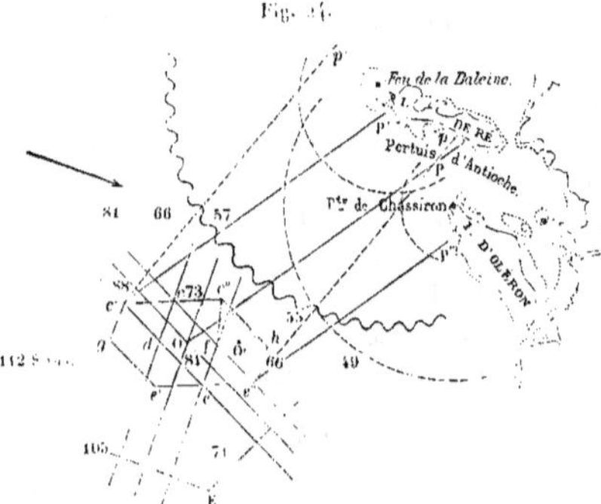



l'hexagone *c'c"he"e'g*; cette région constituera une nouvelle surface de position très-réduite, par rapport à la précédente : en se plaçant au point à peu près central O' de cette région, on aura une position du navire bien plus approchée que ne l'était le point O.

**167.** *Zone d'atterrissage.* — Quand on a, d'une manière quelconque, déterminé la surface de position, réduite ou non, par la considération des sondages, il faut fixer la route que le navire devra suivre.

Revenons à notre exemple :

Soit (*fig.* 24) P le point du pertuis que l'on se propose d'atteindre, et supposons qu'on n'ait pu sonder : ayant joint le point observé O à P, on voit que la route à faire serait OP, si l'on était sûr que le navire fût en O. Menons des parallèles à cette route, par les sommets *e'*, *e"* qui en sont les plus éloignés; ces lignes rencontrent la côte de l'île de Ré en P', et celle d'Oléron en P". Le navire, en faisant route dans la direction de l'aire de vent de OP, peut tomber sur un point quelconque des côtes comprises entre

P′ et P″ : la surface P′c′c″P″ est ce que nous appellerons la *zone d'atter-rissage*.

168. L'étude des zones d'atterrissage conduit à des considérations fort importantes, au point de vue de la reconnaissance de la côte et des décisions à prendre en ce qui concerne la route que doit faire le navire. Les atterrissages peuvent se présenter dans les principales conditions que nous mentionnons ici :

| ÉTAT DU TEMPS. | ATTERRISSAGE DE **jour**. | ATTERRISSAGE DE **nuit**. |
|---|---|---|
| Beau temps............. | On peut voir la terre de loin. | On peut voir les feux à leurs portées extrêmes. |
| Temps couvert.......... | On ne peut voir la terre, qu'à 4 ou 5 milles. | On ne peut voir les feux, qu'au tiers de leur portée. |
| Grande pluie ou brume..... | On ne peut distinguer la terre, qu'à 2, 3 milles ou moins encore. | On ne peut distinguer les feux, qu'à 3 ou 4 milles ou moins encore. |

169. Le temps est d'ouest-nord-ouest, à grains; mais, dans les intervalles, on peut voir à une distance assez grande; le navire est à voiles, le vent est très-fort et la mer est grosse : en croyant faire la route OP, on est exposé à suivre le chemin e″P″, par suite, à ne pas doubler la pointe de Chassiron; en effet, au moment où la terre ou les feux seront aperçus, on sera peut-être dans l'impossibilité de lofer assez, pour faire la route conduisant au vent de cette pointe. Afin d'être sûr, dans ces circonstances, de doubler l'île d'Oléron, on fera la route e″p, qui mène dans le pertuis, et passe à une distance convenable de la pointe de Chassiron. Comme il y aurait plus d'inconvénients à se trouver sous le vent, qu'au vent de cette route, il faudra compter largement la dérive et avoir égard au courant, s'il doit porter sous le vent. En courant dans l'aire de vent de e″p, on peut faire toutes les routes parallèles à cette ligne, jusqu'à c′p′ : or elles ne présentent aucun inconvénient; car au moment où l'observation de points remarquables de la terre, de balises ou des feux, aura permis de déterminer sûrement la position du navire, il se trouvera toujours assez au vent, pour pouvoir atteindre le mouillage.

Supposons maintenant qu'au lieu de vent d'ouest-nord-ouest on ait du vent d'ouest, et que, par suite, il y ait très-peu de vue : si l'on atterrit de jour, on fera encore la route de même aire de vent que c″p, et l'on verra la

terre à 4 ou 5 milles, c'est-à-dire toujours à temps pour pouvoir changer la
route et entrer dans le canal. Dans le cas où l'on voudrait entrer de nuit,
on apercevrait encore les feux en temps utile; en effet (*fig.* 24), si l'on
trace les cercles des portées des feux réduites au tiers, la carte montre
qu'on les reconnaîtra toujours assez tôt pour ne pas se jeter à la côte et
faire bonne route (¹).

170. Si la vue est extrêmement restreinte, comme il serait dangereux de
se diriger vers le mouillage, on devra tout faire pour rester au large, afin
d'attendre un temps plus clair, et de sonder quand il sera possible. Dans le
cas extrême, où il y aurait nécessité absolue de gagner la rade, on ferait la
route OP, comme offrant le moins de chances d'erreurs; quand on se sup-
poserait en P, il faudrait laisser porter et mettre le cap sur le mouillage.

Si l'on se trouvait dans d'autres conditions que celles du pertuis d'Antioche, c'est-à-dire que les côtes n'offrissent pas, de tous côtés, des dangers
égaux (*voir* la carte à grand point, 154); il est clair que, pour chercher
à atteindre le mouillage, on devrait faire la route qui n'exposerait qu'à la
perte du bâtiment et ne compromettrait pas l'équipage.

Les détails dans lesquels nous venons d'entrer nous dispensent de traiter
le cas où l'exécution de sondages aurait permis de restreindre considérablement la surface de position.

171. De ce que nous venons de voir, il résulte que, pour atterrir dans
des circonstances dangereuses, il est absolument nécessaire de tracer les
zones d'atterrissage, et d'étudier tous les points de la côte, ainsi que les dangers qui s'y trouvent.

La considération de la surface de position et celle des zones d'atterrissage
peuvent, suivant les circonstances, donner lieu à une foule de combinaisons de routes, dont la recherche s'impose, pour ainsi dire, à tout capitaine :
nous ne pouvons les prévoir toutes; la pratique montre, mieux que les explications, le parti qu'on doit en tirer.

Ainsi qu'il est facile de le voir, une zone d'atterrissage se rétrécit ou
s'élargit, suivant la direction que l'on se propose de suivre. Si le point ob-

_______

(¹) Nous ferons remarquer ici que les cercles des portées des phares de la Baleine et de Chassiron, réduites au tiers de leurs valeurs ordinaires, ont pour rayon 8 et 5 milles : or nous avons
supposé, pour le même temps et pendant le jour, qu'on ne voyait la Terre qu'à 4 ou 5 milles; cela
provient de ce que les feux se voient toujours de beaucoup plus loin que la côte, comme le savent
tous les marins.

servé a été obtenu dans de bonnes conditions, et qu'en outre on ait plus
de 3 milles à redouter sur la longitude donnée par les chronomètres, la
zone d'atterrissage atteindra son minimum, lorsqu'on sera sur le parallèle
du point de la côte que l'on se propose d'atteindre : dans ce cas-là, l'atterrissage sera plus sûr que celui que l'on ferait en suivant une direction différente de celle des lignes est et ouest. Cette sorte d'atterrissage est, du
reste, bien connue sous le nom d'*atterrissage en latitude;* c'est celui que
l'on devait toujours pratiquer autrefois, à cause des erreurs que l'on avait à
redouter sur les heures des montres marines ou sur les distances lunaires.

### § III. — Moyens de combattre les erreurs des données qui déterminent le point.

**172.** Nous avons à combattre les erreurs systématiques et les erreurs
accidentelles : les moyens à employer, suivant qu'il s'agit des unes ou des
autres, diffèrent complétement. Divers procédés sont utilisés, en ce qui
concerne les premières : quelquefois il est possible de mesurer l'erreur
systématique et d'en tenir compte, quand cette erreur est constante;
d'autres fois, on opère de telle manière qu'elle s'élimine du résultat
des observations. Quant aux erreurs accidentelles, le meilleur moyen d'en
prévenir les effets consiste dans le perfectionnement des appareils et des
méthodes d'observation, dans l'exercice des observateurs, enfin dans le
choix des circonstances favorables; mais ces perfectionnements atteignent
certaines limites, qu'il est inutile de chercher à dépasser, lorsque les
erreurs, dues à l'instrument et à l'observateur, sont devenues négligeables
par rapport à d'autres erreurs, soit systématiques, soit accidentelles, que
l'on ne peut combattre directement : telles sont les erreurs de réfraction,
de dépression, etc.

Considérant actuellement les erreurs subsistantes dans un ensemble
donné d'observations, quelles que soient la cause et la grandeur de ces
erreurs, nous nous bornerons à indiquer la méthode dite *des moindres
carrés,* qui repose sur la théorie des probabilités; dans les cas les plus
simples, cette méthode se réduit à l'emploi des moyennes arithmétiques.

**173.** *Suppression des erreurs d'estime et de courant.* — Il n'existe qu'un
moyen sûr de faire disparaître ces erreurs, c'est d'observer deux astres en
même temps ou à peu d'intervalle : on ne peut y recourir pendant le jour.

que si la Lune et le Soleil sont visibles en même temps; les observations faites au crépuscule et durant la nuit offrent au contraire des facilités, lorsque l'horizon est bien net et le ciel suffisamment découvert, car on voit toujours au moins deux étoiles placées dans les conditions favorables à la détermination du point.

**174.** *Moyens d'atténuer les erreurs systématiques des hauteurs.* — Nous allons passer en revue toutes les erreurs de ce genre, qui ont été indiquées au n° **154** :

1° Si l'on avait un sextant qui fût mal divisé ou mal centré ([1]), il faudrait comparer des angles mesurés avec ce sextant aux mêmes angles déterminés avec un bon instrument; on formerait ainsi, pour tous les degrés du limbe, une Table de corrections, spéciale à l'instrument considéré. Quant aux défauts de parallélisme des faces des miroirs, de celles des verres colorés, etc., on trouve dans la théorie du sextant, publiée par les auteurs des divers Traités de Navigation, tout ce qui peut intéresser à ce sujet.

2° Les opérations relatives à la perpendicularité des miroirs au plan du limbe devront être exécutées avec le plus grand soin.

3° On atténue l'erreur de la collimation, en déterminant plusieurs fois cet élément et en prenant la moyenne des résultats obtenus.

4° Les erreurs de réfraction de l'astre seront, en grande partie, évitées, si l'on n'observe pas de hauteurs au-dessous de 6 degrés, quand l'atmosphère est agitée, ni au-dessous de 15 degrés par les temps de mirage.

5° Quelquefois on peut combattre l'erreur due au déplacement apparent de l'horizon de la mer, sous l'influence d'une réfraction anormale : par exemple, quand la hauteur observée dépasse 45 ou 60 degrés, suivant que les sextants employés permettent de mesurer des angles de 135 ou de 120 degrés seulement. Si la hauteur $H_1$, observée à l'heure $M_1$, dépasse les 45 ou 60 degrés indiqués, et que l'horizon de la mer soit également éclairé dans la direction azimutale de l'astre et dans la direction opposée, on fait la différence $180° - H_1$ et l'on met l'index de l'instrument au point du limbe indiqué par cette différence : alors, en se retournant, on observe une hauteur $H_2$, qui est très-voisine de $180° - H_1$, et l'on note l'heure $M_2$ de l'observation.

Ajoutant à $H_1$ le supplément $180° - H_2$, et prenant la moitié de cette

---

([1]) Ce cas est très-exceptionnel et ne se présente pas, quand les instruments ont été construits par les artistes en renom.

somme, on la fait correspondre à la moyenne $\frac{1}{2}(M_1 + M_2)$ des heures des observations : on a ainsi

$$H = \frac{1}{2}(H_1 - H_2 + 180°), \quad \text{à l'heure } \frac{1}{2}(M_1 + M_2).$$

Cette hauteur est le plus souvent exempte de l'erreur de l'horizon. En effet, supposant que $\varepsilon_h$ soit le déplacement angulaire de l'horizon, dû à la réfraction, en outre, que cette erreur soit la même dans les directions opposées, ce qui a généralement lieu, on a

$$H_1 = H'_1 + \varepsilon_h, \quad H_2 = H'_2 + \varepsilon_h,$$

$H'_1$ et $H'_2$ désignant les valeurs exactes des deux hauteurs mesurées. Si, pour former la valeur de H, on fait la différence $H_1 - H_2$, il est visible que $\varepsilon_h$ s'éliminera de cette différence et, par suite, de la valeur de H : il est d'ailleurs facile de s'en assurer au moyen d'une simple figure.

En prenant donc par les temps de mirage, la précaution d'observer des hauteurs supplémentaires, si cela est possible, on évitera de fortes erreurs dans les hauteurs : c'est à cette précaution que nous avons fait allusion à la fin du n° 65.

6° A la mer, l'erreur personnelle peut être détruite, dans le cas où l'on détermine l'angle horaire d'un astre par deux hauteurs circumméridiennes très-voisines; il arrive même que toutes les erreurs systématiques s'éliminent dans cette circonstance. En effet, $\varepsilon_s$ désignant la somme des erreurs systématiques, somme qui est évidemment la même pour deux hauteurs à peu près égales et observées à quelques instants d'intervalle, $\varepsilon_a$, $\varepsilon'_a$ étant les erreurs accidentelles de ces mêmes hauteurs, la formule du n° 149 se réduit alors à

$$P = \frac{H + \varepsilon_a - H' - \varepsilon'_a}{2x(M - M')} + \frac{1}{2}(M - M');$$

il ne reste plus, dans le premier terme de cette expression, que les erreurs accidentelles. Mais il est clair que les erreurs systématiques subsisteront dans la latitude que cette valeur de P sert uniquement à obtenir.

175. *Moyens d'atténuer les erreurs accidentelles.* — En ce qui concerne les erreurs accidentelles, subsistant dans un ensemble donné d'observations, la théorie des probabilités montre que la précision d'une moyenne varie comme la racine carrée du nombre des observations; c'est dire que,

pour doubler la précision, il faut quadrupler le nombre des observations : ainsi la précision de la moyenne de quatre hauteurs serait double de celle d'une hauteur isolée.

*Hauteurs.* — On a vu, n° **40** de la théorie, que l'on peut faire correspondre à la moyenne des temps des observations la moyenne de plusieurs hauteurs observées consécutivement, lorsque l'intervalle compris entre les observations extrêmes est assez faible, pour que la valeur (174, *Théorie*) des termes du second ordre soit négligeable; dans ces conditions, l'emploi des moyennes est tout à fait conforme à l'esprit de la méthode des moindres carrés ([1]). On trouvera, dans la note ci-dessous, la détermination générale de la limite des distances zénithales, qui satisfait à la condition que l'erreur commise en faisant correspondre la moyenne des hauteurs à la moyenne des temps n'excède pas un nombre donné $\varepsilon_m$.

Si l'on néglige la considération de la latitude et de la déclinaison de l'astre, et que l'on suppose le cas de quatre hauteurs équidistantes, embrassant un intervalle de 2 minutes, on ne s'exposera jamais à commettre une erreur supérieure à 15 secondes, tant que les distances zénithales excéderont 4° 10'. Si l'on avait à utiliser des distances zénithales moindres que cette limite, et qu'on voulût s'assurer qu'effectivement l'erreur réelle ne dépasse pas une limite donnée $\varepsilon_m$, on aurait recours à la formule (a) de la note, dans laquelle il est tenu compte de la latitude et de la déclinaison, et

---

([1]) L'expression (174) est

$$\frac{\Theta}{n}\,\Sigma(t'-t)^2,$$

et la quantité $\Theta$, qui figure dans cette expression, se réduit, lorsqu'on n'y considère que le terme le plus influent, à

$$\Theta = \frac{1}{2}\,\frac{\cos L \cos D \cos Z \cos E}{\cos H}\left(\frac{dP}{dt}\right)^2.$$

Le cas où la discussion de cette formule présente le plus d'intérêt est celui des faibles distances zénithales circumméridiennes; dans ces circonstances, les facteurs $\cos Z$ et $\cos E$ diffèrent peu de $\pm 1$ : en substituant l'unité au produit de ces facteurs, la formule conservera le degré d'exactitude nécessaire à la discussion du cas relatif aux faibles distances zénithales, et l'erreur due aux termes du second ordre, ainsi modifiée, se trouvera, dans tous les cas, plus forte que l'erreur réelle.

En conservant la minute pour unité de temps, et la minute d'arc pour unité angulaire, nous pourrons substituer à la valeur absolue du terme du second ordre l'expression

$$\varepsilon = \frac{1}{2}\,\frac{\cos L.\cos D}{\cos H}\,\frac{\sin^2 15'}{\sin 1'}\,\frac{1}{n}\,\Sigma(t'-t)^2,$$

expression qui, répétons-le, excède l'erreur réelle. En y supposant introduites les quantités $t'$ et $t$,

qui fournirait une limite des distances zénithales, inférieure à $4°10'$. Si l'on étendait à 4 minutes la durée de la série de quatre hauteurs, à peu près également espacées, on ne devrait guère observer de hauteurs excédant 75 degrés, à moins de s'être assuré, par l'emploi de la formule $(a)$, de la possibilité de dépasser cette limite. En définitive, on voit qu'on pourra le plus souvent observer des séries.

*Estime et azimuts.* — Pour atténuer leurs erreurs, il faut, comme pour les hauteurs, multiplier les observations et prendre des moyennes.

**176.** *Point le plus probable.* — Nous terminerons cette question des erreurs, en donnant un procédé qui permet d'atténuer en même temps les erreurs systématiques et les erreurs accidentelles des hauteurs; il servira principalement dans les cas où l'horizon est tellement mauvais, qu'il devient impossible de compter sur le point résultant de l'observation de deux astres : en d'autres termes, le procédé ne s'appliquera que dans les circonstances où il y aura plus de deux astres visibles au-dessus de l'horizon, c'est-à-dire aux crépuscules ou pendant la nuit.

Supposons que l'on ait observé, dans un même lieu, un certain nombre $n$ de hauteurs, et que les droites de hauteur correspondantes aient été tracées; ces droites, qui passeraient toutes par le même point, s'il n'existait pas d'erreurs d'observation, se couperont généralement en un nombre de

---

on en déduira la limite de hauteur, ou mieux la limite de la distance zénithale $z$, correspondante à un maximum donné $\varepsilon_m$ de l'erreur $\varepsilon$, par la formule

$$(a) \qquad \sin z > \frac{\cos L \cos D}{\varepsilon_m} \frac{\sin^2 15'}{2\sin 1'} \frac{1}{n}\Sigma(t'-t)^2. \qquad\qquad \log\frac{\sin^2 15'}{2\sin 1'} = 8,5149.$$

Cette formule pourrait être réduite en Table à double entrée, dont les arguments seraient L et D, si l'on se donnait $\varepsilon_m$ et $\frac{1}{n}\Sigma(t'-t)^2$. Pour éviter la construction d'une Table, nous restreindrons la limite des hauteurs, en faisant $\cos L = 1$, $\cos D = 1$ : la formule devient ainsi

$$(b) \qquad \sin z > \frac{1}{\varepsilon_m}\frac{\sin^2 15'}{2\sin 1'}\frac{1}{n}\Sigma(t'-t)^2.$$

Considérons le cas de quatre observations également espacées, et comprenant un intervalle de deux minutes; supposons, en outre, $\varepsilon = 15'' = \frac{1'}{4}$; nous aurons

$$z = 4°10'.$$

Si l'on voulait considérer un intervalle de temps différent, il suffirait sensiblement de multiplier cette distance zénithale par le carré du rapport du nouvel intervalle à deux minutes; pareillement, si l'on veut substituer à l'erreur $\varepsilon_m$ une erreur différente, il faudra multiplier $z$ par le rapport de 15 secondes à la nouvelle valeur de $\varepsilon_m$.

points $\frac{n(n-1)}{2}$ : ces points seront plus ou moins distants les uns des autres, et aucun d'eux ne peut évidemment être pris comme position du navire. Il faut alors chercher à tirer, des données que l'on possède, la position du point qui, d'après la théorie des probabilités, présentera le moins de chances d'erreur.

M. Yvon Villarceau a traité le problème (voir *Partie théorique*, **12**). Il a démontré que la position la plus probable du navire est un point remplissant la condition que la somme des carrés des perpendiculaires abaissées de ce point sur les diverses droites de hauteur soit un minimum : nous le désignerons par la dénomination de *point le plus probable*.

En laissant de côté les considérations relatives à l'état de l'horizon, M. Yvon Villarceau a trouvé qu'il suffirait, pour réaliser les conditions les plus favorables, que les directions azimutales des astres ou leurs prolongements partagent la demi-circonférence en parties égales; mais, quand on a égard à l'état de l'horizon, les conditions favorables sont *que l'horizon soit à peu près également visible dans toutes les directions, et que les azimuts des astres partagent la rose des vents en parties à peu près égales.*

Lorsque les observations seront très-douteuses, ou que l'on se trouvera dans des conditions s'éloignant beaucoup de celles que nous venons d'indiquer comme favorables, on ne devra pas compter sur une position satisfaisante du point le plus probable. Dans tous les cas, il faudra observer un nombre d'astres au moins égal à quatre, et ce nombre devra être d'autant plus augmenté, que la visibilité de l'horizon sera moindre.

Il sera bon de faire concourir plusieurs personnes à l'observation des hauteurs nécessaires à la détermination du point le plus probable : on opérera ainsi plus rapidement; il conviendra, néanmoins, que les observations de deux astres, à peu près opposés en directions azimutales, soient faites par un même observateur. Nous avons dit que les observations devraient être faites dans le même lieu; mais celles que nous venons de recommander pourront être considérées comme ayant été faites dans le même lieu, si leur durée totale n'excède pas 10 minutes, par une vitesse de 15 nœuds, ou 15 minutes par une vitesse de 10 nœuds : en effet, dans l'un et l'autre cas, l'erreur qui pourra en résulter sur la position du point le plus probable n'atteindra pas $1^M,5$. Le lieu dans lequel toutes les observations seront censées avoir été faites sera naturellement celui qui correspondra à la moyenne des temps des observations. On peut se demander pourquoi nous prescrivons de faire les observations dans un court intervalle,

et de ne pas les distancer, sauf à les ramener au même horizon; la raison
en est que toutes les hauteurs doivent, autant que possible, être prises dans
les conditions d'égale visibilité des diverses régions de l'horizon.

**177.** *Calcul du point le plus probable.* — Quand on aura observé un
nombre d'astres jugé suffisant, mais dont les hauteurs ne dépasseront pas
85 degrés, on fera le point estimé $(L_e, G_e)$, pour le moment moyen des observations; puis on calculera le point rapproché correspondant à chacun
des astres observés. Cela fait, on effectuera les calculs indiqués par les formules qui suivent, où $n$ désigne le nombre des observations :

$$(73) \qquad X = \frac{1}{n} \Sigma\, p \sin Z,$$

$$(74) \qquad Y = \frac{1}{n} \Sigma\, p \cos Z,$$

$$(75) \qquad v = \frac{1}{n} \Sigma \sin 2 Z,$$

$$(76) \qquad u = \frac{1}{n} \Sigma \cos 2 Z :$$

$$(77) \qquad \partial L_e = \frac{2[(1-u)\,Y - v\,X]}{1 - u^2 - v^2},$$

$$(78) \qquad L = L_e + \partial L_e,$$

$$(79) \qquad \cos L \,\partial G_e = \frac{2[(1+u)\,X - v\,Y]}{1 - u^2 - v^2}.$$

X et Y sont les moyennes des chemins, ouest ou est, nord ou sud, qui
déterminent respectivement les positions des points rapprochés, par rapport au parallèle et au méridien du point estimé; $v$ et $u$ représentent les
moyennes des sommes des sinus et des cosinus des doubles des azimuts
comptés positivement à partir du nord vers l'ouest et négativement vers
l'est. L'application de ces formules se fait très-facilement, ainsi qu'on le
verra, au moyen des Tables de point.

**178.** Au lieu de calculer le point le plus probable, on peut l'obtenir par
une construction. Nous n'exposerons pour le moment que le cas le plus
simple, celui de trois droites de hauteur : voici la solution indiquée par
M. Yvon Villarceau (voir *Partie théorique*, 13).

22.

Soit ABC (*fig.* 25) le triangle formé par les trois droites de hauteur ; élevons des perpendiculaires à chacun de ses côtés en des points quelconques

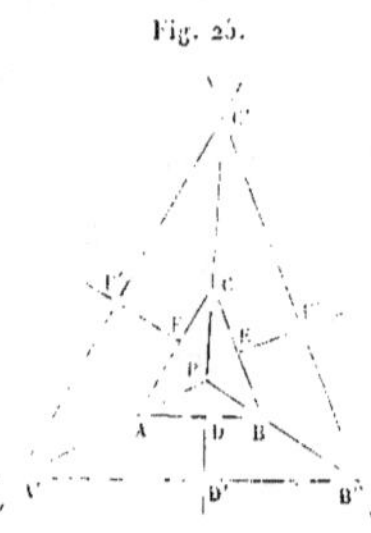

Fig. 25.

D, E, F ; et prenons, sur chacune de ces perpendiculaires, des longueurs DD', EE', FF', proportionnelles aux côtés auxquels ces lignes sont normales ou qui en soient, par exemple, les moitiés ; puis par D', E', F', traçons des parallèles aux côtés AB, BC, AC : ces lignes se couperont en trois points A', B', C' ; joignant ces points respectivement aux sommets A, B, C, nous obtiendrons trois droites qui devront se couper en un point P situé à l'intérieur du triangle : le point P est la position la plus probable du navire.

Cette construction permettra d'obtenir un point très-approché, au moyen des observations de trois astres, prises au crépuscule, alors que l'on voit déjà les étoiles et que l'horizon est encore très-net.

Quant à ce qui concerne la construction graphique du point le plus probable dans le cas d'un nombre quelconque de droites de hauteurs, nous renvoyons à la Note IX de M. Yvon Villarceau ; elle contient toutes les explications nécessaires : nous donnerons plus loin une application de la méthode graphique exposée dans cette Note.

Nous renvoyons également à la Note VIII de M. Yvon Villarceau pour ce qui concerne l'importance relative des grandes et des faibles hauteurs des astres observés.

# CHAPITRE V.

## OBSERVATIONS DE NUIT.

**179.** *Considérations diverses.* — Les observations faites pendant les crépuscules ou durant la nuit présentent, relativement aux observations de jour, des avantages considérables ; le grand nombre des astres qui sont toujours au-dessus de l'horizon permet : 1° d'observer, en quelques instants, les hauteurs nécessaires à la détermination du point, par conséquent d'avoir une position du navire exempte des erreurs d'estime et de courant, c'est-à-dire aussi exacte que possible ; 2° d'obtenir le point à un instant quelconque. Les observations crépusculaires sont aussi exactes que celles du jour, aussi les avantages que nous venons d'indiquer rendent leur emploi hautement préférable à celui de toutes les autres ; quant aux observations de nuit, elles seront souvent et plus complétement utilisées que celles de jour. Il n'existe qu'une circonstance, assez rare d'ailleurs, où les observations de jour valent celles du crépuscule, c'est celle où le Soleil et la Lune, étant visibles en même temps, se trouvent dans les conditions favorables à la détermination du point. Maintenant, on comprend pourquoi nous consacrons un Chapitre aux observations nocturnes. Nous sommes heureux de nous trouver d'accord à ce sujet avec M. le lieutenant de vaisseau J.-C. Arnault, qui, dès l'année 1869, proclamait l'importance et l'avenir des observations de nuit. (*Voir* son ouvrage, intitulé : *Le Guide du calculateur de nuit*, publié à Cherbourg.)

Parfois la Lune éclaire vivement l'horizon, et dessine avec netteté son contour ; l'observation de deux, ou mieux encore de trois étoiles, fournit alors une très-bonne position du navire. On peut observer la Lune, mais nous engageons à ne le faire que le plus rarement possible, à cause des complications qu'entraîne l'emploi des coordonnées de cet astre : au contraire, les calculs relatifs aux étoiles sont fort simples ; ils n'exigent pas de tenir compte des parallaxe, demi-diamètre, ni d'interpoler la déclinaison et l'ascension droite.

En comparant le point qu'ils auront déduit des observations de nuit au point estimé résultant d'observations faites au crépuscule, les officiers pourront se rendre compte de la valeur de leurs observations nocturnes. A l'avenir, le bon usage des chronomètres, l'habileté dans les observations de nuit et la juste appréciation de leurs résultats constitueront la supériorité d'un officier des montres.

### § I. — Opérations diverses à effectuer dans les observations de nuit.

L'observation nocturne des hauteurs présente un certain nombre de difficultés; nous allons indiquer divers moyens de les surmonter.

**180.** *Reconnaître une étoile ou une planète.* — Il faut d'abord, s'il est possible, reconnaître, parmi les astres que l'on a en vue, l'étoile ou la planète que l'on se propose d'observer. La méthode des alignements, exposée dans tous les Traités d'Astronomie, offre des moyens de reconnaître les étoiles de $1^{re}$ et de $2^e$ grandeur, qui sont les seules dont l'observation soit réellement utilisable à la mer. Cette méthode n'est pas sans inconvénient: elle exige qu'une grande partie du ciel soit entièrement découverte; aussi avons-nous cherché à distinguer les étoiles de $1^{re}$ grandeur, par la configuration formée par ces étoiles et les voisines. Nous sommes arrivés, après quelque temps d'étude, à reconnaître instantanément presque tous ces astres, lorsque l'espace découvert où ils se trouvent a seulement 8 à 10 degrés de rayon. Il existe des constellations, telles que la Grande Ourse, la Petite Ourse, Orion, la Croix du Sud, et d'autres encore, dont les configurations, tracées sur les planisphères célestes, sont tellement remarquables qu'on arrive bien vite à les reconnaître; on comprend que, si ces constellations occupent une portion du ciel suffisamment découverte, il n'y aura aucune difficulté à les *reconnaître*. En ce qui concerne certaines étoiles isolées, nous donnons ci-après (*fig.* 26) les configurations d'étoiles voisines, qui permettront de s'assurer immédiatement du nom de l'astre isolé que l'on a en vue.

Chacune de ces figures est formée par des étoiles d'ordres inférieurs au premier; elle comprend les plus brillantes de celles qui se trouvent dans le voisinage de l'étoile de $1^{re}$ grandeur que l'on veut observer : dans un rayon assez grand autour de cette dernière, les astres que l'on n'a pas compris dans la configuration sont à l'ordinaire à peine visibles à l'œil nu. Passons en revue ces diverses configurations.

Aldébaran est situé à l'extrémité de l'une des deux branches d'une sorte de V, formé par six étoiles, dont deux très-voisines l'une de l'autre, et appartenant à la branche dont Aldébaran ne fait pas partie; d'ailleurs cette étoile est peu éloignée du groupe des Pléiades, qui est très-remarquable.

La Chèvre ($\alpha$ Cocher) est reconnaissable par son voisinage de trois étoiles
de 4e grandeur, formant un triangle isoscèle, à base très-petite par rapport à
la hauteur.

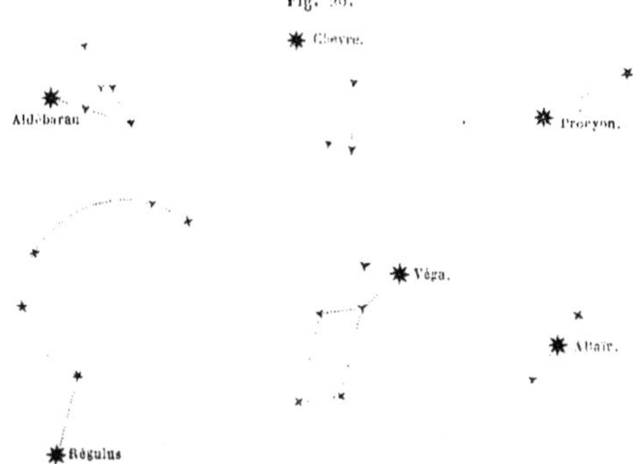

Fig. 26.



Procyon ($\alpha$ Petit Chien) est accompagné d'une étoile de 3e grandeur
($\beta$ Petit Chien) à une distance de 5 degrés environ : on ne trouve, dans cette
région, aucune autre étoile comparable en éclat à $\beta$ Petit Chien.

Régulus ($\alpha$ Lion) forme, avec les étoiles les plus brillantes qui l'envi_
ronnent, une figure qui ressemble à une faucille ; Régulus représenterait
l'extrémité inférieure du manche.

Les cinq étoiles voisines de Véga ($\alpha$ Lyre) forment un parallélogramme
et un triangle très-remarquables.

Altaïr ($\alpha$ Aigle) est à peu près au milieu de l'intervalle compris entre les
deux étoiles $\gamma$ et $\beta$ de l'Aigle ; il est plus éloigné de $\beta$ qui est la moins bril-
lante des trois.

Quand on aura comparé plusieurs fois ces figures avec le ciel, on reconnaîtra aisément les étoiles de 1re grandeur dont il vient d'être question.

La description que nous venons de faire ne s'étend pas à toutes les belles
étoiles isolées qu'il y aurait intérêt à reconnaître ; chacun pourra la com-
pléter par des remarques analogues aux précédentes.

181. Parfois, le ciel est trop couvert ou brumeux, pour qu'il soit possible
d'utiliser la méthode que nous venons d'indiquer à l'effet de reconnaître
les étoiles en vue : néanmoins, on les observe toujours, en ayant soin
de faire relever l'astre au compas, au moment où l'on prend la hauteur. On

connaît alors l'heure $T_p$ du premier méridien, la hauteur H, l'azimut Z, la latitude et la longitude estimées $L_e$, $G_e$. Les trois premières de ces quantités appartiennent au triangle de position ZPA, ce qui permet d'en déduire l'angle horaire P et la déclinaison D, au moyen des formules

$$\tan \varphi = \cot H \cos Z,$$
$$\tan P = \frac{\sin \varphi \tan Z}{\cos (L_e - \varphi)},$$
$$\tan D = \cos P \tan (L_e - \varphi);$$

connaissant P, on aura $G_a$ par la formule

$$G_a = P - G_e;$$

ensuite on calculera $S_p$, puis l'ascension droite dont l'expression est

$$\mathit{R} = S_p - G_a.$$

Il est évident qu'il sera inutile de calculer les coordonnées de l'astre à moins d'un degré près. On trouvera dans la *Connaissance des Temps* l'étoile de $1^{re}$ ou de $2^e$ grandeur, ou la planète, dont les coordonnées s'accordent, à quelques degrés près, avec celles qu'on vient d'obtenir.

MM. Labrosse et Perrin ont construit des Tables dans le but de faciliter la solution du problème précédent; on trouvera, dans les ouvrages de ces auteurs, les explications nécessaires à l'usage de leurs Tables.

Un planisphère céleste peut aussi servir à reconnaître l'astre observé. En effet, on calculera $S_l$, heure sidérale du lieu, au moyen de $T_p$ et de $G_e$; avec cette quantité $S_l$ et la latitude estimée $L_e$, on placera le zénith sur le planisphère, ainsi que nous l'avons fait (140); ensuite, portant sur le planisphère l'azimut et la distance zénithale, on reconnaîtra toujours l'étoile ou la planète observée, *si la hauteur n'est pas trop petite*.

**182.** *Ramener une étoile à l'horizon et prendre sa hauteur.* — Dans les observations de nuit, on se servira de la pinnule ou d'une lunette particulière, pour mesurer les hauteurs. Une difficulté qui se présente tout d'abord, quand on se propose de prendre la hauteur d'une étoile, est de ramener l'image de l'astre à l'horizon : lorsque l'horizon est assez éclairé, au crépuscule par exemple, on vise à l'étoile en tenant le sextant vertical, le grand miroir en bas; faisant alors mouvoir l'alidade, on amène l'horizon à être au contact avec l'étoile; on retourne l'instrument, on vise à l'horizon à peu près dans le vertical de l'étoile, et l'on aperçoit celle-ci très-près de l'horizon : il ne reste plus qu'à prendre le contact exactement. Si l'horizon est peu éclairé, on ne peut plus opérer comme nous venons de l'indiquer, car l'image de l'horizon, réfléchie dans le petit miroir, est tellement faible, qu'il est impossible de la distinguer ; dans ce cas, il faut procéder comme il suit : viser à l'étoile, amener l'image réfléchie à recouvrir l'image directe ; puis, tenant l'instrument verticalement, l'abaisser jusqu'à ce que l'étoile arrive dans la partie supérieure du petit miroir. Faire mouvoir lentement l'alidade dans le sens de la graduation : l'image réfléchie de l'étoile descendra dans la partie inférieure du petit miroir. Lorsqu'on verra cette image dans le bas, baisser l'instrument jusqu'à ce qu'elle arrive de nouveau dans le haut du petit miroir ; lorsqu'elle y sera parvenue, déplacer de nouveau l'alidade pour ramener l'image dans le bas du petit miroir : en continuant de pareils mouvements alternatifs, on finira par amener l'étoile jusqu'à l'horizon. Comme on n'observe que des étoiles de 1$^{re}$ et de 2$^e$ grandeur, qui ne sont pas très-voisines les unes des autres, on ne peut guère les confondre pendant l'opération et perdre, dans le mouvement de descente, l'étoile que l'on a visée directement. Il suffit de s'exercer pendant quelques soirées à l'application de ce procédé, pour parvenir à ramener une étoile à l'horizon : l'opération s'effectuera rapidement et sans difficulté, si l'on abaisse le sextant d'un mouvement continu, tout en conservant l'étoile dans le champ du petit miroir, au lieu d'effectuer les mouvements alternatifs par lesquels les commençants doivent débuter.

Quand l'astre sera ramené près de l'horizon, fermer les yeux pendant quelques instants : puis, prendre le contact sans hésitation, c'est-à-dire ne pas employer trop de temps en tentatives ayant pour but d'améliorer le contact ; autrement la vue se fatiguerait, et l'on n'obtiendrait rien de bon.

Il est clair que l'horizon et l'étoile doivent être ramenés à peu près à la même intensité lumineuse : généralement la lumière de l'étoile est trop vive ; on emploiera les verres colorés pour l'affaiblir.

**183.** *Lire sur un sextant pendant la nuit.* — Le contact ayant été obtenu, il reste à lire l'angle observé ; cette opération présente encore une certaine difficulté : le fanal dont on doit se servir étant mis à l'abri du vent, afin que la flamme ne soit pas agitée, on s'en approchera aussi près que possible ; on tiendra l'instrument à peu près vertical, le grand miroir en bas : dans cette position, on lira assez facilement la hauteur observée. Il est évident que tout cela exigera un certain temps : les observations de nuit seront donc plus lentes que celles de jour, et l'on n'aura pas toujours le temps de prendre des séries ; inutile de dire que, si on le pouvait, il faudrait le faire.

**184**. *Quelques détails sur les nouveaux sextants de nuit*. — Dans ces dernières années, on a beaucoup cherché à perfectionner l'appareil optique des sextants, afin d'augmenter la puissance de vision de l'observateur et de lui permettre de distinguer la ligne d'horizon pendant la nuit. C'est qu'en effet il est souvent impossible, avec les instruments d'ancien modèle, de voir assez nettement la ligne d'horizon, lorsqu'elle est insuffisamment éclairée.

Pour parer à cet inconvénient, il n'a pas suffi d'augmenter le diamètre des objectifs : on a dû encore supprimer la partie non étamée du petit miroir; car, étant interposée entre l'œil et l'horizon, cette partie non étamée affaiblit, d'une manière appréciable, la visibilité de l'horizon lorsqu'il n'est que faiblement éclairé.

Le premier officier en France qui, à notre connaissance, ait apporté des perfectionnements de ce genre, est M. Laurent, ancien officier de vaisseau. Son instrument est notablement supérieur aux anciens et a rendu de réels services à la marine. Mais, après M. Laurent, d'autres personnes ont proposé de nouveaux appareils, qui ont été reconnus supérieurs à l'instrument de cet officier.

Le Dépôt des cartes et plans de la Marine a fait construire un certain nombre de sextants de nuit, d'après les idées de M. Fleuriais. Pendant deux ans, à bord du *Jean-Bart*, des expériences ont été faites sur cet instrument, tant par M. Fleuriais et l'auteur que par les élèves; le navire était au large durant toutes ces expériences : le point obtenu était comparé au point estimé. Les résultats de ces comparaisons ont été satisfaisants; mais, bien que le nouvel instrument fût réellement supérieur aux anciens, on ne pouvait se faire une idée bien nette de ce que valaient les résultats au point de vue de la précision; car on ne doit compter sur le point estimé qu'à plusieurs milles près. En même temps que le sextant de M. Fleuriais, nous avons expérimenté un sextant muni d'un appareil binoculaire, installé d'après nos plans : les observations au sextant binoculaire ont été trouvées satisfaisantes; leurs comparaisons avec les observations faites à l'instrument de M. Fleuriais ont présenté des différences parfois notables, sans qu'il ait été possible d'en imputer la cause plutôt à l'un qu'à l'autre de ces instruments.

Il était intéressant d'apprécier la valeur des deux nouveaux sextants, dont la supériorité sur les anciens était déjà constatée : nous avons fait, en rade du golfe de Juan, 45 déterminations de la latitude par l'observation de hauteurs circumméridiennes; d'un autre côté, deux élèves, MM. Buchard et Caillard, en ont obtenu 20 en rade de Funchal. Pendant ces diverses observations, l'horizon était médiocre ou mauvais; voici le résultat de la comparaison de ces latitudes avec celles qui ont été fournies par les cartes : l'erreur moyenne des hauteurs est de $2',5$ environ, une seule erreur a atteint $6',5$; les moyennes des séries obtenues le même soir avec les deux instruments ont présenté des écarts plus ou moins grands, mais toujours de même sens; quant aux écarts de ces moyennes par rapport aux vraies latitudes, ils ont montré que les deux instruments jouissent sensiblement de la même précision. En définitive, les deux systèmes peuvent recevoir des perfectionnements : nous comptons reprendre nos expériences; nous espérons qu'elles conduiront à un type d'instrument supérieur aux deux précédents, et qui permettra souvent de faire de très-bonnes observations de nuit ([1]).

**185.** *Point le plus probable, par des observations de nuit.* — Afin de reconnaître quel parti on pourrait tirer d'un groupe de hauteurs de nuit, en y appliquant la théorie des probabilités, nous avons recueilli un certain nombre d'observations faites, par les élèves, à bord de la *Renommée*. Nous avons calculé le point le plus probable, correspondant à chaque groupe de hauteurs; chaque point obtenu a été comparé à ceux qui provenaient des points observés du jour et du lendemain, et de l'estime dans l'intervalle : ces derniers points devaient être exacts à 3 ou 4 milles près. Le résultat de ces comparaisons était très-satisfaisant, quand les hauteurs avaient été observées dans les conditions prescrites. Rappelons ces conditions : même visibilité de l'horizon dans toutes les directions, quatre observations au moins, azimuts partageant l'horizon en parties pas trop inégales.

Nous choisirons un exemple entre plusieurs que nous pourrions présenter; il se rapporte à des observations faites par six élèves appartenant à la première escouade de la promotion qui était à bord de la *Renommée* en 1874-75.

Six hauteurs ont été observées le 2 août 1875, vers $1^h 10^m$ du matin; les coordonnées du point estimé E (*fig.* 2) correspondant à l'instant moyen des observations ont été supposées :

$$L_e \quad 46°40' \text{ N.}$$
$$G_e \quad — \quad 11°20' \text{ O.}$$

<hr>

[1] M. le contre-amiral Lejeune a fait construire un sextant muni d'un niveau : cet instrument est destiné à prendre des hauteurs sans le secours de l'horizon de la mer : il aurait donné des résultats importants : nous ne sommes malheureusement pas à même de fournir les détails nécessaires, faute de renseignements suffisants.

23.

Le calcul des hauteurs et des azimuts estimés a fourni les valeurs suivantes des $p$ et V :

$$
\begin{array}{lll}
\text{α d'Andromède}\ldots\ldots\ldots\ldots & p_1 = 12,5 & V_1 = S\ 67,5\ E \\
\text{Chèvre}\ldots\ldots\ldots\ldots\ldots & p_2\ \ 5,0 & V_2 = S\ 44,5\ O \\
\text{Véga}\ldots\ldots\ldots\ldots\ldots & p_3\ \ 18.5 & V_3 = N\ 84,5\ O \\
\text{Altaïr}\ldots\ldots\ldots\ldots\ldots & p_4\ \ 31,0 & V_4\ \ S\ 45,0\ O \\
\text{Fomalhaut}\ldots\ldots\ldots\ldots & p_5\ \ 12,0 & V_5\ \ S\ 15,0\ E \\
\text{Fomalhaut}\ldots\ldots\ldots\ldots & p_6\ \ 25,0 & V_6\ \ S\ 14,0\ E
\end{array}
$$

Si, avec ces données, on porte les points rapprochés sur la carte n° **2447**, et que l'on trace les droites de hauteur, on obtient exactement la *fig. 27* :

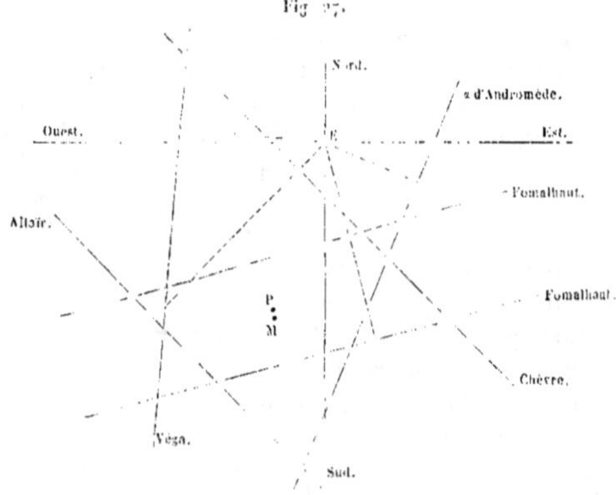


les droites de hauteur s'y coupent en douze points, qui sont la plupart très-éloignés les uns des autres (l'échelle est de $1^{mm},2$ environ pour 1 mille). Il est visible qu'on ne saurait où se placer avec tous ces points, si la théorie des probabilités ne nous venait en aide. Le point le plus probable P, calculé avec les données ci-dessus et les formules du n° **177**, est

$$
L_p = 46°19',1\ N,
$$
$$
G_p\ \ 11°30',4\ O.
$$

D'après les points observés du 1ᵉʳ et du 2 août, et en tenant compte des treize heures écoulées depuis le midi du 1er août jusqu'au moment des observations, la position M du navire devait être

$$L = 46°18',0 \ N,$$
$$G = 11°30',0 \ O.$$

La différence entre cette position et le point le plus probable est très-faible; en supposant que M soit erroné de 3 à 4 milles, le point le plus probable serait encore exact à 4 ou 5 milles près. Un pareil résultat est d'autant plus satisfaisant que les hauteurs avaient été prises avec un très-mauvais horizon, des instruments ordinaires et par des jeunes gens qui ne pouvaient être très-exercés aux observations.

Au moyen du point (L, G) nous avons calculé les erreurs des hauteurs observées et nous avons trouvé :

|  | $\varepsilon_{\scriptscriptstyle{||}}$ |
|---|---|
| α d'Andromède............................ | + 10,5 |
| Chèvre.................................. | + 15,5 |
| Véga................................... | + 14,0 |
| Altaïr.................................. | + 10,7 |
| Fomalhaut.............................. | — 7.5 |
| Fomalhaut.............................. | + 5,8 |

Sur ces six erreurs, cinq sont positives : la généralité des observateurs était donc portée à faire mordre l'étoile, à cause de l'état de l'horizon. Ce résultat peut être interprété ainsi : l'horizon était abaissé dans toutes les directions sous l'influence de l'obscurité. Dans certaines limites, les erreurs sur la position de l'horizon étaient systématiques; or l'effet des erreurs de cette sorte est très-atténué, quand on prend les hauteurs suivant des directions azimutales opposées (*voir* n° 174).

Dans l'exemple précédent, l'erreur systématique de l'horizon étant détruite en grande partie, parce qu'on a observé des astres suivant des directions azimutales à peu près opposées, le point le plus probable que nous avons obtenu doit être considéré comme très-bon, si l'on a egard aux erreurs énormes des hauteurs. On comprend ainsi combien il importe de ne compter sur le point le plus probable que dans le cas où l'horizon est également visible dans toutes les directions; car alors seulement l'influence des grosses erreurs des hauteurs peut être considérablement atténuée.

**186.** *Détermination du point le plus probable, au moyen d'une construction qui n'exige pas le tracé des droites de hauteur.* — Nous avons annoncé n° **178** que nous donnerions un exemple de la détermination graphique du point le plus probable, d'après le procédé indiqué par M. Yvon Villarceau. Cette construction de-

mande peut-être plus de temps que le calcul. Nous croyons cependant utile d'en présenter un exemple, puisqu'elle peut, à l'occasion, être employée comme vérification du calcul.

Sans doute, on trouvera bon que nous reproduisions ici le système de données
qui nous a déjà servi. Ce sont les hauteurs, au nombre de six, qui ont été recueillies
à bord de la *Renommée*.

La construction (*fig.* 28) a été ainsi exécutée : ayant adopté l'échelle de $1^{mm},2$
pour 1 mille, on a tracé le méridien NE et le parallèle OE, leur intersection E
a été prise pour point estimé. On a décrit un cercle dont le centre est pris arbitrairement sur la partie nord du méridien et la circonférence, assujettie à
passer par le point estimé E, coupe le méridien NE en un point D. Cela fait, les
lignes correspondant aux angles de route, $V_1$, $V_2$, ..., du n° 185, ont été tracées, et
l'on a marqué les six intersections $\varpi$ de ces lignes avec le cercle. On a mené sur
la gauche, et extérieurement au cercle, une ligne méridienne qui rencontre en M
le parallèle de E; puis, plaçant convenablement une règle et une équerre, on a
marqué sur le méridien et sur le parallèle de E les pieds des perpendiculaires abaissées des six points $\varpi$ sur ces deux lignes : mettant alors le zéro d'une règle graduée
sur le point M, on a mesuré les abscisses et les ordonnées des points $\varpi$; on a obtenu
en millimètres les distances :

| Suivant le méridien. | Suivant le parallèle. |
|---|---|
| 0,5 | 17,0 |
| 4,8 | 20,5 |
| 16,6 | 21,1 |
| 17,2 | 24,3 |
| 31,0 | 45,5 |
| 31,5 | 45,5 |
| Somme..... 101,6 | Somme.... 173,9 |
| Moyenne... 16,9 | Moyenne... 29,0 |

Les moyennes 16,9 et 29,0 de ces six ordonnées et abscisses ont fourni l'ordonnée et l'abscisse du centre de gravité $\gamma$ des six points $\varpi$ : on a pu ainsi marquer le point $\gamma$.

Les points rapprochés ont été fixés au moyen des angles de route $V_1$, $V_2$, ...,
et des distances $p_1$, $p_2$, ..., du n° 183 : ces points sont indiqués par de petits
cercles. Alors on a tracé un autre méridien auxiliaire sur la droite de la figure et
un second parallèle, de telle manière que tous les points rapprochés se trouvent à
gauche de ce méridien et au-dessus de ce parallèle : on a déterminé le centre de
gravité G des points rapprochés, par les moyennes des coordonnées de ces points
rapportés aux deux derniers axes auxiliaires.

Menant un parallèle par le point $\gamma$ et un méridien par le point G, on a marqué leur
intersection B ; joignant ensuite les points D et B par une droite, on l'a prolongée
jusqu'à sa rencontre en I avec le parallèle de E ; on a mené par le point I une droite IL
parallèle à la ligne D$\gamma$ : cette droite IL contient le point le plus probable.

D'un autre côté, on a marqué les points F et H, où les parallèles à la ligne OE, menées par les points γ et G, coupent le méridien NE; puis, plaçant une pointe du compas en E, on a décrit des arcs de cercle, partant des points F et H, jusqu'à la rencontre de l'axe OE (ces arcs se décrivent toujours dans le sens indiqué par les flèches, c'est-à-dire dans le sens du mouvement des aiguilles d'une montre) : deux points $F_1$, $H_1$ ont été ainsi déterminés. Par le point $H_1$, on a mené une parallèle à la ligne $DF_1$, qu'il est inutile de tracer : cette parallèle rencontre en K le méridien de E. Ayant joint γE, du point K, on a abaissé une perpendiculaire KL' à la ligne γE :

Fig. 28.

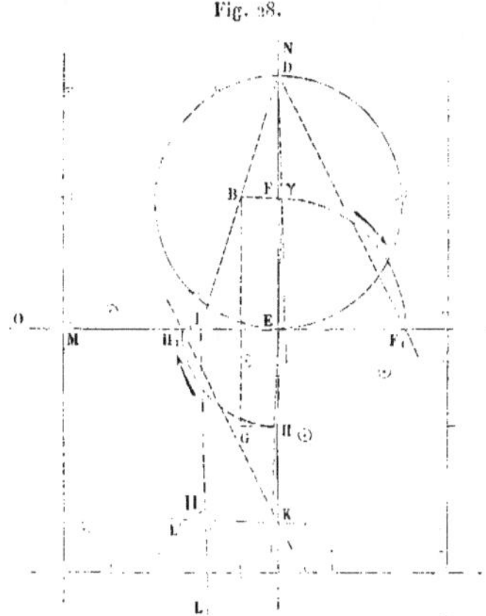

cette perpendiculaire est une seconde ligne qui contient encore le point le plus probable.

Nous venons de tracer les deux droites IL, KL', sur chacune desquelles se trouve le point le plus probable; leur intersection H offre ainsi la solution du problème.

Les coordonnées géographiques du point H sont

$$L_p = 46° 18',4,$$
$$G_p = 11° 31',7 :$$

ce point n'est pas éloigné d'un mille du point le plus probable obtenu par le calcul : on doit s'attendre à de pareils écarts, à la suite de constructions du genre de celles que nous venons de faire.

### § II. — Tirer parti d'une observation unique de hauteur.

**187.** On connaît le point estimé, et l'on a observé la hauteur d'un astre : avec ces données, on calculera les quantités $Z_e$ et $p = H - H_e$ (*voir* n[os] **97, 98**) ; on portera sur la carte (*fig.* 29) le point estimé E, le point rapproché $R_1$, et l'on tracera la droite de hauteur $HR_1H'$. On admettra, pour position du navire, le point $R_1$ comme présentant le moins de chances d'erreurs et étant plus voisin du vrai point que le point E, ainsi qu'il a été montré au n° **91**.

Fig. 29.

Il est facile de déterminer la limite de l'erreur dont le point rapproché peut être affecté : pour cela on calculera, en milles, l'erreur maximum $q$, supposée pouvoir exister sur l'estime (*voir* n° **132**) ; puis, avec cette erreur comme rayon, on décrira du point E, comme centre, deux arcs de cercle qui couperont la droite de hauteur en des points K, K' : le lieu du navire se trouvera sur la droite de hauteur entre les points K et K'.

On peut tirer un très-grand parti du point rapproché et de la droite de hauteur. Soit (*fig.* 29) C C' C″ C‴ une côte que l'on veut reconnaître : la droite de hauteur rencontre le rivage en un point C ; ce point se trouve donc, par rapport au navire, à l'aire de vent de la direction de cette droite, autrement dit, on connaît le relèvement du point C. Un tel renseignement est très-précieux, car il donne une direction qui sera souvent utilisée. Supposons, par exemple, qu'il faille franchir la passe indiquée dans la *fig.* 29 ; on y marquera le point D que l'on veut atteindre ; puis, de K, point le plus voisin des dangers, on mènera une ligne $KK_1$ qui en passe à une distance convenable, et de $R_1$ on tracera du côté de DD' une ligne $R_1F$, parallèle à $KK_1$ ;

R₁F et DD′ se rencontreront en un point P : on fera alors la route R₁P ; arrivé
en P, on mettra le cap à l'aire de vent de la droite de hauteur, le navire
franchira sûrement la passe.

**188.** Pour faciliter l'étude de la question qui nous occupe, nous avons supposé implicitement que la hauteur observée, ainsi que l'heure du premier méridien fournie par les chronomètres, était exacte ; on ne doit pas compter
qu'il en soit ainsi. Voyons donc ce que devient le problème, lorsqu'on tient
compte des erreurs à redouter. Soient E le point estimé, R₁ le point rapproché :
d'après ce qui a été dit au n° 163, au sujet des erreurs de hauteurs, nous

Fig. 3o.

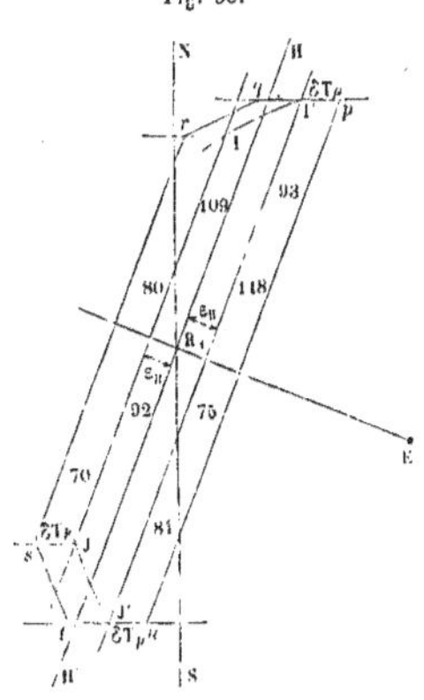

traccerons deux parallèles à la droite HR₁ H′, à la distance $\varepsilon_{\text{H}}$, erreur en minutes de la hauteur ; puis, de E comme centre, avec $\eta$, erreur maximum
supposée du point, décrivons des arcs de cercle coupant les parallèles que
nous venons de tracer en quatre points, I, I′, J, J′. Si l'état du chronomètre
était exact, le lieu du navire serait compris dans la surface II′JJ′ : si, au
contraire, il existe une erreur $\pm \delta\mathrm{T}_p$, sur l'heure du premier méridien, la surface II′JJ′ doit être reportée à l'ouest et à l'est de la quantité $\delta\mathrm{T}_p$ (*voir* n° 165).
Pour faire cette opération simplement, on considérera les arcs II′, JJ′,
comme se confondant avec leurs cordes, ce qui peut être admis sans erreur
sensible : on mènera des parallèles de latitude par les quatre points I,I′,J,J′ ;
puis, mesurant, sur ces parallèles, à partir des points I′, J′, les plus éloi-

gnés de $R_1$, des longueurs $I'q$, $J'l$, et $I'p$, $J'u$, égales à $\delta T_p$, dans les sens ouest et est; mesurant de même, à partir de I et J, extérieurement à la surface $II'JJ'$, on obtiendra six points formant des longueurs $Ir$, $Js$, encore égales à $\delta T_p$: l'hexagone $pqrstu$, surface de position qui comprend le lieu du navire. Cet hexagone sera le plus souvent très-large dans le sens de la droite de hauteur, tandis qu'il sera très-étroit dans le sens perpendiculaire à cette ligne : l'incertitude d'une route faite dans le sens de la droite de hauteur sera beaucoup moindre que celle d'une route faite dans le sens de la ligne $R_1E$; c'est par ce motif que l'on pourra surtout utiliser la direction de la droite de hauteur.

Si la surface $pqrstu$ était au-dessus de fonds notablement différents, une sonde, faite dans les conditions favorables, donnerait une bonne position du navire.

# CHAPITRE VI.

## EXEMPLES DE CALCULS RELATIFS A LA NOUVELLE NAVIGATION.

### § I. — Considérations générales sur les calculs numériques.

**189.** Le calcul numérique est la partie des Mathématiques appliquées qui enseigne à disposer et à exécuter les opérations arithmétiques de la manière la plus avantageuse pour obtenir la solution numérique d'une question proposée. Il est évident que l'on doit, avant tout, chercher à assurer l'exactitude des résultats, et ensuite réduire l'étendue des calculs au strict nécessaire : il est à remarquer, du reste, que ces deux conditions sont intimement liées l'une à l'autre; car il est certain que le nombre de chances de commettre des fautes est d'autant moindre, que les opérations à effectuer comprennent moins de chiffres et exigent moins de temps.

Tout calculateur doit s'astreindre à des règles que nous pouvons formuler ainsi qu'il suit : 1° vérifier les données; nous avons indiqué au n° **28** les vérifications du temps et des hauteurs observées, qui doivent se faire immédiatement après les observations; les autres données sont empruntées aux éphémérides astronomiques; 2° préparer des types de calcul, c'est-à-dire fixer la disposition la plus avantageuse à donner à la série des opérations, dans le but de faciliter les calculs; 3° avant de commencer un calcul, examiner l'approximation de chacune des données, afin de déterminer l'ordre des unités auquel on devra s'arrêter dans les nombres et dans les logarithmes : on évitera ainsi d'employer plus de chiffres significatifs que l'approximation n'en comporte : l'emploi des chiffres inutiles aurait pour inconvénient de donner aux résultats une apparence d'exactitude qui ne serait qu'illusoire et de diminuer la sécurité et la rapidité des calculs; 4° éviter autant qu'il sera possible les transcriptions; 5° faire toujours une ou plusieurs preuves; 6° les résultats étant obtenus, il est nécessaire de se rendre compte de l'influence que peuvent produire, sur ces résultats, les erreurs d'observation portées à leurs limites admissibles.

Entrons dans quelques détails au sujet des règles précédentes.

**190.** Quand on a fait choix des formules à employer, il faut fixer le type qui se rapporte à ces formules. Certaines personnes n'attachent pas d'importance aux types de calculs; nous ne partageons pas leur avis: car, parmi les dispositions que l'on pourrait employer, il y en a certainement de meilleures les unes que les autres; or, il faut être bien convaincu que l'on ne saurait trop prendre de précautions, pour arriver à des résultats numériquement exacts.

Quant au nombre de chiffres à employer dans les calculs, voici les règles à suivre :

Quatre décimales, dans les logarithmes, suffisent pour obtenir l'approximation de $1$ minute d'arc ou de $4$ secondes de temps; cinq décimales donnent les $5''$ ou $\frac{1}{3}^s$. Six décimales donnent, presque à coup sûr, $0'',5$ ou $0^s,03$; sept décimales donneraient $\frac{1''}{20}$. Dans les exemples de calculs que nous présenterons plus loin, nous ferons usage du nombre de chiffres décimaux qui convient à chaque cas.

Il est évident qu'en évitant une transcription on échappe aux erreurs dont cette opération est susceptible, et l'on n'écrit pas de chiffres inutiles.

Tout calcul, jusqu'à ce qu'il ait été vérifié par une ou par plusieurs preuves, doit être considéré comme non avenu : les causes d'erreur, dans les calculs, sont nombreuses; des erreurs notables peuvent passer inaperçues; dès lors la nécessité de vérifications s'impose de la manière la plus absolue. Quand un officier calcule seul, il doit exécuter les preuves nécessaires : nous en indiquerons quelques-unes, pour chaque genre de calcul un peu important.

Malgré toutes les précautions prises pendant et immédiatement après les observations, il arrivera que des erreurs de lecture, soit du compteur, soit du sextant, n'aient pu être reconnues : si ces erreurs sont petites, elles auront échappé, parce qu'elles se seront confondues avec les erreurs d'observation; quant aux fortes erreurs, telles que $1$ degré dans les hauteurs et $1$ minute dans la mesure du temps, elles pourraient quelquefois échapper, si elles étaient communes à toutes les observations; il est inutile de dire que les observations isolées peuvent être affectées d'erreurs portant sur l'un quelconque des chiffres qui les représentent. Dans ce qui précède, nous avons fait abstraction des ressources que fournit l'estime, pour reconnaître dans certains cas l'existence d'une grosse erreur.

A cause des erreurs qu'on vient de passer en revue, la détermination du point par une seule personne n'offre pas de sécurité ; l'exactitude du résultat ne pourra être établie que par sa comparaison avec les résultats de nouveaux calculs basés sur de nouvelles données : quand, au contraire, on pourra faire observer par deux personnes, rien ne sera plus facile que d'obtenir le contrôle exigé ; il suffira en effet de comparer les résultats obtenus par chacune de ces personnes. Il est essentiel qu'en cette circonstance les observateurs recueillent les données chacun de leur côté, et effectuent les calculs indépendamment l'un de l'autre : en effet, si l'on prend des données communes, telles, par exemple, que la comparaison du compteur avec le chronomètre, les deux calculateurs trouveront le même point, à l'erreur près des hauteurs observées ; cependant le point ainsi obtenu serait erroné de 15 minutes de longitude, si l'erreur de la comparaison était d'une minute.

Tout observateur exercé apprécie assez sûrement les limites d'erreur de ses observations : il peut donc en conclure les limites d'erreur du point obtenu ; mais il est plus avantageux, relativement à la discussion, de déterminer graphiquement les limites d'erreur du point, que par le calcul. La surface de position définie (n° 166) résout tous les problèmes qui sont relatifs à l'erreur du point ; nous renvoyons à ce numéro.

191. *Résumé des notations.* — Afin d'éviter la recherche de la signification des diverses notations employées dans la *Partie pratique* de la *Nouvelle Navigation*, nous reproduisons ici les principales de ces notations :

$A$, $B$, $C$, $D$, ..., $L$, heures des chronomètres ;

$M$, $N$, ..., heures des compteurs ;

$m'_a$, $m'_b$, $m'_c$, ..., $m'_l$, marches diurnes *observées* ou *adoptées* ( ' ) des chronomètres $A$, $B$, $C$, ..., $L$ ;

$m'_m$, $m'_n$, ..., marches diurnes *observées* ou *adoptées* ( ' ) des compteurs ;

$T_p$, heure moyenne du premier méridien ;

$T_p - A$, $T_p - B$, $T_p - C$, ..., $T_p - M$, ..., *états* ou *corrections* des montres $A$, $B$, $C$, ..., $M$, ... ;

$t$, $t_1$, $t_2$, ..., $t_n$, temps comptés d'une origine commune ;

$A m_a$, $B m_a$, $C m_a$, ..., $M m_a$, ..., marches du premier chronomètre $A$, obtenues directement et par l'intermédiaire des autres montres, $B$, $C$, ..., $M$, ... ;

$G_a$, longitude géographique d'un astre, positives à l'ouest, négatives à l'est ;

$G$, longitude vraie du navire,

( ' ) Le mot de *marches observées* s'applique aux observations faites à terre ; les marches adoptées sont celles que l'on emploie à la mer.

$G_e$, longitude estimée du navire (¹);

$G_r$, longitude du point rapproché (¹);

$G_1$, longitude du navire, obtenue par une première approximation (¹);

$G_2$, longitude du navire, obtenue par une deuxième approximation (¹);

L, latitude vraie du navire (²);

$L_e$, latitude estimée du navire (²);

$L_r$, latitude du point rapproché (²);

$L_1$, latitude du navire, obtenue par une première approximation (²);

$L_2$, latitude du navire, obtenue par une deuxième approximation (²);

P, angle horaire, compté de zéro à 360 degrés ou de zéro à 24 heures : positivement en allant du méridien supérieur vers l'ouest, négativement dans l'autre sens;

Z, azimut compté de zéro à 180 degrés, toujours à partir du nord, positivement dans l'ouest, négativement dans l'est;

$Z_e$, azimut estimé, compté comme le précédent;

Æ, ascension droite d'un astre observé;

D, déclinaison du même astre;

Δ, distance polaire du même astre;

$S_p$, heure sidérale du premier méridien;

$V_p$, heure vraie du premier méridien;

$T_l$, heure moyenne d'un lieu;

$S_l$, heure sidérale du même lieu;

$h$, hauteur observée, corrigée de la collimation;

H, hauteur réduite, c'est-à-dire ayant subi toutes les corrections nécessaires;

$H_m$, hauteur méridienne;

$H_e$, hauteur estimée;

$p = H - H_e$, quantité qui peut, suivant les cas, être affectée du signe + ou du signe —; sa valeur absolue est la distance du point estimé au point rapproché;

$z$, distance zénithale d'un astre, toujours positive en dehors du méridien; s'il s'agit d'une distance zénithale méridienne, on lui donne le signe + lorsque l'astre est au nord, le signe — lorsqu'il est au sud.

---

(¹) Quand ces longitudes sont occidentales, elles sont affectées du signe + ; quand elles sont orientales, elles prennent le signe —.

(²) Ces latitudes sont précédées du signe + , lorsqu'elles sont boréales; du signe —, quand elles sont australes.

$z_e$, distance zénithale estimée, se compte comme la précédente;

$\alpha$, coefficient de la Table V, servant à ramener au méridien les hauteurs circumméridiennes;

V, angle de route;

$\eta$, erreur maximum du point estimé.

**192.** Nous supposerons que, pour faire les calculs, on ait à sa disposition les Tables de M. Caillet et celles de M. Labrosse (t. II).

Dans les calculs à la mer, on n'écrira pas les secondes d'arc, mais seulement les dixièmes de minute; *voir* ce qui a été dit à ce sujet, dans la note (¹) de la page 74.

Il faut, avant tout, rechercher la date du premier méridien, et reconnaître si l'heure de ce méridien est plus petite ou plus grande que 12 heures; cela se fait généralement de tête, en prenant l'heure de la montre d'habitude et y ajoutant algébriquement la longitude très-grossièrement approchée. C'est tellement simple, que nous nous abstiendrons de le rappeler à l'occasion des divers exemples de calculs que nous présenterons.

**193.** *Calcul de l'état d'un chronomètre, par sa comparaison avec une pendule astronomique.* — Le 31 mars 1875, à Toulon, on a fait les opérations indiquées au n° **23**, et obtenu les nombres correspondants A, M; A′, M′; $M_1$, $\Pi$; que l'on trouvera ci-dessous; nous joignons à ces nombres l'état $T_p - \Pi$ de la pendule, communiqué par le directeur de l'observatoire : on demande l'état $T_p - A$, du premier chronomètre.

On disposera les données, ainsi qu'il suit, sur le cahier d'observation : les calculs sont assez courts pour qu'on doive les exécuter sur ce cahier.

$$
\begin{array}{llrrr}
\text{Avant.} & \begin{cases} \text{M} & 6^h\ 25^m\ 0{,}0^s \\ \text{A} = 2\ 24\ 19.5 \end{cases} \\
& \text{A} - \text{M} & 7\ 59\ 19{,}5 \\
& \text{M}_1 & 6\ 57\ 23{,}5 \\
& \text{M}_1 - \text{M} & 0\ 32\ 23{,}5 \\
& \text{M}' - \text{M} & 2\ 50\ 0{,}0 \quad 170^m \\
& \Delta(\text{A}-\text{M}) & +2.50 \\
& \dfrac{\Delta(\text{A}-\text{M})}{(\text{M}'-\text{M})} & +0{,}014 \\
& \dfrac{\Delta(\text{A}-\text{M})}{(\text{M}'-\text{M})}(\text{M}_1-\text{M}) & +0{,}45 \\
& \text{A}_1 - \text{M}_1 & 7^h 59^m 19^s{,}9
\end{array}
$$

$$
\begin{array}{llrrr}
\text{Après.} & \begin{cases} \text{M}' & 9^h\ 15^m\ 0{,}0^s \\ \text{A}' = 5\ 14\ 22{,}0 \end{cases} \\
& \text{A}' - \text{M}' & 7\ 59\ 22{,}0 \\
& \Pi & 5\ 17\ 50{,}0 \\
& T_p - \Pi & 9\ 24\ 41{,}0 \\
& T_p & 2\ 42\ 31{,}0 \\
& \text{A}_1 = 2\ 56\ 43{,}4
\end{array}
$$

$$T_p - \text{A}_1 = 11^h 45^m 47^s.6$$

En se reportant au n° 23, on verra immédiatement comment tous les nombres ci-dessus ont été combinés.

**194.** *Calcul de l'état du chonomètre A et des marches diurnes des chronomètres, au moyen d'observations faites à l'horizon artificiel.* — L'exemple suivant a été choisi parmi les calculs d'états, faits à bord de la *Renommée* : il est relatif à trois séries de hauteurs, comprenant chacune quatre observations.

Nous présentons d'abord la manière dont les nombres, obtenus dans les observations, ont été écrits et disposés : comme ces nombres sont la base de tout le calcul, on doit les recueillir avec le plus grand soin (*voir* ce qui a été dit à ce sujet n° **13**).

La première page du cahier d'observation contient les comparaisons des chronomètres (se reporter aux n°s **25** et **28**), et le calcul de la différence $A_2 - M_2$ correspondante à l'heure moyenne de la deuxième série. Ce calcul est très-simple; il est le même que celui qui a été fait pour trouver $A_1 - M_1$, lors du calcul de l'état d'un chronomètre, au moyen de sa comparaison avec une pendule astronomique.

Après le calcul de $A_2 - M_2$, viennent les observations de collimation, au moyen de quatre contacts des bords du Soleil : on a adopté, pour collimation, la moyenne des deux valeurs trouvées. Les autres pages du cahier d'observation contiennent les temps et les hauteurs observées; les différences des temps consécutifs et des hauteurs correspondantes ont été faites ainsi qu'il a été recommandé (n° **28**). On a appliqué aux angles la correction de collimation; on a pris la moitié de ces angles corrigés, pour obtenir les hauteurs. Il est avantageux de faire, sur le cahier d'observation, les opérations que nous venons d'indiquer; on évite ainsi de transcrire les nombres et d'introduire de la confusion dans les opérations à exécuter sur le cahier de calcul.

Passons aux calculs : le premier qui se présente est celui de l'angle horaire P. En tête du calcul, se trouvent l'indication du lieu d'observation, la date, la latitude et la longitude. Lorsque le point où se font les observations peut être reconnu directement, la carte fait connaître immédiatement les cordonnées L et G : quand cela est impossible, on est obligé de recourir à des opérations spéciales pour marquer le point sur la carte; le procédé des segments capables est souvent le plus sûr et le plus commode à employer.

La différence entre l'heure du chronomètre et celle du compteur au moment des observations, et l'heure approchée de Paris, ont été calculées avec l'heure de la deuxième série, qui est à peu près la moyenne des heures des trois séries. On a procédé ainsi, parce que la différence des montres A et M, l'équation du temps, l'ascension droite, la déclinaison, calculées pour cet instant, peuvent très-généralement être employées, sans erreur sensible, dans les deux autres séries; il suffit pour cela que les trois séries soient prises dans l'espace d'un quart d'heure, et que les variations des quantités considérées ne soient pas trop fortes. Ces conditions sont très-généralement remplies : il est très-rare, en effet, que l'on ne puisse observer trois séries en quinze minutes; d'ailleurs, les variations du compteur et des coordonnées des astres, *à part celles de la Lune*, n'atteignent jamais, dans un si court espace de temps, une valeur assez considérable pour qu'il soit nécessaire d'en tenir compte. En ramenant ainsi toutes les variables à la série du milieu, on abrége considérablement les calculs.

Les trois hauteurs, corrigées de la collimation sur le cahier d'observation, sont reportées sur le cahier de calcul : puis, avec la hauteur de la première série, on prend la réfraction dans la Table XVI de Caillet; on y applique la correction thermo-barométrique (table XXI de Caillet). La réfraction ainsi obtenue, combinée avec la parallaxe et le demi-diamètre, donne la correction de la hauteur de la première série : il est alors facile de trouver celles des deux autres hauteurs. Pour cela, remarquons que le seul élément qui varie d'une manière sensible, dans la somme des corrections, est la réfraction; on comprend, dès lors, qu'il suffise d'appliquer, à la correction relative à la première série, les variations de la réfraction correspondantes aux variations de hauteur. En augmentant, dans notre exemple, de 1″ et de 3″ la correction de la première hauteur, nous aurons celles de la seconde et de la troisième.

**195.** Les hauteurs étant corrigées, écrire la latitude sous la hauteur de la première série, prendre dans la *Connaissance des Temps* la déclinaison D à $0^h$ (T. M. P.), y appliquer la variation pour l'heure approchée $T_p$ de la deuxième série; D sera, dans ce calcul, toujours pris positivement. Si l'observateur et l'astre sont dans le même hémisphère, retrancher D de 90″; dans le cas contraire, faire la somme D + 90″ : on aura ainsi la distance polaire $\Delta$, que l'on écrira sous la hauteur de la première série. Faire la somme

$$ H + L + \Delta = 2S; $$

prendre une feuille de papier, en placer le bord inférieur au-dessus de la latitude et y écrire $L + \Delta$; transporter cette somme au-dessus de la hauteur de la deuxième série, l'y ajouter, et opérer de même pour la troisième série : les dernières opérations donnent les sommes 2S. Calculer S et S — H. Parvenu à ce point, prendre, dans les Tables, c.l. cos L, c.l. sin $\Delta$ et l. cos S, l. sin(S—H), ajouter les quatre logarithmes de la première série, placer la feuille de papier au-dessus de c.l. cos L et écrire sur cette feuille de papier la somme de c.l. cos L + c.l. sin $\Delta$, la transporter au-dessus de l. cos S et ajouter cette somme, dans les deuxième et troisième séries, avec l. cos S et l. sin(S — H); en divisant ces sommes par 2, on obtient l. sin $\frac{P}{2}$, on en tire $\pm\frac{P}{2}$ et $\pm$ P. On prend le signe $+$, si les hauteurs vont en diminuant, le signe $-$ si elles vont en augmentant; dans le cas où P a le signe $-$, on le retranche de 24 heures pour avoir un résultat positif.

Ayant P, prendre l'équation du temps, dans la page de gauche de la *Connaissance des Temps*, la corriger pour l'heure de Paris, inscrire immédiatement la longitude au-dessous; faire, sur le bord d'une feuille de papier, la somme algébrique de ces deux quantités et l'ajouter successivement aux trois angles horaires obtenus : on aura ainsi les heures $T_p$ du premier méridien, correspondantes aux trois hauteurs; retranchant de ces heures celles du chronomètre A, on aura les trois valeurs de l'état de cette montre.

La plus grande différence des états, dans notre exemple, ne dépassant pas $0^s,9$, nous considérerons leur moyenne comme admissible et la ferons correspondre à l'heure de la deuxième série. Si l'une des séries avait par trop différé des autres, nous l'aurions rejetée (la limite de l'écart qui pourra faire rejeter une série varie naturellement avec la précision des observations).

**196.** Appliquant la formule du n° **32**

$$m'_a = \frac{(T_p - A)_n - (T_p - A)_i}{t_n - t_i}$$

aux états du 16 et du 31 mars, on a obtenu la marche diurne de A, $m'_a = -5^s,16$, correspondante à l'intervalle de ces deux dates; enfin on a ramené à $0^h$(T.M.P) l'état du 31 observé à $3^h21^m$ de ce lieu. Ayant obtenu $m'_a$, on a calculé les marches diurnes $m'_b$, $m'_c$ de B et de C au moyen des formules du n° 32 : l'intervalle $t_n - t_i$ est la différence des dates et des heures de M, au moment des comparaisons du matin, le 31... $= t_n$ et le 16... $= t_i$ mars. Il est à remarquer que la marche $m'_a$ a été déterminée par les états du 16 et du 31, observés vers 3 heures du soir, tandis que les différences moyennes $m_a - m_b$, $m_a - m_c$ résultent des comparaisons effectuées vers 8 heures du matin le 16 et le 31 mars; mais les variations trouvées de

$m_a - m_b$, $m_a - m_c$, ..., ayant été trouvées négligeables, comme elles le sont presque toujours, nous en faisons abstraction et nous emploierons, pour 3 heures de l'après-midi, les valeurs de $m_a - m_b$, $m_a - m_c$, ..., fournies par les comparaisons faites vers 8 heures du matin.

On évite ainsi de faire des comparaisons, à tous les chronomètres, avant et après l'observation des hauteurs : si les marches subissaient des changements notables, dans l'intervalle compris entre l'heure du matin où se font les comparaisons et l'heure de l'après-midi, le jour de la dernière observation, on le reconnaîtrait lors des comparaisons du lendemain matin.

Si l'on avait observé un astre autre que le Soleil, on remplacerait, dans le type précédent, l'équation du temps par l'ascension droite Æ de l'astre : on obtiendrait alors, au lieu de $T_p$, le temps sidéral $S_p$; on en déduirait $T_p$, en procédant ainsi qu'il est indiqué dans la *Connaissance des Temps*.

197. *Calculs de l'état du chronomètre* A, *à* 0ʰ T

DISPOSITIONS DES DONNÉES SUR LE CAHIER D'OBSERVATION ET CALCULS QUI DOIVENT Y ÊTRE FAITS.

1875. Toulon. Mars 31.
Vers 3 heures de l'après-midi.

Formules du n° 23.

Avant... { $M = 6^h 25^m 0^s,0$   Après... { $M' = 9^h 15^m 0^s,0$
          { $A = 2\ 24\ 19,5$              { $A' = 5\ 14\ 22,0$

$A - M = 7\ 59\ 19,5$             $A' - M' = 7\ 59\ 22,0$

$M' - M = 2^h 50^m$

$\Delta(A - M) = +2^s,50,$   $\dfrac{\Delta(A - M)}{M' - M} = 0,014$

$M_2 - M = 1^h 10^m 57^s,5$

$\dfrac{\Delta(A - M)}{M_1 - M}(M_2 - M) = 0,99$

$A_2 - M_2 = 7^h 59^m 20^s,5$

1ᵉʳ contact... +32'10"   3ᵉ contact... +32'10"
2ᵉ contact... +31 40    4ᵉ contact... +31 50

Somme...... +0 30     Somme...... +0 20

½ somme.... +0 15     ½ somme.... +0 10

Moyenne - collimation........ +0'12"

*Première série.* ☉ B. S.

| $7^h 33^m\ 8^s$ | $60° 11' 50"$ |
| 23,5 | 7'50" |
| 33 31,5 | 60 4 0 |
| 43,5 | 14 40 |
| 34 15,0 | 59 49 20 |
| 27 | 8 30 |
| 34 42,0 | 59 40 50 |
| Somme..... 135 36,5 | 239 46 0 |
| ½ somme... 67 48,2 | 119 53 0 (¹) |
| $M_1 = 7^h 33^m 54^s,1$ | 59 56 30 |
| | Coll. — 0 12 |
| | 59 56 18 |
| | $H_1 = 29° 58' 9"$ |

*Deuxième série.* ☉ B. S.

| $7^h 35^m\ 8^s$ | $59° 32' 30"$ |
| 23 | 8'20" |
| 35 31 | 59 24 10 |
| 30 | 16 10 |
| 36 21 | 59 8 0 |
| 29 | 9 10 |
| 36 50 | 58 58 50 |
| Somme..... 143 50 | 237 3 30 |
| ½ somme.... 71 55 | 118 31 45 (¹) |
| $M_2 = 7^h 35^m 57^s,5$ | 59 15 52 |
| | Coll. — 0 12 |
| | 59 15 40 |
| | $H_2 = 29° 37' 50"$ |

*Troisième série.* ☉ B. S.

| $7^h 37^m 27^s,5$ | $58° 45' 50"$ |
| 25,5 | 9' 0 |
| 37 53,0 | 58 36 50 |
| 44 | 14 20 |
| 38 37,0 | 58 22 30 |
| 22,5 | 7 30 |
| 38 59,5 | 58 15 0 |
| Somme..... 152 57,0 | 120 10 |
| ½ somme... 76 28,5 | 60 5 (¹) |
| | 58 30 2 |
| | Coll. — 0 12 |
| $M_3 = 7^h 38^m 14^s,2$ | 58 29 50 |
| | $H_3 = 29° 14' 55"$ |

Température... +16°,0.   Baromètre... 765.

(¹) Au lieu de diviser les sommes par 4, on divise deux fois de suite par 2, ce qui simplifie l'opération : cette simplification est un avantage des séries de quatre hauteurs.

*ris et des marches diurnes des chronomètres.*

CALCUL DE L'ÉTAT ET DES MARCHES DIURNES.

1873. Toulon. Mars 31. P. M. ........ $\begin{cases} L = + 43° 7' 0'' \quad N. \\ G = - 0^h 14^m 19^s,0. \ E. \end{cases}$

$M_1 = 7^h 33^m 54^s,1$    $M_2 = 7^h 35^m 57^s,5$    $M_3 = 7^h 38^m 14^s,2$

$A_1 - M_1$ ...... (¹)    $A_2 - M_2 = 7\ 59\ 20,5$    $A_3 - M_3 = $ ...... (¹)

$A_1 = 3\ 33\ 14,6$    $A_2 = 3\ 35\ 18,0$    $A_3 = 3\ 37\ 34,7$

$(T_p - A)$ app. $= 11\ 46$    (cah. des chron.)

$T_p$ app. $= 3\ 21$

*Calcul de l'équation (4), n° 29.*

y .............. $- 1'41''$

..bar. .......... $+ 0\ 2$

..on ............ $- 1\ 39$

$- d + \varpi = - 15\ 53$

Réf. $- d + \varpi$

..$0^h$(T.M.P.):$D_0 = + 4° 6' 25''$

..n ............ $- 3\ 11$

$D = + 4\ 9\ 36$

|  | I |  | II |  | III |  |
|---|---|---|---|---|---|---|
| | $29° 58' 9''$ | | $29° 37' 50''$ | | $29° 14' 55''$ | |
| | $- 17\ 32$ | | $- 17\ 33$ | | $- 17\ 35$ | |
| $H =$ | $29\ 40\ 37$ | | $29\ 20\ 17$ | | $28\ 57\ 20$ | |
| $L =$ | $43\ 7\ 0$ | c. l. cos 0,136699 | | | | |
| $\Delta =$ | $87\ 50\ 24$ | c. l. sin 0,001146 | | | | |
| $2S =$ | $158\ 38\ 1$ | | $158\ 17\ 41$ | | $157\ 54\ 44$ | |
| $S =$ | $79\ 19\ 0$ | l. cos 9,268065 | $79\ 8\ 50$ | 9,274818 | $78\ 57\ 22$ | 9,282306 |
| $S - H =$ | $49\ 38\ 23$ | l. sin 9,881948 | $49\ 48\ 33$ | 9,883036 | $50\ 0\ 2$ | 9,884258 |
| | | | | 19,287858 | | 19,295699 | 19,304409 |

$$l. \sin \tfrac{P}{2} = 9,643929 \qquad 9,647849 \qquad 9,652204$$

$$\tfrac{P}{2} = + 1^h 44^m 32^s,3 \qquad + 1^h 45^m 33^s,6 \qquad + 1^h 46^m 42^s,4$$

$$P = + 3\ 29\ 4,6 \qquad + 3\ 31\ 7,2 \qquad + 3\ 33\ 24,8$$

$$T_p = 3\ 19\ 2,0 \qquad 3\ 21\ 4,6 \qquad 3\ 23\ 22,2$$

..l de l'équation du temps.

..$0^h$(T.M.P.):Éq. du temps. $+ 4^m 18^s,9$

..n ..................... $2,5$

..n du temps ............ $+ 4\ 16,4$

$G = - 0^h 14^m 19^s,0$

*Calcul des marches diurnes.*

$$T_p - A = 11^h 45^m 47^s,4 \qquad 11^h 45^m 46^s,6 \qquad 11^h 45^m 47^s,5$$
$$47,4$$
$$47,5$$
$$47,5$$

..rs 16 ...... $M_1 = 11^h 17^m$

..rs 31 ...... $M_n = 0\ 48$

$15^j$   $M_n - M_1 = - 31 = 0^j,06$   CAILLET, Table XLIII.

.. $= 10^h 50^m 3^s,5$    $A_1 - C_1 = 7^h 59^m 51^s,0$    $(T_p - A)_n = 11\ 45\ 47,2$   Mars 31. $3^h 21^m$ de Paris $= t_n$

.. $= - 10\ 51\ 34,5$    $A_n - C_n = 7\ 59\ 53,0$    $(T_p - A)_1 = 11\ 47\ 4,7$   Mars 16. $2\ 48$ de Paris $= t_1$

$- 1\ 31,0$      $- 2,0$      $(T_p - A)_n - (T_p - A)_1 = - 1\ 17,5$   $15^j\ 0^h 33^m = 15^j,02$

..rne $= m_a - m_b = - 6^s,04$    $m_n - m_c = 0^s,13$    Variation diurne $= m'_a = - 5^s,16$

$- 5^s,16 - m_b = - 6,04$    $- 5,16 - m_c = - 0,13$    Variation pour $3^h 21^m = - 0,71$

$m_b = + 0^s,88$    $m_c = - 5,03$    A $0^h$ T. M. de Paris, le 31 mars : $T_p - A = 11^h 45^m 47^s,9$

..n a considéré ces quantités comme égales à $A_2 - M_2$.

**198** *Calcul du point au moyen d'une culmination et d'un angle horaire.*

Le 13 mai 1875, vers $7^h 30^m$ du soir, filant 15 nœuds au nord, on a observé la culmination de la Lune ☽, B. I. (face au sud); on a trouvé : $h = 68° 31',1$ ; le compteur marquait $M = 0^h 19^m$; la hauteur de l'œil, au-dessus de l'horizon, était de $7^m,5$: d'ailleurs, on avait $T_p — M = 8^h 7^m$.

*Calcul de la latitude.*

$$M = 0^h 19^m$$
$$T_p — M = 8\ 7$$
$$\overline{T_p = 8\ 56}$$

(*Voir* n° 85.)

$$\Delta L = — 15'', \qquad \Delta D = — 14''$$

$$\Delta L — \Delta D = + 29'' \qquad \text{CAILLET, t. XLIV, } (29^2 = 841)$$

Mai 13, à $8^h 56^m$.  $\varpi = 55'34''$      13 à $9^h$.  $D = +10° 17',8$
                                      pour $— 4^m$      $+ 0,9$

$h = 68° 31',1$            à $8^h 56^m$  $D = +10\ 18,7$
CAILLET, t. XV.      $— 4,6$      $z = — 20\ 58,3$

$68\ 26,5$      Lat. app. $= — 31\ 17,0$
*Id.*, t. XXVIII. $\varpi — R = 20,0$      $— \delta H = — 20\ 57,5$

$68\ 46,5$                $L = — 31\ 16,2$
$d = + 15,2$

$H = 69\ 1,7$

Calcul de $\delta H$ au  ⎧ Table V  $\alpha = 4'',5$
moyen de $H_e$ et  ⎨            $4 z = 18,0$
de la lat. app.  ⎩        $\delta H = 0',8$

Supposant que l'on connaisse la latitude estimée

$$L_e = 30° 50',$$

on calculerait immédiatement $\delta H$; on éviterait ainsi le calcul de la latitude approchée.

Le 13 mai, vers $11^h 45^m$ du soir, on a observé Véga (cette étoile montait). A l'heure $M' = 4^h 21^m 36^s,0$, on a obtenu $h' = 40° 30',0$ ; à ce moment, on avait fait au nord $19^M,2 = \delta L$, depuis l'observation de la culmination de la Lune : on demande le point.

*Voir* n° 86.

A $7^h 30^m$.  L $= + 31° 16',2$        M $= 4^h 21^m 36^s,0$
            $\delta L = — 19,2$      $T' — M = 8\ 6\ 51,0$

A $11^h 15^m$ : L' $= 32\ 5,4$      $T'_p$ app. $= 12\ 28\ 27,0$
                              part. prop. de $m_m$      $+ 5,5$
                              $T'_p = 12\ 28\ 32,5$

Mai 13, à $0^h$ (T. M. P.)        $Æ☉_m = 3\ 23\ 18,8$
*Connaissance des Temps,* ⎫ pour $12^h$        $1\ 58,3$
    Table VI,          ⎬
                        ⎭ pour $29^m$          $4,7$
                              $S'_p = 15\ 53\ 54,3$

                $h' = 40° 30',0$
LABROSSE, t. 2.          $— 5,9$
                $H' = 40\ 24,1$
                $L' = 32\ 5,4$      c. l. cos 0,07201
$D' = + 38° 39',7$  $\Delta' = 51\ 20,3$      c. l. sin 0,10744
                $2S' = 123\ 49,8$
                $S' = 61\ 54,9$      l. cos 9,67280
                $S' — H' = 21\ 30,8$      l. sin 9,56431
                              $9,41656$

LABROSSE, t. 9.    $P' = — 4^h 5^m 45^s,5$
                $P' = + 19\ 54\ 14,5$
                $Æ = 18\ 32\ 43,9$
                $S'_l = 14\ 26\ 58,4$
$G = S'_p — S'_l = + 1\ 26\ 55,9$
$G = 21° 43',7$ (¹)

(¹) Ce type de calcul de la longitude est celui que l'on emploie pour déterminer la longitude par un autre astre que le Soleil. Il comprend des opérations dont on a donné des exemples : on trouve, page 75, le calcul de $S_p$, et celui de l'angle horaire pour la détermination de l'état d'un chronomètre.

Si l'on avait observé le Soleil, on ne calculerait pas $S'_p$, mais seulement $T'_p$; P' fournirait l'heure vraie du lieu, à laquelle on ajouterait algébriquement l'équation du temps, prise dans la colonne de gauche de la *Connaissance des Temps*; on obtiendrait ainsi l'heure moyenne du lieu $T'_l$ qui, retranchée de $T'_p$, donnerait G.

199. *Calcul du point, au moyen de deux points rapprochés.*

A bord de la *Renommée*, en 1875, on a recueilli les données suivantes :

EXTRAIT DU CAHIER D'OBSERVATION.

| 1875. Mai 27, vers 9ʰ, matin. | 1875. Mai 27, vers 1ʰ 30ᵐ, soir. |
|---|---|

$A - M = 8^h o^m 10^s$   Collim. $= - 20''$

```
     3ʰ14ᵐ33ˢ        ⊙ B. I. 48° 4′10″
            29ˢ                        5′30″
     3 15  2              48  9 40
            22                         4 20
     3 15 24              48 14  0
            16                         3 20
     3 15 40              48 17 20
            ───              ─────
Somme...    60 39              45 10
½ somme.    30 19,5            22 35
M ..  3 15  9,7             48 11 17
                 Collim. ...      ... 20
                              ─────
                      h ... 48 10 57
```

$A' - M' = 8^h o^m 10^s$ : Rel⁺ ⊙ S. 57° E. ; cap, N. N. O.

$A - M = 8^h o^m 10^s,3$   Collim. $= - 20''$

```
     7ʰ 46ᵐ57ˢ        ⊙ B. 1. 64° 39′ 0″
            39ˢ                        6′20″
     7 47 36             64  32 40
            33                         6, 0
     7 48  9             64  26 40
            19                         3 30
     7 48 28             64  23 10
            ───             ──────
Somme..    191 10            121 30
½ somme.    95 35             60 45
M .  7 47 47,5            64 30 22
                 Collim. ==       - 20
                              ──────
                      h . 64 30  2
```

$A' - M' = 8^h o^m 10^s,3$ : Rel⁺ ⊙ S. 89° O. ; cap N. N. O.

Hauteur de l'œil... 7ᵐ,5.   Variation... 24° N. O.

De 9ʰ du matin à 1ʰ 30ᵐ du soir, le navire a parcouru 7ᴹ au N. 72° O.

Dans le type suivant de calcul du point rapproché, on s'est exactement conformé aux conventions de signes adoptées en Trigonométrie, ainsi qu'à celles du n° 57. Les formules ont été données (n° 96), avec toutes les explications nécessaires pour les appliquer facilement. Après chaque logarithme est écrit le signe de la fonction trigonométrique à laquelle il se rapporte ; cela permet de reconnaître les signes des résultats du calcul : ils sont négatifs quand le nombre des signes —, qui suivent les logarithmes, est impair, positifs dans le cas où ce nombre est pair. On trouvera ci-après, page 201, le tableau des signes, des sinus, cosinus, tangentes et cotangentes pour chaque cadran : à l'aide de ce tableau, les personnes peu habituées à l'emploi des signes seront dispensées de recourir aux ouvrages de Trigonométrie (¹). L'équation du temps, quand on aura observé le Soleil, sera prise dans la colonne de droite de la *Connaissance des Temps*, et ajoutée algébriquement à $T_p$.

---

(¹) On pourrait croire qu'il suffit de considérer les signes négatifs, et que l'on peut se dispenser d'écrire les signes positifs; il y aurait à cela un grave inconvénient : on pourrait, par exemple, avoir omis, par inadvertance, d'écrire un signe négatif, et l'absence d'inscription des signes positifs laisserait l'erreur inaperçue; en s'imposant l'obligation d'écrire aussi bien les signes — que les signes —, il est impossible d'omettre un signe sans s'en apercevoir.

**200.** *Calcul du point.*

Les calculs suivants sont basés sur les formules (30), (31), (49), (50), (51), (52).

CALCUL DU PREMIER POINT RAPPROCHÉ.
1875. Mai 27, 9ʰ matin.

|  |  |  |
|---|---|---|
|  | M | $3^h 15^m 10^s,0$ |
|  | A — M | 8 0 10,3 |
| Mai 26, à 0ʰ (T. M. P.) | $T_p$ — A | 11 40 47,8 |
|  | $T_p$ approché = | 22 56 8,1 |
|  | P. prop. de $m'_a$ | — 5,9 |
| Mai 26. Éq. du temps à   0ʰ   (T. M. P.) = + 3ᵐ16ˢ,0 | $T_p$ | 22 56 2,2 |
| Variation pour      22,9          — 6,2 | Éq. du temps | + 3 9,8 |
| Variat. de l'éq. du t. en 1ʰ0ˢ.27 | $V_p$ = | 22 59 12,0 |
| 1603 | $G_a$ = — 1 0 48,0 |  |
| 458 |  |  |

*Application des formules (30) et (31).*

|  |  |  |  |  |
|---|---|---|---|---|
|  |  | $G_a$ = — 15° 12,0 |  |  |
|  |  | $G_e$ = + 29 41,9 |  |  |
| Mai 26, à 0ʰ (T. M. P.)      D = + 21'6',5 | $G_a$ — $G_e$ = — 44 53,9 | l. cos 9,85024 + | l. tang 9,99 |
| Variation en      22ʰ,9          + 9,9 | D = + 21 16,4 | l. cot 0,40966 + |  |
| Var. de D en 1ʰ = + 26" | $\varphi$ = + 61 12,3 | tang $\varphi$ 0,25990 + | l. sin 9,94 |
| 1371 | $L_e$ = + 36 6,8 |  |  |
| 458 | $L_e + \varphi$ = + 97 19,1 | l. tang 0,89134 | c. l. cos 0,89 |
| 595 4"  \| 60 | $h$ = 48 11,0 |  | l. tang $Z_e$ 0,83 |
| 55  \| + 9',9    LABROSSE, t. I. | + 10,4 | l. cos $Z_e$ 9,15943 | $Z_e$ = — 98° 1 |
|  | H = 48 21,4 | l. tang H 0,05077 |  |
|  | $H_e$ = 48 20,5 |  |  |
|  | $p$ = H — $H_e$ = + 0 0,9 |  |  |

<table>
<tr><td valign="top" width="50%">

*Calcul de la latitude, formules (49) et (50) ([1]).*

Table de point,<br>col. des milles<br>et E. et O.   $\Big\{$   $p \sin Z'_e = 0,9 \sin 60'' = + 0,8$<br>$p' \sin Z_e = 9,1 \sin 82 = + 9,0$

$p \sin Z'_e - p' \sin Z_e = - 8,2$

Form. (49)  $\Big\{$  Table de point,<br>colon. E et O,<br>et des milles.  $\Big\{$  $\dfrac{-8,2}{-\sin 38} = \delta L_e = + 13,3$

$L_e = + 36 6,8$

$L_1 = + 36° 20',1$

</td><td valign="top" width="50%">

*Calcul de la longitude, formules (51) et (52).*

Table de point,<br>col. des milles<br>et N. et S.   $\Big\{$   $p \cos Z'_e = 0,9 \cos 60° = +$<br>$p' \cos Z_e = 9,1 \cos 82 = -$

$- p \cos Z'_e + p' \cos Z_e = -$

Form. (51)  $\Big\{$  Table de point,<br>col. E et O<br>et des milles.  $\Big\{$  $\dfrac{+1,8}{-\sin 38} = \cos L_1 \delta G_e =$

$\delta G_e =$

$G_e = + 2$

$G_1 = + 2$

</td></tr>
</table>

[1] Nous donnerons immédiatement ci-après, nº 201, les explications nécessaires à l'intelligence de ces calculs.

*points rapprochés.*

CALCUL DU DEUXIÈME POINT RAPPROCHÉ ([1]).

Mai 27, $1^h 30^m$ soir.

*u des signes des sinus, cosinus, tangentes, cotangentes dans les divers quadrants.*

| SIGNES | 0 à 90°. | | 90 à 180°. | | 180 à 270°. | | 270 à 360°. | |
|---|---|---|---|---|---|---|---|---|
| ngles... | + | | + | — | + | — | + | |
| s... | + | — | + | ... | — | + | — | + |
| us... | + | + | — | — | — | — | — | + |
| ente... | + | — | — | + | + | + | — | + |
| agente. | + | — | — | + | + | + | — | + |

à $0^h$ (T. M. P.).........................

Équation du temps à $0^h$ (T. M. P.) = $3^m 9^s,6$.
Variation      en    $3^h,5$    $-1,0$.
Var. de l'éq. du temps en $1^h$ = $0^s,29$
                $315$
                $70$

*Réduction de la deuxième hauteur à l'horizon de la première.*

Relèvement ☉....................... S. 89° O.
Variation............................ 24 N. O.
Relèvement vrai..................... S. 65 O.
                Z = N. 115 O.
                V = N. 72 O.
           Z — V = + 43
Table de point pour $7^m$ et 43°, col. N. et S. = + 5′,1
                $h' = 64° 30',0$
$h'$ ramené au premier horizon........... = 64 35,1

$$M = 7^h 47^m 47^s,5$$
$$A - M = 8 \ 0 \ 10,3$$
$$T_p - A = 11 \ 40 \ 41,6$$
$$T_p \text{ app.} = 3 \ 28 \ 39,4$$
Partie prop. de $m_a$      $- 0,4$
$$T_p = 3 \ 28 \ 39,0$$
Éq. du temps    $+ 3 \ 8,6$
$$V_p = 3 \ 31 \ 47,6 = G_a.$$

*Application des formules* (30) *et* (31).

$$G_a = 52° 56',7$$
$$G_c = 29 \ 44,9$$

à $0^h$ (T.M.P.) D: + 21° 16′,8   $G_a$   $G_c = 23 \ 17,8$     l. cos 9,96323 +      l. tang 9,63303 +
      3,5 + 1,5     D = 21 18,3     l. cot 0,40897 —
on en $1^h$... + 25″      φ = 67 0.2     l. tang $\frac{1}{2}φ$ 0,37220 +      l. sin 9,96402 +
      175     $L_c = 36 \ 6,8$
      70     $L_c + φ = 103 \ 7,0$     l. tang 0,63262      c. l. cos 0,64410 —
    875 | 60     $h = 64 \ 35,1$                l. tang $Z'_c$ 0,24115 —
   27 + 4′,5   LABROSSE, t. I. = 10.7     l. cos. 9,69702     $Z'_c = + 119° 51',1$
          $H' = 64 \ 45,8$     l. tang $H'_c$ 0,32967     $Z_c = 98 \ 18,3$
          $H'_c = 64 \ 54,9$           $Z'_c - Z_c = 218 \ 9,5$
   $p' = H - H'_c = 0 \ 9,1$                         38 9,5

On trouvera, Note II, un calcul de point rapproché sans l'emploi des signes des quantités, et par un astre autre que le Soleil.

**201.** *Calcul de la latitude et de la longitude.* — Les quantités $p$, $p'$, $Z_e$, $Z'_e$ étant obtenues, on calcule la latitude et la longitude au moyen des formules (49), (50), (51), (52) du n° 113. On se sert des Tables de point; ces Tables exigent que les angles qui servent d'arguments soient moindres que 90 degrés : pour former ces arguments à l'aide des données, on retranche de 180 degrés les angles qui sont numériquement dans le second quadrant, et de 360 degrés ceux qui sont dans le quatrième; quant à ceux qui sont dans le troisième quadrant, on en retranche 180 degrés. Cela fait, on écrit $p \sin Z'_e$ et au-dessous $p' \sin Z_e$; puis $p \cos Z'_e$ et au-dessous $p' \cos Z_e$; on écrit les valeurs numériques de $p$ et $p'$ à la suite, puis l'indication des sinus et cosinus qui servent à entrer dans la Table de point. Afin d'éviter des erreurs de signe, on place au-dessus des valeurs de $p$, $p'$, et des sinus et cosinus de $Z_e$ et $Z'_e$, les signes qui conviennent à ces quantités. La détermination de $\delta L_e$ et de $\cos L_1 \, \delta G_e$ est faite en prenant les mêmes précautions. Ayant obtenu $\delta L_e$, on l'ajoute algébriquement à $L_e$, ce qui donne $L_1$ : considérant ensuite $L_1$ comme un angle de route et $\cos L_1 \, \delta G_e$ comme un nombre de milles faits sur un méridien, on trouve, dans la colonne des milles, $\delta G_e$, qui, ajouté algébriquement à $G_e$, donne $G_1$. (*Voir* Note II.)

**202.** *Calcul de la limite* $\varepsilon_m$ *de l'erreur commise sur le point,* *par suite de l'emploi des droites de hauteur* (*voir* n° 117). — Ayant porté, sur la carte, (*voir* n°⁵ 98 et 113) les points rapprochés du 27 mai 1875, calculés ci-dessus, on a obtenu :

| Argument | | Nombres de la Table I. |
|---|---|---|
| horizontal. | vertical. | |
| OA $= 3^M,0$ | $L_1 = 36°,3$ | $b = 0^M,0$ |
| OR$_1$    $13,8$ | $H_e$   $48,3$ | $q' = 0,0$ |
| OR$_2$    $0,2$ | $H'_e$   $65,0$ | $q' = 0,0$ |

Il est évident que l'erreur commise par l'emploi des droites de hauteur, dans la détermination du point du 27 mai 1875, est tout à fait inappréciable.

Prenons un autre exemple. Après le calcul de deux points rapprochés, exécuté comme il vient d'être fait, on a obtenu les arguments nécessaires pour entrer dans les Tables I et I *bis* :

| Argument | | Nombres de la Table I. | Table I *bis.* |
|---|---|---|---|
| horizontal. | vertical. | | |
| OA $= 41^M,5$ | $L = 61°,0$ | $b$   $0^M,4$ | |
| OR$_1$   $16,0$ | $H_e$   $58,0$ | $q$   $0,1$ | $\dfrac{q}{q'} = 0,33$   $\zeta = 83°.$ |
| OR$_2$   $32,1$ | $H'_e$   $69,0$ | $q'$   $0,3$ | |

$$Z'_e - Z_e = 76°.$$

La différence $Z'_i - Z_e$ étant comprise entre 60 et 83 degrés, la formule à employer est

$$(54) \qquad \frac{q \text{ ou } q'}{\cos \frac{1}{2}(Z'_i - Z_e)}$$

avec $q' = 0^{m},3 \ge q$, et $\frac{1}{2}(Z'_i - Z_e) = 38°$, on obtient

$$\varepsilon_m = \frac{0^{m},3}{\cos 38°} = 0^{m},4.$$

Dans cet exemple le point est obtenu à moins de $0^{m},4$.

**203.** *Calcul de l'heure du compteur au moment du passage d'une étoile au méridien.* — Le 23 mai 1875, étant dans un lieu de latitude $L_e = 47°35'$ N, et de longitude $G_e = 12°27'$ O, $T_p - A$ étant $8^h 53^m 9^s$ et $A - M = 5^h 3^m 18^s$, on veut avoir l'heure $M_0$ du compteur à laquelle Véga passera au méridien (*voir* n$^{os}$ **134** et **136** *bis*).

$$
\begin{aligned}
S_t - \text{Æ}R &= 18^h 32^m 14^s \\
G_e &= \phantom{0}0\phantom{0} 49\phantom{0} 48\phantom{0} 0 \\
S_p &= 19\phantom{0} 22\phantom{0} 32 \\
\text{Mai 23, à } 0^h (\text{T. M. P.}) ; \text{Æ}R\odot_m &= \phantom{0}4\phantom{0} 2\phantom{0} 44 \\
S_p - \text{Æ}R\odot_m &= 15\phantom{0} 19\phantom{0} 48 \\
\text{Connaissance des Temps,} \quad \Big\{ \text{ pour}\ldots 15^h &= -2\phantom{0} 27 \\
\text{Table V.} \qquad\qquad \Big/ \text{ pour}\ldots 20^m &= \phantom{-2}-3 \\
&= -2\phantom{0} 30 \\
T_p &= 15\phantom{0} 17\phantom{0} 18 \\
T_p - A &= \phantom{0}8\phantom{0} 53\phantom{0} 9 \\
A &= \phantom{0}6\phantom{0} 24\phantom{0} 9 \\
A - M &= \phantom{0}5\phantom{0} 3\phantom{0} 18 \\
M_0 &= \phantom{0}1\phantom{0} 20\phantom{0} 51
\end{aligned}
$$

**204.** *Calcul des quantités* $R_1 1$, $R_1 2$, $R_1 3$, ..., *servant à construire un arc de cercle osculateur* (*voir* n$^{os}$ **124** et **125**). — Soient

$$H = 87°37', \qquad D = 23°7', \qquad G_a - G_e = 3^h 42^m 22^s,0.$$

*Calcul de* l.K.

$$
\begin{aligned}
\text{l.}\cos D &= 9,964 \\
\text{l.}\cos(G_a - G_e) &= 9,752 \\
\text{e l.}\cos H &= 1.381 \\
\hline
\text{l.K} &= 1,097
\end{aligned}
$$

$$R_1M_1 = 10' \qquad R_1M_2 = 20' \qquad R_1M_3 = 30'$$

$$l.\frac{10^2\sin 1'}{2} = \overline{2},163 \qquad l.\frac{20^2\sin 1'}{2} = \overline{2},765 \qquad l.\frac{30^2\sin 1'}{2} = \overline{1},117$$

$$l.\,K = 1,097 \qquad\qquad l.\,K = \ldots\ldots \qquad\qquad l.\,K = \ldots\ldots$$

$$l.\,R_1 1 = \overline{1},250 \qquad l.\,R_1 2 = \overline{1},862 \qquad l.\,R_1 2 = 0,214$$

$$R_1 1 = 0,18 \qquad\quad R_1 2 = 0,72 \qquad\quad R_1 3 = 1,63$$

Les logarithmes de $\dfrac{10^2\sin 1'}{2}$, $\dfrac{20^2\sin 1'}{2}$, $\dfrac{30^2\sin 1'}{2}$, sont tirés de la Table ci-dessous, qui permet de déterminer les positions de dix points ou plutôt de vingt points du cercle osculateur :

| $R_iM'_i$ | 0' | 10' | 20' | 30' | 40' | 50' | 60' | 70' | 80' | 90' | 100' |
|---|---|---|---|---|---|---|---|---|---|---|---|
| $l.\,\overline{R_iM'_i}\dfrac{{}^2\sin 1'}{2}$ | $\infty$ | $\overline{2},163$ | $\overline{2},765$ | $\overline{1},117$ | $\overline{1},367$ | $\overline{1},561$ | $\overline{1},719$ | $\overline{1},853$ | $\overline{1},969$ | $0,071$ | $0,163$ |

**205.** *Calcul pour reconnaître un astre dont on a observé la hauteur et le relèvement.* — Le 24 octobre 1875, vers 8 heures du soir, à l'heure du compteur $M = 4^h 7^m 39^s$, on a observé $h = 33°44'$, relèvement vrai de l'astre N 63° E; on avait $L_e = 35°30'$ N, $G_c = 9°30'$, $T_p - M = 4^h 23^m 55^s,0$.

*Calcul de l'ascension droite et de la déclinaison de l'astre observé (voir n° 181).*

Application des formules du n° 181.

$$H = \quad 33°,5 \qquad l.\cot 0,179 =$$
$$Z = -63,0 \qquad l.\cos 9,657 + \qquad\qquad l.\tan g\; 0,292 -$$
$$\varphi = +34,4 \qquad l.\tan g\,\varphi\; 9,836 + \qquad\qquad l.\sin 9,752 +$$
$$L_e = +35,5$$
$$L_e + \varphi = +69,9 \qquad l.\tan g\; 0,437 - \qquad\qquad c.l.\cos 0,464 +$$
$$\qquad\qquad\qquad\qquad\qquad\qquad\qquad\qquad l.\tan g\,P\; 0,508 -$$
$$\qquad\qquad\qquad l.\cos 9,472 + \qquad\qquad P = -4^h 51^m$$
$$D = +39,0 \qquad l.\tan g\,D\; 9,909 + \qquad\qquad G_e = +0\;38$$
$$P + G_e = -4\;13 = G_a$$

$$M = \quad 4^h\; 8^m$$
$$T_p - M = \quad 4\;24$$
$$T_p = \quad 8\;32$$

Octobre 24, à 0ʰ (T.M.P.); Ꞃ⊙ₘ = 14ʰ 10
Connaissance des Temps, Table VI; pour 8ʰ = +1

$$S_p = 14\;13$$
$$Æ = S_p - G_a = 2^h 56^m$$

On trouve dans la *Connaissance des Temps*, pour $\beta$ de Persée (*Algol*),

$$\text{Æ} = 3^h 0^m, \quad D = + 40°28',$$

nombres qui diffèrent peu de $2^h 56^m$ et de 39 degrés : l'étoile observée était *Algol*, car toutes les autres étoiles de première ou de seconde grandeur ont des coordonnées très-différentes de celles que nous venons de calculer.

## CALCUL DU POINT LE PLUS PROBABLE.

**206.** Supposant obtenue la position du point estimé, à l'instant moyen des observations, on détermine d'abord les éléments $p_1$, $p_2$, $p_3$,...., et $Z_1$, $Z_2$, $Z_3$ ([1]),. . .(*voir* n° 97 et 98) : cela fait, on passera aux angles de route $V_1$, $V_2$, $V_3$,...., correspondants à $Z_1$, $Z_2$, $Z_3$,.... Avec les quantités $p$ et les angles de route, on fera un calcul de point, qui donnera en milles un chemin nord ou sud et un chemin ouest ou est; les chemins nord et ouest seront comptés positivement, les chemins sud et est négativement : on divisera ces chemins par le nombre des observations, on aura ainsi deux nombres Y et X. Cette première opération exécutée, on doublera les azimuts (rappelons que les azimuts sont comptés à partir du nord, positivement vers l'ouest, négativement vers l'est), on passera de ces azimuts doublés aux angles de route correspondants $V'_1$, $V'_2$, $V'_3$,....; alors on fera un nouveau calcul de point, en entrant dans la Table avec 100 milles et $V'_1$, $V'_2$, $V'_3$,....; on obtiendra des chemins nord ou sud, ouest ou est, auxquels on donnera des signes, suivant les conventions que nous venons d'établir; on divisera ces chemins par $100^m$, puis par le nombre des observations : on aura ainsi deux nombres $u$ et $v$. Il ne restera plus qu'à appliquer les formules (77), (78), (79), (80), pour obtenir le point le plus probable.

*Exemple.* — Le 2 août 1875, à bord de la *Renommée*, vers $1^h 10^m$ du matin, par $L_e = 46°40'$ N, $G_e = 11°20'$ O, six élèves de la première escouade ont observé les hauteurs de cinq étoiles; on a calculé les six quantités $p$ et les six azimuts $Z_e$ correspondants, en suivant les indications que nous venons de donner.

---

([1]) On a supprimé les indices des azimuts estimés, afin d'éviter les complications dans l'écriture.

Voici le détail des calculs des quantités Y, X, $u$, $v$.

|  |  |  | N. | S. | O. | E. |
|---|---|---|---|---|---|---|
| z d'Andromède....... | $p_1 = $ 12,5 | $V_1 = $ S. 67°,5 E. |  |  | 4,8 | 11,5 |
| La Chèvre.......... | $p_2 = $ 5,0 | $V_2 = $ S. 11,5 O. |  |  | 3,6 | 3,5 |
| Véga.............. | $p_3 = $ 18,5 | $V_3 = $ N. 84,5 O. | 1,9 |  | 18,4 |  |
| Altaïr............. | $p_4 = $ 31,0 | $V_4 = $ S. 45,0 O. |  | 21,9 | 21,9 |  |
| Fomalhaut......... | $p_5 = $ 12,0 | $V_5 = $ S. 15,0 E. |  | 11,6 |  | 3,1 |
| Fomalhaut......... | $p_6 = $ 25,0 | $V_6 = $ S. 11,0 E. |  | 24.3 |  | 6,0 |
| | Y = 10,7 | | 1,9 | 66,2 | 43,8 | 20,6 |
| | X = 3,9 | | | 64,3 | 23,2 | |

|  |  |  | N. | S. | O. | E. |
|---|---|---|---|---|---|---|
| $Z_1 = $ N. 112°,5 E. | $2Z_1 = $ N. 225° E. | $V'_1 = $ S. 45° O. |  |  | 70,7 | 70,7 |
| $Z_2 = $ 135,5 O. | $2Z_2 = $ 271 O. | $V'_2 = $ N. 89 O. | 1,7 |  |  | 100,0 |
| $Z_3 = $ 84,5 O. | $2Z_3 = $ 169 O. | $V'_3 = $ S. 11 O. |  | 98,2 | 19,1 |  |
| $Z_4 = $ 135,0 O. | $2Z_4 = $ 270 O. | $V'_4 = $ E. |  |  |  | 100,0 |
| $Z_5 = $ 165,0 E. | $2Z_5 = $ 330 E. | $V'_5 = $ N. 30 O. | 86,6 |  | 50,0 |  |
| $Z_6 = $ 166,0 E. | $2Z_6 = $ 332 E. | $V'_6 = $ N. 28 O. | 88,3 |  | 46,9 |  |
| $u = + 0,077$ | | | 176,6 | 168,9 | 186,7 | 200,0 |
| $v = - 0,022$ | | | 0,077 | | | 0,133 |

L'application des formules (77), (79), quand on connaît Y, X, $u$, $v$, est tellement simple, que nous n'en donnons pas le détail : elle a conduit à

$$\delta L = - 20^M,9,$$
$$\delta G = + 10,4,$$

corrections qui, appliquées à $L_e$ et à $G_e$, donnent, pour coordonnées du point le plus probable,

$$L_p = + 46° 19',1,$$
$$G_p = 11 \ 30,4.$$

**207.** En ce qui regarde le calcul de la latitude par la Polaire, nous renvoyons aux Tables de M. Labrosse : on y trouvera les explications nécessaires.

*Remarque.* — Le moyen le plus rapide d'obtenir le point est d'observer la Polaire et une étoile ou une planète, dont l'azimut approche autant que possible de 90 degrés : un calcul de latitude, puis la détermination de la longitude au moyen de l'angle horaire, feront connaître le point. Ce double calcul n'est toutefois applicable que dans l'hémisphère Nord, à partir de 7 ou 8 degrés de latitude.

**208.** Les calculs les plus importants, dont nous avons donné des types, se composent, soit du calcul d'une hauteur, soit de celui d'un angle horaire.

Si un officier est seul pour faire le point, il pourra employer, comme preuves, les opérations suivantes : lorsqu'il aura calculé une hauteur, il partira de cette hauteur pour calculer l'angle horaire qui lui a servi de point de départ; ainsi, dans les calculs de point rapproché, en partant de $H_c$, il devra retrouver $G_a - G_e$. Lorsqu'il aura déterminé la longitude par un angle horaire, il devra, en partant de P, retrouver la hauteur corrigée H.

## RÉSUMÉ DES MÉTHODES DE LA NOUVELLE NAVIGATION.

**209.** Le principe qui nous a dirigé dans notre travail, et qu'il ne faut jamais perdre de vue, est le suivant : *on doit se servir, pour la détermination du point, de toutes les données que l'on possède à la mer, quelles qu'elles soient, précises ou seulement approchées.* Partant de ce principe, nous en avons déduit mathématiquement toutes les conséquences pratiques qui constituent la nouvelle navigation.

Toute hauteur observée d'un astre et l'heure correspondante du premier méridien déterminent un cercle de la sphère, sur lequel se trouve le navire : ce cercle, appelé *cercle de hauteur*, a pour pôle la position géographique de l'astre observé; il est décrit, avec la distance zénithale observée, comme ouverture de compas. Cette position géographique est donnée par la déclinaison et la longitude géographique $G_a = S_p - Æ$ de l'astre. La longitude $G_a$ dépend de l'heure $T_p$ du premier méridien. La connaissance de l'heure du premier méridien est ainsi d'une nécessité absolue et constitue *la base fondamentale de la nouvelle navigation;* c'est ce qui a fait rechercher avec tant de soin les moyens de déterminer les marches diurnes des chronomètres à la mer.

Lorsque l'astre est au zénith, sa position géographique et celle du navire coïncident.

Deux cercles de hauteur fournissent, par leurs intersections, deux points en l'un desquels se trouve le bâtiment : il est facile, quand les hauteurs ne sont pas trop grandes, de décider, au moyen d'un relèvement, lequel de ces deux points est la position du navire.

Eu égard aux erreurs des hauteurs, la *condition la plus favorable* à la détermination du point par deux hauteurs est que chacune d'elles excède 6 degrés, et que la *différence des azimuts* des astres approche le plus possible de 90 degrés.

Si l'on pouvait disposer d'une sphère d'un diamètre assez grand, pour qu'on pût estimer le mille sur sa surface, rien ne serait plus simple que d'obtenir le point au moyen de deux cercles de hauteur; mais, comme une telle sphère ne saurait trouver place à bord, on est obligé, pour déterminer le point, d'avoir recours aux cartes et au calcul.

Les cercles de hauteur se traduisent, sur la carte de Mercator, par des courbes de différentes formes, dites *courbes de hauteur*. Lorsque le pôle est extérieur au cercle de hauteur, les courbes sont des ovales qui se rapprochent d'autant plus d'un cercle que la distance zénithale est plus petite. Quand les distances zénithales sont faibles et comprises dans les limites de la Table II, les courbes de hauteur se confondent sensiblement avec des cercles : alors on peut obtenir le point en traçant deux cercles sur la carte.

Dès que les distances zénithales dépassent les limites de la Table II, on est obligé d'avoir recours au calcul pour déterminer le point. Il existe deux méthodes générales de calcul du point.

La première méthode, dite *méthode directe*, n'emprunte aux observations que l'heure du premier méridien et la hauteur : dans le cas général, cette méthode exige de trop longs calculs, et ne saurait, pour ce motif, être recommandée; elle se simplifie beaucoup et devient d'un usage facile, lorsque l'une des deux observations est celle d'une *culmination*, qui permet alors d'obtenir directement la latitude.

La seconde méthode, dite *méthode indirecte*, est basée sur les mêmes données que la première; mais elle réclame la connaissance du point estimé ($L_e$, $G_e$) : elle est beaucoup plus courte que ne l'est la méthode directe dans le cas général. Au lieu de calculer la latitude L et la longitude G, comme on le ferait par la méthode directe, on détermine les corrections $\partial L_e$, $\partial G_e$, applicables à $L_e$ et à $G_e$, pour obtenir une latitude $L_t$ et une longitude $G_t$ : ces coordonnées diffèrent peu de la latitude et de la longitude cherchées, lorsque, les hauteurs n'étant pas trop grandes, ni la différence d'azimut trop éloignée de 90 degrés, le point estimé n'est pas lui-même trop erroné.

Géométriquement la méthode indirecte revient à substituer, aux courbes de hauteur, des tangentes à ces courbes. Dans l'application graphique de cette méthode, on mène chaque tangente par le *point rapproché correspondant;* ce point jouit de la propriété d'être toujours plus près du vrai point que le point estimé, qui sert à le déterminer (*voir* n° 91); la tangente a reçu le nom de *droite de hauteur.*

Les données, qui servent à la détermination du point, sont presque toujours affectées d'erreurs dont il faut nécessairement tenir compte; ces erreurs se répartissent ainsi :

Erreurs des hauteurs;

Erreurs de courant et d'estime, dans l'intervalle des observations :

Erreurs des chronomètres.

Lorsqu'il s'agit seulement de deux hauteurs, leurs erreurs ont le moins d'influence possible, dans la circonstance favorable dont nous venons de parler; mais l'effet des erreurs peut être considérablement atténué lorsqu'on observe plus de deux astres : dans ce cas, on obtient un point qui a reçu le nom de *point le plus probable.*

Les erreurs de courant et d'estime n'existent pas, quand on observe les hauteurs à peu près simultanément.

L'erreur des chronomètres peut, dans le cas où l'on redouterait qu'elle ne fût très-forte, être reconnue si l'on recourt à l'emploi des distances lunaires : alors on en déterminera généralement l'effet sur les longitudes, à 8 ou 10 milles près.

De ce qui vient d'être exposé, il suit que l'on devra observer, s'il est possible, deux astres en même temps : ce ne sera généralement praticable qu'*aux crépuscules ou pendant la nuit.* Les observations du crépuscule doivent évidemment prendre le pas sur les observations de jour. Quand on naviguera dans le voisinage des côtes, le capitaine devra *faire observer aux crépuscules;* les points ainsi déterminés seront exempts des erreurs d'estime et de courant : ces points seront très-approchés et rendront la navigation très-précise.

Les erreurs ne pouvant jamais être entièrement évitées ou éliminées, on n'obtient pas la position exacte du navire; on détermine seulement une surface, nommée *surface de position,* sur laquelle il se trouve. La surface de position donne lieu à la *zone d'atterrissage,* qu'il est extrêmement important d'étudier, quand on veut s'approcher de la côte.

Lorsqu'on n'aura observé qu'une hauteur, on pourra toujours tracer une surface de position, au moyen du point rapproché, de la *droite de hauteur,* et de l'*erreur maximum* dont on suppose l'estime affectée. Une sonde permettra de restreindre l'étendue de la surface de position. On tirera souvent un parti très-avantageux de la considération de cette surface.

La nouvelle navigation envisage deux points, qui ne figurent pas dans l'ancienne; en sorte que les navigations, dites *estimée*, *ancienne* et *nouvelle*, fournissent au marin quatre manières de déterminer sa position à la mer, savoir :

1° Point estimé;
2° Point rapproché;
3° Point observé;
4° Point le plus probable.

Chacun des points ici énumérés donne lieu à une surface de position, dont l'étendue va généralement en diminuant, du premier au dernier, dans l'ordre du tableau : cela ressort évidemment de ce qui précède.

Nous ferons remarquer que le point le plus probable, lorsque l'on observe de *bonnes hauteurs* aux crépuscules, détermine une position du navire, qui peut être considérée comme *très-peu affectée* par les erreurs des hauteurs. On remarquera encore que, dans des circonstances graves, le point le plus probable peut fournir, pendant la nuit, une position du navire encore très-utilisable, tandis que les anciennes méthodes ne donneraient absolument rien.

En définitive, dans la nouvelle navigation, on a l'avantage immense de pouvoir déterminer le point, bien plus fréquemment que dans l'ancienne, et l'avantage, non moins important, d'obtenir des résultats beaucoup plus exacts. La nouvelle navigation évitera de grandes pertes de temps aux atterrissages, et réduira considérablement le nombre des sinistres maritimes.

# NOTE I.



Il est très-essentiel de se préoccuper de l'allure que suit la courbe des marches diurnes, par rapport à celle des températures. Les divers chronomètres que nous avons suivis ont fourni des courbes de marches diurnes qui montaient et descendaient avec celle des températures, ou inversement : les variations n'étaient pas proportionnelles dans les deux courbes; mais les variations de la courbe des marches diurnes, pour un même chronomètre, étaient toujours de même sens, par rapport à la courbe des températures. Il pourrait ne pas en être toujours ainsi : car, si l'on fait $(t' - t) = o$ dans l'équation (5), afin de rechercher l'action de la température seule sur les marches diurnes, on trouve que cette action est représentée par une parabole. Le sommet de la parabole correspond à une certaine température, aux environs de laquelle le chronomètre est sensiblement compensé : cette température, que nous désignerons par $\theta_r$, a été appelée, par M. Lieussou, *température de réglage*.

Il suit de là que l'accélération $\dfrac{dm}{d\theta}$ de la marche d'une montre marine ne sera pas la même à des températures $\theta'$, $\theta''$, également distantes de la température $\theta_r$ dans des sens différents : c'est-à-dire, par exemple, qu'un abaissement de température, lorsque celle-ci est supérieure à $\theta_r$, augmentera la marche diurne d'un chronomètre, tandis que le même abaissement, lorsque la température est inférieure à $\theta_r$, diminuera cette marche. Ainsi, on pourra rencontrer des courbes de marches diurnes, qui, au-dessus d'une certaine température, suivront les inflexions de la courbe des températures, tandis qu'au-dessous, leurs inflexions seront de sens inverse. Ces différences d'effet des variations de la température, quand elle est supérieure ou inférieure à $\theta_r$, s'accuseront d'autant plus, que le chronomètre sera soumis à des températures plus éloignées de $\theta_r$. Si nous avons trouvé que les courbes des températures et des marches ont toujours présenté des allures relatives de même sens, pour chaque chronomètre, cela tient principalement à ce que, dans le cours de nos navigations, les températures ont été, pour chacun des chronomètres, soit constamment inférieures ou supérieures à la température $\theta_r$, soit peu différentes de cette dernière, lorsque l'écart a eu lieu dans les deux sens.

*Lignes thermiques.* — Il pourra être utile de tracer les courbes qui représenteraient l'action de la température sur les chronomètres à une époque donnée : nous les appellerons *lignes thermiques*. Quand on aura tracé, conformément aux indications du n° 41, la courbe des marches diurnes et les courbes isothermes, on mènera à part deux axes de coordonnées : sur celui des $x$ on comptera les températures, sur celui des $y$ les marches : se reportant alors aux courbes déjà tracées, on marquera sur le nouvel axe des $x$ la température de l'une quelconque des lignes isothermes; puis sur l'axe des $y$ la marche diurne correspondante à la date et à la température données (cette marche est représentée par l'ordonnée de la ligne isotherme à la date fixée) : les abscisses et ordonnées ainsi obtenues fourniront un premier point de la courbe thermique. On

$27.$

fera la même opération relativement à chaque température pour laquelle on aura tracé une ligne isotherme ; on fixera ainsi une suite de points qui, théoriquement, devraient être sur une parabole. Dans la pratique, on devra généralement trouver que ces points sont à moins de o',3 d'une courbe, qui, sans les erreurs d'observation, serait une parabole : la courbure de cette ligne sera d'autant plus faible, que la compensation du chronomètre s'approchera d'autant plus de la perfection, cas auquel la courbe thermique se réduirait à une droite parallèle à l'axe de *x*.

*Cercles d'erreur des marches diurnes, dans le tracé des courbes.* — M. Caspari a indiqué un procédé très-simple, qui facilite le tracé des courbes ; voici ce qu'il dit, page 85 du XI° Cahier des *Recherches sur les chronomètres :*

« A l'égard de ces méthodes graphiques, nous présenterons une observation qui s'applique à toutes. Au lieu de représenter les marches par des points, il sera utile d'entourer ces points d'un petit cercle, dont le rayon, à l'échelle de la construction, sera la valeur probable maximum de l'erreur qu'on peut commettre sur une marche donnée, en raison des erreurs des observations d'états et de températures, et de comparaisons. On parviendra ainsi, en assujettissant les courbes à passer seulement par ces petits cercles, à les rectifier d'une façon moins arbitraire et à tenir un compte plus exact des probabilités. »

Le XI° Cahier des *Recherches sur les chronomètres*, Cahier dont M. Caspari est l'auteur, contient le résumé de tout ce que l'on connaît sur les chronomètres ; les officiers des montres y trouveront des choses intéressantes, qu'il eût été trop long d'exposer dans le présent Ouvrage.

*Courbes chrono-thermiques.* — M. Hilleret a fait remarquer que, si l'on mène une ligne droite quelconque coupant la courbe de température en un certain nombre de points, les ordonnées de ces points détermineront, par leurs intersections avec la courbe des marches diurnes, une ligne qui sera un arc de parabole : cette parabole a reçu le nom de *courbe chrono-thermique*, parce qu'elle dépend à la fois du temps et de la température. La courbe chrono-thermique rendra des services, lorsqu'on n'aura pu réunir qu'un petit nombre d'observations de marches diurnes ; elle pourra d'ailleurs se confondre pratiquement avec une ligne droite.

Supposons que l'on veuille fixer, aussi exactement que possible, une partie restreinte de la courbe des marches diurnes : on mènera l'ordonnée correspondant à peu près à la moyenne des temps compris dans cette partie ; cette ordonnée, prolongée jusqu'à la rencontre de la courbe de température, la coupera en un point M' ; de ce point M', on mènera, s'il se peut, plusieurs lignes droites coupant la courbe des températures en un nombre de points le plus grand possible, trois au moins, encore faudra-t-il que ces points soient assez éloignés les uns des autres. A chacune de ces droites correspondra une ligne chrono-thermique, qui devra être, sauf erreurs d'observation, ou une ligne courbe sans inflexion ou une droite : ces lignes chrono-thermiques devraient, théoriquement, se couper toutes en un point M de la courbe des marches diurnes, point correspondant à la date donnée et à la température mesurée par l'ordonnée 0. En pratique on prendra, pour M, un point convenablement choisi dans la région des intersections des lignes chrono-thermiques.

La construction que nous venons d'indiquer pourra aussi servir, dans le cas où l'on n'aurait pu déterminer de tangentes isothermes à certaines températures : il suffira, évidemment, que l'on puisse déterminer un assez grand nombre de lignes chrono-thermiques, se rapportant à la date et à la température données, pour que l'on puisse fixer, d'une manière suffisamment précise, le point M de la courbe des marches diurnes, point correspondant à cette date et à cette température données.

# NOTE II.



Nous donnons ci-après un type de calcul du point rapproché, en employant les dénominations usitées dans la Marine, au lieu des signes des quantités. On fait ici l'application des règles suivantes, que nous empruntons à M. Hilleret. La longitude $G_a$ se détermine comme dans le type de la page 201; on lui donne la dénomination *ouest* si elle est positive, la dénomination *est* si elle est négative. Si les longitudes $G_a$ et $G_e$ sont de même dénomination, on en fait la différence : quand $G_a > G_e$, on donne au reste la dénomination commune; si $G_a < G_e$, on donne à $G_a - G_e$ la dénomination contraire à celle de ces quantités. Dans le cas où $G_a$ et $G_e$ sont de dénominations contraires, on fait la somme de ces quantités, somme à laquelle on donne la dénomination de $G_a$. Si $G_a - G_e > 180°$, on le retranche de 360 degrés et l'on donne au reste la dénomination contraire à celle de $G_a - G_e$.

L'angle auxiliaire $\varphi$ est toujours pris plus petit que 90 degrés; on lui donne

$$\text{la dénomination de D si} \dots\dots \quad G_a - G_e \text{ ou } 360° - (G_a - G_e) < 90°,$$
$$\text{la dénomination contraire à D si} \dots \quad G_a - G_e \text{ ou } 360° - (G_a - G_e) > 90°.$$

Si les deux angles $L_e$ et $\varphi$ sont de même dénomination, on en fait la somme; dans le cas contraire, on en fait la différence; on donne à la somme la dénomination commune aux deux quantités, à la différence la dénomination du plus grand de ces deux angles.

L'azimut est toujours pris plus petit que 90 degrés, en le comptant soit à partir du nord ou du sud; il est de la même dénomination que $G_a - G_e$, si cette différence est plus petite que 180 degrés, de dénomination contraire si cette différence est plus grande que 180 degrés.

$$\text{L'azimut prend} \begin{cases} \text{la même dénomination que} \dots \\ \text{la dénomination contraire à} \dots \end{cases} \varphi - L_e \text{ si } \begin{cases} \varphi + L_e < 90°, \\ \varphi + L_e > 90°. \end{cases}$$

*Exemple.* — Le 24 octobre 1875, vers 8 heures du soir, on a observé la hauteur d'Algol,

$$h = 33°.44',1$$

à l'heure du compteur,

$$M = 4^h 7^m 39^s,0 :$$

$$\text{hauteur de l'œil} \dots \quad 7^m,5,$$

$$\text{à } 0^s (\text{T.M.P.}), \quad T_p - A = 2^h 53^m 13^s,5.$$

$$L_e = 35°30' \text{ N}, \quad G_e = 9°30' \text{ O}, \quad A - M = 1^h 29^m 44^s,5.$$

*Calcul de $p$ et de l'azimut estimé.*

$$
\begin{aligned}
\mathrm{M} &= \phantom{0}1^{h}\ 7^{m}39^{s},0 \\
\mathrm{A} - \mathrm{M} &= \phantom{0}1\ 29\ 41,5 \\
\mathrm{T}_{p} - \mathrm{A} &= \phantom{0}2\ 53\ 13,5 \\[-2pt]
\hline
\mathrm{T}_{p}\ \text{approché} &= \phantom{0}8\ 30\ 34,0 \\
\text{Partie proportionnelle de } m'_{a} &= \phantom{0000000}-4,8 \\[-2pt]
\hline
\mathrm{T}_{p} &= \phantom{0}8\ 30\ 29,2 \\
\end{aligned}
$$

Octobre 24 à $0^{h}$ (T.M.P.), $\quad \text{Æ}\odot_{m} = 14\ \phantom{0}9\ 54,1$

*Connaissance des Temps,* { pour $\phantom{0}8^{h}\ldots \phantom{000}$ 1 18,9

Table VI { pour $30^{m}\ldots \phantom{0000000}$ 4,9

$$
\begin{aligned}
\mathrm{S}_{p} &= 22\ 41\ 47,1 \\
\text{Æ} &= \phantom{0}3\ \phantom{0}0\ \phantom{0}6,6 \\[-2pt]
\hline
\mathrm{G}_{a} &= 19\ 41\ 40,5\ \mathrm{O} \\
\end{aligned}
$$

*Application des formules* (30), (31).

$$
\begin{aligned}
\mathrm{G}_{a} &= 295°25',1\ \mathrm{O} \\
\mathrm{G}_{e} &= \phantom{000}9\ 30,0\ \mathrm{O} \\[-2pt]
\hline
\mathrm{G}_{a} - \mathrm{G}_{e} &= 285\ 55,1\ \mathrm{O} \\
360° - (\mathrm{G}_{a} - \mathrm{G}_{e}) &= \phantom{0}74\ \phantom{0}4,9\ \mathrm{E} \qquad \text{l. cos}\ \ 9,43817 \qquad \text{l. tang}\ \ 0,54485 \\
\mathrm{D} &= \phantom{0}40\ 28,6\ \mathrm{B} \qquad \text{l. cot}\ \ 0,06885 \\
\varphi &= \phantom{0}17\ 49,0\ \mathrm{B} \qquad \text{l. tang}\,\varphi\ \ 9,50702 \qquad \text{l. sin}\ \ 9,48568 \\
\mathrm{L}_{e} &= \phantom{0}35\ 30,0\ \mathrm{B} \\
\mathrm{L}_{e} + \varphi &= \phantom{0}53\ 19,0\ \mathrm{B} \qquad \text{l. tang}\ \ 0,12789 \qquad \text{c}^{t}\,\text{l. cos}\ \ 0,22374 \\
h &= \phantom{0}33\ 44,1 \qquad\qquad\qquad\qquad\qquad\ \text{l. tang}\,\mathrm{Z}_{a}\ \ 0,25427 \\
&\phantom{=}\ \ \ -6,5 \qquad \text{l. cos}\,\mathrm{Z}_{a}\ \ 9,68709 \qquad \mathrm{Z}_{e} = \mathrm{N}\ 60°53',3\ \mathrm{E} \\
\mathrm{H} &= \phantom{0}33\ 37,6 \qquad \text{l. tang}\,\mathrm{H}\ \ 9,81498 \\
\mathrm{H}_{e} &= \phantom{0}33\ \phantom{0}8,9 \\[-2pt]
\hline
p &= \phantom{00}+28,7 \\
\end{aligned}
$$

LABROSSE, t. 2.

*Calcul de* $\delta\mathrm{L}_{e}$ *et de* $\cos\mathrm{L}_{e}\,\delta\mathrm{G}_{e}$, *par le procédé indiqué dans la note du* n° 113. — Reprenant les données du n° 200, qui ont servi à calculer la longitude et la latitude du 27 mai, on trouve

$$
\begin{aligned}
\mathrm{V}_{1} &= \mathrm{S}\ 82°\,\mathrm{E} = \mathrm{N}\ 98°\,\mathrm{E}, \\
\mathrm{V}_{2} &= \mathrm{N}\ 60°\,\mathrm{E}. \\[-2pt]
\hline
\end{aligned}
$$

Différences des angles de route........ $\mathrm{E} = \phantom{00}38°.$

Deux entrées dans la Table de points : 1° avec 38 degrés comme angle de route et $p_{1} = 0,9$ colonne des milles, on trouve $p_{1}\cos\mathrm{E} = 0,7$ dans la colonne N et S ; 2° avec 38 degrés et $p_{2} - p_{1}\cos\mathrm{E} = 8,4$, dans la colonne E et O, on trouve $p_{2} = +13^{m},6$ dans la colonne des milles : E étant plus petit que 90 degrés, on a retranché $p_{1}\cos\mathrm{E}$ de $p_{2}$, $p_{2} - p_{1}\cos\mathrm{E}$ étant positif, on prendra la direction de la partie de la première droite de hauteur, qui se trouve du côté de R, par rapport à $ER_1$. (Rappelons : 1° que si $E > 90°$, on entrerait dans la Table de point avec $180° — E$, et qu'on ferait la somme de $p_2$ et de $p_1 \cos E$ ; 2° que si $p_2 — p_1 \cos E$ était négatif, on prendrait la direction de la partie de la droite de hauteur située du côté opposé à $R_2$ par rapport à $ER_1$).

$$
\begin{array}{lll}
 & & \text{N.} \quad\text{S.} \quad\text{O.} \quad\text{E.} \\
p_0 = + 13^M,6, & V_0 = N\ 8°\ E\ldots & 13^M,5 \qquad\qquad\qquad 1^M,9 \\
p_1 = \quad 0\ ,9, & V_1 = S\ 82\ E\ldots & \qquad\qquad\qquad 0^M,1 \qquad 0\ ,9 \\
 & \delta L_e = 13^M,4\ N & \qquad\qquad\qquad\qquad\qquad 2^M,8 \\
 & \cos L_1\, \delta G_e = 2\ ,8\ E. &
\end{array}
$$

$V_0$ se trouve très-facilement au moyen d'un croquis de la figure formée, par le point estimé E, les lignes $p_1$, $p_2$ et les droites de hauteur.


FIN DE LA PARTIE PRATIQUE.

# TABLES NUMÉRIQUES.

**TABLE 1.** — *Transport d'une hauteur sur l'horizon d'un autre lieu. — Terme du 2ᵉ ordre à retrancher : $m = \sin(Z - V$*

Entre les lignes horizontales à simple et à double filet, le terme du 3ᵉ ordre peut atteindre 0′,5 : au-dessous du double filet, ce terme peut s'élever à 1′,

| H | 0$^M$ | 5$^M$ | 10$^M$ | 15$^M$ | 20$^M$ | 25$^M$ | 30$^M$ | 35$^M$ | 40$^M$ | 45$^M$ | 50$^M$ | 55$^M$ | 60$^M$ | 65$^M$ |
|---|---|---|---|---|---|---|---|---|---|---|---|---|---|---|
| 0° | ′ | ′ | ′ | ′ | ′ | ′ | ′ | ′ | ′ | ′ | ′ | ′ | ′ | ′ |
| 2 | 0,0 | 0,0 | 0,0 | 0,0 | 0,0 | 0,0 | 0,0 | 0,0 | 0,0 | 0,0 | 0,0 | 0,0 | 0,0 | 0,0 |
| 4 | 0,0 | 0,0 | 0,0 | 0,0 | 0,0 | 0,0 | 0,0 | 0,0 | 0,0 | 0,0 | 0,0 | 0,0 | 0,0 | 0,0 |
| 6 | 0,0 | 0,0 | 0,0 | 0,0 | 0,0 | 0,0 | 0,0 | 0,0 | 0,0 | 0,0 | 0,0 | 0,0 | 0,1 | 0,1 |
| 8 | 0,0 | 0,0 | 0,0 | 0,0 | 0,0 | 0,0 | 0,0 | 0,0 | 0,0 | 0,0 | 0,1 | 0,1 | 0,1 | 0,1 |
| 10 | 0,0 | 0,0 | 0,0 | 0,0 | 0,0 | 0,0 | 0,0 | 0,0 | 0,0 | 0,1 | 0,1 | 0,1 | 0,1 | 0,1 |
| 12 | 0,0 | 0,0 | 0,0 | 0,0 | 0,0 | 0,0 | 0,0 | 0,0 | 0,0 | 0,1 | 0,1 | 0,1 | 0,1 | 0,1 |
| 14 | 0,0 | 0,0 | 0,0 | 0,0 | 0,0 | 0,0 | 0,0 | 0,0 | 0,1 | 0,1 | 0,1 | 0,1 | 0,1 | 0,2 |
| 16 | 0,0 | 0,0 | 0,0 | 0,0 | 0,0 | 0,0 | 0,0 | 0,1 | 0,1 | 0,1 | 0,1 | 0,1 | 0,1 | 0,2 |
| 18 | 0,0 | 0,0 | 0,0 | 0,0 | 0,0 | 0,0 | 0,0 | 0,1 | 0,1 | 0,1 | 0,1 | 0,1 | 0,2 | 0,2 |
| 20 | 0,0 | 0,0 | 0,0 | 0,0 | 0,0 | 0,0 | 0,0 | 0,1 | 0,1 | 0,1 | 0,1 | 0,2 | 0,2 | 0,2 |
| 22 | 0,0 | 0,0 | 0,0 | 0,0 | 0,0 | 0,0 | 0,1 | 0,1 | 0,1 | 0,1 | 0,1 | 0,2 | 0,2 | 0,2 |
| 24 | 0,0 | 0,0 | 0,0 | 0,0 | 0,0 | 0,0 | 0,1 | 0,1 | 0,1 | 0,1 | 0,2 | 0,2 | 0,2 | 0,3 |
| 26 | 0,0 | 0,0 | 0,0 | 0,0 | 0,0 | 0,0 | 0,1 | 0,1 | 0,1 | 0,1 | 0,2 | 0,2 | 0,3 | 0,3 |
| 28 | 0,0 | 0,0 | 0,0 | 0,0 | 0,0 | 0,0 | 0,1 | 0,1 | 0,1 | 0,2 | 0,2 | 0,2 | 0,3 | 0,3 |
| 30 | 0,0 | 0,0 | 0,0 | 0,0 | 0,0 | 0,1 | 0,1 | 0,1 | 0,1 | 0,2 | 0,2 | 0,3 | 0,3 | 0,4 |
| 32 | 0,0 | 0,0 | 0,0 | 0,0 | 0,0 | 0,1 | 0,1 | 0,1 | 0,1 | 0,2 | 0,2 | 0,3 | 0,3 | 0,4 |
| 34 | 0,0 | 0,0 | 0,0 | 0,0 | 0,0 | 0,1 | 0,1 | 0,1 | 0,2 | 0,2 | 0,2 | 0,3 | 0,4 | 0,4 |
| 36 | 0,0 | 0,0 | 0,0 | 0,0 | 0,0 | 0,1 | 0,1 | 0,1 | 0,2 | 0,2 | 0,3 | 0,3 | 0,4 | 0,4 |
| 38 | 0,0 | 0,0 | 0,0 | 0,0 | 0,0 | 0,1 | 0,1 | 0,1 | 0,2 | 0,2 | 0,3 | 0,3 | 0,4 | 0,5 |
| 40 | 0,0 | 0,0 | 0,0 | 0,0 | 0,0 | 0,1 | 0,1 | 0,1 | 0,2 | 0,2 | 0,3 | 0,4 | 0,4 | 0,5 |
| 42 | 0,0 | 0,0 | 0,0 | 0,0 | 0,1 | 0,1 | 0,1 | 0,1 | 0,2 | 0,3 | 0,3 | 0,4 | 0,5 | 0,6 |
| 44 | 0,0 | 0,0 | 0,0 | 0,0 | 0,1 | 0,1 | 0,1 | 0,2 | 0,2 | 0,3 | 0,4 | 0,4 | 0,5 | 0,6 |
| 46 | 0,0 | 0,0 | 0,0 | 0,0 | 0,1 | 0,1 | 0,1 | 0,2 | 0,2 | 0,3 | 0,4 | 0,5 | 0,5 | 0,6 |
| 48 | 0,0 | 0,0 | 0,0 | 0,0 | 0,1 | 0,1 | 0,1 | 0,2 | 0,3 | 0,3 | 0,4 | 0,5 | 0,6 | 0,7 |
| 50 | 0,0 | 0,0 | 0,0 | 0,0 | 0,1 | 0,1 | 0,2 | 0,2 | 0,3 | 0,4 | 0,4 | 0,5 | 0,6 | 0,7 |
| 52 | 0,0 | 0,0 | 0,0 | 0,0 | 0,1 | 0,1 | 0,2 | 0,2 | 0,3 | 0,4 | 0,5 | 0,6 | 0,7 | 0,8 |
| 54 | 0,0 | 0,0 | 0,0 | 0,0 | 0,1 | 0,1 | 0,2 | 0,2 | 0,3 | 0,4 | 0,5 | 0,6 | 0,7 | 0,8 |
| 56 | 0,0 | 0,0 | 0,0 | 0,0 | 0,1 | 0,1 | 0,2 | 0,3 | 0,3 | 0,4 | 0,5 | 0,7 | 0,8 | 0,9 |
| 58 | 0,0 | 0,0 | 0,0 | 0,1 | 0,1 | 0,1 | 0,2 | 0,3 | 0,4 | 0,5 | 0,6 | 0,7 | 0,8 | 1,0 |
| 60 | 0,0 | 0,0 | 0,0 | 0,1 | 0,1 | 0,2 | 0,2 | 0,3 | 0,4 | 0,5 | 0,6 | 0,8 | 0,9 | 1,1 |
| 62 | 0,0 | 0,0 | 0,0 | 0,1 | 0,1 | 0,2 | 0,2 | 0,3 | 0,4 | 0,6 | 0,7 | 0,8 | 1,0 | 1,2 |
| 64 | 0,0 | 0,0 | 0,0 | 0,1 | 0,1 | 0,2 | 0,3 | 0,4 | 0,5 | 0,6 | 0,7 | 0,9 | 1,1 | 1,3 |
| 66 | 0,0 | 0,0 | 0,0 | 0,1 | 0,1 | 0,2 | 0,3 | 0,4 | 0,5 | 0,7 | 0,8 | 1,0 | 1,2 | 1,4 |
| 68 | 0,0 | 0,0 | 0,0 | 0,1 | 0,1 | 0,2 | 0,3 | 0,4 | 0,6 | 0,7 | 0,9 | 1,1 | 1,3 | 1,5 |
| 70 | 0,0 | 0,0 | 0,0 | 0,1 | 0,2 | 0,2 | 0,4 | 0,5 | 0,6 | 0,8 | 1,0 | 1,2 | 1,4 | 1,7 |
| 71 | 0,0 | 0,0 | 0,0 | 0,1 | 0,2 | 0,3 | 0,4 | 0,5 | 0,7 | 0,9 | 1,1 | 1,3 | 1,5 | 1,8 |
| 72 | 0,0 | 0,0 | 0,0 | 0,1 | 0,2 | 0,3 | 0,4 | 0,5 | 0,7 | 0,9 | 1,1 | 1,4 | 1,6 | 1,9 |
| 73 | 0,0 | 0,0 | 0,0 | 0,1 | 0,2 | 0,3 | 0,4 | 0,6 | 0,8 | 1,0 | 1,2 | 1,4 | 1,7 | 2,0 |
| 74 | 0,0 | 0,0 | 0,1 | 0,1 | 0,2 | 0,3 | 0,5 | 0,6 | 0,8 | 1,0 | 1,3 | 1,5 | 1,8 | 2,1 |
| 75 | 0,0 | 0,0 | 0,1 | 0,1 | 0,2 | 0,3 | 0,5 | 0,7 | 0,9 | 1,1 | 1,4 | 1,6 | 2,0 | 2,3 |
| 76 | 0,0 | 0,0 | 0,1 | 0,1 | 0,2 | 0,4 | 0,5 | 0,7 | 0,9 | 1,3 | 1,5 | 1,8 | 2,1 | 2,5 |
| 77 | 0,0 | 0,0 | 0,1 | 0,1 | 0,3 | 0,4 | 0,6 | 0,8 | 1,0 | 1,3 | 1,6 | 1,9 | 2,3 | 2,7 |
| 78 | 0,0 | 0,0 | 0,1 | 0,2 | 0,3 | 0,4 | 0,6 | 0,8 | 1,1 | 1,4 | 1,7 | 2,1 | 2,5 | 2,9 |
| 79 | 0,0 | 0,0 | 0,1 | 0,2 | 0,3 | 0,5 | 0,7 | 0,9 | 1,2 | 1,5 | 1,9 | 2,3 | 2,7 | 3,2 |
| 80 | 0,0 | 0,0 | 0,1 | 0,2 | 0,3 | 0,5 | 0,7 | 1,0 | 1,3 | 1,7 | 2,1 | 2,5 | 3,0 | 3,5 |
| 81 | 0,0 | 0,0 | 0,1 | 0,2 | 0,4 | 0,6 | 0,8 | 1,1 | 1,5 | 1,9 | 2,3 | 2,8 | 3,3 | 3,9 |
| 82 | 0,0 | 0,0 | 0,1 | 0,2 | 0,4 | 0,6 | 0,9 | 1,3 | 1,7 | 2,1 | 2,6 | 3,1 | 3,7 | 4,4 |
| 83 | 0,0 | 0,0 | 0,1 | 0,3 | 0,5 | 0,7 | 1,1 | 1,5 | 1,9 | 2,4 | 3,0 | 3,6 | 4,3 | 5,0 |
| 84 | 0,0 | 0,0 | 0,1 | 0,3 | 0,6 | 0,9 | 1,3 | 1,7 | 2,2 | 2,8 | 3,5 | 4,2 | 5,0 | 5,8 |
| 85 | 0,0 | 0,0 | 0,2 | 0,4 | 0,7 | 1,0 | 1,5 | 2,0 | 2,7 | 3,4 | 4,2 | 5,0 | 6,0 | 7,0 |
| 86 | 0,0 | 0,1 | 0,2 | 0,5 | 0,8 | 1,3 | 1,9 | 2,5 | 3,3 | 4,2 | 5,2 | 6,3 | 7,5 | 8,8 |
| 87 | 0,0 | 0,1 | 0,3 | 0,6 | 1,1 | 1,7 | 2,5 | 3,4 | 4,4 | 5,6 | 6,9 | 8,4 | 10,0 | 11,7 |
| 88 | 0,0 | 0,1 | 0,4 | 0,9 | 1,7 | 2,6 | 3,7 | 5,1 | 6,7 | 8,4 | 10,4 | 12,6 | 15,2 | 17,6 |
| 89 | 0,0 | 0,2 | 0,8 | 1,9 | 3,3 | 5,2 | 7,5 | 10,2 | 13,3 | 16,9 | 20,8 | 25,2 | 30,0 | 35,2 |

**TABLE I** (suite). — *Pour le calcul des termes du 2ᵉ ordre, dans l'emploi des équations de condition.*

| 70 M | 75 M | 80 M | 85 M | 90 M | 95 M | 100 M | 105 M | 110 M | 115 M | 120 M | 125 M | 130 M | 135 M | 140 M |
|---|---|---|---|---|---|---|---|---|---|---|---|---|---|---|
| 0,0 | 0,0 | 0,0 | 0,0 | 0,0 | 0,0 | 0,1 | 0,1 | 0,1 | 0,1 | 0,1 | 0,1 | 0,1 | 0,1 | 0,1 |
| 0,1 | 0,1 | 0,1 | 0,1 | 0,1 | 0,1 | 0,1 | 0,1 | 0,1 | 0,1 | 0,1 | 0,2 | 0,2 | 0,2 | 0,2 |
| 0,1 | 0,1 | 0,1 | 0,1 | 0,1 | 0,1 | 0,2 | 0,2 | 0,2 | 0,2 | 0,2 | 0,2 | 0,3 | 0,3 | 0,3 |
| 0,1 | 0,1 | 0,1 | 0,1 | 0,2 | 0,2 | 0,2 | 0,2 | 0,2 | 0,3 | 0,3 | 0,3 | 0,3 | 0,4 | 0,4 |
| 0,1 | 0,1 | 0,2 | 0,2 | 0,2 | 0,2 | 0,3 | 0,3 | 0,3 | 0,3 | 0,4 | 0,4 | 0,4 | 0,5 | 0,5 |
| 0,2 | 0,2 | 0,2 | 0,2 | 0,3 | 0,3 | 0,3 | 0,3 | 0,4 | 0,4 | 0,4 | 0,5 | 0,5 | 0,6 | 0,6 |
| 0,2 | 0,2 | 0,2 | 0,3 | 0,3 | 0,3 | 0,4 | 0,4 | 0,4 | 0,5 | 0,5 | 0,6 | 0,6 | 0,7 | 0,7 |
| 0,2 | 0,2 | 0,3 | 0,3 | 0,3 | 0,4 | 0,4 | 0,5 | 0,5 | 0,6 | 0,6 | 0,7 | 0,7 | 0,8 | 0,8 |
| 0,2 | 0,3 | 0,3 | 0,3 | 0,4 | 0,4 | 0,5 | 0,5 | 0,6 | 0,6 | 0,7 | 0,7 | 0,8 | 0,9 | 0,9 |
| 0,3 | 0,3 | 0,3 | 0,4 | 0,4 | 0,5 | 0,5 | 0,6 | 0,6 | 0,7 | 0,8 | 0,8 | 0,9 | 1,0 | 1,0 |
| 0,3 | 0,3 | 0,4 | 0,4 | 0,5 | 0,5 | 0,6 | 0,6 | 0,7 | 0,8 | 0,8 | 0,9 | 1,0 | 1,1 | 1,2 |
| 0,3 | 0,4 | 0,4 | 0,5 | 0,5 | 0,6 | 0,6 | 0,7 | 0,8 | 0,9 | 0,9 | 1,0 | 1,1 | 1,2 | 1,3 |
| 0,3 | 0,4 | 0,5 | 0,5 | 0,6 | 0,6 | 0,7 | 0,8 | 0,9 | 0,9 | 1,0 | 1,1 | 1,2 | 1,3 | 1,4 |
| 0,4 | 0,4 | 0,5 | 0,6 | 0,6 | 0,7 | 0,8 | 0,9 | 0,9 | 1,0 | 1,1 | 1,2 | 1,3 | 1,4 | 1,5 |
| 0,4 | 0,5 | 0,5 | 0,6 | 0,7 | 0,8 | 0,8 | 0,9 | 1,0 | 1,1 | 1,2 | 1,3 | 1,4 | 1,5 | 1,6 |
| 0,4 | 0,5 | 0,6 | 0,7 | 0,7 | 0,8 | 0,9 | 1,0 | 1,1 | 1,2 | 1,3 | 1,4 | 1,5 | 1,7 | 1,8 |
| 0,5 | 0,6 | 0,6 | 0,7 | 0,8 | 0,9 | 1,0 | 1,1 | 1,2 | 1,3 | 1,4 | 1,5 | 1,7 | 1,8 | 1,9 |
| 0,5 | 0,6 | 0,7 | 0,8 | 0,9 | 1,0 | 1,1 | 1,2 | 1,3 | 1,4 | 1,5 | 1,7 | 1,8 | 1,9 | 2,1 |
| 0,6 | 0,6 | 0,7 | 0,8 | 0,9 | 1,0 | 1,1 | 1,2 | 1,4 | 1,5 | 1,6 | 1,8 | 1,9 | 2,1 | 2,2 |
| 0,6 | 0,7 | 0,8 | 0,9 | 1,0 | 1,1 | 1,2 | 1,3 | 1,5 | 1,6 | 1,8 | 1,9 | 2,1 | 2,2 | 2,4 |
| 0,6 | 0,7 | 0,8 | 0,9 | 1,1 | 1,2 | 1,3 | 1,4 | 1,6 | 1,7 | 1,9 | 2,0 | 2,2 | 2,4 | 2,6 |
| 0,7 | 0,8 | 0,9 | 1,0 | 1,1 | 1,3 | 1,4 | 1,6 | 1,7 | 1,9 | 2,0 | 2,2 | 2,4 | 2,6 | 2,8 |
| 0,7 | 0,8 | 1,0 | 1,1 | 1,2 | 1,4 | 1,5 | 1,7 | 1,8 | 2,0 | 2,2 | 2,4 | 2,5 | 2,7 | 3,0 |
| 0,8 | 0,9 | 1,0 | 1,2 | 1,3 | 1,5 | 1,6 | 1,8 | 2,0 | 2,1 | 2,3 | 2,5 | 2,7 | 2,9 | 3,2 |
| 0,8 | 1,0 | 1,1 | 1,3 | 1,4 | 1,6 | 1,7 | 1,9 | 2,1 | 2,3 | 2,5 | 2,7 | 2,9 | 3,2 | 3,4 |
| 0,9 | 1,0 | 1,2 | 1,3 | 1,5 | 1,7 | 1,9 | 2,1 | 2,3 | 2,5 | 2,7 | 2,9 | 3,1 | 3,4 | 3,6 |
| 1,0 | 1,1 | 1,3 | 1,4 | 1,6 | 1,8 | 2,0 | 2,2 | 2,4 | 2,6 | 2,9 | 3,1 | 3,4 | 3,6 | 3,9 |
| 1,1 | 1,2 | 1,4 | 1,6 | 1,7 | 1,9 | 2,2 | 2,4 | 2,6 | 2,9 | 3,1 | 3,4 | 3,6 | 3,9 | 4,2 |
| 1,1 | 1,3 | 1,5 | 1,7 | 1,9 | 2,1 | 2,3 | 2,6 | 2,8 | 3,1 | 3,4 | 3,6 | 3,9 | 4,2 | 4,6 |
| 1,2 | 1,4 | 1,6 | 1,8 | 2,0 | 2,3 | 2,5 | 2,8 | 3,0 | 3,3 | 3,6 | 3,9 | 4,3 | 4,6 | 4,9 |
| 1,3 | 1,5 | 1,8 | 2,0 | 2,2 | 2,5 | 2,7 | 3,0 | 3,3 | 3,6 | 3,9 | 4,3 | 4,6 | 5,0 | 5,4 |
| 1,5 | 1,7 | 1,9 | 2,2 | 2,4 | 2,7 | 3,0 | 3,3 | 3,6 | 3,9 | 4,3 | 4,7 | 5,0 | 5,4 | 5,8 |
| 1,6 | 1,8 | 2,1 | 2,4 | 2,6 | 2,9 | 3,3 | 3,6 | 4,0 | 4,3 | 4,7 | 5,1 | 5,5 | 6,0 | 6,4 |
| 1,8 | 2,0 | 2,3 | 2,6 | 2,9 | 3,2 | 3,6 | 4,0 | 4,4 | 4,8 | 5,2 | 5,6 | 6,1 | 6,6 | 7,1 |
| 2,0 | 2,2 | 2,6 | 2,9 | 3,2 | 3,6 | 4,0 | 4,4 | 4,8 | 5,3 | 5,8 | 6,2 | 6,8 | 7,3 | 7,8 |
| 2,1 | 2,4 | 2,7 | 3,1 | 3,4 | 3,8 | 4,2 | 4,7 | 5,1 | 5,6 | 6,1 | 6,6 | 7,1 | 7,7 | 8,3 |
| 2,2 | 2,5 | 2,9 | 3,2 | 3,6 | 4,0 | 4,5 | 4,9 | 5,4 | 5,9 | 6,4 | 7,0 | 7,6 | 8,2 | 8,8 |
| 2,3 | 2,7 | 3,0 | 3,4 | 3,9 | 4,3 | 4,8 | 5,2 | 5,8 | 6,3 | 6,9 | 7,4 | 8,0 | 8,7 | 9,3 |
| 2,5 | 2,9 | 3,3 | 3,7 | 4,1 | 4,6 | 5,1 | 5,6 | 6,1 | 6,7 | 7,3 | 7,9 | 8,6 | 9,3 | 10,0 |
| 2,7 | 3,1 | 3,5 | 3,9 | 4,4 | 4,9 | 5,4 | 6,0 | 6,6 | 7,2 | 7,8 | 8,5 | 9,2 | 9,9 | 10,6 |
| 2,9 | 3,3 | 3,7 | 4,2 | 4,7 | 5,3 | 5,8 | 6,4 | 7,1 | 7,7 | 8,4 | 9,1 | 9,9 | 10,6 | 11,4 |
| 3,1 | 3,5 | 4,0 | 4,6 | 5,1 | 5,7 | 6,3 | 6,9 | 7,6 | 8,3 | 9,1 | 9,8 | 10,6 | 11,5 | 12,3 |
| 3,4 | 3,8 | 4,4 | 4,9 | 5,5 | 6,2 | 6,8 | 7,5 | 8,3 | 9,0 | 9,9 | 10,7 | 11,6 | 12,5 | 13,4 |
| 3,7 | 4,2 | 4,8 | 5,4 | 6,1 | 6,8 | 7,5 | 8,2 | 9,1 | 9,9 | 10,8 | 11,7 | 12,6 | 13,6 | 14,7 |
| 4,0 | 4,6 | 5,3 | 6,0 | 6,7 | 7,4 | 8,2 | 9,1 | 10,0 | 10,9 | 11,9 | 12,9 | 13,9 | 15,0 | 16,2 |
| 4,5 | 5,2 | 5,9 | 6,6 | 7,4 | 8,3 | 9,2 | 10,1 | 11,1 | 12,1 | 13,2 | 14,3 | 15,5 | 16,7 | 18,0 |
| 5,1 | 5,8 | 6,6 | 7,5 | 8,4 | 9,3 | 10,3 | 11,4 | 12,5 | 13,7 | 14,9 | 16,2 | 17,5 | 18,9 | 20,3 |
| 5,8 | 6,7 | 7,6 | 8,6 | 9,6 | 10,7 | 11,8 | 13,1 | 14,3 | 15,7 | 17,1 | 18,5 | 20,0 | 21,6 | 23,2 |
| 6,8 | 7,8 | 8,9 | 10,0 | 11,2 | 12,5 | 13,8 | 15,3 | 16,7 | 18,3 | 19,9 | 21,6 | 23,4 | 25,2 | 27,1 |
| 8,1 | 9,3 | 10,6 | 12,0 | 13,5 | 15,0 | 16,6 | 18,3 | 20,1 | 22,0 | 23,9 | 26,0 | 28,1 | 30,3 | 33,6 |
| 10,2 | 11,7 | 13,3 | 15,0 | 16,8 | 18,8 | 20,8 | 22,9 | 25,2 | 27,5 | 30,0 | 32,5 | 35,2 | 37,9 | 40,8 |
| 13,6 | 15,6 | 17,8 | 20,0 | 22,5 | 25,0 | 27,8 | 30,6 | 33,6 | 36,7 | 40,0 | 43,4 | 46,9 | 50,6 | 54,4 |
| 20,4 | 23,4 | 26,7 | 30,1 | 33,7 | 37,6 | 41,6 | 45,9 | 50,4 | 55,1 | 60,0 | 65,1 | 70,4 | 75,9 | 81,6 |
| 40,8 | 46,9 | 53,3 | 60,2 | 67,5 | 75,2 | 83,3 | 91,9 | 100,8 | 110,2 | 120,0 | 130,2 | 140,8 | 151,9 | 163,3 |

## TABLE I bis.

| $\frac{q'}{q}$ | $z$ | $\frac{q'}{q}$ | $z$ | $\frac{q'}{q}$ | $z$ | $\frac{q'}{q}$ | $z$ | $\frac{q'}{q}$ | $z$ |
|---|---|---|---|---|---|---|---|---|---|
| 0,00 | 60 0 | 0,20 | 73 44 | 0,40 | 88 51 | 0,60 | 106 16 | 0,80 | 128 19 |
| 01 | 60 40 | 21 | 74 27 | 41 | 89 40 | 61 | 107 13 | 81 | 129 39 |
| 02 | 61 20 | 22 | 75 11 | 42 | 90 28 | 62 | 108 11 | 82 | 131 1 |
| 03 | 62 0 | 23 | 75 54 | 43 | 91 17 | 63 | 109 10 | 83 | 132 25 |
| 04 | 62 40 | 24 | 76 38 | 44 | 92 6 | 64 | 110 10 | 84 | 133 51 |
| 05 | 63 20 | 25 | 77 22 | 45 | 92 56 | 65 | 111 11 | 85 | 135 20 |
| 06 | 64 1 | 26 | 78 6 | 46 | 93 46 | 66 | 112 12 | 86 | 136 52 |
| 07 | 64 41 | 27 | 78 50 | 47 | 94 37 | 67 | 113 14 | 87 | 138 27 |
| 08 | 65 22 | 28 | 79 35 | 48 | 95 28 | 68 | 114 17 | 88 | 140 6 |
| 09 | 66 3 | 29 | 80 20 | 49 | 96 19 | 69 | 115 21 | 89 | 141 49 |
| 0,10 | 66 44 | 0,30 | 81 5 | 0,50 | 97 11 | 0,70 | 116 25 | 0,90 | 143 37 |
| 11 | 67 25 | 31 | 81 50 | 51 | 98 3 | 71 | 117 31 | 91 | 145 30 |
| 12 | 68 7 | 32 | 82 36 | 52 | 98 56 | 72 | 118 38 | 92 | 147 29 |
| 13 | 68 48 | 33 | 83 22 | 53 | 99 49 | 73 | 119 46 | 93 | 149 36 |
| 14 | 69 30 | 34 | 84 8 | 54 | 100 43 | 74 | 120 55 | 94 | 151 52 |
| 15 | 70 12 | 35 | 84 54 | 55 | 101 37 | 75 | 122 5 | 95 | 154 20 |
| 16 | 70 54 | 36 | 85 41 | 56 | 102 31 | 76 | 123 17 | 96 | 157 3 |
| 17 | 71 36 | 37 | 86 28 | 57 | 103 26 | 77 | 124 30 | 97 | 160 8 |
| 18 | 72 19 | 38 | 87 16 | 58 | 104 22 | 78 | 125 45 | 98 | 163 47 |
| 19 | 73 1 | 39 | 88 3 | 59 | 105 19 | 79 | 127 1 | 99 | 168 22 |
| 0,20 | 73 44 | 0,40 | 88 51 | 0,60 | 106 16 | 0,80 | 128 19 | 1,00 | 180 0 |

## TABLE II.

Cette Table donne la limite des distances zénithales z, pour lesquelles on peut remplacer les courbes de hauteur qui sont fermées, par des cercles de rayon égal à la moyenne de leurs demi-axes, sans qu'on ait à redouter une erreur de o',5.

L'argument est la plus grande des deux quantités L et D, abstraction faite de leurs signes.

| L ou D | $z$ | L ou D | $z$ | L ou D | $z$ |
|---|---|---|---|---|---|
| 0 | 6 55 | 30 | 6 17 | 60 | 4 21 |
| 5 | 6 54 | 35 | 6 3 | 65 | 3 53 |
| 10 | 6 50 | 40 | 5 47 | 70 | 3 23 |
| 15 | 6 45 | 45 | 5 29 | 75 | 2 48 |
| 20 | 6 38 | 50 | 5 8 | 80 | 2 9 |
| 25 | 6 28 | 55 | 4 46 | 85 | 1 21 |
| 30 | 6 17 | 60 | 4 21 | 90 | 0 0 |

## TABLE III.

Cette Table donne l'étendue σ' en milles, mesurés le long de la courbe de hauteur, dans laquelle on peut substituer à cette courbe un arc de cercle de rayon égal au rayon de courbure de l'une des extrémités de l'arc, sans avoir à craindre une erreur de o',5; l'argument est la latitude L: on ne peut utiliser cette Table que dans les régions éloignées des points d'inflexion, s'il en existe.

| L. | σ' | L. | σ' | L. | σ' |
|---|---|---|---|---|---|
| ° | M | ° | M | ° | M |
| 0 | 402 | 30 | 422 | 60 | 507 |
| 5 | 403 | 35 | 430 | 65 | 536 |
| 10 | 404 | 40 | 440 | 70 | 575 |
| 15 | 407 | 45 | 452 | 75 | 631 |
| 20 | 411 | 50 | 466 | 80 | 720 |
| 25 | 416 | 55 | 484 | 85 | 907 |
| 30 | 422 | 60 | 507 | 90 | » |

**TABLE IV** ($\varepsilon_m = \pm$ o',5). — *Limites des distances zénithales dans lesquelles on peut remplacer une courbe de hauteur qui est fermée, par un petit cercle dont le centre coïncide (43) avec la position géographique de l'astre observé, l'erreur ne devant pas dépasser une demi-minute.*

| ±L ou ±D | z < | ±L ou ±D | z < | ±L ou ±D | z < | ±L ou ±D | z < | ±L ou ±D | z < | ±L ou ±D | z < |
|---|---|---|---|---|---|---|---|---|---|---|---|
| ° | ° ' | ° | ° ' | ° | ° ' | ° | ° ' | ° | ° ' | ° | ° ' |
| 0 | 6 2 | 15 | 1 51 | 30 | 1 17 | 45 | 0 58 | 60 | 0 44 | 75 | 0 30 |
| 1 | 4 56 | 16 | 1 48 | 31 | 1 15 | 46 | 0 57 | 61 | 0 43 | 76 | 0 29 |
| 2 | 4 14 | 17 | 1 45 | 32 | 1 14 | 47 | 0 56 | 62 | 0 42 | 77 | 0 28 |
| 3 | 3 44 | 18 | 1 42 | 33 | 1 12 | 48 | 0 55 | 63 | 0 42 | 78 | 0 27 |
| 4 | 3 22 | 19 | 1 39 | 34 | 1 11 | 49 | 0 54 | 64 | 0 41 | 79 | 0 26 |
| 5 | 3 4 | 20 | 1 36 | 35 | 1 10 | 50 | 0 53 | 65 | 0 40 | 80 | 0 24 |
| 6 | 2 51 | 21 | 1 34 | 36 | 1 8 | 51 | 0 52 | 66 | 0 39 | 81 | 0 23 |
| 7 | 2 40 | 22 | 1 31 | 37 | 1 7 | 52 | 0 51 | 67 | 0 38 | 82 | 0 22 |
| 8 | 2 30 | 23 | 1 29 | 38 | 1 6 | 53 | 0 51 | 68 | 0 37 | 83 | 0 20 |
| 9 | 2 23 | 24 | 1 27 | 39 | 1 5 | 54 | 0 50 | 69 | 0 36 | 84 | 0 19 |
| 10 | 2 16 | 25 | 1 25 | 40 | 1 4 | 55 | 0 49 | 70 | 0 35 | 85 | 0 17 |
| 11 | 2 10 | 26 | 1 23 | 41 | 1 3 | 56 | 0 48 | 71 | 0 34 | 86 | 0 15 |
| 12 | 2 4 | 27 | 1 21 | 42 | 1 1 | 57 | 0 47 | 72 | 0 33 | 87 | 0 13 |
| 13 | 2 0 | 28 | 1 20 | 43 | 1 0 | 58 | 0 46 | 73 | 0 32 | 88 | 0 11 |
| 14 | 1 55 | 29 | 1 18 | 44 | 0 59 | 59 | 0 45 | 74 | 0 31 | 89 | 0 7 |
| 15 | 1 51 | 30 | 1 17 | 45 | 0 58 | 60 | 0 44 | 75 | 0 30 | 90 | 0 0 |

TABLES NUMÉRIQUES.

## TABLE V. — *Déclinaison et Latitude de* **même signe.**

| L | D = 0° | | D = 1° | | D = 2° | | D = 3° | | D = 4° | | D = 5° | | D = 6° | | D = 7° | | D = 8° | | D = 9° |
|---|---|---|---|---|---|---|---|---|---|---|---|---|---|---|---|---|---|---|---|
| | α | p | α | p | α | p | α | p | α | p | α | p | α | p | α | p | α | p | α |
| | ″ | m | ″ | m | ″ | m | ″ | m | ″ | m | ″ | m | ″ | m | ″ | m | ″ | m | ″ |
| 0 | » | » | » | » | » | » | » | » | 28,08 | 6,85 | 22,11 | 8,10 | 18,68 | 9,29 | 15,99 | 10,4 | 13,97 | 11,6 | 12,40 |
| 1 | » | » | » | » | » | » | » | » | » | » | 28,04 | 6,86 | 22,40 | 8,11 | 18,64 | 9,31 | 15,95 | 10,5 | 13,93 |
| 2 | » | » | » | » | » | » | » | » | » | » | » | » | 27,98 | 6,87 | 22,35 | 8,13 | 18,59 | 9,33 | 15,90 |
| 3 | » | » | » | » | » | » | » | » | » | » | » | » | » | » | 27,90 | 6,88 | 22,28 | 8,15 | 18,53 |
| 4 | 28,08 | 6,83 | » | » | » | » | » | » | » | » | » | » | » | » | » | » | 27,81 | 6,90 | 22,20 |
| 5 | 22,41 | 8,06 | 28,01 | 6,83 | » | » | » | » | » | » | » | » | » | » | » | » | » | » | 27,70 |
| 6 | 18,68 | 9,24 | 22,40 | 8,07 | 27,98 | 6,83 | » | » | » | » | » | » | » | » | » | » | » | » | » |
| 7 | 15,99 | 10,4 | 18,64 | 9,24 | 22,35 | 8,07 | 27,90 | 6,84 | » | » | » | » | » | » | » | » | » | » | » |
| 8 | 13,97 | 11,4 | 15,95 | 10,4 | 18,59 | 9,25 | 22,28 | 8,08 | 27,81 | 6,84 | » | » | » | » | » | » | » | » | » |
| 9 | 12,40 | 12,5 | 13,93 | 11,4 | 15,90 | 10,4 | 18,53 | 9,25 | 22,20 | 8,09 | 27,70 | 6,85 | » | » | » | » | » | » | » |
| 10 | 11,14 | 13,5 | 12,36 | 12,5 | 13,89 | 11,5 | 15,84 | 10,4 | 18,45 | 9,26 | 22,10 | 8,10 | 27,57 | 6,86 | » | » | » | » | » |
| 11 | 10,10 | 14,5 | 11,10 | 13,5 | 12,31 | 12,5 | 13,83 | 11,5 | 15,78 | 10,4 | 18,37 | 9,28 | 21,99 | 8,11 | 27,42 | 6,88 | » | » | » |
| 12 | 9,237 | 15,4 | 10,06 | 14,5 | 11,05 | 13,5 | 12,26 | 12,5 | 13,77 | 11,5 | 15,70 | 10,4 | 18,27 | 9,29 | 21,87 | 8,13 | 27,26 | 6,90 | » |
| 13 | 8,505 | 16,3 | 9,200 | 15,4 | 10,02 | 14,5 | 11,00 | 13,5 | 12,30 | 12,5 | 13,69 | 11,5 | 15,61 | 10,4 | 18,17 | 9,31 | 21,74 | 8,15 | 27,09 |
| 14 | 7,875 | 17,2 | 8,468 | 16,3 | 9,158 | 15,4 | 9,97 | 14,5 | 10,94 | 13,5 | 12,13 | 12,5 | 13,61 | 11,5 | 15,52 | 10,4 | 18,05 | 9,33 | 21,59 |
| 15 | 7,328 | 18,1 | 7,838 | 17,2 | 8,406 | 16,4 | 9,109 | 15,4 | 9,915 | 14,5 | 10,88 | 13,5 | 12,06 | 12,5 | 13,53 | 11,5 | 15,41 | 10,5 | 17,92 |
| 16 | 6,848 | 19,0 | 7,391 | 18,1 | 7,797 | 17,3 | 8,379 | 16,4 | 9,056 | 15,5 | 9,854 | 14,5 | 10,81 | 13,6 | 11,98 | 12,6 | 13,43 | 11,6 | 15,30 |
| 17 | 6,422 | 19,8 | 6,811 | 19,0 | 7,251 | 18,1 | 7,751 | 17,3 | 8,327 | 16,4 | 8,997 | 15,5 | 9,787 | 14,5 | 10,73 | 13,6 | 11,89 | 12,6 | 13,33 |
| 18 | 6,043 | 20,6 | 6,386 | 19,8 | 6,771 | 19,0 | 7,205 | 18,2 | 7,700 | 17,3 | 8,270 | 16,4 | 8,932 | 15,5 | 9,714 | 14,6 | 10,65 | 13,6 | 11,79 |
| 19 | 5,703 | 21,4 | 6,007 | 20,6 | 6,346 | 19,8 | 6,736 | 19,0 | 7,156 | 18,2 | 7,645 | 17,3 | 8,208 | 16,4 | 8,863 | 15,5 | 9,635 | 14,6 | 10,56 |
| 20 | 5,395 | 22,2 | 5,666 | 21,4 | 5,967 | 20,6 | 6,302 | 19,9 | 6,678 | 19,0 | 7,102 | 18,2 | 7,585 | 17,3 | 8,141 | 16,5 | 8,788 | 15,6 | 9,551 |
| 21 | 5,115 | 23,0 | 5,359 | 22,2 | 5,617 | 21,4 | 5,924 | 20,7 | 6,254 | 19,9 | 6,625 | 19,1 | 7,011 | 18,2 | 7,521 | 17,4 | 8,069 | 16,5 | 8,708 |
| 22 | 4,860 | 23,7 | 5,079 | 23,0 | 5,320 | 22,2 | 5,584 | 21,5 | 5,877 | 20,7 | 6,203 | 19,9 | 6,569 | 19,1 | 6,982 | 18,3 | 7,452 | 17,4 | 7,993 |
| 23 | 4,626 | 24,5 | 4,824 | 23,8 | 5,040 | 23,0 | 5,277 | 22,3 | 5,538 | 21,5 | 5,827 | 20,7 | 6,148 | 19,9 | 6,508 | 19,1 | 6,915 | 18,3 | 7,379 |
| 24 | 4,410 | 25,2 | 4,590 | 24,5 | 4,785 | 23,8 | 4,998 | 23,0 | 5,232 | 22,3 | 5,489 | 21,5 | 5,773 | 20,8 | 6,089 | 20,0 | 6,444 | 19,2 | 6,845 |
| 25 | 4,211 | 25,9 | 4,375 | 25,2 | 4,552 | 24,5 | 4,744 | 23,8 | 4,954 | 23,1 | 5,183 | 22,3 | 5,436 | 21,6 | 5,716 | 20,8 | 6,027 | 20,0 | 6,377 |
| 26 | 4,026 | 26,6 | 4,175 | 25,9 | 4,336 | 25,2 | 4,510 | 24,5 | 4,699 | 23,8 | 4,906 | 23,1 | 5,132 | 22,4 | 5,380 | 21,6 | 5,655 | 20,9 | 5,962 |
| 27 | 3,854 | 27,3 | 3,990 | 26,6 | 4,137 | 25,9 | 4,295 | 25,2 | 4,467 | 24,6 | 4,652 | 23,9 | 4,855 | 23,2 | 5,077 | 22,4 | 5,321 | 21,7 | 5,592 |
| 28 | 3,693 | 28,0 | 3,818 | 27,3 | 3,952 | 26,7 | 4,096 | 26,0 | 4,252 | 25,3 | 4,420 | 24,6 | 4,602 | 23,9 | 4,802 | 23,2 | 5,020 | 22,5 | 5,259 |
| 29 | 3,542 | 28,6 | 3,657 | 28,0 | 3,780 | 27,3 | 3,912 | 26,7 | 4,054 | 26,0 | 4,206 | 25,4 | 4,371 | 24,7 | 4,550 | 24,0 | 4,745 | 23,3 | 4,959 |
| 30 | 3,401 | 29,2 | 3,507 | 28,6 | 3,620 | 28,0 | 3,740 | 27,4 | 3,870 | 26,7 | 4,008 | 26,1 | 4,158 | 25,4 | 4,319 | 24,7 | 4,495 | 24,0 | 4,687 |
| 32 | 3,142 | 30,5 | 3,233 | 29,9 | 3,328 | 29,3 | 3,430 | 28,7 | 3,538 | 28,1 | 3,654 | 27,5 | 3,778 | 26,8 | 3,911 | 26,2 | 4,054 | 25,5 | 4,209 |
| 34 | 2,911 | 31,7 | 2,988 | 31,1 | 3,070 | 30,6 | 3,156 | 30,0 | 3,248 | 29,4 | 3,345 | 28,8 | 3,448 | 28,2 | 3,559 | 27,6 | 3,677 | 27,0 | 3,804 |
| 36 | 2,703 | 32,9 | 2,769 | 32,4 | 2,839 | 31,8 | 2,913 | 31,3 | 2,990 | 30,7 | 3,073 | 30,2 | 3,160 | 29,6 | 3,252 | 29,0 | 3,351 | 28,4 | 3,456 |
| 38 | 2,513 | 34,0 | 2,571 | 33,5 | 2,631 | 33,0 | 2,694 | 32,5 | 2,760 | 32,0 | 2,830 | 31,4 | 2,904 | 30,9 | 2,982 | 30,3 | 3,064 | 29,8 | 3,152 |
| 40 | 2,340 | 35,1 | 2,390 | 34,7 | 2,442 | 34,2 | 2,496 | 33,7 | 2,553 | 33,2 | 2,612 | 32,7 | 2,675 | 32,2 | 2,741 | 31,6 | 2,811 | 31,1 | 2,884 |
| 42 | 2,181 | 36,2 | 2,224 | 35,8 | 2,269 | 35,3 | 2,315 | 34,8 | 2,364 | 34,4 | 2,415 | 33,9 | 2,469 | 33,4 | 2,525 | 32,9 | 2,584 | 32,4 | 2,646 |
| 44 | 2,033 | 37,3 | 2,071 | 36,9 | 2,110 | 36,4 | 2,150 | 36,0 | 2,192 | 35,5 | 2,236 | 35,1 | 2,282 | 34,6 | 2,329 | 34,1 | 2,380 | 33,7 | 2,432 |
| 46 | 1,896 | 38,4 | 1,929 | 38,0 | 1,962 | 37,5 | 1,997 | 37,1 | 2,033 | 36,7 | 2,071 | 36,2 | 2,110 | 35,8 | 2,151 | 35,4 | 2,194 | 34,9 | 2,239 |
| 48 | 1,768 | 39,4 | 1,796 | 39,0 | 1,815 | 38,6 | 1,855 | 38,2 | 1,887 | 37,8 | 1,919 | 37,4 | 1,953 | 37,0 | 1,988 | 36,6 | 2,024 | 36,1 | 2,062 |
| 50 | 1,648 | 40,5 | 1,672 | 40,1 | 1,697 | 39,7 | 1,723 | 39,3 | 1,750 | 38,9 | 1,778 | 38,6 | 1,807 | 38,2 | 1,837 | 37,8 | 1,868 | 37,3 | 1,900 |
| 52 | 1,534 | 41,5 | 1,555 | 41,2 | 1,577 | 40,8 | 1,600 | 40,4 | 1,623 | 40,1 | 1,647 | 39,7 | 1,671 | 39,3 | 1,697 | 38,9 | 1,723 | 38,6 | 1,751 |
| 54 | 1,427 | 42,6 | 1,445 | 42,2 | 1,464 | 41,9 | 1,483 | 41,5 | 1,503 | 41,2 | 1,523 | 40,9 | 1,545 | 40,5 | 1,566 | 40,1 | 1,589 | 39,8 | 1,612 |
| 56 | 1,324 | 43,6 | 1,340 | 43,3 | 1,356 | 43,0 | 1,373 | 42,7 | 1,390 | 42,3 | 1,407 | 42,0 | 1,425 | 41,7 | 1,444 | 41,3 | 1,463 | 41,0 | 1,483 |
| 58 | 1,227 | 44,7 | 1,240 | 44,4 | 1,254 | 44,1 | 1,268 | 43,8 | 1,283 | 43,5 | 1,298 | 43,2 | 1,313 | 42,9 | 1,329 | 42,6 | 1,345 | 42,2 | 1,362 |
| 60 | 1,134 | 45,8 | 1,145 | 45,6 | 1,157 | 45,3 | 1,169 | 45,0 | 1,181 | 44,7 | 1,194 | 44,4 | 1,207 | 44,1 | 1,220 | 43,8 | 1,234 | 43,5 | 1,248 |
| 62 | 1,044 | 47,0 | 1,054 | 46,7 | 1,064 | 46,5 | 1,074 | 46,2 | 1,084 | 45,9 | 1,095 | 45,6 | 1,106 | 45,4 | 1,117 | 45,1 | 1,128 | 44,8 | 1,140 |
| 64 | 0,958 | 48,2 | 0,966 | 48,0 | 0,974 | 47,7 | 0,983 | 47,4 | 0,992 | 47,2 | 1,000 | 46,9 | 1,009 | 46,7 | 1,019 | 46,4 | 1,028 | 46,2 | 1,038 |
| 66 | 0,874 | 49,5 | 0,881 | 49,2 | 0,888 | 49,0 | 0,895 | 48,8 | 0,902 | 48,5 | 0,910 | 48,3 | 0,917 | 48,0 | 0,925 | 47,8 | 0,932 | 47,6 | 0,940 |
| 68 | 0,793 | 50,8 | 0,799 | 50,6 | 0,805 | 50,4 | 0,810 | 50,2 | 0,816 | 50,0 | 0,822 | 49,7 | 0,828 | 49,5 | 0,835 | 49,3 | 0,841 | 49,1 | 0,847 |
| 70 | 0,715 | 52,3 | 0,719 | 52,1 | 0,724 | 51,9 | 0,728 | 51,7 | 0,733 | 51,5 | 0,738 | 51,3 | 0,743 | 51,1 | 0,748 | 50,9 | 0,753 | 50,7 | 0,758 |

## TABLE V. — *Déclinaison et Latitude de* signes contraires.

| D = 0°. | | D = 1°. | | D = 2°. | | D = 3°. | | D = 4°. | | D = 5°. | | D = 6°. | | D = 7°. | | D = 8°. | | D = 9°. | |
|---|---|---|---|---|---|---|---|---|---|---|---|---|---|---|---|---|---|---|---|
| α | P | α | P | α | P | α | P | α | P | α | P | α | P | α | P | α | P | α | P |
| " | m | " | m | " | m | " | m | " | m | " | m | " | m | " | m | " | m | " | m |
| » | » | » | » | » | » | » | » | 28,08 | 6,85 | 22,44 | 8,10 | 18,68 | 9,19 | 15,99 | 10,4 | 13,97 | 11,6 | 12,40 | 12,6 |
| » | » | » | » | » | » | » | » | » | » | 18,71 | 9,27 | 16,02 | 10,4 | 14,00 | 11,5 | 12,43 | 12,6 | 11,17 | 13,7 |
| » | » | » | » | » | » | » | » | » | » | » | » | 14,02 | 11,5 | 12,45 | 12,6 | 11,19 | 13,6 | 10,16 | 14,7 |
| » | » | » | » | » | » | » | » | » | » | » | » | » | » | 11,21 | 13,6 | 10,18 | 14,6 | 9,315 | 15,6 |
| 28,08 | 6,83 | » | » | » | » | » | » | » | » | » | » | » | » | » | » | 9,329 | 15,6 | 8,600 | 16,5 |
| 22,44 | 8,07 | 18,71 | 9,14 | » | » | » | » | » | » | » | » | » | » | » | » | » | » | 7,986 | 17,5 |
| 18,68 | 9,24 | 16,02 | 10,4 | 14,02 | 11,5 | » | » | » | » | » | » | » | » | » | » | » | » | » | » |
| 15,99 | 10,4 | 14,00 | 11,4 | 12,45 | 12,5 | 11,31 | 13,5 | » | » | » | » | » | » | » | » | » | » | » | » |
| 13,97 | 11,4 | 12,43 | 12,5 | 11,19 | 13,5 | 10,18 | 14,5 | 9,329 | 15,5 | » | » | » | » | » | » | » | » | » | » |
| 12,40 | 12,5 | 11,17 | 13,5 | 10,16 | 14,5 | 9,315 | 15,4 | 8,600 | 16,4 | 7,986 | 17,3 | » | » | » | » | » | » | » | » |
| 11,14 | 13,5 | 10,13 | 14,5 | 9,395 | 15,4 | 8,584 | 16,4 | 7,973 | 17,3 | 7,443 | 18,2 | 6,977 | 19,1 | » | » | » | » | » | » |
| 10,10 | 14,5 | 9,269 | 15,4 | 8,563 | 16,4 | 7,956 | 17,3 | 7,439 | 18,2 | 6,986 | 19,0 | 6,556 | 19,9 | 6,191 | 20,8 | » | » | » | » |
| 9,237 | 15,4 | 8,536 | 16,3 | 7,934 | 17,3 | 7,410 | 18,1 | 6,951 | 19,0 | 6,544 | 19,9 | 6,181 | 20,7 | 5,855 | 21,6 | 5,561 | 22,1 | » | » |
| 8,505 | 16,3 | 7,907 | 17,2 | 7,387 | 18,1 | 6,931 | 19,0 | 6,528 | 19,9 | 6,168 | 20,7 | 5,844 | 21,5 | 5,552 | 22,4 | 5,387 | 23,2 | 5,044 | 24,0 |
| 7,875 | 17,2 | 7,360 | 18,1 | 6,908 | 19,0 | 6,507 | 19,8 | 6,150 | 20,7 | 5,830 | 21,5 | 5,540 | 22,3 | 5,277 | 23,1 | 5,036 | 23,9 | 4,816 | 24,7 |
| 7,328 | 18,1 | 6,880 | 19,0 | 6,483 | 19,8 | 6,129 | 20,7 | 5,811 | 21,5 | 5,524 | 22,3 | 5,263 | 23,1 | 5,025 | 23,9 | 4,807 | 24,6 | 4,606 | 25,4 |
| 6,848 | 19,0 | 6,454 | 19,8 | 6,104 | 20,6 | 5,789 | 21,5 | 5,505 | 22,3 | 5,247 | 23,1 | 5,011 | 23,8 | 4,794 | 24,6 | 4,595 | 25,4 | 4,411 | 26,1 |
| 6,422 | 19,8 | 6,075 | 20,6 | 5,764 | 21,4 | 5,483 | 22,2 | 5,227 | 23,0 | 4,993 | 23,8 | 4,779 | 24,6 | 4,582 | 25,3 | 4,400 | 26,1 | 4,231 | 26,8 |
| 6,043 | 20,6 | 5,735 | 21,4 | 5,457 | 22,2 | 5,204 | 23,0 | 4,973 | 23,8 | 4,761 | 24,5 | 4,566 | 25,3 | 4,386 | 26,0 | 4,218 | 26,8 | 4,063 | 27,5 |
| 5,702 | 21,4 | 5,427 | 22,2 | 5,177 | 23,0 | 4,949 | 23,8 | 4,740 | 24,5 | 4,547 | 25,2 | 4,369 | 26,0 | 4,204 | 26,7 | 4,050 | 27,4 | 3,906 | 28,2 |
| 5,395 | 22,2 | 5,148 | 23,0 | 4,922 | 23,7 | 4,716 | 24,5 | 4,525 | 25,2 | 4,349 | 25,9 | 4,186 | 26,7 | 4,034 | 27,4 | 3,893 | 28,1 | 3,760 | 28,8 |
| 5,115 | 23,0 | 4,892 | 23,7 | 4,689 | 24,5 | 4,501 | 25,2 | 4,327 | 25,9 | 4,166 | 26,6 | 4,016 | 27,3 | 3,876 | 28,0 | 3,744 | 28,7 | 3,621 | 29,4 |
| 4,860 | 23,7 | 4,659 | 24,5 | 4,473 | 25,2 | 4,302 | 25,9 | 4,143 | 26,6 | 3,995 | 27,3 | 3,857 | 28,0 | 3,727 | 28,7 | 3,606 | 29,4 | 3,491 | 30,0 |
| 4,646 | 24,5 | 4,443 | 25,2 | 4,274 | 25,9 | 4,117 | 26,6 | 3,972 | 27,3 | 3,835 | 28,0 | 3,708 | 28,7 | 3,588 | 29,3 | 3,475 | 30,0 | 3,369 | 30,6 |
| 4,410 | 25,2 | 4,244 | 25,9 | 4,089 | 26,6 | 3,946 | 27,3 | 3,812 | 28,0 | 3,686 | 28,6 | 3,568 | 29,3 | 3,457 | 29,9 | 3,352 | 30,6 | 3,253 | 31,2 |
| 4,211 | 25,9 | 4,059 | 26,6 | 3,918 | 27,3 | 3,785 | 27,9 | 3,662 | 28,6 | 3,546 | 29,3 | 3,436 | 29,9 | 3,333 | 30,5 | 3,236 | 31,2 | 3,143 | 31,8 |
| 4,026 | 26,6 | 3,887 | 27,3 | 3,757 | 27,9 | 3,635 | 28,5 | 3,521 | 29,2 | 3,413 | 29,9 | 3,312 | 30,5 | 3,216 | 31,1 | 3,125 | 31,8 | 3,039 | 32,4 |
| 3,854 | 27,3 | 3,726 | 27,9 | 3,606 | 28,6 | 3,494 | 29,2 | 3,389 | 29,9 | 3,289 | 30,5 | 3,195 | 31,1 | 3,105 | 31,7 | 3,020 | 32,3 | 2,940 | 33,0 |
| 3,693 | 27,9 | 3,575 | 28,6 | 3,465 | 29,2 | 3,361 | 29,9 | 3,264 | 30,5 | 3,171 | 31,1 | 3,083 | 31,7 | 3,000 | 32,3 | 2,921 | 32,9 | 2,845 | 33,5 |
| 3,542 | 28,6 | 3,434 | 29,2 | 3,332 | 29,8 | 3,236 | 30,5 | 3,145 | 31,1 | 3,059 | 31,7 | 2,978 | 32,3 | 2,900 | 32,9 | 2,826 | 33,4 | 2,755 | 34,0 |
| 3,401 | 29,2 | 3,301 | 29,8 | 3,207 | 30,5 | 3,117 | 31,1 | 3,034 | 31,7 | 2,953 | 32,3 | 2,877 | 32,8 | 2,805 | 33,4 | 2,735 | 34,0 | 2,666 | 34,5 |
|  |  |  |  |  |  |  |  |  |  |  |  |  |  |  |  |  |  |  |  |
| 3,142 | 30,5 | 3,057 | 31,1 | 2,976 | 31,7 | 2,890 | 32,2 | 2,816 | 32,8 | 2,756 | 33,4 | 2,690 | 33,9 | 2,629 | 34,5 | 2,565 | 35,0 | 2,507 | 35,6 |
| 2,911 | 31,7 | 2,838 | 32,3 | 2,768 | 32,8 | 2,701 | 33,4 | 2,638 | 33,9 | 2,577 | 34,4 | 2,518 | 35,0 | 2,463 | 35,5 | 2,409 | 36,0 | 2,357 | 36,6 |
| 2,703 | 32,9 | 2,639 | 33,4 | 2,579 | 33,9 | 2,521 | 34,5 | 2,465 | 35,0 | 2,412 | 35,5 | 2,361 | 36,0 | 2,312 | 36,5 | 2,264 | 37,0 | 2,219 | 37,5 |
| 2,513 | 34,0 | 2,458 | 34,5 | 2,406 | 35,0 | 2,355 | 35,6 | 2,307 | 36,0 | 2,260 | 36,5 | 2,215 | 37,0 | 2,172 | 37,5 | 2,130 | 38,0 | 2,090 | 38,5 |
| 2,340 | 35,1 | 2,292 | 35,6 | 2,242 | 36,1 | 2,197 | 36,6 | 2,160 | 37,0 | 2,119 | 37,5 | 2,080 | 38,0 | 2,041 | 38,5 | 2,004 | 39,0 | 1,968 | 39,4 |
| 2,181 | 36,2 | 2,139 | 36,7 | 2,099 | 37,2 | 2,060 | 37,6 | 2,024 | 38,0 | 1,988 | 38,5 | 1,953 | 38,9 | 1,919 | 39,4 | 1,886 | 39,8 | 1,854 | 40,3 |
| 2,033 | 37,3 | 1,997 | 37,8 | 1,962 | 38,2 | 1,929 | 38,6 | 1,896 | 39,0 | 1,864 | 39,5 | 1,834 | 39,9 | 1,804 | 40,3 | 1,775 | 40,7 | 1,747 | 41,2 |
| 1,896 | 38,4 | 1,865 | 38,8 | 1,834 | 39,2 | 1,805 | 39,6 | 1,776 | 40,0 | 1,748 | 40,4 | 1,721 | 40,8 | 1,695 | 41,2 | 1,670 | 41,6 | 1,645 | 42,0 |
| 1,768 | 39,4 | 1,741 | 39,8 | 1,714 | 40,2 | 1,688 | 40,6 | 1,663 | 41,0 | 1,639 | 41,4 | 1,615 | 41,8 | 1,592 | 42,1 | 1,569 | 42,5 | 1,547 | 42,9 |
| 1,648 | 40,5 | 1,624 | 40,8 | 1,601 | 41,2 | 1,578 | 41,6 | 1,556 | 42,0 | 1,535 | 42,3 | 1,514 | 42,7 | 1,494 | 43,1 | 1,474 | 43,4 | 1,454 | 43,8 |
| 1,534 | 41,5 | 1,513 | 41,9 | 1,493 | 42,2 | 1,474 | 42,6 | 1,455 | 42,9 | 1,436 | 43,3 | 1,418 | 43,7 | 1,400 | 44,0 | 1,382 | 44,3 | 1,365 | 44,7 |
| 1,427 | 42,6 | 1,409 | 42,9 | 1,391 | 43,2 | 1,374 | 43,6 | 1,358 | 43,9 | 1,341 | 44,3 | 1,325 | 44,7 | 1,310 | 44,9 | 1,294 | 45,2 | 1,279 | 45,5 |
| 1,324 | 43,6 | 1,309 | 43,9 | 1,294 | 44,3 | 1,279 | 44,6 | 1,265 | 44,9 | 1,251 | 45,2 | 1,237 | 45,5 | 1,223 | 45,8 | 1,210 | 46,1 | 1,197 | 46,4 |
| 1,227 | 44,7 | 1,214 | 45,0 | 1,201 | 45,3 | 1,188 | 45,6 | 1,176 | 45,9 | 1,163 | 46,2 | 1,151 | 46,5 | 1,140 | 46,8 | 1,128 | 47,1 | 1,116 | 47,4 |
| 1,134 | 45,8 | 1,122 | 46,1 | 1,111 | 46,4 | 1,100 | 46,7 | 1,090 | 46,9 | 1,079 | 47,2 | 1,069 | 47,5 | 1,059 | 47,8 | 1,049 | 48,1 | 1,039 | 48,3 |
| 1,044 | 47,0 | 1,034 | 47,2 | 1,025 | 47,5 | 1,016 | 47,8 | 1,007 | 48,0 | 0,998 | 48,3 | 0,989 | 48,6 | 0,980 | 48,8 | 0,971 | 49,1 | 0,963 | 49,3 |
| 0,958 | 48,2 | 0,950 | 48,4 | 0,942 | 48,7 | 0,934 | 48,9 | 0,926 | 49,2 | 0,918 | 49,4 | 0,911 | 49,7 | 0,903 | 49,9 | 0,896 | 50,2 | 0,889 | 50,4 |
| 0,874 | 49,5 | 0,867 | 49,7 | 0,861 | 49,9 | 0,854 | 50,2 | 0,848 | 50,4 | 0,841 | 50,6 | 0,835 | 50,8 | 0,829 | 51,1 | 0,823 | 51,3 | 0,817 | 51,5 |
| 0,793 | 50,8 | 0,788 | 51,0 | 0,782 | 51,3 | 0,777 | 51,5 | 0,771 | 51,7 | 0,766 | 51,9 | 0,761 | 52,1 | 0,756 | 52,3 | 0,751 | 52,5 | 0,746 | 52,7 |
| 0,715 | 52,3 | 0,710 | 52,5 | 0,706 | 52,7 | 0,701 | 52,9 | 0,697 | 53,1 | 0,692 | 53,3 | 0,688 | 53,5 | 0,684 | 53,7 | 0,680 | 53,9 | 0,676 | 54,1 |

### TABLE V (Suite). — *Déclinaison* et *Latitude* de **même signe**.

(α in seconds ″, P in minutes ᵐ)

| $L$ | D = 10″ α | P | D = 11″ α | P | D = 12″ α | P | D = 13″ α | P | D = 14″ α | P | D = 15″ α | P | D = 16″ α | P | D = 17″ α | P | D = 18″ α | P | D = 19″ α |
|---|---|---|---|---|---|---|---|---|---|---|---|---|---|---|---|---|---|---|---|
| 0 | 11,14 | 13,7 | 10,10 | 14,7 | 9,137 | 15,8 | 8,505 | 16,8 | 7,875 | 17,8 | 7,398 | 18,8 | 6,848 | 19,7 | 6,422 | 20,7 | 6,043 | 21,7 | 5,702 |
| 1 | 12,36 | 12,7 | 11,10 | 13,7 | 10,06 | 14,8 | 9,200 | 15,8 | 8,468 | 16,8 | 7,838 | 17,8 | 7,391 | 18,8 | 6,811 | 19,8 | 6,386 | 20,8 | 6,007 |
| 2 | 13,89 | 11,6 | 12,31 | 12,7 | 11,05 | 13,8 | 10,02 | 14,8 | 9,158 | 15,9 | 8,436 | 16,9 | 7,797 | 17,9 | 7,251 | 18,9 | 6,771 | 19,9 | 6,346 |
| 3 | 15,84 | 10,5 | 13,83 | 11,7 | 12,26 | 12,8 | 11,00 | 13,8 | 9,971 | 14,9 | 9,109 | 16,0 | 8,379 | 17,0 | 7,751 | 18,0 | 7,305 | 19,0 | 6,726 |
| 4 | 18,45 | 9,38 | 15,78 | 10,6 | 13,77 | 11,7 | 12,30 | 12,8 | 10,94 | 13,9 | 9,915 | 15,0 | 9,056 | 16,0 | 8,327 | 17,1 | 7,700 | 18,1 | 7,155 |
| 5 | 22,10 | 8,19 | 18,37 | 9,41 | 15,70 | 10,6 | 13,69 | 11,7 | 12,13 | 12,9 | 10,88 | 14,0 | 9,854 | 15,0 | 8,997 | 16,1 | 8,270 | 17,2 | 7,649 |
| 6 | 27,57 | 6,93 | 21,99 | 8,22 | 18,27 | 9,45 | 15,61 | 10,6 | 13,61 | 11,8 | 12,06 | 12,9 | 10,81 | 14,0 | 9,787 | 15,1 | 8,932 | 16,2 | 8,208 |
| 7 | » | » | 27,42 | 6,95 | 21,87 | 8,24 | 18,17 | 9,48 | 15,52 | 10,7 | 13,53 | 11,8 | 11,98 | 13,0 | 10,73 | 14,1 | 9,714 | 15,2 | 8,863 |
| 8 | » | » | » | » | 27,26 | 6,98 | 21,74 | 8,28 | 18,05 | 9,52 | 15,41 | 10,7 | 13,43 | 11,9 | 11,89 | 13,1 | 10,65 | 14,2 | 9,635 |
| 9 | » | » | » | » | » | » | 27,09 | 7,01 | 21,59 | 8,31 | 17,93 | 9,57 | 15,30 | 10,8 | 13,33 | 12,0 | 11,79 | 13,1 | 10,56 |
| 10 | » | » | » | » | » | » | » | » | 26,90 | 7,04 | 21,43 | 8,35 | 17,78 | 9,61 | 15,17 | 10,8 | 13,21 | 12,0 | 11,69 |
| 11 | » | » | » | » | » | » | » | » | » | » | 26,69 | 7,07 | 21,26 | 8,39 | 17,63 | 9,66 | 15,04 | 10,9 | 13,09 |
| 12 | » | » | » | » | » | » | » | » | » | » | » | » | 26,47 | 7,10 | 21,07 | 8,43 | 17,47 | 9,72 | 14,90 |
| 13 | » | » | » | » | » | » | » | » | » | » | » | » | » | » | 26,23 | 7,14 | 20,88 | 8,48 | 17,31 |
| 14 | 26,90 | 6,93 | » | » | » | » | » | » | » | » | » | » | » | » | » | » | 25,98 | 7,18 | 20,67 |
| 15 | 21,43 | 8,19 | 26,69 | 6,95 | » | » | » | » | » | » | » | » | » | » | » | » | » | » | 25,71 |
| 16 | 17,78 | 9,38 | 21,26 | 8,22 | 26,47 | 6,98 | » | » | » | » | » | » | » | » | » | » | » | » | » |
| 17 | 15,17 | 10,5 | 17,63 | 9,41 | 21,07 | 8,25 | 26,23 | 7,01 | » | » | » | » | » | » | » | » | » | » | » |
| 18 | 13,21 | 11,6 | 15,04 | 10,6 | 17,47 | 9,45 | 20,88 | 8,28 | 25,98 | 7,04 | » | » | » | » | » | » | » | » | » |
| 19 | 11,69 | 12,7 | 13,09 | 11,7 | 14,90 | 10,6 | 17,31 | 9,49 | 20,67 | 8,31 | 25,71 | 7,07 | » | » | » | » | » | » | » |
| 20 | 10,46 | 13,7 | 11,58 | 12,7 | 12,97 | 11,7 | 14,75 | 10,6 | 17,13 | 9,53 | 20,45 | 8,35 | 25,43 | 7,10 | » | » | » | » | » |
| 21 | 9,461 | 14,7 | 10,36 | 13,7 | 11,46 | 12,8 | 12,83 | 11,8 | 14,59 | 10,7 | 16,94 | 9,57 | 20,22 | 8,39 | 25,13 | 7,14 | » | » | » |
| 22 | 8,623 | 15,7 | 9,366 | 14,7 | 10,25 | 13,8 | 11,34 | 12,8 | 12,69 | 11,8 | 14,43 | 10,7 | 16,74 | 9,61 | 19,98 | 8,43 | 24,82 | 7,18 | » |
| 23 | 7,913 | 16,6 | 8,534 | 15,7 | 9,265 | 14,8 | 10,14 | 13,9 | 11,21 | 12,9 | 13,54 | 11,9 | 14,86 | 10,8 | 16,54 | 9,66 | 19,72 | 8,48 | 24,50 |
| 24 | 7,302 | 17,5 | 7,827 | 16,7 | 8,439 | 15,8 | 9,160 | 14,9 | 10,02 | 13,9 | 11,08 | 12,9 | 12,39 | 11,9 | 14,08 | 10,8 | 16,32 | 9,72 | 19,46 |
| 25 | 6,771 | 18,4 | 7,221 | 17,6 | 7,738 | 16,7 | 8,340 | 15,8 | 9,049 | 14,9 | 9,899 | 14,0 | 10,91 | 13,0 | 12,23 | 12,0 | 13,89 | 10,9 | 16,10 |
| 26 | 6,305 | 19,3 | 6,693 | 18,5 | 7,135 | 17,7 | 7,644 | 16,8 | 8,236 | 15,9 | 8,931 | 15,0 | 9,769 | 14,0 | 10,79 | 13,1 | 12,06 | 12,0 | 13,69 |
| 27 | 5,893 | 20,2 | 6,230 | 19,4 | 6,612 | 18,6 | 7,046 | 17,7 | 7,546 | 16,9 | 8,128 | 16,0 | 8,814 | 15,1 | 9,635 | 14,1 | 10,64 | 13,1 | 11,89 |
| 28 | 5,525 | 21,0 | 5,821 | 20,3 | 6,152 | 19,4 | 6,527 | 18,6 | 6,953 | 17,8 | 7,444 | 16,9 | 8,015 | 16,1 | 8,689 | 15,1 | 9,495 | 14,2 | 10,48 |
| 29 | 5,195 | 21,8 | 5,455 | 21,1 | 5,745 | 20,3 | 6,071 | 19,5 | 6,438 | 18,7 | 6,857 | 17,9 | 7,338 | 17,0 | 7,899 | 16,1 | 8,560 | 15,2 | 9,35 |
| 30 | 4,896 | 22,7 | 5,127 | 21,9 | 5,383 | 21,2 | 5,667 | 20,4 | 5,986 | 19,6 | 6,346 | 18,8 | 6,757 | 18,0 | 7,339 | 17,1 | 7,778 | 16,2 | 8,426 |
| 32 | 4,377 | 24,2 | 4,561 | 23,5 | 4,762 | 22,8 | 4,983 | 22,1 | 5,228 | 21,4 | 5,501 | 20,6 | 5,807 | 19,8 | 6,152 | 19,0 | 6,546 | 18,2 | 6,999 |
| 34 | 3,941 | 25,7 | 4,090 | 25,1 | 4,250 | 24,4 | 4,426 | 23,7 | 4,618 | 23,0 | 4,829 | 22,3 | 5,064 | 21,6 | 5,324 | 20,8 | 5,617 | 20,0 | 5,947 |
| 36 | 3,569 | 27,2 | 3,690 | 26,6 | 3,820 | 25,9 | 3,961 | 25,3 | 4,114 | 24,6 | 4,282 | 23,9 | 4,465 | 23,3 | 4,666 | 22,5 | 4,889 | 21,8 | 5,137 |
| 38 | 3,246 | 28,6 | 3,345 | 28,0 | 3,452 | 27,4 | 3,567 | 26,8 | 3,691 | 26,2 | 3,825 | 25,6 | 3,970 | 24,9 | 4,129 | 24,2 | 4,303 | 23,5 | 4,494 |
| 40 | 2,963 | 30,0 | 3,046 | 29,4 | 3,134 | 28,9 | 3,248 | 28,3 | 3,329 | 27,7 | 3,438 | 27,1 | 3,555 | 26,5 | 3,681 | 25,9 | 3,819 | 25,2 | 3,968 |
| 42 | 2,712 | 31,3 | 2,781 | 30,8 | 2,855 | 30,3 | 2,933 | 29,7 | 3,016 | 29,2 | 3,105 | 28,6 | 3,200 | 28,0 | 3,302 | 27,4 | 3,412 | 26,8 | 3,53 |
| 44 | 2,487 | 32,7 | 2,546 | 32,2 | 2,607 | 31,7 | 2,672 | 31,2 | 2,741 | 30,6 | 2,814 | 30,1 | 2,892 | 29,5 | 2,975 | 29,0 | 3,064 | 28,4 | 3,16 |
| 46 | 2,285 | 34,0 | 2,334 | 33,5 | 2,386 | 33,0 | 2,440 | 32,5 | 2,497 | 32,0 | 2,558 | 31,5 | 2,622 | 31,0 | 2,690 | 30,5 | 2,763 | 29,9 | 2,84 |
| 48 | 2,102 | 35,2 | 2,143 | 34,8 | 2,186 | 34,3 | 2,232 | 33,9 | 2,280 | 33,4 | 2,330 | 32,9 | 2,383 | 32,4 | 2,439 | 31,9 | 2,499 | 31,4 | 2,56 |
| 50 | 1,934 | 36,5 | 1,969 | 36,1 | 2,005 | 35,7 | 2,043 | 35,2 | 2,083 | 34,8 | 2,125 | 34,3 | 2,170 | 33,9 | 2,216 | 33,4 | 2,265 | 32,9 | 2,31 |
| 52 | 1,779 | 37,8 | 1,809 | 37,4 | 1,840 | 37,0 | 1,872 | 36,6 | 1,905 | 36,1 | 1,940 | 35,7 | 1,977 | 35,3 | 2,015 | 34,8 | 2,056 | 34,4 | 2,099 |
| 54 | 1,636 | 39,0 | 1,661 | 38,6 | 1,687 | 38,3 | 1,714 | 37,9 | 1,742 | 37,5 | 1,771 | 37,1 | 1,802 | 36,7 | 1,834 | 36,3 | 1,867 | 35,8 | 1,90 |
| 56 | 1,503 | 40,3 | 1,524 | 39,9 | 1,546 | 39,6 | 1,569 | 39,2 | 1,593 | 38,9 | 1,617 | 38,5 | 1,644 | 38,1 | 1,668 | 37,7 | 1,696 | 37,3 | 1,72 |
| 58 | 1,379 | 41,6 | 1,397 | 41,2 | 1,415 | 40,9 | 1,434 | 40,6 | 1,453 | 40,2 | 1,474 | 39,9 | 1,495 | 39,5 | 1,517 | 39,1 | 1,540 | 38,8 | 1,563 |
| 60 | 1,262 | 42,9 | 1,277 | 42,6 | 1,292 | 42,3 | 1,308 | 41,9 | 1,324 | 41,6 | 1,341 | 41,3 | 1,359 | 40,9 | 1,377 | 40,6 | 1,395 | 40,3 | 1,41 |
| 62 | 1,152 | 44,2 | 1,164 | 43,9 | 1,177 | 43,7 | 1,190 | 43,4 | 1,204 | 43,1 | 1,217 | 42,8 | 1,232 | 42,4 | 1,247 | 42,1 | 1,262 | 41,8 | 1,27 |
| 64 | 1,048 | 45,6 | 1,058 | 45,4 | 1,068 | 45,1 | 1,079 | 44,8 | 1,090 | 44,5 | 1,102 | 44,2 | 1,113 | 43,9 | 1,125 | 43,6 | 1,138 | 43,3 | 1,15 |
| 66 | 0,949 | 47,1 | 0,957 | 46,8 | 0,966 | 46,6 | 0,974 | 46,3 | 0,983 | 46,0 | 0,993 | 45,8 | 1,002 | 45,5 | 1,012 | 45,2 | 1,022 | 45,0 | 1,03 |
| 68 | 0,854 | 48,6 | 0,861 | 48,4 | 0,868 | 48,1 | 0,875 | 47,9 | 0,882 | 47,6 | 0,890 | 47,4 | 0,897 | 47,2 | 0,905 | 46,9 | 0,913 | 46,7 | 0,92 |
| 70 | 0,764 | 50,3 | 0,769 | 50,1 | 0,775 | 49,9 | 0,780 | 49,6 | 0,786 | 49,4 | 0,792 | 49,2 | 0,798 | 49,0 | 0,804 | 48,7 | 0,811 | 48,5 | 0,81 |

TABLE V (Suite). — *Déclinaison et Latitude de* **signes contraires**.

| D = 10°. | | D = 11°. | | D = 12°. | | D = 13°. | | D = 14°. | | D = 15°. | | D = 16°. | | D = 17°. | | D = 18°. | | D = 19°. | |
|---|---|---|---|---|---|---|---|---|---|---|---|---|---|---|---|---|---|---|---|
| α | P | α | P | α | P | α | P | α | P | α | P | α | P | α | P | α | P | α | P |
| 11",14 | 13,7 | 10",10 | 14,7 | 9",237 | 15,8 | 8",505 | 16,8 | 7",875 | 17,8 | 7",328 | 18,8 | 6",848 | 19,7 | 6",422 | 20,7 | 6",043 | 21,7 | 5",702 | 22,6 |
| 10,13 | 14,7 | 9,269 | 15,7 | 8,536 | 16,7 | 7,907 | 17,7 | 7,360 | 18,7 | 6,880 | 19,6 | 6,454 | 20,6 | 6,075 | 21,5 | 5,735 | 22,5 | 5,427 | 23,4 |
| 9,295 | 15,6 | 8,563 | 16,6 | 7,934 | 17,6 | 7,387 | 18,6 | 6,908 | 19,5 | 6,483 | 20,5 | 6,104 | 21,4 | 5,764 | 22,4 | 5,457 | 23,3 | 5,177 | 24,2 |
| 8,584 | 16,6 | 7,956 | 17,6 | 7,410 | 18,5 | 6,931 | 19,5 | 6,507 | 20,4 | 6,129 | 21,3 | 5,789 | 22,3 | 5,483 | 23,2 | 5,204 | 24,1 | 4,949 | 25,0 |
| 7,973 | 17,5 | 7,429 | 18,5 | 6,951 | 19,4 | 6,528 | 20,3 | 6,150 | 21,2 | 5,811 | 22,1 | 5,505 | 23,1 | 5,227 | 24,0 | 4,973 | 24,9 | 4,740 | 25,8 |
| 7,443 | 18,4 | 6,966 | 19,3 | 6,544 | 20,2 | 6,168 | 21,1 | 5,830 | 22,0 | 5,524 | 22,9 | 5,247 | 23,9 | 4,993 | 24,7 | 4,761 | 25,6 | 4,547 | 26,5 |
| 6,977 | 19,3 | 6,556 | 20,2 | 6,181 | 21,1 | 5,844 | 22,0 | 5,540 | 22,8 | 5,263 | 23,7 | 5,011 | 24,6 | 4,779 | 25,5 | 4,566 | 26,4 | 4,369 | 27,2 |
| » | » | 6,191 | 21,0 | 5,855 | 21,9 | 5,552 | 22,8 | 5,277 | 23,6 | 5,025 | 24,5 | 4,794 | 25,4 | 4,582 | 26,2 | 4,386 | 27,1 | 4,204 | 27,9 |
| » | » | » | » | 5,561 | 22,7 | 5,287 | 23,5 | 5,036 | 24,4 | 4,807 | 25,2 | 4,595 | 26,1 | 4,400 | 26,9 | 4,231 | 27,6 | 4,050 | 28,6 |
| » | » | » | » | » | » | 5,044 | 24,3 | 4,816 | 25,1 | 4,606 | 26,0 | 4,411 | 26,8 | 4,231 | 27,6 | 4,063 | 28,5 | 3,906 | 29,3 |
| » | » | » | » | » | » | » | » | 4,613 | 25,8 | 4,420 | 26,7 | 4,240 | 27,5 | 4,073 | 28,3 | 3,917 | 29,1 | 3,771 | 30,0 |
| » | » | » | » | » | » | » | » | » | » | 4,247 | 27,4 | 4,081 | 28,2 | 3,926 | 29,0 | 3,781 | 29,8 | 3,645 | 30,6 |
| » | » | » | » | » | » | » | » | » | » | » | » | 3,933 | 28,9 | 3,789 | 29,6 | 3,653 | 30,4 | 3,526 | 31,2 |
| » | » | » | » | » | » | » | » | » | » | » | » | » | » | 3,659 | 30,3 | 3,533 | 31,1 | 3,414 | 31,8 |
| » | » | » | » | » | » | » | » | » | » | » | » | » | » | » | » | 3,419 | 31,7 | 3,307 | 32,4 |
| 4,613 | 25,3 | » | » | » | » | » | » | » | » | » | » | » | » | » | » | » | » | 3,207 | 33,0 |
| 4,420 | 26,2 | 4,247 | 27,0 | » | » | » | » | » | » | » | » | » | » | » | » | » | » | » | » |
| 4,240 | 26,9 | 4,081 | 27,6 | 3,933 | 28,4 | » | » | » | » | » | » | » | » | » | » | » | » | » | » |
| 4,073 | 27,6 | 3,926 | 28,3 | 3,789 | 29,0 | 3,659 | 29,8 | » | » | » | » | » | » | » | » | » | » | » | » |
| 3,917 | 28,2 | 3,781 | 28,9 | 3,653 | 29,7 | 3,533 | 30,4 | 3,419 | 31,1 | » | » | » | » | » | » | » | » | » | » |
| 3,771 | 28,9 | 3,645 | 29,6 | 3,526 | 30,3 | 3,414 | 31,0 | 3,307 | 31,7 | 3,207 | 32,4 | » | » | » | » | » | » | » | » |
| 3,634 | 29,5 | 3,517 | 30,2 | 3,406 | 30,9 | 3,301 | 31,6 | 3,202 | 32,3 | 3,107 | 33,0 | 3,017 | 33,6 | » | » | » | » | » | » |
| 3,505 | 30,1 | 3,396 | 30,8 | 3,292 | 31,5 | 3,194 | 32,2 | 3,101 | 32,8 | 3,012 | 33,5 | 2,928 | 34,2 | 2,847 | 34,8 | » | » | » | » |
| 3,383 | 30,7 | 3,281 | 31,4 | 3,185 | 32,1 | 3,093 | 32,7 | 3,005 | 33,4 | 2,922 | 34,0 | 2,843 | 34,7 | 2,767 | 35,4 | 2,691 | 36,0 | » | » |
| 3,268 | 31,3 | 3,173 | 32,0 | 3,082 | 32,6 | 2,996 | 33,3 | 2,914 | 33,9 | 2,836 | 34,6 | 2,761 | 35,2 | 2,689 | 35,9 | 2,620 | 36,5 | 2,554 | 37,2 |
| 3,159 | 31,9 | 3,070 | 32,5 | 2,985 | 33,2 | 2,904 | 33,8 | 2,827 | 34,4 | 2,753 | 35,1 | 2,682 | 35,7 | 2,615 | 36,4 | 2,550 | 37,0 | 2,487 | 37,6 |
| 3,055 | 32,5 | 2,971 | 33,1 | 2,892 | 33,7 | 2,816 | 34,3 | 2,744 | 35,0 | 2,674 | 35,6 | 2,607 | 36,2 | 2,543 | 36,8 | 2,482 | 37,5 | 2,422 | 38,1 |
| 2,957 | 33,0 | 2,879 | 33,6 | 2,803 | 34,2 | 2,732 | 34,9 | 2,664 | 35,5 | 2,598 | 36,1 | 2,535 | 36,7 | 2,473 | 37,3 | 2,416 | 37,9 | 2,360 | 38,5 |
| 2,863 | 33,6 | 2,790 | 34,2 | 2,719 | 34,8 | 2,652 | 35,4 | 2,587 | 36,0 | 2,526 | 36,6 | 2,466 | 37,2 | 2,408 | 37,8 | 2,353 | 38,4 | 2,300 | 39,0 |
| 2,773 | 34,1 | 2,704 | 34,7 | 2,638 | 35,3 | 2,575 | 35,9 | 2,514 | 36,5 | 2,455 | 37,0 | 2,399 | 37,6 | 2,345 | 38,2 | 2,292 | 38,8 | 2,241 | 39,4 |
| 2,687 | 34,6 | 2,623 | 35,2 | 2,560 | 35,8 | 2,501 | 36,4 | 2,443 | 36,9 | 2,388 | 37,5 | 2,335 | 38,1 | 2,283 | 38,7 | 2,233 | 39,2 | 2,185 | 39,8 |
| 2,605 | 35,1 | 2,544 | 35,7 | 2,486 | 36,3 | 2,429 | 36,8 | 2,375 | 37,4 | 2,323 | 38,0 | 2,272 | 38,5 | 2,224 | 39,1 | 2,176 | 39,7 | 2,130 | 40,2 |
| » | » | » | » | » | » | » | » | » | » | » | » | » | » | » | » | » | » | » | » |
| 2,431 | 36,1 | 2,397 | 36,7 | 2,345 | 37,2 | 2,294 | 37,8 | 2,246 | 38,3 | 2,199 | 38,9 | 2,154 | 39,4 | 2,110 | 39,9 | 2,067 | 40,5 | 2,026 | 41,0 |
| 2,308 | 37,1 | 2,260 | 37,6 | 2,213 | 38,1 | 2,169 | 38,7 | 2,125 | 39,2 | 2,083 | 39,7 | 2,043 | 40,2 | 2,003 | 40,7 | 1,965 | 41,3 | 1,927 | 41,8 |
| 2,175 | 38,0 | 2,132 | 38,6 | 2,091 | 39,0 | 2,051 | 39,5 | 2,012 | 40,0 | 1,971 | 40,5 | 1,938 | 41,0 | 1,902 | 41,5 | 1,867 | 42,0 | 1,833 | 42,6 |
| 2,050 | 38,9 | 2,012 | 39,5 | 1,976 | 39,9 | 1,940 | 40,4 | 1,905 | 40,9 | 1,871 | 41,3 | 1,838 | 41,8 | 1,806 | 42,3 | 1,775 | 42,8 | 1,744 | 43,3 |
| 1,934 | 39,8 | 1,900 | 40,3 | 1,867 | 40,8 | 1,835 | 41,2 | 1,804 | 41,7 | 1,774 | 42,1 | 1,744 | 42,6 | 1,715 | 43,1 | 1,687 | 43,5 | 1,659 | 44,0 |
| 1,824 | 40,7 | 1,794 | 41,2 | 1,764 | 41,6 | 1,736 | 42,0 | 1,708 | 42,5 | 1,681 | 42,9 | 1,654 | 43,4 | 1,628 | 43,8 | 1,602 | 44,2 | 1,577 | 44,7 |
| 1,719 | 41,6 | 1,693 | 42,0 | 1,666 | 42,4 | 1,641 | 42,8 | 1,616 | 43,3 | 1,592 | 43,7 | 1,568 | 44,1 | 1,544 | 44,5 | 1,521 | 44,9 | 1,499 | 45,4 |
| 1,620 | 42,4 | 1,596 | 42,9 | 1,573 | 43,2 | 1,550 | 43,6 | 1,528 | 44,1 | 1,506 | 44,5 | 1,485 | 44,8 | 1,464 | 45,3 | 1,443 | 45,6 | 1,423 | 46,0 |
| 1,526 | 43,3 | 1,505 | 43,7 | 1,484 | 44,1 | 1,464 | 44,4 | 1,441 | 44,8 | 1,424 | 45,2 | 1,405 | 45,6 | 1,386 | 46,0 | 1,368 | 46,3 | 1,350 | 46,7 |
| 1,435 | 44,2 | 1,417 | 44,5 | 1,398 | 44,9 | 1,380 | 45,2 | 1,363 | 45,6 | 1,345 | 46,0 | 1,328 | 46,3 | 1,311 | 46,7 | 1,295 | 47,1 | 1,278 | 47,4 |
| 1,348 | 45,0 | 1,332 | 45,3 | 1,316 | 45,7 | 1,300 | 46,0 | 1,284 | 46,4 | 1,268 | 46,7 | 1,253 | 47,1 | 1,238 | 47,4 | 1,223 | 47,8 | 1,209 | 48,1 |
| 1,265 | 45,9 | 1,250 | 46,2 | 1,236 | 46,5 | 1,222 | 46,9 | 1,208 | 47,2 | 1,194 | 47,5 | 1,181 | 47,8 | 1,167 | 48,1 | 1,154 | 48,5 | 1,141 | 48,8 |
| 1,184 | 46,7 | 1,171 | 47,0 | 1,158 | 47,4 | 1,146 | 47,7 | 1,134 | 48,0 | 1,122 | 48,3 | 1,110 | 48,6 | 1,098 | 48,9 | 1,086 | 49,2 | 1,075 | 49,6 |
| 1,105 | 47,6 | 1,094 | 47,9 | 1,083 | 48,3 | 1,072 | 48,6 | 1,062 | 48,8 | 1,051 | 49,1 | 1,040 | 49,4 | 1,030 | 49,7 | 1,020 | 50,0 | 1,010 | 50,3 |
| 1,029 | 48,6 | 1,019 | 48,9 | 1,010 | 49,2 | 1,000 | 49,5 | 0,991 | 49,7 | 0,981 | 50,0 | 0,973 | 50,3 | 0,964 | 50,6 | 0,955 | 50,9 | 0,946 | 51,1 |
| 0,954 | 49,6 | 0,946 | 49,9 | 0,938 | 50,1 | 0,930 | 50,4 | 0,922 | 50,7 | 0,914 | 50,9 | 0,906 | 51,2 | 0,898 | 51,5 | 0,890 | 51,7 | 0,882 | 52,0 |
| 0,882 | 50,6 | 0,875 | 50,9 | 0,868 | 51,1 | 0,861 | 51,4 | 0,854 | 51,7 | 0,847 | 51,9 | 0,840 | 52,1 | 0,833 | 52,4 | 0,827 | 52,6 | 0,820 | 52,9 |
| 0,810 | 51,7 | 0,804 | 52,0 | 0,799 | 52,2 | 0,793 | 52,5 | 0,787 | 52,7 | 0,781 | 52,9 | 0,775 | 53,1 | 0,769 | 53,4 | 0,763 | 53,6 | 0,758 | 53,9 |
| 0,740 | 53,0 | 0,735 | 53,2 | 0,730 | 53,4 | 0,726 | 53,6 | 0,721 | 53,8 | 0,716 | 54,0 | 0,711 | 54,2 | 0,706 | 54,5 | 0,701 | 54,7 | 0,696 | 54,9 |
| 0,671 | 54,3 | 0,667 | 54,5 | 0,663 | 54,7 | 0,659 | 54,9 | 0,655 | 55,1 | 0,651 | 55,3 | 0,647 | 55,5 | 0,643 | 55,7 | 0,639 | 55,9 | 0,633 | 56,1 |

## TABLE V (suite). — *Déclinaison et Latitude de* **même signe.**

Columns give, for each declination $D$, the values $\alpha$ (in seconds, ″) and $P$ (in minutes, m). The last column ($D = 29°$) shows only $\alpha$ (its $P$ column is cut off at the page edge).

| $L$ | $D=20°$ $\alpha$ | $P$ | $D=21°$ $\alpha$ | $P$ | $D=22°$ $\alpha$ | $P$ | $D=23°$ $\alpha$ | $P$ | $D=24°$ $\alpha$ | $P$ |
|---|---|---|---|---|---|---|---|---|---|---|
| 0 | 5,395 | 23,6 | 5,115 | 24,6 | 4,860 | 25,5 | 4,636 | 26,5 | 4,410 | 27,4 |
| 1 | 5,666 | 22,8 | 5,359 | 23,8 | 5,079 | 24,7 | 4,844 | 25,7 | 4,590 | 26,7 |
| 2 | 5,967 | 21,9 | 5,617 | 22,9 | 5,320 | 23,9 | 5,040 | 24,9 | 4,785 | 25,9 |
| 3 | 6,302 | 21,1 | 5,924 | 22,1 | 5,584 | 23,1 | 5,277 | 24,1 | 4,998 | 25,1 |
| 4 | 6,678 | 20,2 | 6,254 | 21,2 | 5,877 | 22,2 | 5,538 | 23,2 | 5,232 | 24,3 |
| 5 | 7,102 | 19,3 | 6,625 | 20,3 | 6,203 | 21,3 | 5,827 | 22,4 | 5,489 | 23,4 |
| 6 | 7,585 | 18,3 | 7,044 | 19,4 | 6,569 | 20,4 | 6,148 | 21,5 | 5,773 | 22,6 |
| 7 | 8,141 | 17,4 | 7,521 | 18,5 | 6,982 | 19,5 | 6,508 | 20,6 | 6,089 | 21,7 |
| 8 | 8,788 | 16,4 | 8,069 | 17,5 | 7,452 | 18,6 | 6,913 | 19,7 | 6,444 | 20,8 |
| 9 | 9,551 | 15,4 | 8,708 | 16,5 | 7,993 | 17,6 | 7,379 | 18,7 | 6,845 | 19,8 |
| 10 | 10,46 | 14,4 | 9,461 | 15,5 | 8,623 | 16,6 | 7,913 | 17,7 | 7,302 | 18,9 |
| 11 | 11,58 | 13,3 | 10,36 | 14,4 | 9,366 | 15,6 | 8,534 | 16,8 | 7,827 | 17,9 |
| 12 | 12,97 | 12,2 | 11,46 | 13,4 | 10,25 | 14,5 | 9,265 | 15,7 | 8,439 | 16,9 |
| 13 | 14,75 | 11,0 | 12,83 | 12,3 | 11,34 | 13,5 | 10,14 | 14,7 | 9,160 | 15,8 |
| 14 | 17,13 | 9,83 | 14,59 | 11,1 | 12,69 | 12,3 | 11,21 | 13,6 | 10,02 | 14,8 |
| 15 | 20,45 | 8,58 | 16,94 | 9,90 | 14,43 | 11,2 | 12,54 | 12,4 | 11,08 | 13,7 |
| 16 | 25,43 | 7,27 | 20,22 | 8,64 | 16,74 | 9,97 | 14,26 | 11,3 | 12,39 | 12,5 |
| 17 | » | » | 25,13 | 7,31 | 19,98 | 8,70 | 16,54 | 10,0 | 14,08 | 11,3 |
| 18 | » | » | » | » | 24,82 | 7,36 | 19,72 | 8,76 | 16,32 | 10,1 |
| 19 | » | » | » | » | » | » | 24,50 | 7,42 | 19,46 | 8,83 |
| 20 | » | » | » | » | » | » | » | » | 24,16 | 7,47 |
| 21 | » | » | » | » | » | » | » | » | » | » |
| 22 | » | » | » | » | » | » | » | » | » | » |
| 23 | » | » | » | » | » | » | » | » | » | » |
| 24 | 24,16 | 7,27 | » | » | » | » | » | » | » | » |
| 25 | 19,19 | 8,59 | 23,82 | 7,31 | » | » | » | » | » | » |
| 26 | 15,87 | 9,84 | 18,90 | 8,64 | 23,46 | 7,37 | » | » | » | » |
| 27 | 13,49 | 11,0 | 15,63 | 9,90 | 18,61 | 8,70 | 23,09 | 7,42 | » | » |
| 28 | 11,71 | 12,2 | 13,28 | 11,1 | 15,38 | 9,97 | 18,31 | 8,77 | 22,70 | 7,48 |
| 29 | 10,32 | 13,3 | 11,52 | 12,3 | 13,07 | 11,2 | 15,12 | 10,0 | 18,00 | 8,83 |
| 30 | 9,202 | 14,4 | 10,15 | 13,4 | 11,33 | 12,4 | 12,84 | 11,3 | 14,86 | 10,1 |
| 32 | 7,516 | 16,4 | 8,147 | 15,5 | 8,891 | 14,6 | 9,798 | 13,6 | 10,93 | 12,5 |
| 34 | 6,323 | 18,4 | 6,756 | 17,6 | 7,259 | 16,7 | 7,853 | 15,7 | 8,564 | 14,8 |
| 36 | 5,415 | 20,3 | 5,730 | 19,5 | 6,088 | 18,7 | 6,500 | 17,8 | 6,980 | 16,9 |
| 38 | 4,705 | 22,1 | 4,941 | 21,4 | 5,205 | 20,6 | 5,503 | 19,8 | 5,843 | 19,0 |
| 40 | 4,133 | 23,9 | 4,313 | 23,1 | 4,513 | 22,4 | 4,736 | 21,7 | 4,985 | 20,9 |
| 42 | 3,660 | 25,6 | 3,801 | 24,9 | 3,956 | 24,2 | 4,126 | 23,5 | 4,314 | 22,8 |
| 44 | 3,263 | 27,2 | 3,375 | 26,6 | 3,496 | 25,9 | 3,628 | 25,3 | 3,773 | 24,6 |
| 46 | 2,924 | 28,8 | 3,013 | 28,2 | 3,109 | 27,6 | 3,213 | 27,0 | 3,326 | 26,4 |
| 48 | 2,630 | 30,4 | 2,702 | 29,8 | 2,779 | 29,3 | 2,862 | 28,7 | 2,951 | 28,1 |
| 50 | 2,372 | 31,9 | 2,430 | 31,4 | 2,493 | 30,9 | 2,559 | 30,3 | 2,630 | 29,8 |
| 52 | 2,144 | 33,4 | 2,191 | 33,0 | 2,242 | 32,5 | 2,295 | 32,0 | 2,352 | 31,5 |
| 54 | 1,939 | 34,9 | 1,978 | 34,5 | 2,019 | 34,1 | 2,063 | 33,6 | 2,109 | 33,1 |
| 56 | 1,755 | 36,5 | 1,787 | 36,1 | 1,821 | 35,6 | 1,856 | 35,2 | 1,893 | 34,8 |
| 58 | 1,588 | 38,0 | 1,614 | 37,6 | 1,641 | 37,2 | 1,670 | 36,8 | 1,700 | 36,4 |
| 60 | 1,455 | 39,5 | 1,456 | 39,2 | 1,479 | 38,8 | 1,502 | 38,4 | 1,526 | 38,0 |
| 62 | 1,295 | 41,1 | 1,312 | 40,8 | 1,330 | 40,4 | 1,348 | 40,1 | 1,368 | 39,7 |
| 64 | 1,164 | 42,7 | 1,178 | 42,4 | 1,193 | 42,1 | 1,208 | 41,8 | 1,223 | 41,4 |
| 66 | 1,043 | 44,4 | 1,054 | 44,1 | 1,066 | 43,8 | 1,078 | 43,5 | 1,090 | 43,2 |
| 68 | 0,930 | 46,1 | 0,939 | 45,9 | 0,948 | 45,6 | 0,958 | 45,3 | 0,967 | 45,0 |
| 70 | 0,824 | 48,0 | 0,831 | 47,8 | 0,838 | 47,5 | 0,845 | 47,2 | 0,853 | 47,0 |

| $L$ | $D=25°$ $\alpha$ | $P$ | $D=26°$ $\alpha$ | $P$ | $D=27°$ $\alpha$ | $P$ | $D=28°$ $\alpha$ | $P$ | $D=29°$ $\alpha$ |
|---|---|---|---|---|---|---|---|---|---|
| 0 | 4,211 | 28,4 | 4,026 | 29,4 | 3,853 | 30,4 | 3,693 | 31,3 | 3,542 |
| 1 | 4,375 | 27,7 | 4,175 | 28,6 | 3,990 | 29,6 | 3,818 | 30,6 | 3,657 |
| 2 | 4,552 | 26,9 | 4,336 | 27,9 | 4,137 | 28,9 | 3,952 | 29,9 | 3,780 |
| 3 | 4,714 | 26,1 | 4,510 | 27,1 | 4,295 | 28,1 | 4,096 | 29,2 | 3,912 |
| 4 | 4,954 | 25,3 | 4,699 | 26,3 | 4,467 | 27,4 | 4,252 | 28,4 | 4,054 |
| 5 | 5,183 | 24,5 | 4,906 | 25,5 | 4,652 | 26,6 | 4,420 | 27,6 | 4,206 |
| 6 | 5,436 | 23,6 | 5,132 | 24,7 | 4,855 | 25,7 | 4,602 | 26,8 | 4,371 |
| 7 | 5,716 | 22,7 | 5,380 | 23,8 | 5,077 | 24,9 | 4,802 | 26,0 | 4,550 |
| 8 | 6,027 | 21,9 | 5,655 | 22,9 | 5,321 | 24,0 | 5,020 | 25,1 | 4,745 |
| 9 | 6,377 | 20,9 | 5,962 | 22,0 | 5,592 | 23,1 | 5,259 | 24,2 | 4,959 |
| 10 | 6,771 | 20,0 | 6,305 | 21,1 | 5,893 | 22,2 | 5,525 | 23,3 | 5,195 |
| 11 | 7,221 | 19,0 | 6,693 | 20,2 | 6,230 | 21,3 | 5,821 | 22,4 | 5,455 |
| 12 | 7,738 | 18,0 | 7,135 | 19,2 | 6,612 | 20,3 | 6,152 | 21,5 | 5,745 |
| 13 | 8,340 | 17,0 | 7,644 | 18,2 | 7,046 | 19,3 | 6,527 | 20,5 | 6,071 |
| 14 | 9,049 | 16,0 | 8,236 | 17,2 | 7,516 | 18,3 | 6,953 | 19,5 | 6,438 |
| 15 | 9,899 | 14,9 | 8,934 | 16,1 | 8,128 | 17,3 | 7,444 | 18,5 | 6,857 |
| 16 | 10,94 | 13,8 | 9,769 | 15,0 | 8,814 | 16,2 | 8,015 | 17,5 | 7,338 |
| 17 | 12,23 | 12,6 | 10,79 | 13,9 | 9,635 | 15,1 | 8,689 | 16,4 | 7,899 |
| 18 | 13,89 | 11,4 | 12,06 | 12,7 | 10,64 | 14,0 | 9,495 | 15,3 | 8,560 |
| 19 | 16,10 | 10,2 | 13,69 | 11,5 | 11,89 | 12,8 | 10,48 | 14,1 | 9,351 |
| 20 | 19,19 | 8,90 | 15,87 | 10,3 | 13,49 | 11,6 | 11,71 | 13,0 | 10,32 |
| 21 | 23,82 | 7,53 | 18,90 | 8,98 | 15,63 | 10,4 | 13,28 | 11,7 | 11,52 |
| 22 | » | » | 23,46 | 7,60 | 18,61 | 9,05 | 15,38 | 10,5 | 13,07 |
| 23 | » | » | » | » | 23,08 | 7,66 | 18,31 | 9,14 | 15,12 |
| 24 | » | » | » | » | » | » | 22,70 | 7,73 | 18,00 |
| 25 | » | » | » | » | » | » | » | » | 22,31 |
| 26 | » | » | » | » | » | » | » | » | » |
| 27 | » | » | » | » | » | » | » | » | » |
| 28 | » | » | » | » | » | » | » | » | » |
| 29 | 22,31 | 7,53 | » | » | » | » | » | » | » |
| 30 | 17,68 | 8,90 | 21,91 | 7,60 | » | » | » | » | » |
| 32 | 12,38 | 11,4 | 14,32 | 10,3 | 17,02 | 9,06 | 21,08 | 7,73 | » |
| 34 | 9,431 | 13,8 | 10,51 | 12,7 | 11,90 | 11,6 | 13,75 | 10,5 | 16,34 |
| 36 | 7,545 | 16,0 | 8,222 | 15,0 | 9,048 | 14,0 | 10,08 | 13,0 | 11,40 |
| 38 | 6,234 | 18,1 | 6,689 | 17,2 | 7,225 | 16,3 | 7,867 | 15,3 | 8,651 |
| 40 | 5,267 | 20,1 | 5,588 | 19,3 | 5,958 | 18,4 | 6,388 | 17,5 | 6,895 |
| 42 | 4,523 | 22,0 | 4,758 | 21,3 | 5,023 | 20,5 | 5,325 | 19,6 | 5,673 |
| 44 | 3,932 | 23,9 | 4,108 | 23,2 | 4,304 | 22,5 | 4,524 | 21,7 | 4,773 |
| 46 | 3,449 | 25,7 | 3,584 | 25,0 | 3,733 | 24,4 | 3,897 | 23,6 | 4,080 |
| 48 | 3,048 | 27,5 | 3,152 | 26,9 | 3,266 | 26,2 | 3,392 | 25,5 | 3,530 |
| 50 | 2,707 | 29,2 | 2,789 | 28,6 | 2,878 | 28,0 | 2,975 | 27,4 | 3,080 |
| 52 | 2,413 | 30,9 | 2,479 | 30,4 | 2,549 | 29,8 | 2,624 | 29,2 | 2,706 |
| 54 | 2,158 | 32,6 | 2,210 | 32,1 | 2,265 | 31,6 | 2,325 | 31,0 | 2,388 |
| 56 | 1,932 | 34,3 | 1,974 | 33,8 | 2,018 | 33,3 | 2,065 | 32,8 | 2,115 |
| 58 | 1,731 | 36,0 | 1,765 | 35,5 | 1,800 | 35,1 | 1,837 | 34,6 | 1,877 |
| 60 | 1,551 | 37,6 | 1,578 | 37,2 | 1,606 | 36,8 | 1,636 | 36,4 | 1,667 |
| 62 | 1,388 | 39,3 | 1,410 | 39,0 | 1,432 | 38,6 | 1,456 | 38,2 | 1,480 |
| 64 | 1,240 | 41,1 | 1,257 | 40,7 | 1,274 | 40,4 | 1,293 | 40,0 | 1,312 |
| 66 | 1,103 | 42,9 | 1,117 | 42,6 | 1,131 | 42,2 | 1,145 | 41,9 | 1,161 |
| 68 | 0,977 | 44,7 | 0,988 | 44,4 | 0,999 | 44,2 | 1,010 | 43,8 | 1,022 |
| 70 | 0,861 | 46,7 | 0,869 | 46,5 | 0,877 | 46,2 | 0,886 | 45,9 | 0,895 |

### TABLE V (suite). — *Déclinaison et Latitude de* **signes contraires**.

| D = 20°. | | D = 21°. | | D = 22°. | | D = 23°. | | D = 24°. | | D = 25°. | | D = 26°. | | D = 27°. | | D = 28°. | | D = 29°. | |
|---|---|---|---|---|---|---|---|---|---|---|---|---|---|---|---|---|---|---|---|
| α | P | α | P | α | P | α | P | α | P | α | P | α | P | α | P | α | P | α | P |
| 5″,395 | 23,6 | 5″,115 | 24,6 | 4″,860 | 25,5 | 4″,626 | 26,5 | 4″,410 | 27,4 | 4″,211 | 28,4 | 4″,026 | 29,4 | 3″,853 | 30,4 | 3″,693 | 31,3 | 3″,542 | 32,3 |
| 5,148 | 24,4 | 4,892 | 25,3 | 4,659 | 26,3 | 4,443 | 27,2 | 4,244 | 28,2 | 4,059 | 29,1 | 3,887 | 30,1 | 3,726 | 31,1 | 3,575 | 32,0 | 3,434 | 33,0 |
| 4,922 | 25,2 | 4,689 | 26,1 | 4,473 | 27,0 | 4,271 | 28,0 | 4,089 | 28,9 | 3,918 | 29,8 | 3,757 | 30,8 | 3,606 | 31,7 | 3,465 | 32,7 | 3,332 | 33,7 |
| 4,716 | 25,9 | 4,501 | 26,9 | 4,302 | 27,8 | 4,117 | 28,7 | 3,946 | 29,6 | 3,785 | 30,5 | 3,635 | 31,5 | 3,494 | 32,4 | 3,361 | 33,3 | 3,236 | 34,3 |
| 4,525 | 26,7 | 4,327 | 27,6 | 4,143 | 28,5 | 3,972 | 29,4 | 3,812 | 30,3 | 3,662 | 31,2 | 3,521 | 32,1 | 3,389 | 33,0 | 3,264 | 34,0 | 3,145 | 34,9 |
| 4,349 | 27,4 | 4,166 | 28,3 | 3,995 | 29,2 | 3,835 | 30,1 | 3,686 | 31,0 | 3,546 | 31,9 | 3,413 | 32,8 | 3,289 | 33,7 | 3,171 | 34,6 | 3,059 | 35,5 |
| 4,186 | 28,1 | 4,016 | 29,0 | 3,857 | 29,9 | 3,708 | 30,7 | 3,568 | 31,6 | 3,436 | 32,5 | 3,312 | 33,4 | 3,195 | 34,3 | 3,083 | 35,2 | 2,978 | 36,1 |
| 4,034 | 28,8 | 3,876 | 29,7 | 3,727 | 30,5 | 3,588 | 31,4 | 3,457 | 32,3 | 3,333 | 33,1 | 3,216 | 34,0 | 3,105 | 34,9 | 3,000 | 35,8 | 2,900 | 36,7 |
| 3,892 | 29,5 | 3,714 | 30,3 | 3,606 | 31,2 | 3,475 | 32,0 | 3,352 | 32,9 | 3,236 | 33,7 | 3,125 | 34,6 | 3,020 | 35,5 | 2,921 | 36,4 | 2,826 | 37,2 |
| 3,759 | 30,1 | 3,621 | 31,0 | 3,491 | 31,8 | 3,369 | 32,6 | 3,253 | 33,5 | 3,143 | 34,3 | 3,039 | 35,2 | 2,940 | 36,0 | 2,845 | 36,9 | 2,755 | 37,8 |
| 3,634 | 30,8 | 3,505 | 31,6 | 3,383 | 32,4 | 3,268 | 33,2 | 3,159 | 34,1 | 3,055 | 34,9 | 2,957 | 35,7 | 2,863 | 36,6 | 2,773 | 37,4 | 2,687 | 38,3 |
| 3,516 | 31,4 | 3,396 | 32,2 | 3,281 | 33,0 | 3,173 | 33,8 | 3,070 | 34,6 | 2,972 | 35,5 | 2,879 | 36,3 | 2,790 | 37,1 | 2,704 | 38,0 | 2,623 | 38,8 |
| 3,406 | 32,0 | 3,292 | 32,8 | 3,185 | 33,6 | 3,082 | 34,4 | 2,985 | 35,2 | 2,892 | 36,0 | 2,804 | 36,8 | 2,719 | 37,6 | 2,638 | 38,5 | 2,560 | 39,3 |
| 3,301 | 32,6 | 3,194 | 33,4 | 3,093 | 34,2 | 2,996 | 35,0 | 2,904 | 35,7 | 2,816 | 36,5 | 2,732 | 37,3 | 2,652 | 38,1 | 2,575 | 39,0 | 2,501 | 39,8 |
| 3,202 | 33,2 | 3,101 | 34,0 | 3,005 | 34,7 | 2,914 | 35,5 | 2,827 | 36,3 | 2,744 | 37,0 | 2,664 | 37,8 | 2,587 | 38,6 | 2,514 | 39,4 | 2,443 | 40,2 |
| 3,107 | 33,8 | 3,012 | 34,5 | 2,922 | 35,3 | 2,836 | 36,0 | 2,753 | 36,8 | 2,674 | 37,5 | 2,598 | 38,3 | 2,526 | 39,1 | 2,455 | 39,9 | 2,388 | 40,7 |
| 3,017 | 34,3 | 2,928 | 35,0 | 2,843 | 35,8 | 2,761 | 36,5 | 2,682 | 37,3 | 2,607 | 38,0 | 2,535 | 38,8 | 2,466 | 39,6 | 2,399 | 40,3 | 2,335 | 41,1 |
| » | » | 2,847 | 35,6 | 2,767 | 36,3 | 2,689 | 37,0 | 2,615 | 37,8 | 2,543 | 38,5 | 2,475 | 39,3 | 2,408 | 40,0 | 2,345 | 40,8 | 2,283 | 41,5 |
| » | » | » | » | 2,694 | 36,8 | 2,620 | 37,5 | 2,550 | 38,3 | 2,482 | 39,0 | 2,416 | 39,7 | 2,353 | 40,4 | 2,292 | 41,2 | 2,233 | 41,9 |
| » | » | » | » | » | » | 2,554 | 38,0 | 2,487 | 38,7 | 2,422 | 39,4 | 2,360 | 40,1 | 2,300 | 40,9 | 2,241 | 41,6 | 2,185 | 42,3 |
| » | » | » | » | » | » | » | » | 2,427 | 39,2 | 2,365 | 39,9 | 2,303 | 40,6 | 2,247 | 41,3 | 2,192 | 42,0 | 2,138 | 42,7 |
| » | » | » | » | » | » | » | » | » | » | 2,310 | 40,3 | 2,253 | 41,0 | 2,198 | 41,7 | 2,145 | 42,4 | 2,093 | 43,1 |
| » | » | » | » | » | » | » | » | » | » | » | » | 2,202 | 41,4 | 2,149 | 42,1 | 2,098 | 42,8 | 2,049 | 43,5 |
| » | » | » | » | » | » | » | » | » | » | » | » | » | » | 2,102 | 42,4 | 2,054 | 43,1 | 2,006 | 43,8 |
| » | » | » | » | » | » | » | » | » | » | » | » | » | » | » | » | 2,010 | 43,5 | 1,964 | 44,2 |
| » | » | » | » | » | » | » | » | » | » | » | » | » | » | » | » | » | » | 1,924 | 44,5 |
| 2,427 | 38,3 | » | » | » | » | » | » | » | » | » | » | » | » | » | » | » | » | » | » |
| 2,365 | 38,7 | 2,310 | 39,3 | » | » | » | » | » | » | » | » | » | » | » | » | » | » | » | » |
| 2,305 | 39,2 | 2,253 | 39,8 | 2,202 | 40,4 | » | » | » | » | » | » | » | » | » | » | » | » | » | » |
| 2,248 | 39,6 | 2,198 | 40,2 | 2,149 | 40,8 | 2,102 | 41,4 | » | » | » | » | » | » | » | » | » | » | » | » |
| 2,193 | 40,0 | 2,145 | 40,6 | 2,098 | 41,2 | 2,054 | 41,8 | 2,010 | 42,4 | » | » | » | » | » | » | » | » | » | » |
| 2,138 | 40,4 | 2,093 | 41,0 | 2,049 | 41,6 | 2,006 | 42,2 | 1,964 | 42,7 | 1,924 | 43,3 | » | » | » | » | » | » | » | » |
| 2,086 | 40,8 | 2,043 | 41,4 | 2,001 | 41,9 | 1,960 | 42,5 | 1,920 | 43,1 | 1,881 | 43,7 | 1,844 | 44,3 | » | » | » | » | » | » |
| 1,986 | 41,6 | 1,946 | 42,1 | 1,908 | 42,7 | 1,871 | 43,2 | 1,835 | 43,8 | 1,799 | 44,4 | 1,765 | 44,9 | 1,731 | 45,5 | 1,698 | 46,0 | » | » |
| 1,891 | 42,3 | 1,855 | 42,9 | 1,821 | 43,4 | 1,787 | 43,9 | 1,754 | 44,4 | 1,721 | 45,0 | 1,689 | 45,5 | 1,658 | 46,1 | 1,628 | 46,6 | 1,598 | 47,2 |
| 1,801 | 43,1 | 1,768 | 43,6 | 1,737 | 44,1 | 1,706 | 44,6 | 1,676 | 45,1 | 1,646 | 45,6 | 1,617 | 46,1 | 1,589 | 46,7 | 1,561 | 47,2 | 1,533 | 47,7 |
| 1,714 | 43,8 | 1,685 | 44,2 | 1,657 | 44,7 | 1,628 | 45,2 | 1,601 | 45,7 | 1,574 | 46,2 | 1,547 | 46,7 | 1,521 | 47,2 | 1,495 | 47,7 | 1,470 | 48,2 |
| 1,632 | 44,5 | 1,605 | 44,9 | 1,580 | 45,4 | 1,554 | 45,9 | 1,529 | 46,3 | 1,501 | 46,8 | 1,480 | 47,3 | 1,456 | 47,8 | 1,432 | 48,3 | 1,409 | 48,8 |
| 1,553 | 45,1 | 1,529 | 45,6 | 1,505 | 46,0 | 1,482 | 46,5 | 1,459 | 46,9 | 1,437 | 47,4 | 1,414 | 47,8 | 1,393 | 48,3 | 1,371 | 48,8 | 1,350 | 49,3 |
| 1,477 | 45,8 | 1,455 | 46,2 | 1,433 | 46,7 | 1,412 | 47,1 | 1,392 | 47,5 | 1,371 | 48,0 | 1,351 | 48,4 | 1,331 | 48,9 | 1,311 | 49,3 | 1,292 | 49,8 |
| 1,403 | 46,5 | 1,383 | 46,9 | 1,364 | 47,3 | 1,345 | 47,7 | 1,326 | 48,1 | 1,307 | 48,5 | 1,289 | 48,9 | 1,271 | 49,4 | 1,253 | 49,8 | 1,235 | 50,2 |
| 1,332 | 47,1 | 1,314 | 47,5 | 1,296 | 47,9 | 1,279 | 48,3 | 1,262 | 48,7 | 1,245 | 49,1 | 1,228 | 49,5 | 1,212 | 49,9 | 1,196 | 50,3 | 1,179 | 50,7 |
| 1,264 | 47,8 | 1,246 | 48,2 | 1,230 | 48,5 | 1,215 | 48,9 | 1,199 | 49,3 | 1,184 | 49,7 | 1,169 | 50,1 | 1,154 | 50,5 | 1,139 | 50,9 | 1,125 | 51,2 |
| 1,194 | 48,5 | 1,180 | 48,8 | 1,166 | 49,2 | 1,152 | 49,6 | 1,138 | 49,9 | 1,124 | 50,3 | 1,111 | 50,6 | 1,097 | 51,0 | 1,084 | 51,4 | 1,070 | 51,8 |
| 1,128 | 49,2 | 1,115 | 49,5 | 1,103 | 49,8 | 1,090 | 50,2 | 1,078 | 50,5 | 1,066 | 50,9 | 1,053 | 51,2 | 1,041 | 51,6 | 1,029 | 51,9 | 1,017 | 52,3 |
| 1,063 | 49,9 | 1,052 | 50,2 | 1,041 | 50,5 | 1,030 | 50,9 | 1,019 | 51,2 | 1,008 | 51,5 | 0,996 | 51,8 | 0,986 | 52,2 | 0,975 | 52,5 | 0,961 | 52,9 |
| 1,000 | 50,6 | 0,990 | 50,9 | 0,980 | 51,3 | 0,970 | 51,6 | 0,960 | 51,9 | 0,950 | 52,2 | 0,940 | 52,5 | 0,931 | 52,8 | 0,921 | 53,1 | 0,911 | 53,5 |
| 0,937 | 51,4 | 0,928 | 51,7 | 0,919 | 52,0 | 0,910 | 52,3 | 0,902 | 52,6 | 0,893 | 52,9 | 0,885 | 53,2 | 0,876 | 53,5 | 0,867 | 53,8 | 0,859 | 54,1 |
| 0,875 | 52,3 | 0,867 | 52,5 | 0,859 | 52,8 | 0,852 | 53,1 | 0,844 | 53,4 | 0,836 | 53,7 | 0,829 | 53,9 | 0,821 | 54,2 | 0,814 | 54,5 | » | » |
| 0,813 | 53,2 | 0,806 | 53,4 | 0,800 | 53,7 | 0,793 | 53,9 | 0,787 | 54,2 | 0,780 | 54,5 | 0,774 | 54,7 | » | » | » | » | » | » |
| 0,752 | 54,1 | 0,746 | 54,3 | 0,741 | 54,6 | 0,735 | 54,8 | 0,730 | 55,1 | » | » | » | » | » | » | » | » | » | » |
| 0,691 | 55,1 | 0,687 | 55,3 | 0,682 | 55,6 | » | » | » | » | » | » | » | » | » | » | » | » | » | » |
| 0,631 | 56,3 | » | » | » | » | » | » | » | » | » | » | » | » | » | » | » | » | » | » |

### TABLE V (suite). — *Déclinaison et Latitude de* **même signe**.

| $L_0$ | D=30° α | D=30° P | D=32° α | D=32° P | D=34° α | D=34° P | D=36° α | D=36° P | D=38° α | D=38° P | D=40° α | D=40° P | D=42° α | D=42° P | D=44° α | D=44° P | D=46° α | D=46° P | D=48° α |
|---|---|---|---|---|---|---|---|---|---|---|---|---|---|---|---|---|---|---|---|
| 0 | 3″,401 | 33,3 | 3″,142 | 35,4 | 2″,911 | 37,5 | 2″,703 | 39,6 | 2″,513 | 41,8 | 2″,340 | 44,1 | 2″,181 | 46,5 | 2″,033 | 49,1 | 1″,896 | 51,7 | 1″,768 |
| 1 | 3,507 | 32,6 | 3,233 | 34,7 | 2,988 | 36,8 | 2,769 | 39,0 | 2,571 | 41,3 | 2,390 | 43,6 | 2,224 | 46,0 | 2,071 | 48,6 | 1,929 | 51,3 | 1,796 |
| 2 | 3,620 | 31,9 | 3,328 | 34,0 | 3,070 | 36,2 | 2,839 | 38,4 | 2,631 | 40,7 | 2,442 | 43,0 | 2,269 | 45,5 | 2,110 | 48,1 | 1,962 | 50,8 | 1,825 |
| 3 | 3,740 | 31,2 | 3,430 | 33,3 | 3,156 | 35,5 | 2,913 | 37,8 | 2,694 | 40,1 | 2,496 | 42,4 | 2,315 | 44,9 | 2,150 | 47,6 | 1,997 | 50,3 | 1,855 |
| 4 | 3,870 | 30,5 | 3,538 | 32,6 | 3,248 | 34,8 | 2,990 | 37,1 | 2,760 | 39,5 | 2,553 | 41,8 | 2,364 | 44,4 | 2,192 | 47,1 | 2,033 | 49,8 | 1,887 |
| 5 | 4,008 | 29,7 | 3,654 | 31,9 | 3,345 | 34,1 | 3,074 | 36,4 | 2,830 | 38,8 | 2,612 | 41,2 | 2,415 | 43,8 | 2,236 | 46,5 | 2,071 | 49,3 | 1,919 |
| 6 | 4,158 | 29,0 | 3,778 | 31,2 | 3,448 | 33,4 | 3,160 | 35,7 | 2,904 | 38,1 | 2,675 | 40,6 | 2,469 | 43,2 | 2,282 | 45,9 | 2,110 | 48,8 | 1,953 |
| 7 | 4,320 | 28,2 | 3,911 | 30,4 | 3,559 | 32,7 | 3,252 | 35,0 | 2,982 | 37,4 | 2,741 | 39,9 | 2,525 | 42,6 | 2,329 | 45,3 | 2,151 | 48,2 | 1,988 |
| 8 | 4,495 | 27,3 | 4,054 | 29,6 | 3,677 | 31,9 | 3,351 | 34,3 | 3,064 | 36,7 | 2,811 | 39,2 | 2,584 | 41,9 | 2,380 | 44,7 | 2,194 | 47,6 | 2,024 |
| 9 | 4,687 | 26,5 | 4,209 | 28,8 | 3,804 | 31,1 | 3,456 | 33,5 | 3,152 | 35,9 | 2,884 | 38,5 | 2,646 | 41,2 | 2,432 | 44,0 | 2,239 | 47,0 | 2,062 |
| 10 | 4,896 | 25,6 | 4,377 | 27,9 | 3,941 | 30,3 | 3,569 | 32,7 | 3,246 | 35,2 | 2,963 | 37,8 | 2,712 | 40,5 | 2,487 | 43,3 | 2,285 | 46,3 | 2,102 |
| 11 | 5,137 | 24,7 | 4,561 | 27,1 | 4,090 | 29,4 | 3,690 | 31,9 | 3,345 | 34,4 | 3,046 | 37,0 | 2,781 | 39,7 | 2,546 | 42,6 | 2,334 | 45,6 | 2,143 |
| 12 | 5,382 | 23,8 | 4,762 | 26,2 | 4,250 | 28,6 | 3,820 | 31,0 | 3,452 | 33,6 | 3,134 | 36,2 | 2,855 | 39,0 | 2,607 | 41,9 | 2,386 | 44,9 | 2,186 |
| 13 | 5,667 | 22,9 | 4,983 | 25,2 | 4,426 | 27,7 | 3,961 | 30,2 | 3,567 | 32,8 | 3,228 | 35,4 | 2,933 | 38,2 | 2,672 | 41,1 | 2,440 | 44,2 | 2,232 |
| 14 | 5,985 | 21,9 | 5,228 | 24,3 | 4,618 | 26,8 | 4,114 | 29,3 | 3,691 | 31,9 | 3,329 | 34,6 | 3,016 | 37,4 | 2,741 | 40,3 | 2,497 | 43,4 | 2,280 |
| 15 | 6,346 | 20,9 | 5,501 | 23,4 | 4,829 | 25,8 | 4,282 | 28,4 | 3,825 | 31,0 | 3,438 | 33,7 | 3,104 | 36,6 | 2,814 | 39,5 | 2,558 | 41,6 | 2,330 |
| 16 | 6,757 | 19,9 | 5,807 | 22,4 | 5,064 | 24,9 | 4,465 | 27,5 | 3,970 | 30,1 | 3,555 | 32,8 | 3,200 | 35,7 | 2,892 | 38,7 | 2,622 | 41,8 | 2,383 |
| 17 | 7,239 | 18,9 | 6,152 | 21,4 | 5,324 | 23,9 | 4,666 | 26,5 | 4,129 | 29,2 | 3,681 | 31,9 | 3,302 | 34,8 | 2,975 | 37,8 | 2,691 | 41,0 | 2,440 |
| 18 | 7,778 | 17,8 | 6,546 | 20,4 | 5,617 | 22,9 | 4,889 | 25,5 | 4,303 | 28,2 | 3,818 | 31,0 | 3,412 | 33,9 | 3,064 | 36,9 | 2,763 | 40,1 | 2,499 |
| 19 | 8,426 | 16,7 | 6,999 | 19,3 | 5,947 | 21,9 | 5,137 | 24,5 | 4,494 | 27,2 | 3,968 | 30,0 | 3,531 | 33,0 | 3,160 | 36,0 | 2,841 | 39,2 | 2,562 |
| 20 | 9,202 | 15,6 | 7,526 | 18,2 | 6,323 | 20,8 | 5,416 | 23,5 | 4,705 | 26,2 | 4,133 | 29,0 | 3,660 | 32,0 | 3,263 | 35,1 | 2,924 | 38,3 | 2,630 |
| 21 | 10,15 | 14,4 | 8,147 | 17,1 | 6,756 | 19,7 | 5,730 | 22,4 | 4,940 | 25,2 | 4,313 | 28,0 | 3,801 | 31,0 | 3,375 | 34,1 | 3,013 | 37,4 | 2,702 |
| 22 | 11,33 | 13,2 | 8,891 | 15,9 | 7,259 | 18,6 | 6,088 | 21,3 | 5,205 | 24,1 | 4,513 | 27,0 | 3,956 | 30,0 | 3,496 | 33,1 | 3,109 | 36,4 | 2,779 |
| 23 | 12,84 | 12,0 | 9,798 | 14,7 | 7,853 | 17,5 | 6,500 | 20,2 | 5,503 | 23,0 | 4,736 | 25,9 | 4,126 | 28,9 | 3,628 | 32,1 | 3,213 | 35,4 | 2,862 |
| 24 | 14,86 | 10,7 | 10,93 | 13,5 | 8,564 | 16,3 | 6,980 | 19,1 | 5,843 | 21,9 | 4,985 | 24,8 | 4,314 | 27,9 | 3,773 | 31,0 | 3,346 | 34,3 | 2,951 |
| 25 | 17,68 | 9,32 | 12,38 | 12,2 | 9,431 | 15,1 | 7,545 | 17,9 | 6,234 | 20,8 | 5,267 | 23,7 | 4,523 | 26,8 | 3,932 | 29,9 | 3,449 | 33,3 | 3,047 |
| 26 | 21,91 | 7,88 | 14,32 | 10,9 | 10,51 | 13,8 | 8,222 | 16,7 | 6,689 | 19,6 | 5,588 | 22,6 | 4,758 | 25,6 | 4,108 | 28,8 | 3,584 | 32,2 | 3,152 |
| 27 | » | » | 17,02 | 9,51 | 11,90 | 12,5 | 9,048 | 15,4 | 7,225 | 18,4 | 5,958 | 21,4 | 5,023 | 24,5 | 4,304 | 27,7 | 3,733 | 31,1 | 3,267 |
| 28 | » | » | 21,08 | 8,05 | 13,75 | 11,2 | 10,08 | 14,2 | 7,867 | 17,2 | 6,388 | 20,2 | 5,325 | 23,3 | 4,524 | 26,5 | 3,897 | 29,9 | 3,392 |
| 29 | » | » | » | » | 16,34 | 9,73 | 11,40 | 12,8 | 8,651 | 15,9 | 6,895 | 18,9 | 5,673 | 22,1 | 4,773 | 25,3 | 4,080 | 28,7 | 3,530 |
| 30 | » | » | » | » | 20,21 | 8,24 | 13,16 | 11,4 | 9,628 | 14,5 | 7,501 | 17,6 | 6,078 | 20,8 | 5,056 | 24,1 | 4,285 | 27,5 | 3,682 |
| 32 | » | » | » | » | » | » | 19,31 | 8,44 | 12,55 | 11,7 | 9,165 | 15,0 | 7,126 | 18,2 | 5,761 | 21,5 | 4,781 | 25,0 | 4,042 |
| 34 | 20,21 | 7,89 | » | » | » | » | » | » | 18,39 | 8,67 | 11,93 | 12,1 | 8,692 | 15,4 | 6,743 | 18,8 | 5,439 | 22,3 | 4,502 |
| 36 | 13,16 | 10,7 | 19,31 | 8,05 | » | » | » | » | » | » | 17,44 | 8,92 | 11,29 | 12,5 | 8,210 | 15,9 | 6,355 | 19,5 | 5,112 |
| 38 | 9,628 | 13,2 | 12,56 | 10,9 | 18,39 | 8,24 | » | » | » | » | » | » | 16,48 | 9,19 | 10,65 | 12,9 | 7,723 | 16,5 | 5,962 |
| 40 | 7,501 | 15,6 | 9,165 | 13,5 | 11,93 | 11,2 | 17,44 | 8,44 | » | » | » | » | » | » | 15,51 | 9,50 | 9,996 | 13,3 | 7,232 |
| 42 | 6,078 | 17,9 | 7,126 | 16,0 | 8,692 | 13,8 | 11,29 | 11,4 | 16,48 | 8,67 | » | » | » | » | » | » | 14,53 | 9,84 | 9,341 |
| 44 | 5,056 | 20,0 | 5,761 | 18,3 | 6,743 | 16,3 | 8,210 | 14,2 | 10,65 | 11,7 | 15,51 | 8,92 | » | » | » | » | » | » | 13,55 |
| 46 | 4,285 | 22,1 | 4,781 | 20,5 | 5,439 | 18,7 | 6,355 | 16,8 | 7,723 | 14,6 | 9,996 | 11,7 | 14,53 | 9,20 | » | » | » | » | » |
| 48 | 3,682 | 24,1 | 4,042 | 22,6 | 4,502 | 21,0 | 5,113 | 19,2 | 5,962 | 17,2 | 7,232 | 15,0 | 9,341 | 12,5 | 13,55 | 9,50 | » | » | » |
| 50 | 3,196 | 26,1 | 3,464 | 24,7 | 3,796 | 23,2 | 4,221 | 21,5 | 4,781 | 19,7 | 5,568 | 17,7 | 6,739 | 15,5 | 8,686 | 12,9 | 12,57 | 9,84 | » |
| 52 | 2,795 | 28,0 | 2,997 | 26,7 | 3,243 | 25,3 | 3,548 | 23,8 | 3,937 | 22,1 | 4,454 | 20,3 | 5,173 | 18,3 | 6,248 | 16,0 | 8,034 | 13,3 | 11,60 |
| 54 | 2,457 | 29,9 | 2,613 | 28,7 | 2,798 | 27,4 | 3,022 | 26,0 | 3,299 | 24,5 | 3,654 | 22,8 | 4,125 | 21,0 | 4,781 | 18,9 | 5,761 | 16,6 | 7,388 |
| 56 | 2,169 | 31,8 | 2,289 | 30,6 | 2,430 | 29,1 | 2,597 | 28,1 | 2,800 | 26,8 | 3,051 | 25,2 | 3,373 | 23,6 | 3,799 | 21,7 | 4,392 | 19,6 | 5,279 |
| 58 | 1,919 | 33,6 | 2,013 | 32,6 | 2,121 | 31,5 | 2,247 | 30,3 | 2,397 | 29,0 | 2,579 | 27,6 | 2,805 | 26,1 | 3,094 | 24,4 | 3,476 | 22,5 | 4,009 |
| 60 | 1,700 | 35,5 | 1,773 | 34,5 | 1,857 | 33,5 | 1,953 | 32,4 | 2,065 | 31,2 | 2,199 | 29,9 | 2,361 | 28,5 | 2,562 | 27,0 | 2,819 | 25,3 | 3,160 |
| 62 | 1,506 | 37,3 | 1,563 | 36,4 | 1,638 | 35,5 | 1,701 | 34,5 | 1,786 | 33,4 | 1,885 | 32,3 | 2,003 | 31,0 | 2,146 | 29,6 | 2,323 | 28,0 | 2,550 |
| 64 | 1,333 | 39,2 | 1,377 | 38,4 | 1,427 | 37,5 | 1,483 | 36,6 | 1,547 | 35,7 | 1,621 | 34,6 | 1,708 | 33,4 | 1,810 | 32,2 | 1,935 | 30,8 | 2,089 |
| 66 | 1,177 | 41,2 | 1,211 | 40,4 | 1,249 | 39,6 | 1,293 | 38,8 | 1,340 | 37,9 | 1,396 | 36,9 | 1,459 | 35,9 | 1,534 | 34,7 | 1,622 | 33,5 | 1,729 |
| 68 | 1,035 | 43,2 | 1,061 | 42,5 | 1,090 | 41,8 | 1,123 | 41,0 | 1,159 | 40,2 | 1,200 | 39,3 | 1,247 | 38,4 | 1,301 | 37,4 | 1,364 | 36,2 | 1,439 |
| 70 | 0,905 | 45,3 | 0,925 | 44,7 | 0,947 | 44,1 | 0,972 | 43,4 | 0,999 | 42,6 | 1,029 | 41,8 | 1,063 | 41,0 | 1,102 | 40,0 | 1,147 | 39,0 | 1,200 |

TABLE V (suite). — *Déclinaison et Latitude de* **signes contraires**.

| D = 30° α | P | D = 32° α | P | D = 34° α | P | D = 36° α | P | D = 38° α | P | D = 40° α | P | D = 42° α | P | D = 44° α | P | D = 46° α | P | D = 48° α | P |
|---|---|---|---|---|---|---|---|---|---|---|---|---|---|---|---|---|---|---|---|
| 3″,401 | 33,3ᵐ | 3″,142 | 35,4 | 2″,911 | 37,5 | 2″,703 | 39,6 | 2″,513 | 41,8 | 2″,340 | 44,1 | 2″,181 | 46,5 | 2″,033 | 49,1 | 1″,896 | 51,7 | 1″,768 | 54,5 |
| 3,301 | 34,0 | 3,057 | 36,0 | 2,838 | 38,1 | 2,639 | 40,2 | 2,458 | 42,4 | 2,292 | 44,6 | 2,139 | 47,0 | 1,997 | 49,5 | 1,865 | 52,1 | 1,741 | 54,8 |
| 3,207 | 34,6 | 2,976 | 36,6 | 2,768 | 38,7 | 2,579 | 40,8 | 2,406 | 42,9 | 2,247 | 45,1 | 2,099 | 47,5 | 1,962 | 49,9 | 1,834 | 52,5 | 1,714 | 55,2 |
| 3,117 | 35,3 | 2,899 | 37,2 | 2,701 | 39,2 | 2,521 | 41,3 | 2,355 | 43,4 | 2,202 | 45,6 | 2,061 | 47,9 | 1,929 | 50,3 | 1,805 | 52,8 | 1,688 | 55,5 |
| 3,034 | 35,9 | 2,826 | 37,8 | 2,638 | 39,8 | 2,465 | 41,8 | 2,307 | 43,9 | 2,160 | 46,1 | 2,024 | 48,3 | 1,896 | 50,7 | 1,776 | 53,2 | 1,663 | 55,8 |
| 2,953 | 36,5 | 2,756 | 38,4 | 2,577 | 40,3 | 2,412 | 42,3 | 2,260 | 44,4 | 2,119 | 46,5 | 1,988 | 48,7 | 1,864 | 51,1 | 1,748 | 53,5 | 1,639 | 56,1 |
| 2,877 | 37,1 | 2,690 | 38,9 | 2,518 | 40,8 | 2,361 | 42,8 | 2,215 | 44,8 | 2,080 | 46,9 | 1,953 | 49,1 | 1,834 | 51,4 | 1,721 | 53,8 | 1,615 | 56,4 |
| 2,805 | 37,6 | 2,626 | 39,4 | 2,463 | 41,3 | 2,312 | 43,3 | 2,172 | 45,3 | 2,041 | 47,4 | 1,919 | 49,5 | 1,804 | 51,8 | 1,695 | 54,1 | 1,592 | 56,6 |
| 2,735 | 38,1 | 2,565 | 39,9 | 2,409 | 41,8 | 2,264 | 43,7 | 2,130 | 45,7 | 2,004 | 47,8 | 1,886 | 49,9 | 1,775 | 52,1 | 1,670 | 54,4 | 1,569 | 56,6 |
| 2,669 | 38,7 | 2,507 | 40,5 | 2,357 | 42,3 | 2,219 | 44,2 | 2,090 | 46,1 | 1,968 | 48,1 | 1,854 | 50,2 | 1,747 | 52,4 | 1,645 | 54,7 | 1,546 | 57,1 |
| 2,605 | 39,2 | 2,451 | 40,9 | 2,308 | 42,7 | 2,175 | 44,6 | 2,050 | 46,5 | 1,934 | 48,5 | 1,824 | 50,5 | 1,719 | 52,7 | 1,620 | 54,9 | 1,523 | 57,3 |
| 2,544 | 39,7 | 2,397 | 41,4 | 2,260 | 43,2 | 2,132 | 45,0 | 2,012 | 46,9 | 1,900 | 48,8 | 1,794 | 50,8 | 1,693 | 53,0 | 1,596 | 55,2 | [illegible] | 57,5 |
| 2,486 | 40,1 | 2,345 | 41,8 | 2,213 | 43,6 | 2,091 | 45,4 | 1,976 | 47,2 | 1,867 | 49,1 | 1,764 | 51,1 | 1,666 | 53,2 | 1,573 | 55,4 | 1,484 | 57,6 |
| 2,429 | 40,6 | 2,294 | 42,3 | 2,169 | 44,0 | 2,051 | 45,8 | 1,940 | 47,6 | 1,835 | 49,4 | 1,736 | 51,4 | 1,641 | 53,4 | 1,550 | 55,6 | 1,464 | 57,8 |
| 2,375 | 41,0 | 2,246 | 42,7 | 2,125 | 44,4 | 2,012 | 46,1 | 1,905 | 47,9 | 1,804 | 49,7 | 1,708 | 51,7 | 1,616 | 53,7 | 1,528 | 55,8 | 1,444 | 58,0 |
| 2,323 | 41,5 | 2,199 | 43,1 | 2,083 | 44,8 | 1,974 | 46,5 | 1,871 | 48,2 | 1,773 | 50,0 | 1,680 | 51,9 | 1,592 | 53,9 | 1,506 | 56,0 | 1,424 | 58,1 |
| 2,272 | 41,9 | 2,154 | 43,5 | 2,043 | 45,1 | 1,938 | 46,8 | 1,838 | 48,5 | 1,744 | 50,3 | 1,654 | 52,1 | 1,568 | 54,1 | 1,485 | 56,1 | 1,405 | 58,3 |
| 2,224 | 42,3 | 2,110 | 43,9 | 2,003 | 45,5 | 1,902 | 47,1 | 1,806 | 48,8 | 1,715 | 50,6 | 1,628 | 52,4 | 1,544 | 54,3 | 1,464 | 56,3 | 1,386 | 58,4 |
| 2,176 | 42,7 | 2,067 | 44,2 | 1,965 | 45,8 | 1,867 | 47,4 | 1,775 | 49,1 | 1,687 | 50,8 | 1,602 | 52,6 | 1,521 | 54,5 | 1,443 | 56,4 | 1,368 | 58,5 |
| 2,130 | 43,1 | 2,026 | 44,6 | 1,927 | 46,1 | 1,834 | 47,7 | 1,744 | 49,4 | 1,659 | 51,1 | 1,577 | 52,8 | 1,499 | 54,7 | 1,423 | 56,6 | 1,350 | 58,6 |
| 2,086 | 43,5 | 1,986 | 44,9 | 1,891 | 46,5 | 1,801 | 48,0 | 1,714 | 49,7 | 1,632 | 51,3 | 1,553 | 53,0 | 1,477 | 54,8 | 1,403 | 56,7 | 1,332 | 58,7 |
| 2,043 | 43,8 | 1,946 | 45,3 | 1,855 | 46,8 | 1,768 | 48,3 | 1,685 | 49,9 | 1,605 | 51,5 | 1,529 | 53,2 | 1,455 | 55,0 | 1,383 | 56,8 | 1,314 | 58,8 |
| 2,001 | 44,2 | 1,908 | 45,6 | 1,821 | 47,1 | 1,737 | 48,6 | 1,657 | 50,1 | 1,580 | 51,8 | 1,505 | 53,4 | 1,434 | 55,2 | 1,364 | 57,0 | 1,296 | 58,9 |
| 1,960 | 44,5 | 1,871 | 45,9 | 1,787 | 47,4 | 1,706 | 48,8 | 1,629 | 50,4 | 1,554 | 52,0 | 1,482 | 53,6 | 1,413 | 55,3 | 1,345 | 57,1 | 1,279 | 59,0 |
| 1,920 | 44,8 | 1,835 | 46,2 | 1,754 | 47,7 | 1,676 | 49,1 | 1,601 | 50,6 | 1,529 | 52,2 | 1,459 | 53,8 | 1,392 | 55,4 | 1,326 | 57,2 | 1,262 | 59,0 |
| 1,881 | 45,2 | 1,799 | 46,5 | 1,721 | 47,9 | 1,646 | 49,4 | 1,577 | 50,8 | 1,504 | 52,4 | 1,437 | 53,9 | 1,371 | 55,6 | 1,307 | 57,3 | 1,245 | 59,1 |
| 1,844 | 45,5 | 1,765 | 46,8 | 1,689 | 48,2 | 1,617 | 49,6 | 1,547 | 51,0 | 1,480 | 52,5 | 1,414 | 54,1 | 1,351 | 55,7 | 1,289 | 57,4 | 1,228 | 59,2 |
| » | » | 1,731 | 47,1 | 1,658 | 48,4 | 1,589 | 49,8 | 1,521 | 51,2 | 1,456 | 52,7 | 1,393 | 54,2 | 1,331 | 55,8 | 1,271 | 57,5 | 1,212 | 59,2 |
| » | » | 1,698 | 47,4 | 1,628 | 48,7 | 1,561 | 50,0 | 1,495 | 51,4 | 1,432 | 52,9 | 1,371 | 54,4 | 1,311 | 55,9 | 1,253 | 57,6 | 1,196 | 59,2 |
| » | » | » | » | 1,598 | 49,0 | 1,533 | 50,3 | 1,470 | 51,6 | 1,409 | 53,0 | 1,350 | 54,5 | 1,292 | 56,1 | 1,235 | 57,7 | 1,179 | 59,3 |
| » | » | » | » | 1,568 | 49,2 | 1,506 | 50,5 | 1,445 | 51,8 | 1,386 | 53,2 | 1,329 | 54,7 | 1,272 | 56,2 | 1,217 | 57,7 | 1,163 | 59,4 |
|  |  |  |  |  |  |  |  |  |  |  |  |  |  |  |  |  |  |  |  |
| » | » | » | » | » | » | 1,453 | 50,9 | 1,396 | 52,2 | 1,341 | 53,5 | 1,287 | 54,9 | 1,244 | 56,3 | 1,183 | 57,9 | 1,131 | 59,5 |
| 1,568 | 47,8 | » | » | » | » | » | » | 1,349 | 52,5 | 1,297 | 53,8 | 1,247 | 55,1 | 1,197 | 56,5 | 1,148 | 58,0 | 1,100 | 59,5 |
| 1,506 | 48,3 | 1,453 | 49,4 | » | » | » | » | » | » | 1,254 | 54,1 | 1,207 | 55,4 | 1,160 | 56,7 | 1,114 | 58,1 | 1,069 | 59,6 |
| 1,445 | 48,8 | 1,396 | 49,8 | 1,348 | 50,9 | » | » | » | » | » | » | 1,168 | 55,6 | 1,124 | 56,9 | 1,081 | 58,3 | 1,038 | 59,7 |
| 1,385 | 49,2 | 1,341 | 50,3 | 1,297 | 51,3 | 1,254 | 52,4 | » | » | » | » | » | » | 1,088 | 57,1 | 1,047 | 58,4 | 1,007 | 59,8 |
| 1,329 | 49,7 | 1,287 | 50,7 | 1,247 | 51,7 | 1,207 | 52,8 | 1,168 | 53,8 | » | » | » | » | » | » | 1,014 | 58,5 | 0,976 | 59,8 |
| 1,273 | 50,2 | 1,234 | 51,2 | 1,197 | 52,1 | 1,160 | 53,2 | 1,124 | 54,1 | 1,088 | 55,2 | » | » | » | » | » | » | » | » |
| 1,217 | 50,7 | 1,183 | 51,6 | 1,148 | 52,5 | 1,114 | 53,5 | 1,081 | 54,5 | 1,047 | 55,5 | 1,014 | 56,5 | » | » | » | » | » | » |
| 1,163 | 51,2 | 1,131 | 52,0 | 1,100 | 52,9 | 1,069 | 53,8 | 1,038 | 54,8 | 1,007 | 55,8 | 0,976 | 56,8 | » | » | » | » | » | » |
| 1,110 | 51,7 | 1,081 | 52,5 | 1,052 | 53,3 | 1,024 | 54,2 | 0,995 | 55,1 | 0,967 | 56,1 | » | » | » | » | » | » | » | » |
| 1,057 | 52,2 | 1,031 | 52,9 | 1,005 | 53,8 | 0,978 | 54,6 | 0,953 | 55,5 | » | » | » | » | » | » | » | » | » | » |
| 1,005 | 52,7 | 0,981 | 53,4 | 0,957 | 54,2 | 0,931 | 55,0 | » | » | » | » | » | » | » | » | » | » | » | » |
| 0,953 | 53,2 | 0,932 | 54,0 | 0,910 | 54,7 | » | » | » | » | » | » | » | » | » | » | » | » | » | » |
| 0,902 | 53,8 | 0,882 | 54,5 | » | » | » | » | » | » | » | » | » | » | » | » | » | » | » | » |
| 0,850 | 54,4 | » | » | » | » | » | » | » | » | » | » | » | » | » | » | » | » | » | » |

## TABLE V (suite). — *Déclinaison et Latitude de* **même signe.**

| $I_0$ | D=50° α | D=50° P | D=52° α | D=52° P | D=54° α | D=54° P | D=56° α | D=56° P | D=58° α | D=58° P | D=60° α | D=60° P | D=62° α | D=62° P | D=64° α | D=64° P | D=66° α | D=66° P | D=68° α | D=68° P | D=70° α |
|---|---|---|---|---|---|---|---|---|---|---|---|---|---|---|---|---|---|---|---|---|---|
| 0 | 1,648 | 57,4 | 1,534 | 60,6 | 1,427 | 64,0 | 1,324 | 67,6 | 1,227 | 71,6 | 1,134 | » | 1,044 | 80,8 | 0,958 | 86,2 | 0,874 | 92,3 | 0,793 | 99,3 | 0,715 |
| 1 | 1,671 | 57,1 | 1,555 | 60,3 | 1,445 | 63,7 | 1,340 | 67,4 | 1,240 | 71,5 | 1,145 | » | 1,054 | 80,9 | 0,966 | 86,5 | 0,881 | 92,7 | 0,799 | 99,9 | 0,719 |
| 2 | 1,697 | 56,7 | 1,577 | 59,9 | 1,464 | 63,5 | 1,356 | 67,2 | 1,254 | 71,4 | 1,157 | » | 1,064 | 81,0 | 0,974 | 86,7 | 0,888 | 93,1 | 0,805 | 100 | 0,724 |
| 3 | 1,723 | 56,3 | 1,600 | 59,6 | 1,483 | 63,2 | 1,373 | 67,0 | 1,268 | 71,2 | 1,169 | » | 1,074 | 81,0 | 0,983 | 86,9 | 0,895 | 93,4 | 0,810 | 101 | 0,728 |
| 4 | 1,750 | 55,9 | 1,623 | 59,3 | 1,503 | 62,9 | 1,390 | 66,8 | 1,283 | 71,1 | 1,181 | » | 1,084 | 81,0 | 0,991 | 87,0 | 0,902 | 93,7 | 0,816 | 101 | 0,733 |
| 5 | 1,778 | 55,5 | 1,647 | 58,9 | 1,523 | 62,6 | 1,407 | 66,5 | 1,298 | 71,0 | 1,194 | » | 1,095 | 81,1 | 1,000 | 87,1 | 0,909 | 94,0 | 0,822 | 102 | 0,738 |
| 6 | 1,807 | 55,0 | 1,671 | 58,4 | 1,544 | 62,2 | 1,425 | 66,2 | 1,313 | 70,7 | 1,207 | » | 1,106 | 81,0 | 1,009 | 87,2 | 0,917 | 94,2 | 0,828 | 102 | 0,743 |
| 7 | 1,837 | 54,5 | 1,697 | 58,0 | 1,566 | 61,8 | 1,444 | 65,9 | 1,329 | 70,4 | 1,220 | » | 1,117 | 81,0 | 1,019 | 87,3 | 0,925 | 94,5 | 0,835 | 103 | 0,748 |
| 8 | 1,868 | 54,0 | 1,723 | 57,5 | 1,589 | 61,4 | 1,463 | 65,6 | 1,345 | 70,1 | 1,234 | · | 1,128 | 80,9 | 1,028 | 87,3 | 0,932 | 94,7 | 0,841 | 103 | 0,753 |
| 9 | 1,900 | 53,4 | 1,751 | 57,0 | 1,612 | 60,9 | 1,483 | 65,2 | 1,362 | 69,8 | 1,248 | » | 1,140 | 80,7 | 1,038 | 87,3 | 0,940 | 94,8 | 0,847 | 104 | 0,758 |
| 10 | 1,934 | 52,9 | 1,779 | 56,5 | 1,636 | 60,4 | 1,503 | 64,8 | 1,379 | 69,5 | 1,262 | » | 1,152 | 80,6 | 1,048 | 87,3 | 0,949 | 94,9 | 0,854 | 104 | 0,764 |
| 11 | 1,969 | 52,3 | 1,809 | 56,0 | 1,661 | 59,9 | 1,524 | 64,3 | 1,397 | 69,1 | 1,277 | » | 1,164 | » | 1,058 | 87,2 | 0,957 | 95,0 | 0,861 | 104 | 0,769 |
| 12 | 2,005 | 51,6 | 1,840 | 55,4 | 1,687 | 59,4 | 1,546 | 63,8 | 1,415 | 68,7 | 1,292 | » | 1,177 | » | 1,068 | 87,2 | 0,965 | 95,1 | 0,868 | 105 | 0,775 |
| 13 | 2,043 | 51,0 | 1,872 | 54,7 | 1,714 | 58,8 | 1,569 | 63,3 | 1,434 | 68,2 | 1,308 | » | 1,190 | » | 1,079 | 87,1 | 0,974 | 95,2 | 0,875 | 105 | 0,780 |
| 14 | 2,083 | 50,3 | 1,905 | 54,1 | 1,742 | 58,2 | 1,592 | 62,7 | 1,453 | 67,7 | 1,324 | » | 1,204 | » | 1,090 | 86,8 | 0,983 | 95,2 | 0,882 | 105 | 0,786 |
| 15 | 2,125 | 49,6 | 1,940 | 53,4 | 1,771 | 57,6 | 1,617 | 62,1 | 1,474 | 67,2 | 1,341 | » | 1,218 | » | 1,102 | 86,5 | 0,992 | 95,1 | 0,890 | 105 | 0,792 |
| 16 | 2,170 | 48,8 | 1,977 | 52,7 | 1,802 | 56,9 | 1,642 | 61,5 | 1,495 | 66,6 | 1,359 | » | 1,232 | » | 1,113 | 86,2 | 1,002 | 95,0 | 0,897 | 105 | 0,798 |
| 17 | 2,216 | 48,0 | 2,015 | 51,9 | 1,834 | 56,2 | 1,668 | 60,9 | 1,517 | 66,0 | 1,377 | » | 1,247 | » | 1,125 | 85,9 | 1,012 | 94,8 | 0,905 | 105 | 0,804 |
| 18 | 2,265 | 47,2 | 2,056 | 51,1 | 1,867 | 55,4 | 1,696 | 60,2 | 1,539 | 65,4 | 1,395 | » | 1,262 | » | 1,138 | 85,6 | 1,022 | 94,6 | 0,913 | 105 | 0,810 |
| 19 | 2,317 | 46,4 | 2,099 | 50,3 | 1,903 | 54,6 | 1,725 | 59,4 | 1,563 | 64,7 | 1,415 | » | 1,278 | » | 1,151 | » | 1,032 | 94,3 | 0,922 | 105 | 0,817 |
| 20 | 2,372 | 45,5 | 2,144 | 49,5 | 1,939 | 53,8 | 1,755 | 58,6 | 1,588 | 63,9 | 1,435 | 70,2 | 1,295 | » | 1,161 | » | 1,043 | 93,9 | 0,930 | 105 | 0,824 |
| 21 | 2,431 | 44,6 | 2,191 | 48,6 | 1,978 | 52,9 | 1,787 | 57,8 | 1,614 | 63,1 | 1,456 | 69,8 | 1,312 | » | 1,178 | » | 1,054 | 93,4 | 0,939 | 105 | 0,831 |
| 22 | 2,493 | 43,6 | 2,242 | 47,7 | 2,019 | 52,0 | 1,821 | 56,9 | 1,641 | 62,3 | 1,479 | 69,4 | 1,330 | » | 1,193 | » | 1,066 | 92,9 | 0,948 | 105 | 0,838 |
| 23 | 2,559 | 42,6 | 2,295 | 46,7 | 2,063 | 51,1 | 1,856 | 56,0 | 1,670 | 61,4 | 1,502 | 68,9 | 1,348 | » | 1,208 | » | 1,078 | 92,3 | 0,957 | 104 | 0,845 |
| 24 | 2,630 | 41,6 | 2,352 | 45,7 | 2,109 | 50,1 | 1,893 | 55,0 | 1,700 | 60,4 | 1,526 | 68,5 | 1,368 | » | 1,223 | » | 1,090 | 91,6 | 0,967 | 104 | 0,853 |
| 25 | 2,707 | 40,6 | 2,413 | 44,7 | 2,158 | 49,1 | 1,942 | 54,0 | 1,731 | 59,5 | 1,551 | 68,1 | 1,388 | » | 1,240 | » | 1,103 | » | 0,977 | 103 | 0,861 |
| 26 | 2,789 | 39,5 | 2,478 | 43,6 | 2,210 | 48,1 | 1,974 | 53,0 | 1,765 | 58,5 | 1,578 | 67,6 | 1,410 | » | 1,257 | » | 1,117 | » | 0,988 | 102 | 0,869 |
| 27 | 2,878 | 38,4 | 2,549 | 42,5 | 2,265 | 47,0 | 2,018 | 51,9 | 1,800 | 57,4 | 1,606 | 67,2 | 1,432 | » | 1,274 | » | 1,131 | » | 0,999 | 102 | 0,877 |
| 28 | 2,975 | 37,3 | 2,624 | 41,4 | 2,325 | 45,9 | 2,065 | 50,8 | 1,837 | 56,3 | 1,636 | 66,7 | 1,456 | » | 1,293 | » | 1,145 | » | 1,010 | 101 | 0,886 |
| 29 | 3,080 | 36,1 | 2,706 | 40,2 | 2,388 | 44,7 | 2,115 | 49,6 | 1,877 | 55,2 | 1,667 | 66,3 | 1,480 | » | 1,313 | » | 1,161 | » | 1,022 | 99,7 | 0,895 |
| 30 | 3,196 | 34,9 | 2,795 | 39,0 | 2,457 | 43,5 | 2,169 | 48,5 | 1,919 | 54,0 | 1,700 | 65,8 | 1,506 | 67,8 | 1,333 | » | 1,177 | » | 1,035 | 98,7 | 0,905 |
| 32 | 3,464 | 32,4 | 2,997 | 36,6 | 2,613 | 41,0 | 2,289 | 46,0 | 2,013 | 51,5 | 1,773 | 64,8 | 1,563 | 66,8 | 1,377 | » | 1,211 | » | 1,061 | » | 0,925 |
| 34 | 3,796 | 29,8 | 3,243 | 33,9 | 2,798 | 38,4 | 2,430 | 43,3 | 2,121 | 48,8 | 1,857 | 63,7 | 1,628 | 65,8 | 1,427 | » | 1,249 | » | 1,090 | » | 0,947 |
| 36 | 4,221 | 27,0 | 3,548 | 31,2 | 3,022 | 35,6 | 2,597 | 40,5 | 2,247 | 46,0 | 1,953 | 62,6 | 1,701 | 64,8 | 1,483 | » | 1,292 | » | 1,123 | » | 0,971 |
| 38 | 4,781 | 24,1 | 3,937 | 28,3 | 3,299 | 32,7 | 2,800 | 37,6 | 2,397 | 43,0 | 2,065 | 61,5 | 1,786 | 63,7 | 1,547 | 66,0 | 1,340 | » | 1,159 | » | 0,999 |
| 40 | 5,568 | 21,1 | 4,454 | 25,2 | 3,654 | 29,8 | 3,051 | 34,5 | 2,579 | 39,8 | 2,199 | 60,2 | 1,885 | 62,6 | 1,621 | 65,0 | 1,396 | » | 1,200 | » | 1,029 |
| 42 | 6,739 | 17,9 | 5,173 | 22,1 | 4,115 | 26,5 | 3,373 | 31,3 | 2,805 | 36,5 | 2,361 | 58,8 | 2,003 | 61,3 | 1,708 | 63,8 | 1,459 | » | 1,247 | » | 1,063 |
| 44 | 8,686 | 14,4 | 6,218 | 18,7 | 4,781 | 23,1 | 3,799 | 27,9 | 3,091 | 33,1 | 2,562 | 57,4 | 2,146 | 60,0 | 1,810 | 62,6 | 1,534 | 65,2 | 1,301 | » | 1,102 |
| 46 | 12,57 | 10,6 | 8,034 | 15,0 | 5,761 | 19,6 | 4,392 | 24,3 | 3,476 | 29,5 | 2,819 | 55,8 | 2,323 | 58,5 | 1,935 | 61,3 | 1,622 | 64,0 | 1,364 | » | 1,147 |
| 48 | » | » | 11,60 | 11,1 | 7,388 | 15,8 | 5,279 | 20,6 | 4,009 | 25,7 | 3,160 | 53,9 | 2,550 | 56,9 | 2,089 | 59,8 | 1,729 | 62,7 | 1,439 | 65,7 | 1,200 |
| 50 | » | » | » | » | 10,64 | 11,6 | 6,752 | 16,6 | 4,806 | 21,7 | 3,634 | 51,8 | 2,850 | 55,1 | 2,287 | 58,2 | 1,862 | 61,3 | 1,530 | 64,4 | 1,262 |
| 52 | » | » | » | » | » | » | 9,691 | 12,2 | 6,128 | 17,5 | 4,343 | 49,4 | 3,268 | 53,0 | 2,549 | 56,4 | 2,032 | 59,7 | 1,643 | 63,0 | 1,338 |
| 54 | 10,64 | 10,5 | » | » | » | » | » | » | 8,768 | 12,9 | 5,521 | 46,3 | 3,893 | 50,5 | 2,914 | 54,3 | 2,258 | 57,9 | 1,787 | 61,4 | 1,432 |
| 56 | 6,752 | 11,4 | 9,691 | 11,1 | » | » | » | » | » | » | 7,870 | 43,2 | 4,931 | 47,4 | 3,458 | 51,9 | 2,573 | 55,8 | 1,978 | 59,6 | 1,552 |
| 58 | 4,806 | 17,9 | 6,198 | 15,1 | 8,768 | 11,6 | » | » | » | » | » | » | 7,003 | 43,3 | 4,364 | 48,7 | 3,041 | 53,3 | 2,245 | 57,5 | 1,712 |
| 60 | 3,634 | 21,2 | 4,342 | 18,7 | 5,521 | 15,8 | 7,870 | 12,2 | » | » | » | » | » | » | 6,170 | 44,5 | 3,820 | 50,2 | 2,643 | 55,0 | 1,934 |
| 62 | 2,850 | 24,4 | 3,268 | 22,2 | 3,893 | 19,6 | 4,931 | 16,6 | 7,003 | 12,9 | » | » | » | » | » | » | 5,375 | 45,9 | 3,304 | 51,8 | 2,265 |
| 64 | 2,287 | 27,5 | 2,549 | 25,5 | 2,914 | 23,3 | 3,458 | 20,7 | 4,364 | 17,5 | 6,170 | 41,2 | » | » | » | » | » | » | 4,622 | 47,5 | 2,816 |
| 66 | 1,864 | 30,5 | 2,032 | 28,8 | 2,258 | 26,8 | 2,572 | 24,5 | 3,041 | 21,9 | 3,820 | 49,7 | 5,375 | 45,6 | » | » | » | » | » | » | 3,916 |
| 68 | 1,530 | 33,6 | 1,643 | 32,0 | 1,787 | 30,3 | 1,978 | 28,3 | 2,245 | 26,0 | 2,643 | 54,3 | 3,304 | 51,4 | 4,622 | 47,2 | » | » | » | » | » |
| 70 | 1,262 | 36,7 | 1,338 | 35,3 | 1,432 | 33,8 | 1,552 | 32,0 | 1,712 | 30,0 | 1,934 | 58,6 | 2,265 | 56,3 | 2,816 | 53,3 | 3,916 | 49,1 | » | » | » |

**TABLE V** (suite). — *Déclinaison et Latitude de* **signes contraires.**

| D = 50° | | D = 52° | | D = 54° | | D = 56° | | D = 58° | | D = 60° | | D = 62° | | D = 64° | | D = 66° | | D = 68° | | D = 70° | |
|---|---|---|---|---|---|---|---|---|---|---|---|---|---|---|---|---|---|---|---|---|---|
| α | P | α | P | α | P | α | P | α | P | α | P | α | P | α | P | α | P | α | P | α | P |
| 1,648 | 57,4 | 1,534 | 60,6 | 1,427 | 64,0 | 1,321 | 67,6 | 1,227 | 71,6 | 1,134 | » | 1,044 | 80,8 | 0,958 | 86,2 | 0,871 | 94,3 | 0,793 | 99,3 | 0,715 | 107 |
| 1,624 | 57,7 | 1,513 | 60,8 | 1,409 | 64,2 | 1,309 | 67,8 | 1,214 | 71,7 | 1,122 | » | 1,034 | 80,7 | 0,950 | 86,0 | 0,867 | 92,0 | 0,788 | 98,8 | 0,710 | 107 |
| 1,601 | 58,0 | 1,493 | 61,1 | 1,391 | 64,4 | 1,294 | 67,9 | 1,201 | 71,8 | 1,111 | » | 1,025 | 80,6 | 0,942 | 85,8 | 0,861 | 91,6 | 0,782 | 98,2 | 0,706 | 106 |
| 1,578 | 58,3 | 1,474 | 61,3 | 1,374 | 64,5 | 1,279 | 68,0 | 1,188 | 71,8 | 1,100 | » | 1,016 | 80,5 | 0,934 | 85,6 | 0,854 | 91,2 | 0,777 | 97,7 | 0,701 | 105 |
| 1,556 | 58,5 | 1,455 | 61,5 | 1,358 | 64,7 | 1,265 | 68,1 | 1,176 | 71,8 | 1,090 | » | 1,007 | 80,3 | 0,926 | 85,3 | 0,848 | 90,8 | 0,771 | 97,1 | 0,697 | 104 |
| 1,535 | 58,8 | 1,436 | 61,7 | 1,341 | 64,8 | 1,251 | 68,2 | 1,163 | 71,8 | 1,079 | » | 0,998 | 80,1 | 0,918 | 85,0 | 0,841 | 90,4 | 0,766 | 96,5 | 0,692 | 104 |
| 1,514 | 59,0 | 1,418 | 61,9 | 1,325 | 65,0 | 1,237 | 68,3 | 1,151 | 71,7 | 1,069 | » | 0,989 | 79,9 | 0,911 | 84,7 | 0,835 | 90,0 | 0,761 | 95,9 | 0,688 | 103 |
| 1,494 | 59,2 | 1,400 | 62,1 | 1,310 | 65,0 | 1,223 | 68,3 | 1,140 | 71,7 | 1,059 | » | 0,980 | 79,7 | 0,904 | 84,3 | 0,829 | 89,6 | 0,756 | 95,4 | 0,684 | 102 |
| 1,474 | 59,4 | 1,382 | 62,2 | 1,294 | 65,1 | 1,210 | 68,3 | 1,128 | 71,7 | 1,049 | » | 0,971 | 79,5 | 0,896 | 84,0 | 0,823 | 89,1 | 0,751 | 94,8 | 0,680 | 101 |
| 1,454 | 59,6 | 1,365 | 62,3 | 1,279 | 65,2 | 1,197 | 68,3 | 1,116 | 71,7 | 1,039 | » | 0,963 | 79,4 | 0,889 | 83,7 | 0,817 | 88,7 | 0,746 | 94,3 | 0,676 | 101 |
| 1,435 | 59,8 | 1,348 | 62,4 | 1,265 | 65,3 | 1,184 | 68,3 | 1,105 | 71,6 | 1,029 | » | 0,954 | 79,1 | 0,882 | 83,4 | 0,810 | 88,3 | 0,741 | 93,7 | 0,671 | 99,9 |
| 1,417 | 59,9 | 1,332 | 62,5 | 1,250 | 65,3 | 1,171 | 68,4 | 1,094 | 71,5 | 1,019 | » | 0,946 | » | 0,875 | 83,1 | 0,804 | 87,8 | 0,736 | 93,2 | 0,667 | 99,2 |
| 1,398 | 60,1 | 1,316 | 62,6 | 1,236 | 65,4 | 1,158 | 68,3 | 1,083 | 71,5 | 1,010 | » | 0,938 | » | 0,868 | 82,8 | 0,799 | 87,4 | 0,731 | 92,6 | 0,663 | 98,5 |
| 1,380 | 60,2 | 1,300 | 62,7 | 1,222 | 65,4 | 1,146 | 68,3 | 1,072 | 71,4 | 1,000 | » | 0,930 | » | 0,861 | 82,5 | 0,793 | 87,0 | 0,726 | 92,1 | 0,659 | 97,8 |
| 1,363 | 60,3 | 1,284 | 62,8 | 1,208 | 65,4 | 1,134 | 68,2 | 1,062 | 71,3 | 0,991 | » | 0,922 | » | 0,854 | 82,2 | 0,787 | 86,6 | 0,721 | 91,6 | 0,655 | 97,1 |
| 1,345 | 60,4 | 1,268 | 62,9 | 1,194 | 65,4 | 1,122 | 68,2 | 1,051 | 71,2 | 0,982 | » | 0,914 | » | 0,847 | 81,8 | 0,781 | 86,2 | 0,716 | 91,1 | 0,651 | 96,5 |
| 1,328 | 60,5 | 1,253 | 62,9 | 1,181 | 65,4 | 1,110 | 68,1 | 1,041 | 71,1 | 0,973 | » | 0,906 | » | 0,840 | 81,5 | 0,775 | 85,7 | 0,711 | 90,5 | 0,647 | 95,8 |
| 1,311 | 60,6 | 1,238 | 63,0 | 1,167 | 65,4 | 1,098 | 68,1 | 1,030 | 70,9 | 0,964 | » | 0,898 | » | 0,833 | 81,2 | 0,769 | 85,3 | 0,706 | 90,0 | 0,643 | 95,2 |
| 1,295 | 60,7 | 1,223 | 62,9 | 1,154 | 65,4 | 1,086 | 68,0 | 1,020 | 70,8 | 0,955 | » | 0,890 | » | 0,827 | 80,8 | 0,764 | 84,9 | 0,701 | 89,4 | 0,639 | 94,5 |
| 1,278 | 60,7 | 1,209 | 63,0 | 1,141 | 65,4 | 1,075 | 67,9 | 1,010 | 70,7 | 0,946 | » | 0,882 | » | 0,820 | » | 0,758 | 84,5 | 0,696 | 88,9 | 0,635 | 93,9 |
| 1,262 | 60,8 | 1,194 | 63,1 | 1,128 | 65,4 | 1,063 | 67,9 | 1,000 | 70,6 | 0,937 | 78,0 | 0,875 | » | 0,813 | » | 0,752 | 84,1 | 0,691 | 88,4 | 0,631 | 93,3 |
| 1,246 | 60,8 | 1,180 | 63,1 | 1,115 | 65,3 | 1,052 | 67,8 | 0,990 | 70,5 | 0,928 | 78,1 | 0,867 | » | 0,806 | » | 0,746 | 83,7 | 0,687 | 87,9 | » | » |
| 1,230 | 60,9 | 1,166 | 63,1 | 1,103 | 65,3 | 1,041 | 67,7 | 0,980 | 70,3 | 0,919 | 78,1 | 0,859 | » | 0,800 | » | 0,741 | 83,3 | 0,682 | 87,5 | » | » |
| 1,215 | 61,0 | 1,152 | 63,1 | 1,090 | 65,3 | 1,030 | 67,6 | 0,970 | 70,2 | 0,910 | 78,1 | 0,852 | » | 0,793 | » | 0,735 | 82,9 | » | » | » | » |
| 1,199 | 61,0 | 1,138 | 63,0 | 1,078 | 65,2 | 1,019 | 67,5 | 0,960 | 70,1 | 0,902 | 78,1 | 0,841 | » | 0,787 | » | 0,730 | 82,5 | » | » | » | » |
| 1,184 | 61,0 | 1,124 | 63,0 | 1,066 | 65,1 | 1,008 | 67,4 | 0,950 | 69,9 | 0,893 | 78,2 | 0,837 | » | 0,780 | » | » | » | » | » | » | » |
| 1,169 | 61,0 | 1,111 | 63,0 | 1,053 | 65,1 | 0,997 | 67,3 | 0,940 | 69,8 | 0,884 | 78,2 | 0,829 | » | 0,774 | » | » | » | » | » | » | » |
| 1,154 | 61,0 | 1,097 | 63,0 | 1,041 | 65,1 | 0,986 | 67,3 | 0,931 | 69,6 | 0,876 | 78,2 | 0,821 | » | » | » | » | » | » | » | » | » |
| 1,139 | 61,0 | 1,084 | 63,0 | 1,029 | 65,0 | 0,975 | 67,2 | 0,921 | 69,5 | 0,867 | 78,2 | 0,814 | » | » | » | » | » | » | » | » | » |
| 1,125 | 61,0 | 1,070 | 63,0 | 1,017 | 65,0 | 0,964 | 67,1 | 0,911 | 69,4 | 0,859 | 78,2 | » | » | » | » | » | » | » | » | » | » |
| 1,110 | 61,1 | 1,057 | 62,9 | 1,005 | 64,9 | 0,953 | 67,0 | 0,902 | 69,2 | 0,850 | 78,2 | » | » | » | » | » | » | » | » | » | » |
| 1,081 | 61,1 | 1,031 | 62,9 | 0,981 | 64,8 | 0,932 | 66,8 | 0,882 | 69,0 | » | » | » | » | » | » | » | » | » | » | » | » |
| 1,052 | 61,1 | 1,005 | 62,8 | 0,957 | 64,7 | 0,910 | 66,6 | » | » | » | » | » | » | » | » | » | » | » | » | » | » |
| 1,024 | 61,2 | 0,979 | 62,8 | 0,934 | 64,6 | » | » | » | » | » | » | » | » | » | » | » | » | » | » | » |
| 0,995 | 61,2 | 0,953 | 62,7 | » | » | » | » | » | » | » | » | » | » | » | » | » | » | » | » | » |
| 0,967 | 61,2 | » | » | » | » | » | » | » | » | » | » | » | » | » | » | » | » | » | » | » |
| » | » | » | » | » | » | » | » | » | » | » | » | » | » | » | » | » | » | » | » | » |
| » | » | » | » | » | » | » | » | » | » | » | » | » | » | » | » | » | » | » | » | » |
| » | » | » | » | » | » | » | » | » | » | » | » | » | » | » | » | » | » | » | » | » |
| » | » | » | » | » | » | » | » | » | » | » | » | » | » | » | » | » | » | » | » | » |
| » | » | » | » | » | » | » | » | » | » | » | » | » | » | » | » | » | » | » | » | » |
| » | » | » | » | » | » | » | » | » | » | » | » | » | » | » | » | » | » | » | » | » |
| » | » | » | » | » | » | » | » | » | » | » | » | » | » | » | » | » | » | » | » | » |
| » | » | » | » | » | » | » | » | » | » | » | » | » | » | » | » | » | » | » | » | » |
| » | » | » | » | » | » | » | » | » | » | » | » | » | » | » | » | » | » | » | » | » |
| » | » | » | » | » | » | » | » | » | » | » | » | » | » | » | » | » | » | » | » | » |
| » | » | » | » | » | » | » | » | » | » | » | » | » | » | » | » | » | » | » | » | » |
| » | » | » | » | » | » | » | » | » | » | » | » | » | » | » | » | » | » | » | » | » |
| » | » | » | » | » | » | » | » | » | » | » | » | » | » | » | » | » | » | » | » | » |
| » | » | » | » | » | » | » | » | » | » | » | » | » | » | » | » | » | » | » | » | » |

TABLE VI. — *Déclinaisons au-dessous desquelles l'erreur de la longitude, déduite des observations faites au premier vertical et exprimée en milles, n'excédera pas 1 mille; calculées pour diverses valeurs η de l'erreur maximum de l'estime.*

| Latitude. | $\eta = 30^M$ | $\eta = 40^M$ | $\eta = 50^M$ | $\eta = 60^M$ | $\eta = 70^M$ | $\eta = 80^M$ | $\eta = 90^M$ | $\eta = 100^M$ | $\eta = 110^M$ | $\eta = 120^M$ |
|---|---|---|---|---|---|---|---|---|---|---|
| ° | ° ′ | ° ′ | ° ′ | ° ′ | ° ′ | ° ′ | ° ′ | ° ′ | ° ′ | ° ′ |
| 0 | 0 0 | 0 0 | 0 0 | 0 0 | 0 0 | 0 0 | 0 0 | 0 0 | 0 0 | 0 0 |
| 2 | 2 0 | 1 59 | 1 58 | 1 56 | 1 53 | 1 49 | 1 43 | 1 37 | 1 30 | 1 23 |
| 4 | 3 59 | 3 58 | 3 56 | 3 52 | 3 46 | 3 37 | 3 26 | 3 14 | 3 0 | 2 45 |
| 6 | 5 59 | 5 58 | 5 54 | 5 48 | 5 39 | 5 26 | 5 9 | 4 50 | 4 28 | 4 5 |
| 8 | 7 59 | 7 57 | 7 52 | 7 44 | 7 32 | 7 14 | 6 51 | 6 25 | 5 55 | 5 23 |
| 10 | 9 59 | 9 56 | 9 50 | 9 40 | 9 24 | 9 2 | 8 33 | 7 59 | 7 19 | 6 37 |
| 12 | 11 58 | 11 55 | 11 48 | 11 36 | 11 17 | 10 50 | 10 14 | 9 31 | 8 41 | 7 46 |
| 14 | 13 58 | 13 54 | 13 46 | 13 32 | 13 9 | 12 36 | 11 53 | 10 59 | 9 57 | 8 47 |
| 16 | 15 58 | 15 53 | 15 44 | 15 27 | 15 1 | 14 22 | 13 30 | 12 25 | 11 8 | 9 37 |
| 18 | 17 58 | 17 53 | 17 42 | 17 23 | 16 52 | 16 7 | 15 6 | 13 47 | 12 10 | 10 12 |
| 20 | 19 58 | 19 52 | 19 40 | 19 18 | 18 43 | 17 51 | 16 39 | 15 3 | 13 0 | 10 22 |
| 22 | 21 57 | 21 51 | 21 37 | 21 13 | 20 33 | 19 33 | 18 8 | 16 11 | 13 32 | 9 47 |
| 24 | 23 57 | 23 50 | 23 35 | 23 8 | 22 23 | 21 13 | 19 32 | 17 7 | 13 34 | 7 37 |
| 26 | 25 56 | 25 48 | 25 32 | 25 2 | 24 11 | 22 52 | 20 50 | 17 46 | 12 45 | » |
| 28 | 27 56 | 27 47 | 27 30 | 26 56 | 25 59 | 24 27 | 21 59 | 17 58 | 10 3 | » |
| 30 | 29 56 | 29 46 | 29 27 | 28 50 | 27 45 | 25 58 | 22 56 | 17 24 | » | » |
| 32 | 31 55 | 31 45 | 31 24 | 30 43 | 29 30 | 27 23 | 23 34 | 15 17 | » | » |
| 34 | 33 55 | 33 44 | 33 21 | 32 35 | 31 12 | 28 41 | 23 39 | 8 17 | » | » |
| 36 | 35 55 | 35 43 | 35 17 | 34 27 | 32 51 | 29 48 | 22 49 | » | » | » |
| 38 | 37 54 | 37 41 | 37 13 | 36 17 | 34 27 | 30 38 | 19 54 | » | » | » |
| 40 | 39 54 | 39 40 | 39 9 | 38 6 | 35 58 | 31 1 | 9 11 | » | » | » |
| 42 | 41 53 | 41 38 | 41 5 | 39 54 | 37 22 | 30 36 | » | » | » | » |
| 44 | 43 53 | 43 37 | 43 0 | 41 40 | 38 35 | 28 26 | » | » | » | » |
| 46 | 45 52 | 45 35 | 44 54 | 43 23 | 39 30 | 20 53 | » | » | » | » |
| 48 | 47 52 | 47 33 | 46 48 | 45 2 | 39 56 | » | » | » | » | » |
| 50 | 49 51 | 49 31 | 48 40 | 46 35 | 39 25 | » | » | » | » | » |
| 52 | 51 50 | 51 28 | 50 31 | 47 59 | 36 25 | » | » | » | » | » |
| 54 | 53 50 | 53 25 | 52 21 | 49 13 | 22 50 | » | » | » | » | » |
| 56 | 55 49 | 55 21 | 54 8 | 49 59 | » | » | » | » | » | » |
| 58 | 57 17 | 57 17 | 55 51 | 49 53 | » | » | » | » | » | » |
| 60 | 59 46 | 59 12 | 57 29 | 47 20 | » | » | » | » | » | » |
| 62 | 61 45 | 61 7 | 58 56 | 29 18 | » | » | » | » | » | » |
| 64 | 63 44 | 63 0 | 60 8 | » | » | » | » | » | » | » |
| 66 | 65 42 | 64 50 | 60 37 | » | » | » | » | » | » | » |
| 68 | 67 40 | 66 37 | 58 51 | » | » | » | » | » | » | » |
| 70 | 69 37 | 68 18 | 12 54 | » | » | » | » | » | » | » |
| 72 | 71 33 | 69 43 | » | » | » | » | » | » | » | » |
| 74 | 73 27 | 70 39 | » | » | » | » | » | » | » | » |
| 76 | 75 20 | 67 22 | » | » | » | » | » | » | » | » |
| 78 | 77 6 | » | » | » | » | » | » | » | » | » |
| 80 | 78 34 | » | » | » | » | » | » | » | » | » |
| 82 | 77 6 | » | » | » | » | » | » | » | » | » |
| Lim. de l. pour D = 0 | 82°32′,0 | 76°54′,0 | 70° 1′,1 | 62°21′,8 | 54°31′,4 | 47° 3′,0 | 40°19′,5 | 34°30′,6 | 29°36′,4 | 25°31′,4 |

**TABLE VII.** — *Valeurs de p, au delà desquelles la substitution d'une droite p, à l'arc de grand cercle de même longueur, pourrait occasionner une erreur de plus de 1 minute dans la détermination du point rapproché.*

| Latitude. | Limite de $p$. | Latitude. | Limite de $p$. |
|---|---|---|---|
| $^{\circ}$ | M | $^{\circ}$ | M |
| $\pm$ 0 | $\infty$ | $\pm$ 45 | 82,9 |
| 5 | 280,3 | 50 | 75,9 |
| 10 | 197,5 | 55 | 69,4 |
| 15 | 160,2 | 60 | 63,0 |
| 20 | 137,4 | 65 | 56,6 |
| 25 | 121,4 | 70 | 50,0 |
| 30 | 109,1 | 75 | 42,9 |
| 35 | 99,1 | 80 | 34,8 |
| 40 | 90,5 | 85 | 24,5 |
| 45 | 82,9 | 90 | 0,0 |

PARIS. — IMPRIMERIE DE GAUTHIER-VILLARS,

3668    QUAI DES GRANDS-AUGUSTINS, 55.

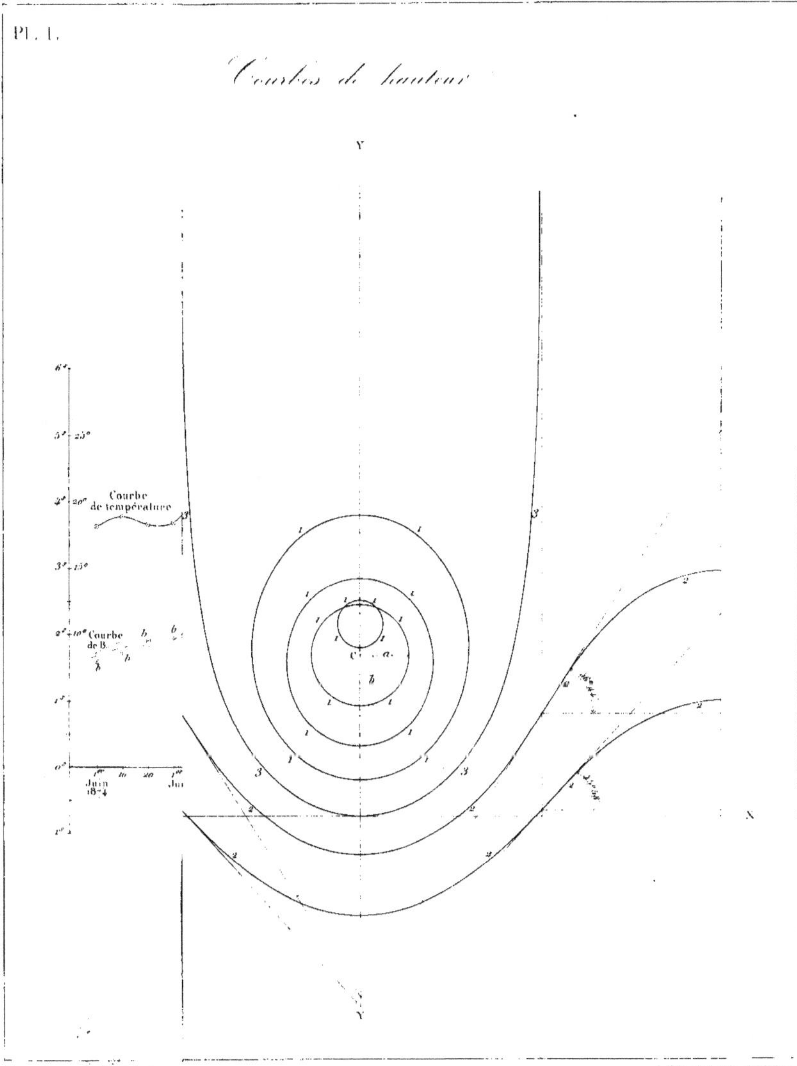
Pl. I.
Courbes de hauteur
Y
Courbe de température
Courbe de B.
Juin 1874
Juin
X
Y

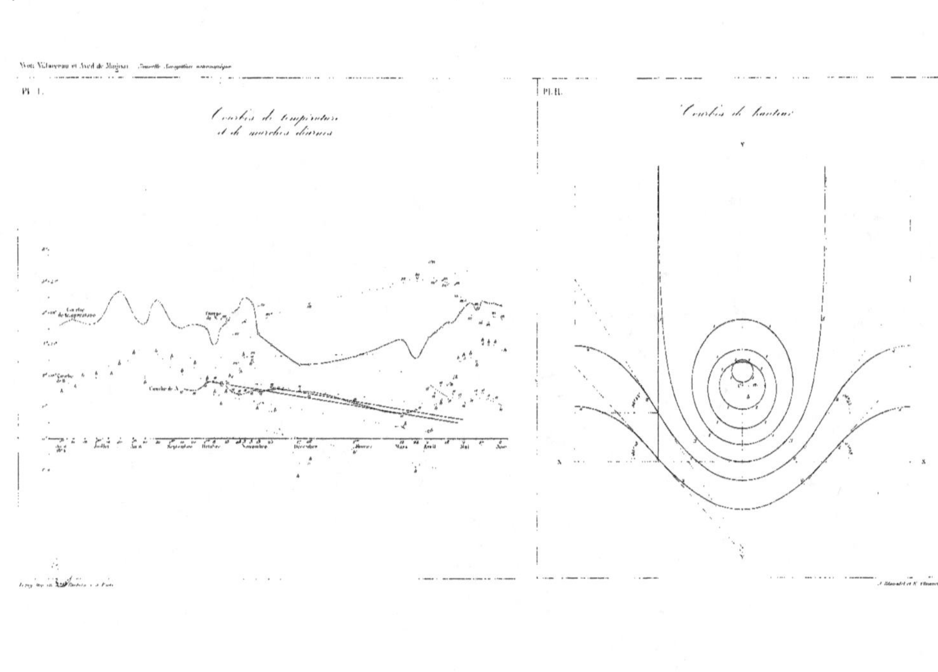

Yvon Villarceau et Aved de Magnac    Nouvelle Navigation astronomique
Pl. I.
Courbes de température
et de marches diurnes
Pl. II.
Courbes de hauteur